"十二五"普通高等教育本科国家级规划教材

大学数学系列教材

（第四版）

大学数学 2

湖南大学数学学院　组编

肖　萍　孟益民　全志勇　主编

中国教育出版传媒集团

高等教育出版社·北京

内容提要

湖南大学数学学院组编的大学数学系列教材共包括5册。本书是第2册，主要介绍微积分基本概念、基本理论和基本方法及其应用。内容包括向量代数与空间解析几何、多元函数微分学、多元函数微分学的应用、多元函数积分学、多元函数积分学的应用、含参变量的积分和无穷级数。各节后面配有适量习题，各章后面配有综合复习题。本书增加了数字资源板块，包括背景引入、数学家简介、典型例题、综合题参考答案，增强了可读性。

本书结构严谨、内容丰富、重难点突出，概念、定理及理论叙述准确、精炼。例题典型、习题精挑细选，具有代表性、启发性和挑战性，便于教学。教材内容深度、广度符合“工科类本科数学基础课程教学基本要求”，适合高等学校理工科各专业学生使用。

图书在版编目(CIP)数据

大学数学.2 / 湖南大学数学学院组编；肖萍，孟益民，全志勇主编. --4版. --北京：高等教育出版社，2024.1

大学数学系列教材

ISBN 978-7-04-060282-1

Ⅰ.①大… Ⅱ.①湖… ②肖… ③孟… ④全… Ⅲ.①高等数学-高等学校-教材 Ⅳ.①O13

中国国家版本馆CIP数据核字(2023)第054938号

DAXUE SHUXUE 2

策划编辑 安 琪　责任编辑 田 玲　封面设计 张 志　版式设计 徐艳妮
责任绘图 黄云燕　责任校对 刁丽丽　责任印制 赵 振

出版发行 高等教育出版社
社 址 北京市西城区德外大街4号
邮政编码 100120
印 刷 北京鑫海金澳胶印有限公司
开 本 787mm×1092mm 1/16
印 张 21
字 数 440千字
购书热线 010-58581118
咨询电话 400-810-0598
网 址 http://www.hep.edu.cn
http://www.hep.com.cn
网上订购 http://www.hepmall.com.cn
http://www.hepmall.com
http://www.hepmall.cn
版 次 2001年9月第1版
2024年1月第4版
印 次 2024年1月第1次印刷
定 价 51.00元

物 料 号 60282-00

大学数学系列教材

（第四版）

湖南大学数学学院　组编

第四版前言

为了配合高等教育“新世纪高等教育教学改革工程”，并体现湖南大学课程教学改革的特色和经验，我院于2001年组织部分教师编写出版了《大学数学系列教材》。系列教材可满足高等学校非数学类理工科各专业数学系列课程教学的需要，内容包括传统的“高等数学”“线性代数”“概率论与数理统计”和“复变函数与积分变换”，并统一用“大学数学”具名。系列教材几经再版修订，初版、第二版和第三版先后入选“普通高等教育‘十五’国家级规划教材”“普通高等教育‘十一五’国家级规划教材”和“‘十二五’普通高等教育本科国家级规划教材”，除作为湖南大学理工科各专业通识教育平台数学核心课程的指定教材外，也被国内多所高校选作本科相关专业的数学课程教材，二十年来受到师生们的广泛好评。

近年来，面对“新工科、新医科、新农科、新文科”背景下理工科专业人才培养的新要求，大学数学课程教材改革发展的要求十分迫切，为此我们对这套教材做了进一步修订。本次修订工作与一流本科课程的建设紧密结合，更加关注大学数学课程的思想性、系统性、应用性、创新性，改写了部分内容，调整了部分章节，对全书文字的表达、符号的使用做了进一步推敲，订正了已发现的错误，精选补充了部分例题和习题，增加了数字化资源，将纸质教材与数字教学资源一体化设计，以新形态教材的形式出版。系列教材凝聚了每一版主编们的教研成果，顺应数学教育发展形势，以期充分发挥大学数学课程在人才培养中的关键基础作用。

本书是在《大学数学系列教材（第三版）大学数学2》的基础上修订而成的，由肖萍、孟益民、全志勇任主编，内容主要包括向量代数与空间解析几何、多元函数微分学、多元函数微分学的应用、多元函数积分学、多元函数积分学的应用、含参变量的积分和无穷级数。

第二、三版前言

本系列教材第四版的编写和出版继续得到我院各位教师和学校教务处以及高等教育出版社的大力支持，在此一并致谢！在教材的使用过程中，恳请广大专家、教师和学生提出宝贵的意见和建议，以便我们进一步改进。

湖南大学数学学院

2022年9月

目　录

第一章

向量代数与空间解析几何

向量是由力学、物理学发展需要而引入的数学概念，随着向量理论的深入研究，它已成为研究数学本身的许多问题的基础之一.

与平面解析几何类似，通过引进空间直角坐标系，可把空间中的点与有序实数组及向量联系起来，运用数的代数运算来表示相应的向量运算，并运用向量运算解决空间中的几何问题，为进一步学习多元函数微积分学打下必要的基础.

第一节　向量的概念及向量的表示

一、向量的基本概念

1. 向量的概念

在日常生活中，我们常遇到两种量.一种是只需用大小就能表示的量，如温度、质量、面积、功等，这种量称为数量（或标量）；另一种是既需要用大小表示，同时还要指明方向的量，如力、位移、速度等，这种既有大小又有方向的量称为向量（或矢量）.

在几何上，用有向线段表示向量（如图 1-1）.线段的长度表示向量的大小，箭头所指的方向即为向量的方向.称点 A 为向量的起点，点 B 为向量的终点，记为$\overrightarrow{AB}$.向量也可用一个黑体英文字母或黑体希腊字母来表示，如向量 $\boldsymbol{a}$，$\boldsymbol{r}$，$\boldsymbol{v}$，$\boldsymbol{F}$ 或 $\boldsymbol{\alpha}$，$\boldsymbol{\beta}$，$\boldsymbol{\gamma}$，等等（书写时，可在字母上面加箭头替代黑体）.

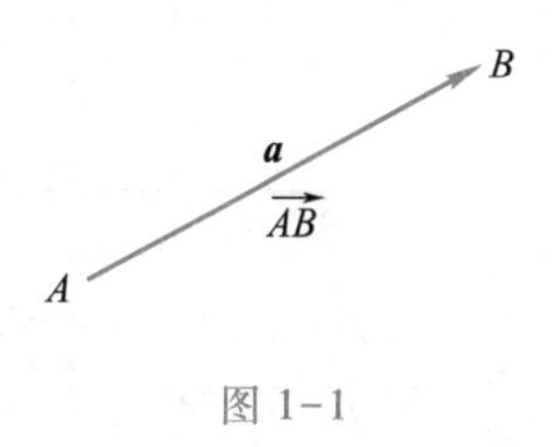

图 1-1

向量的大小（或长度）称为向量的模，记为$\|\boldsymbol{a}\|$，$\|\overrightarrow{AB}\|$.模等于 1 的向量叫作单位向量.与向量 $\boldsymbol{a}$ 同方向的单位向量记为 $\boldsymbol{a}^{\circ}$.模等于零的向量称为零向量，记为 $\mathbf{0}$.零向量的方向可看成是任意的.

如果向量 $\boldsymbol{a}$ 与 $\boldsymbol{b}$ 的方向相同（即在同一直线上或在两平行直线上，且指向相同），且模相等，则称向量 $\boldsymbol{a}$ 与 $\boldsymbol{b}$ 相等，记为 $\boldsymbol{a}=\boldsymbol{b}$.于是，一个向量与它经过平移以后所得的向量是相等的.具有这种可在空间中任意平移性质的向量叫作自由向量.因此，我们在讨论向量时只需考虑它的大小和方向，其起点位置可以任意选取.

与向量 $\boldsymbol{a}$ 的模相等而方向相反的向量,称为 $\boldsymbol{a}$ 的负向量,记为 $-\boldsymbol{a}$.

如果两个非零向量 $\boldsymbol{a}$ 与 $\boldsymbol{b}$ 的方向相同或相反,则称向量 $\boldsymbol{a}$ 与 $\boldsymbol{b}$ 相互平行,记为 $\boldsymbol{a}/\!/\boldsymbol{b}$.由于零向量的方向可以看作是任意的,故规定零向量平行于任何一个向量.

当两个平行向量的起点放在同一点时,它们的终点和公共起点必在同一条直线上.因而,两向量平行,又称两向量共线.

当三个向量或三个以上的向量的起点放在同一点时,如果它们的终点和公共起点在同一平面上,就称这些向量共面.

2. 向量的加法与减法

由物理学的知识人们知道,可以用平行四边形法则或三角形法则求两个力的合力.对速度、位移等的合成均可按这两种方法进行.因此,我们规定:设有两个不共线向量 $\boldsymbol{a},\boldsymbol{b}$,在空间中任取一点 A,作 $\overrightarrow{AB}=\boldsymbol{a}$,$\overrightarrow{AD}=\boldsymbol{b}$,并由此作平行四边形 $ABCD$(如图 1-2),则其对角线向量 $\boldsymbol{c}=\overrightarrow{AC}$ 称为向量 $\boldsymbol{a}$ 与 $\boldsymbol{b}$ 之和,记为 $\boldsymbol{c}=\boldsymbol{a}+\boldsymbol{b}$.这种求和方法称为平行四边形法则.

求 $\boldsymbol{a}+\boldsymbol{b}$ 也可用下述的三角形法则:平移向量 $\boldsymbol{b}$ 使其起点与 $\boldsymbol{a}$ 的终点重合,则以向量 $\boldsymbol{a}$ 的起点为起点,向量 $\boldsymbol{b}$ 的终点为终点的向量 $\boldsymbol{c}$ 就是向量 $\boldsymbol{a}$ 与 $\boldsymbol{b}$ 的和(如图 1-3).

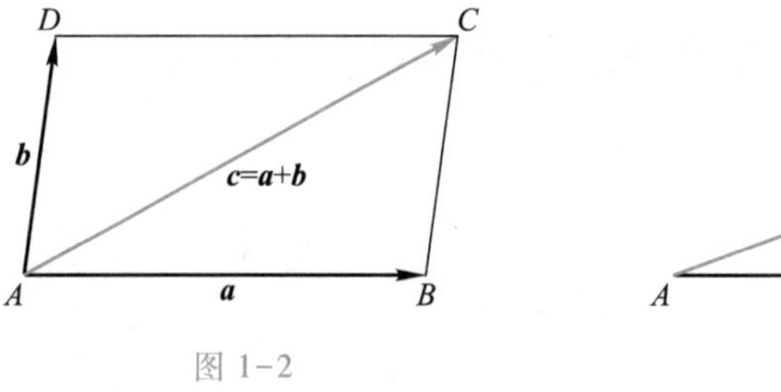

图 1-2

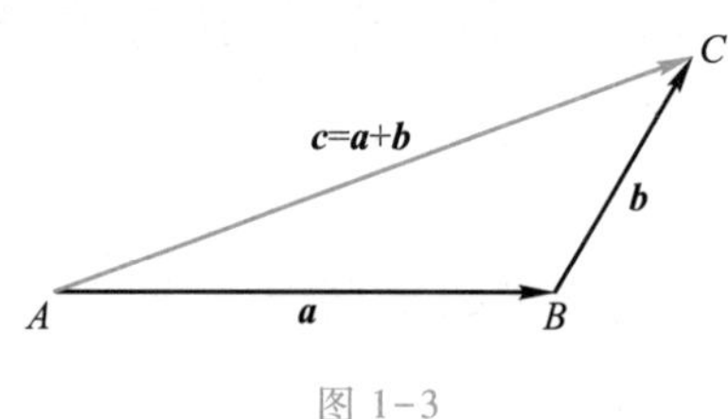

图 1-3

由图 1-4 和图 1-5 可以看出,向量的加法服从交换律和结合律:

(1) 交换律:$\boldsymbol{a}+\boldsymbol{b}=\boldsymbol{b}+\boldsymbol{a}$.

(2) 结合律:$(\boldsymbol{a}+\boldsymbol{b})+\boldsymbol{c}=\boldsymbol{a}+(\boldsymbol{b}+\boldsymbol{c})=\boldsymbol{a}+\boldsymbol{b}+\boldsymbol{c}$.

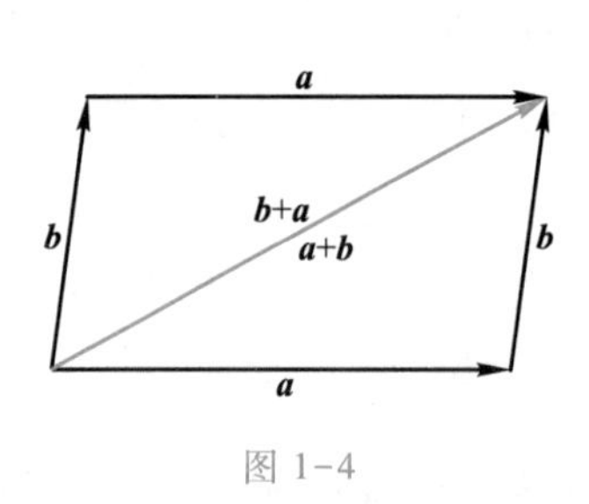

图 1-4

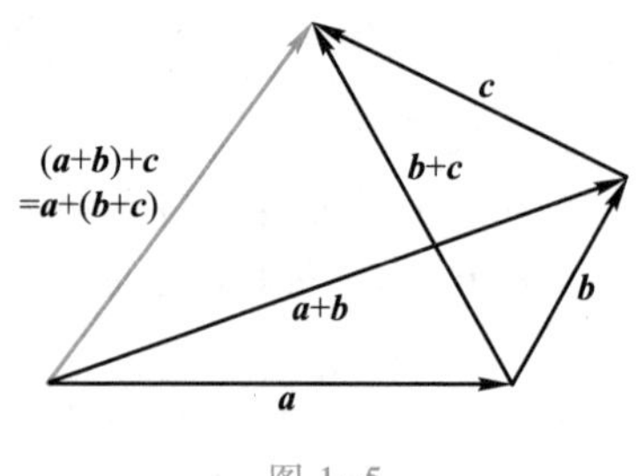

图 1-5

利用向量的加法的交换律和结合律,可将向量的加法推广到有限个向量和的情况.例如,如图 1-6,有 $\boldsymbol{a}=\boldsymbol{a}_1+\boldsymbol{a}_2+\boldsymbol{a}_3+\boldsymbol{a}_4+\boldsymbol{a}_5+\boldsymbol{a}_6$.

对任意的向量 $\boldsymbol{a}$,下面的关系式成立:$\boldsymbol{a}+(-\boldsymbol{a})=\boldsymbol{0}$.

向量的减法是向量加法的逆运算.若 $\boldsymbol{a}=\boldsymbol{b}+\boldsymbol{c}$,则称向量 $\boldsymbol{c}$ 为向量 $\boldsymbol{a}$ 与向量 $\boldsymbol{b}$ 之差,记为 $\boldsymbol{c}=\boldsymbol{a}-\boldsymbol{b}$,并有 $\boldsymbol{a}-\boldsymbol{b}=\boldsymbol{a}+(-\boldsymbol{b})$.

向量的减法同样有平行四边形法则和三角形法则,读者不难根据图 1-7 自行完成这两个法则的文字叙述.

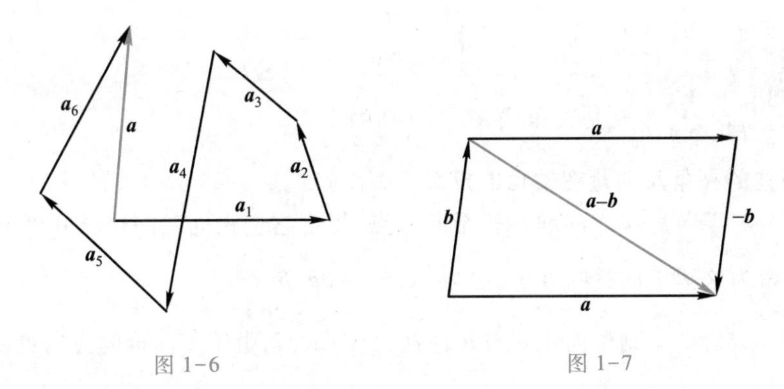

图 1-6　　　　图 1-7

由三角形两边之和大于第三边的几何性质易得向量的模满足:

$\|\boldsymbol{a}\pm\boldsymbol{b}\|\leqslant\|\boldsymbol{a}\|+\|\boldsymbol{b}\|$,其中等号在 $\boldsymbol{a}/\!/\boldsymbol{b}$ 时成立.

3. 向量与数的乘法

数 λ 与向量 $\boldsymbol{a}$ 的乘积 $\lambda\boldsymbol{a}$ 是按下面规定所确定的一个向量:

(1) $\|\lambda\boldsymbol{a}\|=|\lambda|\|\boldsymbol{a}\|$,即向量 $\lambda\boldsymbol{a}$ 的模是向量 $\boldsymbol{a}$ 的模的 $|\lambda|$ 倍.

(2) 当 $\lambda>0$ 时,向量 $\lambda\boldsymbol{a}$ 与向量 $\boldsymbol{a}$ 方向相同;当 $\lambda<0$ 时,向量 $\lambda\boldsymbol{a}$ 与向量 $\boldsymbol{a}$ 方向相反;当 $\lambda=0$ 时,向量 $\lambda\boldsymbol{a}$ 为零向量,即 $\lambda\boldsymbol{a}=\boldsymbol{0}$.

向量与数的乘法满足下面的运算规律:设 λ,μ 为实数,对向量 $\boldsymbol{a}$ 和 $\boldsymbol{b}$ 有

(1) 结合律:$\lambda(\mu\boldsymbol{a})=(\lambda\mu)\boldsymbol{a}$.

(2) 分配律:$(\lambda+\mu)\boldsymbol{a}=\lambda\boldsymbol{a}+\mu\boldsymbol{a}$,$\lambda(\boldsymbol{a}+\boldsymbol{b})=\lambda\boldsymbol{a}+\lambda\boldsymbol{b}$.

向量的加法和向量与数的乘法(简称数乘)运算统称为向量的线性运算.

由向量与数的乘积的定义可知下面定理成立.

定理　设 $\boldsymbol{a}$ 为非零向量,则 $\boldsymbol{b}/\!/\boldsymbol{a}$ 的充要条件是存在唯一实数 λ,使得 $\boldsymbol{b}=\lambda\boldsymbol{a}$.

例 1　设 $\boldsymbol{a}^{\circ}$ 是与非零向量 $\boldsymbol{a}$ 同向的单位向量,试用 $\boldsymbol{a}^{\circ}$ 表示 $\boldsymbol{a}$.

解　因为 $\boldsymbol{a}^{\circ}/\!/\boldsymbol{a}$,且 $\boldsymbol{a}^{\circ}$ 与 $\boldsymbol{a}$ 同向,所以存在实数 $\lambda>0$,使得 $\boldsymbol{a}=\lambda\boldsymbol{a}^{\circ}$.因此,$\|\boldsymbol{a}\|=|\lambda|\|\boldsymbol{a}^{\circ}\|=|\lambda|=\lambda$,即 $\boldsymbol{a}=\|\boldsymbol{a}\|\boldsymbol{a}^{\circ}$.

例 2　证明平行四边形的对角线互相平分.

证　如图 1-8 所示,$\overrightarrow{AB}=\boldsymbol{a}$,$\overrightarrow{AD}=\boldsymbol{b}$.设 E 为对角线 AC 与 BD 的交点,则存在实数 λ,μ,使得

$$\overrightarrow{AE}=\lambda\,\overrightarrow{AC}=\lambda(\boldsymbol{a}+\boldsymbol{b}),$$

$$\overrightarrow{ED}=\mu\,\overrightarrow{BD}=\mu(\boldsymbol{b}-\boldsymbol{a}).$$

又因为

$$\overrightarrow{AD}=\overrightarrow{AE}+\overrightarrow{ED},$$

所以

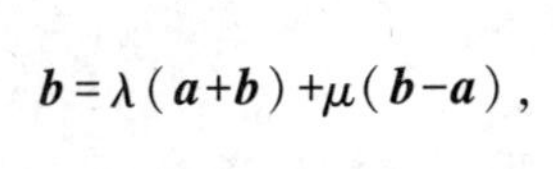

$$\boldsymbol{b}=\lambda(\boldsymbol{a}+\boldsymbol{b})+\mu(\boldsymbol{b}-\boldsymbol{a}),$$

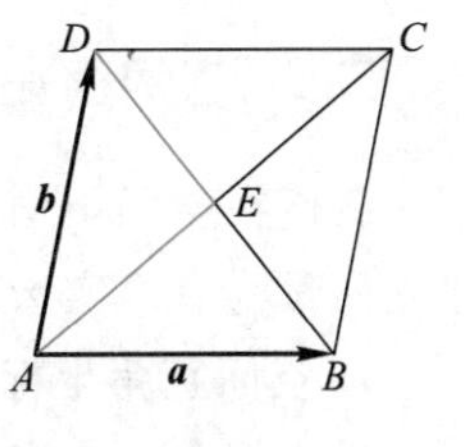

图 1-8

即

$$(1-\lambda-\mu)\boldsymbol{b}=(\lambda-\mu)\boldsymbol{a}.$$

由于向量 $\boldsymbol{a}$ 与向量 $\boldsymbol{b}$ 不平行，从而使上式成立的 λ 和 μ 要满足方程组

$$\begin{cases}1-\lambda-\mu=0,\\ \lambda-\mu=0.\end{cases}$$

因此，$\lambda=\dfrac{1}{2}$，$\mu=\dfrac{1}{2}$，即 E 是对角线 AC 与 BD 的中点.

4. 向量的夹角及向量在轴上的投影

将两个非零向量 $\boldsymbol{a},\boldsymbol{b}$ 的起点移至同一点，规定它们正向之间位于 0 到 π 范围内的那个夹角为这两个向量的夹角，记为 $\langle \boldsymbol{a},\boldsymbol{b}\rangle$ 或 $(\widehat{\boldsymbol{a},\boldsymbol{b}})$.

如果 $\langle \boldsymbol{a},\boldsymbol{b}\rangle=\dfrac{\pi}{2}$，则称向量 $\boldsymbol{a}$ 与 $\boldsymbol{b}$ 垂直，记作 $\boldsymbol{a}\perp\boldsymbol{b}$. 由于零向量的方向可以看作任意的，故规定零向量垂直于任何一个向量.

类似地，可以规定向量与数轴所成的夹角及两个数轴所成的夹角.

通过空间一点 A 作 u 轴的垂直平面 Π，则平面 Π 与 u 轴的交点 A' 称为点 A 在 u 轴上的投影（如图 1-9）.

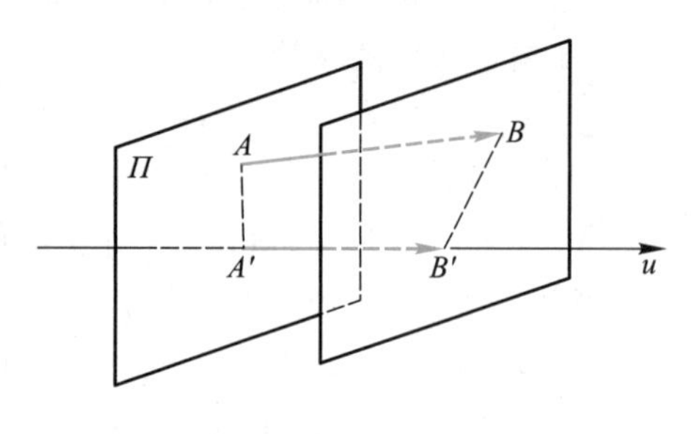

图 1-9

设向量 $\overrightarrow{AB}$ 的起点 A 和终点 B 在 u 轴上的投影分别为点 A' 和 B'，那么 u 轴上的有向线段 $A'B'$ 的值称为向量 $\overrightarrow{AB}$ 在 u 轴上的投影，记作 $\mathrm{Prj}_u\overrightarrow{AB}$（如图 1-9），即

$$\mathrm{Prj}_u\overrightarrow{AB}=\begin{cases}\|\overrightarrow{A'B'}\|, & \overrightarrow{A'B'}\text{ 与 } u \text{ 轴同向},\\ -\|\overrightarrow{A'B'}\|, & \overrightarrow{A'B'}\text{ 与 } u \text{ 轴反向}.\end{cases}$$

由向量在轴上的投影的定义，便能看出下列关于向量在轴上的投影性质成立：

性质 1　向量在 u 轴上的投影等于向量的模乘轴与向量的夹角 φ 的余弦，即

$$\mathrm{Prj}_u\overrightarrow{AB}=\|\overrightarrow{AB}\|\cos\varphi. \tag{1}$$

性质 2　两个向量的和在轴上的投影等于两个向量在该轴上的投影的和，即

$$\mathrm{Prj}_u(\boldsymbol{a}+\boldsymbol{b})=\mathrm{Prj}_u\boldsymbol{a}+\mathrm{Prj}_u\boldsymbol{b}. \tag{2}$$

性质 3　向量与数的乘法在轴上的投影等于向量在轴上的投影与数的乘法，即

$$\mathrm{Prj}_u\lambda\boldsymbol{a}=\lambda\mathrm{Prj}_u\boldsymbol{a}. \tag{3}$$

我们把性质的证明留给读者. 性质可以推广到有限个向量的情况，即

$$\mathrm{Prj}_u(\lambda_1\boldsymbol{a}_1+\lambda_2\boldsymbol{a}_2+\cdots+\lambda_n\boldsymbol{a}_n)=\lambda_1\mathrm{Prj}_u\boldsymbol{a}_1+\lambda_2\mathrm{Prj}_u\boldsymbol{a}_2+\cdots+\lambda_n\mathrm{Prj}_u\boldsymbol{a}_n.$$

笛卡儿简介

二、空间直角坐标系及向量的坐标表示式

我们在空间中引进空间直角坐标系，建立空间中点与有序实数组的关系，并由此建立向量与有序实数组的关系.

1. 空间直角坐标系

过空间中一个定点 O 作三条两两相互垂直的数轴 Ox,Oy,Oz，它们均以点 O 为

原点,且有相同的单位长度,这样就建立了一个空间直角坐标系.数轴 Ox,Oy,Oz 称为坐标轴,简称为 x 轴、y 轴、z 轴.点 O 称为坐标原点(或原点).习惯上,我们将坐标轴 x 轴、y 轴、z 轴的正向按右手规则排列:即以右手握住 z 轴,四个手指从 x 轴正向转动$\frac{\pi}{2}$到 y 轴的正向时,拇指所指的方向是 z 轴的正向(如图 1-10).以后我们所说的空间直角坐标系就是这种右手直角坐标系,通常记为坐标系 $Oxyz$.

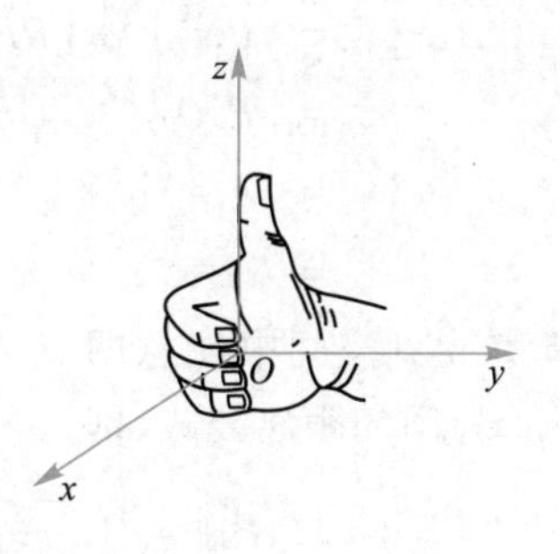

图 1-10

三条坐标轴中任意两条所确定的平面称为坐标面.由 x 轴与 y 轴所确定的坐标面叫 xOy 面,类似还有 zOx 面和 yOz 面.

设 P 为空间中任意一点,过点 P 作三个平面分别与三个坐标轴垂直,它们与三个坐标轴的交点依次为 A,B,C(如图 1-11).点 A,B,C 在三个坐标轴上的坐标分别记为 x,y,z.于是空间中的点 P 与三个有序实数(x,y,z)建立了一一对应关系,记为 $P(x,y,z)$.通常称 x 为 P 的横坐标,y 为 P 的纵坐标,z 为 P 的竖坐标.

三个坐标面将空间分成八个部分,每一部分称为一个卦限.这八个卦限的次序规定如下(如图 1-12):

第Ⅰ卦限:$\{(x,y,z) \mid x>0,y>0,z>0\}$;

第Ⅱ卦限:$\{(x,y,z) \mid x<0,y>0,z>0\}$;

第Ⅲ卦限:$\{(x,y,z) \mid x<0,y<0,z>0\}$;

第Ⅳ卦限:$\{(x,y,z) \mid x>0,y<0,z>0\}$;

第Ⅴ卦限:$\{(x,y,z) \mid x>0,y>0,z<0\}$;

第Ⅵ卦限:$\{(x,y,z) \mid x<0,y>0,z<0\}$;

第Ⅶ卦限:$\{(x,y,z) \mid x<0,y<0,z<0\}$;

第Ⅷ卦限:$\{(x,y,z) \mid x>0,y<0,z<0\}$.

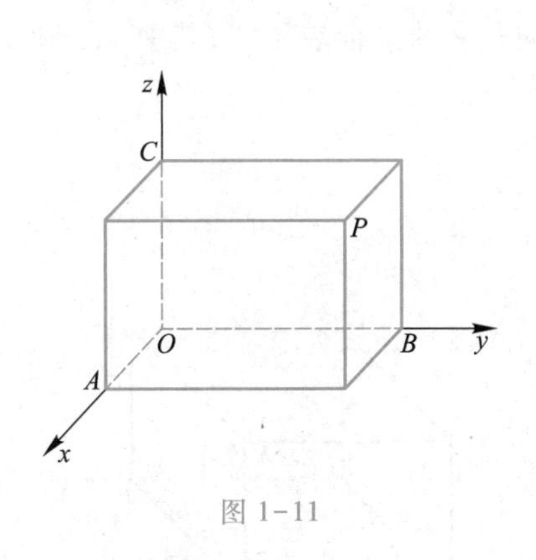

图 1-11

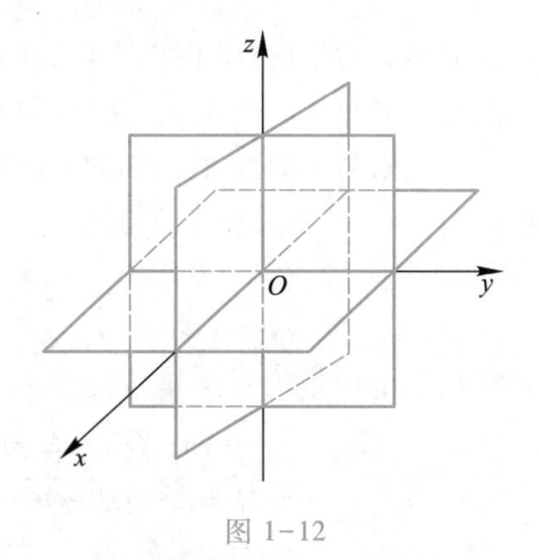

图 1-12

2. 空间两点间的距离

在空间中引入直角坐标系后,空间中的点与三元有序数组(x,y,z)一一对应,我们称三元有序数组(x,y,z)的全体为三维空间,记为 $\mathbf{R}^3$,从而 $\mathbf{R}^3$ 可看作是空间中一切点所组成的集合,即整个空间.

设 $P_1(x_1,y_1,z_1)$ 和 $P_2(x_2,y_2,z_2)$ 为空间中的任意两点,由图 1-13 可知

$$\begin{aligned}|P_1P_2|^2&=|P_1R|^2+|RP_2|^2\\&=|P_1Q|^2+|QR|^2+|RP_2|^2\\&=|A_1A_2|^2+|B_1B_2|^2+|C_1C_2|^2\\&=(x_2-x_1)^2+(y_2-y_1)^2+(z_2-z_1)^2.\end{aligned}$$

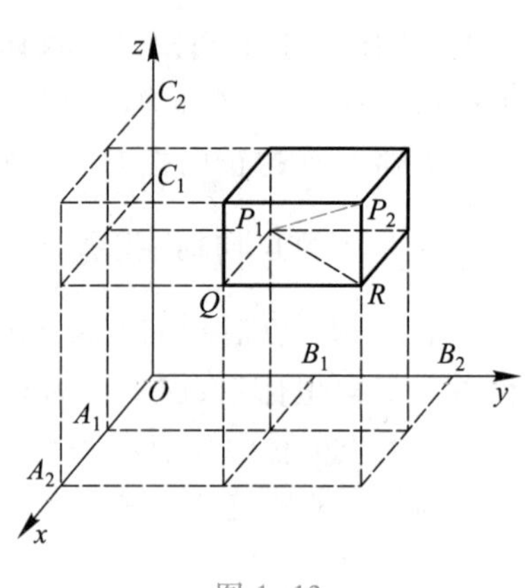

图 1-13

于是得到空间中任意两点 $P_1(x_1,y_1,z_1)$ 和 $P_2(x_2,y_2,z_2)$ 间的距离公式,即

$$d(P_1,P_2)=\|\overrightarrow{P_1P_2}\|=\sqrt{(x_2-x_1)^2+(y_2-y_1)^2+(z_2-z_1)^2}. \tag{4}$$

例 3　证明以点 $A(4,1,9)$,$B(10,-1,6)$,$C(2,4,3)$ 为顶点的三角形是等腰直角三角形.

证　$\|\overrightarrow{AB}\|=\sqrt{(10-4)^2+(-1-1)^2+(6-9)^2}=7$,

$\|\overrightarrow{AC}\|=\sqrt{(2-4)^2+(4-1)^2+(3-9)^2}=7$,

$\|\overrightarrow{BC}\|=\sqrt{(2-10)^2+[4-(-1)]^2+(3-6)^2}=\sqrt{98}$.

由 $\|\overrightarrow{AB}\|=\|\overrightarrow{AC}\|$ 及 $\|\overrightarrow{BC}\|^2=\|\overrightarrow{AB}\|^2+\|\overrightarrow{AC}\|^2$ 可知,$\triangle ABC$ 是一个等腰直角三角形.

3. 向量的坐标表示式

在空间 $\mathbf{R}^3$ 中,利用向量在坐标轴上的投影可建立向量与有序实数组之间的对应关系,有序实数组称为向量相应的坐标.

$\forall P(x,y,z)\in\mathbf{R}^3$,称以坐标原点 O 为起点,点 P 为终点的向量 $\overrightarrow{OP}$ 为点 P 的向径(或矢径),记为 $\boldsymbol{r}$.向径 $\boldsymbol{r}$ 在三个坐标轴上的投影,即

$$\mathrm{Prj}_x\boldsymbol{r}=x,\quad \mathrm{Prj}_y\boldsymbol{r}=y,\quad \mathrm{Prj}_z\boldsymbol{r}=z$$

称为向径 $\boldsymbol{r}$ 的坐标(如图 1-14),$\boldsymbol{r}=(x,y,z)$ 称为向径 $\boldsymbol{r}$ 的坐标表示式,其中 x,y 和 z 依次称为向径 $\boldsymbol{r}$ 的横坐标、纵坐标和竖坐标.

依次取与 x 轴、y 轴、z 轴同方向的单位向量为

$$\boldsymbol{i}=(1,0,0),$$
$$\boldsymbol{j}=(0,1,0),$$
$$\boldsymbol{k}=(0,0,1),$$

并称这三个向量为基本单位向量.

此时,$\overrightarrow{OA}=x\boldsymbol{i}$,$\overrightarrow{OB}=y\boldsymbol{j}$,$\overrightarrow{OC}=z\boldsymbol{k}$,故

$$\begin{aligned}\boldsymbol{r}&=\overrightarrow{OP}=\overrightarrow{OA}+\overrightarrow{OB}+\overrightarrow{OC}\\&=x\boldsymbol{i}+y\boldsymbol{j}+z\boldsymbol{k},\end{aligned}$$

此式称为向径 $\boldsymbol{r}$ 按基本单位向量的分解式,$x\boldsymbol{i}$,$y\boldsymbol{j}$,$z\boldsymbol{k}$ 称为向径 $\boldsymbol{r}$ 在三个坐标轴上的分量.

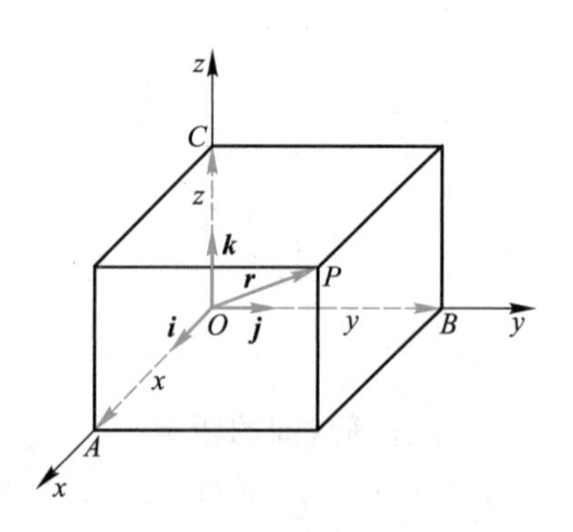

图 1-14

设 $\boldsymbol{a}=\overrightarrow{P_1P_2}$ 为空间中的任意一个向量,其起

点 P_1 的坐标是 (x_1,y_1,z_1)，终点 P_2 的坐标是 (x_2,y_2,z_2)，P_1 与 P_2 所对应的向径分别为 $\boldsymbol{r}_1,\boldsymbol{r}_2$（如图 1-15），则 $\boldsymbol{a}=\overrightarrow{P_1P_2}=\boldsymbol{r}_2-\boldsymbol{r}_1$. 由向量在轴上的投影性质 2 可知

$$\boldsymbol{a}=(x_2-x_1)\boldsymbol{i}+(y_2-y_1)\boldsymbol{j}+(z_2-z_1)\boldsymbol{k},$$

即

$$\boldsymbol{a}=(x_2-x_1,y_2-y_1,z_2-z_1).$$

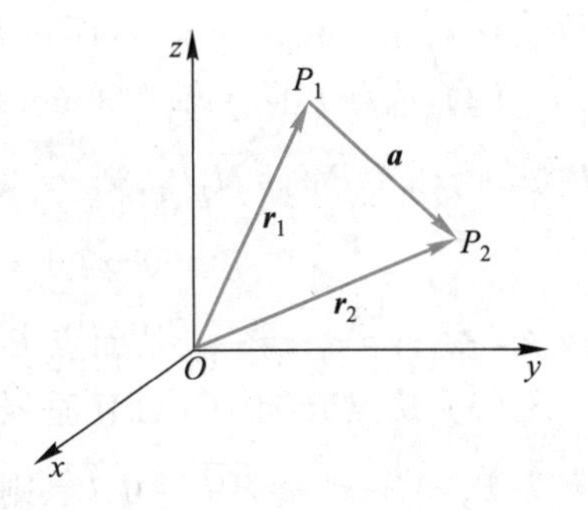

图 1-15

一般地，如果 $\mathrm{Prj}_x\boldsymbol{a}=a_x,\mathrm{Prj}_y\boldsymbol{a}=a_y,\mathrm{Prj}_z\boldsymbol{a}=a_z$，则有 $\boldsymbol{a}=a_x\boldsymbol{i}+a_y\boldsymbol{j}+a_z\boldsymbol{k}$ 或 $\boldsymbol{a}=(a_x,a_y,a_z)$. 它们分别称为向量 $\boldsymbol{a}$ 按基本单位向量的分解式和向量 $\boldsymbol{a}$ 的坐标表示式. $a_x\boldsymbol{i},a_y\boldsymbol{j}$ 和 $a_z\boldsymbol{k}$ 依次称为向量 $\boldsymbol{a}$ 在 x 轴、y 轴和 z 轴上的分量；a_x,a_y 和 a_z 依次称为向量 $\boldsymbol{a}$ 的横坐标、纵坐标和竖坐标. 通常称向量 $\boldsymbol{a}$ 为三维向量.

由向量在轴上投影的性质可得：若向量 $\boldsymbol{a}=(a_x,a_y,a_z),\boldsymbol{b}=(b_x,b_y,b_z),\lambda$ 为实数，则

（1）$\boldsymbol{a}=\boldsymbol{b}$ 的充要条件是 $a_x=b_x,a_y=b_y,a_z=b_z$.

（2）$\boldsymbol{a}\pm\boldsymbol{b}=(a_x\pm b_x)\boldsymbol{i}+(a_y\pm b_y)\boldsymbol{j}+(a_z\pm b_z)\boldsymbol{k}$
$=(a_x\pm b_x,a_y\pm b_y,a_z\pm b_z)$.

（3）$\lambda\boldsymbol{a}=\lambda a_x\boldsymbol{i}+\lambda a_y\boldsymbol{j}+\lambda a_z\boldsymbol{k}=(\lambda a_x,\lambda a_y,\lambda a_z)$.

例 4 已知空间中两点 $A(x_1,y_1,z_1)$ 和 $B(x_2,y_2,z_2)$，设点 $M(x,y,z)$ 将线段 AB 分为两个线段 AM 与 MB，且使它们的长度之比等于常数 $\lambda(\lambda\neq-1)$，求分点 M 的坐标.

解 引入向量 $\overrightarrow{AM}$ 和 $\overrightarrow{MB}$，依题意 $\overrightarrow{AM}$ 和 $\overrightarrow{MB}$ 位于同一直线上，且

$$\overrightarrow{AM}=\lambda\overrightarrow{MB},$$

而

$$\overrightarrow{AM}=(x-x_1,y-y_1,z-z_1),$$
$$\overrightarrow{MB}=(x_2-x,y_2-y,z_2-z),$$

故

$$\begin{cases}x-x_1=\lambda(x_2-x),\\ y-y_1=\lambda(y_2-y),\\ z-z_1=\lambda(z_2-z).\end{cases}$$

解此方程组得点 M 的坐标

$$x=\frac{x_1+\lambda x_2}{1+\lambda},\quad y=\frac{y_1+\lambda y_2}{1+\lambda},\quad z=\frac{z_1+\lambda z_2}{1+\lambda}.$$

显然，当 $\lambda=1$ 时，点 M 就是线段 AB 的中点.

例 5 在空间直角坐标系下，试求点 $P(x_0,y_0,z_0)$ 关于原点、y 轴和 xOy 面的对称点.

解 （1）连接点 O 与点 P，且在直线 OP 上取一点 $P_1(x,y,z)$. 令 $\overrightarrow{PO}=\overrightarrow{OP_1}$，则

$$(0-x_0,0-y_0,0-z_0)=(x-0,y-0,z-0).$$

故 $x=-x_0, y=-y_0, z=-z_0$,从而点 P 关于原点 O 的对称点为 $P_1(-x_0,-y_0,-z_0)$.

(2) 从点 P 向 y 轴作垂线,则垂足为 $M_1(0,y_0,0)$.设点 P 关于 y 轴的对称点为 $P_2(x,y,z)$.令 $\overrightarrow{PM_1}=\overrightarrow{M_1P_2}$,则

$$(0-x_0,y_0-y_0,0-z_0)=(x-0,y-y_0,z-0),$$

故 $x=-x_0, y=y_0, z=-z_0$,从而点 P 关于 y 轴的对称点为 $P_2(-x_0,y_0,-z_0)$.

(3) 从点 P 向 xOy 面作垂线,则垂足为 $M_2(x_0,y_0,0)$.设点 P 关于 xOy 面的对称点为 $P_3(x,y,z)$.令 $\overrightarrow{PM_2}=\overrightarrow{M_2P_3}$,则

$$(x_0-x_0,y_0-y_0,0-z_0)=(x-x_0,y-y_0,z-0).$$

故 $x=x_0, y=y_0, z=-z_0$,从而点 P 关于 xOy 面的对称点为 $P_3(x_0,y_0,-z_0)$.

4. 向量的模与方向余弦的坐标表示式

向量可以用它的坐标来表示,也可以用它的模和方向来表示.为使用方便起见,我们需要找出这两种表示法之间的联系.

设向量 $\boldsymbol{a}=\overrightarrow{P_1P_2}=(a_x,a_y,a_z)$ 与三个坐标轴正向的夹角依次为 α,β,γ(如图 1-16),$0\leqslant\alpha,\beta,\gamma\leqslant\pi$,$\alpha,\beta,\gamma$ 称为非零向量 $\boldsymbol{a}$ 的方向角.因为向量的坐标就是向量在相应坐标轴上的投影,所以

$$a_x=\mathrm{Prj}_x\boldsymbol{a}=\|\boldsymbol{a}\|\cos\alpha,$$
$$a_y=\mathrm{Prj}_y\boldsymbol{a}=\|\boldsymbol{a}\|\cos\beta,$$
$$a_z=\mathrm{Prj}_z\boldsymbol{a}=\|\boldsymbol{a}\|\cos\gamma,$$

其中 $\cos\alpha,\cos\beta,\cos\gamma$ 称为向量 $\boldsymbol{a}$ 的方向余弦.由图 1-16 可以看出,向量 $\boldsymbol{a}$ 的模为

$$\|\boldsymbol{a}\|=\|\overrightarrow{P_1P_2}\|=\sqrt{\|\overrightarrow{P_1M}\|^2+\|\overrightarrow{P_1Q}\|^2+\|\overrightarrow{P_1R}\|^2}.$$

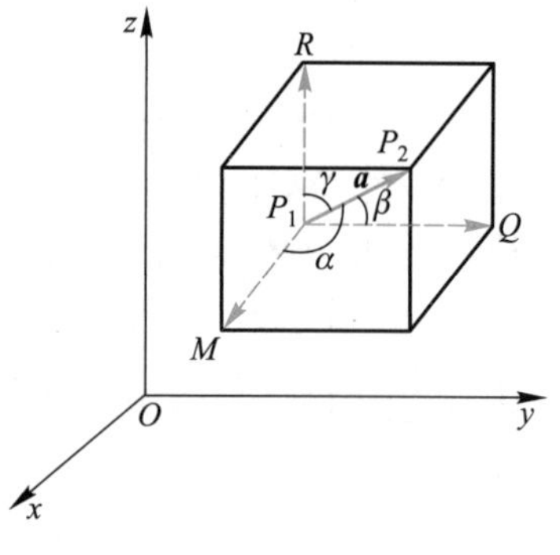

图 1-16

因为 $\overrightarrow{P_1M}=a_x\boldsymbol{i}$,$\overrightarrow{P_1Q}=a_y\boldsymbol{j}$,$\overrightarrow{P_1R}=a_z\boldsymbol{k}$,所以有

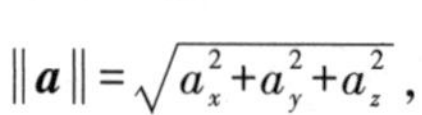

$$\|\boldsymbol{a}\|=\sqrt{a_x^2+a_y^2+a_z^2},$$

因此

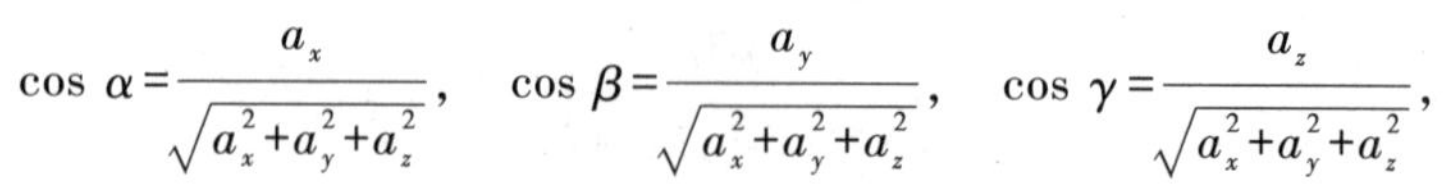

$$\cos\alpha=\frac{a_x}{\sqrt{a_x^2+a_y^2+a_z^2}},\quad \cos\beta=\frac{a_y}{\sqrt{a_x^2+a_y^2+a_z^2}},\quad \cos\gamma=\frac{a_z}{\sqrt{a_x^2+a_y^2+a_z^2}},$$

由此容易看出

$$\cos^2\alpha+\cos^2\beta+\cos^2\gamma=1,$$

于是 $\boldsymbol{a}^\circ=(\cos\alpha,\cos\beta,\cos\gamma)$ 是与 $\boldsymbol{a}$ 同方向的单位向量,可以用它表示向量 $\boldsymbol{a}$ 的方向.

例 6 已知两点 $A(2,2,\sqrt{2})$ 和 $B(1,3,0)$,求向量 $\overrightarrow{AB}$ 的模、方向余弦、方向角及与向量 $\overrightarrow{AB}$ 同方向的单位向量.

解 因为 $\overrightarrow{AB}=(1-2,3-2,0-\sqrt{2})=(-1,1,-\sqrt{2})$,所以

$$\|\overrightarrow{AB}\|=\sqrt{(-1)^2+1^2+(-\sqrt{2})^2}=\sqrt{4}=2.$$

于是有

$$\cos\alpha=-\frac{1}{2},\quad \cos\beta=\frac{1}{2},\quad \cos\gamma=-\frac{\sqrt{2}}{2},$$

$$\alpha=\frac{2\pi}{3},\quad \beta=\frac{\pi}{3},\quad \gamma=\frac{3\pi}{4}.$$

$$\overrightarrow{AB}^{\circ}=(\cos\alpha,\cos\beta,\cos\gamma)=\left(-\frac{1}{2},\frac{1}{2},-\frac{\sqrt{2}}{2}\right).$$

例 7　设点 A 位于第Ⅰ卦限，向径$\overrightarrow{OA}$的方向角 $\alpha=\frac{\pi}{3},\beta=\frac{\pi}{4}$，且$\|\overrightarrow{OA}\|=2$，求点 A 的坐标.

解　因为 $\alpha=\frac{\pi}{3},\beta=\frac{\pi}{4}$，所以由关系式 $\cos^2\alpha+\cos^2\beta+\cos^2\gamma=1$ 得

$$\cos^2\gamma=\frac{1}{4}.$$

典型例题
向量的概念与表示

由点 A 在第Ⅰ卦限，知 $\cos\gamma>0$，故 $\cos\gamma=\frac{1}{2}$.于是

$$\overrightarrow{OA}=\|\overrightarrow{OA}\|\overrightarrow{OA}^{\circ}=2\left(\frac{1}{2},\frac{\sqrt{2}}{2},\frac{1}{2}\right)=(1,\sqrt{2},1),$$

因此点 A 的坐标为$(1,\sqrt{2},1)$.

习题 1-1

1. 作图验证下列等式成立：
(1) $(\boldsymbol{a}+\boldsymbol{b})+(\boldsymbol{a}-\boldsymbol{b})=2\boldsymbol{a}$；　(2) $(\boldsymbol{a}+\boldsymbol{b})-(\boldsymbol{a}-\boldsymbol{b})=2\boldsymbol{b}$；　(3) $2\boldsymbol{a}+(\boldsymbol{b}-\boldsymbol{a})=\boldsymbol{a}+\boldsymbol{b}$.

2. 证明三角形两边中点的连线平行于第三边，且其长等于第三边长度的一半.

3. 已知 $\boldsymbol{u}=\boldsymbol{a}-2\boldsymbol{b}+4\boldsymbol{c}$，$\boldsymbol{v}=3\boldsymbol{b}-\boldsymbol{a}$，求 $\boldsymbol{u}+\boldsymbol{v}$ 及 $\boldsymbol{u}-\boldsymbol{v}$.

4. 在$\triangle ABC$ 中，$\angle C=\frac{\pi}{6}$，$\angle A=\frac{\pi}{3}$，边长 $AB=2$，求向量$\overrightarrow{CA}$，$\overrightarrow{BC}$，$\overrightarrow{AB}$在向量$\overrightarrow{AB}$上的投影.

5. 求点 $M(4,2,-3)$与原点及各坐标面间的距离.

6. 已知两点 $M_1(4,\sqrt{2},1)$及 $M_2(3,0,2)$，求向量$\overrightarrow{M_1M_2}$的模、方向余弦和方向角.

7. 已知两个力 $\boldsymbol{F}_1=\boldsymbol{i}+\boldsymbol{j}+3\boldsymbol{k}$，$\boldsymbol{F}_2=3\boldsymbol{i}-3\boldsymbol{j}-8\boldsymbol{k}$ 作用于同一点，问要用怎样的力才能与它们平衡？并求平衡力的大小和方向.

8. 求平行于向量 $\boldsymbol{a}=(2,-3,5)$的单位向量.

9. 设 $\boldsymbol{a}=2\boldsymbol{i}+\boldsymbol{j}-5\boldsymbol{k}$，$\boldsymbol{b}=2\boldsymbol{j}-4\boldsymbol{k}$，$\boldsymbol{c}=3\boldsymbol{i}+5\boldsymbol{j}+\boldsymbol{k}$，求向量 $\boldsymbol{m}=4\boldsymbol{a}+\boldsymbol{b}-\boldsymbol{c}$ 在 x 轴上的投影及在 y 轴上的分量.

10. 求 yOz 面上与已知三点 $A(3,1,2)$，$B(4,-2,-2)$和 $C(0,5,1)$等距离的点.

11. 一向量的起点在 $A(-2,3,0)$,它在 x 轴、y 轴、z 轴上的投影依次为 4, -4,7,求:

(1) 终点 B 的坐标; (2) $\frac{1}{2}\overrightarrow{AB}$.

12. 已知点 $A(4,5,-2)$ 和 $B(2,-3,1)$,求直线 AB 与 yOz 面的交点.

第二节 向量的数量积、向量积及混合积

一、向量的数量积

1. 数量积的定义与性质

定义 1 设 $\boldsymbol{a},\boldsymbol{b}$ 为任意两个向量,它们之间的夹角为 $\theta(0\leqslant\theta\leqslant\pi)$,则数值 $\|\boldsymbol{a}\|\|\boldsymbol{b}\|\cos\theta$ 称为向量 $\boldsymbol{a}$ 与 $\boldsymbol{b}$ 的数量积,记为 $\boldsymbol{a}\cdot\boldsymbol{b}=\|\boldsymbol{a}\|\|\boldsymbol{b}\|\cos\theta$.数量积又称为“内积”或“点积”.

由向量在轴上的投影可知,向量 $\boldsymbol{a}$ 与 $\boldsymbol{b}$ 的数量积可表示成下面的形式:

$$\boldsymbol{a}\cdot\boldsymbol{b}=\|\boldsymbol{a}\|\mathrm{Prj}_{\boldsymbol{a}}\boldsymbol{b}=\|\boldsymbol{b}\|\mathrm{Prj}_{\boldsymbol{b}}\boldsymbol{a},$$

从而有

$$\mathrm{Prj}_{\boldsymbol{a}}\boldsymbol{b}=\boldsymbol{a}^{\circ}\cdot\boldsymbol{b} \quad 或 \quad \mathrm{Prj}_{\boldsymbol{b}}\boldsymbol{a}=\boldsymbol{a}\cdot\boldsymbol{b}^{\circ}.$$

如图 1-17 所示,力 $\boldsymbol{F}$ 作用于某物体上,使该物体获得一段位移 $\boldsymbol{s}$,此时力 $\boldsymbol{F}$ 便做了功.由物理学可知,只有与位移平行的分力才做功,与位移方向垂直的分力不做功.设 $\langle\boldsymbol{F},\boldsymbol{s}\rangle=\theta$,则功为

$$W=\|\boldsymbol{F}\|\|\boldsymbol{s}\|\cos\theta=\boldsymbol{F}\cdot\boldsymbol{s}.$$

这就是向量的数量积的物理意义.

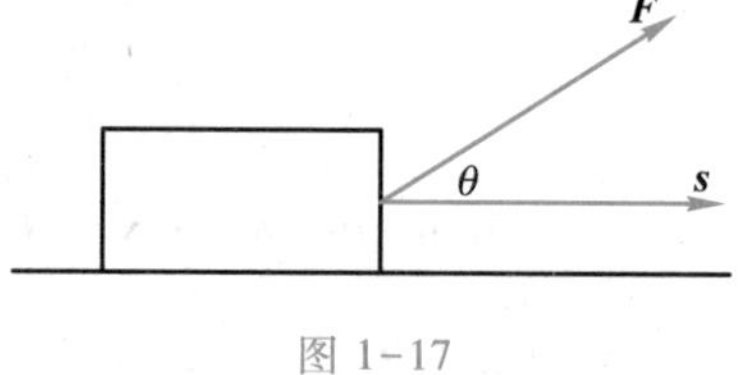

图 1-17

向量的数量积有下面一些性质:

(1) 数量积满足交换律和分配律,即

$$\boldsymbol{a}\cdot\boldsymbol{b}=\boldsymbol{b}\cdot\boldsymbol{a} \quad (交换律);$$

$$\boldsymbol{a}\cdot(\boldsymbol{b}+\boldsymbol{c})=\boldsymbol{a}\cdot\boldsymbol{b}+\boldsymbol{a}\cdot\boldsymbol{c} \quad (分配律).$$

这里交换律由数量积的定义便可直接得出,而分配律可借助投影性质得到,即

$$\begin{aligned}\boldsymbol{a}\cdot(\boldsymbol{b}+\boldsymbol{c})&=\|\boldsymbol{a}\|\mathrm{Prj}_{\boldsymbol{a}}(\boldsymbol{b}+\boldsymbol{c})=\|\boldsymbol{a}\|(\mathrm{Prj}_{\boldsymbol{a}}\boldsymbol{b}+\mathrm{Prj}_{\boldsymbol{a}}\boldsymbol{c})\\&=\|\boldsymbol{a}\|\mathrm{Prj}_{\boldsymbol{a}}\boldsymbol{b}+\|\boldsymbol{a}\|\mathrm{Prj}_{\boldsymbol{a}}\boldsymbol{c}=\boldsymbol{a}\cdot\boldsymbol{b}+\boldsymbol{a}\cdot\boldsymbol{c}.\end{aligned}$$

(2) 数量积与数乘满足结合律,即对任意实数 λ,μ 及向量 $\boldsymbol{a}$ 和 $\boldsymbol{b}$,有

$$(\lambda\boldsymbol{a})\cdot\boldsymbol{b}=\lambda(\boldsymbol{a}\cdot\boldsymbol{b})=\boldsymbol{a}\cdot(\lambda\boldsymbol{b});$$

$$(\lambda\boldsymbol{a})\cdot(\mu\boldsymbol{b})=\lambda\mu(\boldsymbol{a}\cdot\boldsymbol{b}).$$

运用数量积的定义可证明上述结合律为真.因为

$$(\lambda\boldsymbol{a})\cdot\boldsymbol{b}=\|\lambda\boldsymbol{a}\|\|\boldsymbol{b}\|\cos\langle\lambda\boldsymbol{a},\boldsymbol{b}\rangle=|\lambda|\|\boldsymbol{a}\|\|\boldsymbol{b}\|\cos\langle\lambda\boldsymbol{a},\boldsymbol{b}\rangle.$$

当 $\lambda>0$ 时,有

$$\cos\langle\lambda\boldsymbol{a},\boldsymbol{b}\rangle=\cos\langle\boldsymbol{a},\boldsymbol{b}\rangle,\ |\lambda|=\lambda;$$

当 $\lambda<0$ 时,有

$$\cos\langle\lambda\boldsymbol{a},\boldsymbol{b}\rangle=\cos(\pi-\langle\boldsymbol{a},\boldsymbol{b}\rangle)=-\cos\langle\boldsymbol{a},\boldsymbol{b}\rangle,\ |\lambda|=-\lambda.$$

所以,当 $\lambda\neq0$ 时,$|\lambda|\cos\langle\lambda\boldsymbol{a},\boldsymbol{b}\rangle=\lambda\cos\langle\boldsymbol{a},\boldsymbol{b}\rangle$,从而有

$$(\lambda\boldsymbol{a})\cdot\boldsymbol{b}=\lambda\|\boldsymbol{a}\|\|\boldsymbol{b}\|\cos\langle\boldsymbol{a},\boldsymbol{b}\rangle=\lambda(\boldsymbol{a}\cdot\boldsymbol{b}),$$

而当 $\lambda=0$ 时,$(\lambda\boldsymbol{a})\cdot\boldsymbol{b}=\lambda(\boldsymbol{a}\cdot\boldsymbol{b})$ 显然成立.

其他情况可仿此进行证明.

(3) $\boldsymbol{a}\cdot\boldsymbol{a}=\|\boldsymbol{a}\|^2$.

习惯上,记 $\boldsymbol{a}\cdot\boldsymbol{a}=\boldsymbol{a}^2$,则该性质可改写为 $\boldsymbol{a}^2=\|\boldsymbol{a}\|^2$.易证这一性质,事实上,

$$\boldsymbol{a}\cdot\boldsymbol{a}=\|\boldsymbol{a}\|\|\boldsymbol{a}\|\cos\langle\boldsymbol{a},\boldsymbol{a}\rangle=\|\boldsymbol{a}\|^2\cos 0=\|\boldsymbol{a}\|^2.$$

例 1　证明在 $\triangle ABC$ 中 $AB^2=AC^2+BC^2-2AC\cdot BC\cdot\cos\theta$,其中 θ 是 AC 与 BC 间的夹角.

证　在 $\triangle ABC$ 中引入向量 $\overrightarrow{AB}=\boldsymbol{c}$, $\overrightarrow{CA}=\boldsymbol{b}$ 和 $\overrightarrow{CB}=\boldsymbol{a}$(如图 1-18),且 $\langle\overrightarrow{CA},\overrightarrow{CB}\rangle=\theta$,于是

$$\boldsymbol{c}=\overrightarrow{AB}=\overrightarrow{CB}-\overrightarrow{CA}=\boldsymbol{a}-\boldsymbol{b},$$
$$AB=\|\overrightarrow{AB}\|=\|\boldsymbol{c}\|,$$
$$AC=\|\overrightarrow{CA}\|=\|\boldsymbol{b}\|,$$
$$BC=\|\overrightarrow{CB}\|=\|\boldsymbol{a}\|.$$

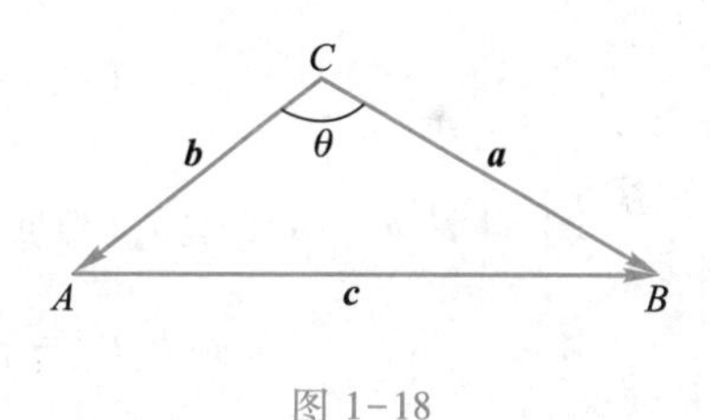

图 1-18

故

$$\begin{aligned}AB^2&=\|\boldsymbol{c}\|^2=\boldsymbol{c}^2=(\boldsymbol{a}-\boldsymbol{b})\cdot(\boldsymbol{a}-\boldsymbol{b})\\&=\boldsymbol{a}^2-\boldsymbol{a}\cdot\boldsymbol{b}-\boldsymbol{b}\cdot\boldsymbol{a}+\boldsymbol{b}^2=\boldsymbol{a}^2+\boldsymbol{b}^2-2\boldsymbol{a}\cdot\boldsymbol{b}\\&=\|\boldsymbol{a}\|^2+\|\boldsymbol{b}\|^2-2\|\boldsymbol{a}\|\|\boldsymbol{b}\|\cos\theta\\&=AC^2+BC^2-2AC\cdot BC\cdot\cos\theta.\end{aligned}$$

2. 数量积的坐标形式

我们首先证明下面的定理.

定理 1　两个非零向量 $\boldsymbol{a}$, $\boldsymbol{b}$ 相互垂直的充要条件是 $\boldsymbol{a}\cdot\boldsymbol{b}=0$.

证　若 $\boldsymbol{a}\perp\boldsymbol{b}$,则 $\boldsymbol{a}$ 与 $\boldsymbol{b}$ 的夹角 $\langle\boldsymbol{a},\boldsymbol{b}\rangle=\dfrac{\pi}{2}$,故

$$\boldsymbol{a}\cdot\boldsymbol{b}=\|\boldsymbol{a}\|\|\boldsymbol{b}\|\cos\langle\boldsymbol{a},\boldsymbol{b}\rangle=0.$$

反之,若 $\boldsymbol{a}\cdot\boldsymbol{b}=\|\boldsymbol{a}\|\|\boldsymbol{b}\|\cos\langle\boldsymbol{a},\boldsymbol{b}\rangle=0$,则因为 $\|\boldsymbol{a}\|\neq0$, $\|\boldsymbol{b}\|\neq0$,故必有

$$\cos\langle\boldsymbol{a},\boldsymbol{b}\rangle=0,$$

即应有$\langle \boldsymbol{a},\boldsymbol{b}\rangle=\frac{\pi}{2}$，亦即 $\boldsymbol{a}\perp\boldsymbol{b}$.

由这个定理可以看出，基本单位向量 $\boldsymbol{i},\boldsymbol{j},\boldsymbol{k}$ 中，任意两个向量的数量积为 0，即

$$\boldsymbol{i}\cdot\boldsymbol{j}=\boldsymbol{j}\cdot\boldsymbol{i}=0,\quad \boldsymbol{j}\cdot\boldsymbol{k}=\boldsymbol{k}\cdot\boldsymbol{j}=0,\quad \boldsymbol{i}\cdot\boldsymbol{k}=\boldsymbol{k}\cdot\boldsymbol{i}=0.$$

并且

$$\boldsymbol{i}\cdot\boldsymbol{i}=\|\boldsymbol{i}\|^2=1,\quad \boldsymbol{j}\cdot\boldsymbol{j}=\|\boldsymbol{j}\|^2=1,\quad \boldsymbol{k}\cdot\boldsymbol{k}=\|\boldsymbol{k}\|^2=1.$$

于是，设有向量 $\boldsymbol{a}=a_x\boldsymbol{i}+a_y\boldsymbol{j}+a_z\boldsymbol{k}$，$\boldsymbol{b}=b_x\boldsymbol{i}+b_y\boldsymbol{j}+b_z\boldsymbol{k}$，则

$$\begin{aligned}\boldsymbol{a}\cdot\boldsymbol{b}&=(a_x\boldsymbol{i}+a_y\boldsymbol{j}+a_z\boldsymbol{k})\cdot(b_x\boldsymbol{i}+b_y\boldsymbol{j}+b_z\boldsymbol{k})\\&=a_xb_x\boldsymbol{i}\cdot\boldsymbol{i}+a_xb_y\boldsymbol{i}\cdot\boldsymbol{j}+a_xb_z\boldsymbol{i}\cdot\boldsymbol{k}+a_yb_x\boldsymbol{j}\cdot\boldsymbol{i}+a_yb_y\boldsymbol{j}\cdot\boldsymbol{j}+\\&\quad a_yb_z\boldsymbol{j}\cdot\boldsymbol{k}+a_zb_x\boldsymbol{k}\cdot\boldsymbol{i}+a_zb_y\boldsymbol{k}\cdot\boldsymbol{j}+a_zb_z\boldsymbol{k}\cdot\boldsymbol{k}\\&=a_xb_x+a_yb_y+a_zb_z.\end{aligned}$$

就是说，两个向量的数量积等于这两个向量相应坐标乘积的和，即

$$\boldsymbol{a}\cdot\boldsymbol{b}=a_xb_x+a_yb_y+a_zb_z.$$

此式称为向量数量积的坐标表示式.

由数量积的坐标表示式我们可以将定理 1 写成下面的形式：两个非零向量 $\boldsymbol{a}=(a_x,a_y,a_z)$，$\boldsymbol{b}=(b_x,b_y,b_z)$相互垂直的充要条件是 $a_xb_x+a_yb_y+a_zb_z=0$.

利用向量的数量积可以求一个向量在另一个向量（或轴）上的投影，以及两个向量（或轴）间的夹角余弦：

（1）向量 $\boldsymbol{a}=(a_x,a_y,a_z)$在向量 $\boldsymbol{b}=(b_x,b_y,b_z)$上的投影为

$$\mathrm{Prj}_{\boldsymbol{b}}\boldsymbol{a}=\frac{\boldsymbol{a}\cdot\boldsymbol{b}}{\|\boldsymbol{b}\|}=\frac{a_xb_x+a_yb_y+a_zb_z}{\sqrt{b_x^2+b_y^2+b_z^2}}.$$

（2）向量 $\boldsymbol{a}=(a_x,a_y,a_z)$与向量 $\boldsymbol{b}=(b_x,b_y,b_z)$间的夹角余弦为

$$\cos\langle\boldsymbol{a},\boldsymbol{b}\rangle=\frac{\boldsymbol{a}\cdot\boldsymbol{b}}{\|\boldsymbol{a}\|\|\boldsymbol{b}\|}=\frac{a_xb_x+a_yb_y+a_zb_z}{\sqrt{a_x^2+a_y^2+a_z^2}\sqrt{b_x^2+b_y^2+b_z^2}}$$

或

$$\cos\langle\boldsymbol{a},\boldsymbol{b}\rangle=\boldsymbol{a}^\circ\cdot\boldsymbol{b}^\circ=\cos\alpha_1\cos\alpha_2+\cos\beta_1\cos\beta_2+\cos\gamma_1\cos\gamma_2,$$

其中 $\boldsymbol{a}^\circ=(\cos\alpha_1,\cos\beta_1,\cos\gamma_1)$，$\boldsymbol{b}^\circ=(\cos\alpha_2,\cos\beta_2,\cos\gamma_2)$分别为向量 $\boldsymbol{a}$ 和 $\boldsymbol{b}$ 的单位向量.

例 2　已知$\triangle ABC$ 的三个顶点为 $A(3,3,2)$，$B(1,2,1)$，$C(2,4,0)$，求

（1）$\angle B$ 的大小；（2）$\mathrm{Prj}_{\overrightarrow{BC}}\overrightarrow{BA}$.

解　（1）$\angle B$ 就是向量$\overrightarrow{BA}$，$\overrightarrow{BC}$的夹角，其中

$$\overrightarrow{BA}=(3-1,3-2,2-1)=(2,1,1),$$
$$\overrightarrow{BC}=(2-1,4-2,0-1)=(1,2,-1),$$

由此得

$$\cos\angle B=\frac{\overrightarrow{BA}\cdot\overrightarrow{BC}}{\|\overrightarrow{BA}\|\|\overrightarrow{BC}\|}=\frac{2\times1+1\times2+1\times(-1)}{\sqrt{2^2+1^2+1^2}\times\sqrt{1^2+2^2+(-1)^2}}=\frac{1}{2},\quad \angle B=\frac{\pi}{3}.$$

(2) $\mathrm{Prj}_{\overrightarrow{BC}}\overrightarrow{BA}=\dfrac{\overrightarrow{BA}\cdot\overrightarrow{BC}}{\|\overrightarrow{BC}\|}=\dfrac{2\times1+1\times2+1\times(-1)}{\sqrt{1^2+2^2+(-1)^2}}=\dfrac{3}{\sqrt{6}}=\dfrac{\sqrt{6}}{2}.$

例 3　一个力 $\boldsymbol{F}=2\boldsymbol{i}+\boldsymbol{j}-3\boldsymbol{k}$ 作用在速度为 $\boldsymbol{v}=3\boldsymbol{i}-\boldsymbol{j}$ 的太空船上，把 $\boldsymbol{F}$ 表示成一个平行于 $\boldsymbol{v}$ 的向量和一个垂直于 $\boldsymbol{v}$ 的向量之和（如图 1-19）.

解　
$$\begin{aligned}\boldsymbol{F}&=\mathrm{Prj}_{\boldsymbol{v}}\boldsymbol{F}\cdot\boldsymbol{v}^{\circ}+(\boldsymbol{F}-\mathrm{Prj}_{\boldsymbol{v}}\boldsymbol{F}\cdot\boldsymbol{v}^{\circ})\\&=\frac{\boldsymbol{F}\cdot\boldsymbol{v}}{\|\boldsymbol{v}\|^2}\boldsymbol{v}+\left(\boldsymbol{F}-\frac{\boldsymbol{F}\cdot\boldsymbol{v}}{\|\boldsymbol{v}\|^2}\boldsymbol{v}\right)\\&=\frac{5}{10}(3\boldsymbol{i}-\boldsymbol{j})+\left[(2\boldsymbol{i}+\boldsymbol{j}-3\boldsymbol{k})-\frac{5}{10}(3\boldsymbol{i}-\boldsymbol{j})\right]\\&=\left(\frac{3}{2}\boldsymbol{i}-\frac{1}{2}\boldsymbol{j}\right)+\left(\frac{1}{2}\boldsymbol{i}+\frac{3}{2}\boldsymbol{j}-3\boldsymbol{k}\right).\end{aligned}$$

图 1-19

例 4　在 zOx 面上求一与已知向量 $\boldsymbol{a}=(-2,3,4)$ 垂直的非零向量.

解　由题意，设所求向量为 $\boldsymbol{b}=(x_0,0,z_0)$，则
$$\boldsymbol{a}\cdot\boldsymbol{b}=-2x_0+4z_0=0.$$
取 $z_0=1$，得 $x_0=2$，故向量 $\boldsymbol{b}=(2,0,1)$ 与 $\boldsymbol{a}$ 垂直，当然任一不为零的数 λ 与 $\boldsymbol{b}$ 的乘积 $\lambda\boldsymbol{b}$ 也垂直于 $\boldsymbol{a}$.

典型例题　向量的数量积

例 5　设液体流过平面 Π 上面积为 A 的一个区域，液体在该区域上各处的流速均为（常向量）$\boldsymbol{v}$，设 $\boldsymbol{n}$ 为垂直于平面 Π 的单位向量.计算单位时间内经过该区域流向 $\boldsymbol{n}$ 所指一方的液体的质量 M（液体的密度为 μ）.

解　单位时间内流过该区域的液体组成一个底面积为 A，斜高为 $\|\boldsymbol{v}\|$ 的斜柱体.该柱体的斜高与底平面的垂线的夹角就是 $\boldsymbol{v}$ 与 $\boldsymbol{n}$ 的夹角 θ，而 $\|\boldsymbol{n}\|=1$，所以该柱体的高为 $\|\boldsymbol{v}\|\cos\theta$，体积为
$$V=A\|\boldsymbol{v}\|\cos\theta=A\boldsymbol{v}\cdot\boldsymbol{n},$$
从而单位时间内经过面积为 A 的区域流向 $\boldsymbol{n}$ 所指一方的液体的质量为
$$M=\mu V=\mu A\boldsymbol{v}\cdot\boldsymbol{n}.$$

二、向量的向量积

在讲向量的向量积的概念之前，简单地介绍一下二阶行列式和三阶行列式.

1. 二阶行列式和三阶行列式

我们知道，对于二元线性方程组
$$\begin{cases}a_{11}x_1+a_{12}x_2=b_1,\\a_{21}x_1+a_{22}x_2=b_2,\end{cases}\tag{1}$$
利用消元法，可得
$$\begin{cases}(a_{11}a_{22}-a_{12}a_{21})x_1=a_{22}b_1-a_{12}b_2,\\(a_{11}a_{22}-a_{12}a_{21})x_2=a_{11}b_2-a_{21}b_1.\end{cases}$$

当系数 $a_{11}a_{22}-a_{12}a_{21}\neq 0$ 时,方程组(1)有唯一解

$$x_1=\frac{a_{22}b_1-a_{12}b_2}{a_{11}a_{22}-a_{12}a_{21}},\quad x_2=\frac{a_{11}b_2-a_{21}b_1}{a_{11}a_{22}-a_{12}a_{21}}.$$

为了简单地表达方程组(1)的解,我们引进二阶行列式的概念.

定义 2　设有数表

$$\begin{matrix} a_{11} & a_{12} \\ a_{21} & a_{22} \end{matrix}$$

则称数 $a_{11}a_{22}-a_{12}a_{21}$ 为对应于这个数表的二阶行列式,记为

$$\begin{vmatrix} a_{11} & a_{12} \\ a_{21} & a_{22} \end{vmatrix},$$

即

$$\begin{vmatrix} a_{11} & a_{12} \\ a_{21} & a_{22} \end{vmatrix}=a_{11}a_{22}-a_{12}a_{21}.$$

有了二阶行列式的概念后,在方程组(1)中,记

$$D=\begin{vmatrix} a_{11} & a_{12} \\ a_{21} & a_{22} \end{vmatrix},\quad D_1=\begin{vmatrix} b_1 & a_{12} \\ b_2 & a_{22} \end{vmatrix},\quad D_2=\begin{vmatrix} a_{11} & b_1 \\ a_{21} & b_2 \end{vmatrix},$$

其中 D 称为方程组(1)的系数行列式,而 D_1,D_2 分别为以方程组(1)中常数项 b_1,b_2 代替 D 中的第一列和第二列后得到的行列式.可见,当系数行列式 $D\neq 0$ 时,方程组(1)有唯一解,且

$$x_1=\frac{D_1}{D},\quad x_2=\frac{D_2}{D}. \tag{2}$$

此方法称为解二元线性方程组的克拉默(Cramer)法则.

下面介绍三阶行列式概念.

定义 3　设有数表

$$\begin{matrix} a_{11} & a_{12} & a_{13} \\ a_{21} & a_{22} & a_{23} \\ a_{31} & a_{32} & a_{33} \end{matrix}$$

则称数 $a_{11}a_{22}a_{33}+a_{12}a_{23}a_{31}+a_{13}a_{21}a_{32}-a_{13}a_{22}a_{31}-a_{12}a_{21}a_{33}-a_{11}a_{23}a_{32}$ 为对应于这个数表的三阶行列式,记为

$$\begin{vmatrix} a_{11} & a_{12} & a_{13} \\ a_{21} & a_{22} & a_{23} \\ a_{31} & a_{32} & a_{33} \end{vmatrix},$$

即

$$\begin{vmatrix} a_{11} & a_{12} & a_{13} \\ a_{21} & a_{22} & a_{23} \\ a_{31} & a_{32} & a_{33} \end{vmatrix}=a_{11}a_{22}a_{33}+a_{12}a_{23}a_{31}+a_{13}a_{21}a_{32}-$$

$$a_{13}a_{22}a_{31}-a_{12}a_{21}a_{33}-a_{11}a_{23}a_{32}.$$

易见

$$\begin{vmatrix} a_{11} & a_{12} & a_{13} \\ a_{21} & a_{22} & a_{23} \\ a_{31} & a_{32} & a_{33} \end{vmatrix} = a_{11}\begin{vmatrix} a_{22} & a_{23} \\ a_{32} & a_{33} \end{vmatrix} - a_{12}\begin{vmatrix} a_{21} & a_{23} \\ a_{31} & a_{33} \end{vmatrix} + a_{13}\begin{vmatrix} a_{21} & a_{22} \\ a_{31} & a_{32} \end{vmatrix}.$$

同样的，我们有类似于前述的解三元线性方程组的克拉默法则，不再赘述.

由定义 2 和定义 3 容易得到二阶、三阶行列式的性质，如：互换行列式的任意两行(列)，行列式仅改变符号；若行列式的两行(列)的元素对应成比例，则该行列式为零，等等.

有关行列式的详细内容可参看本大学数学系列教材之《大学数学 3》.

2. 向量积的定义与性质

定义 4　设向量 $\boldsymbol{c}$ 是由两个向量 $\boldsymbol{a}$ 与 $\boldsymbol{b}$ 按下列方式确定：

(1) 向量 $\boldsymbol{c}$ 的模 $\|\boldsymbol{c}\|=\|\boldsymbol{a}\|\|\boldsymbol{b}\|\sin\theta$，其中 $\theta=\langle\boldsymbol{a},\boldsymbol{b}\rangle\ (0\leqslant\theta\leqslant\pi)$.

(2) 向量 $\boldsymbol{c}$ 垂直于向量 $\boldsymbol{a}$ 与 $\boldsymbol{b}$ 所决定的平面(即向量 $\boldsymbol{c}$ 既垂直于向量 $\boldsymbol{a}$，又垂直于向量 $\boldsymbol{b}$)，$\boldsymbol{c}$ 的指向符合右手规则：右手四个手指以不超过 π 的角度从向量 $\boldsymbol{a}$ 转向向量 $\boldsymbol{b}$ 而握住 $\boldsymbol{c}$ 时，大拇指所指方向就是向量 $\boldsymbol{c}$ 的方向，则称向量 $\boldsymbol{c}$ 为向量 $\boldsymbol{a}$ 与 $\boldsymbol{b}$ 的向量积，记为 $\boldsymbol{c}=\boldsymbol{a}\times\boldsymbol{b}$. 向量积又称为"叉积"或"外积"(如图1-20).

由 $\|\boldsymbol{a}\times\boldsymbol{b}\|=\|\boldsymbol{a}\|\|\boldsymbol{b}\|\sin\langle\boldsymbol{a},\boldsymbol{b}\rangle$ 可知，$\boldsymbol{a}\times\boldsymbol{b}$ 的模就是以向量 $\boldsymbol{a}$ 与 $\boldsymbol{b}$ 为邻边的平行四边形的面积.

设点 O 为杠杆 L 的支点，力 $\boldsymbol{F}$ 作用于杠杆上点 P 处，且与向量 $\overrightarrow{OP}$ 的夹角为 θ (如图 1-21). 由物理学知道：力 $\boldsymbol{F}$ 对支点 O 的力矩为一向量 $\boldsymbol{G}$，其大小为

$$\|\boldsymbol{G}\|=|OQ|\|\boldsymbol{F}\|=\|\overrightarrow{OP}\|\|\boldsymbol{F}\|\sin\theta,$$

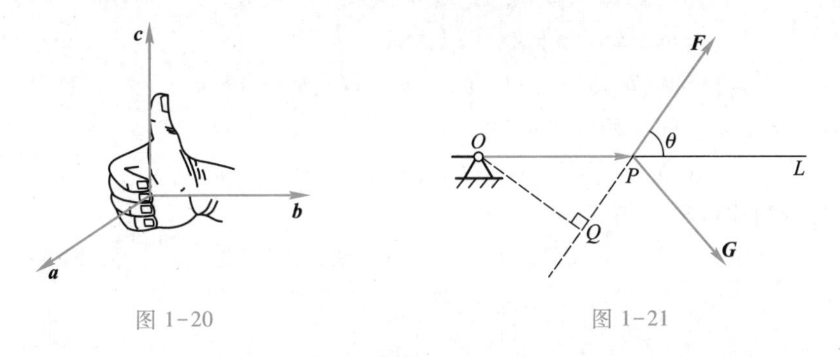

图 1-20　　图 1-21

而 $\boldsymbol{G}$ 的方向垂直于向量 $\overrightarrow{OP}$ 与 $\boldsymbol{F}$ 所决定的平面，$\boldsymbol{G}$ 的指向按右手规则确定. 由向量积的定义可知：$\boldsymbol{G}=\overrightarrow{OP}\times\boldsymbol{F}$，这就是向量积的物理意义.

向量 $\boldsymbol{a}$ 与 $\boldsymbol{b}$ 的向量积有下面一些重要性质：

(1) 向量积满足反交换律

$$\boldsymbol{a}\times\boldsymbol{b}=-\boldsymbol{b}\times\boldsymbol{a}.$$

这是因为按右手规则从向量 $\boldsymbol{b}$ 转向 $\boldsymbol{a}$ 所定出的方向恰好与按右手规则从向量 $\boldsymbol{a}$

转向 $\boldsymbol{b}$ 定出的方向相反.该性质也说明,向量的向量积不满足交换律.

(2) 向量积满足分配律

$$(\boldsymbol{a}+\boldsymbol{b})\times\boldsymbol{c}=\boldsymbol{a}\times\boldsymbol{c}+\boldsymbol{b}\times\boldsymbol{c};$$
$$\boldsymbol{c}\times(\boldsymbol{a}+\boldsymbol{b})=\boldsymbol{c}\times\boldsymbol{a}+\boldsymbol{c}\times\boldsymbol{b}.$$

(3) 向量积与数乘满足结合律

$$(\lambda\boldsymbol{a})\times\boldsymbol{b}=\boldsymbol{a}\times(\lambda\boldsymbol{b})=\lambda(\boldsymbol{a}\times\boldsymbol{b});$$
$$(\lambda\boldsymbol{a})\times(\mu\boldsymbol{b})=\lambda\mu(\boldsymbol{a}\times\boldsymbol{b})\quad(\lambda,\mu\text{ 为实数}).$$

读者可自己验证这些性质的正确性.

3. 向量积的坐标形式

关于向量的向量积,我们有下面的结论.

定理 2　设 $\boldsymbol{a},\boldsymbol{b}$ 为两个非零向量,则 $\boldsymbol{a}/\!/\boldsymbol{b}$ 的充要条件是 $\boldsymbol{a}\times\boldsymbol{b}=\boldsymbol{0}$.

证　若 $\boldsymbol{a}/\!/\boldsymbol{b}$,则 $\boldsymbol{a}$ 与 $\boldsymbol{b}$ 的夹角 $\langle\boldsymbol{a},\boldsymbol{b}\rangle=0$ 或 π,故

$$\|\boldsymbol{a}\times\boldsymbol{b}\|=\|\boldsymbol{a}\|\|\boldsymbol{b}\|\sin\langle\boldsymbol{a},\boldsymbol{b}\rangle=0,$$

即 $\boldsymbol{a}\times\boldsymbol{b}=\boldsymbol{0}$.

反之,若 $\boldsymbol{a}\times\boldsymbol{b}=\boldsymbol{0}$,则 $\|\boldsymbol{a}\times\boldsymbol{b}\|=0$,即

$$\|\boldsymbol{a}\|\|\boldsymbol{b}\|\sin\langle\boldsymbol{a},\boldsymbol{b}\rangle=0,$$

但 $\|\boldsymbol{a}\|\neq0$, $\|\boldsymbol{b}\|\neq0$,故必有 $\sin\langle\boldsymbol{a},\boldsymbol{b}\rangle=0$,于是

$$\langle\boldsymbol{a},\boldsymbol{b}\rangle=0\text{ 或 }\pi,$$

即 $\boldsymbol{a}/\!/\boldsymbol{b}$.

由定理 2,立即可以得出 $\boldsymbol{a}\times\boldsymbol{a}=\boldsymbol{0}$.从而,我们得到基本单位向量 $\boldsymbol{i},\boldsymbol{j},\boldsymbol{k}$ 的向量积,即

$$\boldsymbol{i}\times\boldsymbol{i}=\boldsymbol{j}\times\boldsymbol{j}=\boldsymbol{k}\times\boldsymbol{k}=\boldsymbol{0},\quad \boldsymbol{i}\times\boldsymbol{j}=\boldsymbol{k},\quad \boldsymbol{j}\times\boldsymbol{k}=\boldsymbol{i},\quad \boldsymbol{k}\times\boldsymbol{i}=\boldsymbol{j}.$$

设有向量 $\boldsymbol{a}=a_x\boldsymbol{i}+a_y\boldsymbol{j}+a_z\boldsymbol{k}$, $\boldsymbol{b}=b_x\boldsymbol{i}+b_y\boldsymbol{j}+b_z\boldsymbol{k}$,则

$$\begin{aligned}\boldsymbol{a}\times\boldsymbol{b}&=(a_x\boldsymbol{i}+a_y\boldsymbol{j}+a_z\boldsymbol{k})\times(b_x\boldsymbol{i}+b_y\boldsymbol{j}+b_z\boldsymbol{k})\\&=a_xb_x\boldsymbol{i}\times\boldsymbol{i}+a_xb_y\boldsymbol{i}\times\boldsymbol{j}+a_xb_z\boldsymbol{i}\times\boldsymbol{k}+a_yb_x\boldsymbol{j}\times\boldsymbol{i}+a_yb_y\boldsymbol{j}\times\boldsymbol{j}+a_yb_z\boldsymbol{j}\times\boldsymbol{k}+\\&\quad a_zb_x\boldsymbol{k}\times\boldsymbol{i}+a_zb_y\boldsymbol{k}\times\boldsymbol{j}+a_zb_z\boldsymbol{k}\times\boldsymbol{k}\\&=(a_yb_z-a_zb_y)\boldsymbol{i}+(a_zb_x-a_xb_z)\boldsymbol{j}+(a_xb_y-a_yb_x)\boldsymbol{k},\end{aligned}$$

所以,向量 $\boldsymbol{a}$ 与 $\boldsymbol{b}$ 的向量积的坐标表示式为

$$\boldsymbol{a}\times\boldsymbol{b}=(a_yb_z-a_zb_y)\boldsymbol{i}+(a_zb_x-a_xb_z)\boldsymbol{j}+(a_xb_y-a_yb_x)\boldsymbol{k}.$$

利用三阶行列式可将上式写成

$$\boldsymbol{a}\times\boldsymbol{b}=\begin{vmatrix}\boldsymbol{i}&\boldsymbol{j}&\boldsymbol{k}\\a_x&a_y&a_z\\b_x&b_y&b_z\end{vmatrix}.$$

利用向量积的坐标表示式可以将定理 2 写成下面的形式:两个非零向量 $\boldsymbol{a}=(a_x,a_y,a_z)$, $\boldsymbol{b}=(b_x,b_y,b_z)$ 相互平行的充要条件是 $\dfrac{a_x}{b_x}=\dfrac{a_y}{b_y}=\dfrac{a_z}{b_z}$,即 $\boldsymbol{a}=\lambda\boldsymbol{b}$($\lambda$ 为一非零实数).

例 6　求垂直于向量 $\boldsymbol{a}=(2,2,1)$ 和 $\boldsymbol{b}=(4,5,3)$ 且在向量 $\boldsymbol{c}=(2,1,2)$ 上的投影为 1 的向量 $\boldsymbol{d}$.

解　由于 $\boldsymbol{d}$ 同时垂直于 $\boldsymbol{a}$ 和 $\boldsymbol{b}$,且

$$a\times b=\begin{vmatrix} i & j & k \\ 2 & 2 & 1 \\ 4 & 5 & 3 \end{vmatrix}=i-2j+2k,$$

故可设 $d=\lambda(a\times b)=(\lambda,-2\lambda,2\lambda)$.因为

$$d\cdot c=2\lambda-2\lambda+4\lambda=4\lambda,\quad \|c\|=\sqrt{2^2+1^2+2^2}=3,$$

所以由 $\mathrm{Prj}_c d=\frac{d\cdot c}{\|c\|}=\frac{4\lambda}{3}=1$ 得 $\lambda=\frac{3}{4}$.于是所求向量为 $d=\left(\frac{3}{4},-\frac{3}{2},\frac{3}{2}\right)$.

例 7 已知$\triangle ABC$ 的顶点是 $A(1,2,3)$,$B(2,3,5)$,$C(2,2,6)$,求$\triangle ABC$ 的面积.

解 根据向量积的定义,可知$\triangle ABC$ 的面积为

$$S_{\triangle ABC}=\frac{1}{2}\|\overrightarrow{AB}\times\overrightarrow{AC}\|,$$

由于$\overrightarrow{AB}=(1,1,2)$,$\overrightarrow{AC}=(1,0,3)$,故

$$\overrightarrow{AB}\times\overrightarrow{AC}=\begin{vmatrix} i & j & k \\ 1 & 1 & 2 \\ 1 & 0 & 3 \end{vmatrix}=3i-j-k.$$

于是

$$S_{\triangle ABC}=\frac{1}{2}\|3i-j-k\|=\frac{1}{2}\sqrt{3^2+(-1)^2+(-1)^2}=\frac{\sqrt{11}}{2}.$$

例 8 设刚体以等角速度绕 u 轴旋转,计算刚体上任意一点 M 的线速度.

解 我们用 u 轴上的一个向量 ω 来表示刚体绕 u 轴旋转时的角速度,$\|\omega\|$等于角速度的大小,ω 的方向由右手规则定出,即以右手握住 u 轴,当四个手指的转向与刚体的旋转方向一致时,大拇指的指向就是 ω 的方向(如图 1-22).

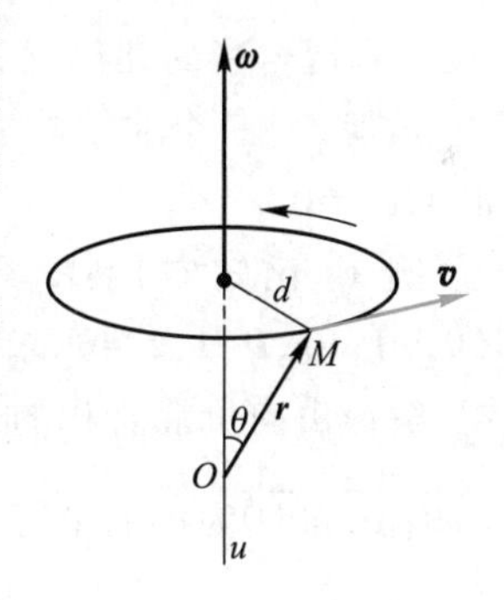

图 1-22

设点 M 到 u 轴的距离为 d.在 u 轴上任取一点 O,作向量 $r=\overrightarrow{OM}$,记 $\theta=\langle\omega,r\rangle$,则 $d=\|r\|\sin\theta$.设所求线速度为 v,由物理学中线速度与角速度的关系可知,v 的大小为

$$\|v\|=\|\omega\|d=\|\omega\|\|r\|\sin\theta,$$

v 的方向垂直于通过点 M 和 u 轴的平面,即 v 垂直于 ω 和 r.又 v 的指向使得 ω,r,v 符合右手规则,因此有 $v=\omega\times r$.

三、向量的混合积

定义 5 设 a,b,c 为任意三个向量,则称数值$(a\times b)\cdot c$ 为向量 a,b,c 的混合积,记为$[a,b,c]$,即

$$[a,b,c]=(a\times b)\cdot c.$$

设 $a=(a_x,a_y,a_z)$,$b=(b_x,b_y,b_z)$,$c=(c_x,c_y,c_z)$为任意三个向量,则

$$a\times b=\begin{vmatrix} i & j & k \\ a_x & a_y & a_z \\ b_x & b_y & b_z \end{vmatrix}=\begin{vmatrix} a_y & a_z \\ b_y & b_z \end{vmatrix}i-\begin{vmatrix} a_x & a_z \\ b_x & b_z \end{vmatrix}j+\begin{vmatrix} a_x & a_y \\ b_x & b_y \end{vmatrix}k,$$

故

$$(\boldsymbol{a}\times\boldsymbol{b})\cdot\boldsymbol{c}=c_x\begin{vmatrix}a_y & a_z\\ b_y & b_z\end{vmatrix}-c_y\begin{vmatrix}a_x & a_z\\ b_x & b_z\end{vmatrix}+c_z\begin{vmatrix}a_x & a_y\\ b_x & b_y\end{vmatrix}=\begin{vmatrix}a_x & a_y & a_z\\ b_x & b_y & b_z\\ c_x & c_y & c_z\end{vmatrix}.$$

就是说,三个向量的混合积可表示为坐标形式,即

$$[\boldsymbol{a},\boldsymbol{b},\boldsymbol{c}]=\begin{vmatrix}a_x & a_y & a_z\\ b_x & b_y & b_z\\ c_x & c_y & c_z\end{vmatrix}.$$

由行列式的性质及向量的数量积和向量积的性质易知

$$[\boldsymbol{a},\boldsymbol{b},\boldsymbol{c}]=[\boldsymbol{c},\boldsymbol{a},\boldsymbol{b}]=[\boldsymbol{b},\boldsymbol{c},\boldsymbol{a}]$$
$$=-[\boldsymbol{c},\boldsymbol{b},\boldsymbol{a}]=-[\boldsymbol{b},\boldsymbol{a},\boldsymbol{c}]=-[\boldsymbol{a},\boldsymbol{c},\boldsymbol{b}].$$

以向量 $\boldsymbol{a},\boldsymbol{b},\boldsymbol{c}$ 为棱构成平行六面体(如图 1-23),则该平行六面体的底面积为

$$A=\|\boldsymbol{a}\times\boldsymbol{b}\|,$$

其高为向量 $\boldsymbol{c}$ 在 $\boldsymbol{a}\times\boldsymbol{b}$ 上的投影的绝对值,即

$$h=|\mathrm{Prj}_{\boldsymbol{a}\times\boldsymbol{b}}\boldsymbol{c}|,$$

所以,该平行六面体的体积为

$$V=A\cdot h=\|\boldsymbol{a}\times\boldsymbol{b}\|\,|\mathrm{Prj}_{\boldsymbol{a}\times\boldsymbol{b}}\boldsymbol{c}|=|(\boldsymbol{a}\times\boldsymbol{b})\cdot\boldsymbol{c}|.$$

就是说,向量 $\boldsymbol{a},\boldsymbol{b},\boldsymbol{c}$ 的混合积 $[\boldsymbol{a},\boldsymbol{b},\boldsymbol{c}]=(\boldsymbol{a}\times\boldsymbol{b})\cdot\boldsymbol{c}$ 的绝对值表示以向量 $\boldsymbol{a},\boldsymbol{b},\boldsymbol{c}$ 为棱的平行六面体的体积 V.由向量混合积的几何意义,我们得出下面的定理.

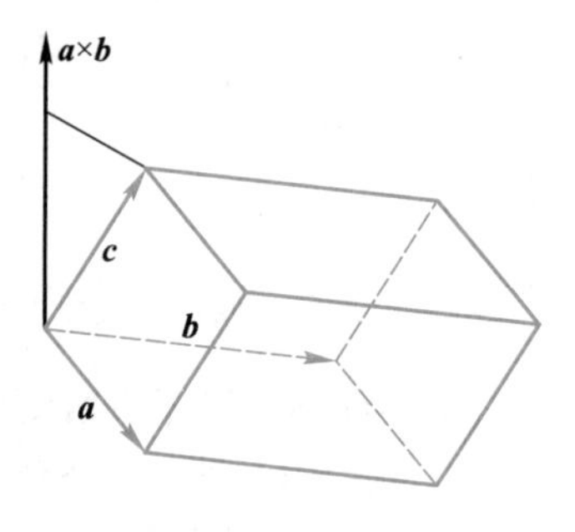

图 1-23

定理 3 三个非零向量 $\boldsymbol{a},\boldsymbol{b},\boldsymbol{c}$ 共面的充要条件是 $[\boldsymbol{a},\boldsymbol{b},\boldsymbol{c}]=0$.

例 9 已知空间 $\mathbf{R}^3$ 中不在同一平面上的四点:$A(1,0,-1)$,$B(3,1,2)$,$C(0,-1,1)$,$D(1,2,4)$,求四面体 $ABCD$ 的体积 V.

解 由向量混合积的几何意义及立体几何知识可知,四面体 $ABCD$ 的体积等于以 $\overrightarrow{AB}$,$\overrightarrow{AC}$ 和 $\overrightarrow{AD}$ 为棱的平行六面体体积的 $\frac{1}{6}$,而

$$\overrightarrow{AB}=(2,1,3),\quad \overrightarrow{AC}=(-1,-1,2),\quad \overrightarrow{AD}=(0,2,5),$$

故

$$V=\frac{1}{6}|(\overrightarrow{AB}\times\overrightarrow{AC})\cdot\overrightarrow{AD}|=\frac{1}{6}\left|\begin{vmatrix}2 & 1 & 3\\ -1 & -1 & 2\\ 0 & 2 & 5\end{vmatrix}\right|=\frac{19}{6}.$$

例 10 设 $\boldsymbol{a},\boldsymbol{b},\boldsymbol{c}$ 为任意三个向量,证明 $(\boldsymbol{a}\times\boldsymbol{b})\times\boldsymbol{c}=(\boldsymbol{a}\cdot\boldsymbol{c})\boldsymbol{b}-(\boldsymbol{b}\cdot\boldsymbol{c})\boldsymbol{a}$.

证 设 $\boldsymbol{a}=(a_x,a_y,a_z)$,$\boldsymbol{b}=(b_x,b_y,b_z)$,$\boldsymbol{c}=(c_x,c_y,c_z)$,则

$$\boldsymbol{a}\times\boldsymbol{b}=\begin{vmatrix}\boldsymbol{i} & \boldsymbol{j} & \boldsymbol{k}\\ a_x & a_y & a_z\\ b_x & b_y & b_z\end{vmatrix}=(a_yb_z-a_zb_y)\boldsymbol{i}+(a_zb_x-a_xb_z)\boldsymbol{j}+(a_xb_y-a_yb_x)\boldsymbol{k},$$

于是

$$(\boldsymbol{a}\times\boldsymbol{b})\times\boldsymbol{c}=\begin{vmatrix}\boldsymbol{i} & \boldsymbol{j} & \boldsymbol{k}\\ a_yb_z-a_zb_y & a_zb_x-a_xb_z & a_xb_y-a_yb_x\\ c_x & c_y & c_z\end{vmatrix}$$

$$=(a_zc_z+a_yc_y)b_x\boldsymbol{i}+(c_xa_x+c_za_z)b_y\boldsymbol{j}+(a_yc_y+a_xc_x)b_z\boldsymbol{k}-$$

$$(b_zc_z+b_yc_y)a_x\boldsymbol{i}-(b_zc_z+b_xc_x)a_y\boldsymbol{j}-(b_yc_y+b_xc_x)a_z\boldsymbol{k}$$

$$=(\boldsymbol{a}\cdot\boldsymbol{c})\boldsymbol{b}-(\boldsymbol{b}\cdot\boldsymbol{c})\boldsymbol{a}.$$

例 11　计算$(\boldsymbol{a}\times\boldsymbol{b})\cdot(\boldsymbol{c}\times\boldsymbol{d})$.

解　记$\boldsymbol{e}=\boldsymbol{c}\times\boldsymbol{d}$,则

$$\begin{aligned}(\boldsymbol{a}\times\boldsymbol{b})\cdot(\boldsymbol{c}\times\boldsymbol{d})&=(\boldsymbol{a}\times\boldsymbol{b})\cdot\boldsymbol{e}=[\boldsymbol{a},\boldsymbol{b},\boldsymbol{e}]=[\boldsymbol{b},\boldsymbol{e},\boldsymbol{a}]\\&=(\boldsymbol{b}\times\boldsymbol{e})\cdot\boldsymbol{a}=(\boldsymbol{b}\times(\boldsymbol{c}\times\boldsymbol{d}))\cdot\boldsymbol{a}\\&=-((\boldsymbol{c}\times\boldsymbol{d})\times\boldsymbol{b})\cdot\boldsymbol{a}\\&=-((\boldsymbol{c}\cdot\boldsymbol{b})\boldsymbol{d}-(\boldsymbol{d}\cdot\boldsymbol{b})\boldsymbol{c})\cdot\boldsymbol{a}\quad(\text{由例 10 可得})\\&=(\boldsymbol{a}\cdot\boldsymbol{c})(\boldsymbol{b}\cdot\boldsymbol{d})-(\boldsymbol{a}\cdot\boldsymbol{d})(\boldsymbol{b}\cdot\boldsymbol{c}).\end{aligned}$$

此例所得的结果称为拉格朗日(Lagrange)恒等式.

典型例题
向量的向量积与混合积

习题 1-2

1. 求向量$\boldsymbol{a}=(4,-3,4)$在向量$\boldsymbol{b}=(2,2,1)$上的投影.

2. 判断下列向量哪些是相互垂直的:

$$\boldsymbol{a}=(1,1,1),\quad\boldsymbol{b}=(1,1,-2),\quad\boldsymbol{c}=(2,2,-4),\quad\boldsymbol{d}=(1,-1,0).$$

3. 设$\boldsymbol{a}=3\boldsymbol{i}-\boldsymbol{j}-2\boldsymbol{k}$,$\boldsymbol{b}=\boldsymbol{i}+2\boldsymbol{j}-\boldsymbol{k}$,求$(-2\boldsymbol{a})\cdot3\boldsymbol{b}$及$\boldsymbol{a}\times2\boldsymbol{b}$.

4. 设$\boldsymbol{a}=\boldsymbol{i}+2\boldsymbol{j}-\boldsymbol{k}$,$\boldsymbol{b}=-\boldsymbol{i}+\boldsymbol{j}$,计算$\boldsymbol{a}\cdot\boldsymbol{b}$及$\boldsymbol{a}\times\boldsymbol{b}$,并求$\boldsymbol{a}$与$\boldsymbol{b}$的夹角的余弦和正弦值.

5. 判断下列向量哪些是相互平行的:

$$\boldsymbol{a}=(1,-2,3),\quad\boldsymbol{b}=(2,1,0),\quad\boldsymbol{c}=(6,-2,6),\quad\boldsymbol{d}=(0,0,1),$$

$$\boldsymbol{e}=(-5,10,5),\quad\boldsymbol{f}=\left(\frac{1}{2},-1,\frac{3}{2}\right),\quad\boldsymbol{g}=(0,0,-1).$$

6. 已知$M_1(1,-1,2)$,$M_2(3,3,1)$,$M_3(3,1,3)$,求与$\overrightarrow{M_1M_2}$,$\overrightarrow{M_2M_3}$同时垂直的单位向量.

7. 设质量为 100 kg 的物体从点$M_1(3,1,8)$沿直线移动到点$M_2(1,4,2)$,计算重力所做的功(长度单位:m).

8. 设$\triangle ABC$的三个顶点为$A(2,-1,3)$,$B(1,0,3)$,$C(3,1,0)$,求$\triangle ABC$的面积.

9. 已知$\boldsymbol{a}=(a_1,a_2,a_3)$,$\boldsymbol{b}=(b_1,b_2,b_3)$,$\boldsymbol{c}=(c_1,c_2,c_3)$,试利用行列式的性质证明

$$(\boldsymbol{a}\times\boldsymbol{b})\cdot\boldsymbol{c}=(\boldsymbol{b}\times\boldsymbol{c})\cdot\boldsymbol{a}=(\boldsymbol{c}\times\boldsymbol{a})\cdot\boldsymbol{b}.$$

10. 判断下列向量$\boldsymbol{a},\boldsymbol{b},\boldsymbol{c}$是否共面:

(1) $\boldsymbol{a}=(2,3,-1)$,$\boldsymbol{b}=(1,-1,3)$,$\boldsymbol{c}=(1,-7,10)$;

(2) $\boldsymbol{a}=(3,-2,1)$, $\boldsymbol{b}=(2,0,-1)$, $\boldsymbol{c}=(3,-1,2)$.

11. 求以 $\boldsymbol{a}=(1,0,1)$, $\boldsymbol{b}=(2,-1,3)$, $\boldsymbol{c}=(4,3,0)$ 为棱的四面体的体积.

12. 已知向量 $\boldsymbol{a}=2\boldsymbol{i}-3\boldsymbol{j}+\boldsymbol{k}$, $\boldsymbol{b}=\boldsymbol{i}-\boldsymbol{j}+3\boldsymbol{k}$, $\boldsymbol{c}=\boldsymbol{i}-2\boldsymbol{j}$,计算:

(1) $(\boldsymbol{a}\cdot\boldsymbol{b})\boldsymbol{c}-(\boldsymbol{a}\cdot\boldsymbol{c})\boldsymbol{b}$;　　(2) $(\boldsymbol{a}+\boldsymbol{b})\times(\boldsymbol{b}+\boldsymbol{c})$;　　(3) $(\boldsymbol{a}\times\boldsymbol{b})\cdot\boldsymbol{c}$.

13. 由 $\boldsymbol{a}\times\boldsymbol{c}=\boldsymbol{b}\times\boldsymbol{c}(\boldsymbol{c}\neq\boldsymbol{0})$ 能否导出结论 $\boldsymbol{a}=\boldsymbol{b}$?

第三节　平面及其方程

我们将以向量为工具,在空间直角坐标系中建立平面和直线的方程,并进一步研究它们的相互关系.

一、平面及其方程

1. 平面的点法式方程

任何一个与平面 Π 垂直的非零向量都称为平面 Π 的法向量,记为 $\boldsymbol{n}$.显然,平面上的任何一个向量都与该平面的法向量垂直.由此我们可建立平面的点法式方程.

已知平面 Π 过点 $M_0(x_0,y_0,z_0)$,其法向量为 $\boldsymbol{n}=(A,B,C)$.在平面上任取一点 $M(x,y,z)$,则向量 $\overrightarrow{M_0M}=(x-x_0)\boldsymbol{i}+(y-y_0)\boldsymbol{j}+(z-z_0)\boldsymbol{k}$ 位于平面 Π 上,且与法向量 $\boldsymbol{n}$ 垂直,故有 $\overrightarrow{M_0M}\cdot\boldsymbol{n}=0$,即

$$A(x-x_0)+B(y-y_0)+C(z-z_0)=0. \tag{1}$$

这就是平面 Π 上任一点 M 的坐标 x,y,z 应满足的方程.

由于过空间中的一点仅能作一平面垂直于一已知直线,故方程(1)就是过点 $M_0(x_0,y_0,z_0)$,且以 $\boldsymbol{n}=(A,B,C)$ 为法向量的平面 Π 的方程,通常称(1)为平面的点法式方程.

例 1　求过点 $(2,-5,0)$ 且以 $\boldsymbol{n}=(1,-2,3)$ 为法向量的平面方程.

解　根据平面的点法式方程,所求平面方程为

$$(x-2)-2(y+5)+3z=0,$$

即

$$x-2y+3z-12=0.$$

2. 平面的三点式方程

众所周知,不共线的三个点可以唯一地确定一个平面.如果已知平面 Π 上不共线的三个点:

$$M_1(x_1,y_1,z_1), M_2(x_2,y_2,z_2), M_3(x_3,y_3,z_3),$$

那么在平面 Π 上任取一点 $M(x,y,z)$,则向量 $\overrightarrow{M_1M}=(x-x_1,y-y_1,z-z_1)$, $\overrightarrow{M_1M_2}=(x_2-x_1,y_2-y_1,z_2-z_1)$ 与 $\overrightarrow{M_1M_3}=(x_3-x_1,y_3-y_1,z_3-z_1)$ 共面,即有

$$\begin{vmatrix} x-x_1 & y-y_1 & z-z_1 \\ x_2-x_1 & y_2-y_1 & z_2-z_1 \\ x_3-x_1 & y_3-y_1 & z_3-z_1 \end{vmatrix}=0. \tag{2}$$

方程(2)称为平面的三点式方程,此时$\boldsymbol{n}=\overrightarrow{M_1M_2}\times\overrightarrow{M_1M_3}$是该平面的一个法向量.

例 2 求过点 $M_1(2,-1,4)$,$M_2(-1,3,-2)$和 $M_3(0,2,3)$的平面方程.

解法 1 设 $M(x,y,z)$为平面上任一点,由方程(2)得平面方程

$$\begin{vmatrix} x-2 & y+1 & z-4 \\ -3 & 4 & -6 \\ -2 & 3 & -1 \end{vmatrix}=0,$$

即

$$14x+9y-z-15=0.$$

解法 2 因为$\overrightarrow{M_1M_2}=(-3,4,-6)$,$\overrightarrow{M_1M_3}=(-2,3,-1)$,所以可取平面的法向量为

$$\boldsymbol{n}=\overrightarrow{M_1M_2}\times\overrightarrow{M_1M_3}=\begin{vmatrix} \boldsymbol{i} & \boldsymbol{j} & \boldsymbol{k} \\ -3 & 4 & -6 \\ -2 & 3 & -1 \end{vmatrix}=14\boldsymbol{i}+9\boldsymbol{j}-\boldsymbol{k}.$$

由平面的点法式方程(1),得所求平面的方程

$$14(x-2)+9(y+1)-(z-4)=0,$$

即

$$14x+9y-z-15=0.$$

3. 平面的截距式方程

如果平面 Π 在 x 轴、y 轴、z 轴上分别有截距 $OA=a$,$OB=b$,$OC=c$(如图 1-24),则平面 Π 过点 $A(a,0,0)$,$B(0,b,0)$及点 $C(0,0,c)$,于是平面 Π 的方程是

$$\begin{vmatrix} x-a & y & z \\ -a & b & 0 \\ -a & 0 & c \end{vmatrix}=0,$$

即

$$bcx+acy+abz-abc=0.$$

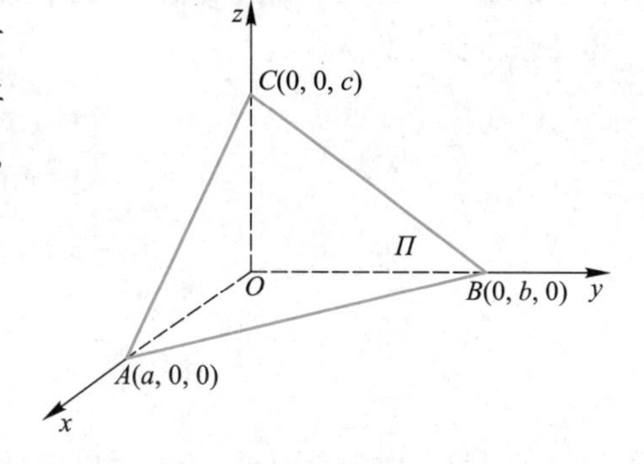

图 1-24

当 $abc\neq 0$ 时,该平面的方程可写为

$$\frac{x}{a}+\frac{y}{b}+\frac{z}{c}=1. \tag{3}$$

方程(3)称为平面的截距式方程.

例 3 一平面过点 $A(-2,0,0)$,$B(0,4,0)$,且与三个坐标面构成的四面体的体积为 4,求此平面的方程.

解 由题设可知平面在 x 轴、y 轴上的截距分别为 $a=-2$,$b=4$,若设在 z 轴上的截距为 c,则

$$\frac{1}{6}\left|(-2)\times4\times c\right|=4,$$

即 $c=\pm3$,故此平面的方程为

$$\frac{x}{-2}+\frac{y}{4}+\frac{z}{3}=1 \text{ 或 } \frac{x}{-2}+\frac{y}{4}+\frac{z}{-3}=1.$$

4. 平面的一般方程

显然,前面导出的几种平面方程都可写成

$$Ax+By+Cz+D=0 \tag{4}$$

的形式,其中 A,B,C 不全为零.例如,设点 $M_0(x_0,y_0,z_0)$ 的坐标满足(4)式,即

$$Ax_0+By_0+Cz_0+D=0,$$

将(4)式减去上式得

$$A(x-x_0)+B(y-y_0)+C(z-z_0)=0, \tag{5}$$

此式即为过点 $M_0(x_0,y_0,z_0)$,且具有法向量 $\boldsymbol{n}=(A,B,C)$ 的点法式平面方程.

(4) 式称为平面的一般方程,其中 x,y,z 的系数是该平面的一个法向量的坐标,即 $\boldsymbol{n}=(A,B,C)$.如果 A,B,C,D 中出现零值,则(4)式将表示一些特殊的平面:

1) $D=0$ 时,平面通过坐标原点.

2) $A=0$ 时,平面与 x 轴平行,如果此时 $D=0$,则平面通过 x 轴.

3) $A=B=0$ 时,平面平行于 xOy 面,或者说平面垂直于 z 轴.如果此时 $D=0$,则平面与 xOy 面重合.

对于 $B=0,C=0,B=C=0$ 等情况,读者可仿此自行讨论.

例 4　求通过 x 轴和点 $M(4,-3,-1)$ 的平面方程.

解法 1　因为平面过 x 轴,所以平面过点 $O(0,0,0)$ 和 $A(1,0,0)$.由三点式方程得所求平面方程为

$$\begin{vmatrix} x & y & z \\ 1 & 0 & 0 \\ 4 & -3 & -1 \end{vmatrix}=0,$$

即

$$y-3z=0.$$

解法 2　因为平面过 x 轴,所以向量 $\boldsymbol{i}=(1,0,0)$ 在该平面上,且平面过点 $O(0,0,0)$.又向量 $\overrightarrow{OM}=(4,-3,-1)$ 在平面上,因而可取法向量为

$$\boldsymbol{n}=\boldsymbol{i}\times\overrightarrow{OM}=\begin{vmatrix} \boldsymbol{i} & \boldsymbol{j} & \boldsymbol{k} \\ 1 & 0 & 0 \\ 4 & -3 & -1 \end{vmatrix}=\boldsymbol{j}-3\boldsymbol{k}.$$

由平面的点法式方程得所求平面方程为

$$y-3z=0.$$

解法 3　设所求平面方程为

$$Ax+By+Cz+D=0.$$

因为平面过 x 轴，所以 $A=0, D=0$，故所求平面方程为

$$By+Cz=0.$$

又由于平面过点$(4,-3,-1)$，故有

$$-3B-C=0.$$

即 $C=-3B$. 取 $B=1$，得 $C=-3$，从而所求平面方程为

$$y-3z=0.$$

二、两平面间的夹角

定义　两个平面的法向量的夹角(通常指锐角或直角)称为两平面的夹角. 若两平面的方程为

$$\Pi_1: A_1x+B_1y+C_1z+D_1=0,$$
$$\Pi_2: A_2x+B_2y+C_2z+D_2=0,$$

则 Π_1 的法向量为 $\boldsymbol{n}_1=(A_1, B_1, C_1)$，$\Pi_2$ 的法向量为 $\boldsymbol{n}_2=(A_2, B_2, C_2)$，于是平面 Π_1 与 Π_2 的夹角 θ 的余弦为

$$\cos\theta=\frac{|\boldsymbol{n}_1\cdot\boldsymbol{n}_2|}{\|\boldsymbol{n}_1\|\|\boldsymbol{n}_2\|}=\frac{|A_1A_2+B_1B_2+C_1C_2|}{\sqrt{A_1^2+B_1^2+C_1^2}\sqrt{A_2^2+B_2^2+C_2^2}},$$

其中分子取绝对值是因为所取 θ 为锐角或直角.

由两平面间夹角的定义及本章第二节中的定理 1 和定理 2 可知：

(1) 平面 Π_1 与平面 Π_2 相互平行的充要条件是 $\boldsymbol{n}_1 /\!/ \boldsymbol{n}_2$，即

$$\frac{A_1}{A_2}=\frac{B_1}{B_2}=\frac{C_1}{C_2}.$$

(2) 平面 Π_1 与平面 Π_2 相互垂直的充要条件是 $\boldsymbol{n}_1\perp\boldsymbol{n}_2$，即

$$A_1A_2+B_1B_2+C_1C_2=0.$$

例 5　一平面通过点 $M_1(1,1,1)$ 和 $M_2(0,1,-1)$ 且垂直于平面 $x+y+z=0$，求此平面的方程.

解　设所求平面的法向量 $\boldsymbol{n}=(A,B,C)$，则其方程为

$$A(x-1)+B(y-1)+C(z-1)=0. \tag{6}$$

因为$\overrightarrow{M_1M_2}=(-1,0,-2)$在所求平面上，所以，$\boldsymbol{n}\perp\overrightarrow{M_1M_2}$，即有

$$-A-2C=0. \tag{7}$$

又因为所求平面垂直于平面 $x+y+z=0$，所以

$$A+B+C=0. \tag{8}$$

由(7)式和(8)式得 $A=-2C, B=C(C\neq 0)$，代入(6)式即得所求平面的方程

$$-2(x-1)+(y-1)+(z-1)=0,$$

也即

$$2x-y-z=0.$$

例 6　已知平面 Π 过点 $P_0(4,-3,-2)$ 且垂直于平面 Π_1 和 Π_2，其中

$$\Pi_1: x+2y-z=0, \quad \Pi_2: 2x-3y+4z-5=0,$$

求平面 Π 的方程.

解 设所求平面 Π 的方程为

$$Ax+By+Cz+D=0.$$

因为 Π 经过点 P_0,所以

$$4A-3B-2C+D=0.$$

又因为 Π 与 Π_1,Π_2垂直,所以

$$A+2B-C=0, \quad 2A-3B+4C=0.$$

联立上面的三个方程并解方程组得

$$A=-\frac{5}{7}C, \quad B=\frac{6}{7}C, \quad D=\frac{52}{7}C.$$

取 $C=1$,代入 Π 的方程得所求平面的方程

$$5x-6y-7z-52=0.$$

例 6 中也可直接取平面的法向量为 $\boldsymbol{n}=\boldsymbol{n}_1\times\boldsymbol{n}_2=(1,2,-1)\times(2,-3,4)$ 求解.

三、点到平面的距离

已知平面 $\Pi: Ax+By+Cz+D=0$ 外一点 $P_0(x_0,y_0,z_0)$,由 P_0 向平面 Π 作垂线交平面 Π 于点 P,那么 $d=d(P_0,P)=\|\overrightarrow{P_0P}\|$ 就是点 P_0 到平面 Π 的距离(如图 1-25).

在平面上任取一点 $P_1(x_1,y_1,z_1)$,连接 P_0 和 P_1,得向量

$$\overrightarrow{P_1P_0}=(x_0-x_1,y_0-y_1,z_0-z_1),$$

又过点 P 作平面 Π 的法向量

$$\boldsymbol{n}=(A,B,C),$$

于是 P_0 到平面 Π 的距离,就是向量 $\overrightarrow{P_1P_0}$ 在 $\boldsymbol{n}$ 上的投影的长度,即

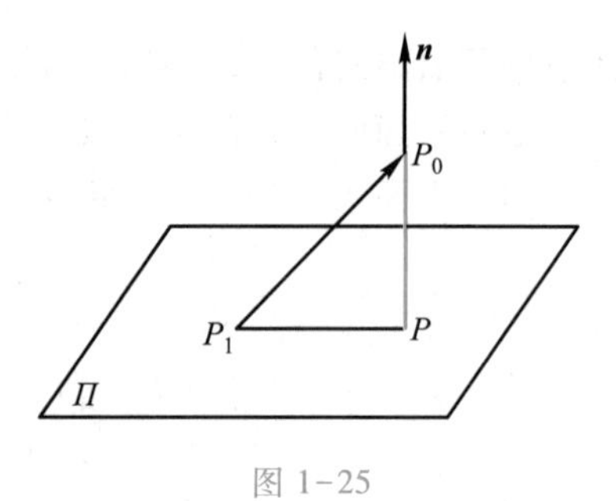

图 1-25

$$d=|\mathrm{Prj}_{\boldsymbol{n}}\overrightarrow{P_1P_0}|=\frac{|\overrightarrow{P_1P_0}\cdot\boldsymbol{n}|}{\|\boldsymbol{n}\|}$$

$$=\frac{|A(x_0-x_1)+B(y_0-y_1)+C(z_0-z_1)|}{\sqrt{A^2+B^2+C^2}}.$$

典型例题
平面及其方程

由于 $Ax_1+By_1+Cz_1+D=0$,故

$$d=\frac{|Ax_0+By_0+Cz_0+D|}{\sqrt{A^2+B^2+C^2}}.$$

该公式就是平面外一点 $P_0(x_0,y_0,z_0)$ 到平面的距离公式.

例 7 求点 $A(1,2,1)$ 到平面 $\Pi: x+2y+2z-10=0$ 的距离.

解 因为 $x_0=1, y_0=2, z_0=1$;$A=1, B=2, C=2, D=-10$,所以点 A 到平面 Π 的距离为

$$d=\frac{|1\times1+2\times2+2\times1-10|}{\sqrt{1^2+2^2+2^2}}=1.$$

习题 1-3

1. 求与向量 $\boldsymbol{a}=(1,0,-1)$，$\boldsymbol{b}=(2,-1,3)$ 平行，且经过点 $P_0(3,-1,4)$ 的平面 Π 的方程.

2. 求过三点 $M_1(2,-1,4)$，$M_2(-1,-3,-2)$ 和 $M_3(0,2,3)$ 的平面方程.

3. 求过点 $(3,0,0)$，$(0,1,0)$ 和 $(0,0,-9)$ 的平面方程.

4. 求由下列条件所确定的平面的一般方程.

(1) 通过 y 轴和点 $(4,-3,-1)$ 的平面；

(2) 通过点 $M_1(4,0,-2)$ 和 $M_2(5,11,7)$ 且平行于 x 轴的平面；

(3) 经过点 $A(-1,1,1)$，$B(0,2,-1)$ 且平行于向量 $\boldsymbol{a}=(0,-3,1)$ 的平面.

5. 求点 $A(1,0,1)$ 到平面 $x+2y+2z+6=0$ 的距离.

6. 求三个平面 $x+3y-z=2$，$x-2y+z=0$，$-x+y-2z=2$ 的交点.

第四节　空间直线及其方程

一、空间直线的方程

1. 空间直线的一般方程

空间中的直线 Γ 可以看作是两个不重合的相交平面 Π_1 和 Π_2 的交线.若平面 Π_1 和 Π_2 的方程分别是 $A_1x+B_1y+C_1z+D_1=0$ 和 $A_2x+B_2y+C_2z+D_2=0$，则直线 Γ 上的任何点的坐标应同时满足这两个平面方程，即应满足方程组

$$\begin{cases}A_1x+B_1y+C_1z+D_1=0,\\A_2x+B_2y+C_2z+D_2=0.\end{cases}\tag{1}$$

反过来，如果点 M 不在直线 Γ 上，那么它不可能同时在平面 Π_1 和平面 Π_2 上，所以它的坐标就不会满足方程组(1).因此，可以用方程组(1)来描述直线 Γ.方程组(1)称为空间直线的一般方程.

通过空间中一条直线 Γ 的平面有无穷多个，我们只要在这无穷多个平面中任取两个，把它们的方程联立起来就得到该直线的一般方程.

2. 空间直线的点向式(对称式)方程

设 Γ 是空间中的一条直线，则任何一个平行于 Γ 的非零向量均称为该直线的方向向量，通常记为 $\boldsymbol{s}$.显然，直线 Γ 上任意不重合的两个点 M_1 和 M_2 所连成的向量 $\overrightarrow{M_1M_2}$ 与 Γ 的方向向量平行，且 $\overrightarrow{M_1M_2}$ 本身也是 Γ 的一个方向向量.

直线 Γ 的任意一个方向向量 $\boldsymbol{s}=(m,n,p)$ 的坐标 m,n,p 称为直线 Γ 的一组方向数;方向向量 $\boldsymbol{s}$ 的方向余弦称为直线 Γ 的方向余弦.

我们可以利用直线的方向向量来处理一些与直线有关的问题.

因为过空间一点仅能作一条直线平行于已知方向,所以已知直线 Γ 上一点 $M_0(x_0,y_0,z_0)$ 和它的方向向量 $\boldsymbol{s}=(m,n,p)$ 时,直线 Γ 的位置就完全确定了.此时,在直线 Γ 上任取一点 $M(x,y,z)$,得到向量

$$\overrightarrow{M_0M}=(x-x_0,y-y_0,z-z_0),$$

且 $\overrightarrow{M_0M}/\!/\boldsymbol{s}$,故点 M 的坐标应满足

$$\frac{x-x_0}{m}=\frac{y-y_0}{n}=\frac{z-z_0}{p}. \tag{2}$$

方程(2)称为直线 Γ 的点向式方程(或对称式方程).当 m,n,p 中有一个为零时,例如,$m=0$,而 $n\neq0,p\neq0$,方程(2)应理解为

$$\begin{cases}x-x_0=0,\\ \dfrac{y-y_0}{n}=\dfrac{z-z_0}{p}.\end{cases}$$

当 m,n,p 中有两个为零,例如,$m=n=0$,而 $p\neq0$,方程(2)应理解为

$$\begin{cases}x-x_0=0,\\ y-y_0=0.\end{cases}$$

例 1　写出直线 $\begin{cases}x+y+z-1=0,\\ 3x-y+2z-4=0\end{cases}$ 的点向式方程.

解　设直线的方向向量为 $\boldsymbol{s}=(m,n,p)$,则 $\boldsymbol{s}$ 与两个平面的法向量 $\boldsymbol{n}_1=(1,1,1)$ 和 $\boldsymbol{n}_2=(3,-1,2)$ 都垂直,所以可取

$$\boldsymbol{s}=\boldsymbol{n}_1\times\boldsymbol{n}_2=\begin{vmatrix}\boldsymbol{i}&\boldsymbol{j}&\boldsymbol{k}\\1&1&1\\3&-1&2\end{vmatrix}=3\boldsymbol{i}+\boldsymbol{j}-4\boldsymbol{k}.$$

然后,利用直线的一般方程求出直线上的一点 (x_0,y_0,z_0),例如,取 $x_0=1$,得

$$\begin{cases}y_0+z_0=0,\\ -y_0+2z_0=1.\end{cases}$$

解此方程组,得 $y_0=-\dfrac{1}{3},z_0=\dfrac{1}{3}$,即直线过点 $\left(1,-\dfrac{1}{3},\dfrac{1}{3}\right)$.于是该直线的点向式方程是

$$\frac{x-1}{3}=\frac{y+\frac{1}{3}}{1}=\frac{z-\frac{1}{3}}{-4}.$$

3. 空间直线的两点式方程

众所周知,经过空间中不重合的两点 $M_1(x_1,y_1,z_1)$ 和 $M_2(x_2,y_2,z_2)$ 能且仅能作一条直线 Γ.取 $\boldsymbol{s}=\overrightarrow{M_1M_2}=(x_2-x_1,y_2-y_1,z_2-z_1)$ 作为直线 Γ 的方向向量,则直线的方程可写为

$$\frac{x-x_1}{x_2-x_1}=\frac{y-y_1}{y_2-y_1}=\frac{z-z_1}{z_2-z_1}. \tag{3}$$

方程(3)称为直线的两点式方程.

例 2 求通过点 $A(1,2,-1)$ 和 $B(1,4,1)$ 的直线方程.

解 由直线的两点式方程(3)可得所求的直线方程,即

$$\frac{x-1}{1-1}=\frac{y-2}{4-2}=\frac{z-(-1)}{1-(-1)},$$

也即

$$\frac{x-1}{0}=\frac{y-2}{2}=\frac{z+1}{2},$$

其中$\frac{x-1}{0}$表示分子 $x-1=0$.

4. 空间直线的参数式方程

在直线的点向式方程中引入参变量,即令

$$\frac{x-x_0}{m}=\frac{y-y_0}{n}=\frac{z-z_0}{p}=t,$$

则

$$\begin{cases}x=x_0+mt,\\y=y_0+nt,\\z=z_0+pt,\end{cases} \tag{4}$$

其中 $t\in(-\infty,+\infty)$ 为参数.(4)式称为空间直线的参数式方程.

例 3 求过点 $M(2,-1,3)$ 且垂直于平面 $3y+z=0$ 的直线的参数式方程.

解 由于直线与平面垂直,即直线与平面的法向量 $\boldsymbol{n}=(0,3,1)$ 平行,故可取 $\boldsymbol{s}=\boldsymbol{n}=(0,3,1)$.又直线过点 $M(2,-1,3)$,故直线的参数式方程为

$$\begin{cases}x=2,\\y=-1+3t,\quad t\in(-\infty,+\infty).\\z=3+t,\end{cases}$$

例 4 写出直线$\begin{cases}3x+y-z+12=0,\\x+2y+z-6=0\end{cases}$的参数式方程.

解 将两个方程相加得 $4x+3y+6=0$,即有 $y=-\frac{4}{3}x-2$.

第一个方程乘 2 减去第二个方程得 $5x-3z+30=0$,即有 $z=\frac{5}{3}x+10$,令

$$x=3t,$$

得该直线的参数式方程

$$\begin{cases}x=3t,\\y=-2-4t,\quad t\in(-\infty,+\infty).\\z=10+5t,\end{cases}$$

二、直线与直线及直线与平面的夹角

1. 两条直线间的夹角

定义 1　两直线的方向向量间的夹角(通常指锐角或直角)称为两直线的夹角.

设直线 Γ_1 和 Γ_2 的方程分别是

$$\Gamma_1: \frac{x-x_1}{m_1}=\frac{y-y_1}{n_1}=\frac{z-z_1}{p_1},$$

$$\Gamma_2: \frac{x-x_2}{m_2}=\frac{y-y_2}{n_2}=\frac{z-z_2}{p_2},$$

其中 $\boldsymbol{s}_1=(m_1,n_1,p_1)$ 和 $\boldsymbol{s}_2=(m_2,n_2,p_2)$ 分别为它们的方向向量.

由向量代数知识容易得出下列结论:

(1) 两直线的夹角 φ 的余弦值为

$$\cos\varphi=\frac{|\boldsymbol{s}_1\cdot\boldsymbol{s}_2|}{\|\boldsymbol{s}_1\|\|\boldsymbol{s}_2\|}=\frac{|m_1m_2+n_1n_2+p_1p_2|}{\sqrt{m_1^2+n_1^2+p_1^2}\sqrt{m_2^2+n_2^2+p_2^2}}.$$

(2) 直线 Γ_1 与 Γ_2 相互垂直的充要条件是 $\boldsymbol{s}_1\perp\boldsymbol{s}_2$,即

$$\boldsymbol{s}_1\cdot\boldsymbol{s}_2=m_1m_2+n_1n_2+p_1p_2=0.$$

(3) 直线 Γ_1 与 Γ_2 相互平行的充要条件是 $\boldsymbol{s}_1/\!/\boldsymbol{s}_2$,即存在 $\lambda\neq0$,使得 $\boldsymbol{s}_1=\lambda\boldsymbol{s}_2$,也即

$$\frac{m_1}{m_2}=\frac{n_1}{n_2}=\frac{p_1}{p_2}=\lambda$$

成立.

2. 直线与平面的夹角

定义 2　当直线 Γ 与平面 Π 不垂直时,直线 Γ 与它在平面 Π 上的投影直线 Γ' 的夹角 $\varphi\left(0\leqslant\varphi<\frac{\pi}{2}\right)$ 称为直线 Γ 与平面 Π 的夹角;当直线 Γ 与平面 Π 垂直时,规定直线 Γ 与平面 Π 的夹角为$\frac{\pi}{2}$.

从图 1-26 可看出,直线 Γ 的方向向量$\boldsymbol{s}=(m,n,p)$与平面 Π 的法向量 $\boldsymbol{n}=(A,B,C)$间的夹角为$\frac{\pi}{2}\pm\varphi$.因此,直线 Γ 与平面 Π 的夹角 φ 的正弦值为

$$\sin\varphi=\left|\cos\left(\frac{\pi}{2}\pm\varphi\right)\right|=\frac{|\boldsymbol{n}\cdot\boldsymbol{s}|}{\|\boldsymbol{n}\|\|\boldsymbol{s}\|}$$

$$=\frac{|Am+Bn+Cp|}{\sqrt{A^2+B^2+C^2}\sqrt{m^2+n^2+p^2}}.$$

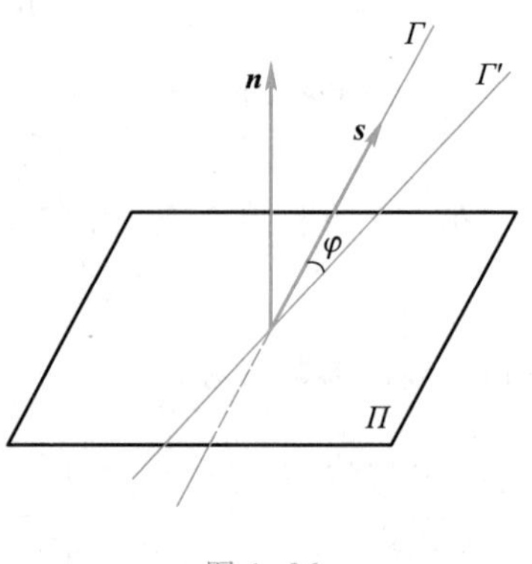

图 1-26

因为直线 Γ 与平面 Π 垂直相当于直线的方向向量 $\boldsymbol{s}$ 与平面的法向量 $\boldsymbol{n}$ 平行,所以直线 Γ 与平面 Π 垂直的充要条件是 $\boldsymbol{s}/\!/\boldsymbol{n}$,即$\frac{A}{m}=\frac{B}{n}=\frac{C}{p}$.

因为当直线 Γ 与平面 Π 平行时,直线的方向

向量 $\boldsymbol{s}$ 与平面的法向量 $\boldsymbol{n}$ 垂直，所以直线 Γ 与平面 Π 平行的充要条件是 $\boldsymbol{s}\perp\boldsymbol{n}$，即 $Am+Bn+Cp=0$.

例 5 求过点 $M(-1,0,4)$ 且平行于平面 $\Pi:3x-4y+z-10=0$，并与直线 $\Gamma_1:\dfrac{x+1}{1}=\dfrac{y-3}{1}=\dfrac{z}{2}$ 相交的直线方程.

解 由题意，平面 Π 的法向量为 $\boldsymbol{n}=(3,-4,1)$，直线 Γ_1 的方向向量为 $\boldsymbol{s}_1=(1,1,2)$，且 Γ_1 过点 $M_1(-1,3,0)$.

设所求直线的方向向量为 $\boldsymbol{s}=(m,n,p)$，因为所求直线与平面 Π 平行，所以 $\boldsymbol{s}\perp\boldsymbol{n}$，即

$$3m-4n+p=0.$$

又所求直线与直线 Γ_1 相交，故向量 $\boldsymbol{s},\boldsymbol{s}_1$ 与 $\overrightarrow{MM_1}=(0,3,-4)$ 共面，即有

$$\begin{vmatrix} m & n & p \\ 1 & 1 & 2 \\ 0 & 3 & -4 \end{vmatrix}=-10m+4n+3p=0.$$

联立得方程组

$$\begin{cases} 3m-4n+p=0, \\ -10m+4n+3p=0, \end{cases}$$

并解得 $m=\dfrac{4}{7}p,n=\dfrac{19}{28}p$. 取 $p=1$，则所求直线的方程为

$$\frac{x+1}{\frac{4}{7}}=\frac{y}{\frac{19}{28}}=\frac{z-4}{1},$$

即

$$\frac{x+1}{16}=\frac{y}{19}=\frac{z-4}{28}.$$

三、平面束方程及点到直线的距离

已知直线 Γ 的方程为

$$\begin{cases} A_1x+B_1y+C_1z+D_1=0, \\ A_2x+B_2y+C_2z+D_2=0. \end{cases}$$

引入参数 λ，建立一次方程：

$$(A_1x+B_1y+C_1z+D_1)+\lambda(A_2x+B_2y+C_2z+D_2)=0. \tag{5}$$

对于参数 λ 的任何一个值，该方程决定一个平面 Π_λ. 由于对于任何 λ 的值，直线 Γ 上点的坐标都满足一次方程(5)，故一次方程(5)所确定的平面 Π_λ 都会通过直线 Γ.

对于直线 Γ 外任意一点 $M_0(x_0,y_0,z_0)$，如果 $A_2x_0+B_2y_0+C_2z_0+D_2\neq0$，令

$$\lambda_0=-\frac{A_1x_0+B_1y_0+C_1z_0+D_1}{A_2x_0+B_2y_0+C_2z_0+D_2},$$

则 M_0在平面 Π_{λ_0}上.于是,Π_{λ_0}为过直线 Γ 以及点 M_0的平面.这样一来,在对参数 λ 的相应选择之下,方程(5)可以确定通过已知直线 Γ 的任何一个平面,但是,平面 $A_2x+B_2y+C_2z+D_2=0$ 必须除外.

通常称通过某直线的所有平面的总体为一平面束.方程(5)就是通过已知直线 Γ 的平面束方程,它决定了平面束中除了平面 $A_2x+B_2y+C_2z+D_2=0$ 以外的所有平面.

例 6　一平面通过直线 $\Gamma:\begin{cases}x+y-z=0,\\x-y+z-1=0\end{cases}$和点$(1,1,-1)$,试建立它的方程.

解　过 Γ 的平面束方程为

$$(x+y-z)+\lambda(x-y+z-1)=0,$$

因为所求平面过点$(1,1,-1)$,所以

$$\lambda=-\frac{1+1-(-1)}{1-1+(-1)-1}=\frac{3}{2}.$$

从而,所求平面方程为

$$x+y-z+\frac{3}{2}(x-y+z-1)=0,$$

即 $5x-y+z-3=0$.

例 7　求直线 $\Gamma:\begin{cases}2x-4y+z=0,\\3x-y-2z-9=0\end{cases}$在平面 $\Pi:4x-y+z=1$ 上的投影直线方程.

解　过直线 Γ 的平面束方程为

$$3x-y-2z-9+\lambda(2x-4y+z)=0,$$

即

$$(3+2\lambda)x-(1+4\lambda)y-(2-\lambda)z-9=0.$$

下面我们先在上述平面束中确定一过直线 Γ 且与平面 Π 垂直的平面.由平面相互垂直的充要条件,有

$$4(3+2\lambda)+(1+4\lambda)-(2-\lambda)=0,$$

解得 $\lambda=-\dfrac{11}{13}$,代入平面束方程得所求平面的方程为

$$17x+31y-37z-117=0.$$

从而所求投影直线方程是

$$\begin{cases}17x+31y-37z-117=0,\\4x-y+z=1.\end{cases}$$

例 8　求点 $P_0(1,2,1)$到直线 $\Gamma:\dfrac{x-2}{2}=\dfrac{y-3}{1}=\dfrac{z-4}{1}$的距离.

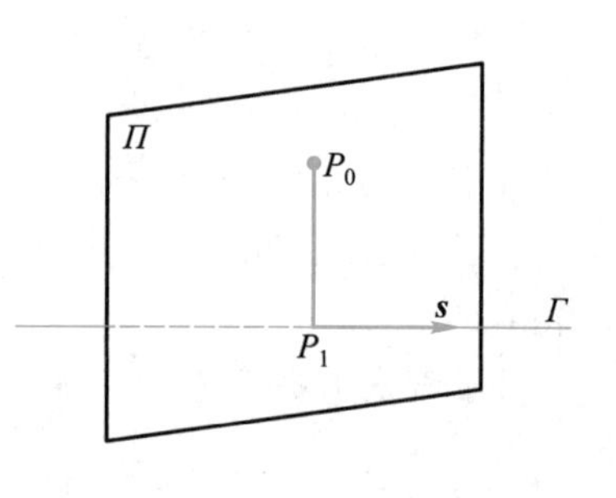

图 1-27

解　如图 1-27,以直线 Γ 的方向向量 $\boldsymbol{s}=(2,1,1)$为法向量,作过点 $P_0(1,2,1)$的平面 Π,其方程为 $2(x-1)+(y-2)+(z-1)=0$,即

$$2x+y+z-5=0.$$

将直线 Γ 写成参数式方程形式

$$\begin{cases}x=2+2t,\\ y=3+t,\\ z=4+t,\end{cases}$$

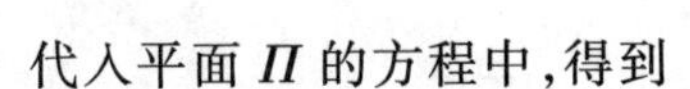
代入平面 Π 的方程中,得到

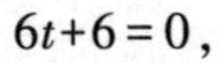
$$6t+6=0,$$

即 $t=-1$.将其代入直线 Γ 的参数式方程后,得到直线 Γ 与平面 Π 的交点为 $P_1(0,2,3)$.因此,点 P_0 到直线的距离为

$$d(P_0,P_1)=\|\overrightarrow{P_0P_1}\|=\sqrt{(-1)^2+0^2+2^2}=\sqrt{5}.$$

习题 1-4

1. 求满足下列条件的直线方程.

(1) 过点 $(-3,2,5)$ 且与两平面 $x-4z=3$ 和 $2x-y-5z=1$ 的交线平行的直线方程;

(2) 经过点 $A(3,0,1)$ 和 $B(-1,4,2)$ 的直线方程.

2. 用点向式方程及参数式方程表示直线 $\begin{cases}2x+y-z=2,\\ x+y-3z=4.\end{cases}$

3. 求过点 $(2,4,-1)$ 且与直线 $\dfrac{x+1}{2}=\dfrac{y-1}{3}=\dfrac{z}{-5}$ 垂直相交的直线方程.

4. 求直线 $\begin{cases}5x-3y+3z-9=0,\\ 3x-2y+z-1=0\end{cases}$ 与 $\begin{cases}2x+2y-z+23=0,\\ 3x+8y+z-18=0\end{cases}$ 的夹角的余弦.

5. 求过点 $(3,1,-2)$ 且通过直线 $\dfrac{x-4}{5}=\dfrac{y+3}{2}=\dfrac{z}{1}$ 的平面方程.

6. 求经过直线 $\Gamma_1:\dfrac{x-1}{2}=\dfrac{y+3}{1}=\dfrac{z-2}{4}$ 且平行于直线 $\Gamma_2:\dfrac{x+2}{3}=\dfrac{y+4}{2}=\dfrac{z-1}{-1}$ 的平面方程.

7. 求下列条件确定的直线方程.

(1) 经过点 $A(0,2,4)$ 且与两平面 $x+2z=1$ 和 $y-3z=2$ 平行;

(2) 过点 $(1,-2,4)$ 且与平面 $2x-3y+z-4=0$ 垂直.

8. 求直线 $\begin{cases}x+y+z-4=0,\\ -x+y+z-1=0\end{cases}$ 与平面 $x-y+2z+4=0$ 的交点.

9. 求直线 $\begin{cases}x+y+3z=0,\\ x-y-z=0\end{cases}$ 与平面 $x-y-z+1=0$ 的夹角.

10. 求直线 $\begin{cases}x+y-1=0,\\ y+z+1=0\end{cases}$ 在平面 $2x+y+2z=0$ 上的投影直线方程.

11. 求点 $P(3,-1,2)$ 到直线 $\begin{cases}x+y-z+1=0,\\ 2x-y+z-4=0\end{cases}$ 的距离.

第五节　曲面、空间曲线及其方程

一、曲面及其方程

在科学研究和日常生活中,我们常常遇到各种各样的曲面,例如环面、车灯的反光镜面、圆柱面等.与 $\mathbf{R}^3$ 中直线和平面的情形一样,空间 $\mathbf{R}^3$ 中的任何曲面都可看作具有某种性质的点的几何轨迹.通常用方程

$$F(x,y,z)=0 \tag{1}$$

来描述曲面,其中 x,y,z 是曲面上的点在直角坐标系下的坐标.如果曲面 Σ 上的任意一点的坐标都满足方程(1),并且凡坐标满足方程(1)的点都在曲面 Σ 上,则方程(1)称为曲面 Σ 的方程,曲面 Σ 称为方程(1)的图形.

对于空间中曲面的研究,我们要解决下面两个问题:

(1) 已知作为具有某种性质的点的几何轨迹的曲面,建立该曲面的方程.

(2) 已知曲面方程,研究曲面的几何形状和性质.

下面我们主要讨论几个常见的曲面.

1. 球面

在空间 $\mathbf{R}^3$ 中,到定点 $M_0(x_0,y_0,z_0)$ 的距离等于 R 的点的轨迹是一个以点 $M_0(x_0,y_0,z_0)$ 为球心,R 为半径的球面,在球面上的点 $M(x,y,z)$ 满足

$$\|\overrightarrow{M_0M}\|=\sqrt{(x-x_0)^2+(y-y_0)^2+(z-z_0)^2}=R.$$

两边平方后得到球面方程为

$$(x-x_0)^2+(y-y_0)^2+(z-z_0)^2=R^2. \tag{2}$$

特别地,当球心位于坐标原点时,球面方程为

$$x^2+y^2+z^2=R^2.$$

例 1　证明方程 $x^2+y^2+z^2+2px+2qy+2rz+d=0\,(p^2+q^2+r^2>d\geqslant 0)$ 为球面方程,并指出球心和半径.

证　原方程可化为

$$(x+p)^2+(y+q)^2+(z+r)^2=p^2+q^2+r^2-d.$$

令 $R=\sqrt{p^2+q^2+r^2-d}$,则上式可写为

$$[x-(-p)]^2+[y-(-q)]^2+[z-(-r)]^2=R^2,$$

故原方程是球面方程,球心位于 $(-p,-q,-r)$,半径为 $R=\sqrt{p^2+q^2+r^2-d}$.

2. 柱面

与一条定直线平行的直线 Γ,沿曲线 C 平行移动所生成的曲面称为柱面,其中直线 Γ 称为柱面的母线,曲线 C 称为柱面的准线(图 1-28).通常柱面以其准线的名称命名.

一般地,只含 x,y,而缺 z 的方程

$$F(x,y)=0 \tag{3}$$

在空间 $\mathbf{R}^3$ 中表示母线平行于 z 轴的柱面，其准线为 xOy 面上的曲线

$$C:\begin{cases}F(x,y)=0,\\z=0.\end{cases}$$

事实上，在柱面上任取一点 $M(x,y,z)$，因为点 M 在 xOy 面上的投影点 $N(x,y,0)$ 在曲线 C 上，即有 $F(x,y)=0,z=0$，所以点 M 的坐标 (x,y,z) 必定满足方程(3)；反之，若点 $P(x_0,y_0,z_0)$ 的坐标满足方程(3)，即 $F(x_0,y_0)=0$，则点 $P'(x_0,y_0,0)$ 在准线 C 上，因此，点 $P(x_0,y_0,z_0)$ 位于与 z 轴平行且与 xOy 面交于点 $P'(x_0,y_0,0)$ 的直线上，故点 $P(x_0,y_0,z_0)$ 在柱面上(如图 1-28).

综上所述，我们可以得出如下结论：在空间 $\mathbf{R}^3$ 中，$F(x,y)=0$ 表示母线平行于 z 轴的柱面；$F(x,z)=0$ 和 $F(y,z)=0$ 分别表示母线平行于 y 轴和 x 轴的柱面.

例 2　方程 1) $x^2+y^2=R^2$，2) $x^2=2py(p>0)$，3) $-\dfrac{x^2}{a^2}+\dfrac{z^2}{b^2}=1$ 分别表示怎样的柱面？

解　方程 1) 表示母线平行于 z 轴的柱面，它的准线 C 是 xOy 面上以原点为中心，R 为半径的一个圆 $x^2+y^2=R^2$. 该柱面称为圆柱面(如图 1-29).

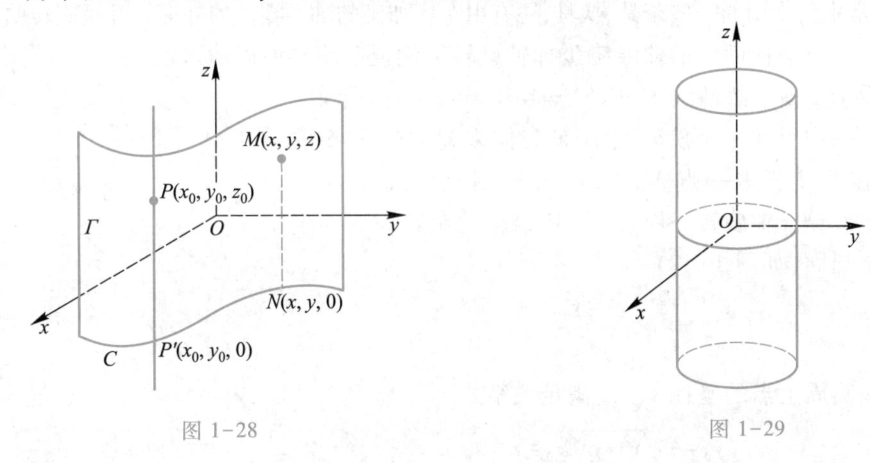

图 1-28　　　　图 1-29

方程 2) 表示母线平行于 z 轴的柱面，它的准线 C 是 xOy 面上的抛物线 $x^2=2py(p>0)$. 该柱面称为抛物柱面(如图 1-30).

方程 3) 表示母线平行于 y 轴的柱面，它的准线 C 是 zOx 面上的双曲线 $-\dfrac{x^2}{a^2}+\dfrac{z^2}{b^2}=1$. 该柱面称为双曲柱面(如图 1-31).

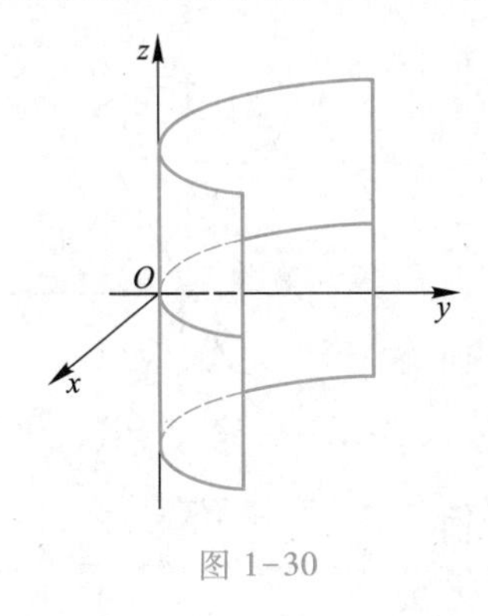

图 1-30

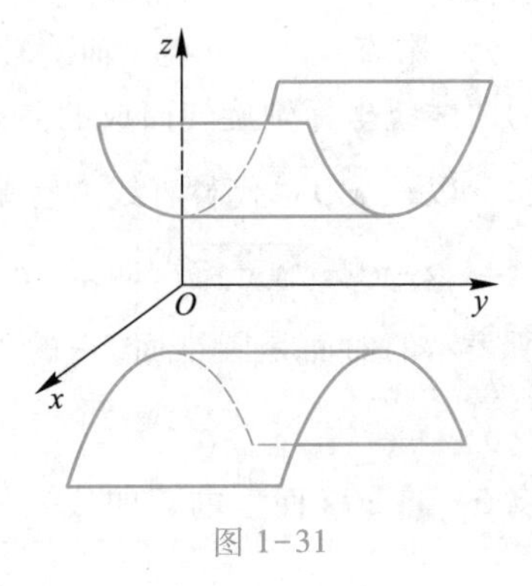

图 1-31

例 3　求母线平行于 z 轴，准线为$\begin{cases}\dfrac{x^2}{4}+\dfrac{y^2}{9}-z^2=1,\\ z=3\end{cases}$的柱面方程.

解　准线方程可写为

$$\begin{cases}\dfrac{x^2}{4}+\dfrac{y^2}{9}=10,\\ z=3,\end{cases}$$

故所求柱面方程为$\dfrac{x^2}{4}+\dfrac{y^2}{9}=10$.这是一个椭圆柱面.

3. 旋转曲面

在空间 $\mathbf{R}^3$ 中，由一条曲线 C 绕一条固定直线 L 旋转一周所产生的曲面称为旋转曲面.旋转曲面通常以曲线 C 的名称命名，直线 L 称为旋转曲面的轴(或对称轴).

例如，一个圆绕它的一条直径旋转一周所生成的曲面，就是以这个圆的半径为半径的球面.球面、圆柱面等都是旋转曲面.旋转曲面的应用是很广泛的，如卫星地面站的天线，日常生活中用的一些茶具、炊具，还有由车床加工的轴类零件的外形等都是旋转曲面.

下面以坐标面上的曲线绕坐标轴旋转为例说明旋转曲面的求法.

设 yOz 面上的曲线 $C:F(y,z)=0,x=0$ 绕坐标轴 z 轴旋转一周得到一个旋转曲面 Σ.我们来建立这个 Σ 的方程.在 C 上任取一点 $M_0(0,y_0,z_0)$，则有 $F(y_0,z_0)=0$.当曲线 C 绕 z 轴旋转一周时，点 M_0 绕 z 轴旋转一周而生成一个圆周(如图 1-32)

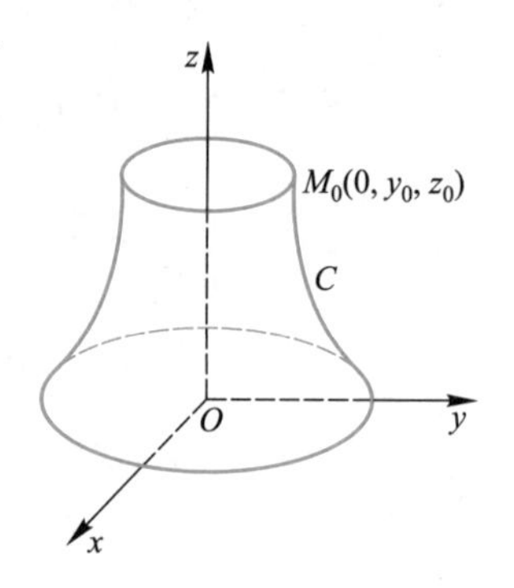

图 1-32

$$\begin{cases}x^2+y^2=y_0^2,\\ z=z_0,\end{cases}$$

即在该圆周上点的坐标 x,y,z 满足关系式

$$y_0=\pm\sqrt{x^2+y^2},z_0=z.$$

由点 M_0 的任意性，将上述关系代入方程 $F(y_0,z_0)=0$ 中便得到曲线 C 绕 z 轴旋转一周而产生的旋转曲面 Σ 的方程，即

$$F(\pm\sqrt{x^2+y^2},z)=0.$$

对于曲线绕其他坐标轴旋转而产生的旋转曲面方程可类似得到.

例 4　求直线 $z=ay$ 绕 z 轴旋转一周以及其他坐标面上的曲线绕坐标轴旋转而成的曲面方程.

解　以 $\pm\sqrt{x^2+y^2}$ 代替直线方程中的 y，得

$$z=a(\pm\sqrt{x^2+y^2}),\text{即 } z^2=a^2(x^2+y^2).$$

此式所表示的曲面是圆锥面，它的顶点在坐标原点(如图 1-33).

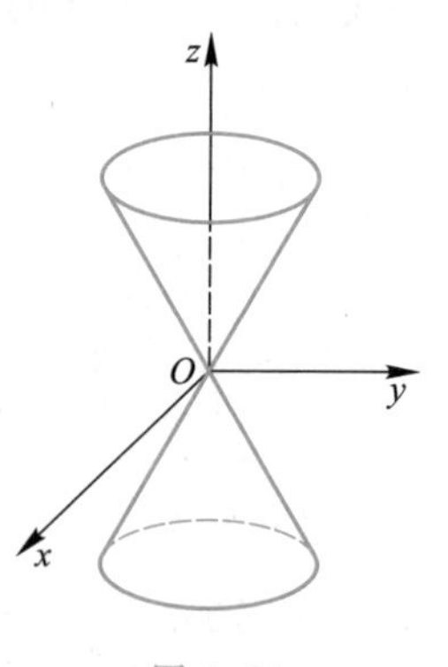

图 1-33

例 5　将 zOx 面上的双曲线$\dfrac{x^2}{a^2}-\dfrac{z^2}{c^2}=1$ 分别绕 x 轴

和 z 轴旋转一周,求所生成的旋转曲面方程.

解　绕 x 轴旋转而生成的旋转曲面方程是由双曲线方程中用 $\pm\sqrt{y^2+z^2}$ 代替 z 而得到的方程,即

$$\frac{x^2}{a^2}-\frac{y^2}{c^2}-\frac{z^2}{c^2}=1.$$

绕 z 轴旋转而生成的旋转曲面方程是由双曲线方程中以 $\pm\sqrt{x^2+y^2}$ 代替 x 而得到的方程,即

$$\frac{x^2}{a^2}+\frac{y^2}{a^2}-\frac{z^2}{c^2}=1.$$

这两个曲面均称为旋转双曲面.

***4. 曲面的参数方程**

曲面 Σ 也可以用参数方程来表示.曲面的参数方程通常是含有两个参数的方程:

$$\Sigma: x=x(u,v),\quad y=y(u,v),\quad z=z(u,v),\quad (u,v)\in D_{uv}.$$

当给定 $(u_0,v_0)\in D_{uv}$ 时,得到曲面 Σ 上的点 $P(x_0,y_0,z_0)$.随着 (u,v) 的变动,点 P 的轨迹就是曲面 Σ.

例如,若令 $x=r\cos\theta, y=r\sin\theta$,则圆锥面 $z=\sqrt{x^2+y^2}\ (0\leqslant z\leqslant 1)$ 的参数方程为

$$x=r\cos\theta,\quad y=r\sin\theta,\quad z=r,\quad 0\leqslant r\leqslant 1, 0\leqslant\theta\leqslant 2\pi.$$

又如,若令 $x=a\sin\varphi\cos\theta, y=a\sin\varphi\sin\theta$,则球面 $x^2+y^2+z^2=a^2$ 的参数方程为

$$x=a\sin\varphi\cos\theta,\quad y=a\sin\varphi\sin\theta,\quad z=a\cos\varphi,\quad 0\leqslant\varphi\leqslant\pi, 0\leqslant\theta\leqslant 2\pi.$$

例 6　写出圆柱面 $x^2+(y-3)^2=9\ (0\leqslant z\leqslant 2)$ 的参数方程.

解法 1　若令 $x=3\cos\theta, z=z\ (0\leqslant\theta\leqslant 2\pi)$,则 $y=3+3\sin\theta$,所以所求圆柱面的参数方程为

$$x=3\cos\theta,\quad y=3+3\sin\theta,\quad z=z\quad (0\leqslant\theta\leqslant 2\pi, 0\leqslant z\leqslant 2).$$

解法 2　因为圆 $x^2+(y-3)^2=9$ 的极坐标方程为 $r=6\sin\theta, 0\leqslant\theta\leqslant\pi$,从而圆柱面的任意点 $P(x,y,z)$ 的坐标为

$$x=r\cos\theta=6\sin\theta\cos\theta=3\sin 2\theta,\quad y=r\sin\theta=6\sin^2\theta,\quad z=z,$$

即圆柱面的参数方程为

$$x=3\sin 2\theta,\quad y=6\sin^2\theta,\quad z=z\quad (0\leqslant\theta\leqslant\pi, 0\leqslant z\leqslant 2).$$

二、空间曲线及其方程

1. 空间曲线的一般方程

我们知道空间中相交的两张平面决定一条直线.与直线的情况类似,空间曲线可以看作是空间中两张曲面的交线.由曲面 $F(x,y,z)=0$ 及 $G(x,y,z)=0$ 所决定的曲线的方程通常可以写为

$$\begin{cases}F(x,y,z)=0,\\ G(x,y,z)=0.\end{cases}$$

该方程称为空间曲线的一般方程.

例 7 方程组$\begin{cases}x^2+y^2=4,\\x+3y+3z=6\end{cases}$表示怎样的曲线?

解 方程组中的第一个方程表示母线平行于 z 轴的圆柱面,其准线是 xOy 面上的圆,圆心位于坐标原点 O,半径为 2;第二个方程表示一个平面,它在 x 轴、y 轴、z 轴上的截距依次为 6,2,2.方程组就表示上述圆柱面与平面的交线(如图 1-34).

例 8 方程组$\begin{cases}z=\sqrt{16-x^2-y^2},\\(x-2)^2+y^2=4\end{cases}$表示怎样的曲线?

解 方程组中的第一个方程表示球心在坐标原点,半径为 4 的上半球面;第二个方程表示母线平行于 z 轴的圆柱面,它的准线是 xOy 面上的圆,该圆的圆心为点(2,0),半径为 2.方程组就表示上述半球面与圆柱面的交线(如图1-35).

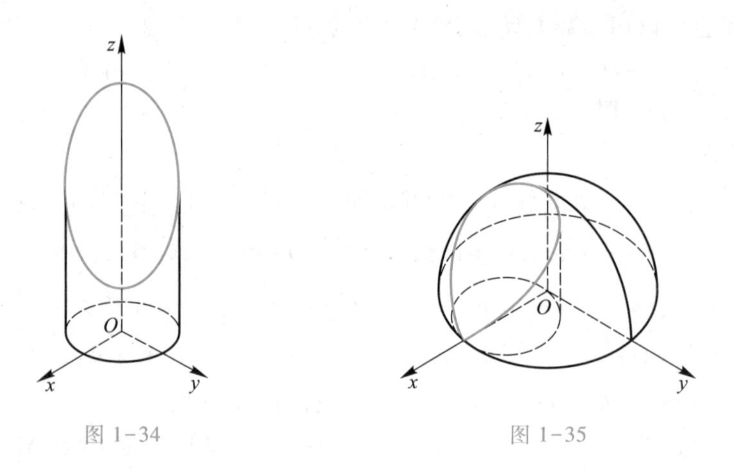

图 1-34　　图 1-35

2. 空间曲线的参数方程

空间曲线 Γ 上的点的坐标 x,y,z 也可以是另一个变量 t 的函数,即

$$\begin{cases}x=x(t),\\y=y(t),\quad t_1\leqslant t\leqslant t_2.\\z=z(t),\end{cases}\tag{4}$$

当给定 $t=t_0\in[t_1,t_2]$时,得到 Γ 上的一点 $P(x_0,y_0,z_0)$.随着 t 的变动,点 P 的轨迹就是曲线 Γ,方程组(4)称为空间曲线 Γ 的参数方程.

例 9 如果空间中一点 M^* 在圆柱面 $x^2+y^2=R^2$ 上以角速度 ω 绕 z 轴旋转,同时又以速度 v 沿平行于 z 轴的正向作等速直线运动(其中 ω,v 均为常数),求点 M^* 的运动曲线方程.

解 建立直角坐标系如图 1-36 所示.设动点 M^* 由 $A(R,0,0)$ 出发经过时间 t 运动到点 $M(x,y,z)$,则点 M 在 xOy 面上的投影点为 $N(x,y,0)$.

由图 1-36 可看出,$x=R\cos\theta,y=R\sin\theta,z=NM$,其中 $\theta=\angle AON$.由题意 $\angle AON=\omega t,NM=vt$,故点 M^* 的运动曲线方程为

$$\begin{cases}x=R\cos\omega t,\\y=R\sin\omega t,\quad t\in[0,+\infty).\\z=vt,\end{cases}\tag{5}$$

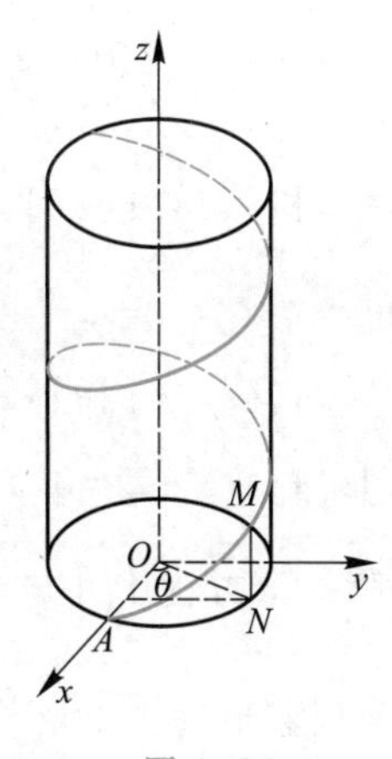

图 1-36

这条曲线称为圆柱螺旋线，简称为螺旋线.若用 $\theta=\omega t$ 作为参变量，则螺旋线方程也可表示为

$$\begin{cases}x=a\cos\theta,\\ y=a\sin\theta,\\ z=b\theta,\end{cases}\tag{6}$$

其中 $a=R,b=\dfrac{v}{\omega}$，θ 为参数.

螺旋线有一个重要的性质：当 θ 从 θ_0 变到 $\theta_0+\alpha$ 时，z 由 $b\theta_0$ 变到 $b\dot{\theta}_0+b\alpha$，这说明当 ON 转过角 α 时，点 M^* 沿螺旋线上升了高度 $h=b\alpha$，即上升的高度与 ON 转过的角度成正比.特别地，当 ON 转过一周，即 $\alpha=2\pi$ 时，点 M^* 上升的高度为 $h=2\pi b$，在工程技术中称此高度为螺距.

3. 空间曲线在坐标面上的投影

设空间曲线 Γ 的一般方程为

$$\begin{cases}F(x,y,z)=0,\\ G(x,y,z)=0.\end{cases}\tag{7}$$

在上式中消去 z，得到新的方程

$$R(x,y)=0.\tag{8}$$

因为曲线 Γ 上的点 $M(x,y,z)$ 的坐标满足方程组(7)，又 $R(x,y)=0$ 是从方程组(7)中消去 z 而得到的，所以点 $M(x,y,z)$ 的坐标也满足方程(8).由于 $R(x,y)=0$ 表示母线平行于 z 轴的柱面，此柱面包含了曲线 Γ，故曲线 Γ 可以作为该柱面的准线.

以曲线 Γ 为准线，母线平行于 z 轴的柱面称为曲线 Γ 关于 xOy 面的投影柱面，它与 xOy 面的交线称为曲线 Γ 在 xOy 面上的投影曲线（或简称为投影）.因此，曲线(7)在 xOy 面上投影为

$$\begin{cases}R(x,y)=0,\\ z=0.\end{cases}$$

同理，在方程组(7)中消去 x 或 y，得到曲线 Γ 在 yOz 面或 zOx 面上的投影，其方程分别为

$$\begin{cases} P(y,z)=0, \\ x=0, \end{cases} \qquad \begin{cases} Q(x,z)=0, \\ y=0. \end{cases}$$

例 10　求两个球面 $x^2+y^2+z^2=1$ 和 $x^2+y^2+(z-1)^2=1$ 的交线在 xOy 面上的投影曲线方程.

解　将两式联立得

$$\begin{cases} x^2+y^2+z^2=1, \\ x^2+y^2+z^2-2z=0. \end{cases}$$

两式相减得 $z=\dfrac{1}{2}$.再将 $z=\dfrac{1}{2}$代入第一个方程中并与 $z=0$ 联立,便得到投影曲线方程

$$\begin{cases} x^2+y^2=\dfrac{3}{4}, \\ z=0. \end{cases}$$

例 11　曲线 $y^2+x^2-2z=0, x=3$ 在 yOz 面上的投影曲线方程是什么？并指出原曲线是什么曲线.

解　在曲线方程

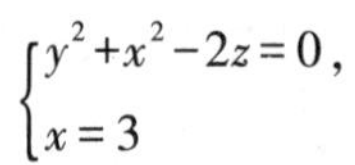

$$\begin{cases} y^2+x^2-2z=0, \\ x=3 \end{cases}$$

典型例题
曲面与曲线

中消去 x 得其关于 yOz 面的投影柱面方程 $y^2=2z-9$.因此,该曲线在 yOz 面上的投影曲线方程是

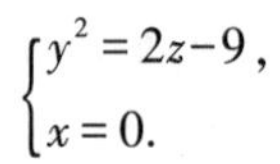

$$\begin{cases} y^2=2z-9, \\ x=0. \end{cases}$$

原曲线是位于平面 $x=3$ 上的一条抛物线 $y^2=2z-9$.

习题 1-5

1. 求与坐标原点 O 及点$(2,3,4)$的距离之比为 $1:2$的点的全体所组成的曲面方程,并指出它表示怎样的曲面.

2. 绘出以下柱面的图形：

(1) 准线为$\begin{cases} \dfrac{x^2}{4}+\dfrac{z^2}{9}=1, \\ y=0 \end{cases}$而母线平行于 y 轴；

(2) 准线为$\begin{cases} y^2=2z, \\ x=0 \end{cases}$而母线平行于 x 轴；

(3) 准线为$\begin{cases} \dfrac{x^2}{4}-\dfrac{y^2}{9}=1, \\ z=0 \end{cases}$而母线平行于 z 轴.

3. 已知柱面的准线为$\begin{cases} \dfrac{x^2}{4}+\dfrac{y^2}{9}+\dfrac{z^2}{9}=1, \\ z=2 \end{cases}$而母线平行于 z 轴,试求此柱面方程,

并绘出其图形.

4. 求由 zOx 面上的抛物线 $z^2=5x$ 绕 x 轴旋转一周而生成的曲面方程.

5. 求由 xOy 面上的双曲线 $4x^2-9y^2=36$ 分别绕 x 轴及 y 轴旋转一周而生成的曲面方程.

6. 说明下列旋转曲面是怎样形成的：

(1) $\dfrac{x^2}{4}+\dfrac{y^2}{9}+\dfrac{z^2}{9}=1$；　　(2) $x^2-\dfrac{y^2}{4}+z^2=1$；

(3) $x^2-y^2-z^2=1$；　　(4) $(z-a)^2=x^2+y^2$.

7. 写出曲面 $\dfrac{x^2}{9}-\dfrac{y^2}{25}+\dfrac{z^2}{4}=1$ 被下列平面截割后所截得的曲线方程，并指出它们是什么曲线：

(1) 平面 $x=2$；　　(2) 平面 $y=0$；　　(3) 平面 $z=2$.

8. 求曲线 $\begin{cases}2x^2+y^2+z^2=16,\\ x^2-y^2+z^2=0\end{cases}$ 关于 xOy 面的投影柱面方程.

9. 求两球面 $x^2+y^2+z^2=1$ 和 $x^2+(y-1)^2+(z-1)^2=1$ 的交线在 xOy 面上的投影曲线方程.

10. 求球面 $x^2+y^2+z^2=9$ 与平面 $x+z=1$ 的交线在 xOy 面上的投影曲线方程.

第六节　二次曲面的标准方程

我们知道三元方程 $F(x,y,z)=0$ 表示曲面.如果 $F(x,y,z)$ 是关于 x,y,z 的多项式，方程所表示的曲面就称为代数曲面.多项式的次数称为代数曲面的次数.三元一次方程所表示的曲面称为一次曲面，即平面；三元二次方程表示的曲面称为二次曲面.

为了了解三元方程 $F(x,y,z)=0$ 所表示的曲面的形状，在空间直角坐标系中，我们采用一系列平行于坐标面的平面去截割曲面，从而得到平面与曲面的一系列交线（即截痕），通过综合分析这些截痕的形状和性质来认识曲面形状的全貌.这种研究曲面的方法称为平面截割法，简称为截痕法.

下面给出几种常见的二次曲面的标准方程，并用截痕法来讨论它们的形状.

1. 椭球面

方程

$$\frac{x^2}{a^2}+\frac{y^2}{b^2}+\frac{z^2}{c^2}=1 \tag{1}$$

所表示的曲面称为椭球面，其中正常数 a,b,c 称为椭球面沿相应坐标轴的半轴.

椭球面具有下列性质：

(1) 对称性

因为方程(1)中只含有变量 x,y,z 的平方项，所以，若点 (x,y,z) 在椭球面上，则点$(\pm x,\pm y,\pm z)$都是椭球面上的点(其中正负号可以任意选取).因此,椭球面关于三个坐标面、三个坐标轴和坐标原点对称.

(2) 有界性

由方程(1)可知,$\frac{x^2}{a^2}\leqslant 1,\frac{y^2}{b^2}\leqslant 1,\frac{z^2}{c^2}\leqslant 1$,即$|x|\leqslant a,|y|\leqslant b,|z|\leqslant c$.这说明椭球面包含在由六个平面$x=\pm a,y=\pm b,z=\pm c$所围成的长方体内.

由方程(1)可知,椭球面与三个坐标面的交线是

$$\begin{cases}\frac{x^2}{a^2}+\frac{y^2}{b^2}=1,\\ z=0;\end{cases}\quad \begin{cases}\frac{x^2}{a^2}+\frac{z^2}{c^2}=1,\\ y=0;\end{cases}\quad \begin{cases}\frac{y^2}{b^2}+\frac{z^2}{c^2}=1,\\ x=0.\end{cases}$$

它们分别为xOy面,zOx面,yOz面上的椭圆.

椭球面与平行于xOy面的平面$z=h$的交线为

$$\begin{cases}\frac{x^2}{a^2}+\frac{y^2}{b^2}+\frac{z^2}{c^2}=1,\\ z=h.\end{cases}$$

当$|h|<c$时,上面的方程可以写成

$$\begin{cases}\frac{x^2}{(a\sqrt{1-h^2/c^2})^2}+\frac{y^2}{(b\sqrt{1-h^2/c^2})^2}=1,\\ z=h.\end{cases}$$

这是平面$z=h$上两个半轴分别为$\frac{a}{c}\sqrt{c^2-h^2}$和$\frac{b}{c}\sqrt{c^2-h^2}$的椭圆.因此,当$h=0$时,所截得的椭圆最大;当$|h|$逐渐增大时,所截得的椭圆逐渐缩小;当$|h|=c$时,所得截痕为$\frac{x^2}{a^2}+\frac{y^2}{b^2}=0$,即缩成一点,也即平面$z=\pm c$与椭球面的切点.当$|h|>c$时,平面$z=h$与椭球面不相交.

用平行于yOz面或zOx面的平面截椭球面时,所得结果与上述情形类似.

根据以上的讨论可以画出椭球面的图形(如图1-37).

在方程(1)中,如果a,b,c中有两个相等,则它表示的曲面是旋转椭球面;如果$a=b=c$,则(1)式表示的就是球面了.

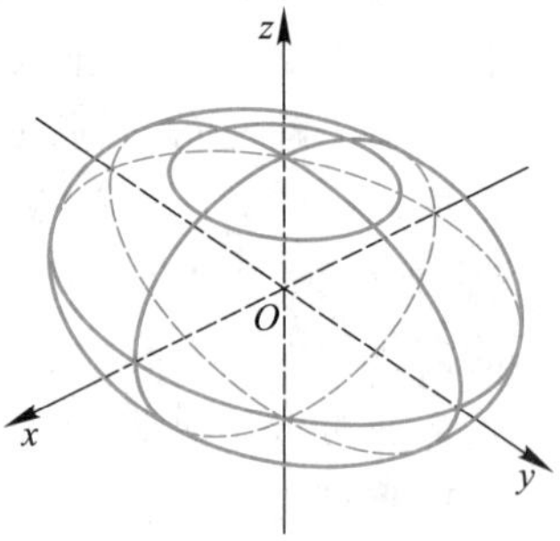

图1-37

2. 双曲面

(1) 单叶双曲面

由方程

$$\frac{x^2}{a^2}+\frac{y^2}{b^2}-\frac{z^2}{c^2}=1 \tag{2}$$

所确定的曲面称为单叶双曲面.

用坐标面和平行于坐标面的平面（除平面 $x=\pm a$，$y=\pm b$ 外）截此曲面所得截痕为椭圆或双曲线（如图 1-38）.

用平面 $x=\pm a$ 和 $y=\pm b$ 截该曲面时，均得到两条相交直线.为此，我们称单叶双曲面为直纹面.

类似地，下列方程也表示单叶双曲面：

$$\frac{x^2}{a^2}-\frac{y^2}{b^2}+\frac{z^2}{c^2}=1,\quad -\frac{x^2}{a^2}+\frac{y^2}{b^2}+\frac{z^2}{c^2}=1.$$

（2）双叶双曲面

由方程

$$-\frac{x^2}{a^2}-\frac{y^2}{b^2}+\frac{z^2}{c^2}=1 \tag{3}$$

所确定的曲面称为双叶双曲面.

读者可自行运用截痕法讨论它的形状（如图 1-39）.

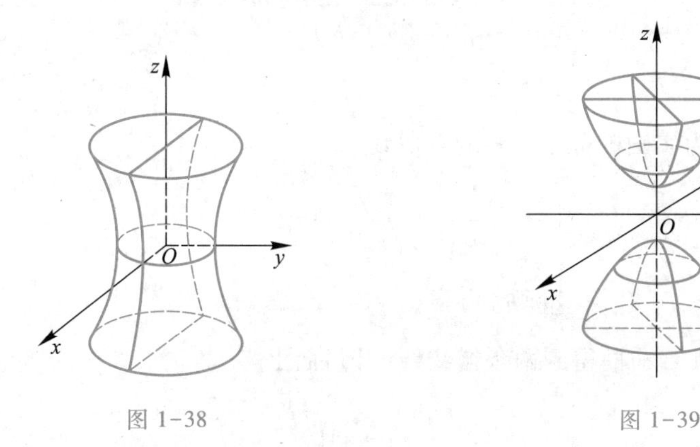

图 1-38　　图 1-39

类似地，下列方程也表示双叶双曲面：

$$-\frac{x^2}{a^2}+\frac{y^2}{b^2}-\frac{z^2}{c^2}=1,\quad \frac{x^2}{a^2}-\frac{y^2}{b^2}-\frac{z^2}{c^2}=1.$$

3. 抛物面

（1）椭圆抛物面

由方程

$$z=\frac{x^2}{a^2}+\frac{y^2}{b^2} \tag{4}$$

所确定的曲面称为椭圆抛物面.用坐标面和平行于坐标面的平面截曲面，得到的截痕为点、椭圆或抛物线（如图 1-40）.

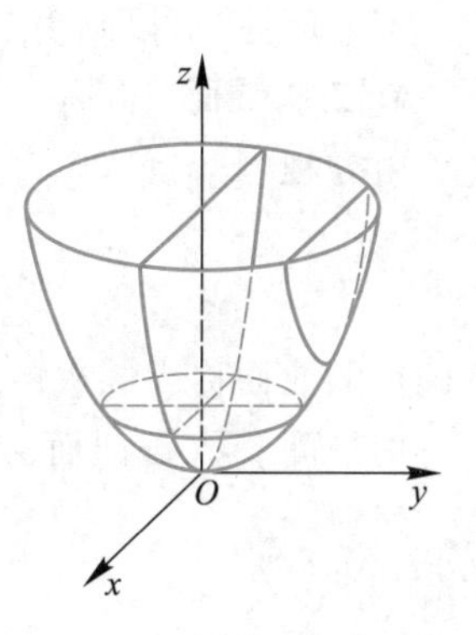

图 1-40

（2）双曲抛物面

由方程

$$z=-\frac{x^2}{a^2}+\frac{y^2}{b^2} \tag{5}$$

所确定的曲面称为双曲抛物面，也称为马鞍面.用平面

$z=0$ 去截曲面，得

$$\begin{cases}\dfrac{x^2}{a^2}-\dfrac{y^2}{b^2}=0,\\ z=0,\end{cases}$$

即截痕为 xOy 面上的两条相交的直线 $y=\pm\dfrac{b}{a}x$.所以，双曲抛物面也是直纹面.用平面 $z=h$ 截曲面，得到曲线

$$\begin{cases}\dfrac{x^2}{a^2}-\dfrac{y^2}{b^2}=-h,\\ z=h.\end{cases}$$

当 $h<0$ 时，该曲线为实轴平行于 x 轴的双曲线

$$\begin{cases}\dfrac{x^2}{(a\sqrt{-h})^2}-\dfrac{y^2}{(b\sqrt{-h})^2}=1,\\ z=h.\end{cases}$$

当 $h>0$ 时，该曲线为实轴平行于 y 轴的双曲线

$$\begin{cases}-\dfrac{x^2}{(a\sqrt{h})^2}+\dfrac{y^2}{(b\sqrt{h})^2}=1,\\ z=h.\end{cases}$$

用平面 $x=0$ 和 $x=h$ 截曲面得到两条抛物线（开口向上）：

$$\begin{cases}y^2=b^2z,\\ x=0;\end{cases}\quad \begin{cases}y^2=b^2z+\left(\dfrac{bh}{a}\right)^2,\\ x=h.\end{cases}$$

用平面 $y=0$ 和 $y=h$ 截曲面得到两条抛物线（开口向下）：

$$\begin{cases}x^2=-a^2z,\\ y=0;\end{cases}\quad \begin{cases}x^2=-a^2z+\left(\dfrac{ah}{b}\right)^2,\\ y=h.\end{cases}$$

综上所述，可以画出双曲抛物面的几何图形（如图 1-41）.

4. 二次锥面

由方程

$$\frac{x^2}{a^2}+\frac{y^2}{b^2}-\frac{z^2}{c^2}=0 \tag{6}$$

所确定的曲面称为二次锥面.

用平面 $z=h$ 截曲面，得到曲线

$$\begin{cases}\dfrac{x^2}{a^2}+\dfrac{y^2}{b^2}=\dfrac{h^2}{c^2},\\ z=h.\end{cases}$$

当 $h=0$ 时，截痕为一点；当 $h\neq 0$ 时，截痕为一椭圆（如图 1-42）. 当 $a\neq b$ 时，此时的二次锥面也称为椭圆锥面；当 $a=b$ 时，二次锥面变成圆锥面 $z^2=k(x^2+y^2)$ $(k=c^2/a^2)$.

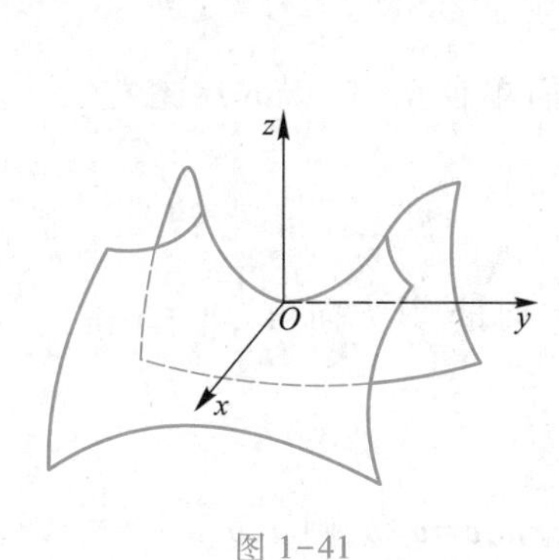

图 1-41

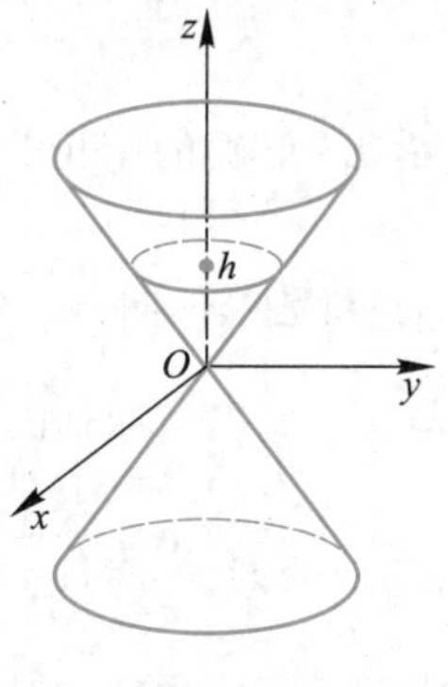

图 1-42

习题 1-6

1. 求曲线 $\begin{cases}2x^2+y^2-2z=0,\\ x=1\end{cases}$ 在 yOz 面上的投影曲线方程，并指出原曲线是什么曲线.

2. 试求曲线 $\begin{cases}z=3x^2+y^2\\ z=1-x^2\end{cases}$ 在 xOy 面上的投影曲线，并利用投影曲线将原曲线用参数方程表示出来.

3. 指出下列方程所表示的曲线：

(1) $\begin{cases}x^2+y^2+z^2=16,\\ x=2;\end{cases}$　　(2) $\begin{cases}x^2+4y^2+9z^2=36,\\ y=2;\end{cases}$

(3) $\begin{cases}z^2-4y^2+x^2=25,\\ z=-3;\end{cases}$　　(4) $\begin{cases}y^2+z^2-4x+8=0,\\ y=4;\end{cases}$

(5) $\begin{cases}\dfrac{x^2}{9}-\dfrac{z^2}{4}=1,\\ y-3=0.\end{cases}$

4. 用平面截割法讨论双叶双曲面.

5. 求方程 $z=xy$ 所表示的曲面.

6. 画出由下列曲面所围成的立体的图形：

(1) 由平面 $x=0, y=0, z=0, 3x+2y=6$ 及曲面 $z=3-\dfrac{1}{2}x^2$ 在第 I 卦限内所围成的立体；

(2) 由曲线 $z=4-\sqrt{x^2+y^2}$, $z=x^2+y^2$ 及 $x^2+y^2=1$ 所围成的立体.

综 合 题 一

1. 判断题(正确的结论打"√",并给出简单证明;错误的结论打"×",并举出反例).

(1) $\boldsymbol{i}+\boldsymbol{j}+\boldsymbol{k}$ 是单位向量.

(2) 与 x,y,z 三坐标轴的正向夹角相等的向量,其方向角为 $\alpha=\beta=\gamma=\dfrac{\pi}{3}$.

(3) 当 $\boldsymbol{a}\neq\boldsymbol{0}$ 时,$\dfrac{\boldsymbol{a}}{\boldsymbol{a}}=1$.

(4) 若非零向量 $\boldsymbol{a},\boldsymbol{b},\boldsymbol{c}$ 满足 $\boldsymbol{a}=\boldsymbol{b}\times\boldsymbol{c},\boldsymbol{b}=\boldsymbol{c}\times\boldsymbol{a},\boldsymbol{c}=\boldsymbol{a}\times\boldsymbol{b}$,则 $\boldsymbol{a},\boldsymbol{b},\boldsymbol{c}$ 一定是单位向量.

(5) $(\boldsymbol{a}\cdot\boldsymbol{a})^2=\boldsymbol{a}^2\cdot\boldsymbol{a}^2$.

(6) 一向量与 xOy,yOz,zOx 三个坐标面的夹角 φ,θ,ω 满足 $\cos^2\varphi+\cos^2\theta+\cos^2\omega=2$.

2. 填空题.

(1) 设 $(\boldsymbol{a}\times\boldsymbol{b})\cdot\boldsymbol{c}=2$,则 $[(\boldsymbol{a}+\boldsymbol{b})\times(\boldsymbol{b}+\boldsymbol{c})]\cdot(\boldsymbol{c}+\boldsymbol{a})=$________.

(2) 设 $\boldsymbol{a}=(1,4,5),\boldsymbol{b}=(1,1,2),\boldsymbol{c}=(1,1,1)$,若 $(\boldsymbol{a}+\lambda\boldsymbol{b})\perp(\boldsymbol{a}-\lambda\boldsymbol{b})$,则 $\lambda=$________;若 $(\boldsymbol{a}+\mu\boldsymbol{b})/\!/(\boldsymbol{a}-\mu\boldsymbol{b})$,则 $\mu=$________;若 $\boldsymbol{a}+\lambda\boldsymbol{b},\boldsymbol{a}+\mu\boldsymbol{b}$ 与 $\boldsymbol{c}$ 共面,则 $\lambda=$________,$\mu=$________;向量 $\boldsymbol{c}$ 在 $\boldsymbol{a},\boldsymbol{b}$ 所构成的平面上的投影向量为________.

(3) 已知 $\|\boldsymbol{a}\|=13,\|\boldsymbol{b}\|=19,\|\boldsymbol{a}+\boldsymbol{b}\|=24$,则 $\|\boldsymbol{a}-\boldsymbol{b}\|=$________.

(4) 已知 $\overrightarrow{AB}=(-3,0,4),\overrightarrow{AC}=(5,-2,-14)$,则 $\angle BAC$ 角平分线上的单位向量为________.

(5) 已知四点 $A(2,3,1),B(2,1,-1),C(6,3,-1),D(-5,-4,8)$,则四面体 $ABCD$ 中从顶点 D 到底面所引的高为________.

(6) 已知直线 $\Gamma:x-1=\dfrac{y+2}{3}=\dfrac{z+5}{-2}$,则与 Γ 关于原点对称的直线方程为________.

3. 选择题.

(1) 设 $\boldsymbol{a},\boldsymbol{b},\boldsymbol{c}$ 均为非零向量,则与 $\boldsymbol{a}$ 不垂直的向量是(　　).

(A) $(\boldsymbol{a}\cdot\boldsymbol{c})\boldsymbol{b}-(\boldsymbol{a}\cdot\boldsymbol{b})\boldsymbol{c}$　　(B) $\boldsymbol{b}-\dfrac{\boldsymbol{a}\cdot\boldsymbol{b}}{\boldsymbol{a}^2}\boldsymbol{a}$

(C) $\boldsymbol{a}\times\boldsymbol{b}$　　(D) $\boldsymbol{a}+(\boldsymbol{a}\times\boldsymbol{b})\times\boldsymbol{a}$

(2) 已知两直线 $\dfrac{x-4}{2}=\dfrac{y+1}{3}=\dfrac{z+2}{5}$ 和 $\dfrac{x+1}{-3}=\dfrac{y-1}{2}=\dfrac{z-3}{4}$,则它们是(　　).

(A) 两条相交的直线　　(B) 两条异面直线

(C) 两条平行但不重合的直线　　(D) 两条重合的直线

(3) 设有直线 $\Gamma:\begin{cases}x+3y+2z+1=0,\\2x-y-10z+3=0\end{cases}$ 及平面 $\Pi:4x-2y+z-2=0$,则直线 Γ(　　).

(A) 平行于 Π　　(B) 在 Π 上

(C) 垂直于 Π　　　　(D) 与 Π 斜交

(4) 曲线 $\begin{cases}x^2+4y^2-z^2=16,\\4x^2+y^2+z^2=4\end{cases}$ 在 xOy 面上的投影曲线方程是(　　).

(A) $\begin{cases}x^2+4y^2=16,\\z=0\end{cases}$　　　　(B) $\begin{cases}4x^2+y^2=4,\\z=0\end{cases}$

(C) $\begin{cases}x^2+y^2=4,\\z=0\end{cases}$　　　　(D) $x^2+y^2=4$

(5) 已知直线 $\begin{cases}A_1x+B_1y+C_1z+D_1=0,\\A_2x+B_2y+C_2z+D_2=0\end{cases}$ 中所有系数均不为零,且 $\dfrac{A_1}{D_1}=\dfrac{A_2}{D_2}$,则此直线(　　).

(A) 平行于 x 轴　　　　(B) 与 x 轴重合

(C) 通过原点　　　　(D) 与 x 轴相交

(6) 直线 $\Gamma:\dfrac{x}{3}=\dfrac{y}{2}=\dfrac{z}{6}$ 绕 z 轴旋转而产生的旋转曲面方程为(　　).

(A) $13z^2=36(x^2+y^2)$　　　　(B) $13z^2=36(x^2-y^2)$

(C) $13x^2=36(y^2+z^2)$　　　　(D) $13y^2=36(x^2+z^2)$

4. 求点 $A(3,-7,5)$ 到平面 $\Pi:2x-6y+3z-42=0$ 的距离及关于此平面的对称点的坐标.

5. 求点 $M(5,4,2)$ 关于直线 $\Gamma:\dfrac{x+1}{2}=\dfrac{y-1}{3}=\dfrac{z-1}{-1}$ 的对称点的坐标.

6. 已知平行四边形对角线向量为 $\boldsymbol{c}=\boldsymbol{a}+2\boldsymbol{b}$, $\boldsymbol{d}=3\boldsymbol{a}-4\boldsymbol{b}$,其中 $\|\boldsymbol{a}\|=1$, $\|\boldsymbol{b}\|=2$, $\langle\boldsymbol{a},\boldsymbol{b}\rangle=\dfrac{\pi}{6}$,求此平行四边形的面积.

7. 设 $\boldsymbol{a}=(1,1,0)$, $\boldsymbol{b}=(2,0,2)$,向量 $\boldsymbol{c}$ 与 $\boldsymbol{a}$, $\boldsymbol{b}$ 共面,且 $\mathrm{Prj}_{\boldsymbol{a}}\boldsymbol{c}=\mathrm{Prj}_{\boldsymbol{b}}\boldsymbol{c}=3$,求 $\boldsymbol{c}$.

8. 已知 $\overrightarrow{OA}=\boldsymbol{a}$, $\overrightarrow{OB}=\boldsymbol{b}$, $\angle ODA=\dfrac{\pi}{2}$(如图 1-43).

求证:(1) $\triangle ODA$ 的面积为 $\dfrac{|\boldsymbol{a}\cdot\boldsymbol{b}|\,\|\boldsymbol{a}\times\boldsymbol{b}\|}{2\|\boldsymbol{b}\|^2}$.(2) 设 $\langle\boldsymbol{a},\boldsymbol{b}\rangle=\theta$,问 θ 为何值时, $\triangle ODA$ 的面积最大?

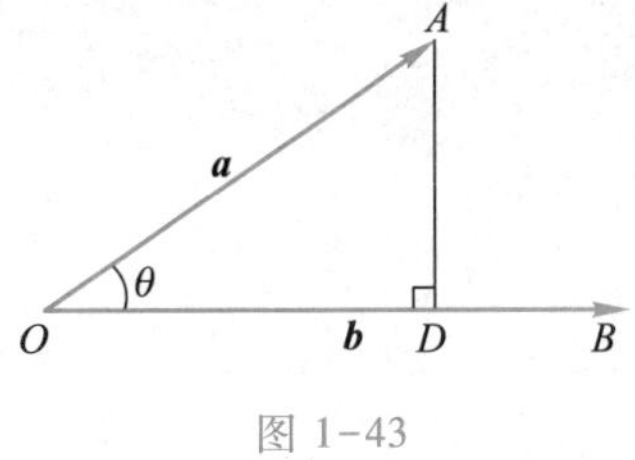

图 1-43

9. 已知 $\boldsymbol{a}$, $\boldsymbol{b}$ 为两个不共线的非零向量, $\boldsymbol{c}=\lambda\boldsymbol{a}+\boldsymbol{b}$, λ 是实数,试证使得 $\|\boldsymbol{c}\|$ 最小的向量 $\boldsymbol{c}$ 垂直于 $\boldsymbol{a}$,并求当 $\boldsymbol{a}=(1,2,-2)$, $\boldsymbol{b}=(1,-1,1)$ 时,使得 $\|\boldsymbol{c}\|$ 最小的向量 $\boldsymbol{c}$.

10. 求过点 $M(2,3,1)$,且与直线 $\Gamma_1:\begin{cases}x+y=0,\\x-y+z+4=0,\end{cases}$ $\Gamma_2:\begin{cases}x=1-3y,\\z=2-y\end{cases}$ 都相交的直线方程.

11. 判断两直线 $\Gamma_1:\dfrac{x+1}{1}=\dfrac{y}{1}=\dfrac{z-1}{2}$, $\Gamma_2:\dfrac{x}{1}=\dfrac{y+1}{3}=\dfrac{z-2}{4}$ 是否在同一平面内.若在同一平面内,则求两直线的交点;若不在同一平面内,则求两直线之间的最短距离.

12. 设一平面通过点(1,2,3),它在 x 轴、y 轴的正向截距相等.问当平面的截距为何值时,它与三个坐标面所围成的立体体积最小?并写出此平面的方程.

13. 求二等分两平面 $x+2y-2z+6=0$ 和 $4x-y+8z-8=0$ 的夹角的平面方程.

14. 求过直线 $\begin{cases}2x+y-2z-8=0,\\x-2y+4z-5=0\end{cases}$ 且互相垂直的两个平面,其中一个平面过点 $(4,-3,-1)$.

15. 求过点 $M(1,0,-2)$,平行于平面 $\Pi:x-2y+z-1=0$,且与直线 $\Gamma:\dfrac{x+1}{2}=\dfrac{y}{1}=\dfrac{z-1}{-1}$ 相交的直线方程.

16. 求两直线 $\Gamma_1:\dfrac{x-3}{2}=y=\dfrac{z-1}{0}$ 与 $\Gamma_2:\dfrac{x+1}{1}=\dfrac{y-2}{0}=z$ 的公垂线方程.

17. 已知点 $A(1,0,0)$ 与点 $B(0,1,1)$,线段 AB 绕 z 轴旋转一周所成的旋转曲面为 Σ,求由 Σ 与两平面 $z=0,z=1$ 所围的立体体积.

18. 求直线 $\Gamma_1:\dfrac{x-3}{2}=\dfrac{y-1}{3}=z+1$ 绕直线 $\Gamma_2:\begin{cases}x=2\\y=3\end{cases}$ 旋转一周而成的曲面方程.

综合题一
答案与提示

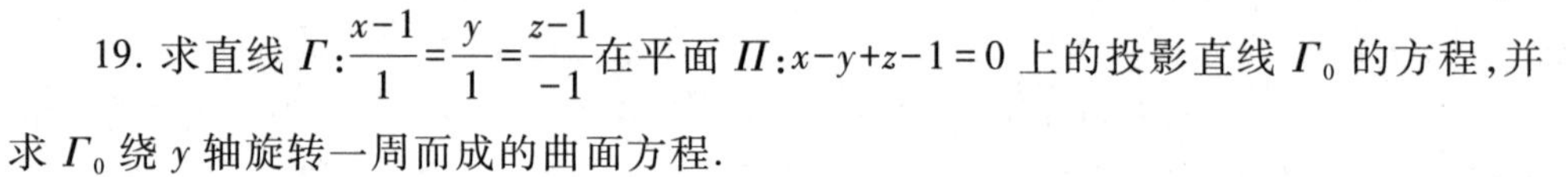

19. 求直线 $\Gamma:\dfrac{x-1}{1}=\dfrac{y}{1}=\dfrac{z-1}{-1}$ 在平面 $\Pi:x-y+z-1=0$ 上的投影直线 Γ_0 的方程,并求 Γ_0 绕 y 轴旋转一周而成的曲面方程.

20. 求准线为 $C:\begin{cases}f(x,y)=0,\\z=h,\end{cases}$ 母线方向为 $\boldsymbol{c}=a\boldsymbol{i}+b\boldsymbol{j}+c\boldsymbol{k}$ 的柱面方程.

第二章

多元函数微分学

多元函数微分学中的基本概念及性质大部分可从一元函数微分学中推广得来.在将一元函数的情形向多元函数的情形作推广时,常会出现下列情况:从一元推广到二元时会产生新的问题,需要用到一些新的工具和手段来处理,而从二元推广到三元及三元以上时,则可以类推.因此,本章将主要介绍二元函数的情形,然后再类推到三元及三元以上的函数中去.

另外,由于 $\mathbf{R}^2$,$\mathbf{R}^3$ 中的点与向量是一一对应的,因此,以后在表述时不再区分点与向量这两个概念.在无特别声明时,总用 P,Q 等表示 $\mathbf{R}^2$,$\mathbf{R}^3$ 中的点,X,Y 等表示 $\mathbf{R}^n$ 中的点,而用 x,y,z,a,b,c 等表示实数.

第一节　多元函数的概念

以前我们所接触到的函数 $y=f(x)$ 有一个特点,就是它只有一个自变量,因变量 y 是随着这一个自变量的变化而变化的,我们称之为一元函数,如 $y=\sin x$,$y=x^2+\mathrm{e}^x$ 等.但在许多应用问题中,我们往往要考虑多个变量之间的关系,即需要考虑一个变量(因变量)与另外多个变量(自变量)的相互依赖关系,比如:

圆柱体体积

$$V=\pi r^2 h,$$

其中 r 为底圆半径,h 为圆柱体的高.易见,体积 V 随 r,h 的变化而变化,或者说,任给一对数 (r,h),就有唯一的 V 与之对应.

长方体体积

$$V=xyz,$$

其中 x,y,z 分别为长方体的长、宽、高.体积 V 随 x,y,z 的变化而变化,或者说,任给一组数 (x,y,z),就有唯一的 V 与之对应.

这些都是多元函数的例子.有两个自变量的称为二元函数,有三个自变量的称为三元函数……有 n 个自变量的称为 n 元函数,统称为多元函数.

一、二元函数的概念

与一元函数类似,有二元函数定义.

定义 1　若 f 是 xOy 面上的非空点集 D 到 $\mathbf{R}$ 的映射,即

$$f: D \to \mathbf{R},$$

则称f为定义在D上的二元(实)函数(简称函数),D称为f的定义域,通常记为$D(f)$.对于$P(x,y)\in D(f)$,其像$z=f(P)=f(x,y)$称为$P(x,y)$所对应的函数值,定义域D在f下的像集$f(D)=\{z\mid z=f(P),P\in D\}$称为$f$的值域,记为$R(f)$.空间点集$W=\{(x,y,z)\mid z=f(x,y),(x,y)\in D(f)\}$称为$z=f(x,y)$的图形.

一般地,二元函数的图形是空间中的曲面(如图 2-1),但它也可能是由一些离散的空间点或由几片断开的曲面组成,有时甚至难以描绘.

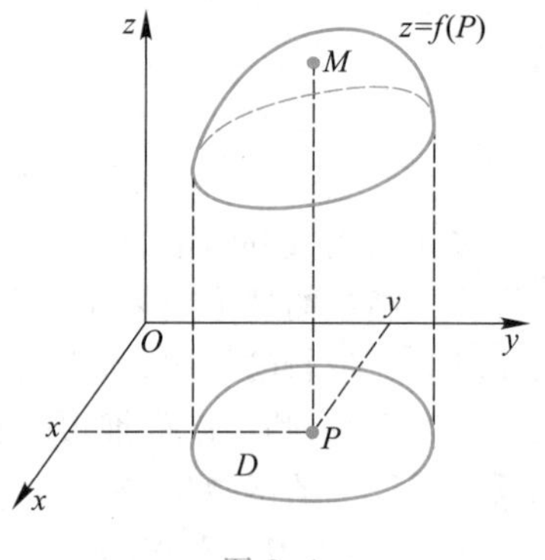

图 2-1

在二元函数$z=f(P)=f(x,y)$中,自变量x,y都是独立变化的,它们只受到$(x,y)\in D$的限制.另外,若给出了函数$z=f(x,y)$的表达式,求它在$P_0(x_0,y_0)$处的函数值$f(x_0,y_0)$的方法与一元函数类似.

由函数定义易知,若$z=f(x,y)$的定义域D是xOy面上一条曲线D:$y=y(x)$,则二元函数$z=f(x,y)=f(x,y(x))$成为一元函数,而任何一个一元函数都可看作一个二元函数.可见二元函数是一元函数的推广,而一元函数则是二元函数的特殊情形.

例 1　求$z=\ln(x+y)$的定义域D_1,并画出D_1的图形.

解　与一元函数类似,要求函数z的定义域,就是要求使得这个式子有意义的xOy面上点的集合.由$x+y>0$,得定义域

$$D_1=\{(x,y)\mid x+y>0\},$$

其图形如图 2-2 所示,D_1在直线$y=-x$上方,不包括直线$y=-x$.

例 2　求$z=\sqrt{1-x^2-y^2}$的定义域D_2,并画出D_2的图形.

解　由$1-x^2-y^2\geqslant 0$,即$x^2+y^2\leqslant 1$,得定义域

$$D_2=\{(x,y)\mid x^2+y^2\leqslant 1\}.$$

由于$\sqrt{x^2+y^2}$表示点(x,y)到原点O的距离,因此D_2表示xOy面上到原点的距离不超过 1 的点的集合,即D_2为单位圆盘(包括圆周)(如图 2-3).

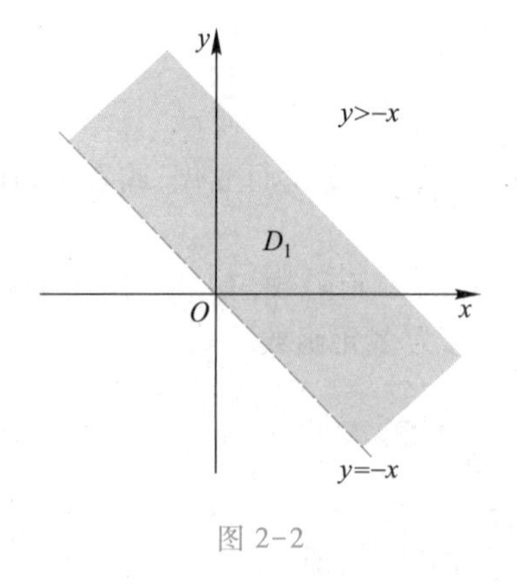

图 2-2

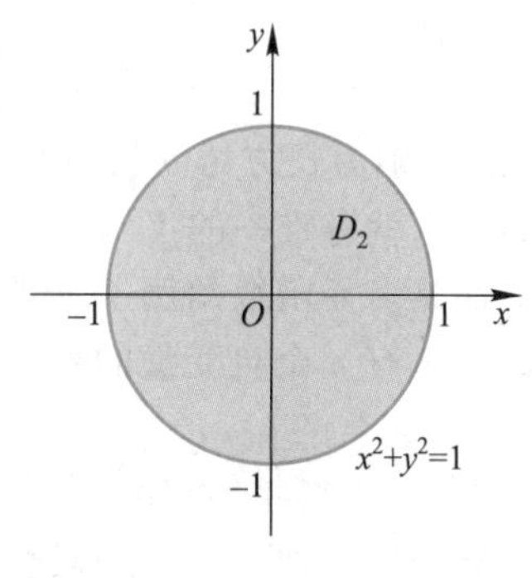

图 2-3

二、平面区域

研究函数当然要涉及它的定义域,由于二元函数的定义域是平面点集,因此,有必要介绍一些关于平面点集的知识.在一元函数微积分中,区间的概念是很重要的,大部分问题是在区间上讨论的.在平面上,与区间这一概念相对应的概念是平面区域.

1. 邻域

以点 $P_0(x_0,y_0)$ 为中心,以 $\delta>0$ 为半径的圆周内部的点的全体称为 P_0 的 δ 邻域,记作 $U(P_0,\delta)$,即

$$U(P_0,\delta)=\{(x,y)\mid\sqrt{(x-x_0)^2+(y-y_0)^2}<\delta\}$$
$$=\{P(x,y)\mid\|\overrightarrow{PP_0}\|<\delta\},$$

其中 $\|\overrightarrow{PP_0}\|=d(P,P_0)=\sqrt{(x-x_0)^2+(y-y_0)^2}$ 是点 P 与 P_0 之间的距离,也称作向量 $\overrightarrow{PP_0}$ 的模(或范数、长度).

记

$$\hat{U}(P_0,\delta)=U(P_0,\delta)\setminus\{P_0\}$$
$$=\{(x,y)\mid 0<\sqrt{(x-x_0)^2+(y-y_0)^2}<\delta\}$$
$$=\{P(x,y)\mid 0<\|\overrightarrow{PP_0}\|<\delta\},$$

称为点 P_0 的去心 δ 邻域(如图 2-4).当不必关心邻域半径时,点 P_0 的邻域和去心邻域可简记为 $U(P_0)$ 和 $\hat{U}(P_0)$.它们都不包括圆周,去心邻域还不包括圆心.

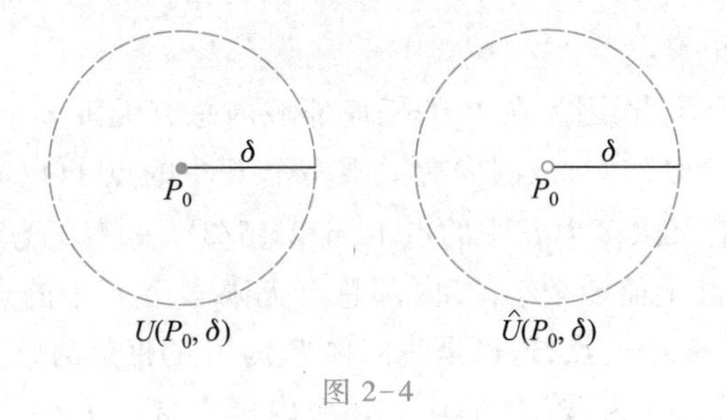

图 2-4

2. 内点与外点

设 E 是一平面点集,即 $E\subset\mathbf{R}^2$,$P_0(x_0,y_0)\in E$,若存在邻域 $U(P_0,\delta)\subset E$,则称 P_0 为 E 的内点,也就是说,若存在以 P_0 为圆心的小圆盘 $U(P_0,\delta)$,不论它的半径 $\delta>0$ 多么小,只要能使这个小圆盘全落在 E 内,则称 P_0 为 E 的内点.E 的内点总是 E 中的点.E 的全体内点所成集合称为 E 的内部,记作 E°.显然,$E^\circ\subset E$.

若 P_0 是 $\mathbf{R}^2\setminus E=E^c$(称为 E 的余集或补集)的内点,则称 P_0 是 E 的外点.

3. 边界点与孤立点

设 E 是一个平面点集,即 $E\subset\mathbf{R}^2$,$P_0(x_0,y_0)$ 是平面上一个点.若 P_0 的任何邻域 $U(P_0,\delta)$ 内既有属于 E 的点,又有不属于 E 的点,则称 P_0 为 E 的边界点.E 的全体边界点所成集合称为 E 的边界,记作 ∂E.

例 1 中直线 $x+y=0$ 上方的点都是 D_1 的内点，直线 $x+y=0$ 下方的点都是 D_1 的外点，直线 $x+y=0$ 上的点都是 D_1 的边界点（如图 2-5(a)）. 例 2 中圆内部的点都是 D_2 的内点，圆外部的点都是 D_2 的外点，圆周上的点都是 D_2 的边界点（如图 2-5(b)）.

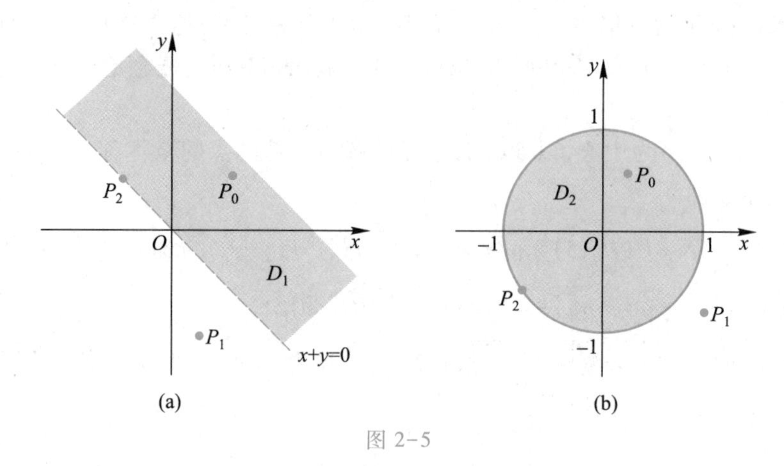

图 2-5

易见，E 的边界点可以是 E 中的点（如例 2），也可以不是 E 中的点（如例 1）.

设 E 是平面点集，若 $P_0\in E$，且 $\exists\delta>0$，使得 $\hat{U}(P_0,\delta)\cap E=\varnothing$，则称 P_0 为 E 的一个孤立点. 由定义可知，所谓 P_0 是 E 的一个孤立点，是指在 P_0 的某个邻域内没有异于 P_0 的 E 中的点. 易见，E 的孤立点必是 E 的边界点，但反之不对.

4. 聚点

设 E 是平面点集，P_0 是平面上的一个点. 若 P_0 的任一邻域内都有无限多个点属于 E，则称 P_0 是 E 的一个聚点.

设 P_0 为 E 的一个聚点，因为在 P_0 的任何邻域内总有无限多个 E 中的点，所以，若以 P_0 为圆心，以 δ 为半径作圆，该圆内有无限多个 E 中的点. 再以 P_0 为圆心，以 $\delta/2$ 为半径作圆，该圆内仍有无限多个 E 中的点. 以 $\delta/2^2,\delta/2^3,\cdots,\delta/2^n$ 为半径作圆，结论也是一样的. 可见，不论小圆半径多么小，其内部总有无限多个 E 中的点，这相当于在 P_0 附近“聚集”了无限多个 E 中的点，这也是我们称 P_0 为 E 的聚点的原因.

聚点的定义也可叙述为：若 P_0 的任一邻域内至少含有 E 中一个异于 P_0 的点，则称 P_0 为 E 的一个聚点. 读者不难自行证明这一定义与前一定义的等价性.

注意到例 1 中 D_1 的边界点是 D_1 的聚点，但它不属于 D_1；而例 2 中 D_2 的边界点是 D_2 的聚点，它属于 D_2. 可见，E 的聚点 P_0 可能属于 E，也可能不属于 E.

由内点、边界点和聚点的定义可知，E 的内点一定是 E 的聚点. 不是孤立点的边界点一定是聚点.

5. 开集与闭集

设 $E\subset\mathbf{R}^2$，若 E 中每一点都是 E 的内点，即 $E\subset E^{\circ}$，则称 E 是一个开集. 由于 $E^{\circ}\subset E$，故也可以说，若 $E^{\circ}=E$，则称 E 是一个开集. 若 E 的余（或补）集 E^c 是 $\mathbf{R}^2$ 中的开集，则称 E 是一个闭集. 规定空集 $\varnothing$ 和 $\mathbf{R}^2$ 既为开集也为闭集.

比如，例 1 中的 D_1 是开集（$D_1^{\circ}=D_1$），而例 2 中的 D_2 是闭集. 容易证明，非空平面点集 E 为开集的充要条件是 E 不含有 E 的边界点，而 E 为闭集的充要条件是 E 包含

E 的边界点.

平面上开集与闭集的概念可以分别看作 x 轴上若干开区间与闭区间的并集概念的推广，为了将开区间与闭区间的概念推广到平面上，我们还需要连通集的概念.

6. 连通集

设 E 是非空平面点集，若对任意的 $P,Q\in E$，都可用完全含于 E 的折线将它们连接起来，则称 E 为连通集（如图 2-6）.

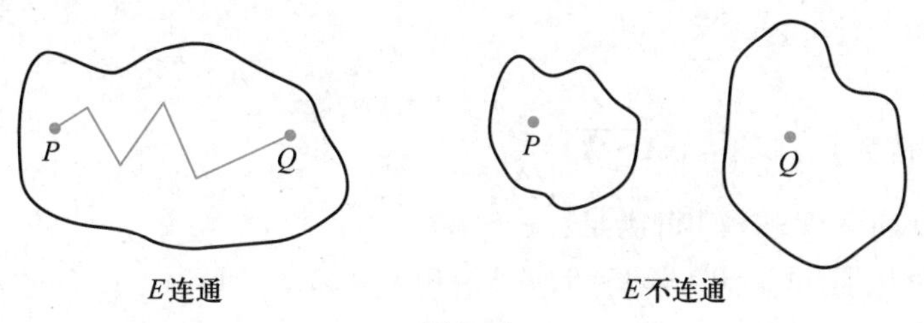

图 2-6

从几何上看，E 为连通集是指 E 是连成一片的，E 中的点都可用 E 中的折线连接. 例 1 和例 2 中的 D_1和 D_2都是连通集.

7. 开区域与闭区域

设 E 是非空平面点集，若 E 是连通的开集，则称 E 是开区域（简称开域）.

从几何上看，开区域是连成一片的，不包括边界的平面点集. 比如例 1 中的 D_1是开区域. 开区域是开区间这一概念的推广.

若 E 是开区域，记 $\overline{E}=E\cup\partial E$，称 $\overline{E}$ 为闭区域（简称闭域）.

闭区域是由一个开区域再加上它的边界所构成的，它是 x 轴上闭区间这一概念的推广. 例 2 中的 D_2就是一个闭区域. 从几何上看，闭区域是连成一片的，包括边界的平面点集.

在本教材中，当不需要指明 D 是开区域还是闭区域，或不需要分辨连通开集 D 是否包含其部分边界点在内时，我们笼统地称它们为区域 D.

8. 有界集与无界集

设 E 是非空平面点集，若存在 $r>0$，使得 E 全部落在以原点 O 为圆心，r 为半径的圆内，即 $E\subset U(O,r)$，则称 E 为有界集，否则称 E 为无界集.

易见，例 1 中的 D_1是无界集，它是无界开区域. 例 2 中的 D_2是有界集，它是有界闭区域.

三、多元函数的概念

为了建立 n 元函数的概念，需要引进 n 维向量和 n 维空间的概念. 与 $\mathbf{R}^2$ 和 $\mathbf{R}^3$ 中的情形类似，称 n 元有序数组 $(x_1,x_2,\cdots,x_n)$ 为一个 n 维向量，其中 $x_i\in\mathbf{R},i=1,2,\cdots,n$. n 维向量通常用 $\boldsymbol{X},\boldsymbol{Y},\boldsymbol{Z}$ 等表示，即 $\boldsymbol{X}=(x_1,x_2,\cdots,x_n)$. 记全体 n 维向量所成的集合为 $\mathbf{R}^n$，即

$$\mathbf{R}^n=\{(x_1,x_2,\cdots,x_n)\mid x_i\in\mathbf{R},i=1,2,\cdots,n\},$$

$\mathbf{R}^n$中的向量 $\boldsymbol{X}=(x_1,x_2,\cdots,x_n)$ 称为 $\mathbf{R}^n$中的一个点，也可记为 $X(x_1,x_2,\cdots,x_n)$，x_i称

为点 X 的第 i 个坐标(分量).

类似于 $\mathbf{R}^2$ 和 $\mathbf{R}^3$ 的情形,在 $\mathbf{R}^n$ 中可定义 n 维向量的相等、加法、数乘和内积.

定义 2 设 $\boldsymbol{X}=(x_1,x_2,\cdots,x_n)$, $\boldsymbol{Y}=(y_1,y_2,\cdots,y_n)\in\mathbf{R}^n$,则

(1) $\boldsymbol{X}=\boldsymbol{Y}\Leftrightarrow x_i=y_i, i=1,2,\cdots,n$.

(2) 加法 $\boldsymbol{X}+\boldsymbol{Y}=(x_1+y_1,x_2+y_2,\cdots,x_n+y_n)$.

(3) 数乘 $\forall\lambda\in\mathbf{R}, \lambda\boldsymbol{X}=(\lambda x_1,\lambda x_2,\cdots,\lambda x_n)$.

(4) 内积 $\boldsymbol{X}\cdot\boldsymbol{Y}=\sum\limits_{i=1}^{n}x_iy_i$.

(5) 模(范数) $\|\boldsymbol{X}\|=\sqrt{\boldsymbol{X}\cdot\boldsymbol{X}}=\sqrt{\sum\limits_{i=1}^{n}x_i^2}$.

容易验证向量 $\boldsymbol{X}$ 的模 $\|\boldsymbol{X}\|$ 满足:

1) $\|\boldsymbol{X}\|\geqslant 0$,且 $\|\boldsymbol{X}\|=0\Longleftrightarrow\boldsymbol{X}=\mathbf{0}$,即 $x_i=0(i=1,2,\cdots,n)$;

2) $\|\lambda\boldsymbol{X}\|=|\lambda|\,\|\boldsymbol{X}\|, \lambda\in\mathbf{R}$;

3) $\|\boldsymbol{X}+\boldsymbol{Y}\|\leqslant\|\boldsymbol{X}\|+\|\boldsymbol{Y}\|, \forall\boldsymbol{X},\boldsymbol{Y}\in\mathbf{R}^n$.

空间 $\mathbf{R}^n$ 中任意两点 $X(x_1,x_2,\cdots,x_n)$ 与 $X_0(x_1^0,x_2^0,\cdots,x_n^0)$ 间的距离定义为

$$d(X,X_0)=\|\overrightarrow{XX_0}\|=\sqrt{\sum_{i=1}^{n}(x_i-x_i^0)^2}.$$

于是向量 $\boldsymbol{X}$ 的模 $\|\boldsymbol{X}\|$ 就是点 X 与坐标原点 O 间的距离 $d(X,O)$.

称 $\mathbf{R}^n$ 为 n 维欧氏空间(简称为 n 维空间).

这样一来,平面上的邻域、内点、外点、边界点、聚点、开集、闭集、连通集、区域、有界集与无界集等概念均可毫无困难地推广到三维空间 $\mathbf{R}^3$ 中去,且有类似的几何意义.它们还可推广到 $n(n>3)$ 维空间 $\mathbf{R}^n$ 中去,只是不再有直观的几何图形.与二元函数类似,有 $n(n\geqslant 3)$ 元函数定义.

定义 3 若 f 为 $\mathbf{R}^n$ 中的非空点集 D 到 $\mathbf{R}$ 的映射,即

$$f: D\to\mathbf{R},$$

则称 f 为定义在 D 上的 n 元(实值)函数,记作 $u=f(X)$ 或 $u=f(x_1,x_2,\cdots,x_n)$.

典型例题 多元函数的定义域

应该注意,三元函数 $u=f(x,y,z)$ 的定义域是 $\mathbf{R}^3$ 的一个子集.例如函数 $u=\ln(1-x^2-y^2-z^2)$ 的定义域是 $D=\{(x,y,z)\mid x^2+y^2+z^2<1\}$,这是 $\mathbf{R}^3$ 中的单位球体(不包括球面).函数 $w=\sqrt{z-x^2-3y^2}$ 的定义域是 $D=\{(x,y,z)\mid z\geqslant x^2+3y^2\}$,这是 $\mathbf{R}^3$ 中椭圆抛物面 $z=x^2+3y^2$ 上方部分(包括椭圆抛物面).

由于三元及三元以上的函数至少有 4 个或 4 个以上的变量,因此,三元及三元以上的函数没有直观的几何图形.

习题 2-1

1. 确定下列函数的定义域并画出定义域的图形:

(1) $z=\ln(y^2-2x+1)$; (2) $z=\sqrt{x-\sqrt{y}}$;

(3) $f(x,y)=\sqrt{1-x^2}+\sqrt{y^2-1}$；　　(4) $z=\arcsin\dfrac{y}{x}$.

2. 设 $f(x,y)=x^3-2xy+3y^2$，求

(1) $f(-2,3)$；　(2) $f\left(\dfrac{1}{x},\dfrac{2}{y}\right)$；　(3) $\dfrac{f(x,y+h)-f(x,y)}{h}$.

3. 设 $F(x,y)=\sqrt{y}+f(\sqrt{x}-1)$，$F(x,1)=x$，求 $f(x)$ 及 $F(x,y)$ 的表达式.

第二节　多元函数的极限与连续

一、多元函数的极限

多元函数的极限概念是一元函数极限概念的推广.

设 $y=f(x)$ 为一元函数，$\lim\limits_{x\to x_0}f(x)=A$ 表示当 x 不论从 x_0 的左边还是从 x_0 的右边无限接近于 x_0 时，对应的函数值 $f(x)$ 无限接近于数 A（如图 2-7）. 用 $\varepsilon-\delta$ 语言表示，就是 $\forall\varepsilon>0$，$\exists\delta>0$，当 $0<|x-x_0|<\delta$ 时，有 $|f(x)-A|<\varepsilon$.

类似地，我们可得到二元函数极限的概念.

设二元函数 $z=f(P)=f(x,y)$，定义域为 D，如果当 $P(x,y)$ 在 D 内变动并无限接近于 P_0 时（以任何方式，从任何方向），对应的函数值 $f(P)$ 无限接近于数 A，则称 A 为当 P 趋于 P_0 时 $f(P)$ 的极限（如图 2-8）.

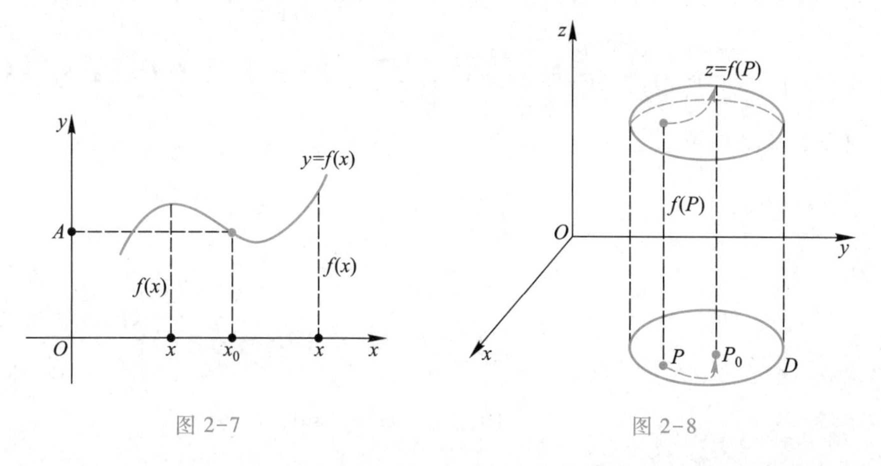

图 2-7　　图 2-8

类似于一元函数，$f(P)$ 无限接近数 A 可用 $|f(P)-A|<\varepsilon$ 刻画，而平面上的点 $P(x,y)$ 无限接近点 $P_0(x_0,y_0)$，则可用它们之间的距离 $\|\overrightarrow{PP_0}\|=\sqrt{(x-x_0)^2+(y-y_0)^2}<\delta$ 来刻画.

定义 1　设二元函数 $z=f(P)=f(x,y)$，定义域为 D，$P_0(x_0,y_0)$ 是 D 的一个聚点，A 为常数. 若 $\forall\varepsilon>0$，$\exists\delta>0$，当 $P(x,y)\in D$，且 $0<\|\overrightarrow{PP_0}\|=\sqrt{(x-x_0)^2+(y-y_0)^2}<\delta$ 时，

对应的函数值$f(P)$满足

$$|f(P)-A|<\varepsilon,$$

则称A为$z=f(P)$的当P趋于P_0时的(二重)极限.记作

$$\lim_{P\to P_0}f(P)=A \quad 或 \quad \lim_{\substack{x\to x_0\\y\to y_0}}f(x,y)=A,$$

也可记作$f(P)\to A(P\to P_0)$或$f(x,y)\to A(x\to x_0,y\to y_0)$.

定义1中要求P_0是定义域D的聚点,这是为了保证在P_0的任意近旁总有点P,使得$f(P)$存在,进而才有可能判断$|f(P)-A|$是否小于ε.若D是一开区域,则只需要求$P_0\in\overline{D}=D\cup\partial D$就可保证$P_0$是$D$的一个聚点.另外,“$0<\|\overrightarrow{PP_0}\|<\delta$”表示$P$趋于$P_0$,但$P$不等于$P_0$.

对一元函数$f(x)$,$\lim\limits_{x\to x_0}f(x)=A$的充要条件是$\lim\limits_{x\to 0^+}f(x)=\lim\limits_{x\to 0^-}f(x)=A$.这是因为在$x$轴上,$x$只能从$x_0$的左、右两边趋于$x_0$,从而有上面这一结论.而在平面上,点$P$趋于$P_0$时可有多种方式:$P$可从$P_0$的上方、下方、左方、右方趋于$P_0$;还可以沿直线趋于$P_0$,沿曲线趋于$P_0$,等等.因此上述结论要作相应修改.我们有

$\lim\limits_{P\to P_0}f(P)=A$(常数)的充要条件是点$P$以任何方式、从任何方向趋于$P_0$时,$f(P)$的极限都存在且为$A$,其中$P_0(x_0,y_0)$是定义域$D$的聚点,而$P(x,y)\in D(f)$.

如果当P以一种(或几种)特殊方式趋于P_0时,$f(P)$的极限为A,那么不能断定二重极限$\lim\limits_{P\to P_0}f(P)=A$.如果$P$以不同方式趋于$P_0$时,$f(P)$的极限也不同或至少有一种方式的极限不存在,那么可肯定二重极限$\lim\limits_{P\to P_0}f(P)$不存在.

例1 设$f(x,y)=xy\sin\dfrac{1}{x+y}$,证明$\lim\limits_{\substack{x\to 0\\y\to 0}}xy\sin\dfrac{1}{x+y}=0$.

证 $\forall\varepsilon>0$,因为$|f(x,y)-0|=\left|xy\sin\dfrac{1}{x+y}\right|\leqslant|xy|\leqslant\dfrac{x^2+y^2}{2}$,要使$|f(x,y)-0|<\varepsilon$,只需$\dfrac{x^2+y^2}{2}<\varepsilon$,即$\sqrt{x^2+y^2}<\sqrt{2\varepsilon}$.取$\delta=\sqrt{2\varepsilon}$,则当$0<\sqrt{x^2+y^2}<\delta$时,有$|f(x,y)-0|<\varepsilon$,故

$$\lim_{\substack{x\to 0\\y\to 0}}xy\sin\frac{1}{x+y}=0.$$

例2 设

$$f(x,y)=\begin{cases}\dfrac{xy}{x^2+y^2}, & x^2+y^2\neq 0,\\ 0, & x^2+y^2=0,\end{cases}$$

证明$f(x,y)$在点$(0,0)$的极限不存在.

证 只需证明当$P(x,y)$沿不同的线路趋于$(0,0)$时,对应的$f(x,y)$的极限也不同即可.

当$P(x,y)$沿直线$y=kx$趋于$(0,0)$时,对应的函数值$f(x,y)=\dfrac{xy}{x^2+y^2}=\dfrac{kx^2}{x^2(1+k^2)}$,

从而对应的极限为$\lim\limits_{\substack{x\to0\\y=kx}}f(x,y)=\lim\limits_{x\to0}\dfrac{kx^2}{x^2(1+k^2)}=\dfrac{k}{1+k^2}$.当 k 不同时,极限也不同.因此,$f(x,y)$在$(0,0)$的二重极限不存在.

应该注意,虽然当$P(x,y)$沿 x 轴$(y=0)$趋于$(0,0)$时,对应函数极限

$$\lim_{\substack{x\to0\\y=0}}f(x,y)=\lim_{x\to0}\frac{0}{x^2+0^2}=0.$$

典型例题 二重极限不存在的判定

当$P(x,y)$沿 y 轴$(x=0)$趋于$(0,0)$时,对应函数极限

$$\lim_{\substack{y\to0\\x=0}}f(x,y)=\lim_{y\to0}\frac{0}{0^2+y^2}=0,$$

但不能断定该二重极限为零.

类似于二元函数,有 $n(n\geqslant3)$元函数极限定义.

定义 2　设 n 元函数 $u=f(X)=f(x_1,x_2,\cdots,x_n)$的定义域为 $D\subset\mathbf{R}^n$,$X_0(x_1^0,x_2^0,\cdots,x_n^0)$为 D 的一个聚点,A 为常数.若 $\forall\varepsilon>0$, $\exists\delta>0$,当 $X(x_1,x_2,\cdots,x_n)\in D$ 且 $0<\|\overrightarrow{XX_0}\|<\delta$ 时,对应的函数值 $f(X)$满足

$$|f(X)-A|<\varepsilon,$$

则称 A 为函数 $u=f(X)$当 $X\to X_0$时的(n 重)极限,记作

$$\lim_{X\to X_0}f(X)=A,$$

也可记作$f(X)\to A(X\to X_0)$或$f(x_1,x_2,\cdots,x_n)\to A(x_1\to x_1^0,x_2\to x_2^0,\cdots,x_n\to x_n^0)$.

由定义 1、定义 2 及一元函数的极限定义可知,多元函数的极限是一元函数极限的推广,因此,有关一元函数极限的运算法则、重要极限、夹逼准则以及有关无穷小量、无穷大量的结论均可毫无困难地推广到多元函数的极限中来.

例 3　求$\lim\limits_{\substack{x\to0\\y\to1}}\dfrac{\sin xy}{x}$.

解　$\lim\limits_{\substack{x\to0\\y\to1}}\dfrac{\sin xy}{x}=\lim\limits_{\substack{x\to0\\y\to1}}\left(y\cdot\dfrac{\sin xy}{xy}\right)=\lim\limits_{\substack{x\to0\\y\to1}}y\cdot\lim\limits_{\substack{x\to0\\y\to1}}\dfrac{\sin xy}{xy}=1\times1=1.$

在本例中,我们用到了乘积的极限运算法则以及重要极限$\lim\limits_{u\to0}\dfrac{\sin u}{u}=1$.

例 4　求$\lim\limits_{\substack{x\to0\\y\to0}}\dfrac{xy}{|x|+|y|}$.

解法 1　$\lim\limits_{\substack{x\to0\\y\to0}}\dfrac{xy}{|x|+|y|}=\lim\limits_{\substack{x\to0\\y\to0}}\left(\dfrac{x}{|x|+|y|}\cdot y\right)$.

由于$\lim\limits_{\substack{x\to0\\y\to0}}y=0$, $\left|\dfrac{x}{|x|+|y|}\right|\leqslant1$,由有界量乘无穷小量仍为无穷小量的结论知

$$\lim_{\substack{x\to0\\y\to0}}\frac{xy}{|x|+|y|}=0.$$

解法 2　由于

$$0 \leqslant \left| \frac{xy}{|x|+|y|} \right| \leqslant \frac{|xy|}{|x|} = |y|,$$

而$\lim\limits_{\substack{x\to 0\\y\to 0}} |y| = 0$,由夹逼准则知

$$\lim_{\substack{x\to 0\\y\to 0}} \frac{xy}{|x|+|y|} = 0.$$

应该注意,虽然$\lim\limits_{\substack{x\to 0\\y\to 0}} \dfrac{xy}{|x|+|y|} = 0$,但$\lim\limits_{\substack{x\to 0\\y\to 0}} \dfrac{xy}{x+y}$不存在.读者可根据二重极限存在的充要条件得到这一结果.

二、多元函数的连续性

定义 3　设 $z=f(P)=f(x,y)$ 的定义域为 D,$P_0(x_0,y_0)\in D$ 且为 D 的聚点,若

$$\lim_{P\to P_0} f(P) = f(P_0) \quad 或 \quad \lim_{\substack{x\to x_0\\y\to y_0}} f(x,y) = f(x_0,y_0),$$

则称 $f(P)$ 在 P_0 连续,P_0 称为 $f(P)$ 的连续点,否则称 $f(P)$ 在点 P_0 间断(或不连续),P_0 称为 $f(P)$ 的间断点(或不连续点).

二元函数 $z=f(P)=f(x,y)$ 在点 $P_0(x_0,y_0)$ 连续必须满足以下三个条件:

(1) $f(P)$ 在点 P_0 有定义.

(2) $f(P)$ 在点 P_0 的极限存在.

(3) $f(P)$ 在点 P_0 的极限值等于它在 P_0 的函数值.

若上述三个条件中有一个条件不满足,则 $f(P)$ 在点 P_0 不连续.

比如,例 2 中的函数 $f(x,y)$ 在点 $(0,0)$ 处的极限不存在,所以 $f(x,y)$ 在点 $(0,0)$ 处间断.例 1 中的函数 $f(x,y) = xy\sin\dfrac{1}{x+y}$ 在直线 $x+y=0$ 上每一点处都间断.可见,二元函数的间断点可能构成平面上的一条曲线.

类似地,有 $n(n\geqslant 3)$ 元函数连续性定义.

定义 4　设 $u=f(X)=f(x_1,x_2,\cdots,x_n)$ 的定义域为 $D\subset \mathbf{R}^n$,$X_0(x_1^0,x_2^0,\cdots,x_n^0)\in D$ 且为 D 的聚点,若

$$\lim_{X\to X_0} f(X) = f(X_0),$$

则称 $f(X)=f(x_1,x_2,\cdots,x_n)$ 在 $X_0(x_1^0,x_2^0,\cdots,x_n^0)$ 处连续,否则称 $f(X)$ 在 X_0 间断.

若 n 元函数 $f(X)$ 在区域 $D\subset\mathbf{R}^n(n\geqslant 2)$ 上的每一点 $X\in D$ 处都连续,则称 $f(X)$ 在 D 上连续,记为 $f(X)\in C(D)$.

因为一元函数中关于极限的运算法则对于多元函数仍然适用,所以,根据极限运算法则可以证明:多元连续函数的和、差、积、商(在分母不为 0 处)仍为连续函数;多元连续函数的复合函数也是连续函数.

与一元初等函数类似,多元初等函数在它有定义的区域内是连续的.所谓多元初等函数是指以 $x,y,z,\cdots$ 为自变量的基本初等函数 $f(x)$,$g(y)$,$\varphi(z)$,$\cdots$ 以及常数函数,经有限次四则运算和复合运算所构成的可用一个式子所表示的多元函数.比如,

$f(x,y)=\mathrm{e}^{xy}\sin(x^2+y)$，$f(x,y,z)=\dfrac{xyz}{x+z}-3\tan\mathrm{e}^{x+y}$都是多元初等函数.

若$f(X)$为多元初等函数，X_0为$D(f)$的内点，则

$$\lim_{X\to X_0}f(X)=f(X_0).$$

比如

$$\lim_{\substack{x\to 0\\ y\to 0}}\mathrm{e}^{\sin xy}(x^2+y^2+1)=\mathrm{e}^0\cdot(0+0+1)=1,$$

$$\lim_{(x,y,z)\to(0,1,1)}\frac{x+\mathrm{e}^{x+y+z}}{x+y+z}=\frac{\mathrm{e}^2}{2}.$$

我们知道，定义在区间(a,b)内的一元连续函数在几何上表示一条连续曲线.类似地，定义在区域D上的二元连续函数$z=f(P)=f(x,y)$在几何上表示一片没有“空洞”、没有“裂缝”的连续曲面.

例 5　求$\lim\limits_{\substack{x\to 0\\ y\to 2}}(1+x)^{\frac{1}{x(x+y)}}$.

解　由重要极限及初等函数的连续性，有

$$\lim_{x\to 0}(1+x)^{\frac{1}{x}}=\mathrm{e},\quad \lim_{\substack{x\to 0\\ y\to 2}}\frac{1}{x+y}=\frac{1}{2},$$

所以

$$\lim_{\substack{x\to 0\\ y\to 2}}(1+x)^{\frac{1}{x(x+y)}}=\lim_{\substack{x\to 0\\ y\to 2}}\left[(1+x)^{\frac{1}{x}}\right]^{\frac{1}{x+y}}=\mathrm{e}^{\frac{1}{2}}.$$

例 6　求$\lim\limits_{\substack{x\to 1\\ y\to 0}}\dfrac{\ln(1+xy)}{y\sqrt{x^2+y^2}}$.

解　利用等价无穷小量代换，有

$$\lim_{\substack{x\to 1\\ y\to 0}}\frac{\ln(1+xy)}{y\sqrt{x^2+y^2}}=\lim_{\substack{x\to 1\\ y\to 0}}\frac{xy}{y\sqrt{x^2+y^2}}=\lim_{\substack{x\to 1\\ y\to 0}}\frac{x}{\sqrt{x^2+y^2}}=\frac{1}{1}=1.$$

典型例题
二重极限的计算

从上面几个例题可以看到，在求二重极限时常常利用求一元函数的极限时所介绍的思想方法和有关结论来处理.

例 7　讨论$u=\dfrac{xyz}{x+y+z-1}$的连续性.

解　由于u是多元初等函数，在它有定义的区域内是连续的.因此平面$x+y+z=1$上的所有点都是u的间断点，而在$\mathbf{R}^3$的其余点上，$u=\dfrac{xyz}{x+y+z-1}$都连续.

可见，三元函数的间断点可能构成$\mathbf{R}^3$中的一片曲面.

三、有界闭区域上连续函数的性质

在一元函数微积分中，闭区间上的连续函数具有一些非常好的性质，比如最大最小值定理、有界性定理、介值定理等.这些定理均可推广到多元函数中来.不过，由于闭区间是一维空间$\mathbf{R}$中的有界集，而在二维及二维以上的空间$\mathbf{R}^n$中，闭区域不一定有界，因此，在推广时应将“闭区间”这一条件相应地修改为“有界闭区域”.

性质 1　设 $\overline{D}\subset\mathbf{R}^n$ 为有界闭区域，若 $f(X)$ 在 $\overline{D}$ 上连续，则 $f(X)$ 在 $\overline{D}$ 上必取得最大值和最小值，即 $\exists X_1,X_2\in D$，使得

$$f(X_1)=\max\{f(X)\mid X\in\overline{D}\},f(X_2)=\min\{f(X)\mid X\in\overline{D}\}.$$

性质 2　设 $\overline{D}\subset\mathbf{R}^n$ 为有界闭区域，若 $f(X)$ 在 $\overline{D}$ 上连续，则 $f(X)$ 在 $\overline{D}$ 上有界，即 $\exists M>0$，使得 $\forall X\in\overline{D}$，有 $|f(X)|\leqslant M$.

性质 3　设 $\overline{D}\subset\mathbf{R}^n$ 为有界闭区域，若 $f(X)$ 在 $\overline{D}$ 上连续，则 $f(X)$ 在 $\overline{D}$ 上必取得介于最大值和最小值之间的任何值，即 $\forall X_1,X_2\in\overline{D}$，$f(X_1)\neq f(X_2)$，则对任何介于 $f(X_1)$ 与 $f(X_2)$ 之间的数 C，存在 $X_0\in\overline{D}$，使得 $f(X_0)=C$.

*四、二次极限

设函数 $z=f(P)=f(x,y)$ 在 $P_0(x_0,y_0)$ 的某去心邻域 $\hat{U}(P_0)$ 内有定义. 考虑 x,y 先后相继地趋于 x_0,y_0 时 $f(x,y)$ 的极限.

定义 5　设 $P(x,y)\in\hat{U}(P_0)$，若对任一固定的 y，当 $x\to x_0$ 时，$f(x,y)$ 的极限存在，即 $\lim\limits_{x\to x_0}f(x,y)=\varphi(y)$，而当 $y\to y_0$ 时，$\varphi(y)$ 的极限存在且等于 A，即 $\lim\limits_{y\to y_0}\varphi(y)=A$，则称 A 为 $f(x,y)$ 的先对 x 后对 y 的二次极限，记作 $\lim\limits_{y\to y_0}\lim\limits_{x\to x_0}f(x,y)=A$.

类似可定义先对 y 后对 x 的二次极限 $\lim\limits_{x\to x_0}\lim\limits_{y\to y_0}f(x,y)$.

应该注意，二次极限和二重极限是两种不同类型的极限. 虽然在一定的条件下（比如若在 $\hat{U}(P_0)$ 内，对固定的 y，$f(x,y)$ 是 x 的连续函数时），二次极限 $\lim\limits_{y\to y_0}\lim\limits_{x\to x_0}f(x,y)$ 可看作是点 $P(x,y)$ 沿折线路径趋于 (x_0,y_0) 时 $f(x,y)$ 的极限（如图 2-9），但在另一些情形中，二次极限不是二重极限中沿折线路径的极限. 下面的几种情形显示了它们的区别.

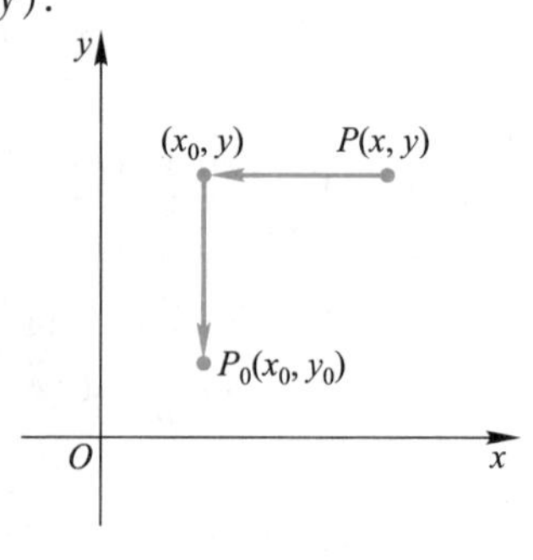

图 2-9

(1) 二次极限不一定等于二重极限.

比如在例 2 中，$\lim\limits_{y\to 0}\lim\limits_{x\to 0}\dfrac{xy}{x^2+y^2}=\lim\limits_{y\to 0}0=0$，$\lim\limits_{x\to 0}\lim\limits_{y\to 0}\dfrac{xy}{x^2+y^2}=\lim\limits_{x\to 0}0=0$，但二重极限不存在.

(2) 二重极限存在，两个二次极限可能不存在，例如

$$f(x,y)=\begin{cases}x\sin\dfrac{1}{y}+y\sin\dfrac{1}{x}, & x\neq 0,y\neq 0,\\ 0, & x=0\text{ 或 }y=0.\end{cases}$$

二次极限

$$\lim_{y\to 0}\lim_{x\to 0}\left(x\sin\frac{1}{y}+y\sin\frac{1}{x}\right)$$

不存在. 这是因为当 $x\to 0$ 时（y 暂时固定），$\sin\dfrac{1}{x}$ 的极限不存在. 同理，$\lim\limits_{x\to 0}\lim\limits_{y\to 0}\Big(x\sin\dfrac{1}{y}+$

$y\sin\frac{1}{x}\Big)$不存在.但因为当$x\neq0,y\neq0$时,有

$$\left|x\sin\frac{1}{y}+y\sin\frac{1}{x}\right|\leqslant|x|+|y|\to0\quad(x\to0,y\to0),$$

且当$x=0$或$y=0$时,$f(x,y)$也等于0,故

$$\lim_{\substack{x\to0\\y\to0}}f(x,y)=0.$$

可见,一般说来不能以计算二次极限来代替计算二重极限.

(3) 两个二次极限即使都存在也不一定相等.例如,

$$f(x,y)=\frac{x^2-y^2+x^3+y^3}{x^2+y^2},$$

易见

$$\lim_{y\to0}\lim_{x\to0}f(x,y)=\lim_{y\to0}\frac{-y^2+y^3}{y^2}=-1,$$

$$\lim_{x\to0}\lim_{y\to0}f(x,y)=\lim_{x\to0}\frac{x^2+x^3}{x^2}=1.$$

可见,不能随便交换求二次极限的顺序.

下面的定理建立了二重极限与二次极限的关系.

定理　设函数$z=f(x,y)$在点$P_0(x_0,y_0)$的某去心邻域$\hat{U}(P_0)$内有定义.在下列三个条件中:

(1) 函数的二重极限$\lim\limits_{\substack{x\to x_0\\y\to y_0}}f(x,y)=a$($a$为有限数或为无穷大).

(2) $\forall P(x,y)\in\hat{U}(P_0)$,函数关于$x$的极限(有限)存在:$\lim\limits_{x\to x_0}f(x,y)=\varphi(y)$.

(3) $\forall P(x,y)\in\hat{U}(P_0)$,函数关于$y$的极限(有限)存在:$\lim\limits_{y\to y_0}f(x,y)=\varphi(x)$.

若条件(1),(2)同时满足,则函数$f(x,y)$的先对x后对y的二次极限存在且等于它的二重极限:$\lim\limits_{y\to y_0}\lim\limits_{x\to x_0}f(x,y)=\lim\limits_{\substack{x\to x_0\\y\to y_0}}f(x,y)=a$;

若条件(1),(3)同时满足,则函数$f(x,y)$的先对y后对x的二次极限存在且等于它的二重极限:$\lim\limits_{x\to x_0}\lim\limits_{y\to y_0}f(x,y)=\lim\limits_{\substack{x\to x_0\\y\to y_0}}f(x,y)=a$;

若条件(1),(2),(3)同时满足,则函数的先对x后对y及先对y后对x的两个二次极限存在且相等并都等于它的二重极限:

$$\lim_{x\to x_0}\lim_{y\to y_0}f(x,y)=\lim_{y\to y_0}\lim_{x\to x_0}f(x,y)=\lim_{\substack{x\to x_0\\y\to y_0}}f(x,y)=a.$$

习题 2-2

1. 求下列各极限：

(1) $\lim\limits_{\substack{x\to 0\\ y\to 1}}\dfrac{1-xy}{x^2+y^2}$;　　(2) $\lim\limits_{\substack{x\to \infty\\ y\to \infty}}\dfrac{\sin xy}{x^2+y^2}$;

(3) $\lim\limits_{\substack{x\to 0\\ y\to 0}}\dfrac{2-\sqrt{xy+4}}{xy}$;　　(4) $\lim\limits_{\substack{x\to 0\\ y\to 0}}\dfrac{\sqrt{x^2y^2+1}-1}{x^2+y^2}$;

(5) $\lim\limits_{\substack{x\to 0\\ y\to 0}}\dfrac{1-\cos(x^2+y^2)}{(x^2+y^2)x^2y^2}$.

2. 证明 $\lim\limits_{\substack{x\to 0\\ y\to 1}}\dfrac{xy}{x^2+y^2}=0$.

3. 说明 $\lim\limits_{\substack{x\to 0\\ y\to 0}}\dfrac{x+y}{x-y}$ 不存在.

4. 讨论 $f(x,y)=\begin{cases}\dfrac{2^xy^2}{x^2+y^2}, & x^2+y^2\neq 0,\\ 0, & x^2+y^2=0\end{cases}$ 的连续性.

5. 求函数 $z=\dfrac{y^2+2x}{y^2-2x}$ 的间断点.

第三节　偏　导　数

一、偏导数的定义

在二元函数 $z=f(x,y)$ 中，有两个自变量 x 和 y，但若固定其中一个自变量，比如，令 $y=y_0$，而让 x 变化，则 z 成为一元函数 $z=f(x,y_0)$，我们可用讨论一元函数的方法来讨论它的导数，称之为偏导数.

定义　设 $z=f(x,y)$ 在点 $P_0(x_0,y_0)$ 的某邻域 $U(P_0)$ 内有定义. 固定 $y=y_0$，在 x_0 给 x 以增量 Δx，相应的函数增量记作

$$\Delta_x z=f(x_0+\Delta x,y_0)-f(x_0,y_0),$$

称为 z 在点 (x_0,y_0) 处关于 x 的偏增量. 如果极限

$$\lim_{\Delta x\to 0}\frac{\Delta_x z}{\Delta x}=\lim_{\Delta x\to 0}\frac{f(x_0+\Delta x,y_0)-f(x_0,y_0)}{\Delta x}$$

存在,则称这个极限值为 $z=f(x,y)$ 在点 (x_0,y_0) 处对 x 的偏导数,记作 $f'_x(x_0,y_0)$,
$z'_x\Big|_{\substack{x=x_0\\y=y_0}}$, $\dfrac{\partial z}{\partial x}\Big|_{\substack{x=x_0\\y=y_0}}$, $\dfrac{\partial f}{\partial x}\Big|_{\substack{x=x_0\\y=y_0}}$, $\dfrac{\partial z}{\partial x}\Big|_{(x_0,y_0)}$ 或 $\dfrac{\partial f}{\partial x}\Big|_{(x_0,y_0)}$,即

$$f'_x(x_0,y_0)=\lim_{\Delta x\to 0}\frac{f(x_0+\Delta x,y_0)-f(x_0,y_0)}{\Delta x}.$$

此时也称 $f(x,y)$ 在点 (x_0,y_0) 处对 x 的偏导数存在,否则称 $f(x,y)$ 在点 (x_0,y_0) 处对 x 的偏导数不存在.

类似地,若固定 $x=x_0$,而让 y 变化,$z=f(x_0,y)$ 成为 y 的一元函数.

若极限

$$\lim_{\Delta y\to 0}\frac{\Delta_y z}{\Delta y}=\lim_{\Delta y\to 0}\frac{f(x_0,y_0+\Delta y)-f(x_0,y_0)}{\Delta y}$$

存在,则称它为 $z=f(x,y)$ 在点 (x_0,y_0) 处对 y 的偏导数,记作 $f'_y(x_0,y_0)$,$z'_y\Big|_{\substack{x=x_0\\y=y_0}}$,
$\dfrac{\partial z}{\partial y}\Big|_{\substack{x=x_0\\y=y_0}}$, $\dfrac{\partial f}{\partial y}\Big|_{\substack{x=x_0\\y=y_0}}$, $\dfrac{\partial z}{\partial y}\Big|_{(x_0,y_0)}$ 或 $\dfrac{\partial f}{\partial y}\Big|_{(x_0,y_0)}$,即

$$f'_y(x_0,y_0)=\lim_{\Delta y\to 0}\frac{f(x_0,y_0+\Delta y)-f(x_0,y_0)}{\Delta y}.$$

若 $z=f(x,y)$ 在区域 D 内每一点 (x,y) 处对 x 的偏导数都存在,即 $\forall\,(x,y)\in D$,
$\lim\limits_{\Delta x\to 0}\dfrac{\Delta_x z}{\Delta x}=\lim\limits_{\Delta x\to 0}\dfrac{f(x+\Delta x,y)-f(x,y)}{\Delta x}$ 存在,此时,它是 x,y 的二元函数,称为 z 对 x 的偏导函数,简称为偏导数,记作 $f'_x(x,y)$,z'_x,$\dfrac{\partial z}{\partial x}$ 或 $\dfrac{\partial f}{\partial x}$,即

$$f'_x(x,y)=\lim_{\Delta x\to 0}\frac{f(x+\Delta x,y)-f(x,y)}{\Delta x}.$$

类似地,可定义 z 对 y 的偏导函数,

$$f'_y(x,y)=\lim_{\Delta y\to 0}\frac{f(x,y+\Delta y)-f(x,y)}{\Delta y}.$$

由偏导数定义知,$f(x,y)$ 对 x 的偏导数就是将 y 看作常数,将 $f(x,y)$ 看作一元函数来定义的.因此,求 $f'_x(x,y)$ 时,只需在 $f(x,y)$ 中将 y 看作常数,用一元函数求导公式来求即可.同样,求 $f'_y(x,y)$ 时,只需将 $f(x,y)$ 中的 x 看作常数,用一元函数求导公式来求即可.易见

$$f'_x(x_0,y_0)=f'_x(x,y)\Big|_{\substack{x=x_0\\y=y_0}},$$

$$f'_y(x_0,y_0)=f'_y(x,y)\Big|_{\substack{x=x_0\\y=y_0}}.$$

例 1 求 $f(x,y)=x^2+3xy+y^2$ 在点 $(1,2)$ 处的偏导数.

解法 1 依定义有

$$f'_x(1,2)=\lim_{\Delta x\to 0}\frac{f(1+\Delta x,2)-f(1,2)}{\Delta x}$$

$$=\lim_{\Delta x\to 0}\frac{[(1+\Delta x)^2+3(1+\Delta x)\times 2+2^2]-(1^2+3\times 1\times 2+2^2)}{\Delta x}$$

$$=\lim_{\Delta x\to 0}\frac{8\Delta x+(\Delta x)^2}{\Delta x}=8;$$

$$f'_y(1,2)=\lim_{\Delta y\to 0}\frac{f(1,2+\Delta y)-f(1,2)}{\Delta y}$$

$$=\lim_{\Delta y\to 0}\frac{[1^2+3\times 1\times(2+\Delta y)+(2+\Delta y)^2]-(1^2+3\times 1\times 2+2^2)}{\Delta y}$$

$$=\lim_{\Delta y\to 0}\frac{7\Delta y+(\Delta y)^2}{\Delta y}=7.$$

解法 2 由于 $f(x,2)=x^2+6x+4$,故

$$f'_x(1,2)=(x^2+6x+4)'\Big|_{x=1}=(2x+6)\Big|_{x=1}=8.$$

同理

$$f'_y(1,2)=(1+3y+y^2)'\Big|_{y=2}=(3+2y)\Big|_{y=2}=7.$$

解法 3 把 y 看作常数,有

$$f'_x(x,y)=2x+3y,$$

从而

$$f'_x(1,2)=(2x+3y)\Big|_{\substack{x=1\\y=2}}=2+6=8.$$

同理,把 x 看作常数,有

$$f'_y(x,y)=3x+2y,$$

从而

$$f'_y(1,2)=(3x+2y)\Big|_{\substack{x=1\\y=2}}=3+4=7.$$

例 2 已知 $z=x^yy^x$,求 $\dfrac{\partial z}{\partial x},\dfrac{\partial z}{\partial y}$.

解 $$\frac{\partial z}{\partial x}=x^y(y^x)'_x+y^x(x^y)'_x=x^yy^x\ln y+y^xyx^{y-1}=x^yy^x\left(\frac{y}{x}+\ln y\right);$$

$$\frac{\partial z}{\partial y}=x^y(y^x)'_y+y^x(x^y)'_y=x^yxy^{x-1}+y^xx^y\ln x=x^yy^x\left(\frac{x}{y}+\ln x\right).$$

例 3 已知理想气体的状态方程 $pV=RT$(R 为常数),求证:

$$\frac{\partial p}{\partial V}\cdot\frac{\partial V}{\partial T}\cdot\frac{\partial T}{\partial p}=-1.$$

典型例题
偏导数的计算

证 因为

$$p=\frac{RT}{V},\frac{\partial p}{\partial V}=-\frac{RT}{V^2};$$

$$V=\frac{RT}{p},\frac{\partial V}{\partial T}=\frac{R}{p};$$

$$T=\frac{pV}{R},\frac{\partial T}{\partial p}=\frac{V}{R};$$

所以

$$\frac{\partial p}{\partial V}\cdot\frac{\partial V}{\partial T}\cdot\frac{\partial T}{\partial p}=-\frac{RT}{V^2}\cdot\frac{R}{p}\cdot\frac{V}{R}=-\frac{RT}{pV}=-1.$$

我们知道,对于一元函数来说,$\frac{\mathrm{d}y}{\mathrm{d}x}$可看作函数的微分 $\mathrm{d}y$ 与自变量的微分 $\mathrm{d}x$ 之商.而上式表明,偏导数的记号是一个整体记号,不能看作分子与分母之商.

例 4 设 $z=y+F(x^2-y^2)$,F 具有连续的导数,验证 $y\frac{\partial z}{\partial x}+x\frac{\partial z}{\partial y}=x$.

证 记 $u=x^2-y^2$,则 $F(x^2-y^2)=F(u)$,且有

$$\frac{\partial z}{\partial x}=\frac{\mathrm{d}F}{\mathrm{d}u}\cdot\frac{\partial u}{\partial x}=2x\frac{\mathrm{d}F}{\mathrm{d}u},\quad \frac{\partial z}{\partial y}=1+\frac{\mathrm{d}F}{\mathrm{d}u}\cdot\frac{\partial u}{\partial y}=1-2y\frac{\mathrm{d}F}{\mathrm{d}u},$$

从而

$$y\frac{\partial z}{\partial x}+x\frac{\partial z}{\partial y}=y\left(2x\frac{\mathrm{d}F}{\mathrm{d}u}\right)+x\left(1-2y\frac{\mathrm{d}F}{\mathrm{d}u}\right)=x.$$

偏导数的概念可以推广到 $n(n\geqslant 3)$ 元函数的情形.对于 n 元函数 $u=f(x_1,x_2,\cdots,x_n)$,如果

$$\lim_{\Delta x_i\to 0}\frac{f(x_1,\cdots,x_i+\Delta x_i,\cdots,x_n)-f(x_1,\cdots,x_i,\cdots,x_n)}{\Delta x_i}$$

存在,则称上式为 n 元函数 $u=f(x_1,x_2,\cdots,x_n)$ 关于 x_i 的偏导数,记作 $f'_{x_i}(x_1,x_2,\cdots,x_n)$,$u'_{x_i}$,$\frac{\partial u}{\partial x_i}$或$\frac{\partial f}{\partial x_i}$,即

$$f'_{x_i}(x_1,x_2,\cdots,x_n)=\lim_{\Delta x_i\to 0}\frac{f(x_1,\cdots,x_i+\Delta x_i,\cdots,x_n)-f(x_1,\cdots,x_i,\cdots,x_n)}{\Delta x_i}.$$

例如,对于三元函数 $u=f(x,y,z)$,有

$$\frac{\partial u}{\partial x}=\lim_{\Delta x\to 0}\frac{f(x+\Delta x,y,z)-f(x,y,z)}{\Delta x}.$$

用求导公式来求$\frac{\partial u}{\partial x}$时,只需将 y,z 都看作常数,用一元函数求导公式来求即可.用类似的方法,可求$\frac{\partial u}{\partial y}$和$\frac{\partial u}{\partial z}$.

例 5 设 $u=\sqrt{x^2+y^2+z^2}$,求证:$\left(\frac{\partial u}{\partial x}\right)^2+\left(\frac{\partial u}{\partial y}\right)^2+\left(\frac{\partial u}{\partial z}\right)^2=1$.

证 将 y,z 看作常数,有

$$\frac{\partial u}{\partial x}=\frac{2x}{2\sqrt{x^2+y^2+z^2}}=\frac{x}{u}.$$

将 x,z 看作常数,有

$$\frac{\partial u}{\partial y}=\frac{2y}{2\sqrt{x^2+y^2+z^2}}=\frac{y}{u}.$$

将 x,y 看作常数,有

$$\frac{\partial u}{\partial z}=\frac{2z}{2\sqrt{x^2+y^2+z^2}}=\frac{z}{u}.$$

从而$\left(\frac{\partial u}{\partial x}\right)^2+\left(\frac{\partial u}{\partial y}\right)^2+\left(\frac{\partial u}{\partial z}\right)^2=\frac{x^2+y^2+z^2}{u^2}=\frac{u^2}{u^2}=1.$

二、二元函数偏导数的几何意义

由于偏导数实质上就是一元函数的导数,而一元函数的导数在几何上表示曲线上切线的斜率,因此,二元函数的偏导数也有类似的几何意义.

设 $z=f(x,y)$ 在点 (x_0,y_0) 处的偏导存在,由于 $f'_x(x_0,y_0)$ 就是一元函数 $f(x,y_0)$ 在 x_0 处的导数值,即 $f'_x(x_0,y_0)=\frac{\mathrm{d}}{\mathrm{d}x}f(x,y_0)\bigg|_{x=x_0}$,故只需弄清楚一元函数 $f(x,y_0)$ 的几何意义,再根据一元函数的导数的几何意义,就可以得到 $f'_x(x_0,y_0)$ 的几何意义.注意到 $z=f(x,y)$ 在几何上表示一曲面.现在,过点 (x_0,y_0) 作平行于 zOx 面的平面 $y=y_0$,该平面与曲面 $z=f(x,y)$ 相截,得到截线

$$\Gamma_1:\begin{cases}z=f(x,y),\\y=y_0.\end{cases}$$

若将 $y=y_0$ 代入第一个方程,得 $z=f(x,y_0)$.可见截线 Γ_1 是平面 $y=y_0$ 上一条平面曲线,Γ_1 在 $y=y_0$ 上的方程就是 $z=f(x,y_0)$.从而 $f'_x(x_0,y_0)=\frac{\mathrm{d}}{\mathrm{d}x}f(x,y_0)\bigg|_{x=x_0}$ 表示 Γ_1 在点 $M_0(x_0,y_0,f(x_0,y_0))\in\Gamma_1$ 处的切线对 x 轴的斜率(如图 2-10).

同理,$f'_y(x_0,y_0)=\frac{\mathrm{d}}{\mathrm{d}y}f(x_0,y)\bigg|_{y=y_0}$ 表示平面 $x=x_0$ 与 $z=f(x,y)$ 的截线 Γ_2 在 $M_0(x_0,y_0,f(x_0,y_0))$ 处的切线对 y 轴的斜率(如图 2-10).

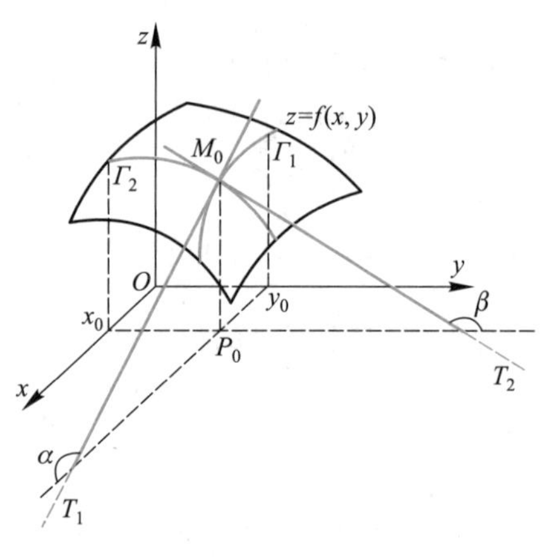

图 2-10

三、偏导数与连续的关系

在一元函数中,可导必连续,但连续不一定可导.对多元函数 $f(X)$ 而言,一方面,$f(X)$ 在 X_0 连续,不能保证它在 X_0 的偏导数都存在;另一方面,即使 $f(X)$ 在 X_0 对各个自变量的偏导数都存在,也不能保证 $f(X)$ 在 X_0 连续.

例 6　证明 $f(x,y)=|x|+|y|$ 在点 $(0,0)$ 处连续,但它在点 $(0,0)$ 处的两个偏导数都不存在.

证　由于$f(0,0)=0$，且

$$\lim_{\substack{x\to 0\\y\to 0}}f(x,y)=\lim_{\substack{x\to 0\\y\to 0}}|x|+\lim_{\substack{x\to 0\\y\to 0}}|y|=0,$$

故$f(x,y)$在$(0,0)$连续.

但$f(x,0)=|x|$，由一元函数的结论知$f(x,0)$在$x=0$处不可导. 同理，$f(0,y)=|y|$在$y=0$处不可导，即$f(x,y)$在点$(0,0)$处的两个偏导数都不存在.

例7　设

$$z=f(x,y)=\begin{cases}\dfrac{xy}{x^2+y^2}, & x^2+y^2\neq 0,\\ 0, & x^2+y^2=0.\end{cases}$$

证明$z=f(x,y)$在点$(0,0)$处的两个偏导数都存在，但是它在点$(0,0)$处不连续.

证　由于

$$f'_x(0,0)=\lim_{\Delta x\to 0}\frac{f(0+\Delta x,0)-f(0,0)}{\Delta x}=\lim_{\Delta x\to 0}\frac{0}{\Delta x}=0,$$

$$f'_y(0,0)=\lim_{\Delta y\to 0}\frac{f(0,0+\Delta y)-f(0,0)}{\Delta y}=\lim_{\Delta y\to 0}\frac{0}{\Delta y}=0,$$

故$z=f(x,y)$在点$(0,0)$处的两个偏导数都存在，但在第二节中已证明$z=f(x,y)$在点$(0,0)$处的极限不存在，因此它在点$(0,0)$处不连续.

从几何上容易对"$f(P)$在P_0的偏导数都存在，但$f(P)$在P_0不一定连续"这一结论作出合理的解释.

由一元函数可导与连续的关系，以及偏导数的几何意义知，$f'_x(x_0,y_0)$存在，保证了一元函数$f(x,y_0)$在x_0连续，也即$y=y_0$与$z=f(x,y)$的截线Γ_1在$M_0(x_0,y_0,z_0)$连续，同理，$f'_y(x_0,y_0)$存在，保证了$x=x_0$与$z=f(x,y)$的截线Γ_2在M_0连续(如图2-10). 但两截线Γ_1,Γ_2在M_0连续不能保证整个曲面$z=f(x,y)$在M_0连续. 这是因为所谓曲面$z=f(x,y)$在M_0连续，也就是$\lim\limits_{P\to P_0}f(P)=f(P_0)$，即当$P$从任何方向沿任何曲线趋于$P_0$时，$f(P)$的极限都是$f(P_0)$. 显然，上述两条件不能保证它成立.

习题 2-3

1. 求下列函数的偏导数：

(1) $z=x^3y-y^3x$；　　(2) $z=\sqrt{\ln(xy)}$；

(3) $z=\ln\left(\tan\dfrac{x}{y}\right)$；　　(4) $z=(1+xy)^y$；

(5) $u=x^{\frac{y}{z}}$；　　(6) $s=\dfrac{u^2+v^2}{uv}$；

(7) $z=\frac{1}{x^2-y^2}\cos\frac{y}{x}$； (8) $z=\ln\frac{\sqrt{x^2+y^2}+x}{\sqrt{x^2+y^2}-x}$.

2. 设$f(x,y)=x+y-\sqrt{x^2-y^2}$，求$f_x'(-3,0)$.

3. 设$f(x,y)=\arctan\frac{x+y}{1-xy}$，求$f_y'(0,0)$.

4. 求函数$f(x,y)=\begin{cases}\frac{xy}{\sqrt{x^2+y^2}}, & x^2+y^2\neq 0,\\ 0, & x^2+y^2=0\end{cases}$的偏导数.

5. 设$z=e^{\frac{x}{y^2}}$，证明：$2x\frac{\partial z}{\partial x}+y\frac{\partial z}{\partial y}=0$.

6. 设$T=2\pi\sqrt{\frac{l}{g}}$，证明：$l\frac{\partial T}{\partial l}+g\frac{\partial T}{\partial g}=0$.

7. 设$z=xy+xF(u)$，$u=\frac{y}{x}$，$F(u)$为可微函数，验证$x\frac{\partial z}{\partial x}+y\frac{\partial z}{\partial y}=z+xy$.

8. 设$z=\frac{y}{f(x^2-y^2)}$，其中$f(u)$可微，验证：$\frac{1}{x}\frac{\partial z}{\partial x}+\frac{1}{y}\frac{\partial z}{\partial y}=\frac{z}{y^2}$.

9. 设$f(x)=\frac{1-x}{1+x}$，$f(x)=f(y)-f(z)$，其中$z=\varphi(x,y)$，求

(1) 函数$\varphi(x,y)$的表达式；

(2) $\varphi_x'(x,y)$，$\varphi_y'(x,y)$.

10. 求曲线$\begin{cases}z=\frac{1}{4}(x^2+y^2),\\ y=4\end{cases}$在点$(2,4,5)$处的切线与$x$轴正向间的夹角.

11. 试证$f(x,y)=\begin{cases}\frac{x^5}{(y-x^2)^2+x^6}, & (x,y)\neq(0,0),\\ 0, & (x,y)=(0,0)\end{cases}$在点$(0,0)$处关于$x,y$的偏导数均存在，但$f(x,y)$在点$(0,0)$处不连续.

第四节 全 微 分

一、全微分的概念

在实际工作中，常常需要计算当两个自变量都改变时，二元函数$z=f(x,y)$的增量$f(x_0+\Delta x,y_0+\Delta y)-f(x_0,y_0)$.一般来说，计算这个增量是比较麻烦的，因此，我们希望能找到计算它的近似公式，该近似公式应满足

（1）好计算.

（2）有起码的精度.

记

$$\Delta z=f(x_0+\Delta x,y_0+\Delta y)-f(x_0,y_0),$$

称 Δz 为 $z=f(x,y)$ 在点 $P_0(x_0,y_0)$ 对应于自变量增量 $\Delta x,\Delta y$ 的全增量.

定义 1　设 $z=f(x,y)$ 在 $P_0(x_0,y_0)$ 的某邻域 $U(P_0)$ 内有定义.若 z 在 P_0 的全增量 $\Delta z=f(x_0+\Delta x,y_0+\Delta y)-f(x_0,y_0)$ 能表示成

$$\Delta z=a\Delta x+b\Delta y+o(\rho),$$

其中 a,b 不依赖于 $\Delta x,\Delta y$ 而仅与 x_0,y_0 有关，$\rho=\sqrt{(\Delta x)^2+(\Delta y)^2}$，$o(\rho)$ 表示 ρ 的高阶无穷小(当 $\Delta x\to 0,\Delta y\to 0$ 时)，则称 $z=f(x,y)$ 在点 P_0 处可微，称线性主部 $a\Delta x+b\Delta y$ 为 $z=f(x,y)$ 在点 P_0 处的全微分，记作 $\mathrm{d}z\Big|_{\substack{x=x_0\\y=y_0}}$，即

$$\mathrm{d}z\Big|_{\substack{x=x_0\\y=y_0}}=a\Delta x+b\Delta y.$$

由定义可见，当 $\rho\to 0$ 时，$\Delta z\to 0$，所以函数若在一点可微，则必在该点连续.

若 $z=f(x,y)$ 在区域 D 内处处可微，则称 $z=f(x,y)$ 在 D 内可微，z 在 $P(x,y)\in D$ 的全微分记作 $\mathrm{d}z$，即

$$\mathrm{d}z=a(x,y)\Delta x+b(x,y)\Delta y.$$

在一元函数中，可微与可导是等价的，但在二元函数中，可微与存在两个偏导数却并不等价.

定理 1　若 $z=f(x,y)$ 在点 $P(x,y)$ 处可微，则在 $P(x,y)$ 处的两个偏导数 $\dfrac{\partial z}{\partial x},\dfrac{\partial z}{\partial y}$ 存在，且 z 在 $P(x,y)$ 处的全微分为

$$\mathrm{d}z=\frac{\partial z}{\partial x}\Delta x+\frac{\partial z}{\partial y}\Delta y.$$

证　因 z 在点 $P(x,y)$ 处可微，由全微分定义，有

$$\begin{aligned}\Delta z&=f(x+\Delta x,y+\Delta y)-f(x,y)\\&=a\Delta x+b\Delta y+o\left(\sqrt{(\Delta x)^2+(\Delta y)^2}\right),\end{aligned}$$

此式对任何绝对值充分小的 $\Delta x,\Delta y$ 都成立.

特别地，当 $\Delta y=0$ 时，有

$$\Delta z=f(x+\Delta x,y)-f(x,y)=a\Delta x+o(|\Delta x|),$$

上式同除以 $\Delta x\neq 0$，并令 $\Delta x\to 0$，得

$$\begin{aligned}\lim_{\Delta x\to 0}\frac{\Delta z}{\Delta x}&=\lim_{\Delta x\to 0}\frac{f(x+\Delta x,y)-f(x,y)}{\Delta x}=a+\lim_{\Delta x\to 0}\frac{o(|\Delta x|)}{\Delta x}\\&=a+\lim_{\Delta x\to 0}\frac{o(|\Delta x|)}{|\Delta x|}\cdot\frac{|\Delta x|}{\Delta x}=a.\end{aligned}$$

即

$$\frac{\partial z}{\partial x}=a.$$

同理

$$\frac{\partial z}{\partial y}=b.$$

故$\frac{\partial z}{\partial x},\frac{\partial z}{\partial y}$存在，且 $\mathrm{d}z=\frac{\partial z}{\partial x}\Delta x+\frac{\partial z}{\partial y}\Delta y$.

定理 1 给出了求全微分的方法，并指出若函数可微，则存在两个偏导数. 但反之不对. 这是因为当$\frac{\partial z}{\partial x},\frac{\partial z}{\partial y}$都存在时，虽然也可写出式子$\frac{\partial z}{\partial x}\Delta x+\frac{\partial z}{\partial y}\Delta y$，但由于 $\Delta z-\left(\frac{\partial z}{\partial x}\Delta x+\frac{\partial z}{\partial y}\Delta y\right)$ 可能并不是 ρ 的高阶无穷小，因此，z 可能不可微，从而它不一定是 z 的全微分.

例 1　设 $z=f(x,y)=\sqrt{|xy|}$，证明 z 在点 $(0,0)$ 处的两个偏导数存在，但 z 在 $(0,0)$ 处不可微.

证　由偏导数定义有

$$f_x'(0,0)=\lim_{\Delta x\to 0}\frac{f(0+\Delta x,0)-f(0,0)}{\Delta x}=\lim_{\Delta x\to 0}\frac{0}{\Delta x}=0.$$

同理有 $f_y'(0,0)=0$，故 z 在点 $(0,0)$ 处的两个偏导数都存在且为 0，但由于

$$\Delta z=f(0+\Delta x,0+\Delta y)-f(0,0)=\sqrt{|\Delta x\Delta y|},$$

$$\frac{\partial z}{\partial x}\Delta x+\frac{\partial z}{\partial y}\Delta y=0,$$

从而 $\Delta z-\left(\frac{\partial z}{\partial x}\Delta x+\frac{\partial z}{\partial y}\Delta y\right)=\sqrt{|\Delta x\Delta y|}$，故由本章第二节例 2 知

$$\lim_{\substack{\Delta x\to 0\\ \Delta y\to 0}}\frac{\sqrt{|\Delta x\Delta y|}}{\sqrt{(\Delta x)^2+(\Delta y)^2}}=\lim_{\substack{\Delta x\to 0\\ \Delta y\to 0}}\sqrt{\frac{|\Delta x\Delta y|}{(\Delta x)^2+(\Delta y)^2}}\neq 0,$$

从而 z 在点 $(0,0)$ 处不可微.

虽然函数的偏导数存在不能保证函数可微，但若函数的偏导数不仅存在而且连续，则可证明函数是可微的.

定理 2　若 $z=f(x,y)$ 的两个偏导数 $f_x'(x,y)$，$f_y'(x,y)$ 在 $P_0(x_0,y_0)$ 的某邻域 $U(P_0)$ 内存在，且它们都在 P_0 连续，则 $z=f(x,y)$ 在 P_0 处可微.

证　取 $(x_0+\Delta x,y_0+\Delta y)\in U(P_0)$，则

$$\begin{aligned}\Delta z&=f(x_0+\Delta x,y_0+\Delta y)-f(x_0,y_0)\\&=[f(x_0+\Delta x,y_0+\Delta y)-f(x_0,y_0+\Delta y)]+[f(x_0,y_0+\Delta y)-f(x_0,y_0)].\end{aligned}$$

在上式第一个括号中，将 $y_0+\Delta y$ 固定，则它是以 x 为自变量的一元函数 $f(x,y_0+\Delta y)$ 在区间 $[x_0,x_0+\Delta x]$（或 $[x_0+\Delta x,x_0]$）上的增量. 因 $f_x'(x,y)$ 在 $U(P_0)$ 内存在，由一元函数可导与连续的关系知，$f(x,y_0+\Delta y)$ 在区间 $[x_0,x_0+\Delta x]$（或 $[x_0+\Delta x,x_0]$）上满足拉格朗日中值定理条件，从而

$$f(x_0+\Delta x,y_0+\Delta y)-f(x_0,y_0+\Delta y)=f_x'(x_0+\theta_1\Delta x,y_0+\Delta y)\Delta x.$$

同理

$$f(x_0,y_0+\Delta y)-f(x_0,y_0)=f_y'(x_0,y_0+\theta_2\Delta y)\Delta y,$$

其中 $0<\theta_1<1, 0<\theta_2<1$.于是有

$$\Delta z=f'_x(x_0+\theta_1\Delta x, y_0+\Delta y)\Delta x+f'_y(x_0, y_0+\theta_2\Delta y)\Delta y.$$

因 $f'_x(x,y), f'_y(x,y)$ 都在 (x_0,y_0) 连续,有

$$\lim_{\substack{\Delta x\to 0\\ \Delta y\to 0}} f'_x(x_0+\theta_1\Delta x, y_0+\Delta y)=f'_x(x_0,y_0),$$

$$\lim_{\substack{\Delta x\to 0\\ \Delta y\to 0}} f'_y(x_0, y_0+\theta_2\Delta y)=f'_y(x_0,y_0).$$

由极限与无穷小量的关系,有

$$f'_x(x_0+\theta_1\Delta x, y_0+\Delta y)=f'_x(x_0,y_0)+\varepsilon_1,$$

$$f'_y(x_0, y_0+\theta_2\Delta y)=f'_y(x_0,y_0)+\varepsilon_2,$$

典型例题
连续性、偏导数存在性与可微性

其中 $\varepsilon_1\to 0, \varepsilon_2\to 0$(当 $\Delta x\to 0, \Delta y\to 0$ 时).因此,

$$\Delta z=f'_x(x_0,y_0)\Delta x+f'_y(x_0,y_0)\Delta y+(\varepsilon_1\Delta x+\varepsilon_2\Delta y).$$

由于

$$0\leqslant\frac{|\varepsilon_1\Delta x+\varepsilon_2\Delta y|}{\rho}\leqslant\frac{|\varepsilon_1\Delta x|}{\rho}+\frac{|\varepsilon_2\Delta y|}{\rho}\leqslant|\varepsilon_1|+|\varepsilon_2|,$$

从而当 $\Delta x\to 0, \Delta y\to 0$ 时,$\varepsilon_1\Delta x+\varepsilon_2\Delta y=o(\rho)$,由全微分的定义知,$z$ 在 (x_0,y_0) 处可微.

我们用记号 $f(x,y)\in C^1(D)$ 表示函数 $f(x,y)$ 在区域 D 内任一点处具有连续偏导数 $\frac{\partial f}{\partial x}$ 和 $\frac{\partial f}{\partial y}$.

由定理 2 可知,如果 $f(x,y)\in C^1(D)$,则 $f(x,y)$ 在区域 D 内可微.

与一元函数情形一样,自变量 x 和 y 的微分分别等于它们的增量 Δx 和 Δy:

$$\mathrm{d}x=\Delta x,\ \mathrm{d}y=\Delta y,$$

于是,函数 $z=f(x,y)$ 的全微分可表示为

$$\mathrm{d}z=f'_x(x,y)\mathrm{d}x+f'_y(x,y)\mathrm{d}y.$$

由一元函数微分学中增量与微分的关系,可得

$$\Delta_x z\approx f'_x(x,y)\mathrm{d}x,\quad \Delta_y z\approx f'_y(x,y)\mathrm{d}y,$$

右端分别称为二元函数对 x 或对 y 的偏微分.二元函数的微分符合叠加原理即二元函数的全微分等于它的两个偏微分之和.

有时我们也用向量方式来表示多元函数的微分.记 $\nabla f=(f'_x(x,y), f'_y(x,y))$,$\mathrm{d}\boldsymbol{P}=(\mathrm{d}x,\mathrm{d}y)$,则可将函数 $z=f(x,y)$ 在点 $P(x,y)$ 处的全微分表示为向量 ∇f 与 $\mathrm{d}\boldsymbol{P}$ 的数量积的形式

$$\mathrm{d}z=f'_x(x,y)\mathrm{d}x+f'_y(x,y)\mathrm{d}y=\nabla f\cdot\mathrm{d}\boldsymbol{P}.$$

例 2　求 $z=x^2y+y^2$ 的全微分.

解　因为 $\frac{\partial z}{\partial x}=2xy, \frac{\partial z}{\partial y}=x^2+2y$,所以

$$\mathrm{d}z=2xy\mathrm{d}x+(x^2+2y)\mathrm{d}y.$$

关于二元函数全微分,有与一元函数类似的四则运算法则.

例 3　求 $z=x\sin y+\frac{2x}{y}$ 的全微分.

解　$dz=d(x\sin y)+2d\left(\frac{x}{y}\right)=xd(\sin y)+\sin y dx+2\frac{ydx-xdy}{y^2}$

$$=x\cos y dy+\sin y dx+\frac{2}{y}dx-\frac{2x}{y^2}dy=\left(\sin y+\frac{2}{y}\right)dx+\left(x\cos y-\frac{2x}{y^2}\right)dy.$$

二元函数全微分的概念及相关结论和方法可推广到三元及三元以上的函数中去.

定义 2　如果函数 $u=f(X)=f(x_1,x_2,\cdots,x_n)$ 在点 $X_0(x_1^0,x_2^0,\cdots,x_n^0)$ 的某邻域 $U(X_0)$ 内有定义,且在点 X_0 处的全增量 $\Delta u=f(x_1^0+\Delta x_1,x_2^0+\Delta x_2,\cdots,x_n^0+\Delta x_n)-f(x_1^0,x_2^0,\cdots,x_n^0)$ 满足

$$\lim_{\|\Delta X\|\to 0}\frac{|\Delta u-(\boldsymbol{A}\cdot\Delta\boldsymbol{X})|}{\rho}=0,$$

其中 $\boldsymbol{A}=(A_1,A_2,\cdots,A_n)$,诸 $A_i(i=1,2,\cdots,n)$ 是相互独立的,不依赖于 Δx_i 而仅与点 X_0 有关的常数;$\Delta\boldsymbol{X}=(\Delta x_1,\Delta x_2,\cdots,\Delta x_n)$,$\boldsymbol{A}\cdot\Delta\boldsymbol{X}=A_1\Delta x_1+A_2\Delta x_2+\cdots+A_n\Delta x_n$,$\rho=\|\Delta\boldsymbol{X}\|=\sqrt{\sum\limits_{i=1}^{n}(\Delta x_i)^2}$,则称函数 $u=f(x_1,x_2,\cdots,x_n)$ 在点 X_0 处可微,并称线性主部 $\boldsymbol{A}\cdot\Delta\boldsymbol{X}=A_1\Delta x_1+A_2\Delta x_2+\cdots+A_n\Delta x_n$ 为 $u=f(x_1,x_2,\cdots,x_n)$ 在点 X_0 处的全微分,记为 $du\Big|_{X_0}$,即

$$du\Big|_{X_0}=\boldsymbol{A}\cdot\Delta\boldsymbol{X}=A_1\Delta x_1+A_2\Delta x_2+\cdots+A_n\Delta x_n.$$

定理 3　设 $u=f(X)=f(x_1,x_2,\cdots,x_n)$ 在点 $X_0(x_1^0,x_2^0,\cdots,x_n^0)$ 的某邻域 $U(X_0)$ 内有定义且可偏导.如果 $f'_{x_i}(X)(i=1,2,\cdots,n)$ 在点 X_0 处连续,则函数 $u=f(X)$ 在点 X_0 处可微,且其全微分为

$$du=\nabla f(X_0)\cdot d\boldsymbol{X}=\sum_{i=1}^{n}f'_{x_i}(X_0)dx_i,$$

其中$\nabla f(X_0)=(f'_{x_1}(X_0),f'_{x_2}(X_0),\cdots,f'_{x_n}(X_0))$,$d\boldsymbol{X}=(dx_1,dx_2,\cdots,dx_n)$.

类似地,如果 $f(x_1,x_2,\cdots,x_n)\in C^1(\Omega)$,$\Omega\subset\mathbf{R}^n$,则 $f(x_1,x_2,\cdots,x_n)$ 在区域 Ω 内可微,且其全微分等于它的几个偏微分之和.

例如,如果三元函数 $u=f(x,y,z)$ 可微,则它的全微分为

$$du=\frac{\partial u}{\partial x}dx+\frac{\partial u}{\partial y}dy+\frac{\partial u}{\partial z}dz$$

或

$$du=f'_x(x,y,z)dx+f'_y(x,y,z)dy+f'_z(x,y,z)dz.$$

例 4　求 $u=x^{yz}$ 在点$(2,1,1)$处的全微分.

解　$\frac{\partial u}{\partial x}=yz\cdot x^{yz-1}$,$\frac{\partial u}{\partial y}=x^{yz}\cdot z\cdot\ln x$,$\frac{\partial u}{\partial z}=x^{yz}\cdot y\cdot\ln x$,从而

$$du=yzx^{yz-1}dx+zx^{yz}\ln x dy+yx^{yz}\ln x dz,$$

即有 $du\big|_{(2,1,1)}=dx+2\ln 2dy+2\ln 2dz$.

二、全微分在近似计算中的应用

当函数 $z=f(x,y)$ 在点 (x_0,y_0) 处可微，且 $|\Delta x|$，$|\Delta y|$ 都较小时，就有近似等式

$$\Delta z\approx \mathrm{d}z=f'_x(x_0,y_0)\Delta x+f'_y(x_0,y_0)\Delta y.$$

上式也可以写成

$$f(x,y)\approx f(x_0,y_0)+f'_x(x_0,y_0)(x-x_0)+f'_y(x_0,y_0)(y-y_0),$$

若记上式右端的线性函数为

$$L(x,y)=f(x_0,y_0)+f'_x(x_0,y_0)(x-x_0)+f'_y(x_0,y_0)(y-y_0),$$

则此函数称为 $z=f(x,y)$ 在点 (x_0,y_0) 处的线性化函数.近似式

$$f(x,y)\approx L(x,y)$$

称为函数 $z=f(x,y)$ 在点 (x_0,y_0) 处的标准线性近似.

例 5　求函数 $f(x,y)=x^2-xy+\dfrac{1}{2}y^2+1$ 在点 $(3,2)$ 的线性化函数.

解　因为 $f(3,2)=3^2-3\times2+\dfrac{1}{2}\times2^2+1=6$，且

$$f'_x(3,2)=\frac{\partial}{\partial x}\left(x^2-xy+\frac{1}{2}y^2+1\right)\bigg|_{(3,2)}=(2x-y)\bigg|_{(3,2)}=4,$$

$$f'_y(3,2)=\frac{\partial}{\partial y}\left(x^2-xy+\frac{1}{2}y^2+1\right)\bigg|_{(3,2)}=(-x+y)\bigg|_{(3,2)}=-1,$$

故 $f(x,y)$ 在点 $(3,2)$ 的线性化函数为

$$\begin{aligned}L(x,y)&=f(3,2)+f'_x(3,2)(x-3)+f'_y(3,2)(y-2)\\&=6+4(x-3)-(y-2)=4x-y-4.\end{aligned}$$

例 6　计算 $1.04^{2.02}$ 的近似值.

解　设函数 $f(x,y)=x^y$，则 $1.04^{2.02}=f(1.04,2.02)$.取

$$x_0=1,\quad y_0=2,\quad \Delta x=0.04,\quad \Delta y=0.02,$$

因为

$$f(1,2)=1,\quad f'_x(x,y)=yx^{y-1},\quad f'_y(x,y)=x^y\ln x,\quad f'_x(1,2)=2,\quad f'_y(1,2)=0,$$

所以由二元函数全微分近似计算公式得

$$f(1.04,2.02)\approx L(1.04,2.02),$$

即 $1.04^{2.02}\approx f(1,2)+f'_x(1,2)\Delta x+f'_y(1,2)\Delta y=1+2\times0.04+0\times0.02=1.08$.

例 7　测得长方体盒子的棱长为 75 cm，60 cm 以及 40 cm，且可能的最大测量误差为 0.2 cm.试用全微分估计利用这些测量值计算盒子体积时可能带来的最大误差.

解　以 x,y,z 为棱长的长方体盒子的体积为 $V=xyz$，所以

$$\mathrm{d}V=\frac{\partial V}{\partial x}\Delta x+\frac{\partial V}{\partial y}\Delta y+\frac{\partial V}{\partial z}\Delta z=yz\Delta x+xz\Delta y+xy\Delta z.$$

为了求体积的最大误差，取 $\Delta x=\Delta y=\Delta z=0.2$ cm，再结合 $x=75$ cm，$y=60$ cm，$z=40$ cm，得

$$\Delta V\approx \mathrm{d}V=60\times40\times0.2+75\times40\times0.2+75\times60\times0.2=1\,980(\mathrm{cm}^3),$$

即每边仅 0.2 cm 的误差可以导致体积计算的最大误差为 1 980 cm^3.

三、二元函数全微分的几何意义

设函数 $z=f(x,y)$ 在点 (x_0,y_0) 处可微，则在 (x_0,y_0) 的某邻域内有

$$f(x,y)\approx f(x_0,y_0)+f'_x(x_0,y_0)(x-x_0)+f'_y(x_0,y_0)(y-y_0).$$

记上式的右端为

$$z=f(x_0,y_0)+f'_x(x_0,y_0)(x-x_0)+f'_y(x_0,y_0)(y-y_0),$$

它表示通过点 $P_0(x_0,y_0,f(x_0,y_0))$，并以 $(f'_x(x_0,y_0),f'_y(x_0,y_0),-1)$ 为法向量的一张平面，这张平面就是曲面 $z=f(x,y)$ 在点 P_0 处的切平面. 关于切平面的进一步讨论，将在第三章第二节中进行. 再记 $z_0=f(x_0,y_0)$，$\Delta x=x-x_0$，$\Delta y=y-y_0$，则切平面方程又可表示为

$$z-z_0=f'_x(x_0,y_0)\Delta x+f'_y(x_0,y_0)\Delta y.$$

上式右边是函数 $z=f(x,y)$ 在点 (x_0,y_0) 处的全微分 $\mathrm{d}z$，左边是相应于自变量 x,y 的增量 Δx 和 Δy 的切平面 Π 在点 $P_0(x_0,y_0,z_0)$ 处竖坐标的增量 PQ（如图 2-11）. 从几何上看，函数 $z=f(x,y)$ 在点 (x_0,y_0) 处的全微分就是相应的切平面上竖坐标的增量，而公式 $\Delta z\approx \mathrm{d}z$ 表明：当 $|\Delta x|$ 和 $|\Delta y|$ 很小时，函数的增量 MQ 可用切平面的相应增量 PQ 来近似代替，即在局部范围内“以平代曲”，其代替的误差为 $PM=o(\rho)$，其中 $\rho=\sqrt{(\Delta x)^2+(\Delta y)^2}$.

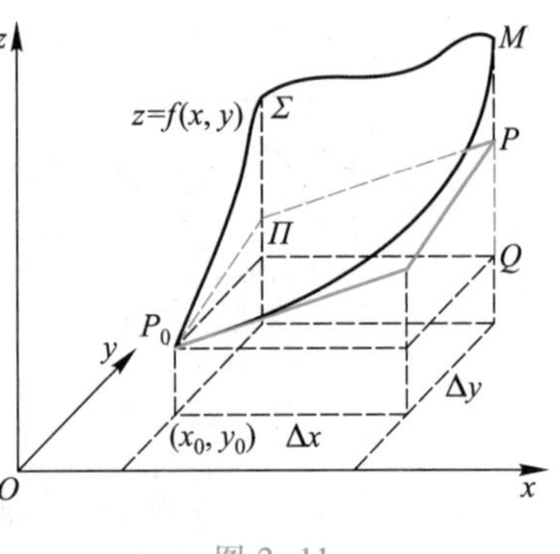

图 2-11

习题 2-4

1. 求下列函数的全微分：

(1) $z=xy+\dfrac{x}{y}$；　　(2) $z=\dfrac{y}{\sqrt{x^2+y^2}}$；

(3) $z=x\arctan\sqrt{xy}$；　　(4) $u=x^{yz}$.

2. 求函数 $z=\ln(1+x^2+y^2)$ 当 $x=1,y=2$ 时的全微分.

3. 求函数 $z=\dfrac{y}{x}$ 当 $x=2,y=1,\Delta x=0.1,\Delta y=-0.2$ 时的全增量和全微分.

4. 设 $u=\left(\dfrac{x}{y}\right)^z$，求 $\mathrm{d}u\Big|_{(1,1,1)}$.

5. 求下列函数在各点处的线性化函数：

(1) $f(x,y)=x^2+y^2+1$ 在点 $(1,1)$；　(2) $f(x,y)=\mathrm{e}^{2y-x}$ 在点 $(0,0)$ 和点 $(1,2)$.

6. 计算下列式子的近似值：

(1) $\sqrt{4.02^2+2.97^2}$；　(2) $\ln(\sqrt[3]{1.03}+\sqrt[4]{0.98}-1)$；　(3) $\sin 29^\circ\tan 46^\circ$.

7. 有一个用水泥做成的无顶长方体水池，长 5 m、宽 4 m、高 3 m，又它的四壁及底的厚度为 20 cm，试求所需水泥量的近似值和精确值.

第五节　多元复合函数的求导法则

在一元函数中,复合函数求导法则有着重要应用,对于多元复合函数,也有类似的求导法则,其作用也是非常大的.

一、链式法则

定理 1　设 $u=u(x)$,$v=v(x)$在点 x 处可导,而 $z=f(u,v)$在 x 对应的点(u,v)处可微,则复合函数 $z=f(u(x),v(x))$在点 x 处可导,且

$$\frac{\mathrm{d}z}{\mathrm{d}x}=\frac{\partial z}{\partial u}\cdot\frac{\mathrm{d}u}{\mathrm{d}x}+\frac{\partial z}{\partial v}\cdot\frac{\mathrm{d}v}{\mathrm{d}x}. \tag{1}$$

证　给 x 以增量 Δx,因 u,v 是 x 的函数,可得 u,v 的增量 $\Delta u,\Delta v$.又因 z 是 u,v 的函数,进而得到 z 的增量 Δz.因 $z=f(u,v)$在(u,v)可微,有

$$\Delta z=\frac{\partial z}{\partial u}\cdot\Delta u+\frac{\partial z}{\partial v}\cdot\Delta v+o\left(\sqrt{(\Delta u)^2+(\Delta v)^2}\right).$$

同除以 $\Delta x(\neq 0)$,并令 $\Delta x\to 0$,得

$$\frac{\mathrm{d}z}{\mathrm{d}x}=\frac{\partial z}{\partial u}\frac{\mathrm{d}u}{\mathrm{d}x}+\frac{\partial z}{\partial v}\frac{\mathrm{d}v}{\mathrm{d}x}+\lim_{\Delta x\to 0}\frac{o\left(\sqrt{(\Delta u)^2+(\Delta v)^2}\right)}{\Delta x}.$$

因一元函数 u,v 可导,从而 u,v 连续,因此,当 $\Delta x\to 0$ 时,$\Delta u,\Delta v$ 都趋于 0.从而由有界量乘无穷小量为无穷小量有

$$\begin{aligned}\lim_{\Delta x\to 0}\frac{o\left(\sqrt{(\Delta u)^2+(\Delta v)^2}\right)}{\Delta x}&=\lim_{\Delta x\to 0}\frac{o\left(\sqrt{(\Delta u)^2+(\Delta v)^2}\right)}{\sqrt{(\Delta u)^2+(\Delta v)^2}}\cdot\frac{\sqrt{(\Delta u)^2+(\Delta v)^2}}{\Delta x}\\&=\lim_{\Delta x\to 0}\frac{o\left(\sqrt{(\Delta u)^2+(\Delta v)^2}\right)}{\sqrt{(\Delta u)^2+(\Delta v)^2}}\cdot\left[\pm\sqrt{\left(\frac{\Delta u}{\Delta x}\right)^2+\left(\frac{\Delta v}{\Delta x}\right)^2}\right]\\&=0.\end{aligned}$$

故

$$\frac{\mathrm{d}z}{\mathrm{d}x}=\frac{\partial z}{\partial u}\frac{\mathrm{d}u}{\mathrm{d}x}+\frac{\partial z}{\partial v}\frac{\mathrm{d}v}{\mathrm{d}x}.$$

用同样的方法,可将公式(1)推广到中间变量为 3 个,4 个……n 个的情形.比如,设 $z=f(u,v,w)$,$u=u(x)$,$v=v(x)$,$w=w(x)$满足定理条件,则

$$\frac{\mathrm{d}z}{\mathrm{d}x}=\frac{\partial z}{\partial u}\frac{\mathrm{d}u}{\mathrm{d}x}+\frac{\partial z}{\partial v}\frac{\mathrm{d}v}{\mathrm{d}x}+\frac{\partial z}{\partial w}\frac{\mathrm{d}w}{\mathrm{d}x}. \tag{2}$$

观察公式(1),(2)可以知道,若函数 z 有 2 个中间变量,则公式右端是 2 项之和;若 z 有 3 个中间变量,则公式右端是 3 项之和.一般地,若 z 有 n 个中间变量,则公式右端是 n 项之和,且每一项都是两个导数之积,即 z 对中间变量的偏导数再乘上该中间变量对 x 的导数.

公式(1),(2)以及由它们推广而来的公式统称为链式法则,其中的导数$\frac{dz}{dx}$称为全导数.

例 1 设 $z=\ln(2v+3u)$, $u=3x^2$, $v=\sin x$,求$\frac{dz}{dx}$.

解法 1 对这种 z 以及 u,v 的函数表达式均已给出的函数,可将 u,v 代入后再求导,即

$$z=\ln(2\sin x+9x^2),$$

从而

$$\frac{dz}{dx}=\frac{2\cos x+18x}{2\sin x+9x^2}.$$

解法 2 用链式法则求导.由于

$$\frac{\partial z}{\partial u}=\frac{3}{2v+3u}, \quad \frac{du}{dx}=6x.$$

$$\frac{\partial z}{\partial v}=\frac{2}{2v+3u}, \quad \frac{dv}{dx}=\cos x.$$

故有

$$\frac{dz}{dx}=\frac{\partial z}{\partial u}\frac{du}{dx}+\frac{\partial z}{\partial v}\frac{dv}{dx}=\frac{3}{2v+3u}\cdot 6x+\frac{2\cos x}{2v+3u}=\frac{18x+2\cos x}{2\sin x+9x^2}.$$

若 u,v 是 x,y 的二元函数,$u=u(x,y)$,$v=v(x,y)$,从而 $z=f(u,v)=f(u(x,y),v(x,y))$是 x,y 的二元复合函数,如何求$\frac{\partial z}{\partial x},\frac{\partial z}{\partial y}$?

我们知道,根据偏导数的定义,求偏导数$\frac{\partial z}{\partial x}$就是将 y 看作常数,把 $z=f(u(x,y),v(x,y))$作为一元函数求导.因为 y 是常数,所以,$u=u(x,y)$,$v=v(x,y)$都看作 x 的一元函数,从而 z 看作是 x 的一元复合函数,这和公式(1)的情形是一样的.由公式(1),有

若 $z=f(u,v)$,$u=u(x,y)$,$v=v(x,y)$满足定理条件,则复合函数$z=f(u(x,y),v(x,y))$的偏导数为

$$\begin{aligned}\frac{\partial z}{\partial x}&=\frac{\partial z}{\partial u}\frac{\partial u}{\partial x}+\frac{\partial z}{\partial v}\frac{\partial v}{\partial x},\\ \frac{\partial z}{\partial y}&=\frac{\partial z}{\partial u}\frac{\partial u}{\partial y}+\frac{\partial z}{\partial v}\frac{\partial v}{\partial y}.\end{aligned} \tag{3}$$

只需在公式(1)中将导数符号改为偏导符号.

若 $z=f(u,v,w)$,$u=u(x,y)$,$v=v(x,y)$,$w=w(x,y)$满足定理条件,则由公式(2)有

$$\begin{aligned}\frac{\partial z}{\partial x}&=\frac{\partial z}{\partial u}\frac{\partial u}{\partial x}+\frac{\partial z}{\partial v}\frac{\partial v}{\partial x}+\frac{\partial z}{\partial w}\frac{\partial w}{\partial x},\\ \frac{\partial z}{\partial y}&=\frac{\partial z}{\partial u}\frac{\partial u}{\partial y}+\frac{\partial z}{\partial v}\frac{\partial v}{\partial y}+\frac{\partial z}{\partial w}\frac{\partial w}{\partial y}.\end{aligned} \tag{4}$$

一般地,若 $z=f(u_1,u_2,\cdots,u_n)$,而 $u_k=u_k(x_1,x_2,\cdots,x_m)$,则

$$\frac{\partial z}{\partial x_i}=\sum_{k=1}^{n}\frac{\partial z}{\partial u_k}\frac{\partial u_k}{\partial x_i},\ i=1,2,\cdots,m. \tag{5}$$

例 2　设 $z=e^u\sin v, u=xy, v=x+y$，求 $\frac{\partial z}{\partial x},\frac{\partial z}{\partial y}$.

解　用链式法则有

$$\frac{\partial z}{\partial x}=\frac{\partial z}{\partial u}\frac{\partial u}{\partial x}+\frac{\partial z}{\partial v}\frac{\partial v}{\partial x}=(e^u\sin v)\cdot y+(e^u\cos v)\cdot 1$$
$$=ye^{xy}\sin(x+y)+e^{xy}\cos(x+y).$$
$$\frac{\partial z}{\partial y}=\frac{\partial z}{\partial u}\frac{\partial u}{\partial y}+\frac{\partial z}{\partial v}\frac{\partial v}{\partial y}=(e^u\sin v)\cdot x+(e^u\cos v)\cdot 1$$
$$=xe^{xy}\sin(x+y)+e^{xy}\cos(x+y).$$

例 3　设 $z=f(x^2-y^2,xy)$，其中 $f\in C^1$，求 $\frac{\partial z}{\partial x},\frac{\partial z}{\partial y}$.

解　由于函数 f 的表达式未给出，要用链式法则求偏导.注意到 z 的表示形式，可引进两个中间变量.记 $u=x^2-y^2, v=xy$，则 $z=f(u,v)$.由链式法则，有

$$\frac{\partial z}{\partial x}=\frac{\partial z}{\partial u}\frac{\partial u}{\partial x}+\frac{\partial z}{\partial v}\frac{\partial v}{\partial x}=\frac{\partial z}{\partial u}\cdot 2x+\frac{\partial z}{\partial v}\cdot y=2x\frac{\partial z}{\partial u}+y\frac{\partial z}{\partial v}.$$
$$\frac{\partial z}{\partial y}=\frac{\partial z}{\partial u}\frac{\partial u}{\partial y}+\frac{\partial z}{\partial v}\frac{\partial v}{\partial y}=-2y\frac{\partial z}{\partial u}+x\frac{\partial z}{\partial v}.$$

为了书写简便，引进记号.设 $z=f(u,v)$，记 $f_1'=f_1'(u,v)=f_u'(u,v)=\frac{\partial z}{\partial u}$，表示 f 对第一个变量的偏导数，$f_2'=f_2'(u,v)=f_v'(u,v)=\frac{\partial z}{\partial v}$，表示 f 对第二个变量的偏导数，其中 u，v 可以是自变量也可以是中间变量.

例 4　设 $z=f(x,xy,x+y)$，$f\in C^1$，求 $\frac{\partial z}{\partial x},\frac{\partial z}{\partial y}$.

解　注意到 z 的表示形式，可引进 3 个中间变量.记 $u=x, v=xy, w=x+y$，则 $z=f(u,v,w)$，且有

$$\frac{\partial z}{\partial x}=\frac{\partial z}{\partial u}\frac{\partial u}{\partial x}+\frac{\partial z}{\partial v}\frac{\partial v}{\partial x}+\frac{\partial z}{\partial w}\frac{\partial w}{\partial x}=f_1'\frac{\partial u}{\partial x}+f_2'\frac{\partial v}{\partial x}+f_3'\frac{\partial w}{\partial x}$$
$$=f_1'\cdot 1+f_2'\cdot y+f_3'\cdot 1=f_1'+yf_2'+f_3',$$
$$\frac{\partial z}{\partial y}=f_1'\frac{\partial u}{\partial y}+f_2'\frac{\partial v}{\partial y}+f_3'\frac{\partial w}{\partial y}$$
$$=f_1'\cdot 0+f_2'\cdot x+f_3'\cdot 1=xf_2'+f_3'.$$

在本例中有 $\frac{\partial z}{\partial x}=\frac{\partial z}{\partial u}+y\frac{\partial z}{\partial v}+\frac{\partial z}{\partial w}$，由于 $u=x$，从而右边的 $\frac{\partial z}{\partial u}$ 也可写成 $\frac{\partial z}{\partial x}$，因此

$$\frac{\partial z}{\partial x}=\frac{\partial z}{\partial x}+y\frac{\partial z}{\partial v}+\frac{\partial z}{\partial w},$$

上式中是否可将 $\frac{\partial z}{\partial x}$ 抵消？

应该注意,左边的$\frac{\partial z}{\partial x}$与右边的$\frac{\partial z}{\partial x}$是不同的,左边的$\frac{\partial z}{\partial x}$是把 z 的表达式中的一切 y 都看作常数,对 x 求偏导,而右边的$\frac{\partial z}{\partial x}=\frac{\partial z}{\partial u}$是将 $xy=v$ 以及 $x+y=w$ 都看作常数,对 u(也就是 x)求偏导,两者不同,因此,不能将$\frac{\partial z}{\partial x}$抵消.比如,设 $z=f(x,xy)=x+xy$,记 $u=x,v=xy$,则 $z=u+v,\frac{\partial z}{\partial x}=1+y$,而$\frac{\partial z}{\partial u}=1$,两者不同.

熟悉链式法则后,可省去引进中间变量这一步,直接写出偏导数.比如,$z=f(x^2+y^2,x+y,x\sin y)$,则 $z_x'=f_1'\cdot 2x+f_2'\cdot 1+f_3'\cdot \sin y$.

例 5 设 $z=f(u,v)$,$f\in C^1$,而 $u=x\cos y,v=x\sin y$,且已知$\frac{\partial z}{\partial x}=\cos y,\frac{\partial z}{\partial y}=-x\sin y(x\neq 0)$,求$\frac{\partial z}{\partial u},\frac{\partial z}{\partial v}$.

解 由链式法则有

$$\begin{cases}\frac{\partial z}{\partial x}=\frac{\partial z}{\partial u}\frac{\partial u}{\partial x}+\frac{\partial z}{\partial v}\frac{\partial v}{\partial x},\\ \frac{\partial z}{\partial y}=\frac{\partial z}{\partial u}\frac{\partial u}{\partial y}+\frac{\partial z}{\partial v}\frac{\partial v}{\partial y}.\end{cases}\tag{6}$$

由于$\frac{\partial u}{\partial x}=\cos y,\frac{\partial u}{\partial y}=-x\sin y,\frac{\partial v}{\partial x}=\sin y,\frac{\partial v}{\partial y}=x\cos y$,且已知$\frac{\partial z}{\partial x}=\cos y,\frac{\partial z}{\partial y}=-x\sin y$.代入(6)式,得

$$\begin{cases}\frac{\partial z}{\partial u}\cos y+\frac{\partial z}{\partial v}\sin y=\cos y,\\ \frac{\partial z}{\partial u}(-x\sin y)+\frac{\partial z}{\partial v}x\cos y=-x\sin y.\end{cases}\tag{7}$$

这是一个以$\frac{\partial z}{\partial u},\frac{\partial z}{\partial v}$为未知量的二元线性方程组,由于系数行列式

$$D=\begin{vmatrix}\cos y & \sin y\\ -x\sin y & x\cos y\end{vmatrix}=x\neq 0,$$

由克拉默法则,方程组(7)有唯一解:

$$\frac{\partial z}{\partial u}=1,\quad \frac{\partial z}{\partial v}=0.$$

应该注意,前面涉及的都是只复合一次的复合函数的偏导数,若复合函数是经过两次以上的复合运算而成,则其偏导数的形式将更加复杂.

例 6 设 $z=f(u,v),u=u(x,y),v=v(x,y),x=x(r,\theta),y=y(r,\theta)\in C^1$,求$\frac{\partial z}{\partial r},\frac{\partial z}{\partial \theta}$.

解 易知函数 z 是 r,θ 的复合函数,因此

$$\frac{\partial z}{\partial r}=\frac{\partial z}{\partial u}\cdot\frac{\partial u}{\partial r}+\frac{\partial z}{\partial v}\cdot\frac{\partial v}{\partial r}.$$

又因 u,v 也都是 r,θ 的复合函数,有

$$\frac{\partial u}{\partial r}=\frac{\partial u}{\partial x}\frac{\partial x}{\partial r}+\frac{\partial u}{\partial y}\frac{\partial y}{\partial r},\quad \frac{\partial v}{\partial r}=\frac{\partial v}{\partial x}\frac{\partial x}{\partial r}+\frac{\partial v}{\partial y}\frac{\partial y}{\partial r},$$

从而

$$\begin{aligned}\frac{\partial z}{\partial r}&=\frac{\partial z}{\partial u}\left(\frac{\partial u}{\partial x}\frac{\partial x}{\partial r}+\frac{\partial u}{\partial y}\frac{\partial y}{\partial r}\right)+\frac{\partial z}{\partial v}\left(\frac{\partial v}{\partial x}\frac{\partial x}{\partial r}+\frac{\partial v}{\partial y}\frac{\partial y}{\partial r}\right)\\&=\frac{\partial z}{\partial u}\frac{\partial u}{\partial x}\frac{\partial x}{\partial r}+\frac{\partial z}{\partial u}\frac{\partial u}{\partial y}\frac{\partial y}{\partial r}+\frac{\partial z}{\partial v}\frac{\partial v}{\partial x}\frac{\partial x}{\partial r}+\frac{\partial z}{\partial v}\frac{\partial v}{\partial y}\frac{\partial y}{\partial r}.\end{aligned}$$

类似可求$\frac{\partial z}{\partial \theta}$.

例 7　设 $u=f(x,y,z)$，$x=r\sin\theta\cos\varphi$，$y=r\sin\theta\sin\varphi$，$z=r\cos\theta$，试证：$x\frac{\partial u}{\partial x}+y\frac{\partial u}{\partial y}+z\frac{\partial u}{\partial z}=0$ 时，u 仅是 θ 和 φ 的函数.

证　$$\begin{aligned}\frac{\partial u}{\partial r}&=\frac{\partial u}{\partial x}\frac{\partial x}{\partial r}+\frac{\partial u}{\partial y}\frac{\partial y}{\partial r}+\frac{\partial u}{\partial z}\frac{\partial z}{\partial r}=\sin\theta\cos\varphi\frac{\partial u}{\partial x}+\sin\theta\sin\varphi\frac{\partial u}{\partial y}+\cos\theta\frac{\partial u}{\partial z}\\&=\frac{1}{r}\left(x\frac{\partial u}{\partial x}+y\frac{\partial u}{\partial y}+z\frac{\partial u}{\partial z}\right)=0,\end{aligned}$$

这表明函数 u 与 r 无关，所以 u 仅是 θ 和 φ 的函数.

二、全微分的形式不变性

设 $z=f(u,v)$ 可微，当 u,v 为自变量时，有

$$\mathrm{d}z=\frac{\partial z}{\partial u}\mathrm{d}u+\frac{\partial z}{\partial v}\mathrm{d}v.$$

若 u,v 不是自变量而是中间变量，$\mathrm{d}z$ 是否仍有这一形式？回答是肯定的.这一性质称为全微分的形式不变性.

事实上，设 $u=u(x,y)$，$v=v(x,y)$ 均可微，则复合函数 $z=f(u(x,y),v(x,y))$ 的全微分为

$$\mathrm{d}z=\frac{\partial z}{\partial x}\mathrm{d}x+\frac{\partial z}{\partial y}\mathrm{d}y.$$

由链式法则有

$$\begin{aligned}\mathrm{d}z&=\left(\frac{\partial z}{\partial u}\frac{\partial u}{\partial x}+\frac{\partial z}{\partial v}\frac{\partial v}{\partial x}\right)\mathrm{d}x+\left(\frac{\partial z}{\partial u}\frac{\partial u}{\partial y}+\frac{\partial z}{\partial v}\frac{\partial v}{\partial y}\right)\mathrm{d}y\\&=\frac{\partial z}{\partial u}\left(\frac{\partial u}{\partial x}\mathrm{d}x+\frac{\partial u}{\partial y}\mathrm{d}y\right)+\frac{\partial z}{\partial v}\left(\frac{\partial v}{\partial x}\mathrm{d}x+\frac{\partial v}{\partial y}\mathrm{d}y\right)=\frac{\partial z}{\partial u}\mathrm{d}u+\frac{\partial z}{\partial v}\mathrm{d}v.\end{aligned}$$

可见，不论 u,v 是中间变量还是自变量，$z=f(u,v)$ 的全微分的形式不变，即

$$\mathrm{d}z=\frac{\partial z}{\partial u}\mathrm{d}u+\frac{\partial z}{\partial v}\mathrm{d}v.$$

例 8　用全微分的形式不变性求 $z=f\left(xy,\frac{y}{x}\right)$ 的全微分，并求偏导数$\frac{\partial z}{\partial x}$，$\frac{\partial z}{\partial y}$，其中 $f\in C^1$.

解　记 $u=xy, v=\dfrac{y}{x}$，则 $z=f(u,v)$，且有

$$\begin{aligned}\mathrm{d}z&=f_1'\mathrm{d}u+f_2'\mathrm{d}v=f_1'\mathrm{d}(xy)+f_2'\mathrm{d}\left(\frac{y}{x}\right)\\&=f_1'(y\mathrm{d}x+x\mathrm{d}y)+f_2'\cdot\frac{x\mathrm{d}y-y\mathrm{d}x}{x^2}\\&=\left(yf_1'-\frac{y}{x^2}f_2'\right)\mathrm{d}x+\left(xf_1'+\frac{1}{x}f_2'\right)\mathrm{d}y,\end{aligned}$$

从而有

$$\frac{\partial z}{\partial x}=yf_1'-\frac{y}{x^2}f_2',\quad \frac{\partial z}{\partial y}=xf_1'+\frac{1}{x}f_2'.$$

例 9　设 $z=x^{x^y}$，求 $\dfrac{\partial z}{\partial x},\dfrac{\partial z}{\partial y}$.

解法 1　记 $u=x^y$ 则 $z=f(x,u)=x^u$，且有

$$\frac{\partial z}{\partial x}=\frac{\partial f}{\partial x}+\frac{\partial f}{\partial u}\frac{\partial u}{\partial x}=ux^{u-1}+x^u\ln x\cdot yx^{y-1}=x^{x^y+y-1}(1+y\ln x),$$

$$\frac{\partial z}{\partial y}=\frac{\partial f}{\partial u}\frac{\partial u}{\partial y}=x^u\ln x\cdot x^y\ln x=x^{x^y+y}\ln^2 x.$$

解法 2　利用一阶全微分的形式不变性有

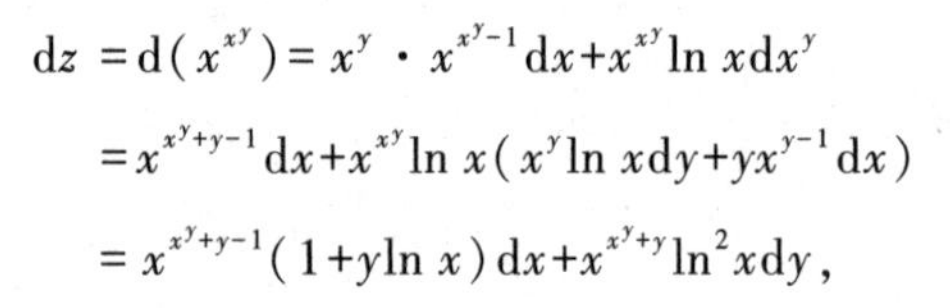

$$\begin{aligned}\mathrm{d}z&=\mathrm{d}(x^{x^y})=x^y\cdot x^{x^y-1}\mathrm{d}x+x^{x^y}\ln x\mathrm{d}x^y\\&=x^{x^y+y-1}\mathrm{d}x+x^{x^y}\ln x(x^y\ln x\mathrm{d}y+yx^{y-1}\mathrm{d}x)\\&=x^{x^y+y-1}(1+y\ln x)\mathrm{d}x+x^{x^y+y}\ln^2 x\mathrm{d}y,\end{aligned}$$

典型例题
多元复合函数的微分法

从而

$$\frac{\partial z}{\partial x}=x^{x^y+y-1}(1+y\ln x),\quad \frac{\partial z}{\partial y}=x^{x^y+y}\ln^2 x.$$

*三、微分中值定理

在一元函数微分学中，我们知道：若一元函数 $y=f(x)$ 在点 x_0 的某邻域 $U(x_0)$ 内可微，$x_0+\Delta x\in U(x_0)$，则由拉格朗日中值定理，有

$$\Delta y=f(x_0+\Delta x)-f(x_0)=f'(\xi)\Delta x=f'(x_0+\theta\Delta x)\Delta x,$$

其中 $\xi=x_0+\theta\Delta x, 0<\theta<1$. 对于多元函数，也有类似的中值定理.

定理 2　设函数 $f(x,y)$ 在闭区域 $\overline{D}\subset\mathbf{R}^2$ 上连续，在开区域 D 内有一阶连续偏导数 f_x' 和 f_y'，若 $M_0(x_0,y_0), M(x,y)\in D$，直线段 $M_0M\subset D$，则存在 $(x_0+\theta\Delta x, y_0+\theta\Delta y)\in M_0M$ 使得

$$f(x,y)-f(x_0,y_0)=f_x'(x_0+\theta\Delta x,y_0+\theta\Delta y)\Delta x+f_y'(x_0+\theta\Delta x,y_0+\theta\Delta y)\Delta y,$$

其中 $\Delta x=x-x_0, \Delta y=y-y_0, 0<\theta<1$.

证　当 $0\leqslant t\leqslant 1$ 时，点 $(x_0+t\Delta x, y_0+t\Delta y)$ 位于线段 $M_0M\subset D$ 上. 再令

$$F(t)=f(x_0+t\Delta x,y_0+t\Delta y),$$

因为 $f(x,y)$ 在闭区域 $\overline{D}\subset\mathbf{R}^2$ 上连续，$f(x,y)\in C^1(D)$，所以，$F(t)$ 在 $[0,1]$ 上连续，在 $(0,1)$ 内可导，由拉格朗日中值定理，得

$$F(1)-F(0)=F'(\theta)\quad(0<\theta<1).$$

由于

$$F(1)=f(x_0+\Delta x,y_0+\Delta y)=f(x,y),\ F(0)=f(x_0,y_0),$$
$$F'(t)=f'_x(x_0+t\Delta x,y_0+t\Delta y)\Delta x+f'_y(x_0+t\Delta x,y_0+t\Delta y)\Delta y,$$

故有

$$f(x,y)-f(x_0,y_0)=f'_x(x_0+\theta\Delta x,y_0+\theta\Delta y)\Delta x+f'_y(x_0+\theta\Delta x,y_0+\theta\Delta y)\Delta y.$$

定理 2 中的公式称为二元函数的“有限增量公式”.读者不难将它推广到三元及三元以上的函数中去.定理 2 要求 $f(x,y)\in C^1$，这一条件有时难以满足.作为定理 2 的补充，我们有下面的定理 3，其条件比定理 2 稍弱，结论也不如定理 2 整齐.

定理 3　设 $z=f(x,y)$ 在点 $P_0(x_0,y_0)$ 的某邻域 $U(P_0)$ 内存在偏导数 f'_x 和 f'_y，则 $\forall P(x,y)\in U(P_0)$，$\exists(\xi_1,\eta_1),(\xi_2,\eta_2)\in U(P_0)$，使得

$$f(x,y)-f(x_0,y_0)=f'_x(\xi_1,\eta_1)(x-x_0)+f'_y(\xi_2,\eta_2)(y-y_0).$$

证　$f(x,y)-f(x_0,y_0)=[f(x,y)-f(x_0,y)]+[f(x_0,y)-f(x_0,y_0)].$　　(8)

由于 f'_x 在 $U(P_0)$ 内存在，因此，对于固定的 y，以 x 为自变量的一元函数 $f(x,y)$ 在相应的 x 的区间上连续且可导.由拉格朗日中值定理，有

$$f(x,y)-f(x_0,y)=f'_x(\xi_1,y)(x-x_0),\tag{9}$$

其中 ξ_1 介于 x_0,x 之间，取 $\eta_1=y$，则 $f'_x(\xi_1,y)=f'_x(\xi_1,\eta_1)$.

同理

$$f(x_0,y)-f(x_0,y_0)=f'_y(x_0,\eta_2)(y-y_0),\tag{10}$$

其中 η_2 介于 y_0,y 之间，取 $\xi_2=x_0$，则 $f'_y(x_0,\eta_2)=f'_y(\xi_2,\eta_2)$.将(9)式和(10)式代入(8)式，即证得定理 3.

一般地，若 n 元函数 $u=f(X)$ 在点 $X_0(x_1^0,x_2^0,\cdots,x_n^0)$ 的某邻域 $U(X_0)$ 内存在对各自变量 $x_i(i=1,2,\cdots,n)$ 的偏导数，则对任意的 $X(x_1,x_2,\cdots,x_n)\in U(X_0)$，存在 n 个点 $X_i(x_1^i,x_2^i,\cdots,x_n^i)$，$i=1,2,\cdots,n$，使得

$$f(X)-f(X_0)=\sum_{i=1}^{n}f'_{x_i}(X_i)(x_i-x_i^0).$$

习题 2-5

1. 设 $z=u^2v,u=\cos t,v=\sin t$，求 $\dfrac{\mathrm{d}z}{\mathrm{d}t}$.

2. 设 $z=\mathrm{e}^{2x+3y},x=\cos t,y=t^2$，求 $\dfrac{\mathrm{d}z}{\mathrm{d}t}$.

3. 设 $u=\dfrac{\mathrm{e}^{ax}(y-z)}{a^2+1},y=a\sin x,z=\cos x$，求 $\dfrac{\mathrm{d}u}{\mathrm{d}x}$.

4. 设 $z=u^2\ln v, u=\frac{x}{y}, v=3x-2y$，求$\frac{\partial z}{\partial x},\frac{\partial z}{\partial y}$.

5. 设 $u=\mathrm{e}^{x(x^2+y^2+z^2)}$，求$\frac{\partial u}{\partial x},\frac{\partial u}{\partial y},\frac{\partial u}{\partial z}$.

6. 设 $z=(x-y)^{xy}$，求$\frac{\partial z}{\partial x},\frac{\partial z}{\partial y}$.

7. 求下列函数的一阶偏导数(其中f具有一阶连续偏导数)：

(1) $u=f(x^2-y^2,\mathrm{e}^{xy})$； (2) $u=f\left(\frac{x}{y},\frac{y}{z}\right)$； (3) $u=f(x,xy,xyz)$.

8. 设 $u=F(x,y,z), z=f(x,y), y=\varphi(x)$，其中 F,f,φ 均可微，求$\frac{\mathrm{d}u}{\mathrm{d}x}$.

9. 设 $f(x,y)=\int_0^{\sqrt{xy}}\mathrm{e}^{-t^2}\mathrm{d}t\,(x>0,y>0)$，求 $\mathrm{d}f(x,y)$.

10. 证明：若$f(x,y)$的偏导数f'_x和f'_y在某区域D内都恒等于0，则$f(x,y)$在该区域内为一常数.

11. 设 $z=f(x,y)$的偏导数f'_x和f'_y在开区域D内存在且有界，证明：$z=f(x,y)$在D内连续.

12. 设 $u=f(x,y,z), x=r\sin\theta\cos\varphi, y=r\sin\theta\sin\varphi, z=r\cos\theta$，证明：$\frac{\frac{\partial u}{\partial x}}{x}=\frac{\frac{\partial u}{\partial y}}{y}=\frac{\frac{\partial u}{\partial z}}{z}$时，$u$仅是$r$的函数.

第六节 隐函数的导数

在一元函数微分学中，我们已经介绍了求由二元方程 $F(x,y)=0$ 所确定的隐函数 $y=y(x)$ 的导数的方法：方程两端对 x 求导，其中 y 是 x 的函数，然后解出 y'.但也留下了几个尚未涉及的问题：(1) 是否任何一个二元方程 $F(x,y)=0$ 都确定了 y 是 x 的(单值)函数？如果不是，在什么条件下方程确定了函数 $y=y(x)$？(2) 若该方程确定了函数 $y=y(x)$，它是否可导？能否给出一般的求导公式？(3) 三元以上的方程以及方程组的情形怎样？这些问题都是我们本节要解决的.

一、一个方程的情形

考虑方程 $F(x,y)=0$.

定理 1(隐函数存在定理) 设函数 $F(x,y)$ 在点 $P_0(x_0,y_0)$ 的邻域 $U(P_0)$ 内有连续偏导数，且 $F(x_0,y_0)=0, F'_y(x_0,y_0)\neq 0$，则方程 $F(x,y)=0$ 在点 $P_0(x_0,y_0)$ 的某邻域内唯一确定一个有连续导数的(单值)函数 $y=y(x)$，它满足 $y_0=y(x_0)$，且

$$\frac{\mathrm{d}y}{\mathrm{d}x}=-\frac{F'_x}{F'_y}. \tag{1}$$

定理的证明超出本课程要求,故略去,仅就公式(1)作如下推导:

设方程 $F(x,y)=0$ 中 $F(x,y)$ 满足定理条件,从而方程在 $P_0(x_0,y_0)$ 的某邻域内确定函数 $y=y(x)$.将它代入方程,得

$$F(x,y(x))\equiv 0.$$

上式两端对 x 求导,注意左端是 x 的复合函数,由链式法则,得

$$\frac{\partial F}{\partial x}\cdot 1+\frac{\partial F}{\partial y}\cdot\frac{\mathrm{d}y}{\mathrm{d}x}=0.$$

由于 F'_y 连续,且 $F'_y(x_0,y_0)\neq 0$,从而在 P_0 的某邻域内 $F'_y\neq 0$.因此,在这个邻域内有

$$\frac{\mathrm{d}y}{\mathrm{d}x}=-\frac{F'_x}{F'_y}.$$

从公式的推导过程中可以看出,求隐函数的导数时只需将方程两端对 x 求导,求导过程中把 y 看作 x 的函数,然后解出 y'就行了.这正是在一元微分学中介绍的方法.因此,现在有两种方法求隐函数的导数:按一元微分学中介绍的方法求,或者按公式(1)求.

例 1　验证方程 $x^2+y^2=1$ 在点 $P_0(0,1)$ 处的某邻域内满足定理 1 的条件,从而该方程在 P_0 的某邻域内唯一确定满足当 $x=0$ 时,$y=1$ 的有连续导数的函数 $y=y(x)$,求 $\left.\frac{\mathrm{d}y}{\mathrm{d}x}\right|_{\substack{x=0\\y=1}}$.

解　记 $F(x,y)=x^2+y^2-1$,则 $F'_x=2x$,$F'_y=2y$ 连续.又由于

$$F(0,1)=0,\quad F'_y(0,1)=2\neq 0,$$

故 $F(x,y)$ 满足定理 1 的条件,从而方程 $x^2+y^2=1$ 在 $P_0(0,1)$ 的某邻域内唯一确定满足当 $x=0$ 时,$y=1$ 的有连续导数的函数 $y=y(x)$.下面求 $\left.\frac{\mathrm{d}y}{\mathrm{d}x}\right|_{\substack{x=0\\y=1}}$.

解法 1　$F(x,y)=x^2+y^2-1$.$F'_x=2x$,$F'_y=2y$,由公式(1)得

$$\frac{\mathrm{d}y}{\mathrm{d}x}=-\frac{2x}{2y}=-\frac{x}{y},\quad \left.\frac{\mathrm{d}y}{\mathrm{d}x}\right|_{\substack{x=0\\y=1}}=0.$$

解法 2　$x^2+y^2=1$,y 是 x 的函数,两边对 x 求导,得

$$2x+2y\frac{\mathrm{d}y}{\mathrm{d}x}=0,\quad \frac{\mathrm{d}y}{\mathrm{d}x}=-\frac{x}{y},$$

因此

$$\left.\frac{\mathrm{d}y}{\mathrm{d}x}\right|_{\substack{x=0\\y=1}}=0.$$

两种方法的结果都一样,但在使用时应该注意区别:在解法 2 中方程两边对 x 求导时,y 要看作 x 的函数,而在解法 1 中用公式(1)求导时,求的是 F 对 x 的偏导数和 F 对 y 的偏导数,求 F'_x 时,y 不能看作 x 的函数而要看作常数.这是初学者容易混淆的地方,读者应特别注意.

隐函数存在定理还可推广到多元函数的情形中去.既然一个二元方程 $F(x,y)=0$ 可能确定一个一元隐函数,那么一个三元方程

$$F(x,y,z)=0$$

就有可能确定一个二元隐函数.

考虑方程 $F(x,y,z)=0$.类似定理 1,有下述定理.

定理 2　设三元函数 $F(x,y,z)$ 在点 $P_0(x_0,y_0,z_0)$ 的邻域 $U(P_0)$ 内有连续偏导数,$F(x_0,y_0,z_0)=0$,$F'_z(x_0,y_0,z_0)\neq 0$,则方程 $F(x,y,z)=0$ 在点 P_0 的某邻域内唯一确定一个有连续偏导数的(单值)函数 $z=z(x,y)$,满足 $z_0=z(x_0,y_0)$,且

$$\frac{\partial z}{\partial x}=-\frac{F'_x}{F'_z},\ \frac{\partial z}{\partial y}=-\frac{F'_y}{F'_z}. \tag{2}$$

读者容易将定理 2 推广到由 $n+1$ 元方程 $F(x_1,x_2,\cdots,x_n,u)=0$ 所确定的 n 元函数 $u=f(x_1,x_2,\cdots,x_n)$ 的情形中去.

例 2　求由方程 $\sin z=xyz$ 所确定的函数 $z=f(x,y)$ 的偏导数$\frac{\partial z}{\partial x},\frac{\partial z}{\partial y}$.

解法 1　令 $F(x,y,z)=\sin z-xyz$,则

$$F'_x=-yz,\ F'_y=-xz,\ F'_z=\cos z-xy,$$

故

$$\frac{\partial z}{\partial x}=-\frac{F'_x}{F'_z}=-\frac{-yz}{\cos z-xy}=\frac{yz}{\cos z-xy},$$

$$\frac{\partial z}{\partial y}=-\frac{F'_y}{F'_z}=-\frac{-xz}{\cos z-xy}=\frac{xz}{\cos z-xy}.$$

解法 2　对方程 $\sin z=xyz$ 两边求关于 x 的偏导数,得

$$\cos z\frac{\partial z}{\partial x}=xy\frac{\partial z}{\partial x}+zy,$$

从而

$$\frac{\partial z}{\partial x}=\frac{yz}{\cos z-xy}.$$

同理,对 $\sin z=xyz$ 两边求关于 y 的偏导数,可得

$$\frac{\partial z}{\partial y}=\frac{xz}{\cos z-xy}.$$

例 3　求由方程$\frac{x}{z}=\ln\frac{z}{y}$所确定的函数 $z=z(x,y)$ 的偏导数$\frac{\partial z}{\partial x},\frac{\partial z}{\partial y}$.

解　将方程变形为

$$\frac{x}{z}-\ln z+\ln y=0,$$

令 $F(x,y,z)=\frac{x}{z}-\ln z+\ln y$,则

$$F'_x=\frac{1}{z},\ F'_y=\frac{1}{y},\ F'_z=-\frac{x}{z^2}-\frac{1}{z}=-\frac{x+z}{z^2},$$

于是有

$$\frac{\partial z}{\partial x}=-\frac{F'_x}{F'_z}=-\frac{\frac{1}{z}}{-\frac{x+z}{z^2}}=\frac{z}{x+z},$$

$$\frac{\partial z}{\partial y}=-\frac{F'_y}{F'_z}=-\frac{\frac{1}{y}}{-\frac{x+z}{z^2}}=\frac{z^2}{y(x+z)}.$$

例 4 设方程 $F(x+y+z,xyz)=0$ 确定函数 $z=z(x,y)$，求$\frac{\partial z}{\partial x},\frac{\partial z}{\partial y}$.

解 因为

$$\frac{\partial F}{\partial x}=F'_1+yzF'_2,\quad \frac{\partial F}{\partial y}=F'_1+xzF'_2,\quad \frac{\partial F}{\partial z}=F'_1+xyF'_2,$$

所以由公式(2)，得

$$\frac{\partial z}{\partial x}=-\frac{\frac{\partial F}{\partial x}}{\frac{\partial F}{\partial z}}=-\frac{F'_1+yzF'_2}{F'_1+xyF'_2},$$

$$\frac{\partial z}{\partial y}=-\frac{\frac{\partial F}{\partial y}}{\frac{\partial F}{\partial z}}=-\frac{F'_1+xzF'_2}{F'_1+xyF'_2}.$$

例 5 设 $z=z(x,y)$ 是由方程 $x+y+z=\varphi(x^2+y^2+z^2)$ 所确定的函数，其中 $\varphi(u)$ 是任意一个可微函数，证明 $z=z(x,y)$ 满足 $(y-z)\frac{\partial z}{\partial x}+(z-x)\frac{\partial z}{\partial y}=x-y$.

证 令 $F(x,y,z)=x+y+z-\varphi(x^2+y^2+z^2)$，$u=x^2+y^2+z^2$，则

$$F'_x=1-2x\varphi'_u,\quad F'_y=1-2y\varphi'_u,\quad F'_z=1-2z\varphi'_u,$$

由公式(2)，得

$$\frac{\partial z}{\partial x}=-\frac{F'_x}{F'_z}=-\frac{1-2x\varphi'_u}{1-2z\varphi'_u}=\frac{2x\varphi'_u-1}{1-2z\varphi'_u},$$

$$\frac{\partial z}{\partial y}=-\frac{F'_y}{F'_z}=-\frac{1-2y\varphi'_u}{1-2z\varphi'_u}=\frac{2y\varphi'_u-1}{1-2z\varphi'_u},$$

典型例题 隐函数的微分法

因此，

$$\begin{aligned}(y-z)\frac{\partial z}{\partial x}+(z-x)\frac{\partial z}{\partial y}&=(y-z)\frac{2x\varphi'_u-1}{1-2z\varphi'_u}+(z-x)\frac{2y\varphi'_u-1}{1-2z\varphi'_u}\\&=\frac{(x-y)(1-2z\varphi'_u)}{1-2z\varphi'_u}=x-y.\end{aligned}$$

二、方程组的情形

设有 4 个未知量、两个方程的方程组

$$\begin{cases}F(x,y,u,v)=0,\\G(x,y,u,v)=0.\end{cases}\tag{3}$$

若将 x,y 看作常数，则方程组(3)成为两个未知量、两个方程的情形.此时，若能从中解出 u,v，则 u,v 的值与 x,y 有关，即 u,v 是 x,y 的函数，从而方程组(3)确定了两个二元函数 $u=u(x,y)$，$v=v(x,y)$.问题是当 F,G 满足什么条件时，方程组(3)确定了函数 $u=u(x,y)$，$v=v(x,y)$ 以及如何求 u,v 的偏导数.

雅可比简介

为了简化书写，引进雅可比行列式.设多元函数 F,G 存在对自变量 u,v 的偏导数，记

$$\frac{\partial(F,G)}{\partial(u,v)}=\begin{vmatrix}F'_u & F'_v\\G'_u & G'_v\end{vmatrix},$$

称为函数 F,G 关于自变量 u,v 的二阶雅可比(Jacobi)行列式.

考虑方程组(3)，有下述定理.

定理 3　设 $X_0(x_0,y_0,u_0,v_0)\in\mathbf{R}^4$，若

(1) $F(x,y,u,v),G(x,y,u,v)\in C^1(U(X_0))$；

(2) $F(x_0,y_0,u_0,v_0)=G(x_0,y_0,u_0,v_0)=0$；

(3) 雅可比行列式$\dfrac{\partial(F,G)}{\partial(u,v)}$在 X_0 的值不为 0，

则方程组(3)在 X_0 的某邻域内唯一确定两个二元函数 $u=u(x,y)$，$v=v(x,y)$，其满足 $u_0=u(x_0,y_0)$，$v_0=v(x_0,y_0)$，且

$$\begin{aligned}&\frac{\partial u}{\partial x}=-\frac{\partial(F,G)/\partial(x,v)}{\partial(F,G)/\partial(u,v)},\quad \frac{\partial u}{\partial y}=-\frac{\partial(F,G)/\partial(y,v)}{\partial(F,G)/\partial(u,v)},\\&\frac{\partial v}{\partial x}=-\frac{\partial(F,G)/\partial(u,x)}{\partial(F,G)/\partial(u,v)},\quad \frac{\partial v}{\partial y}=-\frac{\partial(F,G)/\partial(u,y)}{\partial(F,G)/\partial(u,v)}.\end{aligned}\tag{4}$$

定理 3 的证明略去，只对公式(4)作如下推导.

设 F,G 满足定理 3 的条件，从而方程组(3)确定函数 $u=u(x,y)$，$v=v(x,y)$.代入方程组(3)，有

$$\begin{cases}F(x,y,u(x,y),v(x,y))\equiv 0,\\G(x,y,u(x,y),v(x,y))\equiv 0.\end{cases}$$

上式两边对 x 求偏导数，得

$$\begin{cases}F'_x+F'_u\dfrac{\partial u}{\partial x}+F'_v\dfrac{\partial v}{\partial x}=0,\\G'_x+G'_u\dfrac{\partial u}{\partial x}+G'_v\dfrac{\partial v}{\partial x}=0.\end{cases}$$

这是以$\dfrac{\partial u}{\partial x},\dfrac{\partial v}{\partial x}$为未知量的二元线性方程组，由定理 3 的条件知在 X_0 的某邻域内，系数行列式

$$\frac{\partial(F,G)}{\partial(u,v)}=\begin{vmatrix}F'_u & F'_v\\G'_u & G'_v\end{vmatrix}\neq 0.$$

由克拉默法则，解得

$$\frac{\partial u}{\partial x}=-\frac{\begin{vmatrix}F'_x & F'_v\\ G'_x & G'_v\end{vmatrix}}{\begin{vmatrix}F'_u & F'_v\\ G'_u & G'_v\end{vmatrix}}=-\frac{\partial(F,G)/\partial(x,v)}{\partial(F,G)/\partial(u,v)},$$

$$\frac{\partial v}{\partial x}=-\frac{\begin{vmatrix}F'_u & F'_x\\ G'_u & G'_x\end{vmatrix}}{\begin{vmatrix}F'_u & F'_v\\ G'_u & G'_v\end{vmatrix}}=-\frac{\partial(F,G)/\partial(u,x)}{\partial(F,G)/\partial(u,v)},$$

同理可得公式(4)的另两个式子.

例 6　设 $xu-yv=0,yu+xv=1$,求$\frac{\partial u}{\partial x},\frac{\partial v}{\partial x},\frac{\partial u}{\partial y},\frac{\partial v}{\partial y}$.

解法 1　方程两边对 x 求偏导数,注意 u,v 是 x,y 的二元函数,并将 y 看作常数,得

$$\begin{cases}u+x\dfrac{\partial u}{\partial x}-y\dfrac{\partial v}{\partial x}=0,\\ y\dfrac{\partial u}{\partial x}+v+x\dfrac{\partial v}{\partial x}=0,\end{cases}$$

即

$$\begin{cases}x\dfrac{\partial u}{\partial x}-y\dfrac{\partial v}{\partial x}=-u,\\ y\dfrac{\partial u}{\partial x}+x\dfrac{\partial v}{\partial x}=-v.\end{cases}$$

解这个以$\frac{\partial u}{\partial x},\frac{\partial v}{\partial x}$为未知量的二元线性方程组,由克拉默法则知,当系数行列式

$$D=\begin{vmatrix}x & -y\\ y & x\end{vmatrix}=x^2+y^2\neq 0$$

时,该方程组有唯一解:

$$\frac{\partial u}{\partial x}=\frac{\begin{vmatrix}-u & -y\\ -v & x\end{vmatrix}}{D}=-\frac{xu+yv}{x^2+y^2},$$

$$\frac{\partial v}{\partial x}=\frac{\begin{vmatrix}x & -u\\ y & -v\end{vmatrix}}{D}=\frac{yu-xv}{x^2+y^2}.$$

同理可得$\frac{\partial u}{\partial y}=\frac{xv-yu}{x^2+y^2},\frac{\partial v}{\partial y}=-\frac{xu+yv}{x^2+y^2}$.

解法 2　由题意知,方程组确定了隐函数

$$u=u(x,y),\quad v=v(x,y),$$

在方程组中的方程两边取微分,得

$$\begin{cases}x\mathrm{d}u+u\mathrm{d}x-y\mathrm{d}v-v\mathrm{d}y=0,\\ y\mathrm{d}u+u\mathrm{d}y+x\mathrm{d}v+v\mathrm{d}x=0.\end{cases}$$

将 $\mathrm{d}u,\mathrm{d}v$ 看成未知量，解得

$$\mathrm{d}u=\frac{1}{x^2+y^2}[-(xu+yv)\mathrm{d}x+(xv-yu)\mathrm{d}y],$$

$$\mathrm{d}v=\frac{1}{x^2+y^2}[(yu-xv)\mathrm{d}x-(xu+yv)\mathrm{d}y],$$

从而有

$$\frac{\partial u}{\partial x}=-\frac{xu+yv}{x^2+y^2},\quad \frac{\partial u}{\partial y}=\frac{xv-yu}{x^2+y^2},$$

$$\frac{\partial v}{\partial x}=\frac{yu-xv}{x^2+y^2},\quad \frac{\partial v}{\partial y}=-\frac{xu+yv}{x^2+y^2}.$$

例 7 在坐标变换中我们常需要研究一种坐标 (x,y) 与另一种坐标 (u,v) 之间的关系.设方程组

$$\begin{cases}x=x(u,v),\\ y=y(u,v),\end{cases}\tag{5}$$

可确定隐函数组 $u=u(x,y),v=v(x,y)$，称其为方程组(5)的反函数组，且 $x(u,v),y(u,v),u(x,y),v(x,y)$ 具有连续的偏导数，试证明 $\dfrac{\partial(u,v)}{\partial(x,y)}\dfrac{\partial(x,y)}{\partial(u,v)}=1.$

证 将 $u=u(x,y),v=v(x,y)$ 代入(5)式，有

$$\begin{cases}x-x(u(x,y),v(x,y))\equiv 0,\\ y-y(u(x,y),v(x,y))\equiv 0.\end{cases}$$

在方程组两端分别对 x 和 y 求偏导数，得

$$\begin{cases}1-x'_u u'_x-x'_v v'_x=0,\\ 0-y'_u u'_x-y'_v v'_x=0\end{cases}\quad 和 \quad \begin{cases}0-x'_u u'_y-x'_v v'_y=0,\\ 1-y'_u u'_y-y'_v v'_y=0,\end{cases}$$

即

$$\begin{cases}x'_u u'_x+x'_v v'_x=1,\\ y'_u u'_x+y'_v v'_x=0\end{cases}\quad 和 \quad \begin{cases}x'_u u'_y+x'_v v'_y=0,\\ y'_u u'_y+y'_v v'_y=1,\end{cases}$$

从而

$$\begin{vmatrix}u'_x & v'_x\\ u'_y & v'_y\end{vmatrix}\cdot\begin{vmatrix}x'_u & y'_u\\ x'_v & y'_v\end{vmatrix}=\begin{vmatrix}u'_x x'_u+v'_x x'_v & u'_x y'_u+v'_x y'_v\\ u'_y x'_u+v'_y x'_v & u'_y y'_u+v'_y y'_v\end{vmatrix}=\begin{vmatrix}1 & 0\\ 0 & 1\end{vmatrix}=1,$$

即

$$\frac{\partial(u,v)}{\partial(x,y)}\cdot\frac{\partial(x,y)}{\partial(u,v)}=1.$$

此结果类似于一元函数反函数的导数公式 $\dfrac{\mathrm{d}x}{\mathrm{d}y}\cdot\dfrac{\mathrm{d}y}{\mathrm{d}x}=1$，且可以进一步推广到三元函数情形：

若 $x=x(u,v,w),y=y(u,v,w),z=z(u,v,w)$ 确定反函数组 $u=u(x,y,z),v=v(x,y,z),w=w(x,y,z)$，则在具有连续偏导数条件下，有

$$\frac{\partial(x,y,z)}{\partial(u,v,w)}\cdot\frac{\partial(u,v,w)}{\partial(x,y,z)}=1,$$

其中

$$\frac{\partial(x,y,z)}{\partial(u,v,w)}=\begin{vmatrix} x'_u & x'_v & x'_w \\ y'_u & y'_v & y'_w \\ z'_u & z'_v & z'_w \end{vmatrix},\quad \frac{\partial(u,v,w)}{\partial(x,y,z)}=\begin{vmatrix} u'_x & u'_y & u'_z \\ v'_x & v'_y & v'_z \\ w'_x & w'_y & w'_z \end{vmatrix}$$

分别为 x,y,z 关于 u,v,w 和 u,v,w 关于 x,y,z 的三阶雅可比行列式.

习题 2-6

1. 求由下列方程所确定的隐函数的导数$\frac{\mathrm{d}y}{\mathrm{d}x}$:

(1) $\sin y+\mathrm{e}^x-xy^2=0$;　　(2) $\ln\sqrt{x^2+y^2}=\arctan\frac{y}{x}$.

2. 求由下列方程所确定的隐函数的偏导数$\frac{\partial z}{\partial x}$及$\frac{\partial z}{\partial y}$:

(1) $x+2y+z-2\sqrt{xyz}=0$;　　(2) $\cos^2x+\cos^2y+\cos^2z=0$.

3. 设 $2\sin(x+2y-3z)=x+2y-3z$,证明$\frac{\partial z}{\partial x}+\frac{\partial z}{\partial y}=1$.

4. 设方程 $F(x,y,z)=0$ 可确定任一变量为其他两变量的函数,且这些函数都具有连续偏导数,证明$\frac{\partial x}{\partial y}\cdot\frac{\partial y}{\partial z}\cdot\frac{\partial z}{\partial x}=-1$.

5. 设 $\varphi(u,v)$ 具有连续偏导数,证明由方程 $\varphi(cx-az,cy-bz)=0$ 所确定的函数$z=f(x,y)$满足 $a\frac{\partial z}{\partial x}+b\frac{\partial z}{\partial y}=c$.

6. 求由方程 $2xz-2xyz+\ln(xyz)=0$ 所确定的函数 $z=z(x,y)$ 的全微分.

7. 求由方程组$\begin{cases}x=\mathrm{e}^u+u\sin v,\\ y=\mathrm{e}^u-u\cos v\end{cases}$所确定的隐函数 $u=u(x,y)$,$v=v(x,y)$的偏导数.

8. 设方程组$\begin{cases}F(x,y,z)=x^2+y^2+z^2-a^2=0,\\ G(x,y,z)=x^3+y^3+z^3-a^3=0,\end{cases}$求$\frac{\mathrm{d}y}{\mathrm{d}x}$及$\frac{\mathrm{d}z}{\mathrm{d}x}$.

第七节　高阶偏导数、高阶全微分及泰勒公式

一、高阶偏导数

设 $z=f(x,y)$ 的偏导数为 $f'_x(x,y)$,$f'_y(x,y)$,由于它们还是 x,y 的函数,因此,可继续讨论 f'_x,f'_y的偏导数.

一般地,设 $z=f(x,y)$ 在区域 D 内存在偏导数,若 $f'_x(x,y)$,$f'_y(x,y)$ 对 x,y 的偏导数仍存在,则称它们是 $z=f(x,y)$ 的二阶偏导数,记作

$$\frac{\partial^2 z}{\partial x^2}=f''_{xx}(x,y)=\frac{\partial}{\partial x}\left(\frac{\partial f}{\partial x}\right)=[f'_x(x,y)]'_x,$$

$$\frac{\partial^2 z}{\partial x\partial y}=f''_{xy}(x,y)=\frac{\partial}{\partial y}\left(\frac{\partial f}{\partial x}\right)=[f'_x(x,y)]'_y,$$

$$\frac{\partial^2 z}{\partial y\partial x}=f''_{yx}(x,y)=\frac{\partial}{\partial x}\left(\frac{\partial f}{\partial y}\right)=[f'_y(x,y)]'_x,$$

$$\frac{\partial^2 z}{\partial y^2}=f''_{yy}(x,y)=\frac{\partial}{\partial y}\left(\frac{\partial f}{\partial y}\right)=[f'_y(x,y)]'_y,$$

其中 $f''_{xy}(x,y)$,$f''_{yx}(x,y)$ 称为混合偏导数.

类似地,若上述二阶偏导数对 x,y 的偏导数仍存在,则称它们是 $z=f(x,y)$ 的三阶偏导数,记作

$$\frac{\partial^3 z}{\partial x^3}=\frac{\partial}{\partial x}\left(\frac{\partial^2 z}{\partial x^2}\right),\quad \frac{\partial^3 z}{\partial x^2\partial y}=\frac{\partial}{\partial y}\left(\frac{\partial^2 z}{\partial x^2}\right),$$

$$\frac{\partial^3 z}{\partial y^2\partial x}=\frac{\partial}{\partial x}\left(\frac{\partial^2 z}{\partial y^2}\right),\quad \frac{\partial^3 z}{\partial y^3}=\frac{\partial}{\partial y}\left(\frac{\partial^2 z}{\partial y^2}\right),$$

$$\frac{\partial^3 z}{\partial x\partial y\partial x}=\frac{\partial}{\partial x}\left(\frac{\partial^2 z}{\partial x\partial y}\right),\quad \frac{\partial^3 z}{\partial x\partial y^2}=\frac{\partial}{\partial y}\left(\frac{\partial^2 z}{\partial x\partial y}\right),$$

$$\frac{\partial^3 z}{\partial y\partial x^2}=\frac{\partial}{\partial x}\left(\frac{\partial^2 z}{\partial y\partial x}\right),\quad \frac{\partial^3 z}{\partial y\partial x\partial y}=\frac{\partial}{\partial y}\left(\frac{\partial^2 z}{\partial y\partial x}\right).$$

其中 $\frac{\partial^3 z}{\partial x^2\partial y},\frac{\partial^3 z}{\partial y\partial x^2},\frac{\partial^3 z}{\partial y^2\partial x},\frac{\partial^3 z}{\partial x\partial y^2},\frac{\partial^3 z}{\partial x\partial y\partial x},\frac{\partial^3 z}{\partial y\partial x\partial y}$ 为三阶混合偏导数.

一般地,函数 $f(P)$ 的 $m-1$ 阶偏导数的偏导数称为函数 $f(P)$ 的 m 阶偏导数.二阶及二阶以上的偏导数统称为函数的高阶偏导数.函数 $f(P)$ 按次序对不同变量的高阶偏导数称为它的混合偏导数.

例 1 设 $z=x^3y^2-3xy^3-xy+1$,求 z 的四个二阶偏导数.

解 由 $\frac{\partial z}{\partial x}=3x^2y^2-3y^3-y$,$\frac{\partial z}{\partial y}=2x^3y-9xy^2-x$,得

$$\frac{\partial^2 z}{\partial x^2}=\frac{\partial}{\partial x}\left(\frac{\partial z}{\partial x}\right)=\frac{\partial}{\partial x}(3x^2y^2-3y^3-y)=6xy^2,$$

$$\frac{\partial^2 z}{\partial y^2}=\frac{\partial}{\partial y}\left(\frac{\partial z}{\partial y}\right)=\frac{\partial}{\partial y}(2x^3y-9xy^2-x)=2x^3-18xy,$$

$$\frac{\partial^2 z}{\partial x\partial y}=\frac{\partial}{\partial y}\left(\frac{\partial z}{\partial x}\right)=\frac{\partial}{\partial y}(3x^2y^2-3y^3-y)=6x^2y-9y^2-1,$$

$$\frac{\partial^2 z}{\partial y\partial x}=\frac{\partial}{\partial x}\left(\frac{\partial z}{\partial y}\right)=\frac{\partial}{\partial x}(2x^3y-9xy^2-x)=6x^2y-9y^2-1.$$

例 2 求 $z=\arctan\frac{y}{x}$ 的二阶偏导数.

解　因为

$$\frac{\partial z}{\partial x}=\frac{1}{1+\left(\frac{y}{x}\right)^2}\left(-\frac{y}{x^2}\right)=-\frac{y}{x^2+y^2},$$

$$\frac{\partial z}{\partial y}=\frac{1}{1+\left(\frac{y}{x}\right)^2}\frac{1}{x}=\frac{x}{x^2+y^2},$$

所以

$$\frac{\partial^2 z}{\partial x^2}=\frac{\partial}{\partial x}\left(-\frac{y}{x^2+y^2}\right)=\frac{2xy}{(x^2+y^2)^2},\quad \frac{\partial^2 z}{\partial x\partial y}=\frac{\partial}{\partial y}\left(-\frac{y}{x^2+y^2}\right)=\frac{y^2-x^2}{(x^2+y^2)^2},$$

$$\frac{\partial^2 z}{\partial y\partial x}=\frac{\partial}{\partial x}\left(\frac{x}{x^2+y^2}\right)=\frac{y^2-x^2}{(x^2+y^2)^2},\quad \frac{\partial^2 z}{\partial y^2}=\frac{\partial}{\partial y}\left(\frac{x}{x^2+y^2}\right)=\frac{-2xy}{(x^2+y^2)^2}.$$

我们注意到,上面两例中的混合偏导数是对应相等的.这种现象并非偶然,许多函数都具有这种性质,但也并非任意函数都如此.

例 3　设 $f(x,y)=\begin{cases}\dfrac{xy(x^2-y^2)}{x^2+y^2}, & x^2+y^2\neq 0,\\ 0, & x^2+y^2=0,\end{cases}$ 求 $f''_{xy}(0,0)$ 和 $f''_{yx}(0,0)$.

解　当 $x^2+y^2\neq 0$ 时,

$$f'_x(x,y)=y\left[\frac{x^2-y^2}{x^2+y^2}+\frac{4x^2y^2}{(x^2+y^2)^2}\right],\quad f'_y(x,y)=x\left[\frac{x^2-y^2}{x^2+y^2}-\frac{4x^2y^2}{(x^2+y^2)^2}\right],$$

而

$$f'_x(0,0)=\lim_{x\to 0}\frac{f(x,0)-f(0,0)}{x}=0,\quad f'_y(0,0)=\lim_{y\to 0}\frac{f(0,y)-f(0,0)}{y}=0,$$

故

$$f''_{xy}(0,0)=\lim_{y\to 0}\frac{f'_x(0,y)-f'_x(0,0)}{y}=\lim_{y\to 0}\frac{-y}{y}=-1,$$

$$f''_{yx}(0,0)=\lim_{x\to 0}\frac{f'_y(x,0)-f'_y(0,0)}{x}=\lim_{y\to 0}\frac{x}{x}=1.$$

在例 3 中,混合偏导数 $f''_{xy}(0,0)\neq f''_{yx}(0,0)$.为什么二阶混合偏导数可能不相等?换句话说,为什么求二阶偏导数与求导的顺序有关呢?我们知道,偏导数是一种特殊形式的极限,而二阶偏导数实际上是一种特殊形式的二次极限,由本章第二节知,二次极限不一定能交换求极限的顺序,因此,求二阶偏导数也不一定能交换顺序.不过,若两个混合偏导数不仅存在而且连续,则这两个混合偏导数相等,此时可随意交换求偏导数的顺序.

定理 1　若 $z=f(x,y)$ 的两个混合偏导数 $\dfrac{\partial^2 z}{\partial x\partial y}$ 和 $\dfrac{\partial^2 z}{\partial y\partial x}$ 在 $P_0(x_0,y_0)$ 的某邻域 $U(P_0)$ 内存在且它们还在 P_0 连续,则

$$\left.\frac{\partial^2 z}{\partial x\partial y}\right|_{P=P_0}=\left.\frac{\partial^2 z}{\partial y\partial x}\right|_{P=P_0}.$$

证　由偏导数定义知

$$f''_{xy}(x_0,y_0)=[f'_x(x,y)]'_y\Big|_{(x_0,y_0)}=\lim_{\Delta y\to 0}\frac{1}{\Delta y}[f'_x(x_0,y_0+\Delta y)-f'_x(x_0,y_0)]$$

$$=\lim_{\Delta y\to 0}\frac{1}{\Delta y}\left[\lim_{\Delta x\to 0}\frac{f(x_0+\Delta x,y_0+\Delta y)-f(x_0,y_0+\Delta y)}{\Delta x}-\right.$$

$$\left.\lim_{\Delta x\to 0}\frac{f(x_0+\Delta x,y_0)-f(x_0,y_0)}{\Delta x}\right]$$

$$=\lim_{\Delta y\to 0}\lim_{\Delta x\to 0}\frac{1}{\Delta y\Delta x}[f(x_0+\Delta x,y_0+\Delta y)-f(x_0,y_0+\Delta y)-$$

$$f(x_0+\Delta x,y_0)+f(x_0,y_0)].$$

同理

$$f''_{yx}(x_0,y_0)=\lim_{\Delta x\to 0}\lim_{\Delta y\to 0}\frac{1}{\Delta x\Delta y}[f(x_0+\Delta x,y_0+\Delta y)-f(x_0+\Delta x,y_0)-$$

$$f(x_0,y_0+\Delta y)+f(x_0,y_0)].$$

分别给 x,y 以增量 $\Delta x,\Delta y$，使 $(x_0+\Delta x,y_0+\Delta y)$，$(x_0+\Delta x,y_0)$ 及 $(x_0,y_0+\Delta y)$ 均在 $U(P_0)$ 内.记

$$A=[f(x_0+\Delta x,y_0+\Delta y)-f(x_0+\Delta x,y_0)]-[f(x_0,y_0+\Delta y)-f(x_0,y_0)],$$

$$\varphi(x)=f(x,y_0+\Delta y)-f(x,y_0),$$

则

$$A=\varphi(x_0+\Delta x)-\varphi(x_0),$$

因 f''_{xy} 在 $U(P_0)$ 内存在，从而 f'_x 在 $U(P_0)$ 内存在，因此，$\varphi(x)$ 在 x_0 的某邻域内可导，进而满足拉格朗日中值定理条件.当 $|\Delta x|$ 充分小时，有

$$A=\varphi'(x_0+\theta_1\Delta x)\Delta x$$

$$=[f'_x(x_0+\theta_1\Delta x,y_0+\Delta y)-f'_x(x_0+\theta_1\Delta x,y_0)]\Delta x,$$

其中 $0<\theta_1<1$.上式对 y 再用拉格朗日中值定理，得

$$A=f''_{xy}(x_0+\theta_1\Delta x,y_0+\theta_2\Delta y)\Delta x\Delta y,$$

其中 $0<\theta_1<1,0<\theta_2<1$.

另外，令 $\psi(y)=f(x_0+\Delta x,y)-f(x_0,y)$，类似地，有

$$A=\psi(y_0+\Delta y)-\psi(y_0)=\psi'(y_0+\theta_3\Delta y)\Delta y$$

$$=[f'_y(x_0+\Delta x,y_0+\theta_3\Delta y)-f'_y(x_0,y_0+\theta_3\Delta y)]\Delta y$$

$$=f''_{yx}(x_0+\theta_4\Delta x,y_0+\theta_3\Delta y)\Delta x\Delta y,$$

其中 $0<\theta_3<1,0<\theta_4<1$.故

$$f''_{xy}(x_0+\theta_1\Delta x,y_0+\theta_2\Delta y)=f''_{yx}(x_0+\theta_4\Delta x,y_0+\theta_3\Delta y).$$

令 $\Delta x\to 0,\Delta y\to 0$，因 f''_{xy},f''_{yx} 在 (x_0,y_0) 连续，有

$$f''_{xy}(x_0,y_0)=f''_{yx}(x_0,y_0).$$

定理 1 可推广到二元以上函数情形以及更高阶的混合偏导数的情形.

设区域 $\Omega\subset\mathbf{R}^n$，若多元函数 $u=f(x_1,x_2,\cdots,x_n)$ 在 Ω 内有直到 k 阶的连续偏导数，则记 $f(x_1,x_2,\cdots,x_n)\in C^k(\Omega)$，其中 k 为非负整数，且 $C^0(\Omega)=C(\Omega)$.

定理 2　设多元函数 $u=f(x_1,x_2,\cdots,x_n)\in C^k(\Omega)$，则在 Ω 内，任一 k 阶混合偏导

数的值与求导的次序无关.

比如,若 $u=f(x,y,z)\in C^3(\Omega)$,则在 Ω 内,有

$$\frac{\partial^3 u}{\partial x^2\partial y}=\frac{\partial^3 u}{\partial x\partial y\partial x}=\frac{\partial^3 u}{\partial y\partial x^2},$$

$$\frac{\partial^3 u}{\partial x\partial y\partial z}=\frac{\partial^3 u}{\partial y\partial x\partial z}=\frac{\partial^3 u}{\partial y\partial z\partial x}=\frac{\partial^3 u}{\partial x\partial z\partial y}=\frac{\partial^3 u}{\partial z\partial x\partial y}=\frac{\partial^3 u}{\partial z\partial y\partial x},$$

等等.

例 4 设 $z=f(x,y)$ 在任何点 (x,y) 处的全微分 $\mathrm{d}z=(x^2+ay)\mathrm{d}x+(x+y+b\sin x)\mathrm{d}y$,求常数 a,b.

解 $z'_x=x^2+ay, z'_y=x+y+b\sin x$,由于 $z''_{xy}=a$, $z''_{yx}=1+b\cos x$ 均连续,从而在任意点 (x,y) 处有 $z''_{xy}=z''_{yx}$,即

$$1+b\cos x\equiv a,$$

比较知 $a=1,b=0$.

例 5 设 $w=f(x+y+z,xyz)$,$f\in C^2$,求$\dfrac{\partial^2 w}{\partial x\partial z}$.

解 记 $u=x+y+z, v=xyz$,从而 $w=f(u,v)$ 是 x,y,z 的复合函数.由链式法则有

$$\frac{\partial w}{\partial x}=f'_1+yzf'_2=f'_1(x+y+z,xyz)+yzf'_2(x+y+z,xyz).$$

注意,$f'_1=f'_1(u,v)=f'_1(x+y+z,xyz)$ 是 u,v 的函数,从而是 x,y,z 的复合函数,且与 f 具有相同的复合结构,因此,对 f'_1 再求偏导数时还要用相同的链式法则来求.同样,对 f'_2 求偏导数时也要用与 f 相同的链式法则来求,所以有

$$\begin{aligned}\frac{\partial^2 w}{\partial x\partial z}&=\frac{\partial f'_1}{\partial z}+\frac{\partial}{\partial z}(yzf'_2)\\&=\left(f''_{11}\frac{\partial u}{\partial z}+f''_{12}\frac{\partial v}{\partial z}\right)+\left(yf'_2+yz\frac{\partial f'_2}{\partial z}\right)\\&=f''_{11}+xyf''_{12}+yf'_2+yz(f''_{21}\cdot 1+f''_{22}\cdot xy)\\&=f''_{11}+(xy+yz)f''_{12}+xy^2zf''_{22}+yf'_2,\end{aligned}$$

其中 $f''_{12}=f''_{21}$.

例 6 设 $z=z(x,y)$ 由方程 $x^3+y^3+z^3=3yz$ 所确定,求$\dfrac{\partial^2 z}{\partial x^2}$.

解 记 $F(x,y,z)=x^3+y^3+z^3-3yz$,有

$$F'_x=3x^2,\ F'_z=3z^2-3y,$$

由隐函数求导公式,得

$$\frac{\partial z}{\partial x}=-\frac{F'_x}{F'_z}=\frac{x^2}{y-z^2}.$$

典型例题
二阶混合偏导数的计算

上式两边对 x 求偏导数(求偏导数过程中 z 要看作 x,y 的函数,y 看作常数),于是有

$$\frac{\partial^2 z}{\partial x^2}=\frac{2x(y-z^2)+x^2\cdot 2z\cdot\dfrac{\partial z}{\partial x}}{(y-z^2)^2}=\frac{2x(y-z^2)^2+2x^4z}{(y-z^2)^3}.$$

例 7 设方程组

$$\begin{cases}x+y+u+v=1,\\x^2+y^2+u^2+v^2=2.\end{cases}$$

求$\frac{\partial u}{\partial x},\frac{\partial v}{\partial x},\frac{\partial^2 u}{\partial x^2}$.

解　方程组两边对 x 求偏导数,将 u,v 看作 x,y 的函数,得

$$\begin{cases}1+\frac{\partial u}{\partial x}+\frac{\partial v}{\partial x}=0,\\x+u\frac{\partial u}{\partial x}+v\frac{\partial v}{\partial x}=0.\end{cases}$$

当系数行列式 $D=v-u\neq 0$ 时,解得

$$\frac{\partial u}{\partial x}=\frac{x-v}{v-u},\ \frac{\partial v}{\partial x}=\frac{u-x}{v-u}.$$

第一个式子两边再对 x 求偏导数,注意 u,v 是 x,y 的函数,得

$$\frac{\partial^2 u}{\partial x^2}=\frac{(1-v'_x)(v-u)-(x-v)(v'_x-u'_x)}{(v-u)^2}.$$

将 $u'_x=\frac{x-v}{v-u},v'_x=\frac{u-x}{v-u}$代入上式并整理,得

$$\frac{\partial^2 u}{\partial x^2}=\frac{v-2u+x}{(v-u)^2}-\frac{(x-v)(u+v-2x)}{(v-u)^3}.$$

有时,适当的变量代换对于化简含有偏导数的式子有着重要作用.

例 8　设 $z\in C^2$,且变换 $u=x-2y,v=x+ay$ 将方程 $6\frac{\partial^2 z}{\partial x^2}+\frac{\partial^2 z}{\partial x\partial y}-\frac{\partial^2 z}{\partial y^2}=0$ 简化为 $\frac{\partial^2 z}{\partial u\partial v}=0$,求常数 a.

解　因为

$$\frac{\partial z}{\partial x}=\frac{\partial z}{\partial u}\frac{\partial u}{\partial x}+\frac{\partial z}{\partial v}\frac{\partial v}{\partial x}=\frac{\partial z}{\partial u}+\frac{\partial z}{\partial v},\quad \frac{\partial z}{\partial y}=\frac{\partial z}{\partial u}\frac{\partial u}{\partial y}+\frac{\partial z}{\partial v}\frac{\partial v}{\partial y}=-2\frac{\partial z}{\partial u}+a\frac{\partial z}{\partial v},$$

所以

$$\frac{\partial^2 z}{\partial x^2}=\frac{\partial^2 z}{\partial u^2}\cdot 1+\frac{\partial^2 z}{\partial u\partial v}\cdot 1+\frac{\partial^2 z}{\partial v\partial u}\cdot 1+\frac{\partial^2 z}{\partial v^2}\cdot 1=\frac{\partial^2 z}{\partial u^2}+2\frac{\partial^2 z}{\partial u\partial v}+\frac{\partial^2 z}{\partial v^2},$$

$$\frac{\partial^2 z}{\partial x\partial y}=-2\frac{\partial^2 z}{\partial u^2}+(a-2)\frac{\partial^2 z}{\partial u\partial v}+a\frac{\partial^2 z}{\partial v^2},\quad \frac{\partial^2 z}{\partial y^2}=4\frac{\partial^2 z}{\partial u^2}-4a\frac{\partial^2 z}{\partial u\partial v}+a^2\frac{\partial^2 z}{\partial v^2},$$

典型例题
利用变量代换化简偏微分方程

代入方程得

$$(10+5a)\frac{\partial^2 z}{\partial u\partial v}+(6+a-a^2)\frac{\partial^2 z}{\partial v^2}=0.$$

由 $6+a-a^2=0,10+5a\neq 0$ 得 $a=3$,即当 $a=3$ 时,原方程可化简为$\frac{\partial^2 z}{\partial u\partial v}=0$.

*二、高阶全微分

同一元函数一样,多元函数也有高阶全微分的概念,我们这里只简单介绍二元函数的高阶全微分.

设 $z=f(x,y)$ 可微,则 $\mathrm{d}z=f'_x(x,y)\mathrm{d}x+f'_y(x,y)\mathrm{d}y$ 仍是 x,y 的函数.若 $\mathrm{d}z$ 还可微,则记 $\mathrm{d}^2z=\mathrm{d}(\mathrm{d}z)$,称为 z 的二阶全微分.一般地,若 $z=f(x,y)$ 的 $k-1$ 阶全微分存在且仍可微,则记 $\mathrm{d}^kz=\mathrm{d}(\mathrm{d}^{k-1}z)$,称为 z 的 k 阶全微分.

下面推导 z 的 k 阶全微分的计算公式.

设以 x,y 为自变量的函数 $z=f(x,y)\in C^k$,则 $\mathrm{d}z=f'_x(x,y)\mathrm{d}x+f'_y(x,y)\mathrm{d}y$.由于 x,y 为自变量,所以 $\mathrm{d}x=\Delta x,\mathrm{d}y=\Delta y$ 与 x,y 的取值无关,固定 $\Delta x,\Delta y$(即将它们看作常数),求 $\mathrm{d}z$ 的全微分.

由 $\mathrm{d}z$ 的表达式可看出,当 f'_x,f'_y 存在连续偏导数时,$\mathrm{d}z$ 可微,即若 $f\in C^2$,则 $z=f(x,y)$ 存在二阶全微分,且

$$\begin{aligned}\mathrm{d}^2z&=\mathrm{d}(\mathrm{d}z)=\mathrm{d}[f'_x(x,y)\mathrm{d}x+f'_y(x,y)\mathrm{d}y]\\&=\mathrm{d}[f'_x(x,y)\mathrm{d}x]+\mathrm{d}[f'_y(x,y)\mathrm{d}y]\\&=\mathrm{d}[f'_x(x,y)]\cdot\mathrm{d}x+\mathrm{d}[f'_y(x,y)]\cdot\mathrm{d}y\\&=[f''_{xx}(x,y)\mathrm{d}x+f''_{xy}(x,y)\mathrm{d}y]\cdot\mathrm{d}x+[f''_{yx}(x,y)\mathrm{d}x+f''_{yy}(x,y)\mathrm{d}y]\cdot\mathrm{d}y\\&=\frac{\partial^2z}{\partial x^2}\mathrm{d}x^2+2\frac{\partial^2z}{\partial x\partial y}\mathrm{d}x\mathrm{d}y+\frac{\partial^2z}{\partial y^2}\mathrm{d}y^2.\end{aligned}$$

易见,当 $f''_{xx},f''_{xy},f''_{yy}$ 存在连续偏导数时,d^2z 可微,即若 $f\in C^3$,则 z 存在三阶全微分,但其形式将更加繁杂.为简化公式,引进记号,记

$$\frac{\partial z}{\partial x}\mathrm{d}x+\frac{\partial z}{\partial y}\mathrm{d}y=\left(\frac{\partial}{\partial x}\mathrm{d}x+\frac{\partial}{\partial y}\mathrm{d}y\right)z.$$

这相当于规定了“将字母 z 移到括号外”的方法.右端式子是左端式子的简写,从左到右时只需将“∂”后面的“z”移到括号外就行了.从右到左时只需像分配律似的将 z 分配到各个“∂”的后边即可.这当然只是一种形式上的记号,不过若从另一角度看这个式子,这种写法是有道理的.

实际上,$\frac{\partial z}{\partial x}\mathrm{d}x+\frac{\partial z}{\partial y}\mathrm{d}y$ 确定了一个映射,它把 C^1 中的 z 通过上述运算映成了 $\mathrm{d}z$,即

$$z\in C^1\to\mathrm{d}z=\frac{\partial z}{\partial x}\mathrm{d}x+\frac{\partial z}{\partial y}\mathrm{d}y.$$

若记这个映射为 g,则

$$g(z)=\mathrm{d}z=\frac{\partial z}{\partial x}\mathrm{d}x+\frac{\partial z}{\partial y}\mathrm{d}y=\left(\frac{\partial}{\partial x}\mathrm{d}x+\frac{\partial}{\partial y}\mathrm{d}y\right)z.$$

比较式子两端可以看出,$\frac{\partial}{\partial x}\mathrm{d}x+\frac{\partial}{\partial y}\mathrm{d}y$ 就是映射 g,我们不过是用一个比较陌生的式子 $\frac{\partial}{\partial x}\mathrm{d}x+\frac{\partial}{\partial y}\mathrm{d}y$ 来代替字母 g 而已,即

$$g=\frac{\partial}{\partial x}\mathrm{d}x+\frac{\partial}{\partial y}\mathrm{d}y.$$

我们把这个映射称为一阶全微分算子.通常,所谓“算子”就是指一个映射.

若还形式地规定:

$$\frac{\partial}{\partial x}\cdot\frac{\partial}{\partial y}=\frac{\partial^2}{\partial x\partial y},\quad\left(\frac{\partial}{\partial x}\right)^2=\frac{\partial}{\partial x}\cdot\frac{\partial}{\partial x}=\frac{\partial^2}{\partial x^2},$$

$$\left(\frac{\partial}{\partial y}\right)^2=\frac{\partial}{\partial y}\cdot\frac{\partial}{\partial y}=\frac{\partial^2}{\partial y^2},\quad \left(\frac{\partial}{\partial x}\right)^k=\frac{\partial^k}{\partial x^k},\quad \left(\frac{\partial}{\partial y}\right)^k=\frac{\partial^k}{\partial y^k},$$

$$\frac{\partial^l}{\partial x^l}\cdot\frac{\partial^s}{\partial y^s}=\frac{\partial^{l+s}}{\partial x^l\partial y^s},$$

$$\left(a\frac{\partial^l}{\partial x^l}\right)\cdot\left(b\frac{\partial^s}{\partial y^s}\right)=ab\frac{\partial^{l+s}}{\partial x^l\partial y^s},$$

$$a\frac{\partial^l}{\partial x^l}+b\frac{\partial^l}{\partial x^l}=(a+b)\frac{\partial^l}{\partial x^l},$$

则当 $z\in C^2$ 时，有

$$\begin{aligned}\mathrm{d}^2z&=\left(\frac{\partial^2 z}{\partial x^2}\mathrm{d}x^2+2\frac{\partial^2 z}{\partial x\partial y}\mathrm{d}x\mathrm{d}y+\frac{\partial^2 z}{\partial y^2}\mathrm{d}y^2\right)\\&=\left(\frac{\partial^2}{\partial x^2}\mathrm{d}x^2+2\frac{\partial^2}{\partial x\partial y}\mathrm{d}x\mathrm{d}y+\frac{\partial^2}{\partial y^2}\mathrm{d}y^2\right)z\\&=\left(\frac{\partial}{\partial x}\mathrm{d}x+\frac{\partial}{\partial y}\mathrm{d}y\right)^2z.\end{aligned}$$

称映射$\left(\frac{\partial}{\partial x}\mathrm{d}x+\frac{\partial}{\partial y}\mathrm{d}y\right)^2$为二阶全微分算子.由于

$$\left(\frac{\partial}{\partial x}\mathrm{d}x+\frac{\partial}{\partial y}\mathrm{d}y\right)^2z=\mathrm{d}(\mathrm{d}z)=g(g(z)),$$

故二阶全微分算子实际上是一阶全微分算子 g 复合两次.

类似地，当 $z=f(x,y)\in C^k$ 时，z 有 k 阶全微分，且

$$\begin{aligned}\mathrm{d}^kz&=\left(\frac{\partial}{\partial x}\mathrm{d}x+\frac{\partial}{\partial y}\mathrm{d}y\right)^kz=\left[\sum_{i=0}^{k}\mathrm{C}_k^i\left(\frac{\partial}{\partial x}\mathrm{d}x\right)^i\left(\frac{\partial}{\partial y}\mathrm{d}y\right)^{k-i}\right]z\\&=\left(\sum_{i=0}^{k}\mathrm{C}_k^i\frac{\partial^k}{\partial x^i\partial y^{k-i}}\mathrm{d}x^i\mathrm{d}y^{k-i}\right)z=\sum_{i=0}^{k}\mathrm{C}_k^i\frac{\partial^k z}{\partial x^i\partial y^{k-i}}\mathrm{d}x^i\mathrm{d}y^{k-i}.\end{aligned}$$

称$\left(\frac{\partial}{\partial x}\mathrm{d}x+\frac{\partial}{\partial y}\mathrm{d}y\right)^k$为 k 阶全微分算子.它是一种运算符号，只有把它按前面的规定展开后，再将各项“乘”z（即将 z 补写到∂^k 后面），一切记号才恢复到导数和微分的意义.

k 阶全微分算子是一个映射，它将 C^k 中的元素 z 映成 d^kz，即将一阶全微分算子复合 k 次.若 x,y 不是自变量，则 d^kz 一般不具有上述形式.

*三、多元函数的泰勒公式

在一元微分学中我们已经知道：若 $f(x)$ 在含有 x_0 的某开区间 (a,b) 内有直到 $n+1$ 阶连续导数，则当 $x\in(a,b)$ 时，有泰勒（Taylor）公式

$$f(x)=f(x_0)+\sum_{k=1}^{n}\frac{f^{(k)}(x_0)}{k!}(x-x_0)^k+R_n,$$

其中 $R_n=\dfrac{f^{(n+1)}(x_0+\theta(x-x_0))}{(n+1)!}(x-x_0)^{n+1}$，$0<\theta<1$.

利用一元函数的泰勒公式,我们可用 n 次多项式近似表示 $f(x)$,且误差 R_n 是当 $x\to x_0$ 时比 $(x-x_0)^n$ 高阶的无穷小量.对多元函数来说,无论是为了理论上的或实际计算上的目的,也都有必要考虑用多个变量的多项式来近似表达一个多元函数,并能估计误差的大小.

定理 3 设 $z=f(x,y)$ 在 $P_0(x_0,y_0)$ 的某邻域 $U(P_0)$ 内连续且 $f(x,y)\in C^{n+1}(U(P_0))$,$(x_0+\Delta x,y_0+\Delta y)\in U(P_0)$,则

$$f(x_0+\Delta x,y_0+\Delta y)=f(x_0,y_0)+\sum_{k=1}^{n}\frac{1}{k!}\left(\Delta x\frac{\partial}{\partial x}+\Delta y\frac{\partial}{\partial y}\right)^k f(x_0,y_0)+R_n, \tag{1}$$

其中 $R_n=\dfrac{1}{(n+1)!}\left(\Delta x\dfrac{\partial}{\partial x}+\Delta y\dfrac{\partial}{\partial y}\right)^{n+1} f(x_0+\theta\Delta x,y_0+\theta\Delta y)$,$0<\theta<1$ 称为拉格朗日型余项.

$$\left(\Delta x\frac{\partial}{\partial x}+\Delta y\frac{\partial}{\partial y}\right)^k f(x_0,y_0)=\sum_{i=0}^{k}\mathrm{C}_k^i\frac{\partial^k f}{\partial x^i\partial y^{k-i}}\bigg|_{(x_0,y_0)}\Delta x^i\Delta y^{k-i}.$$

证 引进函数

$$\varphi(t)=f(x_0+t\Delta x,y_0+t\Delta y),\quad 0\leqslant t\leqslant 1.$$

显然 $\varphi(0)=f(x_0,y_0)$,$\varphi(1)=f(x_0+\Delta x,y_0+\Delta y)$.

由 $\varphi(t)$ 的定义及多元复合函数求导法则,有

$$\begin{aligned}\varphi'(t)&=f'_x(x_0+t\Delta x,y_0+t\Delta y)\cdot\Delta x+f'_y(x_0+t\Delta x,y_0+t\Delta y)\cdot\Delta y\\&=\left(\Delta x\frac{\partial}{\partial x}+\Delta y\frac{\partial}{\partial y}\right)f(x_0+t\Delta x,y_0+t\Delta y),\end{aligned}$$

$$\begin{aligned}\varphi''(t)&=f''_{xx}(x_0+t\Delta x,y_0+t\Delta y)\Delta x^2+2f''_{xy}(x_0+t\Delta x,y_0+t\Delta y)\Delta x\Delta y+f''_{yy}(x_0+t\Delta x,y_0+t\Delta y)\Delta y^2\\&=\left(\Delta x\frac{\partial}{\partial x}+\Delta y\frac{\partial}{\partial y}\right)^2 f(x_0+t\Delta x,y_0+t\Delta y).\end{aligned}$$

用数学归纳法可得

$$\varphi^{(k)}(t)=\left(\Delta x\frac{\partial}{\partial x}+\Delta y\frac{\partial}{\partial y}\right)^k f(x_0+t\Delta x,y_0+t\Delta y),\quad k=1,2,\cdots,n+1.$$

由一元函数的麦克劳林(Maclaurin)公式,得

$$\varphi(1)=\varphi(0)+\varphi'(0)+\frac{1}{2!}\varphi''(0)+\cdots+\frac{1}{n!}\varphi^{(n)}(0)+\frac{1}{(n+1)!}\varphi^{(n+1)}(\theta),\quad 0<\theta<1.$$

将 $\varphi(0)=f(x_0,y_0)$,$\varphi(1)=f(x_0+\Delta x,y_0+\Delta y)$ 及 $\varphi^{(k)}(0)=\left(\Delta x\dfrac{\partial}{\partial x}+\Delta y\dfrac{\partial}{\partial y}\right)^k f(x_0,y_0)$ 代入,得

$$\begin{aligned}f(x_0+\Delta x,y_0+\Delta y)=f(x_0,y_0)&+\sum_{k=1}^{n}\frac{1}{k!}\left(\Delta x\frac{\partial}{\partial x}+\Delta y\frac{\partial}{\partial y}\right)^k f(x_0,y_0)+\\&\frac{1}{(n+1)!}\left(\Delta x\frac{\partial}{\partial x}+\Delta y\frac{\partial}{\partial y}\right)^{n+1} f(x_0+\theta\Delta x,y_0+\theta\Delta y).\end{aligned}$$

在公式(1)中取 $P_0(0,0)$,并记 $x=\Delta x$,$y=\Delta y$,则得二元函数的麦克劳林公式

$$f(x,y)=f(0,0)+\sum_{k=1}^{n}\frac{1}{k!}\left(x\frac{\partial}{\partial x}+y\frac{\partial}{\partial y}\right)^k f(0,0)+R_n,$$

其中 $R_n=\dfrac{1}{(n+1)!}\left(x\dfrac{\partial}{\partial x}+y\dfrac{\partial}{\partial y}\right)^{n+1} f(\theta x,\theta y)$,$0<\theta<1$.

例 9　求 $f(x,y)=\ln(1+x+y)$ 的三阶麦克劳林展开式.

解　因为 $f'_x(x,y)=f'_y(x,y)=\dfrac{1}{1+x+y}$,

$$f''_{xx}=f''_{xy}=f''_{yy}=-\frac{1}{(1+x+y)^2},$$

$$\frac{\partial^3 f}{\partial x^p\partial y^{3-p}}=\frac{2!}{(1+x+y)^3},\quad p=0,1,2,3,$$

$$\frac{\partial^4 f}{\partial x^p\partial y^{4-p}}=-\frac{3!}{(1+x+y)^4},\quad p=0,1,2,3,4.$$

所以

$$\left(x\frac{\partial}{\partial x}+y\frac{\partial}{\partial y}\right)f(0,0)=xf'_x(0,0)+yf'_y(0,0)=x+y,$$

$$\left(x\frac{\partial}{\partial x}+y\frac{\partial}{\partial y}\right)^2 f(0,0)=x^2f''_{xx}(0,0)+2xyf''_{xy}(0,0)+y^2f''_{yy}(0,0)=-(x+y)^2,$$

$$\begin{aligned}\left(x\frac{\partial}{\partial x}+y\frac{\partial}{\partial y}\right)^3 f(0,0)&=x^3f'''_{xxx}(0,0)+3x^2yf'''_{xxy}(0,0)+3xy^2f'''_{xyy}(0,0)+y^3f'''_{yyy}(0,0)\\&=2(x+y)^3,\end{aligned}$$

又 $f(0,0)=0$,故

$$\ln(1+x+y)=x+y-\frac{1}{2}(x+y)^2+\frac{1}{3}(x+y)^3+R_3,$$

其中 $R_3=\dfrac{1}{4!}\left(x\dfrac{\partial}{\partial x}+y\dfrac{\partial}{\partial y}\right)^4 f(\theta x,\theta y)=-\dfrac{1}{4}\dfrac{(x+y)^4}{(1+\theta x+\theta y)^4},0<\theta<1.$

习题 2-7

1. 求下列函数的 $\dfrac{\partial^2 z}{\partial x^2},\dfrac{\partial^2 z}{\partial y^2}$ 和 $\dfrac{\partial^2 z}{\partial x\partial y}$:

(1) $z=x^4+y^4-4x^2y^2$;　　(2) $z=\arctan\dfrac{y}{x}$;

(3) $z=y^x$;　　(4) $z=x\ln xy$.

2. 设 $f(x,y,z)=xy^2+yz^2+zx^2$,求

$$f''_{xx}(0,0,1),\quad f''_{xy}(1,0,2),\quad f''_{xz}(0,-1,0),\quad f'''_{zzy}(2,0,1).$$

3. 设 $u=yf\left(\dfrac{x}{y}\right)+xg\left(\dfrac{y}{x}\right)$,其中 f,g 具有二阶连续导数,试证

$$x\frac{\partial^2 u}{\partial x^2}+y\frac{\partial^2 u}{\partial x\partial y}=0.$$

4. 设 $z=f(u,v)$ 具有二阶连续偏导数.记 $u=x-at,v=x+at(a>0)$,试证明 $\frac{\partial^2 z}{\partial x^2}-\frac{1}{a^2}\frac{\partial^2 z}{\partial t^2}=4\frac{\partial^2 z}{\partial u\partial v}$.

5. 验证:

(1) $y=\mathrm{e}^{-kn^2t}\sin nx$ 满足 $\frac{\partial y}{\partial t}=k\frac{\partial^2 y}{\partial x^2}$;

(2) $r=\sqrt{x^2+y^2+z^2}$ 满足 $\frac{\partial^2 r}{\partial x^2}+\frac{\partial^2 r}{\partial y^2}+\frac{\partial^2 r}{\partial z^2}=\frac{2}{r}$;

(3) $z=\ln(\mathrm{e}^x+\mathrm{e}^y)$ 满足 $\frac{\partial^2 z}{\partial x^2}\cdot\frac{\partial^2 z}{\partial y^2}-\left(\frac{\partial^2 z}{\partial x\partial y}\right)^2=0$.

6. 已知 $f(x,y)=x^2\arctan\frac{y}{x}-y^2\arctan\frac{x}{y}$,求 $\frac{\partial^2 f}{\partial x\partial y}$.

7. 设 $z=f(x^2+y^2)$,其中 f 具有二阶导数,求 $\frac{\partial^2 z}{\partial x^2},\frac{\partial^2 z}{\partial x\partial y},\frac{\partial^2 z}{\partial y^2}$.

8. 求下列函数的 $\frac{\partial^2 z}{\partial x^2},\frac{\partial^2 z}{\partial x\partial y},\frac{\partial^2 z}{\partial y^2}$(其中 f 具有二阶连续偏导数):

(1) $z=f\left(x,\frac{x}{y}\right)$;　　(2) $z=f(xy^2+x^2y)$.

9. 设 $\mathrm{e}^z-xyz=0$,求 $\frac{\partial^2 z}{\partial x^2}$.

10. 设 $z^3-3xyz=a^3$,求 $\frac{\partial^2 z}{\partial x\partial y}$.

11. 设 $u=\arctan\frac{x}{y}$,求 d^2u.

12. 求函数 $f(x,y)=2x^2-xy-y^2-6x-3y+5$ 在点 $(1,-2)$ 的泰勒公式.

13. 求函数 $f(x,y)=\mathrm{e}^x\ln(1+y)$ 的三阶麦克劳林公式.

第八节　方向导数与梯度

一、方向导数

我们所讲的偏导数实际上描述的是函数沿平行于坐标轴方向的变化率,但在许多实际问题中,我们不仅需要考虑函数沿平行于坐标轴方向的变化率,还需考虑函数沿任意指定方向的变化率.例如,在气象学中需要确定大气温度、气压沿某些方向的变化率;在流体力学中往往要研究流体沿着曲面的法线方向的流量等.因此,我们必须研究函数沿着任意指定方向的变化率,这就是所谓的方向导数.

定义 1 设 $z=f(P)=f(x,y)$ 在点 $P_0(x_0,y_0)$ 的某邻域内有定义，在 xOy 面上以 P_0 为端点引射线 l，$P(x_0+\Delta x,y_0+\Delta y)$ 是 l 上另一点，$\rho=\|\overrightarrow{P_0P}\|=\sqrt{(\Delta x)^2+(\Delta y)^2}$.如果当 P 沿 l 趋于 P_0 时极限

$$\lim_{P\to P_0}\frac{f(P)-f(P_0)}{\|\overrightarrow{P_0P}\|}$$

存在，则称它为 $z=f(P)$ 在点 P_0 处沿 l 的方向导数，记作$\left.\frac{\partial f}{\partial l}\right|_{P_0}$，$\left.\frac{\partial f}{\partial l}\right|_{\substack{x=x_0\\y=y_0}}$，$\left.\frac{\partial z}{\partial l}\right|_{P_0}$或$\left.\frac{\partial z}{\partial l}\right|_{\substack{x=x_0\\y=y_0}}$，即

$$\left.\frac{\partial f}{\partial l}\right|_{P_0}=\lim_{P\to P_0}\frac{f(P)-f(P_0)}{\|\overrightarrow{P_0P}\|}$$

$$\text{或}\left.\frac{\partial f}{\partial l}\right|_{\substack{x=x_0\\y=y_0}}=\lim_{\rho\to0}\frac{f(x_0+\Delta x,y_0+\Delta y)-f(x_0,y_0)}{\rho}. \tag{1}$$

应该注意，定义 1 中要求点 $P(x_0+\Delta x,y_0+\Delta y)$ 取在 l 的正向上，即向量$\overrightarrow{P_0P}=(\Delta x,\Delta y)$与射线 l 同向.现在沿 l 作垂直于 xOy 面的平面，该平面与曲面 $z=f(x,y)$ 有一交线 Γ，Γ 上点 M_0 处沿 l 正向的切线（即当点 $M\in\Gamma$ 沿 l 的正向的一侧趋近于点 M_0 时，割线M_0M的极限位置 M_0T）对 l 的斜率就是 $z=f(x,y)$在点 P_0 处沿 l 的方向导数（如图 2-12）.

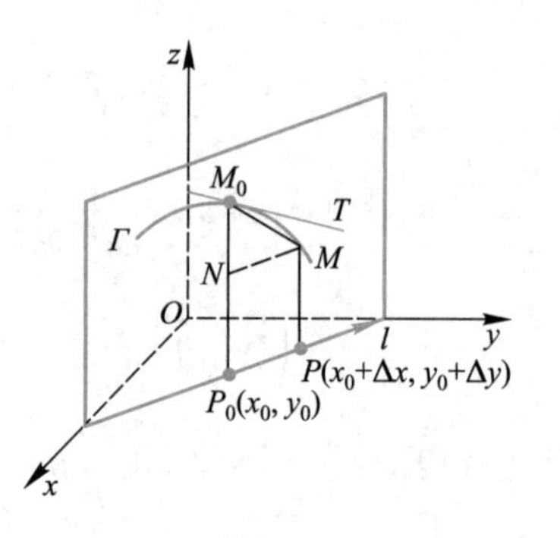

图 2-12

若将点 P 取在 l 的反向上，即$\overrightarrow{P_0P}$与射线 l 反向，则$\left.\frac{\partial f}{\partial l^-}\right|_{P_0}$表示沿 l^-（即与 l 反向）的方向导数，在几何上表示曲线 Γ 上点 M_0 处在 l 反向一侧的切线对 l^-的斜率.

若 $z=f(x,y)$ 在点 $P_0(x_0,y_0)$ 处偏导数存在，则在点 P_0 处沿 x 轴正向的方向导数（此时 $\Delta y=0,\Delta x>0,\rho=\sqrt{(\Delta x)^2+(\Delta y)^2}=\Delta x$）为

$$\left.\frac{\partial f}{\partial l}\right|_{\substack{x=x_0\\y=y_0}}=\lim_{\rho\to0}\frac{f(x_0+\Delta x,y_0+0)-f(x_0,y_0)}{\sqrt{(\Delta x)^2+0^2}}=f'_x(x_0,y_0),$$

在点 P_0 处沿 x 轴反向的方向导数（此时 $\Delta y=0,\Delta x<0,\rho=\sqrt{(\Delta x)^2+(\Delta y)^2}=|\Delta x|=-\Delta x$）为

$$\begin{aligned}\left.\frac{\partial f}{\partial l}\right|_{\substack{x=x_0\\y=y_0}}&=\lim_{\rho\to0}\frac{f(x_0+\Delta x,y_0)-f(x_0,y_0)}{|\Delta x|}\\&=\lim_{\Delta x\to0^-}\frac{f(x_0+\Delta x,y_0)-f(x_0,y_0)}{-\Delta x}=-f'_x(x_0,y_0).\end{aligned}$$

同样，沿 y 轴正向和反向的方向导数分别为 $f'_y(x_0,y_0)$ 和$-f'_y(x_0,y_0)$.

方向导数的概念还可推广到 $n(n\geqslant3)$ 元函数情形.

例如，设 $u=f(P)=f(x,y,z)$ 在点 $P_0(x_0,y_0,z_0)$ 的某邻域内有定义，$P(x_0+\Delta x,y_0+\Delta y,z_0+\Delta z)$是 l 上另一点，则 $f(x,y,z)$ 在点 P_0 处沿 l 的方向导数为

$$\left.\frac{\partial f}{\partial l}\right|_{P_0}=\lim_{P\to P_0}\frac{f(P)-f(P_0)}{\|\overrightarrow{P_0P}\|}$$

或

$$\left.\frac{\partial f}{\partial l}\right|_{(x_0,y_0,z_0)}=\lim_{\rho\to 0}\frac{f(x_0+\Delta x,y_0+\Delta y,z_0+\Delta z)-f(x_0,y_0,z_0)}{\rho},\tag{2}$$

其中 $\rho=\|\overrightarrow{P_0P}\|=\sqrt{(\Delta x)^2+(\Delta y)^2+(\Delta z)^2}$.

二、方向导数的计算

定理　若 $z=f(P)=f(x,y)$ 在点 $P_0(x_0,y_0)$ 处可微，则 $z=f(P)$ 在点 P_0 处沿任一方向 l 的方向导数存在，且

$$\begin{aligned}\left.\frac{\partial f}{\partial l}\right|_{P_0}&=f'_x(P_0)\cos\alpha+f'_y(P_0)\cos\beta\\&=(f'_x(P_0),f'_y(P_0))\cdot(\cos\alpha,\cos\beta)\\&=\nabla f(P_0)\cdot\boldsymbol{e}_l,\end{aligned}\tag{3}$$

其中 $\nabla f(P_0)=(f'_x(P_0),f'_y(P_0))$，$\boldsymbol{e}_l=(\cos\alpha,\cos\beta)$ 为方向 l 上的单位向量，最后两式为数量积.

证　因 $z=f(P)$ 在点 $P_0(x_0,y_0)$ 处可微，由本章第四节全微分定义及定理 1 知

$$\Delta z=f(P)-f(P_0)=f'_x(P_0)\Delta x+f'_y(P_0)\Delta y+o(\rho),$$

其中 $\rho=\sqrt{(\Delta x)^2+(\Delta y)^2}$，但点 $P(x_0+\Delta x,y_0+\Delta y)$ 在以 P_0 为起点的射线 l 上.此时有 $\Delta x=\rho\cos\alpha$，$\Delta y=\rho\cos\beta$，所以

$$\begin{aligned}\lim_{\rho\to 0}\frac{\Delta z}{\rho}&=\lim_{\rho\to 0}\left[f'_x(P_0)\frac{\Delta x}{\rho}+f'_y(P_0)\frac{\Delta y}{\rho}+\frac{o(\rho)}{\rho}\right]\\&=\lim_{\rho\to 0}\left[f'_x(P_0)\cos\alpha+f'_y(P_0)\cos\beta+\frac{o(\rho)}{\rho}\right]\\&=f'_x(P_0)\cos\alpha+f'_y(P_0)\cos\beta,\end{aligned}$$

从而 $f(P)$ 在点 P_0 处沿方向 l 的方向导数存在，且其值为

$$\left.\frac{\partial f}{\partial l}\right|_{P_0}=f'_x(P_0)\cos\alpha+f'_y(P_0)\cos\beta.$$

记 φ 为从 x 轴到 l 的转角，则公式(3)还可写成下列形式：

$$\left.\frac{\partial f}{\partial l}\right|_{P_0}=f'_x(P_0)\cos\varphi+f'_y(P_0)\sin\varphi.\tag{4}$$

例 1　求函数 $z=x^2+y^2$ 在任意点 $P(x,y)$ 处沿方向 $\boldsymbol{a}=(-1,-1)$ 的方向导数.

解法 1　设方向 l 为点 P 处沿向量 $\boldsymbol{a}$ 的方向，且 $\boldsymbol{e}_l$ 为与 l 同方向的单位向量，则 $\boldsymbol{e}_l=\dfrac{\boldsymbol{a}}{\|\boldsymbol{a}\|}=\left(-\dfrac{\sqrt{2}}{2},-\dfrac{\sqrt{2}}{2}\right)$.又

$$\frac{\partial z}{\partial x}=2x,\ \frac{\partial z}{\partial y}=2y,$$

从而

$$\frac{\partial z}{\partial l}=(2x,2y)\cdot\left(-\frac{\sqrt{2}}{2},-\frac{\sqrt{2}}{2}\right)=-\sqrt{2}x-\sqrt{2}y.$$

解法 2 x 轴到 $\boldsymbol{a}$ 的转角为$\frac{5\pi}{4}$,由公式(4)得

$$\frac{\partial z}{\partial l}=2x\cos\frac{5\pi}{4}+2y\sin\frac{5\pi}{4}=-\sqrt{2}x-\sqrt{2}y.$$

例 2 设由坐标原点到点 $P(x,y)$ 的向径为 $\boldsymbol{r}$,x 轴到 $\boldsymbol{r}$ 的转角为 θ.又 x 轴到一射线 l 的转角为 φ,求$\frac{\partial\|\boldsymbol{r}\|}{\partial l}$,其中$\|\boldsymbol{r}\|=\sqrt{x^2+y^2}$.

解 因为

$$\frac{\partial\|\boldsymbol{r}\|}{\partial x}=\frac{x}{\sqrt{x^2+y^2}}=\frac{x}{\|\boldsymbol{r}\|}=\cos\theta,$$

$$\frac{\partial\|\boldsymbol{r}\|}{\partial y}=\frac{y}{\sqrt{x^2+y^2}}=\frac{y}{\|\boldsymbol{r}\|}=\cos\left(\frac{\pi}{2}-\theta\right)=\sin\theta,$$

所以,由公式(4)得

$$\begin{aligned}\frac{\partial\|\boldsymbol{r}\|}{\partial l}&=\frac{\partial\|\boldsymbol{r}\|}{\partial x}\cos\varphi+\frac{\partial\|\boldsymbol{r}\|}{\partial y}\sin\varphi\\&=\cos\theta\cos\varphi+\sin\theta\sin\varphi=\cos(\theta-\varphi).\end{aligned}$$

由例 2 可知,当 $\varphi=\theta$ 时,$\frac{\partial\|\boldsymbol{r}\|}{\partial l}=1$,即$\|\boldsymbol{r}\|$沿向径 $\boldsymbol{r}$ 自身方向的方向导数为 1;而当 $\varphi=\theta\pm\frac{\pi}{2}$时,$\frac{\partial\|\boldsymbol{r}\|}{\partial l}=0$,即$\|\boldsymbol{r}\|$沿与向径 $\boldsymbol{r}$ 垂直方向的方向导数为零.

上述定理可推广到三元函数的情形.

若 $u=f(P)=f(x,y,z)$ 在点 $P_0(x_0,y_0,z_0)$ 处可微,则 u 在 P_0 处沿任何方向 l 的方向导数存在,且

$$\left.\frac{\partial f}{\partial l}\right|_{P_0}=f'_x(P_0)\cos\alpha+f'_y(P_0)\cos\beta+f'_z(P_0)\cos\gamma=\nabla f(P_0)\cdot\boldsymbol{e}_l,$$

其中$\nabla f(P_0)=(f'_x(P_0),f'_y(P_0),f'_z(P_0))$,$\boldsymbol{e}_l=(\cos\alpha,\cos\beta,\cos\gamma)$为方向 l 上的单位向量.

例 3 求 $u=xyz$ 在点 $P_0(1,1,1)$处沿从该点到点 $P_1(1,2,2)$方向的方向导数.

解 向量$\overrightarrow{P_0P_1}=(0,1,1)$,从而与$\overrightarrow{P_0P_1}$同方向的单位向量 $\boldsymbol{e}=\frac{\overrightarrow{P_0P_1}}{\|\overrightarrow{P_0P_1}\|}=\left(0,\frac{\sqrt{2}}{2},\frac{\sqrt{2}}{2}\right)$.又

$$\frac{\partial u}{\partial x}=yz,\quad\frac{\partial u}{\partial y}=xz,\quad\frac{\partial u}{\partial z}=xy,$$

从而 u 在点 $P_0(1,1,1)$处的偏导数为

$$\left.\frac{\partial u}{\partial x}\right|_{(1,1,1)}=\left.\frac{\partial u}{\partial y}\right|_{(1,1,1)}=\left.\frac{\partial u}{\partial z}\right|_{(1,1,1)}=1,$$

故所求的方向导数为

$$\left.\frac{\partial u}{\partial l}\right|_{(1,1,1)}=\nabla f(1,1,1)\cdot \boldsymbol{e}=(1,1,1)\cdot\left(0,\frac{\sqrt{2}}{2},\frac{\sqrt{2}}{2}\right)=\sqrt{2}.$$

三、梯度

设 $z=f(P)=f(x,y)$ 在点 $P_0(x_0,y_0)$ 处可微，由定理知 z 在 P_0 处沿任何方向 l 的方向导数 $\left.\frac{\partial f}{\partial l}\right|_{P_0}$ 存在. 方向导数当然与方向 l 的选择有关. 对不同的方向 l，方向导数可能不同，那么，当 l 取哪个方向时，方向导数最大呢？或者说，沿什么方向，函数增长最快呢？因为

$$\begin{aligned}\left.\frac{\partial f}{\partial l}\right|_{P_0}&=\nabla f(P_0)\cdot \boldsymbol{e}_l=\|\nabla f(P_0)\|\|\boldsymbol{e}_l\|\cos\theta\\&=\sqrt{[f'_x(x_0,y_0)]^2+[f'_y(x_0,y_0)]^2}\cos\theta,\end{aligned}$$

其中 $\theta=\langle\nabla f(P_0),\boldsymbol{e}_l\rangle$ 表示向量 $\nabla f(P_0)$ 与向量 $\boldsymbol{e}_l$ 之间的夹角. 可见，当 $\cos\theta=1$ 时，$\left.\frac{\partial f}{\partial l}\right|_{P_0}$ 最大，即当 l 取与向量 $\nabla f(P_0)=(f'_x(x_0,y_0),f'_y(x_0,y_0))$ 同向时，$\left.\frac{\partial f}{\partial l}\right|_{P_0}$ 最大，最大值为 $\|\nabla f(P_0)\|$. 可见函数沿 $\nabla f(P_0)$ 的方向增长最快.

注意到，向量 $\boldsymbol{a}$ 在 u 轴上的投影 $\mathrm{Prj}_u\boldsymbol{a}=\|\boldsymbol{a}\|\cos\langle\boldsymbol{a},u\rangle$，因为

$$\left.\frac{\partial f}{\partial l}\right|_{P_0}=\nabla f(P_0)\cdot\boldsymbol{e}_l=\|\nabla f(P_0)\|\cos\theta,$$

所以方向导数 $\left.\frac{\partial f}{\partial l}\right|_{P_0}$ 是向量 $\nabla f(P_0)$ 在 $\boldsymbol{e}_l$ 上的投影，即 $\left.\frac{\partial f}{\partial l}\right|_{P_0}=\mathrm{Prj}_{\boldsymbol{e}_l}\nabla f(P_0)$.

定义 2　设区域 $D\subset\mathbf{R}^2$，$z=f(P)=f(x,y)\in C^1(D)$，$\forall P_0(x_0,y_0)\in D$，称向量 $\nabla f(P_0)=(f'_x(P_0),f'_y(P_0))$ 为 $f(P)$ 在点 P_0 处的梯度，记为 $\mathbf{grad}\,f(P_0)$ 或 $\mathbf{grad}\,z\big|_{P_0}$，即

$$\mathbf{grad}\,f(P_0)=(f'_x(P_0),f'_y(P_0)).$$

类似地，若 $u=f(P)=f(x,y,z)$，则 u 在点 $P_0(x_0,y_0,z_0)$ 处的梯度为

$$\mathbf{grad}\,f(P_0)=\nabla f(P_0)=(f'_x(P_0),f'_y(P_0),f'_z(P_0)).$$

例 4　设 $f(x,y)=\frac{1}{x^2+y^2}$，求 $\mathbf{grad}\,f(x,y)$.

解　由于

$$\frac{\partial f}{\partial x}=-\frac{2x}{(x^2+y^2)^2},\quad \frac{\partial f}{\partial y}=-\frac{2y}{(x^2+y^2)^2},$$

因此

$$\mathbf{grad}\,f(x,y)=-\frac{2x}{(x^2+y^2)^2}\boldsymbol{i}-\frac{2y}{(x^2+y^2)^2}\boldsymbol{j}.$$

例 5　设 $f(x,y,z)=x^2+y^2+z^2$，求 $\mathbf{grad}\,f(1,-1,2)$.

解　因为

$$\mathbf{grad}\,f=(f'_x,f'_y,f'_z)=(2x,2y,2z),$$

所以

$$\mathbf{grad}\, f(1,-1,2)=(2,-2,4).$$

例 6 设 $u=xyz+z^2+5$,求函数在点 $P_0(0,1,-1)$ 处的方向导数的最大值和最小值.

解 根据方向导数与梯度的关系,先求函数的梯度.因为

典型例题 方向导数与梯度

$$\frac{\partial u}{\partial x}=yz,\ \frac{\partial u}{\partial y}=xz,\ \frac{\partial u}{\partial z}=xy+2z,$$

所以函数在点 P_0 处的梯度为

$$\mathbf{grad}\, u\big|_{P_0}=(yz,xz,xy+2z)\big|_{(0,1,-1)}=(-1,0,-2),$$

从而函数在点 P_0 处的方向导数的最大值为

$$\left\|\mathbf{grad}\, u\big|_{P_0}\right\|=\sqrt{(-1)^2+0^2+(-2)^2}=\sqrt{5},$$

最小值为

$$-\left\|\mathbf{grad}\, u\big|_{P_0}\right\|=-\sqrt{5}.$$

习题 2-8

1. 求函数 $z=x^2+y^2$ 在点 $(1,2)$ 处沿从该点到点 $(2,2+\sqrt{3})$ 方向的方向导数.

2. 求函数 $u=xyz+x+y+z$ 在点 $(1,1,1)$ 处沿从该点到点 $(2,2,2)$ 方向的方向导数.

3. 求函数 $z=\arctan\dfrac{x-a}{y-b}$ 在点 (x_0,y_0) 处的梯度 $\mathbf{grad}\, z$.

4. 设 $f(x,y,z)=x^2+2y^2+3z^2+xy+3x-2y-6z$,求 $\mathbf{grad}\, f(0,0,0)$ 和 $\mathbf{grad}\, f(1,1,1)$.

5. 设 $r=\sqrt{x^2+y^2+z^2}$,求 $\mathbf{grad}\, r$.

6. 已知 $u=xy+e^z$,点 $M_0(1,-1,0)$ 和点 $P(3,-3,1)$,求 u 在 M_0 处:

(1) 沿 $\overrightarrow{M_0P}$ 方向的方向导数;

(2) 在点 M_0 的最大方向导数及取得此值的方向.

综 合 题 二

1. 判断题(正确的结论打"√",并给出简单证明;错误的结论打"×",并举出反例).

(1) 平面上的任何点集 E 都同时有内点、外点及边界点.

(2) 运算 $\lim\limits_{\substack{x\to 0\\ y\to 0}}\dfrac{xy}{x+y}=\lim\limits_{\substack{x\to 0\\ y\to 0}}\dfrac{1}{\dfrac{1}{y}+\dfrac{1}{x}}=0$ 不正确.

(3) 若函数 $f(x,y)$ 在 (x_0,y_0) 处沿任意方向都存在方向导数,则 $f(x,y)$ 在 $(x_0,

y_0)必连续.

(4) 若函数$f(x,y)$在点(x_0,y_0)处可微,则其偏导数$f'_x(x,y)$,$f'_y(x,y)$在(x_0,y_0)必连续.

(5) 若对每一个固定的θ,极限$\lim\limits_{\rho\to 0}f(x_0+\rho\cos\theta,y_0+\rho\sin\theta)=A$且$A$与$\theta$无关,则必有$\lim\limits_{\substack{x\to x_0\\ y\to y_0}}f(x,y)=A$,其中$\rho=\sqrt{(x-x_0)^2+(y-y_0)^2}$.

(6) 若函数$f(x,y)$的两个混合偏导数$f''_{xy}(x,y)$,$f''_{yx}(x,y)$在点(x_0,y_0)不连续,则$f''_{xy}(x_0,y_0)$,$f''_{yx}(x_0,y_0)$必不相等.

2. 填空题.

(1) 函数$z=\arcsin\dfrac{y}{x}+\sqrt{\dfrac{x^2+y^2-x}{2x-x^2-y^2}}$的定义域为________.

(2) 已知$f(x+y,\mathrm{e}^{x-y})=4xy\mathrm{e}^{x-y}$,则$f(x,y)=$________.

(3) 设$f(x,y)=\begin{cases}\dfrac{1-\cos\sqrt{x^2+y^2}}{2\tan(x^2+y^2)}, & x^2+y^2\neq 0,\\ a, & x^2+y^2=0\end{cases}$在原点连续,则$a=$________.

(4) 曲线$\begin{cases}z=\dfrac{x^2+y^2}{4},\\ y=4\end{cases}$在点(2,4,5)处的切线与$x$轴的正向所成的夹角为______.

(5) 设$f(x,y)=x+(y-1)\arcsin\sqrt{\dfrac{x}{y}}$,则$f'_x(0,1)=$______,$f'_y(0,1)=$________.

(6) 设函数$w=f(x-y,y-z,t-z)$可微,则$\dfrac{\partial w}{\partial x}+\dfrac{\partial w}{\partial y}+\dfrac{\partial w}{\partial z}+\dfrac{\partial w}{\partial t}=$____________.

3. 选择题.

(1) 设(x_0,y_0)是函数$f(x,y)$定义域内的一点,则下列命题中一定正确的是(   ).

(A) 若$f(x,y)$在点(x_0,y_0)连续,则$f(x,y)$在(x_0,y_0)可导

(B) 若$f(x,y)$在点(x_0,y_0)的两个偏导数都存在,则$f(x,y)$在点(x_0,y_0)连续

(C) 若$f(x,y)$在点(x_0,y_0)的两个偏导数都存在,则$f(x,y)$在点(x_0,y_0)可微

(D) 若$f(x,y)$在点(x_0,y_0)可微,则$f(x,y)$在点(x_0,y_0)连续

(2) 下列哪一个条件成立时能够推出$f(x,y)$在点(x_0,y_0)处可微,且全微分$\mathrm{d}f=0$? (   ).

(A) 在点(x_0,y_0)的两个偏导数$f'_x=0,f'_y=0$

(B) $f(x,y)$在点(x_0,y_0)的全增量$\Delta f=\dfrac{\Delta x\Delta y}{\sqrt{(\Delta x)^2+(\Delta y)^2}}$

(C) $f(x,y)$在点(x_0,y_0)的全增量$\Delta f=\dfrac{\sin((\Delta x)^2+(\Delta y)^2)}{\sqrt{(\Delta x)^2+(\Delta y)^2}}$

(D) $f(x,y)$在点(x_0,y_0)的全增量$\Delta f=[(\Delta x)^2+(\Delta y)^2]\sin\dfrac{1}{(\Delta x)^2+(\Delta y)^2}$

(3) 设 $u=2xy-z^2$，则 u 在点 $(2,-1,1)$ 处方向导数的最大值为(　　).

(A) $2\sqrt{6}$　　(B) 4

(C) $(-2,-4,-2)$　　(D) 8

(4) 设 $f(x,y)$ 在点 (x_0,y_0) 处的偏导数存在，则 $\lim\limits_{x\to 0}\dfrac{f(x_0+x,y_0)-f(x_0-x,y_0)}{x}$ 为(　　).

(A) 0　　(B) $f'_x(2x_0,y_0)$

(C) $f'_x(x_0,y_0)$　　(D) $2f'_x(x_0,y_0)$

(5) 设 $f(x,y)$ 可微，$f(0,0)=0$，$f'_x(0,0)=a$，$f'_y(0,0)=b$，令 $\varphi(t)=f(t,f(t,t))$，则 $\varphi'(0)=$(　　).

(A) a　　(B) $a+b(a+b)$

(C) $a+1$　　(D) $\dfrac{a}{1-b}$

(6) 设 $z=\sqrt{xy+\varphi\left(\dfrac{y}{x}\right)}$，则 $xz\dfrac{\partial z}{\partial x}+yz\dfrac{\partial z}{\partial y}=$(　　).

(A) xy　　(B) $2xy$

(C) $\dfrac{1}{2}$　　(D) 0

4. 求下列极限.

(1) $\lim\limits_{\substack{x\to 3\\ y\to 0}}\dfrac{\ln(x+e^y)}{\sqrt{x^2+y^2}}$.　　(2) $\lim\limits_{\substack{x\to\infty\\ y\to\infty}}\dfrac{x+y}{x^2-xy+y^2}$.　　(3) $\lim\limits_{\substack{x\to 0\\ y\to 0}}\dfrac{\sin(x^4+y^4)}{x^2+y^2}$.

(4) $\lim\limits_{\substack{x\to 0\\ y\to 0}}\dfrac{\sqrt{1+x^2+y^2}-1}{|x|+|y|}$.　　(5) $\lim\limits_{\substack{x\to 0\\ y\to 0}}(x^2+y^2)^{2x^2y^2}$.　　(6) $\lim\limits_{\substack{x\to 0\\ y\to 0}}(1+x^2+y^2)^{\frac{1}{x^2y^2}}$.

5. 下列极限是否存在？若存在，求极限值.

(1) $\lim\limits_{\substack{x\to 0\\ y\to 0}}\dfrac{xy}{x+y}$.　　(2) $\lim\limits_{\substack{x\to 0\\ y\to 0}}\dfrac{x^2y^2}{x^2y^2+(x-y)^2}$.

6. 证明：函数 $f(x,y)=\begin{cases}\dfrac{xy^2}{x^2+y^4}, & x^2+y^2\neq 0,\\ 0, & x^2+y^2=0\end{cases}$ 分别对每个变量 x 或 y（当另一个变量固定时）是连续的，但是 $f(x,y)$ 在整个 xOy 面上不是处处连续的.

7. 证明：函数 $f(x,y)=\begin{cases}\dfrac{xy}{\sqrt{x^2+y^2}}, & x^2+y^2\neq 0,\\ 0, & x^2+y^2=0\end{cases}$ 在点 $(0,0)$ 的邻域内有偏导数 $f'_x(x,y)$ 和 $f'_y(x,y)$，但此函数在点 $(0,0)$ 处不可微.

8. 设有函数 $f(x,y)=\begin{cases}(x^2+y^2)\sin\dfrac{1}{x^2+y^2}, & x^2+y^2\neq 0,\\ 0, & x^2+y^2=0.\end{cases}$ 证明：

(1) 在点 $(0,0)$ 的邻域内有偏导数 $f'_x(x,y)$ 和 $f'_y(x,y)$.

（2）偏导数 $f'_x(x,y)$ 和 $f'_y(x,y)$ 在点 $(0,0)$ 处不连续.

（3）函数 $f(x,y)$ 在点 $(0,0)$ 处可微.

9. 设 $u=f(x,y,z)$，$z=g(x,y)$，$y=h(x,t)$，$t=\varphi(x)$，求 $\dfrac{\mathrm{d}u}{\mathrm{d}x}$.

10. 已知 $z=a^{\sqrt{x^2-y^2}}$，其中 $a>0$，$a\neq 1$，求 $\mathrm{d}z$.

11. 设 $z=f(2x-y)+g(x,xy)$，其中函数 $f(t)$ 二阶可导，$g(u,v)$ 具有二阶连续偏导数，求 $\dfrac{\partial^2 z}{\partial x\partial y}$.

12. 设 $z=x^3 f\left(xy,\dfrac{y}{x}\right)$，$f$ 具有二阶连续偏导数，求 $\dfrac{\partial z}{\partial x}$，$\dfrac{\partial^2 z}{\partial y^2}$，$\dfrac{\partial^2 z}{\partial x\partial y}$.

13. 证明：若 $u=f(x,y,z)$，且 f 具有二阶连续偏导数，而 $x=r\cos\theta$，$y=r\sin\theta$，$z=z$，则有 $\dfrac{\partial^2 u}{\partial x^2}+\dfrac{\partial^2 u}{\partial y^2}+\dfrac{\partial^2 u}{\partial z^2}=\dfrac{\partial^2 u}{\partial r^2}+\dfrac{1}{r^2}\dfrac{\partial^2 u}{\partial \theta^2}+\dfrac{1}{r}\dfrac{\partial u}{\partial r}+\dfrac{\partial^2 u}{\partial z^2}$.

14. 函数 $z=f(x,y)$ 由方程 $xyz+\sqrt{x^2+y^2+z^2}-\sqrt{2}=0$ 确定，求 $\mathrm{d}z\big|_{(1,0,-1)}$.

15. 设函数 $z=z(x,y)$ 由方程 $z^x=y^z$ 确定，求 $\dfrac{\partial z}{\partial x}$，$\dfrac{\partial z}{\partial y}$.

16. 设 $y=y(x)$，$z=z(x)$ 是由方程 $z=xf(x+y)$ 和 $F(x,y,z)=0$ 所确定的函数，其中 f 和 F 分别具有连续的导数和偏导数，求 $\dfrac{\mathrm{d}z}{\mathrm{d}x}$.

17. 设 $x=\mathrm{e}^u\cos v$，$y=\mathrm{e}^u\sin v$，$z=uv$，求 $\dfrac{\partial z}{\partial x}$ 和 $\dfrac{\partial z}{\partial y}$.

18. 证明：函数 $z=\sqrt{x^2+y^2}$ 在点 $(0,0)$ 处沿任何方向的方向导数都存在，但 $z'_x(0,0)$，$z'_y(0,0)$ 不存在.

19. 设函数 $z=1-\left(\dfrac{x^2}{a^2}+\dfrac{y^2}{b^2}\right)$，求函数在点 $M\left(\dfrac{a}{\sqrt{2}},\dfrac{b}{\sqrt{2}}\right)$ 处沿曲线 $\dfrac{x^2}{a^2}+\dfrac{y^2}{b^2}=1$ 在这点的内法线方向的方向导数.

综合题二

答案与提示

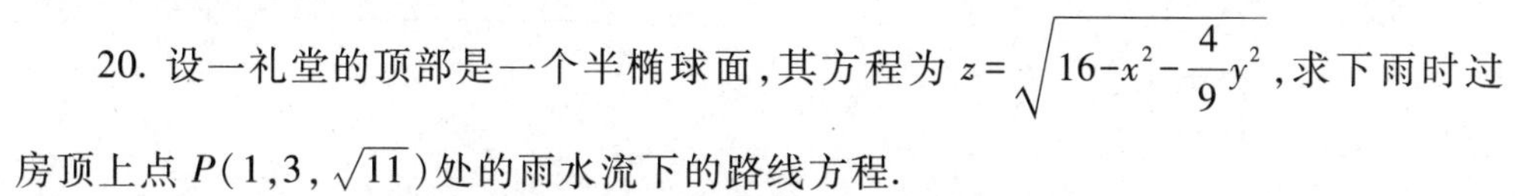

20. 设一礼堂的顶部是一个半椭球面，其方程为 $z=\sqrt{16-x^2-\dfrac{4}{9}y^2}$，求下雨时过房顶上点 $P(1,3,\sqrt{11})$ 处的雨水流下的路线方程.

第三章

多元函数微分学的应用

多元函数微分学在实际生活中有着广泛的应用.本章将主要介绍多元函数微分学在几何方面和求函数的极值、最值方面的一些简单应用.

第一节　空间曲线的切线和法平面方程

在一元函数微分学中,我们已经介绍了平面曲线 L 上的切线和法线的概念.类似地,我们可建立起空间曲线 Γ 上一点 P_0 处的切线和法平面的概念.

设 Γ 为一空间曲线,$P_0(x_0,y_0,z_0)\in\Gamma$, $\forall P(x,y,z)\in\Gamma$,若当 P 沿 Γ 趋于 P_0 时,割线P_0P趋于其极限位置 P_0T,则称 P_0T 为 Γ 在 P_0 处的切线(如图 3-1).过 P_0 且与切线 P_0T 垂直的平面称为 Γ 在 P_0 处的法平面.

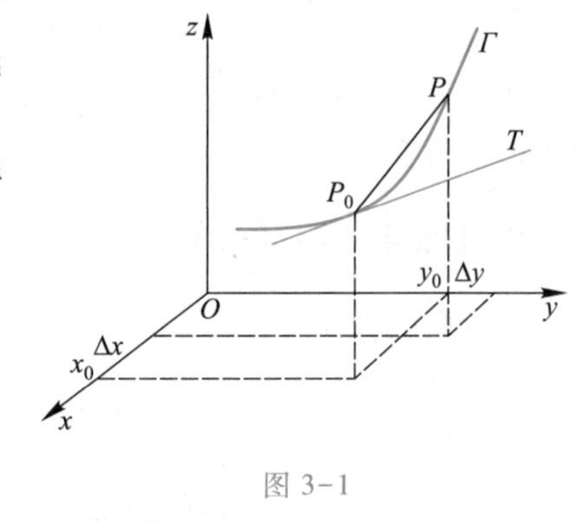

图 3-1

下面我们根据空间曲线 Γ 的不同的表示形式来讨论 Γ 上点 P_0 处的切线和法平面方程.

(1) 设 $\mathbf{R}^3$ 中曲线 Γ 的参数方程为

$$\begin{cases} x=x(t), \\ y=y(t), \quad t\in I, \\ z=z(t), \end{cases}$$

其中函数 $x(t)$,$y(t)$,$z(t)$在区间 I 上均可微.当 $t=t_0$ 时,相应有 $x_0=x(t_0)$,$y_0=y(t_0)$,$z_0=z(t_0)$;当变量 t 在 t_0 处获得增量 Δt 时,x,y,z 也相应地获得增量 $\Delta x=x-x_0=x(t_0+\Delta t)-x(t_0)$,$\Delta y=y-y_0=y(t_0+\Delta t)-y(t_0)$,$\Delta z=z-z_0=z(t_0+\Delta t)-z(t_0)$.假设曲线 Γ 上与 t_0 和 $t_0+\Delta t\in I$ 相对应的点分别为 $P_0(x_0,y_0,z_0)$ 和 $P=P_0+\Delta P=(x_0+\Delta x,y_0+\Delta y,z_0+\Delta z)$.向量

$$\frac{1}{\Delta t}\overrightarrow{P_0P}=\left(\frac{\Delta x}{\Delta t},\frac{\Delta y}{\Delta t},\frac{\Delta z}{\Delta t}\right)$$

是 Γ 上过点 P_0 和 P 的割线 P_0P 的方向向量,其方向与 t 增加时曲线 Γ 上的点的运动方向一致(如图 3-1).

割线 P_0P 的方程为

$$\frac{x-x_0}{\frac{\Delta x}{\Delta t}}=\frac{y-y_0}{\frac{\Delta y}{\Delta t}}=\frac{z-z_0}{\frac{\Delta z}{\Delta t}}.$$

令 $\Delta t\to 0$,此时割线 P_0P 趋于其极限位置 P_0T.因此,当 $x'(t_0),y'(t_0),z'(t_0)$ 不全为零时,Γ 上 P_0 处的切线方程为

$$\frac{x-x_0}{x'(t_0)}=\frac{y-y_0}{y'(t_0)}=\frac{z-z_0}{z'(t_0)}. \tag{1}$$

切线上的方向向量可取为 $\boldsymbol{\tau}=(x'(t_0),y'(t_0),z'(t_0))$,$\boldsymbol{\tau}$ 的方向与 t 增加时 Γ 上点的运动方向一致.通常称切线的方向向量为切向量.

法平面方程为

$$x'(t_0)(x-x_0)+y'(t_0)(y-y_0)+z'(t_0)(z-z_0)=0. \tag{2}$$

应该注意,Γ 上 P_0 处切向量可取为

$$\pm\boldsymbol{\tau}=\pm(x'(t_0),y'(t_0),z'(t_0)), \tag{3}$$

其方向如上所述,故方向余弦为

$$\begin{aligned}\cos\alpha&=\pm\frac{x'(t_0)}{\sqrt{x'^2(t_0)+y'^2(t_0)+z'^2(t_0)}},\\ \cos\beta&=\pm\frac{y'(t_0)}{\sqrt{x'^2(t_0)+y'^2(t_0)+z'^2(t_0)}},\\ \cos\gamma&=\pm\frac{z'(t_0)}{\sqrt{x'^2(t_0)+y'^2(t_0)+z'^2(t_0)}},\end{aligned} \tag{4}$$

这里或同时取“+”号,或同时取“-”号.

若 $x'(t_0)=y'(t_0)=z'(t_0)=0$,则相应的点 $P_0(x_0,y_0,z_0)$ 称为曲线 Γ 的奇点,Γ 在其奇点处无确定的切线.

例 1 求曲线 $x=t,y=t^2,z=t^3$ 在点 $(1,1,1)$ 处的切线方程和法平面方程.

解 点 $(1,1,1)$ 所对应的参数为 $t=1$,且有

$$x'(1)=1,\ y'(1)=2,\ z'(1)=3,$$

故曲线在点 $(1,1,1)$ 处的切向量 $\boldsymbol{\tau}=(1,2,3)$,于是所求切线方程为

$$\frac{x-1}{1}=\frac{y-1}{2}=\frac{z-1}{3},$$

所求法平面方程为

$$(x-1)+2(y-1)+3(z-1)=0,$$

即 $x+2y+3z=6$.

例 2 求曲线 $\Gamma: x=\int_0^t e^u\cos u\,du, y=2\sin t+\cos t, z=1+e^{3t}$ 在 $t=0$ 处的切线方程和法平面方程.

解 当 $t=0$ 时,$x=0,y=1,z=2$,且有

$$x'(0)=\mathrm{e}^t\cos t\mid_{t=0}=1,$$
$$y'(0)=(2\cos t-\sin t)\mid_{t=0}=2,$$
$$z'(0)=3\mathrm{e}^{3t}\mid_{t=0}=3,$$

故切线方程为

$$\frac{x-0}{1}=\frac{y-1}{2}=\frac{z-2}{3},$$

法平面方程为

$$x+2y+3z-8=0.$$

（2）若 $\mathbf{R}^3$ 中曲线 Γ 的方程为两个柱面的交线形式，即 $y=y(x)$，$z=z(x)$，则取 x 为参数，其参数方程为 $x=x$，$y=y(x)$，$z=z(x)$，从而 Γ 在点 $P_0(x_0,y_0,z_0)$ 的切向量为

$$\boldsymbol{\tau}=(1,y'(x_0),z'(x_0)). \tag{5}$$

此时，曲线 Γ 在 P_0 处的切线方程为

$$\frac{x-x_0}{1}=\frac{y-y_0}{y'(x_0)}=\frac{z-z_0}{z'(x_0)},$$

其中 $y(x)$ 和 $z(x)$ 都在 x_0 处可微，$y_0=y(x_0)$，$z_0=z(x_0)$．相应地，曲线 Γ 在 P_0 处的法平面方程为

$$x-x_0+y'(x_0)(y-y_0)+z'(x_0)(z-z_0)=0.$$

（3）如果曲线方程的一般形式为

$$\Gamma:\begin{cases}F(x,y,z)=0,\\G(x,y,z)=0,\end{cases}$$

且假定 $F(P),G(P)\in C^1(\mathbf{R}^3)$，$\left.\dfrac{\partial(F,G)}{\partial(y,z)}\right|_{P_0}\neq 0$，其中 $P(x,y,z)$，$P_0(x_0,y_0,z_0)\in\Gamma$，则方程组 $\begin{cases}F(x,y,z)=0,\\G(x,y,z)=0\end{cases}$ 在 $U(P_0)$ 内确定一组函数 $y=y(x)$，$z=z(x)$，且

$$y'(x_0)=\left.\left[-\frac{\partial(F,G)}{\partial(x,z)}\Big/\frac{\partial(F,G)}{\partial(y,z)}\right]\right|_{x_0},$$
$$z'(x_0)=\left.\left[-\frac{\partial(F,G)}{\partial(y,x)}\Big/\frac{\partial(F,G)}{\partial(y,z)}\right]\right|_{x_0}.$$

由(5)式便得出曲线 Γ 在点 P_0 的切向量

$$\boldsymbol{\tau}=\left.\left(\frac{\partial(F,G)}{\partial(y,z)},-\frac{\partial(F,G)}{\partial(x,z)},-\frac{\partial(F,G)}{\partial(y,x)}\right)\right|_{P_0}. \tag{6}$$

读者可以自己写出曲线 Γ 在点 P_0 处相应的切线方程与法平面方程.

例 3　求曲线 $\begin{cases}x^2+y^2+z^2=6,\\x+y+z=0\end{cases}$ 在点 $(1,-2,1)$ 处的切线方程和法平面方程.

解法 1　令 $F(x,y,z)=x^2+y^2+z^2-6$，$G(x,y,z)=x+y+z$，则

$$\left.\frac{\partial(F,G)}{\partial(y,z)}\right|_{(1,-2,1)}=\left.\begin{vmatrix}2y&2z\\1&1\end{vmatrix}\right|_{(1,-2,1)}=2(y-z)\mid_{(1,-2,1)}=-6,$$
$$\left.\frac{\partial(F,G)}{\partial(z,x)}\right|_{(1,-2,1)}=\left.\begin{vmatrix}2z&2x\\1&1\end{vmatrix}\right|_{(1,-2,1)}=2(z-x)\mid_{(1,-2,1)}=0,$$

$$\left.\frac{\partial(F,G)}{\partial(x,y)}\right|_{(1,-2,1)}=\left|\begin{matrix}2x & 2y\\ 1 & 1\end{matrix}\right|_{(1,-2,1)}=2(x-y)\Big|_{(1,-2,1)}=6.$$

故过点(1,-2,1)的切线方程为

$$\frac{x-1}{-6}=\frac{y+2}{0}=\frac{z-1}{6},$$

法平面方程为

$$-6(x-1)+0(y+2)+6(z-1)=0,$$

即

$$x-z=0.$$

解法 2　方程两边对 x 求导数，y,z 看作 x 的函数，有

$$\begin{cases}x+yy'+zz'=0,\\ 1+y'+z'=0.\end{cases}$$

解得

$$y'=\frac{z-x}{y-z},\quad z'=\frac{x-y}{y-z}.$$

$$y'\Big|_{(1,-2,1)}=0,\quad z'\Big|_{(1,-2,1)}=\frac{3}{-3}=-1.$$

故

$$\boldsymbol{\tau}=(1,y'(x_0),z'(x_0))=(1,0,-1).$$

所求切线方程为

$$\frac{x-1}{1}=\frac{y+2}{0}=\frac{z-1}{-1},$$

典型例题
空间曲线的切线方程

法平面方程为

$$(x-1)-(z-1)=0,$$

即

$$x-z=0.$$

习题 3-1

1. 求曲线 $x=a\sin^2 t, y=b\sin t\cos t, z=c\cos^2 t$ 在对应于 $t=\frac{\pi}{4}$ 的点处的切线方程和法平面方程.

2. 求两个抛物柱面 $y=6x^2, z=12x^2$ 的交线在 $x=\frac{1}{2}$ 处的切线方程和法平面方程.

3. 求曲线 $xyz=1,\ y^2=x$ 在点(1,1,1)处切线的方向余弦.

4. 证明螺旋线 $x=a\cos t, y=a\sin t, z=bt$ 上任意一点处的切线与 z 轴交成定角.

5. 求圆周：$\begin{cases}x^2+y^2+z^2-3x=0,\\ 2x-3y+5z-4=0\end{cases}$ 在点(1,1,1)处的切线方程及法平面方程.

第二节 曲面的切平面和法线方程

下面我们根据曲面 Σ 的不同的表示形式来讨论 Σ 上点 P_0 处的切平面方程和法线方程.

(1) 设 $\mathbf{R}^3$ 中的曲面 Σ 的方程为

$$F(x,y,z)=0, \tag{1}$$

$P_0(x_0,y_0,z_0)$ 为 Σ 上一点,并设 $F(x,y,z)$ 在 P_0 处可微,且 $\mathbf{grad}\,F(P_0)\neq\mathbf{0}$.

在曲面 Σ 上,过点 P_0 任意引一条完全在 Σ 上的曲线 Γ(如图 3-2),设其方程为

$$x=x(t),\ y=y(t),\ z=z(t),$$

$t=t_0$ 对应于点 P_0,且 $x'(t_0),y'(t_0),z'(t_0)$ 不全为零.

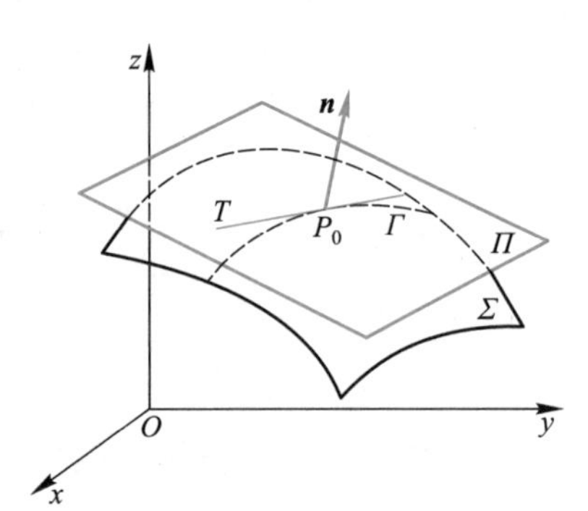

图 3-2

由于曲线 Γ 在 Σ 上,故有恒等式 $F(x(t),y(t),z(t))\equiv0$.方程两边对 t 求导,并将 $t=t_0$ 代入后,有

$$F'_x(P_0)x'(t_0)+F'_y(P_0)y'(t_0)+F'_z(P_0)z'(t_0)=0,$$

即

$$(F'_x(P_0),F'_y(P_0),F'_z(P_0))\cdot(x'(t_0),y'(t_0),z'(t_0))=0.$$

由于向量 $\boldsymbol{\tau}=(x'(t_0),y'(t_0),z'(t_0))$ 是曲线 Γ 在点 P_0 的切向量,而向量 $\boldsymbol{n}=(F'_x(P_0),F'_y(P_0),F'_z(P_0))$ 是一个与 Γ 的取法无关的固定向量,且与 $\boldsymbol{\tau}$ 垂直.可见,Σ 上任一曲线 Γ 在点 P_0 的切线都垂直于向量 $\boldsymbol{n}$,且它们都过点 P_0,故它们在同一平面 Π 上,称 Π 为 Σ 在 P_0 处的切平面,过点 P_0 且垂直于 Π 的直线称为 Σ 在点 P_0 处的法线(如图 3-2).当 $\mathbf{grad}\,F(P_0)\neq\mathbf{0}$ 时,切平面 Π 的法向量可取为

$$\boldsymbol{n}=\mathbf{grad}\,F(P_0)=(F'_x(P_0),F'_y(P_0),F'_z(P_0)). \tag{2}$$

曲面 Σ 在点 P_0 的切平面方程为

$$F'_x(P_0)(x-x_0)+F'_y(P_0)(y-y_0)+F'_z(P_0)(z-z_0)=0. \tag{3}$$

法线方程为

$$\frac{x-x_0}{F'_x(P_0)}=\frac{y-y_0}{F'_y(P_0)}=\frac{z-z_0}{F'_z(P_0)}. \tag{4}$$

若 $\mathbf{grad}\,F(P_0)=\mathbf{0}$,则称 P_0 为 Σ 的奇点,曲面在该点处无切平面.

特别地,若曲面 Σ 的方程由显式 $z=f(x,y)$ 给出,且 $f(x,y)$ 在点 (x_0,y_0) 可微,令 $F(x,y,z)=z-f(x,y)=0$,则 $F'_x=-f'_x,F'_y=-f'_y,F'_z=1$.于是曲面 Σ 在点 $P_0(x_0,y_0,f(x_0,y_0))$ 处的法向量可取为

$$\boldsymbol{n}=(-f'_x(x_0,y_0),-f'_y(x_0,y_0),1), \tag{5}$$

过点 P_0 的切平面方程为

$$-f'_x(x_0,y_0)(x-x_0)-f'_y(x_0,y_0)(y-y_0)+(z-z_0)=0, \tag{6}$$

过点 P_0 的法线方程为

$$\frac{x-x_0}{-f'_x(x_0,y_0)}=\frac{y-y_0}{-f'_y(x_0,y_0)}=\frac{z-z_0}{1}. \tag{7}$$

例 1 求椭球面$\frac{x^2}{a^2}+\frac{y^2}{b^2}+\frac{z^2}{c^2}=1$ 上点(x_0,y_0,z_0)处的切平面方程和法线方程.

解 令 $F(x,y,z)\equiv\frac{x^2}{a^2}+\frac{y^2}{b^2}+\frac{z^2}{c^2}-1$,则

$$F'_x=\frac{2x}{a^2},\quad F'_y=\frac{2y}{b^2},\quad F'_z=\frac{2z}{c^2}.$$

故

$$\boldsymbol{n}=(F'_x(x_0,y_0,z_0),F'_y(x_0,y_0,z_0),F'_z(x_0,y_0,z_0))=\left(\frac{2x_0}{a^2},\frac{2y_0}{b^2},\frac{2z_0}{c^2}\right),$$

从而所求切平面方程为

$$\frac{2x_0}{a^2}(x-x_0)+\frac{2y_0}{b^2}(y-y_0)+\frac{2z_0}{c^2}(z-z_0)=0,$$

即

$$\frac{x_0x}{a^2}+\frac{y_0y}{b^2}+\frac{z_0z}{c^2}=1.$$

所求法线方程为

$$\frac{a^2}{x_0}(x-x_0)=\frac{b^2}{y_0}(y-y_0)=\frac{c^2}{z_0}(z-z_0).$$

应该注意,切平面 Π 的法向量可取为$\pm\boldsymbol{n}$,指向两个相反的方向,因此,其方向余弦也有两组不同的公式.比如,若 $\Sigma:F(x,y,z)=0,P_0\in\Sigma$,则

$$\begin{aligned}\cos\alpha&=\pm\frac{F'_x(P_0)}{\sqrt{F'^2_x(P_0)+F'^2_y(P_0)+F'^2_z(P_0)}},\\ \cos\beta&=\pm\frac{F'_y(P_0)}{\sqrt{F'^2_x(P_0)+F'^2_y(P_0)+F'^2_z(P_0)}},\\ \cos\gamma&=\pm\frac{F'_z(P_0)}{\sqrt{F'^2_x(P_0)+F'^2_y(P_0)+F'^2_z(P_0)}},\end{aligned} \tag{8}$$

这里或同时取“+”号,或同时取“-”号.

例 2 求 $\Sigma:z=x^2+y^2$ 在点 $P_0(1,1,2)$处的切平面与法线方程以及在 P_0 处指向 xOy 面的法向量的方向余弦.

解 由于 $\Sigma:z=x^2+y^2,x_0=1,y_0=1,z_0=2$,故

$$z'_x\Big|_{(x_0,y_0)}=2x\Big|_{(1,1)}=2,\ z'_y\Big|_{(x_0,y_0)}=2y\Big|_{(1,1)}=2.$$

由(5)式有

$$\boldsymbol{n}=\pm(-2,-2,1).$$

于是切平面方程为

$$-2(x-1)-2(y-1)+(z-2)=0,$$

即

$$2x+2y-z-2=0.$$

法线方程为

$$\frac{x-1}{-2}=\frac{y-1}{-2}=\frac{z-2}{1}.$$

由于单位法向量 $\boldsymbol{n}^\circ=\pm\left(\frac{-2}{3},\frac{-2}{3},\frac{1}{3}\right)$，$P_0$ 处指向 xOy 面的法向量与 z 轴正向成钝角，故 $\cos\gamma<0$，方向余弦应取负号的一组，即

$$\cos\alpha=-\left(-\frac{2}{3}\right)=\frac{2}{3},\ \cos\beta=-\left(-\frac{2}{3}\right)=\frac{2}{3},\ \cos\gamma=-\frac{1}{3}.$$

例 3 当两个相交的曲面在交线上每一点处的法向量间的夹角为直角时，称这两个曲面是正交的. 证明：球面 $x^2+y^2+z^2=R^2$ 与锥面 $x^2+y^2=z^2\tan^2\varphi$ 正交，其中 φ 为常数.

证 易知：球面上任一点处的法向量为 $\boldsymbol{n}_1=(x,y,z)$，锥面上任一点处的法向量为 $\boldsymbol{n}_2=(x,y,-z\tan^2\varphi)$.

设 $P_0(x_0,y_0,z_0)$ 为球面与锥面交线上的任意一点，则在点 P_0 处球面与锥面的法向量 $\boldsymbol{n}_1$ 与 $\boldsymbol{n}_2$ 的数量积为

$$\boldsymbol{n}_1\cdot\boldsymbol{n}_2=x_0^2+y_0^2-z_0^2\tan^2\varphi=0,$$

就是说，球面与锥面交线上的任意一点处的法向量 $\boldsymbol{n}_1$ 与 $\boldsymbol{n}_2$ 的夹角为直角，即球面 $x^2+y^2+z^2=R^2$ 与锥面 $x^2+y^2=z^2\tan^2\varphi$ 正交.

*(2) 若曲面 Σ 由参数方程

$$x=x(u,v),\ y=y(u,v),\ z=z(u,v)$$

给出，Σ 上的点 $P_0(x_0,y_0,z_0)$ 与 uOv 面上的点 (u_0,v_0) 对应，而 $x(u,v)$，$y(u,v)$，$z(u,v)$ 在 (u_0,v_0) 处可微. 我们考虑在 Σ 上过点 P_0 的两条曲线

$$\Gamma_1: x=x(u,v_0),\ y=y(u,v_0),\ z=z(u,v_0),$$

$$\Gamma_2: x=x(u_0,v),\ y=y(u_0,v),\ z=z(u_0,v).$$

它们在点 P_0 处的切向量分别为

$$\boldsymbol{\tau}_1=(x'_u(u_0,v_0),y'_u(u_0,v_0),z'_u(u_0,v_0)),$$
$$\boldsymbol{\tau}_2=(x'_v(u_0,v_0),y'_v(u_0,v_0),z'_v(u_0,v_0)).$$

于是当 $\boldsymbol{\tau}_1\times\boldsymbol{\tau}_2\neq\boldsymbol{0}$ 时，得 Σ 在点 P_0 处的法向量

$$\boldsymbol{n}=\boldsymbol{\tau}_1\times\boldsymbol{\tau}_2=\left(\frac{\partial(y,z)}{\partial(u,v)},\frac{\partial(z,x)}{\partial(u,v)},\frac{\partial(x,y)}{\partial(u,v)}\right)\Bigg|_{(u_0,v_0)},$$

从而不难写出曲面 Σ 在点 P_0 处的切平面方程及法线方程.

切平面方程为

$$\left.\frac{\partial(y,z)}{\partial(u,v)}\right|_{(u_0,v_0)}(x-x_0)+\left.\frac{\partial(z,x)}{\partial(u,v)}\right|_{(u_0,v_0)}(y-y_0)+\left.\frac{\partial(x,y)}{\partial(u,v)}\right|_{(u_0,v_0)}(z-z_0)=0,$$

法线方程为

$$\frac{x-x_0}{\left.\frac{\partial(y,z)}{\partial(u,v)}\right|_{(u_0,v_0)}}=\frac{y-y_0}{\left.\frac{\partial(z,x)}{\partial(u,v)}\right|_{(u_0,v_0)}}=\frac{z-z_0}{\left.\frac{\partial(x,y)}{\partial(u,v)}\right|_{(u_0,v_0)}}.$$

例 4 求曲面 $x=u\cos v, y=u\sin v, z=av$ 在点 (x_0,y_0,z_0) 处的切平面方程与法线方程.

解 设点 (u_0,v_0) 与点 (x_0,y_0,z_0) 对应,即

$$x_0=u_0\cos v_0,\quad y_0=u_0\sin v_0,\quad z_0=av_0.$$

因为

$$x'_u(u,v)=\cos v,\quad x'_v(u,v)=-u\sin v,$$

$$y'_u(u,v)=\sin v,\quad y'_v(u,v)=u\cos v,$$

$$z'_u(u,v)=0,\quad z'_v(u,v)=a,$$

所以

$$\left.\frac{\partial(y,z)}{\partial(u,v)}\right|_{(u_0,v_0)}=\begin{vmatrix}\sin v_0 & u_0\cos v_0\\ 0 & a\end{vmatrix}=a\sin v_0,$$

$$\left.\frac{\partial(z,x)}{\partial(u,v)}\right|_{(u_0,v_0)}=\begin{vmatrix}0 & a\\ \cos v_0 & -u_0\sin v_0\end{vmatrix}=-a\cos v_0,$$

$$\left.\frac{\partial(x,y)}{\partial(u,v)}\right|_{(u_0,v_0)}=\begin{vmatrix}\cos v_0 & -u_0\sin v_0\\ \sin v_0 & u_0\cos v_0\end{vmatrix}=u_0.$$

典型例题 曲面的切平面方程

从而,过所给曲面上点 (x_0,y_0,z_0) 处的切平面方程为

$$a\sin v_0(x-x_0)-a\cos v_0(y-y_0)+u_0(z-z_0)=0,$$

法线方程为

$$\frac{x-x_0}{a\sin v_0}=\frac{y-y_0}{-a\cos v_0}=\frac{z-z_0}{u_0}.$$

习题 3-2

1. 求曲面 $e^z-z+xy=3$ 在点 $(2,1,0)$ 处的切平面方程及法线方程.

2. 求曲面 $z=ax^2+by^2$ 上点 $P_0(x_0,y_0,z_0)$ 处的切平面方程和法线方程.

3. 求曲面 $x=u\cos v, y=u\sin v, z=2v$ 在点 $\left(\sqrt{2},\sqrt{2},\frac{\pi}{2}\right)$ 处的切平面方程.

4. 求过直线 $\begin{cases}3x-2y-z-5=0,\\ x+y+z=0,\end{cases}$ 且与曲面 $2x^2-2y^2+2z=\frac{5}{8}$ 相切的平面方程.

5. 证明曲面 $\sqrt{x}+\sqrt{y}+\sqrt{z}=\sqrt{a}\,(a>0)$ 上任一点 $P_0(x_0,y_0,z_0)$ 处的切平面在三个坐标轴上的截距之和等于 a.

6. 在曲面 $z=xy$ 上找一点,使该点处的法线垂直于平面 $x+3y+z+9=0$,并写出此法线方程.

7. 证明曲面 $z=x+f(y-z)$ 上任何一点处的切平面平行于一条定直线，其中 $f(u)$ 可微.

8. 证明曲面 $F\left(\dfrac{x-a}{z-c},\dfrac{y-b}{z-c}\right)=0$ 上任一点的切平面通过一定点，其中函数 $F(u,v)$ 可微，a,b,c 为常数.

第三节　无约束极值与有约束极值

最优化是近代应用数学的一个新分支，是一门应用相当广泛的学科. 它主要是研究在给定的条件下，如何作出最好的决策去完成所给定的任务. 它的主要内容是讨论决策问题最佳选择的特性，构造寻求最佳解的方法，研究这些计算方法的理论特性以及实际计算表示. 最优化理论在工业、农业、国防、电信、工程和经济管理、医学、生物工程等诸多方面都起着非常重要的作用.

我们下面讨论的多元函数极值问题是一种最简单的优化问题. 一般说来，多元函数的极值问题分为无约束极值和有约束极值两大类：除了限制自变量在定义域内变化外，没有任何其他限制的极值问题，称为无约束极值；自变量除了被限制在定义域内变化外，还必须满足其他某些已知条件的极值问题，称为有约束极值.

一、无约束极值

通常我们将多元函数的无约束极值简称为极值.

定义 1　设 $u=f(X)$ 在 $U(X_0)\subset\mathbf{R}^n$ 内有定义，若 $\forall X\in\hat{U}(X_0)$，有

$$f(X_0)>f(X)\quad(\text{或 } f(X_0)<f(X)),$$

则称 $u=f(X)$ 在点 X_0 处取得极大值 $f(X_0)$（或极小值 $f(X_0)$），点 X_0 称为函数的极大值点（或极小值点）.

函数的极大值和极小值统称为函数的极值，函数的极大值点和极小值点统称为函数的极值点.

例 1　(1) 函数 $z=\sqrt{1-x^2-y^2}$ 在点 $(0,0)$ 处取得极大值 1. 从几何上看，$z=\sqrt{1-x^2-y^2}$ 表示上半单位球面，点 $(0,0,1)$ 是它的最高点（如图 3-3(a)）.

(2) 函数 $z=x^2+y^2$ 在点 $(0,0)$ 处取得极小值 0. 从几何上看，$z=x^2+y^2$ 表示开口朝上的旋转抛物面，点 $(0,0,0)$ 是它的顶点（如图 3-3(b)）.

(3) 函数 $z=xy$ 在点 $(0,0)$ 处无极值. 从几何上看，$z=xy$ 表示双曲抛物面（马鞍面），点 $(0,0,0)$ 既不是它附近的最高点，也不是最低点（如图 3-3(c)）.

定理 1（取极值的必要条件）　设函数 $f(x,y)$ 在区域 D 内有定义，且在点 $P_0(x_0,y_0)\in D$ 处取得极值. 如果 $f(x,y)$ 在点 $P_0(x_0,y_0)$ 处可偏导，则必有

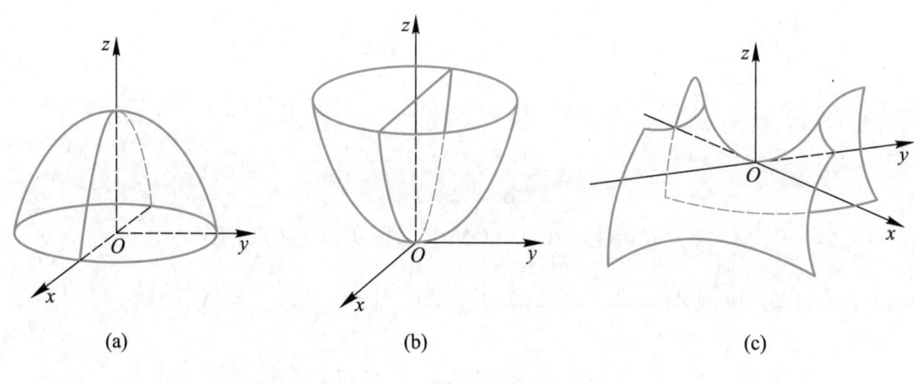

图 3-3

$$f'_x(x_0,y_0)=f'_y(x_0,y_0)=0.$$

证　如果函数 $f(x,y)$ 在点 $P_0(x_0,y_0)$ 处取得极大值，则由定义 1 可知

$$f(P_0)>f(P),\ \forall P(x,y)\in \hat{U}(P_0,\delta).$$

固定 $y=y_0$，则有 $f(x,y_0)<f(x_0,y_0)$，即一元函数 $f(x,y_0)$ 在 $x=x_0$ 处取得极大值，从而由一元函数取得极值的必要条件得

$$\left.\frac{\mathrm{d}f(x,y_0)}{\mathrm{d}x}\right|_{x=x_0}=0,\text{即 } f'_x(x_0,y_0)=0.$$

同理，固定 $x=x_0$，则 $f(x_0,y)$ 在 $y=y_0$ 处取得极大值，从而

$$f'_y(x_0,y_0)=0.$$

类似可证：函数 $z=f(x,y)$ 在点 $P_0(x_0,y_0)$ 处取得极小值时，有

$$f'_x(x_0,y_0)=0,\quad f'_y(x_0,y_0)=0.$$

使得 $\mathbf{grad}\,f(x,y)=(f'_x,f'_y)=\mathbf{0}$ 成立的点 $P_0(x_0,y_0)$，称为函数 $f(x,y)$ 的驻点．定理 1 指出，可偏导函数的极值点必为其驻点．由例 1 可知，函数的驻点不一定是它的极值点．

在多元函数中，判断一个驻点是否为极值点比在一元函数中类似问题复杂得多，我们这里只给出二元函数取得极值的一个充分条件．

定理 2　设 $z=f(x,y)\in C^2(U(P_0))$，$P_0(x_0,y_0)$ 为函数的驻点，即 $f'_x(x_0,y_0)=0$，$f'_y(x_0,y_0)=0$，记

$$A=f''_{xx}(x_0,y_0),\ B=f''_{xy}(x_0,y_0),\ C=f''_{yy}(x_0,y_0),$$

则

(1) 当 $AC-B^2>0$ 时，$z=f(x,y)$ 在点 P_0 处取得极值，且当 $A<0$ 时取得极大值，当 $A>0$ 时取极小值．

(2) 当 $AC-B^2<0$ 时，$z=f(x,y)$ 在点 P_0 处没有极值．

(3) 当 $AC-B^2=0$ 时，$z=f(x,y)$ 在点 P_0 处可能有极值，也可能没有极值，还需另作讨论．

证　$\forall P(x,y)\in U(P_0)$，记 $\Delta x=x-x_0$，$\Delta y=y-y_0$．可证 $f(x,y)\in C^2(U(P_0))$ 时，二元函数有二阶泰勒公式

$$\begin{aligned}\Delta f&=f(x,y)-f(x_0,y_0)\\&=f'_x(x_0,y_0)\Delta x+f'_y(x_0,y_0)\Delta y+\end{aligned}$$

$$\frac{1}{2!}[f''_{xx}(x_0,y_0)(\Delta x)^2+2f''_{xy}(x_0,y_0)\Delta x\Delta y+f''_{yy}(x_0,y_0)(\Delta y)^2]+R_2,$$

其中 $R_2=o((\Delta x)^2+(\Delta y)^2)$ 是 $(\Delta x)^2+(\Delta y)^2$ 的高阶无穷小量 $(\Delta x\to 0,\Delta y\to 0)$. 若记

$$\alpha=\frac{R_2}{(\Delta x)^2+(\Delta y)^2},$$

则 $\alpha\to 0(\Delta x\to 0,\Delta y\to 0)$, $R_2=\alpha[(\Delta x)^2+(\Delta y)^2]$. 因 P_0 为驻点，有

$$\begin{aligned}\Delta f&=\frac{1}{2}[A(\Delta x)^2+2B\Delta x\Delta y+C(\Delta y)^2]+\alpha[(\Delta x)^2+(\Delta y)^2]\\&=\frac{1}{2}[(A+2\alpha)(\Delta x)^2+2B\Delta x\Delta y+(C+2\alpha)(\Delta y)^2].\end{aligned}$$

可见 Δf 是以 $\Delta x,\Delta y$ 为自变量的二次函数. 由二次函数性质知，当系数 $A+2\alpha>0$ (或 $A+2\alpha<0$)，且当判别式

$$B^2-(A+2\alpha)(C+2\alpha)=B^2-AC-2\alpha(A+C+2\alpha)<0$$

时，$\Delta f>0$ (或 $\Delta f<0$). 由于式中 α 为无穷小量，故当 $|\Delta x|$, $|\Delta y|$ 充分小, $B^2-AC\neq 0$ 时，判别式的符号由 B^2-AC 确定. 当 $B^2-AC=0$ 时，其符号由 $2\alpha(A+C+2\alpha)$ 确定. 当 $A\neq 0$ 时，$A+2\alpha$ 的符号由 A 确定. 于是，存在邻域 $U_1(P_0)\subset U(P_0)$，使得

(1) 当 $AC-B^2>0$ 时，$\Delta f>0$ 或 $\Delta f<0$，其中 $P(x,y)\in U_1(P_0)$，由极值定义知，此时函数在 P_0 处取得极值，且当 $A>0$ 时，$\Delta f>0$，此时取得极小值，而当 $A<0$ 时，$\Delta f<0$，此时取极大值.

(2) 当 $AC-B^2<0$ 时，Δf 在 $U_1(P_0)$ 内的符号可正可负，此时 $f(x,y)$ 在 P_0 处没有极值.

(3) 当 $AC-B^2=0$ 时，函数可能有极值，也可能没有极值，需另行讨论.

例 2　求函数 $f(x,y)=x^3-4x^2+2xy-y^2$ 的极值.

解　由方程组

$$\begin{cases}f'_x(x,y)=3x^2-8x+2y=0,\\ f'_y(x,y)=2x-2y=0\end{cases}$$

解得驻点为 $(0,0)$ 和 $(2,2)$.

在点 $(0,0)$ 处有

$$AC-B^2=12>0,\quad A=-8<0,$$

所以，点 $(0,0)$ 为函数的极大值点，函数取得极大值 $f(0,0)=0$.

在点 $(2,2)$ 处有

$$AC-B^2=-12<0,$$

故点 $(2,2)$ 不是函数的极值点，函数在该点没有极值.

典型例题
无约束极值

另外，函数在其偏导数不存在的点处也可能取得极值，例如函数 $z=\sqrt{x^2+y^2}$ 在点 $(0,0)$ 处取得极小值. 就是说，在求函数的极值时，首先求出函数的所有驻点和导数不存在的点(称为极值可疑点)，然后逐一进行判定.

二、函数的最大值和最小值

由连续函数的性质知道，若有界闭区域 $\overline{\Omega}\in\mathbf{R}^n$，$f(X)\in C(\overline{\Omega})$，则函数$f(X)$必在$\overline{\Omega}$上取到它的最大值和最小值.与一元函数中的情形类似，多元函数的最大值和最小值不仅可能在区域的内部 Ω 达到，也可能在其边界 $\partial\Omega$ 上达到，所以求多元函数 $f(X)$ 在 $\overline{\Omega}$ 上的最值时，只要将 $f(X)$ 在区域内部 Ω 的有限个极值可疑点处的函数值与 $\partial\Omega$ 上函数的所有极值可疑点处的函数值（或者在 $\partial\Omega$ 上的最大值和最小值）进行比较即可.

例 3 求 $f(x,y)=x^3+y^3-3xy$ 在 $\overline{\Omega}=\{(x,y)\mid 0\leqslant x\leqslant 2,0\leqslant y\leqslant 2\}$ 上的最大值和最小值.

解 在 Ω 内，令

$$\begin{cases}f'_x=3x^2-3y=0,\\ f'_y=3y^2-3x=0,\end{cases}$$

解此方程组，得驻点(1,1).

在 Ω 的边界 $y=0$ 上，有

$$f(x,0)=x^3\quad(0<x<2),$$

令 $f'_x(x,0)=3x^2=0$，知 $f(x,0)$ 在 $0<x<2$ 内无驻点；

在 Ω 的边界 $y=2$ 上，有

$$f(x,2)=x^3-6x+8\quad(0<x<2),$$

令 $f'_x(x,2)=3x^2-6=0$，得 $x=\sqrt{2}$，即有驻点$(\sqrt{2},2)$；

在边界 $x=0$ 上，有

$$f(0,y)=y^3\quad(0<y<2),$$

令 $f'_y(0,y)=3y^2=0$，知 $f(0,y)$ 在 $0<y<2$ 内无驻点；

在边界 $x=2$ 上，有

$$f(2,y)=y^3-6y+8\quad(0<y<2),$$

令 $f'_y(2,y)=3y^2-6=0$，得 $y=\sqrt{2}$，即有驻点$(2,\sqrt{2})$.

为简便起见，我们不判断上面所得的点是否为极值点，而将其函数值

$$f(1,1)=-1,\ f(\sqrt{2},2)=8-4\sqrt{2},\ f(2,\sqrt{2})=8-4\sqrt{2}$$

与矩形区域 $\overline{\Omega}$ 的四个顶点对应的函数值

$$f(0,0)=0,\ f(0,2)=8,\ f(2,0)=8,\ f(2,2)=4$$

进行比较，得

$$\max_{(x,y)\in\overline{\Omega}}f(x,y)=8,\qquad \min_{(x,y)\in\overline{\Omega}}f(x,y)=-1.$$

函数在 $\overline{\Omega}$ 上的最大值点为 $(0,2)$，$(2,0)$，最小值点为 $(1,1)$.

例 4　求二元函数 $f(x,y)=x^2y(4-x-y)$ 在直线 $x+y=6$、x 轴和 y 轴所围成的闭区域 D 上的最大值与最小值.

解　建立方程组

$$\begin{cases} f'_x=2xy(4-x-y)-x^2y=0, \\ f'_y=x^2(4-x-y)-x^2y=0. \end{cases}$$

解得 $x=2,y=1$，即函数 f 在 D 内有唯一驻点 $(2,1)$，且

$$f(2,1)=4.$$

在 D 的边界 $x=0,y=0$ 上有

$$f(x,y)=0;$$

在边界 $x+y=6$ 上有

$$f(x,y)=2x^2(x-6).$$

令

$$f'_x=4x(x-6)+2x^2=6x^2-24x=0,$$

解得 $x=0$ 和 $x=4$.

依题意舍去 $x=0$，将 $x=4$ 代入 $x+y=6$ 中，得 $y=2$. 点 $(4,2)$ 为函数在边界 $x+y=6$ 上的极值可疑点，且

$$f(4,2)=-64.$$

比较后可知

$$\max_{(x,y)\in D} f(x,y)=4,\quad \min_{(x,y)\in D} f(x,y)=-64.$$

一般说来，在实际问题中，若根据问题本身的性质知道 $f(X)$ 的最大值（或最小值）一定在区域 Ω 内部取得，而 $f(X)$ 在 Ω 内可微且仅有唯一驻点，则可以肯定该驻点对应的函数值就是 $f(X)$ 在区域 $\overline{\Omega}$ 上的最大值（或最小值）. 通常将这种做法称为函数最大、最小值的“实际判断原则”.

例 5　有一宽为 24 cm 的长方形铁板，把它两边折起来作成一横断面为等腰梯形的水槽，问怎样折才能使水槽的流量最大？

解　设折起来的边长为 x cm，倾角为 α（如图 3-4），则梯形断面下底长为 $(24-2x)$ cm，上底长为 $(24-2x+2x\cos\alpha)$ cm，高为 $x\sin\alpha$ cm.

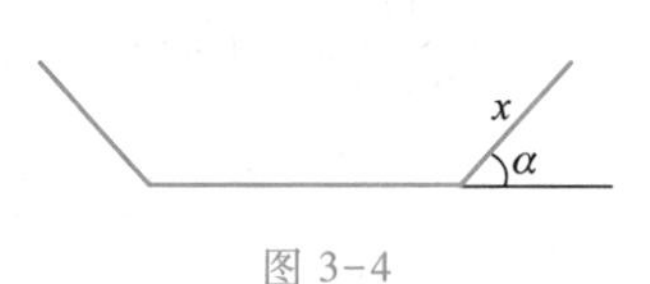

图 3-4

要使水槽流量最大，只需水槽横断面面积 S 最大，而面积

$$\begin{aligned} S &= \frac{1}{2}[(24-2x)+(24-2x+2x\cos\alpha)]\cdot x\sin\alpha \\ &= 24x\sin\alpha-2x^2\sin\alpha+x^2\sin\alpha\cos\alpha, \end{aligned}$$

其中 $0<x<12, 0<\alpha<\frac{\pi}{2}$.

由于 S 是 x 与 α 的函数，即 $S=S(x,\alpha)$，且 $x\neq 0, \alpha\neq 0$，故可建立方程组

$$\begin{cases} S'_x=24\sin\alpha-4x\sin\alpha+2x\sin\alpha\cos\alpha=0, \\ S'_\alpha=24x\cos\alpha-2x^2\cos\alpha+x^2(\cos^2\alpha-\sin^2\alpha)=0. \end{cases}$$

解此方程组，得

$$x=8, \quad \alpha=\frac{\pi}{3}.$$

依题意，横断面面积的最大值一定存在，而点 $\left(8,\frac{\pi}{3}\right)$ 是函数 $S=S(x,\alpha)$ 在区域 $D=\left\{(x,\alpha)\,\middle|\,0<x<12, 0<\alpha<\frac{\pi}{2}\right\}$ 中的唯一驻点，故当 $x=8$ cm, $\alpha=\frac{\pi}{3}$ 时，水槽的横断面面积最大，即水槽的流量最大.

三、有约束极值

定义 2　设区域 $\Omega\subset\mathbf{R}^n$, $W=\{X\mid\varphi_1(X)=0,\varphi_2(X)=0,\cdots,\varphi_m(X)=0,X\in\Omega,m\leqslant n\}$. 若 $X_0(x_1^0,x_2^0,\cdots,x_n^0)\in W$，且 $\forall X\in\hat{U}(X_0)\cap W$，有

$$f(X_0)>f(X)\quad(\text{或} f(X_0)<f(X)),$$

则称 $f(X_0)$ 为函数 $f(X)$ 在约束条件：$\varphi_1(X)=0,\varphi_2(X)=0,\cdots,\varphi_m(X)=0$ 下的极大值(或极小值).

在约束条件下的极大值和极小值统称为函数的有约束极值，通常也称为条件极值. 类似可定义函数有约束条件的最大值和最小值.

定义 2 中的约束条件称为等式约束条件，集合 W 称为约束集. 实际问题中提出的有约束极值问题中还有带不等式的约束条件的情况以及带有部分等式和部分不等式约束的情况. 我们在这里只讨论等式约束的情况.

求解有约束极值问题的基本方法是设法把它转化为无约束极值问题求解.

例 6　某厂要用钢板制造一个容积为 2 m^3 的有盖长方体水箱，问当长、宽、高各为多少时能使用料最省？

解　设水箱的长为 x m，宽为 y m，高为 z m，则所求水箱的表面积为

$$S=2(xy+yz+xz)\quad(x,y,z>0),$$

且由已知条件，x,y,z 应满足下列关系式：

$$xyz=2.$$

要所用材料最省即要长方体的表面积最小，故我们的问题归结为求函数(通常称之为目标函数) $S=2(xy+yz+xz)$ 在约束条件 $xyz=2$ 下的最小值.

由约束条件 $xyz=2$ 解出 $z=\frac{2}{xy}$，代入函数 S 中，得

$$S=2\left(xy+y\frac{2}{xy}+x\frac{2}{xy}\right)=2\left(xy+\frac{2}{x}+\frac{2}{y}\right).$$

由方程组

$$\begin{cases} S'_x=2\left(y-\dfrac{2}{x^2}\right)=0, \\ S'_y=2\left(x-\dfrac{2}{y^2}\right)=0 \end{cases}$$

解得驻点$(\sqrt[3]{2},\sqrt[3]{2})$.

由题意知,表面积的最小值一定存在,且在开区域$D=\{(x,y)\mid x>0,y>0\}$内取得,又函数S在D内仅有唯一驻点,故可断定当水箱长为$\sqrt[3]{2}$ m,宽为$\sqrt[3]{2}$ m,高为$\sqrt[3]{2}$ m时,表面积S最小,即所用材料最省.

例 6 实际上给出了一个求解有约束极值问题的方法:即从约束条件$xyz=2$中解出变量间的关系$z=\dfrac{2}{xy}$,代入目标函数$A=2(xy+yz+xz)$中,将有约束极值问题转化为无约束极值问题求解.

在一般情形下,上述这种转化往往会遇到困难,因为从约束条件中解出某些变量为其余变量的显函数表达式常常不容易或不可能做到.为此,我们介绍另一种转化方法——拉格朗日乘数法.为简便起见,我们讨论只有一个约束条件的简单问题的拉格朗日乘数法,其他情形可类似推广.

问题:求函数$z=f(x,y)$(通常称为目标函数)在条件$\varphi(x,y)=0$(通常称为约束条件)下的极值.

设函数$f(x,y)$在点$P_0(x_0,y_0)$处取得极值,则首先应有

$$\varphi(x_0,y_0)=0. \tag{1}$$

假设方程$\varphi(x,y)=0$确定了隐函数$y=\psi(x)$,将其代入函数$f(x,y)$中,得

$$z=f(x,\psi(x)).$$

于是,原问题转化为求函数$f(x,\psi(x))$的无约束极值问题.当函数$f(x,y)$在点$P_0(x_0,y_0)$处取得有约束极值时,相应地函数$f(x,\psi(x))$在点$x=x_0$处取得无约束极值.于是有

$$\left.\frac{\mathrm{d}z}{\mathrm{d}x}\right|_{x=x_0}=f'_x(x_0,y_0)+f'_y(x_0,y_0)\left.\frac{\mathrm{d}y}{\mathrm{d}x}\right|_{x=x_0}=0.$$

由隐函数求导法则,得

$$\left.\frac{\mathrm{d}y}{\mathrm{d}x}\right|_{x=x_0}=-\frac{\varphi'_x(x_0,y_0)}{\varphi'_y(x_0,y_0)}\quad(\varphi'_y\neq 0),$$

于是

$$f'_x(x_0,y_0)-f'_y(x_0,y_0)\frac{\varphi'_x(x_0,y_0)}{\varphi'_y(x_0,y_0)}=0, \tag{2}$$

综上所述,可知(1),(2)式便是函数$f(x,y)$在约束条件$\varphi(x,y)=0$下,在点$P_0(x_0,y_0)$处取得极值的必要条件.若令

$$\frac{f'_y(x_0,y_0)}{\varphi'_y(x_0,y_0)}=-\lambda,$$

则这个必要条件就可写为

$$\begin{cases} f'_x(x_0,y_0)+\lambda\varphi'_x(x_0,y_0)=0, \\ f'_y(x_0,y_0)+\lambda\varphi'_y(x_0,y_0)=0, \\ \varphi(x_0,y_0)=0. \end{cases}$$

实际上,当 $\varphi'_x\neq 0$ 时,同样也可得出这个必要条件.

定理 3　设点 $P_0(x_0,y_0)\in\mathbf{R}^2$,函数 $f(x,y),\varphi(x,y)\in C^1(u(P_0))$,且 $\varphi'_x(x_0,y_0)$,$\varphi'_y(x_0,y_0)$ 不同时为零.若点 $P_0(x_0,y_0)$ 是函数 $f(x,y)$ 在条件 $\varphi(x,y)=0$ 下的极值点,则点 $M_0(x_0,y_0,\lambda)$ 必是拉格朗日函数 $F(x,y,\lambda)=f(x,y)+\lambda\varphi(x,y)$ 的驻点(其中 λ 称为拉格朗日乘数).

定理 3 告诉我们:欲求可微函数 $f(x,y)$ 在条件 $\varphi(x,y)=0$ 下的极值,只需构造拉格朗日函数 $F(x,y,\lambda)=f(x,y)+\lambda\varphi(x,y)$(其中待定参数 λ 为拉格朗日乘数),解方程组

$$\begin{cases} f'_x(x,y)+\lambda\varphi'_x(x,y)=0, \\ f'_y(x,y)+\lambda\varphi'_y(x,y)=0, \\ \varphi(x,y)=0. \end{cases}$$

求出拉格朗日函数 $F(x,y,\lambda)$ 的驻点 $M_i^0(x_i^0,y_i^0,\lambda)$,那么,点 $P_i^0(x_i^0,y_i^0)$ 就是函数 $f(x,y)$ 在条件 $\varphi(x,y)=0$ 下的极值可疑点.这种做法称为拉格朗日乘数法.

一般地,求 $n(n\geqslant 3)$ 元函数 $u=f(X)$ 在约束条件

$$\varphi_1(X)=0,\ \varphi_2(X)=0,\cdots,\varphi_m(X)=0\quad(m\leqslant n)$$

下的极值,可先构造拉格朗日函数 $F(X,\lambda_1,\lambda_2,\cdots,\lambda_m)=f(X)+\sum\limits_{i=1}^{m}\lambda_i\varphi_i(X)$,求出其驻点$(X_0,\lambda_1,\lambda_2,\cdots,\lambda_m)$,则点 X_0 便是问题的极值可疑点,然后,设法判定 X_0 是否确为函数的极值点.对于实际问题往往根据问题本身的性质就可确定 X_0 是不是函数的极值点.

例 7　求抛物面 $z=x^2+y^2$ 和平面 $x+y+z=1$ 的交线(椭圆)上的点到坐标原点的最长和最短距离.

解　设 $P(x,y,z)$ 为交线上的任意一点,则它到坐标原点的距离为

$$d=\sqrt{x^2+y^2+z^2},$$

且 P 满足两个曲面方程:$z=x^2+y^2$ 和 $x+y+z=1$,于是问题归结为求函数 $f(x,y,z)=\sqrt{x^2+y^2+z^2}$ 在条件 $x^2+y^2-z=0,x+y+z-1=0$ 下的有约束极值.

由于 $f(x,y,z)$ 与 $f^2(x,y,z)$ 同时达到极值,故设拉格朗日函数

$$F(x,y,z,\lambda_1,\lambda_2)=x^2+y^2+z^2+\lambda_1(x^2+y^2-z)+\lambda_2(x+y+z-1).$$

令

$$\begin{cases} F'_x=2x+2\lambda_1x+\lambda_2=0, \\ F'_y=2y+2\lambda_1y+\lambda_2=0, \\ F'_z=2z-\lambda_1+\lambda_2=0, \\ F'_{\lambda_1}=x^2+y^2-z=0, \\ F'_{\lambda_2}=x+y+z-1=0. \end{cases}$$

解得

$$x_1=y_1=\frac{1}{2}(-1+\sqrt{3}),\quad z_1=2-\sqrt{3};$$

$$x_2=y_2=\frac{1}{2}(-1-\sqrt{3}),\quad z_2=2+\sqrt{3}.$$

由于问题确实存在最大值和最小值，而这里恰好仅有两个可能的极值点，且

$$f(x_1,y_1,z_1)=\sqrt{9-5\sqrt{3}},\quad f(x_2,y_2,z_2)=\sqrt{9+5\sqrt{3}},$$

故两曲面交线上的点到坐标原点的最长距离为$\sqrt{9+5\sqrt{3}}$，最短距离为$\sqrt{9-5\sqrt{3}}$.

例 8　设曲线 L 的方程为 $\varphi(x,y)=0$，P 为曲线 L 外一点，而 PQ 为点 P 到曲线 L 的最短距离，证明 PQ 为曲线 L 在点 Q 处的法线.

证　设 P 与 Q 的坐标分别为(x_1,y_1)与(x_0,y_0)，则向量$\overrightarrow{PQ}=(x_0-x_1,y_0-y_1)$.

由一元函数导数的几何意义知，曲线 L 在点 Q 处的法线的斜率为$\dfrac{\varphi_y'(x_0,y_0)}{\varphi_x'(x_0,y_0)}$，即该法线的方向向量为 $\boldsymbol{n}=(\varphi_x'(x_0,y_0),\varphi_y'(x_0,y_0))$.

另一方面，设点 P 到曲线 L 上任意一点的距离为 d，则有 $d^2=(x-x_1)^2+(y-y_1)^2$（其中(x,y)为 L 上的点的坐标）.作拉格朗日函数

$$F(x,y,\lambda)=(x-x_1)^2+(y-y_1)^2+\lambda\varphi(x,y).$$

因为 PQ 是 P 到 L 的最短距离，所以 Q 的坐标满足条件

$$\begin{cases}F_x'=2(x-x_1)+\lambda\varphi_x'=0,\\F_y'=2(y-y_1)+\lambda\varphi_y'=0,\\\varphi(x,y)=0.\end{cases}$$

由前两式得

$$\begin{cases}2(x_0-x_1)+\lambda\varphi_x'(x_0,y_0)=0,\\2(y_0-y_1)+\lambda\varphi_y'(x_0,y_0)=0,\end{cases}$$

即

$$\frac{x_0-x_1}{\varphi_x'(x_0,y_0)}=\frac{y_0-y_1}{\varphi_y'(x_0,y_0)}=-\frac{\lambda}{2},$$

所以法线方向向量 $\boldsymbol{n}$ 平行于直线 PQ.而该法线与直线 PQ 都过点 Q，因而 PQ 即为曲线 L 在点 Q 处的法线.

例 9　某公司可通过电视和报纸两种方式做销售某种商品的广告，据统计资料显示：销售收入 r 万元与电视广告费用 x 万元及报纸广告费用 y 万元之间关系有经验公式

$$r=15+14x+32y-8xy-2x^2-10y^2.$$

（1）求广告费用不限时的最优广告策略.

（2）求广告费用限制为 1.5 万元时的最优广告策略.

解　（1）此时利润函数 $R=R(x,y)$ 为

$$\begin{aligned}R&=15+14x+32y-8xy-2x^2-10y^2-(x+y)\\&=15+13x+31y-8xy-2x^2-10y^2,\end{aligned}$$

由

$$\frac{\partial R}{\partial x}=-4x-8y+13=0,$$

$$\frac{\partial R}{\partial y}=-8x-20y+31=0,$$

解得 $x=0.75, y=1.25$,而

$$A=\frac{\partial^2 R}{\partial x^2}=-4,\quad B=\frac{\partial^2 R}{\partial x\partial y}=-8,\quad C=\frac{\partial^2 R}{\partial y^2}=-20,$$

$$B^2-AC=-16<0,$$

故 $R=R(x,y)$ 在 $(0.75,1.25)$ 处达最大值,即此时最优广告策略为:电视广告费用 0.75 万元,报纸广告费用 1.25 万元.

（2）这是求利润函数

$$R=15+13x+31y-8xy-2x^2-10y^2$$

在约束条件

$$x+y=1.5$$

下的有约束极值.作拉格朗日函数

$$F(x,y,\lambda)=15+13x+31y-8xy-2x^2-10y^2+\lambda(x+y-1.5),$$

解方程组

$$\begin{cases}\dfrac{\partial F}{\partial x}=-4x-8y+13+\lambda=0,\\ \dfrac{\partial F}{\partial y}=-8x-20y+31+\lambda=0,\\ \dfrac{\partial F}{\partial \lambda}=x+y-1.5=0,\end{cases}$$

有约束极值与最值

得 $x=0, y=1.5$.点 $(0,1.5)$ 为利润函数 $R(x,y)$ 的唯一驻点,故当广告费用1.5万元全部用于报纸广告可使利润最大,此即最优广告策略.

习题 3-3

1. 求下列函数的极值:

（1）$f(x,y)=(6x-x^2)(4y-y^2)$；　　（2）$f(x,y)=x^4+y^4-4a^2xy+8a^4$.

2. 求函数 $g(x,y)=x^2+y^2$ 在区域 $x^2+y^2\leqslant 1$ 上的最大值和最小值.

3. 在周长为 $2p$ 的一切三角形中,求出面积最大的三角形.

4. 求下列极值:

（1）函数 $z=x^2+y^2+1$ 的极值;

（2）函数 $z=x^2+y^2+1$ 在约束条件 $x+y=3$ 下的极值.

5. 说明第 4 题中(1),(2)两个极值的几何意义,并指出其差异.

6. 在半径为 a 的球内,求一个体积最大的内接长方体.

7. 从斜边长为 a 的一切直角三角形中,求有最大周长的直角三角形.

8. 将一个正数 a 分解成 n 个非负数之和，使其乘积最大，并由此证明当 $a_1>0$，$a_2>0,\cdots,a_n>0$时，有

$$\sqrt[n]{a_1a_2\cdots a_n}\leqslant\frac{a_1+a_2+\cdots+a_n}{n}.$$

9. 求由方程 $x^2+y^2+z^2-2x+2y-4z-10=0$ 所确定的函数 $z=f(x,y)$ 的极值.

10. 求周长为 $2a$ 的矩形绕其某一边旋转所得圆柱体体积最大时，矩形的面积及圆柱体的体积.

11. 已知三角形周长为 $2p$ cm，试求此三角形绕其某一边旋转时所构成的旋转体体积的最大值.

综合题三

1. 判断题（正确的结论打"√"，并给出简单证明；错误的结论打"×"，并举出反例）.

（1）若 $P(x_0,y_0)$ 是 $z=f(x,y)$ 的极值点，则必有 $\mathbf{grad}\,f(x_0,y_0)=\mathbf{0}$.

（2）若函数 $f(x,y)$ 在 (x_0,y_0) 没有极值，则也就没有有约束极值.

（3）若函数 $f(x,y)$ 在 (x_0,y_0) 沿任意直线都有极值，则 $f(x,y)$ 在该点有极值.

（4）设 $D\subset\mathbf{R}^2$ 是有界闭区域，函数 $f(x,y)\in C(D)$. 若函数 $f(x,y)$ 在 D 内只有唯一的极值点，且是极大值点，则此极大值点就是 $f(x,y)$ 在 D 上的最大值.

2. 填空题.

（1）曲线 $x=a\sin^2t,\ y=b\sin t\cos t,\ z=c\cos^2t$ 对应于 $t=\dfrac{\pi}{4}$ 处的切线方程为________.

（2）曲线 $y=x,z=x^2$ 在点 $P(1,1,1)$ 处的法平面方程为________.

（3）曲面 $x=u\cos v,y=u\sin v,z=\sqrt{2}v$ 在点 $M\left(1,\dfrac{\pi}{4}\right)$ 处的切平面方程为________.

（4）曲面 $xyz=a^3(a>0)$ 的切平面与坐标面所围成的四面体的体积为________.

（5）函数 $z=xy^2(1-x-y)$ 的极大值是________.

（6）点 $M(2,8)$ 到抛物线 $y^2=4x$ 的最短距离是________.

3. 选择题.

（1）设 $f(x,y)$ 在点 $(0,0)$ 处的偏导数 $f'_x(0,0)=3,f'_y(0,0)=1$，则下列命题成立的是（　　）.

（A）$\mathrm{d}f(0,0)=3\mathrm{d}x+\mathrm{d}y$

（B）$f(x,y)$ 在点 $(0,0)$ 的某邻域内必有定义

（C）曲线 $\begin{cases}z=f(x,y),\\y=0\end{cases}$ 在点 $(0,0)$ 处的切向量为 $\boldsymbol{i}+3\boldsymbol{k}$

(D) $\lim\limits_{\substack{x\to 0\\ y\to 0}} f(x,y)$ 必存在

(2) 通过曲面 $\Sigma: \mathrm{e}^{xyz}+x-y+z=3$ 上点 $M(1,0,1)$ 的切平面(　　).

(A) 通过 y 轴　　(B) 平行于 y 轴

(C) 垂直于 y 轴　　(D) A,B,C 都不对

(3) 已知 $f(x,y)$ 在点 $(0,0)$ 的某个邻域内连续,且 $\lim\limits_{\substack{x\to 0\\ y\to 0}} \dfrac{f(x,y)-(x^2+y^2)}{\sqrt{x^2+y^2}}=1$,则(　　).

(A) 点 $(0,0)$ 不是 $f(x,y)$ 的极值点

(B) 点 $(0,0)$ 是 $f(x,y)$ 的极大值点

(C) 点 $(0,0)$ 是 $f(x,y)$ 的极小值点

(D) 无法判断点 $(0,0)$ 是不是 $f(x,y)$ 的极值点

(4) 设 $f(x,y,z), g(x,y,z)$ 都有连续的偏导数,$M(x_0,y_0,z_0)$ 是有约束极值问题 $\begin{cases}\min f(x,y,z),\\ g(x,y,z)=0\end{cases}$ 的解,且 $f(x_0,y_0,z_0)=a$. 又设 Π_1,Π_2 分别是曲面 $\Sigma_1: f(x,y,z)=a$, $\Sigma_2: g(x,y,z)=0$ 在点 $M(x_0,y_0,z_0)$ 的切平面,则(　　).

(A) Π_1,Π_2 平行　　(B) Π_1,Π_2 重合

(C) Π_1,Π_2 垂直　　(D) Π_1,Π_2 既不垂直也不平行

4. 在曲线 $x=t, y=t^2, z=t^3$ 上求一点,使在该点的切线平行于平面 $x+2y+z-4=0$,并写出此切线方程.

5. 求曲线 $x^2+y^2+z^2-3x=0, 2x-3y+5z-4=0$ 在点 $(1,1,1)$ 处的切线与法平面方程.

6. 给定一平面光滑曲线 $\Gamma: x=x(t), y=y(t), a\leqslant t\leqslant b$. 点 $A(x_0,y_0)$ 不在 Γ 上,若 $B(x_1,y_1)$ 是曲线 Γ 上与点 A 距离最远或最近的点,并且不是曲线的端点,试证 $\overrightarrow{AB}$ 是曲线 Γ 在 B 点处的法向量.

7. 在柱面 $x^2+y^2=R^2$ 上求一曲线,使它通过点 $(R,0,0)$ 且在每点处的切向量与 x 轴、z 轴的夹角相等.

8. 求曲面 $x^2+2y^2+3z^2=21$ 的切平面方程,使其平行于平面 $x+4y+6z=0$.

9. 在椭球面 $\dfrac{x^2}{a^2}+\dfrac{y^2}{b^2}+\dfrac{z^2}{c^2}=1$ 上求一点,使椭球面在此点的法线与三个坐标轴的正向成等角.

10. 求球面 $x^2+y^2+z^2=14$ 上过直线 $x=y-7=-z$ 的切平面方程.

11. 求椭球面 $x^2+2y^2+z^2=1$ 的切平面方程,使其在三个坐标轴上的截距相等.

12. 求证曲面 $z=x+f(y-z)$ 上任一点处的切平面平行于某定直线.

13. 设函数 $z=z(x,y)$ 由方程 $4x^2+2y^2+3z^2-4xy-2yz-8=0$ 确定,试求 $z=z(x,y)$ 的极值点.

14. 求函数 $z=x^2+y^2-12x+16y$ 在有界闭区域 $x^2+y^2\leqslant 25$ 上的最大值和最小值.

15. 在椭球面 $2x^2+2y^2+z^2=1$ 上求一点,使函数 $f(x,y,z)=x^2+y^2+z^2$ 在该点处沿方向 $l=(1,-1,0)$ 的方向导数最大.

16. 扇形中心角 $\theta=60^\circ$,半径 $R=20$,如果将中心角增加 1°,为了使扇形面积仍然

不变,应把扇形半径减少多少?

17. 设四边形的各边长一定,分别为 a,b,c,d,问对角 θ 与 φ 具有什么关系时,此四边形面积最大?

18. 求 $\ln x+\ln y+3\ln z$ 在球面 $x^2+y^2+z^2=5r^2(x,y,z>0)$ 上的最大值,并利用此结果证明:对任意正数 a,b,c,有 $abc^3\leqslant 27\left(\dfrac{a+b+c}{5}\right)^3$.

19. 旋转抛物面 $z=x^2+y^2$ 与平面 $x+y+z=1$ 的交线是一个椭圆,求坐标原点与这个椭圆上的点的连线的最长和最短长度.

20. 设有一小山,取它的底面所在的平面为 xOy 面,其底部所占的区域为 $D=\{(x,y)\mid x^2+y^2-xy\leqslant 75\}$,小山的高度函数为 $h(x,y)=75-x^2-y^2+xy$.

综合题三
答案与提示

(1) 设 $M(x_0,y_0)$ 为区域 D 上一点,问 $h(x,y)$ 在该点沿平面上什么方向的方向导数最大?若记此方向导数的最大值为 $g(x_0,y_0)$,试写出 $g(x_0,y_0)$ 的表达式.

(2) 现欲利用此小山开展攀岩活动,为此需在山脚寻找一上山坡度最大的点作为攀登的起点,也就是说,要在 D 的边界线 $x^2+y^2-xy=75$ 上找出使(1)中的 $g(x,y)$ 达到最大值的点,试确定攀登起点的位置.

第四章

多元函数积分学

在一元函数微积分学中，我们运用分割—代替—求和—取极限的方法，建立了定积分的概念，并讨论了有关的计算方法.将这种思想推广到定义在区域、曲线及曲面上的多元函数中去，便可以得到重积分、曲线积分及曲面积分等多元函数积分学中的相关内容.本章将依次介绍这三种积分.

第一节　二 重 积 分

一、二重积分概念的导出背景

1. 曲顶柱体的体积

设在空间 $\mathbf{R}^3$ 中有一柱体 Ω，它的底是 xOy 面上的有界闭区域 D；它的侧面是以 D 的边界为准线而母线平行于 z 轴的柱面；它的顶是一个与每条平行于 z 轴的直线最多只有一个交点的曲面 Σ，其方程为 $z=f(x,y)$，$(x,y)\in D$，我们称这种柱体为曲顶柱体（如图 4-1）.

为方便起见，我们假定 $f(x,y)\geqslant 0$ 且 $f(x,y)\in C(D)$.

若柱体的顶部是平行于 xOy 面的平面，则它的体积可按下面的公式计算：

$$体积=底面积\times高.$$

对于曲顶柱体，当点 (x,y) 在 D 内变动时，高度 $z=f(x,y)$ 是变量，不能按照上面的公式来求其体积.

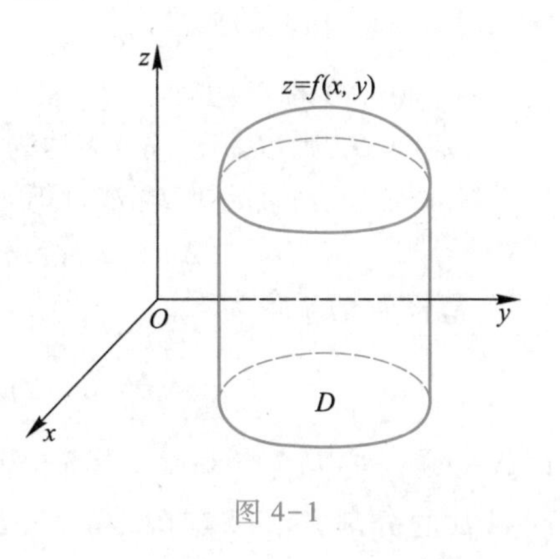

图 4-1

为了求出曲顶柱体 Ω 的体积 V，将 D 任意分割成 n 个无公共内点的小区域 $D_i\ (i=1,2,\cdots,n)$，其面积记为 $\Delta\sigma_i$.相应地，曲顶柱体 Ω 也被分成了 n 个以 D_i 为底，以曲面 $z=f(x,y)$，$(x,y)\in D_i$ 为顶，母线平行于 z 轴的小曲顶柱体 Ω_i，将小曲顶柱体的体积记为 $\Delta V_i\ (i=1,$

$2,\cdots,n)$. 于是 $V=\sum_{i=1}^{n}\Delta V_i$.

当每个小区域的直径 $d(D_i)$ 很小时（$d(D_i)$ 表示 D_i 中最远两点的距离，即 $d(D_i)=\max_{P,Q\in D_i}\|\overrightarrow{PQ}\|$），对同一个小区域 D_i 来说，$f(x,y)$ 的变化很小，每个小曲顶柱体可近似地看作相应的小平顶柱体，于是 $\forall(\xi_i,\eta_i)\in D_i$，则以 $f(\xi_i,\eta_i)$ 为高，以 D_i 为底的小平顶柱体的体积 $f(\xi_i,\eta_i)\Delta\sigma_i$ 就是 D_i 上小曲顶柱体体积的近似值，即

$$\Delta V_i\approx f(\xi_i,\eta_i)\Delta\sigma_i\quad(i=1,2,\cdots,n).$$

从而，曲顶柱体 Ω 的体积为

$$V=\sum_{i=1}^{n}\Delta V_i\approx\sum_{i=1}^{n}f(\xi_i,\eta_i)\Delta\sigma_i.$$

记 $\lambda=\max_{1\leqslant i\leqslant n}\{d(D_i)\}$（显然，当 $\lambda\to0$ 时，$n\to\infty$），若下面的极限存在且其值与对区域 D 的分割方法及点 $(\xi_i,\eta_i)\in D_i$ 的选取方式无关，则该极限值便是曲顶柱体 Ω 的体积 V，即

$$V=\lim_{\lambda\to0}\sum_{i=1}^{n}f(\xi_i,\eta_i)\Delta\sigma_i.$$

2. 平面薄板的质量

如何求一质量非均匀分布的平面薄板的质量 m？

将薄板置于 xOy 面上（如图 4-2），用 D 表示薄板所占据的平面有界闭区域，用 $\mu(x,y)$ 表示区域 D 中（即薄板上）点 (x,y) 处的面密度.

如果薄板是均匀的，即面密度为常数，则它的质量可按下面的公式计算：

$$质量=面密度\times面积.$$

对于非均匀薄板，当点 (x,y) 在 D 内变动时，面密度 $\mu(x,y)$ 是变量，不能按照上面的公式来求其质量.

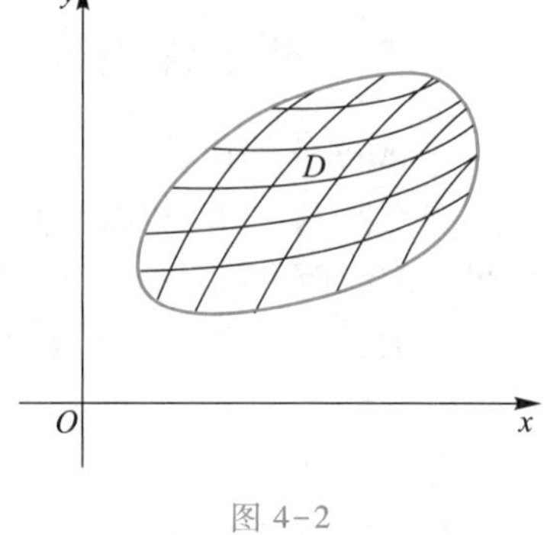

图 4-2

为了求出平面薄板的质量 m，将 D 任意分割成 n 个无公共内点的小区域 $D_i(i=1,2,\cdots,n)$，其面积记为 $\Delta\sigma_i$，相应的质量记为 Δm_i. 于是薄板的质量 $m=\sum_{i=1}^{n}\Delta m_i$，对同一个小区域 D_i 来说，$\mu(x,y)$ 的变化很小，故每个小区域上的质量可近似地看成是均匀分布的. $\forall(\xi_i,\eta_i)\in D_i$，则以 $\mu(\xi_i,\eta_i)$ 为均匀分布密度的小区域 D_i 上的质量 $\mu(\xi_i,\eta_i)\Delta\sigma_i$ 作为质量非均匀分布的小区域 D_i 上质量 Δm_i 的近似值，即

$$\Delta m_i\approx\mu(\xi_i,\eta_i)\Delta\sigma_i\quad(i=1,2,\cdots,n).$$

从而，薄板 D 的质量为

$$m=\sum_{i=1}^{n}\Delta m_i\approx\sum_{i=1}^{n}\mu(\xi_i,\eta_i)\Delta\sigma_i.$$

记 $\lambda=\max_{1\leqslant i\leqslant n}\{d(D_i)\}$（显然，当 $\lambda\to0$ 时，$n\to\infty$），若下面的极限存在且其值与对区域 D 的分割方法及点 $(\xi_i,\eta_i)\in D_i$ 的选取方式无关，则该极限值便是平面薄

板的质量 m,即

$$m=\lim_{\lambda\to 0}\sum_{i=1}^{n}\mu(\xi_i,\eta_i)\Delta\sigma_i.$$

以上两个问题的实际意义尽管不同,但解决问题的思想方法却是相同的,如果我们忽略问题的几何意义和物理意义,只注意解决问题过程的数学思想方法,就得到二元函数在有界闭区域上的积分概念.

二、二重积分的概念与性质

1. 二重积分的概念

定义　设 $z=f(x,y)$ 是定义在有界闭区域 $D\subset\mathbf{R}^2$ 上的有界函数.将区域 D 任意分割成 n 个没有公共内点的小区域 $D_i(i=1,2,\cdots,n)$,其相应的面积记为 $\Delta\sigma_i$. $\forall(x_i,y_i)\in D_i(i=1,2,\cdots,n)$,作和式

$$\sum_{i=1}^{n}f(x_i,y_i)\Delta\sigma_i. \tag{1}$$

以 $d(D_i)$ 表示小区域 D_i 的直径,如果当 $\lambda=\max\limits_{1\leqslant i\leqslant n}\{d(D_i)\}\to 0$ 时,和式(1)的极限

$$\lim_{\lambda\to 0}\sum_{i=1}^{n}f(x_i,y_i)\Delta\sigma_i$$

存在,并且极限值与对区域 D 的分割方法及点 (x_i,y_i) 的选取方式无关,则称二元函数 $f(x,y)$ 在区域 D 上是可积的,记为 $f(x,y)\in R(D)$,并称此极限值为函数 $f(x,y)$ 在区域 D 上的二重积分,记作 $\iint\limits_D f(x,y)\mathrm{d}\sigma$,即

$$\iint\limits_D f(x,y)\mathrm{d}\sigma=\lim_{\lambda\to 0}\sum_{i=1}^{n}f(x_i,y_i)\Delta\sigma_i,$$

其中 $\iint$ 为二重积分号,D 称为积分区域,$f(x,y)$ 称为被积函数,$\mathrm{d}\sigma$ 称为面积微元,x,y 称为积分变量,$\sum\limits_{i=1}^{n}f(x_i,y_i)\Delta\sigma_i$ 称为(二重)积分和.

由于二重积分定义中对有界闭区域 D 的分割是任意的,因此可以用平行于坐标轴的直线网来分割 D,此时的矩形闭区域的面积 $\Delta\sigma_i=\Delta x_i\Delta y_i$. 因此在直角坐标系中,也将面积微元 $\mathrm{d}\sigma$ 记作 $\mathrm{d}x\mathrm{d}y$,从而二重积分也写成 $\iint\limits_D f(x,y)\mathrm{d}x\mathrm{d}y$.

利用二重积分可以解决一些物理学、几何学、力学和工程技术中的问题.例如,前面讨论的曲顶柱体的体积可表示为 $V=\iint\limits_D f(x,y)\mathrm{d}\sigma$,质量非均匀分布的平面薄板的质量可表示为 $m=\iint\limits_D\mu(x,y)\mathrm{d}\sigma$.

与定积分类似,若函数 $f(x,y)\in C(D)$,则 $f(x,y)\in R(D)$;若 $f(x,y)$ 在区域 D 上有界,且仅在 D 内有限个点或有限条曲线上不连续,则 $f(x,y)\in R(D)$.

2. 二重积分的性质

从二重积分的定义方式可以看出,二重积分与定积分本质上是一致的,因此二重

积分具有与定积分类似的性质.由于这些性质容易运用极限的性质和运算法则进行证明,也容易从几何上获得解释,所以,我们仅叙述这些性质,而把证明留给读者.

性质 1　若 $f(x,y)\equiv 1$,则 $\iint\limits_D \mathrm{d}\sigma=|D|$,其中 $|D|$ 为有界闭区域 D 的面积.

性质 2(线性性质)　若 $f(x,y),g(x,y)\in R(D)$,又 $a,b\in\mathbf{R}$,则 $af(x,y)\pm bg(x,y)\in R(D)$,且

$$\iint\limits_D [af(x,y)\pm bg(x,y)]\mathrm{d}\sigma=a\iint\limits_D f(x,y)\mathrm{d}\sigma\pm b\iint\limits_D g(x,y)\mathrm{d}\sigma.$$

性质 3(对积分区域的可加性)　设 $D=D_1\cup D_2$,且 D_1 与 D_2 无公共内点,若 $f(x,y)\in R(D)$,则 $f(x,y)\in R(D_1)$, $f(x,y)\in R(D_2)$,且

$$\iint\limits_D f(x,y)\mathrm{d}\sigma=\iint\limits_{D_1} f(x,y)\mathrm{d}\sigma+\iint\limits_{D_2} f(x,y)\mathrm{d}\sigma.$$

性质 4(保号性)　设 $f(x,y)\in R(D)$,且 $f(x,y)\geqslant 0,(x,y)\in D$,则

$$\iint\limits_D f(x,y)\mathrm{d}\sigma\geqslant 0.$$

推论 1(保序性)　若 $f(x,y),g(x,y)\in R(D)$,且 $f(x,y)\leqslant g(x,y),(x,y)\in D$,则

$$\iint\limits_D f(x,y)\mathrm{d}\sigma\leqslant\iint\limits_D g(x,y)\mathrm{d}\sigma.$$

推论 2(绝对值不等式)　若 $f(x,y)\in R(D)$,则 $|f(x,y)|\in R(D)$,且

$$\left|\iint\limits_D f(x,y)\mathrm{d}\sigma\right|\leqslant\iint\limits_D |f(x,y)|\mathrm{d}\sigma.$$

性质 5(估值定理)　设 $f(x,y)\in R(D)$,且 $m\leqslant f(x,y)\leqslant M,(x,y)\in D$,则

$$m|D|\leqslant\iint\limits_D f(x,y)\mathrm{d}\sigma\leqslant M|D|,$$

其中 $|D|$ 为有界闭区域 D 的面积.

性质 6(积分中值定理)　设 $f(x,y)\in C(D)$,则至少存在一点 $(\xi,\eta)\in D$,使得

$$\iint\limits_D f(x,y)\mathrm{d}\sigma=f(\xi,\eta)|D|,$$

其中 $|D|$ 为有界闭区域 D 的面积.

证　因为 $f(x,y)$ 在有界闭区域 D 上连续,所以 $f(x,y)$ 在区域 D 上取到它的最大值 M 和最小值 m,且 $m\leqslant f(x,y)\leqslant M$,故由性质 5,得

$$m|D|\leqslant\iint\limits_D f(x,y)\mathrm{d}\sigma\leqslant M|D|,$$

即

$$m\leqslant\frac{1}{|D|}\iint\limits_D f(x,y)\mathrm{d}\sigma\leqslant M,$$

令 $\mu=\frac{1}{|D|}\iint\limits_D f(x,y)\mathrm{d}\sigma$(称为函数 $f(x,y)$ 在区域 D 上的平均值),则 $m\leqslant\mu\leqslant M$,由有界闭区域上连续函数的介值定理可知,在 D 上至少存在一点 (ξ,η),使得 $f(\xi,\eta)=\mu$,即

$$\iint\limits_D f(x,y)\,\mathrm{d}\sigma=f(\xi,\eta)\,|D|.$$

例 1　比较 $I_1=\iint\limits_D (x+y)^2\mathrm{d}\sigma$ 与 $I_2=\iint\limits_D (x+y)^3\mathrm{d}\sigma$ 的大小，其中 $D=\{(x,y)\mid(x-2)^2+(y-1)^2\leqslant 2\}$.

解　如图 4-3 所示，积分区域 D 位于直线 $x+y=1$ 的上方，故在 D 上 $x+y\geqslant 1$，从而

$$(x+y)^2\leqslant(x+y)^3,$$

由保号性得 $I_1\leqslant I_2$.

例 2　估计下列积分之值：

$$I=\iint\limits_D \frac{\mathrm{d}\sigma}{100+\cos^2x+\cos^2y},$$

其中 $D=\{(x,y)\mid |x|+|y|\leqslant 10\}$.

解　如图 4-4 所示，区域 D 的面积为 $|D|=(10\sqrt{2})^2=200$，且

$$\frac{1}{102}\leqslant\frac{1}{100+\cos^2x+\cos^2y}\leqslant\frac{1}{100},$$

由估值定理得 $\frac{200}{102}\leqslant I\leqslant\frac{200}{100}$，即 $1.96\leqslant I\leqslant 2$.

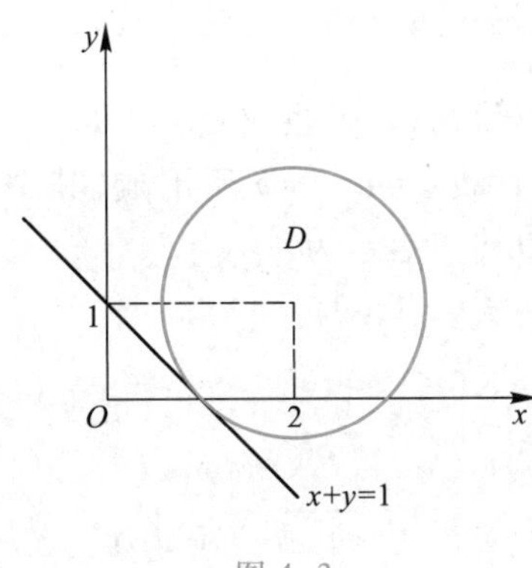

图 4-3

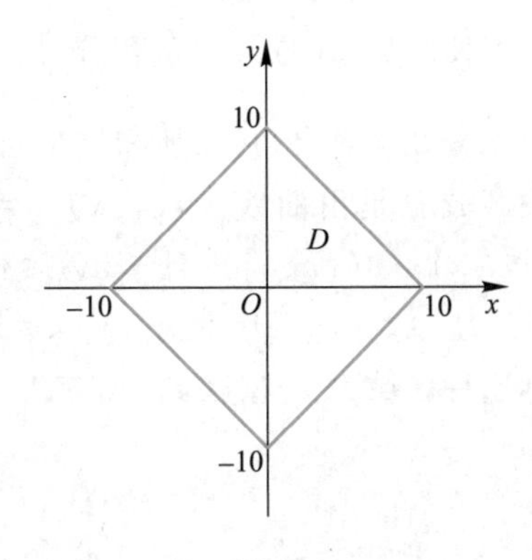

图 4-4

例 3　设 $f(x,y)$ 在 $D=\{(x,y)\mid(x-1)^2+(y-1)^2\leqslant\rho^2\}$ 上连续，求极限

$$\lim_{\rho\to 0}\frac{1}{\pi\rho^2}\iint\limits_D f(x,y)\,\mathrm{d}\sigma.$$

解　因为 $f(x,y)\in C(D)$，所以由积分中值定理可得，存在一点 $(\xi,\eta)\in D$，使得

$$\iint\limits_D f(x,y)\,\mathrm{d}\sigma=f(\xi,\eta)\,\pi\rho^2.$$

又当 $\rho\to 0$ 时，$(\xi,\eta)\to(1,1)$，从而

$$\lim_{\rho\to 0}\frac{1}{\pi\rho^2}\iint\limits_D f(x,y)\,\mathrm{d}\sigma=\lim_{\rho\to 0}\frac{1}{\pi\rho^2}f(\xi,\eta)\,\pi\rho^2=\lim_{\substack{\xi\to 1\\ \eta\to 1}}f(\xi,\eta)=f(1,1).$$

3. 二重积分的几何意义

从几何上看，当 $f(x,y)\geqslant 0$ 时，二重积分 $\iint\limits_D f(x,y)\,\mathrm{d}\sigma$ 就是以 D 为底，以 $z=f(x,y)$

为顶的曲顶柱体的体积 V. 当 $f(x,y)\leqslant 0$ 时,由二重积分的定义及极限的保号性可知,二重积分 $\iint\limits_D f(x,y)\,\mathrm{d}\sigma\leqslant 0$. 此时,以 D 为底,$z=f(x,y)$ 为顶的曲顶柱体位于 xOy 面的下方,其体积为 V,则 $\iint\limits_D f(x,y)\,\mathrm{d}\sigma=-V$. 一般说来,若函数 $f(x,y)$ 可在区域 D 中的某些小区域上非负,而在另一些小区域上非正,则 $f(x,y)$ 在区域 D 上的二重积分 $\iint\limits_D f(x,y)\,\mathrm{d}\sigma$ 就是这些小区域上的曲顶柱体体积的代数和:$f(x,y)\geqslant 0$ 的小区域上的体积前取"+"号,$f(x,y)\leqslant 0$ 的小区域上的体积前取"-"号. 这就是二重积分的几何意义.

例如,二重积分 $\iint\limits_{x^2+y^2\leqslant 1}\sqrt{1-x^2-y^2}\,\mathrm{d}\sigma$ 在几何上就是上半单位球体的体积,故其值为 $\dfrac{2}{3}\pi$.

三、二重积分的计算

1. 直角坐标系下二重积分的计算

为方便起见,在推导二重积分 $\iint\limits_D f(x,y)\,\mathrm{d}x\mathrm{d}y$ 的计算公式时,假定 $f(x,y)\geqslant 0$,而由二重积分几何意义可知,所得结果对一般可积函数 $f(x,y)$ 也成立.

设区域 D 是由曲线 $y=y_1(x)$, $y=y_2(x)$ 及直线 $x=a$, $x=b$ 所围成,其中 $a<b$, $y_1(x)$, $y_2(x)\in C([a,b])$,且 $y_1(x)\leqslant y_2(x)$,则 D 可以表示为

$$D=\{(x,y)\mid a\leqslant x\leqslant b, y_1(x)\leqslant y\leqslant y_2(x)\}.$$

我们称这种区域为 x-型区域(如图 4-5).

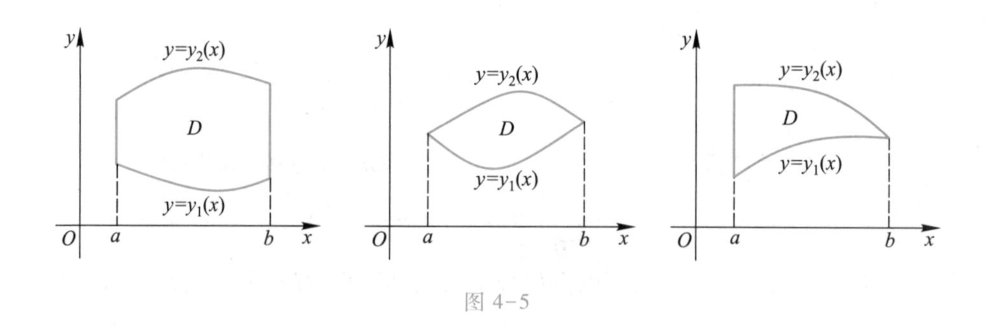

图 4-5

当 $f(x,y)\geqslant 0$ 时,按照二重积分的几何意义,$\iint\limits_D f(x,y)\,\mathrm{d}x\mathrm{d}y$ 的值等于以平面区域 D 为底,以曲面 $z=f(x,y)$ 为顶的曲顶柱体的体积. 我们可以按定积分中计算平行截面面积为已知的几何体体积的方法来求该曲顶柱体体积. 如图 4-6 所示,$\forall x_0\in(a,b)$,平面 $x=x_0$ 截此曲顶柱体得到一个以区间 $[y_1(x_0),y_2(x_0)]$ 为底,以曲线 $z=f(x_0,y)$ 为顶的曲边梯形,其面积为

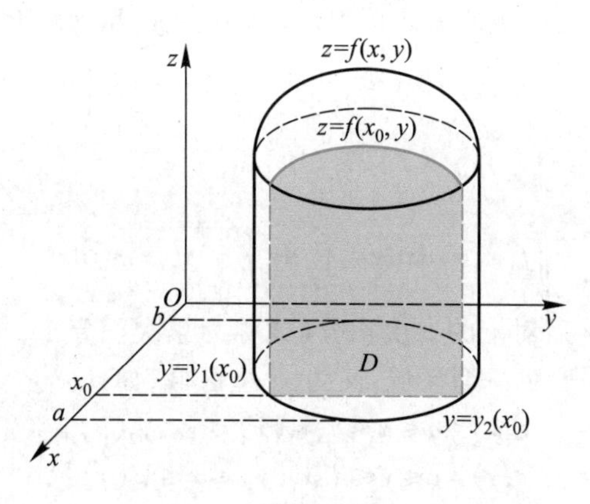

图 4-6

$$S(x_0)=\int_{y_1(x_0)}^{y_2(x_0)} f(x_0,y)\,\mathrm{d}y,$$

又由 x_0的任意性,运用定积分中计算平行截面面积为已知的几何体体积方法得该曲顶柱体体积

$$V=\int_a^b S(x)\,\mathrm{d}x=\int_a^b\left[\int_{y_1(x)}^{y_2(x)} f(x,y)\,\mathrm{d}y\right]\mathrm{d}x.$$

于是,当 D 为 x-型区域时,$D=\{(x,y)\mid a\leqslant x\leqslant b,y_1(x)\leqslant y\leqslant y_2(x)\}$,则

$$\iint_D f(x,y)\,\mathrm{d}x\mathrm{d}y=\int_a^b\left[\int_{y_1(x)}^{y_2(x)} f(x,y)\,\mathrm{d}y\right]\mathrm{d}x. \tag{2}$$

上式右端的积分称为先对 y 后对 x 的二次积分(或称为累次积分),即先将 x 看成常数,对 y 作定积分,然后把计算结果(是 x 的函数)再关于 x 计算定积分.习惯上,将(2)式写成

$$\iint_D f(x,y)\,\mathrm{d}x\mathrm{d}y=\int_a^b \mathrm{d}x\int_{y_1(x)}^{y_2(x)} f(x,y)\,\mathrm{d}y. \tag{3}$$

若区域 D 由曲线 $x=x_1(y)$,$x=x_2(y)$ 及直线 $y=c$,$y=d$ 围成,其中 $c<d$,$x_1(y)$,$x_2(y)\in C([c,d])$,且 $x_1(y)\leqslant x_2(y)$,则 D 可以表示为

$$D=\{(x,y)\mid c\leqslant y\leqslant d,x_1(y)\leqslant x\leqslant x_2(y)\}.$$

我们称这种区域为 y-型区域(如图 4-7).

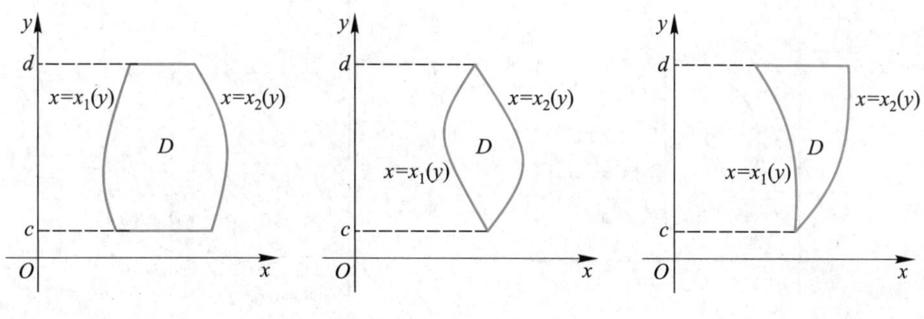

图 4-7

类似于上面对 x-型区域的做法可得出，当 D 为 y-型区域时，有

$$\iint\limits_D f(x,y)\,\mathrm{d}x\mathrm{d}y=\int_c^d\left[\int_{x_1(y)}^{x_2(y)}f(x,y)\,\mathrm{d}x\right]\mathrm{d}y,$$

习惯上写成

$$\iint\limits_D f(x,y)\,\mathrm{d}x\mathrm{d}y=\int_c^d\mathrm{d}y\int_{x_1(y)}^{x_2(y)}f(x,y)\,\mathrm{d}x. \tag{4}$$

(4)式右端称为先对 x 后对 y 的二次积分(或称为累次积分).

有些积分区域 D 既为 x-型区域，又为 y-型区域，如

$$\begin{aligned}D&=\{(x,y)\mid a\leqslant x\leqslant b,y_1(x)\leqslant y\leqslant y_2(x)\}\\&=\{(x,y)\mid c\leqslant y\leqslant d,x_1(y)\leqslant x\leqslant x_2(y)\},\end{aligned}$$

由公式(3)和(4)有

$$\iint\limits_D f(x,y)\,\mathrm{d}x\mathrm{d}y=\int_a^b\mathrm{d}x\int_{y_1(x)}^{y_2(x)}f(x,y)\,\mathrm{d}y=\int_c^d\mathrm{d}y\int_{x_1(y)}^{x_2(y)}f(x,y)\,\mathrm{d}x.$$

这样，二重积分化成二次积分时就有两种不同的积分次序供选择.是先对 x 积分好还是先对 y 积分好，往往要根据具体情况进行分析.积分次序的选择有时会影响计算的繁简，甚至还会影响到积分能否顺利进行.

还有一些积分区域既不是 x-型区域也不是 y-型区域，此时可将 D 分成若干个无公共内点的小区域，使得每一个小区域或是 x-型区域，或是 y-型区域(如图 4-8)，然后利用积分的可加性，便可求得这类区域上的二重积分，即

$$\iint\limits_D f(x,y)\,\mathrm{d}x\mathrm{d}y=\iint\limits_{D_1}f(x,y)\,\mathrm{d}x\mathrm{d}y+\iint\limits_{D_2}f(x,y)\,\mathrm{d}x\mathrm{d}y+\iint\limits_{D_3}f(x,y)\,\mathrm{d}x\mathrm{d}y.$$

例 4 计算二重积分 $\iint\limits_D(x+y)\,\mathrm{d}x\mathrm{d}y$，其中 D 是由曲线 $y=x^2$ 与 $y=x$ 所围成的区域.

解法 1 由图 4-9，D 可以表示为 x-型区域，即 $D=\{(x,y)\mid 0\leqslant x\leqslant 1,x^2\leqslant y\leqslant x\}$，于是，得

$$\begin{aligned}\iint\limits_D(x+y)\,\mathrm{d}x\mathrm{d}y&=\int_0^1\mathrm{d}x\int_{x^2}^x(x+y)\,\mathrm{d}y=\int_0^1\left(xy+\frac{1}{2}y^2\right)\Big|_{x^2}^x\mathrm{d}x\\&=\int_0^1\left(\frac{3}{2}x^2-x^3-\frac{1}{2}x^4\right)\mathrm{d}x=\frac{3}{20}.\end{aligned}$$

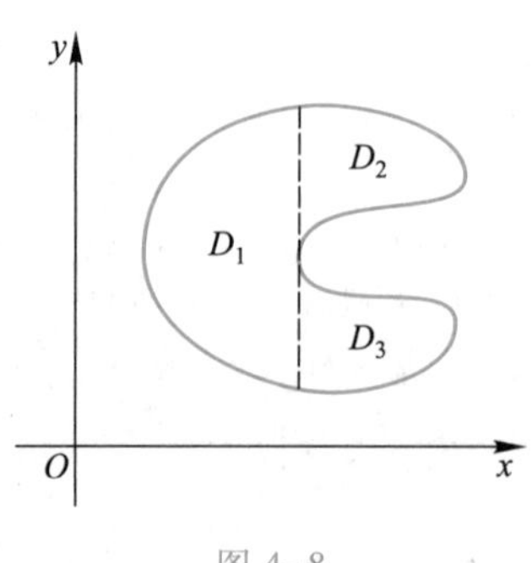

图 4-8

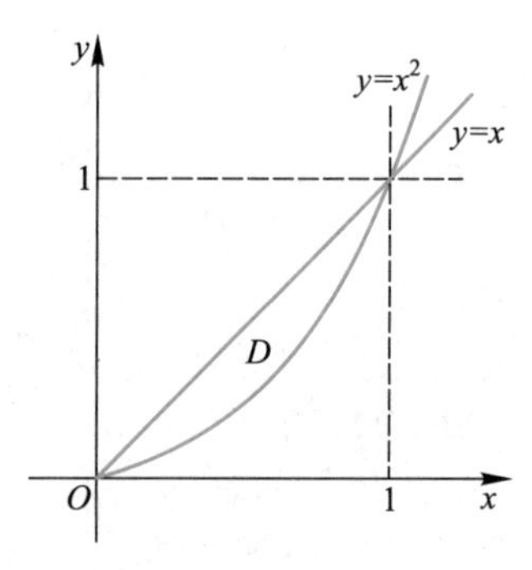

图 4-9

解法 2　由图 4-9,D 也可以表示为 y-型区域,即

$$D=\{(x,y)\mid 0\leqslant y\leqslant 1,y\leqslant x\leqslant\sqrt{y}\},$$

于是,得

$$\iint_D(x+y)\mathrm{d}x\mathrm{d}y=\int_0^1\mathrm{d}y\int_y^{\sqrt{y}}(x+y)\mathrm{d}x=\int_0^1\left(\frac{1}{2}x^2+xy\right)\Bigg|_y^{\sqrt{y}}\mathrm{d}y$$

$$=\int_0^1\left(\frac{1}{2}y+y^{\frac{3}{2}}-\frac{3}{2}y^2\right)\mathrm{d}y=\frac{3}{20}.$$

例 5　计算 $I=\iint\limits_D xy\mathrm{d}x\mathrm{d}y$,其中 D 是由抛物线 $y^2=x$ 与直线 $y=x-2$ 所围成的区域.

解　联立方程组

$$\begin{cases}y^2=x,\\ y=x-2,\end{cases}$$

解此方程组得 D 的两条边界曲线的交点为 $A(1,-1)$,$B(4,2)$.由图 4-10,D 可以表示为 y-型区域,即

$$D=\{(x,y)\mid -1\leqslant y\leqslant 2,y^2\leqslant x\leqslant y+2\}.$$

于是,得

$$I=\iint_D xy\mathrm{d}x\mathrm{d}y=\int_{-1}^2\mathrm{d}y\int_{y^2}^{y+2}xy\mathrm{d}x$$

$$=\int_{-1}^2 y\left(\frac{1}{2}x^2\Bigg|_{y^2}^{y+2}\right)\mathrm{d}y$$

$$=\int_{-1}^2 y\left[\frac{1}{2}(y+2)^2-\frac{1}{2}y^4\right]\mathrm{d}y=\frac{45}{8}.$$

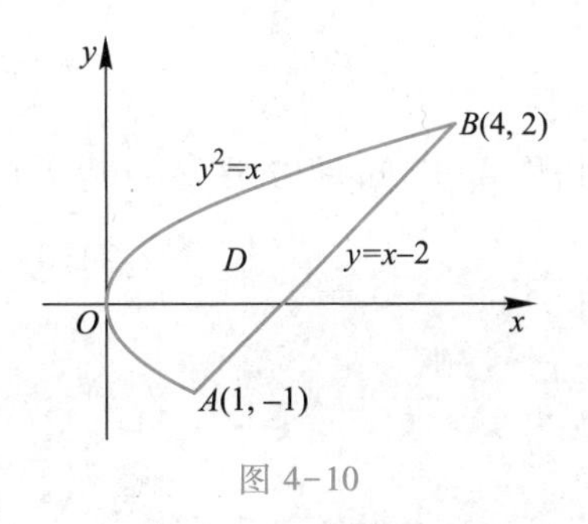

图 4-10

此题若选择先对 y 再对 x 的积分次序,则必须对 D 进行划分,用直线$x=1$将 D 分成两个区域 D_1 和 D_2,将它们分别表示成 x-型区域,即

$$D_1=\{(x,y)\mid 0\leqslant x\leqslant 1,-\sqrt{x}\leqslant y\leqslant\sqrt{x}\},$$

$$D_2=\{(x,y)\mid 1\leqslant x\leqslant 4,x-2\leqslant y\leqslant\sqrt{x}\},$$

则

$$I=\iint_D xy\mathrm{d}x\mathrm{d}y=\iint_{D_1}xy\mathrm{d}x\mathrm{d}y+\iint_{D_2}xy\mathrm{d}x\mathrm{d}y$$

$$=\int_0^1\mathrm{d}x\int_{-\sqrt{x}}^{\sqrt{x}}xy\mathrm{d}y+\int_1^4\mathrm{d}x\int_{x-2}^{\sqrt{x}}xy\mathrm{d}y=\frac{45}{8}.$$

例 6　计算 $I=\int_0^1 x^2\mathrm{d}x\int_x^1\mathrm{e}^{-y^2}\mathrm{d}y.$

解　由于 e^{-y^2} 的原函数不能用初等函数表示,因而无法按原积分次序进行计算,必须交换积分次序.

由原积分次序可知,积分区域 D 被表示为 x-型区域,即

$$D=\{(x,y)\mid 0\leqslant x\leqslant 1,x\leqslant y\leqslant 1\}.$$

它是由直线 $y=x,y=1$ 及 y 轴所围成(如图 4-11).

将 D 表示成 y-型区域,即

$$D=\{(x,y)\mid 0\leqslant y\leqslant 1,0\leqslant x\leqslant y\},$$

于是

$$\begin{aligned}
I&=\int_0^1 \mathrm{d}y\int_0^y x^2\mathrm{e}^{-y^2}\mathrm{d}x\\
&=\int_0^1 \mathrm{e}^{-y^2}\mathrm{d}y\int_0^y x^2\mathrm{d}x=\int_0^1 \mathrm{e}^{-y^2}\left(\frac{1}{3}x^3\Big|_0^y\right)\mathrm{d}y\\
&=\frac{1}{3}\int_0^1 y^3\mathrm{e}^{-y^2}\mathrm{d}y=\frac{1}{6}\int_0^1(-y^2\mathrm{e}^{-y^2})\mathrm{d}(-y^2)\\
&=\frac{1}{6}(-y^2-1)\mathrm{e}^{-y^2}\Big|_0^1=\frac{1}{6}-\frac{1}{3\mathrm{e}}.
\end{aligned}$$

例 7 计算二重积分 $\iint\limits_D |y-x^2|\mathrm{d}x\mathrm{d}y$,其中 D 为矩形区域:

$$D=\{(x,y)\mid -1\leqslant x\leqslant 1,0\leqslant y\leqslant 1\}.$$

解 因为

$$|y-x^2|=\begin{cases}y-x^2, & y\geqslant x^2,\\ x^2-y, & y<x^2,\end{cases}$$

由图 4-12 知,积分区域 D 应分成 D_1 和 D_2 两部分,于是

$$\begin{aligned}
\iint\limits_D |y-x^2|\mathrm{d}x\mathrm{d}y&=\iint\limits_{D_1}|y-x^2|\mathrm{d}x\mathrm{d}y+\iint\limits_{D_2}|y-x^2|\mathrm{d}x\mathrm{d}y\\
&=\iint\limits_{D_1}(y-x^2)\mathrm{d}x\mathrm{d}y+\iint\limits_{D_2}(x^2-y)\mathrm{d}x\mathrm{d}y.
\end{aligned}$$

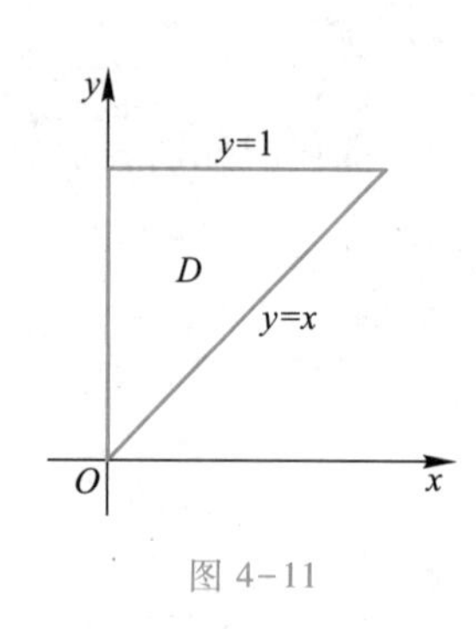

图 4-11

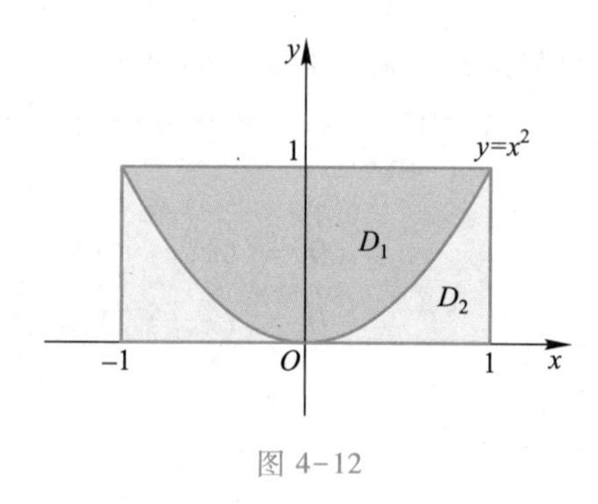

图 4-12

而

$$D_1=\{(x,y)\mid -1\leqslant x\leqslant 1,x^2\leqslant y\leqslant 1\},$$

$$D_2=\{(x,y)\mid -1\leqslant x\leqslant 1,0\leqslant y\leqslant x^2\},$$

所以

$$\begin{aligned}
\iint\limits_D |y-x^2|\mathrm{d}x\mathrm{d}y&=\int_{-1}^1\mathrm{d}x\int_{x^2}^1(y-x^2)\mathrm{d}y+\int_{-1}^1\mathrm{d}x\int_0^{x^2}(x^2-y)\mathrm{d}y\\
&=\int_{-1}^1\left(\frac{1}{2}y^2-x^2y\right)\Big|_{x^2}^1\mathrm{d}x+\int_{-1}^1\left(x^2y-\frac{1}{2}y^2\right)\Big|_0^{x^2}\mathrm{d}x
\end{aligned}$$

$$= \int_{-1}^{1}\left(\frac{1}{2}-x^2+x^4\right)\mathrm{d}x=\frac{11}{15}.$$

二重积分的对称性质

在定积分中，我们可利用 $f(x)$ 的奇偶性来求对称区间 $[-l,l]$ 上的定积分 $\int_{-l}^{l}f(x)\,\mathrm{d}x$. 在二重积分中也有类似结论.

例 8　计算二重积分 $I=\iint\limits_D(|x|+|y|)\,\mathrm{d}x\mathrm{d}y$，其中 $D=\{(x,y)\mid |x|+|y|\leqslant 1\}$.

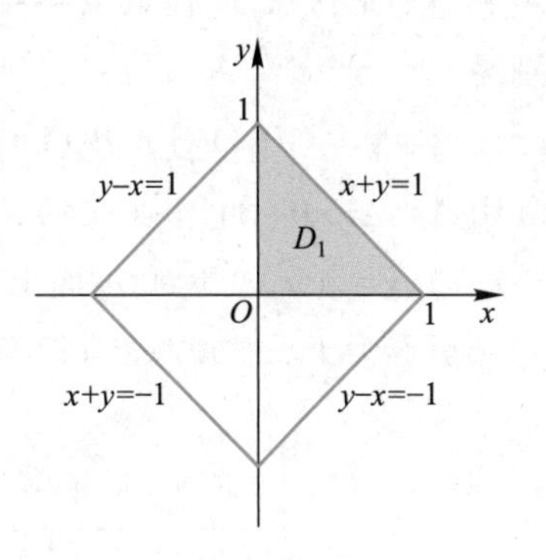

图 4-13

解　由于被积函数关于 x 和 y 均为偶函数，且积分区域关于 x 轴和 y 轴均对称（如图 4-13），故 $I=4\iint\limits_{D_1}(x+y)\,\mathrm{d}x\mathrm{d}y$，其中 $D_1=\{(x,y)\mid 0\leqslant x\leqslant 1, 0\leqslant y\leqslant 1-x\}$，从而

$$\begin{aligned}I&=4\int_0^1\mathrm{d}x\int_0^{1-x}(x+y)\,\mathrm{d}y\\&=4\int_0^1\left(xy+\frac{1}{2}y^2\right)\Big|_0^{1-x}\mathrm{d}x\\&=4\int_0^1\left[x(1-x)+\frac{1}{2}(1-x)^2\right]\mathrm{d}x\\&=2\int_0^1(1-x^2)\,\mathrm{d}x=\frac{4}{3}.\end{aligned}$$

2. 二重积分的换元法

将二重积分化为累次积分计算，既取决于积分区域的形状，又取决于被积函数的形式. 变量代换（简称变换）是一种规整积分区域的形状和改变被积函数的形式的重要方法.

直角坐标系下二重积分 $\iint\limits_D f(x,y)\,\mathrm{d}x\mathrm{d}y$ 形式上由被积函数 $f(x,y)$、积分区域 D 及面积微元 $\mathrm{d}x\mathrm{d}y$ 构成. 如果作变换 T：

$$x=x(u,v),\quad y=y(u,v),$$

则被积函数 $f(x,y)$ 将变成 $f(x(u,v),y(u,v))$；xOy 面上的有界闭区域 D 将变成 uOv 面上相应的有界闭区域 D^*，那么面积微元 $\mathrm{d}x\mathrm{d}y$ 会变成什么样子呢？

定理　设变换 $T:\begin{cases}x=x(u,v),\\y=y(u,v)\end{cases}$ 将 uOv 面上的有界闭区域 D^* 一一对应地变成了 xOy 面上相应的有界闭区域 D，且满足

（1）$x(u,v), y(u,v)\in C^1(D^*)$.

（2）$\dfrac{\partial(x,y)}{\partial(u,v)}=\begin{vmatrix}\dfrac{\partial x}{\partial u} & \dfrac{\partial x}{\partial v}\\ \dfrac{\partial y}{\partial u} & \dfrac{\partial y}{\partial v}\end{vmatrix}\neq 0,\quad (u,v)\in D^*.$

若 $f(x,y)\in R(D)$，则有

$$\iint\limits_{D} f(x,y)\,\mathrm{d}x\mathrm{d}y=\iint\limits_{D^*} f(x(u,v),y(u,v))\left|\frac{\partial(x,y)}{\partial(u,v)}\right|\mathrm{d}u\mathrm{d}v. \tag{5}$$

证　在 uOv 面上用两组分别平行于 u 轴与 v 轴的直线族将区域 D^* 任意分割成一些小矩形区域.现任取其中一个小矩形区域 ΔD^*，为方便起见，不妨设其顶点分别为

$$P_1'(u,v),P_2'(u+\Delta u,v),P_3'(u+\Delta u,v+\Delta v),P_4'(u,v+\Delta v),$$

其中 $\Delta u,\Delta v>0$（如图 4-14），则小矩形 ΔD^* 的面积为 $\Delta\sigma'=\Delta u\Delta v$.在变换 $T:x=x(u,v),y=y(u,v)$ 下，uOv 面上小矩形区域 ΔD^* 变成 xOy 面上的一个曲边四边形，其对应顶点为 $P_i(x_i,y_i)(i=1,2,3,4)$.

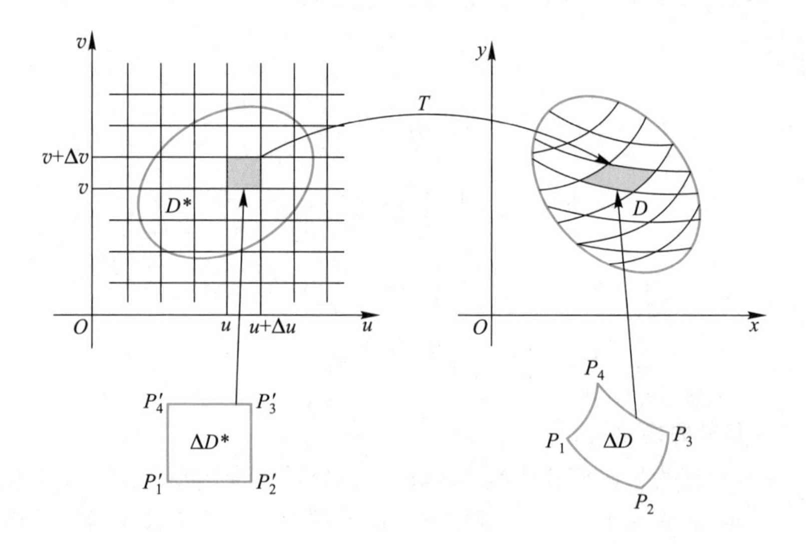

图 4-14

令 $\rho=\sqrt{(\Delta u)^2+(\Delta v)^2}$，由于 $x(u,v),y(u,v)\in C^1(D^*)$，故

$$x_2-x_1=x(u+\Delta u,v)-x(u,v)=\left.\frac{\partial x}{\partial u}\right|_{(u,v)}\Delta u+o(\rho),$$

$$x_4-x_1=x(u,v+\Delta v)-x(u,v)=\left.\frac{\partial x}{\partial v}\right|_{(u,v)}\Delta v+o(\rho).$$

同理，$y_2-y_1=\left.\dfrac{\partial y}{\partial u}\right|_{(u,v)}\Delta u+o(\rho)$，　$y_4-y_1=\left.\dfrac{\partial y}{\partial v}\right|_{(u,v)}\Delta v+o(\rho)$.

当 $\Delta u,\Delta v$ 很小时（即分割很细的情形），曲边四边形 $P_1P_2P_3P_4$ 的面积 $\Delta\sigma$ 可以用以向量 $\overrightarrow{P_1P_2}$ 和 $\overrightarrow{P_1P_4}$ 为邻边的平行四边形的面积近似，即

$$\Delta\sigma\approx\|\overrightarrow{P_1P_2}\times\overrightarrow{P_1P_4}\|=\left|\begin{vmatrix}x_2-x_1 & y_2-y_1\\ x_4-x_1 & y_4-y_1\end{vmatrix}\right|$$

$$\approx \left| \begin{vmatrix} \frac{\partial x}{\partial u}\Delta u & \frac{\partial y}{\partial u}\Delta u \\ \frac{\partial x}{\partial v}\Delta v & \frac{\partial y}{\partial v}\Delta v \end{vmatrix} \right| = \left| \begin{vmatrix} \frac{\partial x}{\partial u} & \frac{\partial y}{\partial u} \\ \frac{\partial x}{\partial v} & \frac{\partial y}{\partial v} \end{vmatrix} \right| \Delta u\Delta v = \left| \frac{\partial(x,y)}{\partial(u,v)} \right| \Delta u\Delta v.$$

因此面积微元的关系为

$$d\sigma = \left| \frac{\partial(x,y)}{\partial(u,v)} \right| dudv.$$

从而得到二重积分的换元公式

$$\iint\limits_{D} f(x,y)\,dxdy = \iint\limits_{D^*} f(x(u,v),y(u,v)) \left| \frac{\partial(x,y)}{\partial(u,v)} \right| dudv.$$

我们在这里指出，如果雅可比行列式$\frac{\partial(x,y)}{\partial(u,v)}$只在区域 D^* 内个别点或个别曲线上为零，而在其他地方不为零，那么定理的结论仍然成立. 此外，由第二章第六节例 7 知变换 $x=x(u,v)$，$y=y(u,v)$ 所确定的逆变换 $u=u(x,y)$，$v=v(x,y)$ 存在，且

$$\frac{\partial(u,v)}{\partial(x,y)} \cdot \frac{\partial(x,y)}{\partial(u,v)} = 1.$$

例 9 计算 $\iint\limits_{D} xy\,dxdy$，其中 D 是由曲线 $xy=1$，$xy=2$，$y=x$，$y=4x$ $(x>0,y>0)$ 所围成的区域(如图 4-15).

解 作变换 $T: u=xy, v=\frac{y}{x}$，则 $D^*=\{(u,v) \mid 1\leqslant u\leqslant 2, 1\leqslant v\leqslant 4\}$，且

$$\frac{\partial(x,y)}{\partial(u,v)} = \left[\frac{\partial(u,v)}{\partial(x,y)}\right]^{-1} = \left(\begin{vmatrix} \frac{\partial u}{\partial x} & \frac{\partial u}{\partial y} \\ \frac{\partial v}{\partial x} & \frac{\partial v}{\partial y} \end{vmatrix} \right)^{-1} = \left(\begin{vmatrix} y & x \\ -\frac{y}{x^2} & \frac{1}{x} \end{vmatrix} \right)^{-1} = \frac{x}{2y} = \frac{1}{2v},$$

于是

$$\iint\limits_{D} xy\,dxdy = \iint\limits_{D^*} \frac{u}{2v}dudv = \int_1^2 du \int_1^4 \frac{u}{2v}dv$$

$$= \frac{1}{2}\int_1^2 u\,du \int_1^4 \frac{1}{v}dv = \frac{3}{2}\ln 2.$$

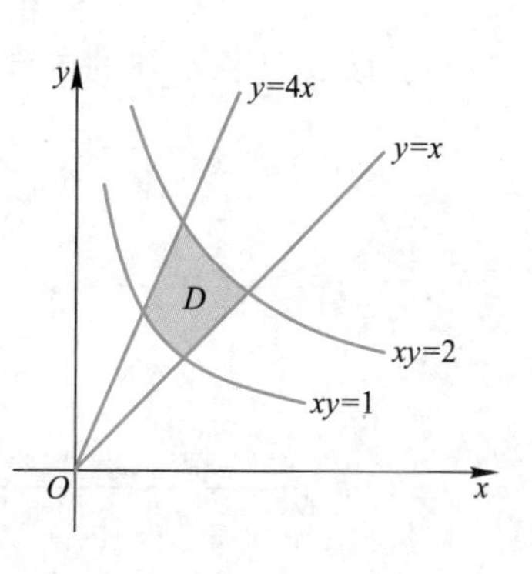

图 4-15

例 10 求由直线 $x+y=p$，$x+y=q$，$y=ax$，$y=bx$ 所围成的区域 D 的面积，其中$0<p<q$，$0<a<b$.

解 作变换 $T: u=x+y, v=\frac{y}{x}$，则 D 变成 $D^*=\{(u,v) \mid p\leqslant u\leqslant q, a\leqslant v\leqslant b\}$，且

$$\frac{\partial(x,y)}{\partial(u,v)}=\left[\frac{\partial(u,v)}{\partial(x,y)}\right]^{-1}=\left(\begin{vmatrix}1 & 1\\ -\frac{y}{x^2} & \frac{1}{x}\end{vmatrix}\right)^{-1}=\frac{x^2}{x+y},$$

因为$(1+v)^2=\frac{(x+y)^2}{x^2}$,所以$\left|\frac{\partial(x,y)}{\partial(u,v)}\right|=\left|\frac{x^2}{x+y}\right|=\frac{u}{(1+v)^2}$,故 D 的面积为

$$S=\iint_D \mathrm{d}x\mathrm{d}y=\iint_{D^*}\left|\frac{\partial(x,y)}{\partial(u,v)}\right|\mathrm{d}u\mathrm{d}v$$

$$=\int_a^b\frac{\mathrm{d}v}{(1+v)^2}\int_p^q u\mathrm{d}u=\frac{1}{2}\frac{(b-a)(q^2-p^2)}{(1+a)(1+b)}.$$

3. 极坐标系下二重积分的计算

除了直角坐标系外,常用的另一种坐标系就是极坐标系,点的直角坐标与极坐标之间的关系为 $x=r\cos\theta,y=r\sin\theta$,其中 $0\leqslant r<+\infty,0\leqslant\theta\leqslant2\pi$(或$-\pi\leqslant\theta\leqslant\pi$).

设二重积分 $\iint_D f(x,y)\mathrm{d}x\mathrm{d}y$ 的积分区域 D 经变换 $T:x=r\cos\theta,y=r\sin\theta$变成极坐标系下的区域 D^*.由于

$$\frac{\partial(x,y)}{\partial(r,\theta)}=\begin{vmatrix}\cos\theta & -r\sin\theta\\ \sin\theta & r\cos\theta\end{vmatrix}=r,$$

故由二重积分换元法得到

$$\iint_D f(x,y)\mathrm{d}x\mathrm{d}y=\iint_{D^*}f(r\cos\theta,r\sin\theta)r\mathrm{d}r\mathrm{d}\theta. \tag{6}$$

(6)式就是极坐标系下二重积分的表示形式.我们仍然可将它化成累次积分来计算,但需要根据积分区域的形状来确定积分限.

(1) 极点在区域 D 的边界上(如图 4-16).

设 D 是由两条射线 $y=k_1x,y=k_2x$ 及曲线 $y=f(x)$ 围成,射线和曲线的极坐标方程分别为 $\theta=\alpha,\theta=\beta(\alpha<\beta)$ 和 $r=r(\theta)$. 称 D 为曲边三角形(或曲边扇形). 此时,D 中点的最小极角为 α,最大极角为 β. 或者说,D 中任一点 P 的极角 θ 满足$\alpha\leqslant\theta\leqslant\beta$,其极径 r 满足 $0\leqslant r\leqslant r(\theta)$,从而 $D^*=\{(r,\theta)\mid 0\leqslant r\leqslant r(\theta),\alpha\leqslant\theta\leqslant\beta\}$,且

$$\iint_D f(x,y)\mathrm{d}x\mathrm{d}y=\int_\alpha^\beta\mathrm{d}\theta\int_0^{r(\theta)}f(r\cos\theta,r\sin\theta)r\mathrm{d}r.$$

(2) 极点在区域 D 的内部(如图 4-17).

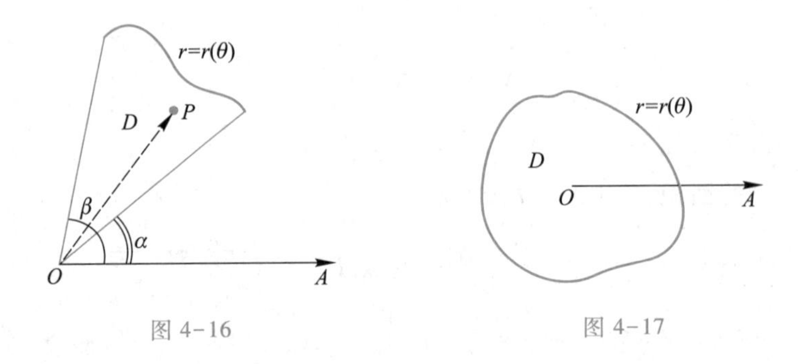

图 4-16　　图 4-17

设 D 的边界曲线的极坐标方程为 $r=r(\theta)$，这相当于图 4-16 中 $\alpha=0,\beta=2\pi$ 的情形，从而 $D^*=\{(r,\theta)\mid 0\leqslant r\leqslant r(\theta),0\leqslant\theta\leqslant 2\pi\}$，且

$$\iint_D f(x,y)\,\mathrm{d}x\mathrm{d}y=\int_0^{2\pi}\mathrm{d}\theta\int_0^{r(\theta)}f(r\cos\theta,r\sin\theta)r\mathrm{d}r.$$

(3) 极点在区域 D 的外部(如图 4-18).

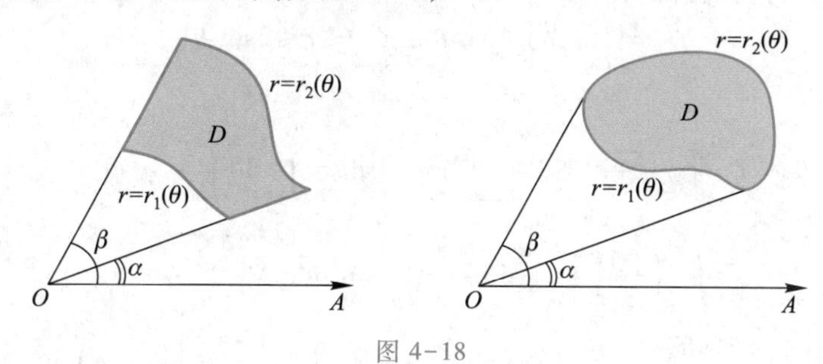

图 4-18

设 D 由两条射线 $\theta=\alpha,\theta=\beta(\alpha<\beta)$ 和两条曲线 $r=r_1(\theta),r=r_2(\theta)(r_1(\theta)\leqslant r_2(\theta))$ 围成. D 可看作由两个曲边三角形相减而成. 若记 D_1 为由 $\theta=\alpha,\theta=\beta$ 和 $r=r_1(\theta)$ 围成的曲边三角形，D_2 为由 $\theta=\alpha,\theta=\beta$ 和 $r=r_2(\theta)$ 围成的曲边三角形，则 $D=D_2-D_1$. 由积分性质及(1)的结论，有

$$\begin{aligned}\iint_D f(x,y)\,\mathrm{d}x\mathrm{d}y&=\iint_{D_2}f(x,y)\,\mathrm{d}x\mathrm{d}y-\iint_{D_1}f(x,y)\,\mathrm{d}x\mathrm{d}y\\&=\int_\alpha^\beta\mathrm{d}\theta\int_{r_1(\theta)}^{r_2(\theta)}f(r\cos\theta,r\sin\theta)r\mathrm{d}r.\end{aligned}$$

即 $D^*=\{(r,\theta)\mid r_1(\theta)\leqslant r\leqslant r_2(\theta),\alpha\leqslant\theta\leqslant\beta\}$，且

$$\iint_D f(x,y)\,\mathrm{d}x\mathrm{d}y=\int_\alpha^\beta\mathrm{d}\theta\int_{r_1(\theta)}^{r_2(\theta)}f(r\cos\theta,r\sin\theta)r\mathrm{d}r.$$

在计算二重积分时，是否利用极坐标，应根据积分区域 D 与被积函数的形式来决定. 一般地，当积分区域是圆域或圆域的一部分，或者区域 D 的边界方程由极坐标方程表示较为简单，或者被积函数为 $f(x^2+y^2)$，$f\left(\dfrac{x}{y}\right)$ 等形式时，用极坐标计算二重积分往往比较方便.

例 11　计算 $\iint\limits_D \mathrm{e}^{x^2+y^2}\mathrm{d}x\mathrm{d}y$，其中 $D=\{(x,y)\mid 1\leqslant x^2+y^2\leqslant 4\}$.

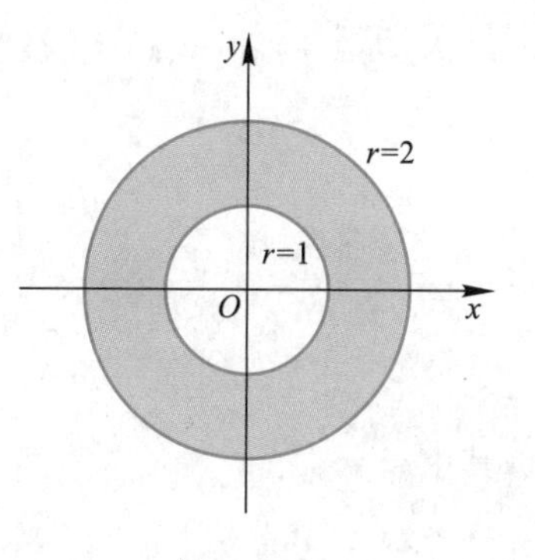

图 4-19

解　积分区域 D 为中心在原点的圆环(如图 4-19). 运用极坐标变换：$x=r\cos\theta,y=r\sin\theta$，则 D 变为

$$D^*=\{(r,\theta)\mid 0\leqslant\theta\leqslant 2\pi,1\leqslant r\leqslant 2\},$$

于是

$$\iint_D\mathrm{e}^{x^2+y^2}\mathrm{d}x\mathrm{d}y=\iint_{D^*}\mathrm{e}^{r^2}r\mathrm{d}r\mathrm{d}\theta=\int_0^{2\pi}\mathrm{d}\theta\int_1^2 r\mathrm{e}^{r^2}\mathrm{d}r=\pi(\mathrm{e}^4-\mathrm{e}).$$

此题若直接用直角坐标计算，将遇到 e^{x^2} 的原函数不能

用初等函数表示的困难,即所谓"积不出来".

例 12　计算 $I=\iint\limits_D \sqrt{x^2+y^2}\,\mathrm{d}x\mathrm{d}y$,其中 D 是由圆 $x^2+y^2=2y$ 所围成的闭区域(如图 4-20).

解　圆的极坐标方程为 $r=2\sin\theta$,区域 D^* 可以表示为

$$D^*=\{(r,\theta)\mid 0\leqslant\theta\leqslant\pi,0\leqslant r\leqslant 2\sin\theta\},$$

于是

$$\begin{aligned}I&=\iint\limits_D\sqrt{x^2+y^2}\,\mathrm{d}x\mathrm{d}y=\iint\limits_{D^*}r\cdot r\mathrm{d}r\mathrm{d}\theta=\int_0^{\pi}\mathrm{d}\theta\int_0^{2\sin\theta}r^2\mathrm{d}r\\&=\int_0^{\pi}\left(\frac{r^3}{3}\right)\Bigg|_0^{2\sin\theta}\mathrm{d}\theta=\frac{8}{3}\int_0^{\pi}\sin^3\theta\mathrm{d}\theta\\&=\frac{8}{3}\int_0^{\pi}(\cos^2\theta-1)\mathrm{d}(\cos\theta)=\frac{8}{3}\left(\frac{1}{3}\cos^3\theta-\cos\theta\right)\Bigg|_0^{\pi}\\&=\frac{8}{3}\times\frac{4}{3}=\frac{32}{9}.\end{aligned}$$

例 13　计算 $I=\iint\limits_D\frac{\mathrm{d}x\mathrm{d}y}{(a^2+x^2+y^2)^{3/2}}$,其中 $D=\{(x,y)\mid 0\leqslant x\leqslant a,0\leqslant y\leqslant a\}$(如图 4-21).

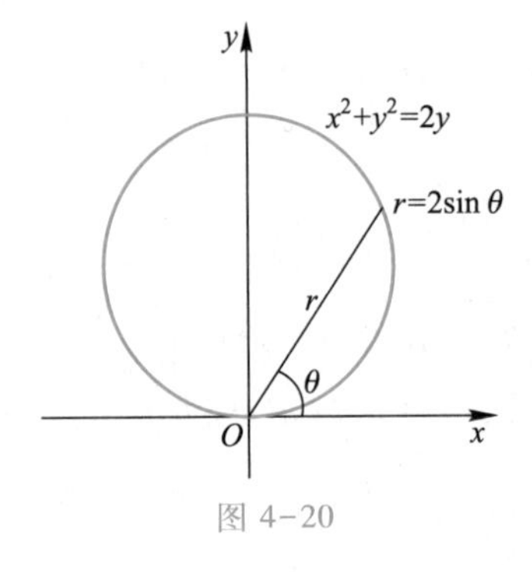

图 4-20

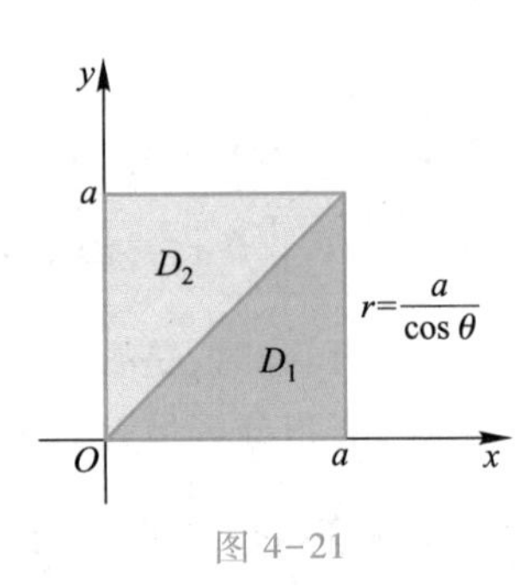

图 4-21

典型例题 二重积分的计算

解　用极坐标计算此积分.首先注意到 D 关于直线 $y=x$ 对称,且在关于 $y=x$ 的对称点 (x,y) 和 (y,x) 上,被积函数 $f(x,y)=\frac{1}{(a^2+x^2+y^2)^{3/2}}$ 满足 $f(y,x)=f(x,y)$,故

$$\begin{aligned}I&=\iint\limits_{D_1}\frac{\mathrm{d}x\mathrm{d}y}{(a^2+x^2+y^2)^{3/2}}+\iint\limits_{D_2}\frac{\mathrm{d}x\mathrm{d}y}{(a^2+x^2+y^2)^{3/2}}\\&=2\iint\limits_{D_1}\frac{\mathrm{d}x\mathrm{d}y}{(a^2+x^2+y^2)^{3/2}},\end{aligned}$$

其中

$$D_1=\{(x,y)\mid 0\leqslant x\leqslant a,0\leqslant y\leqslant x\}.$$

于是,由极坐标积分法,有

$$I=2\iint_{D_1}\frac{\mathrm{d}x\mathrm{d}y}{(a^2+x^2+y^2)^{3/2}}=2\int_0^{\frac{\pi}{4}}\mathrm{d}\theta\int_0^{\frac{a}{\cos\theta}}\frac{r\mathrm{d}r}{(a^2+r^2)^{3/2}}$$

$$=2\int_0^{\frac{\pi}{4}}\left(\frac{1}{a}-\frac{\cos\theta}{a\sqrt{2-\sin^2\theta}}\right)\mathrm{d}\theta=\frac{\pi}{6a}.$$

习题 4-1

1. 利用重积分的几何意义求下列积分值：

(1) $\iint\limits_D\sqrt{R^2-x^2-y^2}\,\mathrm{d}\sigma, D=\{(x,y)\mid x^2+y^2\leqslant R^2\}$；

(2) $\iint\limits_D 2\mathrm{d}\sigma, D=\{(x,y)\mid x+y\leqslant 1, y-x\leqslant 1, y\geqslant 0\}$.

2. 计算下列积分：

(1) $\iint\limits_D \mathrm{e}^{x+y}\mathrm{d}\sigma, D=\{(x,y)\mid |x|\leqslant 1, |y|\leqslant 1\}$；

(2) $\iint\limits_D x^2y\mathrm{d}x\mathrm{d}y$，$D$ 是由直线 $y=1, x=2$ 及 $y=x$ 所围成的区域；

(3) $\iint\limits_D x\cos(x+y)\mathrm{d}x\mathrm{d}y$，$D$ 是以点 $(0,0)$，$(\pi,0)$ 和 (π,π) 为顶点的三角形区域；

(4) $\int_0^1\int_{\sqrt{y}}^1 \mathrm{e}^{x^3}\mathrm{d}x\mathrm{d}y$；

(5) $\iint\limits_D \frac{1}{y}\sin y\mathrm{d}x\mathrm{d}y$，$D$ 是由 $y^2=\frac{\pi}{2}x$ 与 $y=x$ 所围成的区域.

3. 改变下列二次积分的积分顺序：

(1) $\int_0^1\mathrm{d}x\int_x^{\sqrt{x}}f(x,y)\mathrm{d}y$；

(2) $\int_0^1\mathrm{d}x\int_0^x f(x,y)\mathrm{d}y+\int_1^2\mathrm{d}x\int_0^{2-x}f(x,y)\mathrm{d}y$.

4. 利用极坐标计算下列二重积分或二次积分：

(1) $\iint\limits_D(4-x-y)\mathrm{d}x\mathrm{d}y$，其中 D 是圆域 $x^2+y^2\leqslant R^2$；

(2) $\iint\limits_D\sqrt{4a^2-x^2-y^2}\,\mathrm{d}x\mathrm{d}y$，其中 D 为上半圆域 $x^2+y^2\leqslant 2ax$；

(3) $\iint\limits_D \arctan\frac{y}{x}\mathrm{d}x\mathrm{d}y$，其中区域 D 是由圆 $x^2+y^2=4$，$x^2+y^2=1$ 及直线 $y=0$，$y=x$ 所围成的第一象限内的部分；

(4) $\int_0^1\mathrm{d}x\int_0^{\sqrt{2ax-x^2}}(x^2+y^2)\mathrm{d}y$.

5. 选择适当的坐标系计算下列二重积分：

(1) $\iint\limits_D \sqrt{\frac{1-x^2-y^2}{1+x^2+y^2}}\mathrm{d}x\mathrm{d}y$，其中 D 是由圆周 $x^2+y^2=1$ 及坐标轴所围成的在第一象限内的区域；

(2) $\iint\limits_D (x^2+y^2)\mathrm{d}x\mathrm{d}y$，其中 D 是由直线 $y=x, y=x+a, y=a$ 及 $y=3a$ 所围成的区域，其中 $a>0$.

6. 已知区域 D 是由抛物线 $y^2=px, y^2=qx(0<p<q)$ 与双曲线 $xy=a, xy=b(0<a<b)$ 所围成，试求 D 的面积 A.

7. 利用广义极坐标变换：$x=ar\cos\theta, y=br\sin\theta(r\geqslant 0, 0\leqslant\theta\leqslant 2\pi, a>0, b>0)$ 计算二重积分 $\iint\limits_D x^2\mathrm{d}x\mathrm{d}y$，其中 D 为椭圆区域 $\frac{x^2}{a^2}+\frac{y^2}{b^2}\leqslant 1$.

8. 设 $f(x)\in C([a,b])$，证明：$2\int_a^b \mathrm{d}x\int_a^x (x-y)f(y)\mathrm{d}y=\int_a^b (b-y)^2 f(y)\mathrm{d}y$.

第二节　三重积分

一、三重积分的概念与性质

1. 非均匀立体状物体的质量

将一要求质量的非均匀立体状物体置于空间 $\mathbf{R}^3$ 内，用 Ω 表示在直角坐标系下物体所占据的有界闭区域；用 $\mu(x,y,z)$ 表示 Ω 中点 (x,y,z) 处的体密度.

如果物体是均匀的，即体密度为常数，则物体的质量可按下面的公式计算：

$$\text{质量}=\text{体密度}\times\text{体积}.$$

对于非均匀的物体，当点 (x,y,z) 在 Ω 内变动时，体密度 $\mu(x,y,z)$ 是变量，不能按照上面的公式来求其质量.

为了求出物体的质量 m，将 Ω 任意分割成 n 个无公共内点的小区域 $\Omega_i(i=1,2,\cdots,n)$，其相应的体积记为 Δv_i. 当区域 Ω_i 的直径 $d(\Omega_i)$ 很小时，相应的体密度 $\mu(x,y,z),(x,y,z)\in\Omega_i$ 的变化也很小. $\forall(x_i,y_i,z_i)\in\Omega_i(i=1,2,\cdots,n)$，则 Ω_i 的质量 $\Delta m_i\approx\mu(x_i,y_i,z_i)\Delta v_i$，显然，对 Ω 分割得越细，和式 $\sum\limits_{i=1}^n\mu(x_i,y_i,z_i)\Delta v_i$ 就越接近立体 Ω 的质量，记 $\lambda=\max\limits_{1\leqslant i\leqslant n}\{d(\Omega_i)\}$，如果下列极限存在，且极限值与对区域 Ω 的分割方法及点 $(x_i,y_i,z_i)\in\Omega_i$ 的选取方式无关，则该极限值便是立体 Ω 的质量 m，即

$$m=\lim_{\lambda\to 0}\sum_{i=1}^n\mu(x_i,y_i,z_i)\Delta v_i.$$

与二重积分情形一样，忽略问题的物理意义，则可得出如下的三重积分定义.

2. 三重积分的概念与性质

定义　设 $\Omega\subset\mathbf{R}^3$ 为有界闭区域，$f(x,y,z)$ 是定义在 Ω 上的有界函数. 将区域 Ω

任意分割成 n 个无公共内点的小区域 $\Omega_i(i=1,2,\cdots,n)$，并用 Δv_i 表示小区域 Ω_i 的体积，$\forall(x_i,y_i,z_i)\in\Omega_i(i=1,2,\cdots,n)$，作和式 $\sum\limits_{i=1}^{n}f(x_i,y_i,z_i)\Delta v_i$，并记 $\lambda=\max\limits_{1\leqslant i\leqslant n}\{\Omega_i$ 的直径$\}$. 如果极限

$$\lim_{\lambda\to 0}\sum_{i=1}^{n}f(x_i,y_i,z_i)\Delta v_i$$

存在，且极限值与对区域 Ω 的分割方法及点 $(x_i,y_i,z_i)\in\Omega_i$ 的选取方式无关，则称函数 $f(x,y,z)$ 在区域 Ω 上可积，记为 $f(x,y,z)\in R(\Omega)$，并称此极限值为函数 $f(x,y,z)$ 在区域 Ω 上的三重积分，记为 $\iiint\limits_{\Omega}f(x,y,z)\,\mathrm{d}v$，即

$$\iiint\limits_{\Omega}f(x,y,z)\,\mathrm{d}v=\lim_{\lambda\to 0}\sum_{i=1}^{n}f(x_i,y_i,z_i)\Delta v_i.$$

其中 $\mathrm{d}v$ 称为体积微元，Ω 称为积分区域，$\iiint$ 称为三重积分号，$f(x,y,z)$ 称为被积函数，$f(x,y,z)\,\mathrm{d}v$ 称为被积表达式.

与二重积分类似，在直角坐标系中，三重积分也可以写成

$$\iiint\limits_{\Omega}f(x,y,z)\,\mathrm{d}x\mathrm{d}y\mathrm{d}z.$$

利用三重积分也可以解决一些物理学、几何学、力学和工程技术中的问题. 例如，前面讨论的非均匀分布立体的质量可表示为 $m=\iiint\limits_{\Omega}\mu(x,y,z)\,\mathrm{d}v$.

三重积分的性质

类似地，如果函数 $f(x,y,z)\in C(\Omega)$，则 $f(x,y,z)\in R(\Omega)$；如果 $f(x,y,z)$ 在区域 Ω 上有界，且仅在 Ω 内有限个点或有限条曲线或有限张曲面上不连续，则 $f(x,y,z)\in R(\Omega)$.

三重积分的性质（包括对称性质）与二重积分的性质类似，只需在叙述上作相应改变即可，故在此不再赘述.

二、三重积分的计算

三重积分也是化为累次积分后运用定积分来进行计算. 下面我们将给出三重积分在某些条件下的计算公式，这些公式的证明思想、方法与二重积分中相应情形类似，故不再一一进行证明.

1. 直角坐标系下三重积分的计算

设 $\Omega\subset\mathbf{R}^3$ 是一有界闭区域，其形状是一个柱体（如图 4-22）. 此柱体的母线平行于 z 轴，下底和上底分别是定义在 D_{xy} 上的曲面，即

$$z=z_1(x,y),z=z_2(x,y),\quad (x,y)\in D_{xy},$$

其中 $z_1(x,y),z_2(x,y)\in C(D)$，不妨假设 $z_1(x,y)\leqslant z_2(x,y)$；$D_{xy}$ 为区域 Ω 在 xOy 面上的投影，则区域 Ω 可表示为

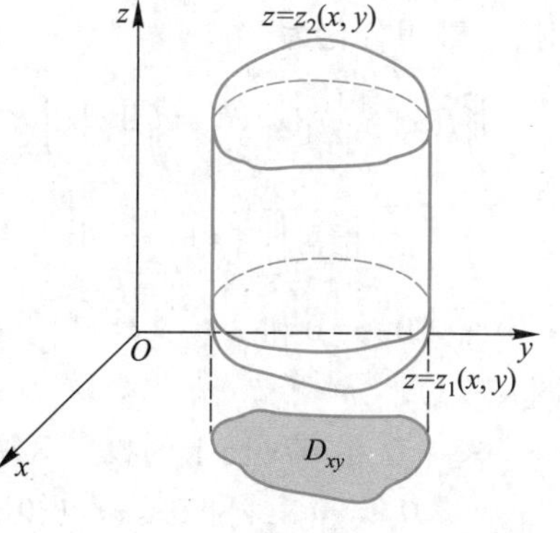

图 4-22

$$\Omega=\{(x,y,z)\mid z_1(x,y)\leqslant z\leqslant z_2(x,y),(x,y)\in D_{xy}\}.$$

此时,与本章第一节关于直角坐标系下二重积分化为累次积分的推导类似,可得到下述结论:如果 $f(x,y,z)\in R(\Omega)$,则三重积分可以化为累次积分,即

$$\iiint_{\Omega}f(x,y,z)\,\mathrm{d}x\mathrm{d}y\mathrm{d}z=\iint_{D_{xy}}\left[\int_{z_1(x,y)}^{z_2(x,y)}f(x,y,z)\,\mathrm{d}z\right]\mathrm{d}x\mathrm{d}y,$$

通常将上式写成

$$\iiint_{\Omega}f(x,y,z)\,\mathrm{d}x\mathrm{d}y\mathrm{d}z=\iint_{D_{xy}}\mathrm{d}x\mathrm{d}y\int_{z_1(x,y)}^{z_2(x,y)}f(x,y,z)\,\mathrm{d}z.\tag{1}$$

在(1)式中,如果 D_{xy} 是 x-型区域,即

$$D_{xy}=\{(x,y)\mid a\leqslant x\leqslant b,y_1(x)\leqslant y\leqslant y_2(x)\},$$

则三重积分可化为

$$\iiint_{\Omega}f(x,y,z)\,\mathrm{d}x\mathrm{d}y\mathrm{d}z=\int_a^b\mathrm{d}x\int_{y_1(x)}^{y_2(x)}\mathrm{d}y\int_{z_1(x,y)}^{z_2(x,y)}f(x,y,z)\,\mathrm{d}z.\tag{2}$$

在(1)式中,如果 D_{xy} 是 y-型区域,即

$$D_{xy}=\{(x,y)\mid c\leqslant y\leqslant d,x_1(y)\leqslant x\leqslant x_2(y)\},$$

则三重积分可化为

$$\iiint_{\Omega}f(x,y,z)\,\mathrm{d}x\mathrm{d}y\mathrm{d}z=\int_c^d\mathrm{d}y\int_{x_1(y)}^{x_2(y)}\mathrm{d}x\int_{z_1(x,y)}^{z_2(x,y)}f(x,y,z)\,\mathrm{d}z.\tag{3}$$

由(2)和(3)式可知,在直角坐标系下,三重积分可化为三次定积分(称为累次积分)计算.

根据 Ω 的几何形状,也可选择将 Ω 往 yOz 面或者往 zOx 面上投影,这时按上述方法仍是将三重积分化为相应的一次定积分和一个二重积分,最终化为连续三次定积分计算,只不过积分的顺序有所不同而已.

例如,当区域 Ω 可表示为

$$\Omega=\{(x,y,z)\mid y_1(x,z)\leqslant y\leqslant y_2(x,z),(x,z)\in D_{zx}\}$$

时,三重积分化为

$$\iiint_{\Omega}f(x,y,z)\,\mathrm{d}x\mathrm{d}y\mathrm{d}z=\iint_{D_{xz}}\mathrm{d}x\mathrm{d}z\int_{y_1(x,z)}^{y_2(x,z)}f(x,y,z)\,\mathrm{d}y;$$

而当区域 Ω 可表示为

$$\Omega=\{(x,y,z)\mid x_1(y,z)\leqslant x\leqslant x_2(y,z),(y,z)\in D_{yz}\}$$

时,三重积分化为

$$\iiint_{\Omega}f(x,y,z)\,\mathrm{d}x\mathrm{d}y\mathrm{d}z=\iint_{D_{yz}}\mathrm{d}y\mathrm{d}z\int_{x_1(y,z)}^{x_2(y,z)}f(x,y,z)\,\mathrm{d}x.$$

例 1　计算 $\iiint\limits_{\Omega}(x+y+z)\,\mathrm{d}x\mathrm{d}y\mathrm{d}z$,其中 Ω 是由平面 $x=0,y=0,z=0$ 和 $x+y+z=1$ 所围成的四面体(如图 4-23).

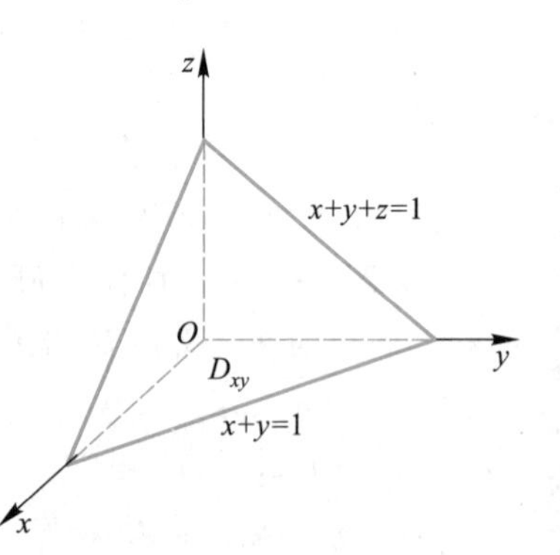

图 4-23

解　Ω 在 xOy 面上的投影区域为

$$D_{xy}=\{(x,y)\mid 0\leqslant x\leqslant 1,0\leqslant y\leqslant 1-x\},$$

Ω 的底部曲面和顶部曲面的方程分别为

$$z=0,\quad z=1-x-y,$$

因此

$$\iiint_{\Omega} x\mathrm{d}x\mathrm{d}y\mathrm{d}z=\iint_{D_{xy}}\mathrm{d}x\mathrm{d}y\int_0^{1-x-y}x\mathrm{d}z=\int_0^1\mathrm{d}x\int_0^{1-x}\mathrm{d}y\int_0^{1-x-y}x\mathrm{d}z$$

$$=\int_0^1\mathrm{d}x\int_0^{1-x}x(1-x-y)\mathrm{d}y=\frac{1}{2}\int_0^1 x(1-x)^2\mathrm{d}x=\frac{1}{24}.$$

类似地,可得

$$\iiint_{\Omega} y\mathrm{d}x\mathrm{d}y\mathrm{d}z=\iiint_{\Omega} z\mathrm{d}x\mathrm{d}y\mathrm{d}z=\frac{1}{24}.$$

于是

$$\iiint_{\Omega}(x+y+z)\mathrm{d}x\mathrm{d}y\mathrm{d}z=3\iiint_{\Omega} x\mathrm{d}x\mathrm{d}y\mathrm{d}z=\frac{1}{8}.$$

例 2　计算 $I=\iiint_{\Omega} y\mathrm{d}x\mathrm{d}y\mathrm{d}z$,其中 Ω 是球面 $x^2+y^2+z^2=a^2$ 与锥面 $y=\sqrt{x^2+z^2}$ 所围成的区域,其中 $a>0$.

解　由图 4-24 可知,Ω 的下底为曲面 $y=\sqrt{x^2+z^2}$,上底为曲面 $y=\sqrt{a^2-x^2-z^2}$,且 Ω 在 xOz 面上的投影区域为

$$D_{xz}=\left\{(x,z)\ \middle|\ x^2+z^2\leqslant\frac{1}{2}a^2\right\},$$

在极坐标变换 $x=r\cos\theta, z=r\sin\theta$ 下,D_{xz} 表示为

$$\left\{(r,\theta)\ \middle|\ 0\leqslant\theta\leqslant 2\pi, 0\leqslant r\leqslant\frac{a}{\sqrt{2}}\right\},$$

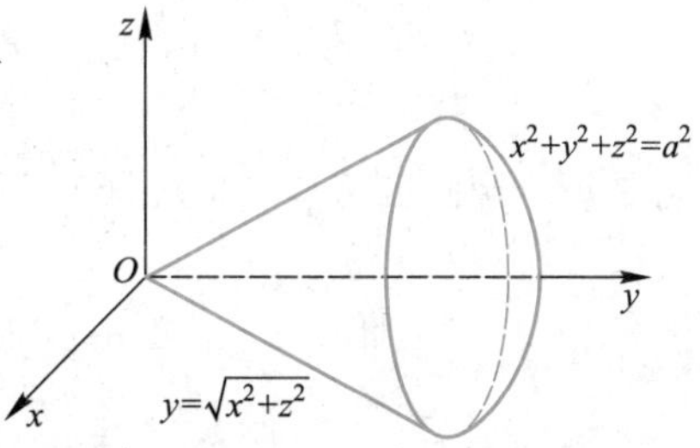

图 4-24

因此

$$I=\iint_{D_{xz}}\mathrm{d}x\mathrm{d}z\int_{\sqrt{x^2+z^2}}^{\sqrt{a^2-x^2-z^2}}y\mathrm{d}y=\frac{1}{2}\int_0^{2\pi}\mathrm{d}\theta\int_0^{\frac{a}{\sqrt{2}}}(a^2-2r^2)r\mathrm{d}r$$

$$=\pi\int_0^{\frac{a}{\sqrt{2}}}(a^2-2r^2)r\mathrm{d}r=\frac{\pi}{8}a^4.$$

前面计算三重积分是先算一个定积分,然后再算一个二重积分,我们称此方法为"先一后二"法.容易想到,计算三重积分也可先算一个二重积分,再算一个定积分,我们称之为"先二后一"法.

设有界闭区域 $\Omega\subset\mathbf{R}^3$ 满足:$\forall(x,y,z)\in\Omega$,有 $c\leqslant z\leqslant d$,其中 c,d 为常数.过点 $(x,y,z)\in\Omega$ 作平行于 xOy 面的平面,该平面截 Ω 得到一截面,此截面的形状、大小与 z 有关,记作 D_z(如图 4-25),这时三重积分可以化为先在区域 D_z 上,以 x,y 为积分变量(z 看作常数)求二重积分,再在 $[c,d]$ 上,以 z 为积分变量求定积分的形式,即

$$\iiint_{\Omega} f(x,y,z)\mathrm{d}v=\int_c^d\mathrm{d}z\iint_{D_z}f(x,y,z)\mathrm{d}x\mathrm{d}y.\tag{4}$$

例 3　计算三重积分 $\iiint_{\Omega} z^2\mathrm{d}v$,其中 Ω 为椭球面 $\frac{x^2}{a^2}+\frac{y^2}{b^2}+\frac{z^2}{c^2}=1$ 所围成的区域(如图 4-26).

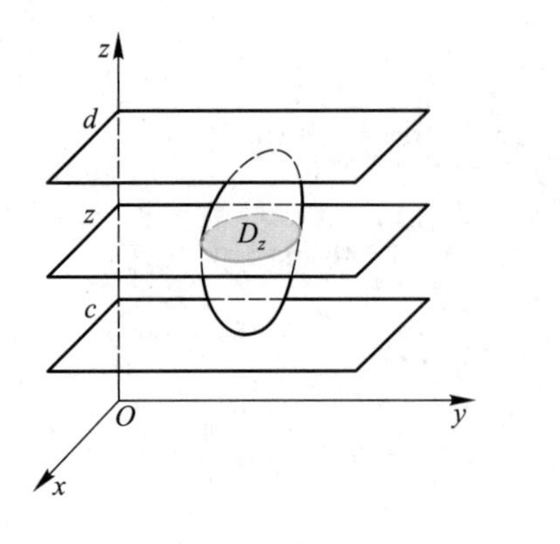

图 4-25

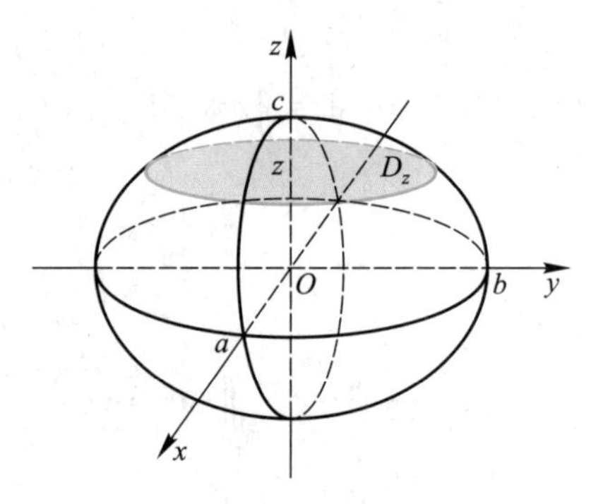

图 4-26

解 $\forall z\in(-c,c)$，相应地有平面区域

$$D_z=\left\{(x,y)\left|\frac{x^2}{a^2\left(1-\frac{z^2}{c^2}\right)}+\frac{y^2}{b^2\left(1-\frac{z^2}{c^2}\right)}\leqslant 1\right.\right\},$$

它是一个椭圆区域(如图 4-26)，其面积为 $\pi ab\left(1-\frac{z^2}{c^2}\right)$. 于是

$$\iiint\limits_{\Omega} z^2\mathrm{d}v=\int_{-c}^{c}z^2\mathrm{d}z\iint\limits_{D_z}\mathrm{d}x\mathrm{d}y=\int_{-c}^{c}\pi abz^2\left(1-\frac{z^2}{c^2}\right)\mathrm{d}z=\frac{4}{15}\pi abc^3.$$

例 4 计算三重积分 $I=\iiint\limits_{\Omega}(x^2+y^2)\mathrm{d}v$，其中 Ω 是曲线 $y^2=2z,x=0$ 绕 z 轴旋转一周而成的曲面与平面 $z=2,z=8$ 所围成的立体.

解 由图 4-27 知，$\forall z\in(2,8)$，相应地有平面区域

$$D_z=\{(x,y)\mid x^2+y^2\leqslant 2z\}$$
$$=\{(r,\theta)\mid 0\leqslant\theta\leqslant 2\pi,0\leqslant r\leqslant\sqrt{2z}\}.$$

因此

$$I=\int_2^8\mathrm{d}z\iint\limits_{D_z}(x^2+y^2)\mathrm{d}x\mathrm{d}y=\int_2^8\mathrm{d}z\int_0^{2\pi}\mathrm{d}\theta\int_0^{\sqrt{2z}}r^3\mathrm{d}r$$
$$=\int_2^8 2\pi z^2\mathrm{d}z=336\pi.$$

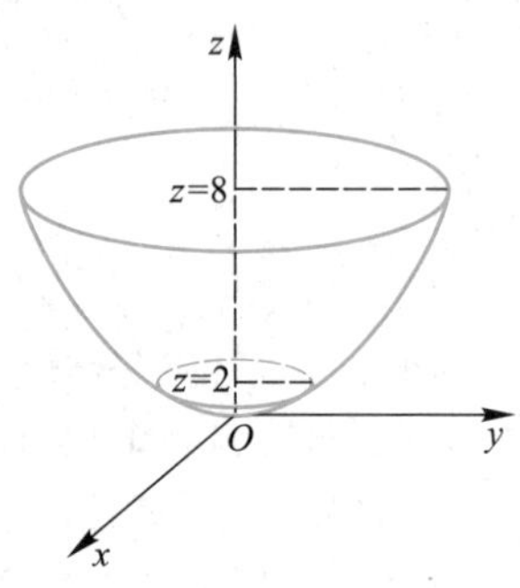

图 4-27

由例 3、例 4 可以看出，在有些问题上，用“先二后一”法比用“先一后二”法计算三重积分更简单.

2. 三重积分的换元法

在本章第一节中我们介绍了二重积分的换元法，三重积分也有类似结果.

定理 设变换 $T:x=x(u,v,w),y=y(u,v,w),z=z(u,v,w)$ 将空间 $Ouvw$ 中的有界闭区域 Ω^* 变成空间 $Oxyz$ 中的相应区域 Ω，且满足

(1) $x(u,v,w),y(u,v,w),z(u,v,w)\in C^1(\Omega^*)$.

$$(2)\ \frac{\partial(x,y,z)}{\partial(u,v,w)}=\begin{vmatrix}\frac{\partial x}{\partial u} & \frac{\partial x}{\partial v} & \frac{\partial x}{\partial w}\\ \frac{\partial y}{\partial u} & \frac{\partial y}{\partial v} & \frac{\partial y}{\partial w}\\ \frac{\partial z}{\partial u} & \frac{\partial z}{\partial v} & \frac{\partial z}{\partial w}\end{vmatrix}\neq 0,(u,v,w)\in\Omega^*.$$

若函数 $f(x,y,z)\in R(\Omega)$，则有

$$\iiint_{\Omega}f(x,y,z)\mathrm{d}x\mathrm{d}y\mathrm{d}z$$
$$=\iiint_{\Omega^*}f(x(u,v,w),y(u,v,w),z(u,v,w))\left|\frac{\partial(x,y,z)}{\partial(u,v,w)}\right|\mathrm{d}u\mathrm{d}v\mathrm{d}w.$$

证明从略.

如果雅可比行列式$\frac{\partial(x,y,z)}{\partial(u,v,w)}$仅在 Ω^* 内个别点或个别曲线或个别曲面上为零，而在其他地方不为零，则上述定理的结论仍然成立. 此外，由第二章第六节例 7 知，在定理的条件下，有

$$\frac{\partial(x,y,z)}{\partial(u,v,w)}\cdot\frac{\partial(u,v,w)}{\partial(x,y,z)}=1.$$

例 5　计算 $\iiint_{\Omega}(x+y+z)\cos(x+y+z)^2\mathrm{d}x\mathrm{d}y\mathrm{d}z$，其中

$$\Omega=\{(x,y,z)\mid 0\leqslant x-y\leqslant 1,0\leqslant x-z\leqslant 1,0\leqslant x+y+z\leqslant 1\}.$$

解　作变换 $T:u=x-y,v=x-z,w=x+y+z$，则有

$$\Omega^*=\{(u,v,w)\mid 0\leqslant u\leqslant 1,0\leqslant v\leqslant 1,0\leqslant w\leqslant 1\},$$

且

$$\frac{\partial(x,y,z)}{\partial(u,v,w)}=\left[\frac{\partial(u,v,w)}{\partial(x,y,z)}\right]^{-1}=\left(\begin{vmatrix}1 & -1 & 0\\ 1 & 0 & -1\\ 1 & 1 & 1\end{vmatrix}\right)^{-1}=\frac{1}{3},$$

因此

$$\iiint_{\Omega}(x+y+z)\cos(x+y+z)^2\mathrm{d}x\mathrm{d}y\mathrm{d}z=\frac{1}{3}\iiint_{\Omega^*}w\cos w^2\mathrm{d}u\mathrm{d}v\mathrm{d}w$$
$$=\frac{1}{3}\int_0^1\mathrm{d}u\int_0^1\mathrm{d}v\int_0^1 w\cos w^2\mathrm{d}w=\frac{1}{6}\sin 1.$$

例 6　计算 $I=\iiint_{\Omega}x^2\mathrm{d}x\mathrm{d}y\mathrm{d}z$，$\Omega$ 是曲面 $z=ay^2,z=by^2,z=\alpha x,z=\beta x$ 以及 $z=h$ 所围成的区域，其中 $y>0,h>0,0<a<b,0<\alpha<\beta$.

解　作变换 $T:u=\frac{z}{y^2},v=\frac{z}{x},w=z$，则有

$$\Omega^*=\{(u,v,w)\mid a\leqslant u\leqslant b,\alpha\leqslant v\leqslant\beta,0\leqslant w\leqslant h\},$$

且

$$\frac{\partial(x,y,z)}{\partial(u,v,w)}=\left[\frac{\partial(u,v,w)}{\partial(x,y,z)}\right]^{-1}=-\frac{x^2y^3}{2z^2}=-\frac{1}{2v^2}\left(\frac{w}{u}\right)^{\frac{3}{2}},$$

因此

$$I=\iiint_{\Omega}x^{2}\mathrm{d}x\mathrm{d}y\mathrm{d}z=\iiint_{\Omega^{*}}\frac{w^{2}}{v^{2}}\cdot\frac{1}{2v^{2}}\left(\frac{w}{u}\right)^{\frac{3}{2}}\mathrm{d}u\mathrm{d}v\mathrm{d}w$$

$$=\int_{a}^{b}\frac{1}{2}u^{-\frac{3}{2}}\mathrm{d}u\int_{\alpha}^{\beta}v^{-4}\mathrm{d}v\int_{0}^{h}w^{\frac{7}{2}}\mathrm{d}w$$

$$=\frac{2}{27}\left(\frac{1}{\sqrt{a}}-\frac{1}{\sqrt{b}}\right)\left(\frac{1}{\alpha^{3}}-\frac{1}{\beta^{3}}\right)h^{\frac{9}{2}}.$$

3. 三重积分在柱面坐标系下的计算

设点 $M(x,y,z)\in\mathbf{R}^{3}$ 在 xOy 面上的投影为点 $P(x,y)$. 在 xOy 面上以坐标原点 O 为极点,以 x 轴为极轴建立极坐标系.此时 $P(x,y)$ 可用极坐标表示为 $P(r,\theta)$.将极坐标系与直角坐标系中的 z 轴联合起来就构成了三维空间中的柱面坐标系,空间中点的直角坐标 (x,y,z) 与它的柱面坐标 (r,θ,z) 的关系为

$$x=r\cos\theta,\quad y=r\sin\theta,\quad z=z,\tag{5}$$

其中 $0\leqslant r<+\infty$, $0\leqslant\theta\leqslant2\pi$, $-\infty<z<+\infty$.

在柱面坐标系中,坐标面分别为(如图 4-28)

$r=r_0$,是母线平行于 z 轴且以 z 轴为中心轴的圆柱面;

$\theta=\theta_0$,是过 z 轴的半平面;

$z=z_0$,是平行于 xOy 面的平面,

这里, r_0,θ_0,z_0 为常数.

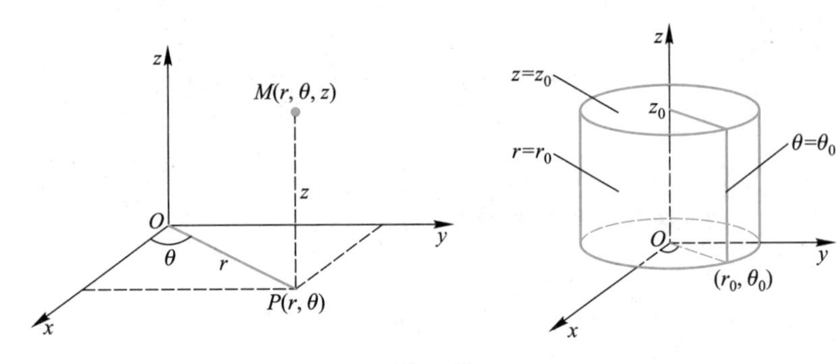

图 4-28

由(5)式所表示的变换 T:

$$x=x(r,\theta,z)=r\cos\theta,\quad y=y(r,\theta,z)=r\sin\theta,\quad z=z(r,\theta,z)=z,$$

可将空间 $Or\theta z$ 中的有界闭区域 Ω^{*} 一一对应地变为空间 $Oxyz$ 中相应的区域 Ω,且有

(1) $x(r,\theta,z),y(r,\theta,z),z(r,\theta,z)\in C^{1}(\Omega^{*})$.

(2) $$\frac{\partial(x,y,z)}{\partial(r,\theta,z)}=\begin{vmatrix}\frac{\partial x}{\partial r}&\frac{\partial x}{\partial\theta}&\frac{\partial x}{\partial z}\\\frac{\partial y}{\partial r}&\frac{\partial y}{\partial\theta}&\frac{\partial y}{\partial z}\\\frac{\partial z}{\partial r}&\frac{\partial z}{\partial\theta}&\frac{\partial z}{\partial z}\end{vmatrix}=\begin{vmatrix}\cos\theta&-r\sin\theta&0\\\sin\theta&r\cos\theta&0\\0&0&1\end{vmatrix}=r.$$

若函数 $f(x,y,z)\in R(\Omega)$,则有

$$\iiint\limits_{\Omega} f(x,y,z)\,\mathrm{d}x\mathrm{d}y\mathrm{d}z=\iiint\limits_{\Omega^*} f(r\cos\theta,r\sin\theta,z)\,r\mathrm{d}r\mathrm{d}\theta\mathrm{d}z. \tag{6}$$

该公式为柱面坐标系下三重积分的计算公式.

若积分区域 Ω^* 可以表示为

$$\Omega^*=\{(r,\theta,z)\mid \alpha\leqslant\theta\leqslant\beta,r_1(\theta)\leqslant r\leqslant r_2(\theta),z_1(r,\theta)\leqslant z\leqslant z_2(r,\theta)\},$$

则(6)式可以化为三次定积分,即

$$\iiint\limits_{\Omega} f(x,y,z)\,\mathrm{d}x\mathrm{d}y\mathrm{d}z=\int_{\alpha}^{\beta}\mathrm{d}\theta\int_{r_1(\theta)}^{r_2(\theta)}\mathrm{d}r\int_{z_1(r,\theta)}^{z_2(r,\theta)} f(r\cos\theta,r\sin\theta,z)\,r\mathrm{d}z.$$

例 7　计算 $I=\iiint\limits_{\Omega} z\mathrm{d}x\mathrm{d}y\mathrm{d}z$,其中 $\Omega=\{(x,y,z)\mid x^2+y^2+z^2\leqslant 1,z\geqslant 0\}$.

解　Ω 为上半球体,它在 xOy 面上的投影为圆域

$$D=\{(x,y)\mid x^2+y^2\leqslant 1\}.$$

作变换 $T:x=r\cos\theta,y=r\sin\theta,z=z$,则

$$\Omega^*=\{(r,\theta,z)\mid 0\leqslant\theta\leqslant 2\pi,0\leqslant r\leqslant 1,0\leqslant z\leqslant\sqrt{1-r^2}\},$$

因此

$$\begin{aligned}I&=\iiint\limits_{\Omega} z\mathrm{d}x\mathrm{d}y\mathrm{d}z=\int_0^{2\pi}\mathrm{d}\theta\int_0^1\mathrm{d}r\int_0^{\sqrt{1-r^2}} zr\mathrm{d}z\\&=2\pi\int_0^1\frac{1}{2}r(1-r^2)\,\mathrm{d}r=\frac{\pi}{4}.\end{aligned}$$

例 8　设 Ω 是由锥面 $x^2+y^2=z^2$ 及平面 $z=1$ 所围成的区域,计算三重积分 $\iiint\limits_{\Omega}\dfrac{\mathrm{d}x\mathrm{d}y\mathrm{d}z}{x^2+y^2+1}$.

解　应用柱面坐标变换:$x=r\cos\theta,y=r\sin\theta,z=z$.

区域 Ω 在 xOy 面上的投影区域为

$$D=\{(x,y)\mid x^2+y^2\leqslant 1\}=\{(r,\theta)\mid 0\leqslant\theta\leqslant 2\pi,0\leqslant r\leqslant 1\},$$

而 $0\leqslant\sqrt{x^2+y^2}\leqslant z\leqslant 1$,故由柱面坐标与直角坐标的关系式,得出 $r\leqslant z\leqslant 1$,从而积分区域 Ω 在柱面坐标下可表示为 $\Omega^*=\{(r,\theta,z)\mid 0\leqslant\theta\leqslant 2\pi,0\leqslant r\leqslant 1,r\leqslant z\leqslant 1\}$.

$$\begin{aligned}\iiint\limits_{\Omega}\frac{\mathrm{d}x\mathrm{d}y\mathrm{d}z}{x^2+y^2+1}&=\iiint\limits_{\Omega^*}\frac{r\mathrm{d}r\mathrm{d}\theta\mathrm{d}z}{r^2+1}=\int_0^{2\pi}\mathrm{d}\theta\int_0^1\frac{r}{r^2+1}\mathrm{d}r\int_r^1\mathrm{d}z\\&=2\pi\int_0^1\frac{r(1-r)}{r^2+1}\mathrm{d}r=2\pi\int_0^1\frac{r}{r^2+1}\mathrm{d}r-2\pi\int_0^1\frac{r^2}{r^2+1}\mathrm{d}r\\&=\pi\left(\ln 2-2+\frac{\pi}{2}\right).\end{aligned}$$

4. 三重积分在球面坐标系下的计算

我们知道在空间 $\mathbf{R}^3$ 中,点 $M(x,y,z)$ 与其向径 $\overrightarrow{OM}$ 一一对应.记 $r=\|\overrightarrow{OM}\|$,$\varphi$ 为 $\overrightarrow{OM}$ 与 z 轴正向的夹角,θ 为 $\overrightarrow{OM}$ 在 xOy 面上的投影与 x 轴正向的夹角,则有序数组$(r,\varphi,$

θ)($r\geqslant 0,0\leqslant\varphi\leqslant\pi,0\leqslant\theta\leqslant 2\pi$)与空间 $\mathbf{R}^3$ 中的点 $M(x,y,z)$ 之间一一对应,该有序数组称为点 M 的球面坐标,相应的坐标系称为球面坐标系(或空间极坐标系).

在球面坐标系中,坐标面 $r=r_0$ 是球心位于坐标原点,半径为 r_0 的球面;$\varphi=\varphi_0$ 是顶点位于坐标原点,母线与 z 轴正向间的夹角为 φ_0 的圆锥面;$\theta=\theta_0$ 是一张通过 z 轴的半平面(如图 4-29).这里,r_0,φ_0,θ_0 为常数.

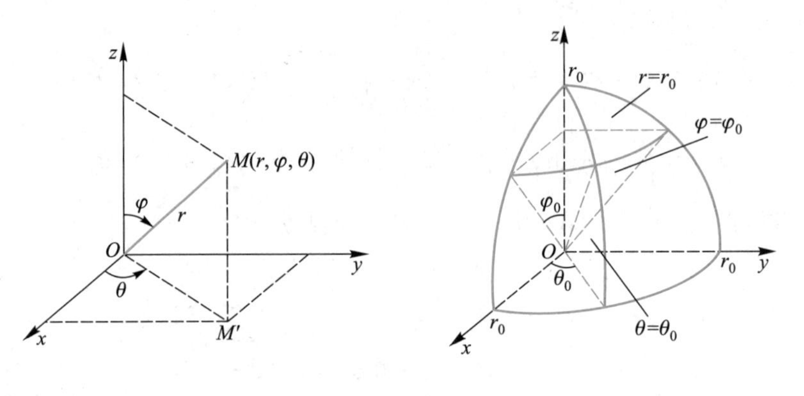

图 4-29

三维空间中点的直角坐标(x,y,z)与其球面坐标(r,φ,θ)之间的关系为

$$x=r\sin\varphi\cos\theta,\quad y=r\sin\varphi\sin\theta,\quad z=r\cos\varphi. \tag{7}$$

由(7)式所表示的变换 T:

$$x=x(r,\varphi,\theta)=r\sin\varphi\cos\theta,\quad y=y(r,\varphi,\theta)=r\sin\varphi\sin\theta,\quad z=z(r,\varphi,\theta)=r\cos\varphi,$$

可将空间 $Or\varphi\theta$ 中的有界闭区域 Ω^* 一一对应地变为空间 $Oxyz$ 中相应的区域 Ω,且有

(1) $x(r,\varphi,\theta),y(r,\varphi,\theta),z(r,\varphi,\theta)\in C^1(\Omega^*)$.

$$(2)\ \frac{\partial(x,y,z)}{\partial(r,\varphi,\theta)}=\begin{vmatrix}\dfrac{\partial x}{\partial r} & \dfrac{\partial x}{\partial\varphi} & \dfrac{\partial x}{\partial\theta}\\ \dfrac{\partial y}{\partial r} & \dfrac{\partial y}{\partial\varphi} & \dfrac{\partial y}{\partial\theta}\\ \dfrac{\partial z}{\partial r} & \dfrac{\partial z}{\partial\varphi} & \dfrac{\partial z}{\partial\theta}\end{vmatrix}=\begin{vmatrix}\sin\varphi\cos\theta & r\cos\varphi\cos\theta & -r\sin\varphi\sin\theta\\ \sin\varphi\sin\theta & r\cos\varphi\sin\theta & r\sin\varphi\cos\theta\\ \cos\varphi & -r\sin\varphi & 0\end{vmatrix}$$

$$=r^2\sin\varphi.$$

若函数 $f(x,y,z)\in R(\Omega)$,则有

$$\iiint\limits_{\Omega}f(x,y,z)\,\mathrm{d}x\mathrm{d}y\mathrm{d}z=\iiint\limits_{\Omega^*}f(r\sin\varphi\cos\theta,r\sin\varphi\sin\theta,r\cos\varphi)r^2\sin\varphi\,\mathrm{d}r\mathrm{d}\varphi\mathrm{d}\theta. \tag{8}$$

该公式为球面坐标系下三重积分的计算公式.

若积分区域 Ω^* 可以表示为

$$\Omega^*=\{(r,\varphi,\theta)\mid\alpha\leqslant\theta\leqslant\beta,\varphi_1(\theta)\leqslant\varphi\leqslant\varphi_2(\theta),r_1(\varphi,\theta)\leqslant r\leqslant r_2(\varphi,\theta)\},$$

则(8)式可以化为三次定积分,即

$$\iiint_{\Omega} f(x,y,z)\,\mathrm{d}x\mathrm{d}y\mathrm{d}z$$
$$=\int_{\alpha}^{\beta}\mathrm{d}\theta\int_{\varphi_1(\theta)}^{\varphi_2(\theta)}\mathrm{d}\varphi\int_{r_1(\varphi,\theta)}^{r_2(\varphi,\theta)} f(r\sin\varphi\cos\theta,r\sin\varphi\sin\theta,r\cos\varphi)\,r^2\sin\varphi\,\mathrm{d}r.$$

例 9　计算 $I=\iiint_{\Omega}(x^2+y^2+z^2)\,\mathrm{d}x\mathrm{d}y\mathrm{d}z$，其中 Ω 是由锥面 $z=\sqrt{x^2+y^2}$ 与球面 $x^2+y^2+z^2=a^2$ 所围成的区域.

解　积分区域 Ω 如图 4-30 所示，锥面 $z=\sqrt{x^2+y^2}$ 与球面 $x^2+y^2+z^2=a^2$ 的交线 Γ 为 $\begin{cases}x^2+y^2+z^2=a^2,\\ z=\sqrt{x^2+y^2},\end{cases}$ 区域 Ω 在 xOy 面上的投影区域为

$$D=\left\{(x,y)\,\middle|\,x^2+y^2\leqslant\frac{1}{2}a^2\right\}.$$

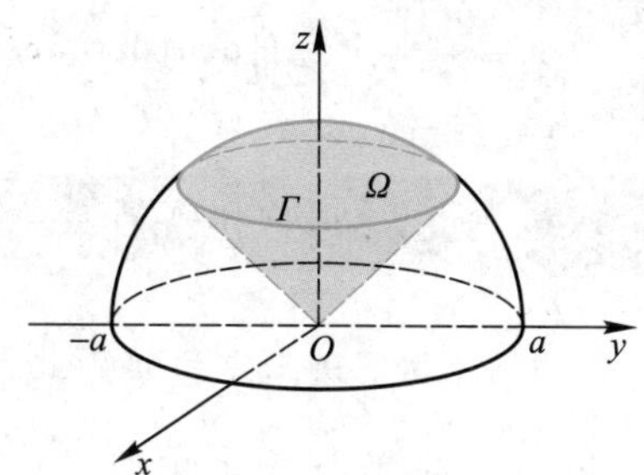

图 4-30

作变换 T：

$$x=r\sin\varphi\cos\theta,\quad y=r\sin\varphi\sin\theta,\quad z=r\cos\varphi,$$

则区域 Ω 变为 $\Omega^*=\left\{(r,\varphi,\theta)\,\middle|\,0\leqslant\theta\leqslant2\pi,0\leqslant\varphi\leqslant\frac{\pi}{4},0\leqslant r\leqslant a\right\}$，故

$$I=\iiint_{\Omega}(x^2+y^2+z^2)\,\mathrm{d}x\mathrm{d}y\mathrm{d}z=\int_0^{2\pi}\mathrm{d}\theta\int_0^{\frac{\pi}{4}}\mathrm{d}\varphi\int_0^a r^2\cdot r^2\sin\varphi\,\mathrm{d}r$$
$$=2\pi\cdot(-\cos\varphi)\Big|_0^{\frac{\pi}{4}}\cdot\frac{1}{5}r^5\Big|_0^a=\frac{1}{5}\pi a^5(2-\sqrt{2}).$$

例 10　计算 $I=\iiint_{\Omega}(x^2+y^2)\,\mathrm{d}x\mathrm{d}y\mathrm{d}z$，其中积分区域 Ω 为两个半球面 $z=\sqrt{b^2-x^2-y^2}$ 和 $z=\sqrt{a^2-x^2-y^2}\ (0<a<b)$ 与平面 $z=0$ 所围成的区域.

解　作变换 T：$x=r\sin\varphi\cos\theta,y=r\sin\varphi\sin\theta,z=r\cos\varphi$，则积分区域 Ω 变为

$$\Omega^*=\left\{(r,\varphi,\theta)\,\middle|\,0\leqslant\theta\leqslant2\pi,0\leqslant\varphi\leqslant\frac{\pi}{2},a\leqslant r\leqslant b\right\},$$

因此

$$I=\iiint_{\Omega}(x^2+y^2)\,\mathrm{d}x\mathrm{d}y\mathrm{d}z=\iiint_{\Omega^*}r^2\sin^2\varphi\cdot r^2\sin\varphi\,\mathrm{d}r\mathrm{d}\varphi\mathrm{d}\theta$$
$$=\int_0^{2\pi}\mathrm{d}\theta\int_0^{\frac{\pi}{2}}\sin^3\varphi\,\mathrm{d}\varphi\int_a^b r^4\,\mathrm{d}r=\frac{4}{15}\pi(b^5-a^5).$$

例 11　求椭球体 $\frac{x^2}{a^2}+\frac{y^2}{b^2}+\frac{z^2}{c^2}\leqslant1$（$a,b,c$ 为正常数）的体积.

解　作变换 T（广义球面坐标变换）：

$$x=ar\sin\varphi\cos\theta,\quad y=br\sin\varphi\sin\theta,\quad z=cr\cos\varphi,\tag{9}$$

其中 $0\leqslant r\leqslant1,0\leqslant\varphi\leqslant\pi,0\leqslant\theta\leqslant2\pi$. 相应地，(9) 式确定的 (r,φ,θ) 称为空间 $\mathbf{R}^3$ 中点 $M(x,y,z)$ 的广义球面坐标.

典型例题
三重积分的计算

设椭球体为 Ω，则在变换(9)下，Ω 变为

$$\Omega^*=\{(r,\varphi,\theta)\mid 0\leqslant\theta\leqslant 2\pi,0\leqslant\varphi\leqslant\pi,0\leqslant r\leqslant 1\},$$

又

$$\frac{\partial(x,y,z)}{\partial(r,\varphi,\theta)}=abcr^2\sin\varphi,$$

故椭球体的体积为

$$V=\iiint_{\Omega}\mathrm{d}x\mathrm{d}y\mathrm{d}z=abc\int_0^{2\pi}\mathrm{d}\theta\int_0^{\pi}\mathrm{d}\varphi\int_0^1 r^2\sin\varphi\mathrm{d}r=\frac{4}{3}\pi abc.$$

习题 4-2

1. 计算下列三重积分：

(1) $\iiint\limits_{\Omega}z\mathrm{d}x\mathrm{d}y\mathrm{d}z$，其中 Ω 是由曲面 $z=\sqrt{x^2+y^2}$ 及 $z=1$ 围成的区域；

(2) $\iiint\limits_{\Omega}(x+y+z)\mathrm{d}x\mathrm{d}y\mathrm{d}z$，其中 $\Omega=\{(x,y,z)\mid 0\leqslant x\leqslant a,0\leqslant y\leqslant b,0\leqslant z\leqslant c\}$；

(3) $\iiint\limits_{\Omega}xy\cos z\mathrm{d}x\mathrm{d}y\mathrm{d}z$，其中 Ω 为抛物柱面 $y=\sqrt{x}$ 与平面 $y=0,z=0,x+z=\frac{\pi}{2}$ 所围成的区域；

(4) $\iiint\limits_{\Omega}(x^2+y^2+z^2)\mathrm{d}x\mathrm{d}y\mathrm{d}z$，其中 Ω 是椭球面 $\frac{x^2}{a^2}+\frac{y^2}{b^2}+\frac{z^2}{c^2}=1$ 的内部.

2. 选择适当的坐标系计算下列三重积分或三次积分：

(1) $\iiint\limits_{\Omega}z\sqrt{x^2+y^2}\mathrm{d}v$，$\Omega$ 是由圆柱面 $x^2+y^2-2x=0,y\geqslant 0,z=0$ 与 $z=a(a>0)$ 所围成的区域；

(2) $\iiint\limits_{\Omega}z\mathrm{d}x\mathrm{d}y\mathrm{d}z$，$\Omega$ 是由曲面 $z=\sqrt{x^2+y^2}$ 及 $z=\sqrt{8-x^2-y^2}$ 所围成的区域；

(3) $\iiint\limits_{\Omega}(x^2+y^2)\mathrm{d}x\mathrm{d}y\mathrm{d}z$，$\Omega$ 是由 $x^2+y^2=2z$ 及 $z=2$ 所围成的区域；

(4) $\iiint\limits_{\Omega}\sqrt{x^2+y^2+z^2}\mathrm{d}x\mathrm{d}y\mathrm{d}z$，$\Omega$ 是由球面 $x^2+y^2+z^2=2Rz$ 所围成的区域；

(5) $\iiint\limits_{\Omega}\sin(x^2+y^2+z^2)^{\frac{3}{2}}\mathrm{d}x\mathrm{d}y\mathrm{d}z$，$\Omega$ 是由锥面 $z=\sqrt{3(x^2+y^2)}$ 和球面 $z=\sqrt{a^2-x^2-y^2}(a>0)$ 所围成的区域；

(6) $\iiint\limits_{\Omega}\frac{z\ln(x^2+y^2+z^2+1)}{1+x^2+y^2+z^2}\mathrm{d}x\mathrm{d}y\mathrm{d}z$，$\Omega=\{(x,y,z)\mid x^2+y^2+z^2\leqslant 1\}$；

(7) $\iiint\limits_{\Omega}\frac{\mathrm{d}x\mathrm{d}y\mathrm{d}z}{x^2+y^2+z^2}$，$\Omega$ 是 $x^2+y^2+z^2\geqslant 1$ 与 $x^2+y^2+z^2\leqslant 9z$ 的公共部分；

(8) $\iiint\limits_{\Omega}(2x+3y+6z)^2\mathrm{d}x\mathrm{d}y\mathrm{d}z,\Omega=\left\{(x,y,z)\ \middle|\ \frac{x^2}{9}+\frac{y^2}{4}+z^2\leqslant 1\right\}$;

(9) $\int_0^1\mathrm{d}x\int_0^{\sqrt{1-x^2}}\mathrm{d}y\int_0^{\sqrt{1-x^2-y^2}}\sqrt{x^2+y^2+z^2}\,\mathrm{d}z$;

(10) $\int_{-a}^{a}\mathrm{d}x\int_{-\sqrt{a^2-x^2}}^{\sqrt{a^2-x^2}}\mathrm{d}y\int_0^{\sqrt{a^2-x^2-y^2}}(x^2+y^2)\,\mathrm{d}z$.

第三节　反常二重积分

重积分也可像定积分那样，讨论积分区域无界和被积函数无界的两种反常积分.它们在数学物理中有较为重要的作用.

一、无界区域上的二重积分

设 $D\subset\mathbf{R}^2$ 为一无界区域(例如，全平面、半平面、角域、带形区域、任一有界区域的外部等)，函数 $f(x,y)$ 在 D 中有定义且有界.用任意一条光滑曲线① L 在 D 中画出(可求面积)有界区域 D_0(如图 4-31).

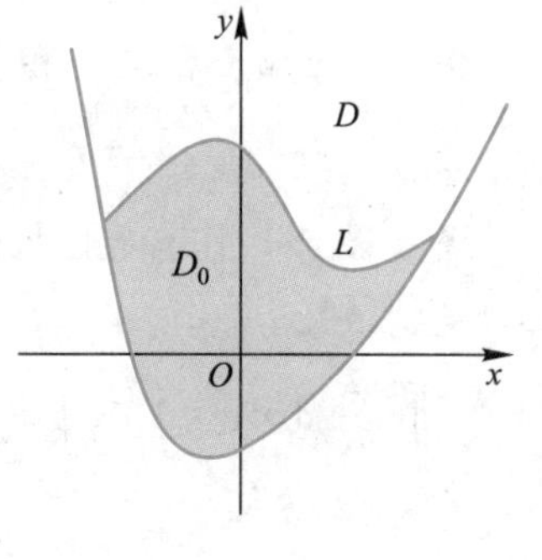

图 4-31

设 $f(x,y)$ 的二重积分 $\iint\limits_{D_0}f(x,y)\mathrm{d}x\mathrm{d}y$ 存在，当曲线 L 连续变动，使自坐标原点到 L 上的点的最小距离 $\rho\to+\infty$ 时，所划出的区域 D_0 无限扩展而趋于(或笼罩)区域 D，记为 $D_0\to D$，此时称

$$\lim_{D_0\to D}\iint\limits_{D_0}f(x,y)\mathrm{d}x\mathrm{d}y$$

为函数 $f(x,y)$ 在无界区域 D 上的反常积分，记为

$$\iint\limits_{D}f(x,y)\mathrm{d}x\mathrm{d}y=\lim_{D_0\to D}\iint\limits_{D_0}f(x,y)\mathrm{d}x\mathrm{d}y. \tag{1}$$

若不论曲线 L 的形状如何，也不论 D_0 的扩展过程如何，(1)式右端有唯一的有限极限值 I 存在，则称反常二重积分 $\iint\limits_{D}f(x,y)\mathrm{d}x\mathrm{d}y$ 收敛，极限值 I 称为反常二重积分值.此时也称 $f(x,y)$ 在 D 上反常可积，简称可积.若(1)式右端的极限不存在，或者极限值依赖于曲线 L 的形状及区域 D_0 的扩展过程，则称反常二重积分发散，也称 $f(x,y)$ 在 D 上不可积.

① 若 $y=g(x)\in C^1(I)$，则称曲线 $y=g(x)$ 在区间 I 上是光滑的.

若反常积分 $\iint\limits_D |f(x,y)|\mathrm{d}x\mathrm{d}y$ 收敛，则称 $f(x,y)$ 在 D 上的反常二重积分绝对收敛. 由重积分的性质及极限运算性质可知，如果 $f(x,y)$ 在 D 上的反常二重积分绝对收敛，则它的反常二重积分 $\iint\limits_D f(x,y)\mathrm{d}x\mathrm{d}y$ 一定收敛.

反常二重积分也有类似于反常积分的比较判别法，可以用来判别积分的敛散性：

设 $D\subset\mathbf{R}^2$ 为无界区域. 若 $\exists r_0>0$，当 $(x,y)\in D\cap\{(x,y)\mid\sqrt{x^2+y^2}\geqslant r_0\}$ 时，有

$$|f(x,y)|\leqslant\frac{C}{r^p},$$

其中 $r=\sqrt{x^2+y^2}$，$C>0$，$p>2$ 为常数，则反常二重积分 $\iint\limits_D f(x,y)\mathrm{d}x\mathrm{d}y$ 收敛；

若 $f(x,y)$ 在 D 内满足

$$|f(x,y)|\geqslant\frac{C}{r^p},$$

其中 $r=\sqrt{x^2+y^2}$，$C>0$，$p\leqslant 2$ 为常数，且 D 包含顶点为原点的角域在内（如图 4-32），则反常二重积分 $\iint\limits_D f(x,y)\mathrm{d}x\mathrm{d}y$ 发散.

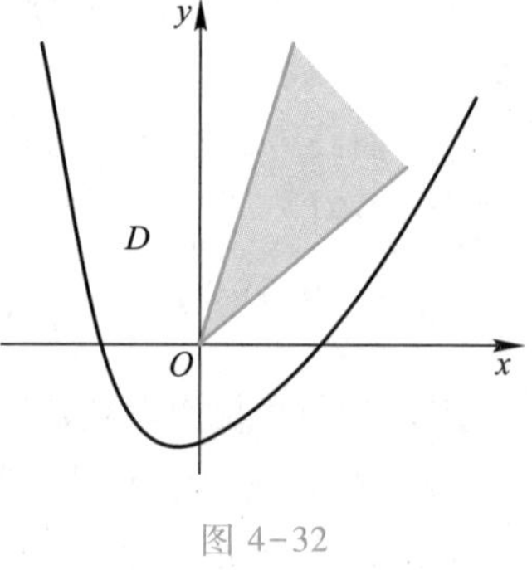

图 4-32

例 1　计算反常二重积分 $\iint\limits_D \frac{1}{x^2y^2}\mathrm{d}x\mathrm{d}y$，其中 $D=\{(x,y)\mid x\geqslant 1,y\geqslant 1\}$.

解　设 $r>1$，作有界区域 $D_r=\{(x,y)\mid 1\leqslant x\leqslant r,1\leqslant y\leqslant r\}$，则

$$\iint\limits_{D_r}\frac{1}{x^2y^2}\mathrm{d}x\mathrm{d}y=\int_1^r\mathrm{d}x\int_1^r\frac{1}{x^2y^2}\mathrm{d}y=\left(1-\frac{1}{r}\right)^2.$$

因此

$$\iint\limits_D\frac{1}{x^2y^2}\mathrm{d}x\mathrm{d}y=\lim_{r\to+\infty}\iint\limits_{D_r}\frac{1}{x^2y^2}\mathrm{d}x\mathrm{d}y=\lim_{r\to+\infty}\left(1-\frac{1}{r}\right)^2=1.$$

我们也可以像一元函数的反常积分一样，直接写成累次积分的形式并进行相应的运算，如

$$\iint\limits_D\frac{1}{x^2y^2}\mathrm{d}x\mathrm{d}y=\int_1^{+\infty}\mathrm{d}x\int_1^{+\infty}\frac{1}{x^2y^2}\mathrm{d}y=\left(-\frac{1}{x}\right)\Bigg|_1^{+\infty}\cdot\left(-\frac{1}{y}\right)\Bigg|_1^{+\infty}$$

$$=\left(\lim_{x\to+\infty}\frac{-1}{x}-\frac{-1}{1}\right)\left(\lim_{y\to+\infty}\frac{-1}{y}-\frac{-1}{1}\right)=1.$$

例 2　证明 $\int_0^{+\infty}\mathrm{e}^{-x^2}\mathrm{d}x=\frac{\sqrt{\pi}}{2}$.

证　记 $I=\int_0^{+\infty}\mathrm{e}^{-x^2}\mathrm{d}x$，则

$$I^2=\int_0^{+\infty}\mathrm{e}^{-x^2}\mathrm{d}x\cdot\int_0^{+\infty}\mathrm{e}^{-y^2}\mathrm{d}y$$

$$=\iint_D \mathrm{e}^{-(x^2+y^2)}\mathrm{d}x\mathrm{d}y,\quad D=\{(x,y)\mid 0\leqslant x<+\infty,0\leqslant y<+\infty\}.$$

作极坐标变换 $T:x=r\cos\theta,y=r\sin\theta$,则 D 变为

$$D^*=\left\{(r,\theta)\ \middle|\ 0\leqslant\theta\leqslant\frac{\pi}{2},0\leqslant r<+\infty\right\},$$

故

$$I^2=\iint_{D^*}\mathrm{e}^{-r^2}r\mathrm{d}r\mathrm{d}\theta=\int_0^{\frac{\pi}{2}}\mathrm{d}\theta\int_0^{+\infty}\mathrm{e}^{-r^2}r\mathrm{d}r$$

$$=\frac{\pi}{2}\cdot\left(-\frac{\mathrm{e}^{-r^2}}{2}\right)\Bigg|_0^{+\infty}=-\frac{\pi}{4}\cdot(\lim_{r\to+\infty}\mathrm{e}^{-r^2}-\mathrm{e}^{-0^2})=\frac{\pi}{4},$$

从而

$$\int_0^{+\infty}\mathrm{e}^{-x^2}\mathrm{d}x=\frac{\sqrt{\pi}}{2}.$$

*二、二重瑕积分

设 $D\subset\mathbf{R}^2$为有界区域,点 $M_0(x_0,y_0)\in D$,函数 $f(x,y)$ 在 D 上(可除去点 M_0)有定义. $\forall M(x,y)\in D$,且 $M\neq M_0$.若 $\lim\limits_{M\to M_0}f(x,y)=\infty$,则称点 $M_0(x_0,y_0)$ 为函数 $f(x,y)$ 在区域 D 上的一个瑕点.

设 $f(x,y)\in R(D\backslash M_0)$,以点 M_0 为圆心,以 $\varepsilon>0$ 为半径作一小圆 $B(M_0,\varepsilon)$,则 $f(x,y)$ 在 $D\backslash B$ 内必可积,此时称

$$\iint_D f(x,y)\mathrm{d}x\mathrm{d}y=\lim_{\varepsilon\to0^+}\iint_{D\backslash B}f(x,y)\mathrm{d}x\mathrm{d}y \tag{2}$$

为 $f(x,y)$ 在 D 中的反常二重瑕积分.若(2)式右端有唯一的有限极限存在,则称反常二重瑕积分收敛,极限值称为函数 $f(x,y)$ 的反常二重瑕积分值.若(2)式右端的极限不存在,则称函数 $f(x,y)$ 的反常二重瑕积分发散.

$f(x,y)$ 在 D 中的瑕点可能不止一个,甚至瑕点可以构成 D 内的一条曲线,这时可以类似于只有一个瑕点的情形进行处理.

例 3　设 $\iint\limits_D\dfrac{\mathrm{d}x\mathrm{d}y}{(x^2+y^2)^m}$,其中 $D=\{(x,y)\mid x^2+y^2\leqslant1\}$,问 $m>0$ 取何值时,该反常二重积分收敛?

解　点 $O(0,0)$ 为函数 $f(x,y)=\dfrac{1}{(x^2+y^2)^m}$的瑕点,以点 $O(0,0)$ 为圆心,$\varepsilon>0$为半径作小圆 $B(O,\varepsilon)$,则

$$\lim_{\varepsilon\to0^+}\iint_{D\backslash B}\frac{\mathrm{d}x\mathrm{d}y}{(x^2+y^2)^m}=\lim_{\varepsilon\to0^+}\int_0^{2\pi}\mathrm{d}\theta\int_\varepsilon^1\frac{1}{r^{2m-1}}\mathrm{d}r=\lim_{\varepsilon\to0^+}\frac{\pi}{1-m}[1-\varepsilon^{2(1-m)}].$$

因此,当 $0<m<1$ 时,该反常积分收敛,且 $\iint\limits_D\dfrac{\mathrm{d}x\mathrm{d}y}{(x^2+y^2)^m}=\dfrac{\pi}{1-m}$.

例 4　计算 $\iint\limits_D \frac{\mathrm{d}x\mathrm{d}y}{\sqrt{1-x^2-y^2}}$，其中 $D=\{(x,y)\mid x^2+y^2\leqslant 1\}$.

解　作极坐标变换 $x=r\cos\theta, y=r\sin\theta$，则 D 变为

$$D^*=\{(r,\theta)\mid 0\leqslant\theta\leqslant 2\pi, 0\leqslant r\leqslant 1\},$$

故

$$\iint\limits_D \frac{\mathrm{d}x\mathrm{d}y}{\sqrt{1-x^2-y^2}}=\iint\limits_{D^*}\frac{r\mathrm{d}r\mathrm{d}\theta}{\sqrt{1-r^2}}=\lim_{\varepsilon\to 0^+}\int_0^{2\pi}\mathrm{d}\theta\int_0^{1-\varepsilon}\frac{r\mathrm{d}r}{\sqrt{1-r^2}}$$

$$=\lim_{\varepsilon\to 0^+}2\pi\left(-\sqrt{1-r^2}\right)\Big|_0^{1-\varepsilon}=2\pi.$$

对于三重积分，也可以仿照反常二重积分的方法来定义无界区域上的反常三重积分和反常三重瑕积分（此时瑕点可以构成一条曲线，或一张曲面）．反常三重积分的收敛性和发散性均可仿照反常二重积分的形式进行定义，在此不再进行讨论了.

习题 4-3

1. 计算 $\iint\limits_D \mathrm{e}^{-(x+y)}\mathrm{d}x\mathrm{d}y$，其中 $D=\{(x,y)\mid 0\leqslant y\leqslant 2x, x\geqslant 0\}$.

2. 计算 $\int_0^{+\infty}\mathrm{d}x\int_0^x(1+x^2+y^2)^{-2}\mathrm{d}y$.

3. 计算 $\iint\limits_D \exp\left\{-\frac{x^2}{a^2}-\frac{y^2}{b^2}\right\}\mathrm{d}x\mathrm{d}y$，其中 $D=\left\{(x,y)\ \middle|\ \frac{x^2}{a^2}+\frac{y^2}{b^2}\geqslant 1\right\}$.

4. 设 $\iint\limits_D \frac{\mathrm{d}x\mathrm{d}y}{(1-x^2-y^2)^m}$，$D=\{(x,y)\mid x^2+y^2\leqslant 1\}$，问 $m>0$ 取何值时，该反常二重积分收敛？

第四节　对弧长的曲线积分

一、对弧长的曲线积分的导出背景

1. 曲边柱面的面积

设曲面 $\Sigma: z=z(x,y)$ 与一个以 xOy 面上的曲线 $L:\begin{cases}F(x,y)=0\\ z=0\end{cases}$ 为准线，母线平行于 z 轴的柱面 $F(x,y)=0$ 相交，则柱面夹在曲面 Σ 与 xOy 面之间的部分称为曲边柱面（如图 4-33）.

为方便起见，我们假定 $z(x,y)\geqslant 0$ 且 $z(x,y)\in C(L)$.

若高度函数 $z(x,y)$ 为常数，则曲边柱面的面积可按下面的公式计算：

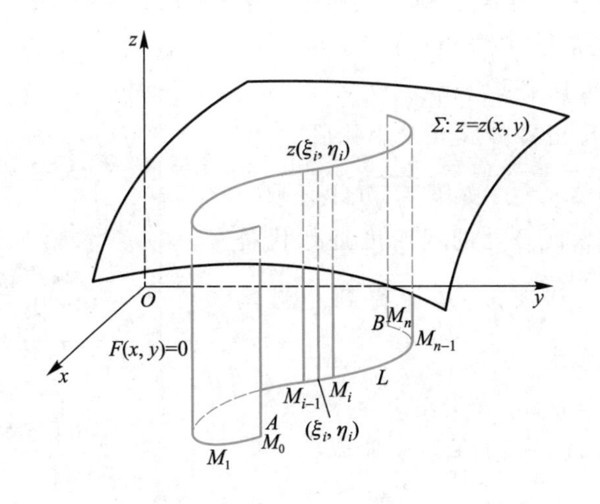

图 4-33

$$\text{面积}=\text{准线 } L \text{ 的长度}\times\text{高}.$$

对于曲边柱面，当点(x,y)在L上变动时，高度$z=z(x,y)$是变量，不能按照上面的公式来求其面积.

为了求出曲边柱面的面积S，将L任意分割成n个小弧段$\overset{\frown}{M_{i-1}M_i}$，其弧长记为$\Delta s_i(i=1,2,\cdots,n)$，$\lambda=\max\limits_{1\leqslant i\leqslant n}\{\Delta s_i\}$.相应地，曲边柱面也被分成了$n$个小曲边柱面.当$\lambda$充分小时，将每个小曲边柱面的高度$z(x,y)$视为常数，因此，在每个小弧段$\overset{\frown}{M_{i-1}M_i}$上任取一点$(\xi_i,\eta_i)$，以$z(\xi_i,\eta_i)$为小曲边柱面的高就可得小曲边柱面面积的近似值，即

$$\Delta S_i\approx z(\xi_i,\eta_i)\Delta s_i\quad(i=1,2,\cdots,n)$$

从而，曲边柱面的面积为

$$S=\sum_{i=1}^{n}\Delta S_i\approx\sum_{i=1}^{n}z(\xi_i,\eta_i)\Delta s_i.$$

当$\lambda\to 0$时，若下面的极限存在且其值与L的分割方法及点(ξ_i,η_i)的选取方式无关，则该极限值便是曲边柱面的面积S，即

$$S=\lim_{\lambda\to 0}\sum_{i=1}^{n}z(\xi_i,\eta_i)\Delta s_i.$$

2. 曲线型构件的质量

工程中曲线型构件的横截面上各尺寸与其长度相比甚微时，其质量问题可按曲线的质量问题处理.

一般地，称具有连续导数（偏导数）的曲线L为光滑曲线.若将L分成若干段，使得每一段均为光滑曲线，则称L是逐段光滑曲线.

设L为xOy面上一条光滑的曲线段，其端点是A,B，在该曲线上非均匀地分布着质量，其上任意一点(x,y)处的线密度是$\mu(x,y)$，求L的质量（如图4-34）.

如果曲线的线密度是常量，那么其质量就等于它的长度与线密度的乘积.现在曲线 L 的线密度不是常量，该如何计算其质量呢？

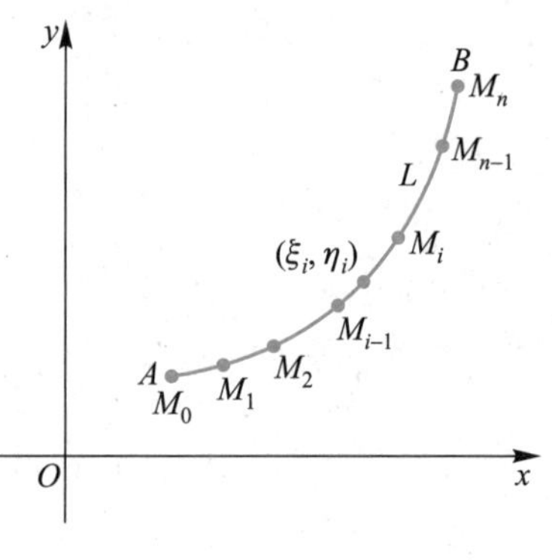

图 4-34

在曲线 L 上依次任取一组点 $A=M_0, M_1, M_2, \cdots, M_{n-1}, M_n=B$.把 L 分成 n 个小弧段，小弧段$\overset{\frown}{M_{i-1}M_i}$的长记为 Δs_i，在小弧段$\overset{\frown}{M_{i-1}M_i}$上任取一点$(\xi_i,\eta_i)$，以点$(\xi_i,\eta_i)$处的线密度近似代替$\overset{\frown}{M_{i-1}M_i}$上各点处的线密度，从而得到小弧段$\overset{\frown}{M_{i-1}M_i}$的质量近似值为

$$\mu(\xi_i,\eta_i)\Delta s_i.$$

各个小弧段均如此计算，于是整个曲线段 L 的质量

$$m\approx\sum_{i=1}^{n}\mu(\xi_i,\eta_i)\Delta s_i.$$

令 λ 表示 n 个小弧段的最大长度，则曲线段的质量

$$m=\lim_{\lambda\to 0}\sum_{i=1}^{n}\mu(\xi_i,\eta_i)\Delta s_i.$$

抛开上述问题的具体意义，就可得到对弧长的曲线积分的概念.

二、对弧长的曲线积分的概念与性质

1. 对弧长的曲线积分的定义

定义　设 $f(x,y)$ 是定义在 xOy 面中的光滑曲线 L 上的有界函数，用 L 上的点 $A=M_0,M_1,M_2,\cdots,M_{n-1},M_n=B$ 依次将 L 任意分割成 n 个小弧段$\overset{\frown}{M_{i-1}M_i}$.记第 i 个小弧段$\overset{\frown}{M_{i-1}M_i}$的长度为 Δs_i，(ξ_i,η_i)为$\overset{\frown}{M_{i-1}M_i}$上的任意一点，$\lambda=\max\limits_{1\leqslant i\leqslant n}\{\Delta s_i\}$.如果极限

$$\lim_{\lambda\to 0}\sum_{i=1}^{n}f(\xi_i,\eta_i)\Delta s_i$$

存在，且极限值与对曲线 L 的分割方法及点(ξ_i,η_i)的选取方式无关，则称该极限值为函数 $f(x,y)$ 在曲线 L 上对弧长的曲线积分（也称为第一型曲线积分），记为 $\int_L f(x,y)\mathrm{d}s$，即

$$\int_L f(x,y)\mathrm{d}s=\lim_{\lambda\to 0}\sum_{i=1}^{n}f(\xi_i,\eta_i)\Delta s_i,$$

其中 $f(x,y)$ 称为被积函数，L 称为积分路线（积分路径），$\mathrm{d}s$ 称为弧微分（弧长微元）.

由定义易见，$\int_L \mathrm{d}s=|L|$（表示 L 的长度）.

如果 L 是闭曲线，那么对弧长的曲线积分记作 $\oint_L f(x,y)\mathrm{d}s$.

类似地，可以给出定义在空间的曲线弧 Γ 上函数对弧长的曲线积分

$$\int_{\Gamma} f(x,y,z)\,\mathrm{d}s=\lim_{\lambda\to 0}\sum_{i=1}^{n} f(\xi_i,\zeta_i,\eta_i)\Delta s_i.$$

根据对弧长的曲线积分的定义可知,前面讨论的曲边柱面的面积可表示为 $S=\int_L z(x,y)\,\mathrm{d}s$;曲线段 L(或 Γ)的质量 m 可表示为:

$$m=\int_L \mu(x,y)\,\mathrm{d}s\quad\left(\text{或 } m=\int_{\Gamma}\mu(x,y,z)\,\mathrm{d}s\right).$$

可以证明,若函数 $f(x,y)$ 在 L 上连续(或除去个别点外,$f(x,y)$ 在 L 上连续且有界),L 是光滑(或逐段光滑)的曲线,则 $f(x,y)$ 在 L 上对弧长的曲线积分一定存在(即 $f(x,y)$ 在 L 上可积).此结论对沿空间曲线 Γ 的对弧长的曲线积分也成立.在后面的叙述中所给出的函数对弧长的曲线积分总假定是存在的.

对弧长的曲线积分与前面介绍的定积分、重积分一样,都是一种和式的极限,具有与前面积分相类似的性质(包括对称性质),其中对平面曲线 L 的第一型曲线积分的性质的叙述类似于二重积分,对空间曲线 Γ 的第一型曲线积分的叙述类似于三重积分,故在此不再赘述.

2. 对弧长的曲线积分的几何意义

从几何上看,当 $f(x,y)\geqslant 0$ 时,对弧长的曲线积分 $\int_L f(x,y)\,\mathrm{d}s$ 就是以 L 为准线,母线平行于 z 轴的柱面,被曲面 $z=f(x,y)$ 截下的曲边柱面的面积 S.当 $f(x,y)\leqslant 0$ 时,曲边柱面位于 xOy 面下方,若其面积为 S,则 $\int_L f(x,y)\,\mathrm{d}s=-S$.一般来说,若函数 $f(x,y)$ 在 L 上不定号,则 $\int_L f(x,y)\,\mathrm{d}s$ 就是曲边柱面面积的代数和:位于 xOy 面上方的柱面面积取"+"号,下方的取"-"号.这就是对弧长的曲线积分的几何意义.

三、对弧长的曲线积分的计算

定理 设曲线 L 的参数方程为

$$\begin{cases}x=\varphi(t),\\ y=\psi(t)\end{cases}\quad(\alpha\leqslant t\leqslant\beta),$$

其中 $\varphi(t),\psi(t)$ 在 $[\alpha,\beta]$ 上具有连续的一阶偏导数,且 $\varphi'^2(t)+\psi'^2(t)\neq 0$,函数 $f(x,y)$ 在曲线 L 上有定义并且连续,则

$$\int_L f(x,y)\,\mathrm{d}s=\int_{\alpha}^{\beta} f(\varphi(t),\psi(t))\sqrt{\varphi'^2(t)+\psi'^2(t)}\,\mathrm{d}t.$$

证 设参数 t 从 α 变到 β 时,曲线 L 上的点从 A 移动到 B.在 L 上任取一组点

$$A=M_0,M_1,M_2,\cdots,M_{n-1},M_n=B,$$

它们对应于一列单调增加的参数值

$$\alpha=t_0<t_1<t_2<\cdots<t_{n-1}<t_n=\beta.$$

由对弧长的曲线积分的定义,有

$$\int_L f(x,y)\,\mathrm{d}s=\lim_{\lambda\to 0}\sum_{i=1}^{n} f(\xi_i,\eta_i)\Delta s_i.$$

假设点 (ξ_i,η_i) 对应的参数值为 τ_i,即 $\xi_i=\varphi(\tau_i)$,$\eta_i=\psi(\tau_i)$,这里 $t_{i-1}\leqslant\tau_i\leqslant t_i$.因为

$$\Delta s_i=\int_{t_{i-1}}^{t_i}\sqrt{\varphi'^2(t)+\psi'^2(t)}\,\mathrm{d}t,$$

应用积分中值定理，就有

$$\Delta s_i=\sqrt{\varphi'^2(\tau_i')+\psi'^2(\tau_i')}\,\Delta t_i, \tag{1}$$

其中 $\Delta t_i=t_i-t_{i-1}$，$t_{i-1}\leqslant\tau_i'\leqslant t_i$，那么有

$$\int_L f(x,y)\,\mathrm{d}s=\lim_{\lambda\to 0}\sum_{i=1}^{n}f(\varphi(\tau_i),\psi(\tau_i))\sqrt{\varphi'^2(\tau_i')+\psi'^2(\tau_i')}\,\Delta t_i.$$

根据函数 $\sqrt{\varphi'^2(t)+\psi'^2(t)}$ 在 $[\alpha,\beta]$ 上的连续性（实际上是一致连续性），可以将上式中的 τ_i' 换成 τ_i，因此

$$\int_L f(x,y)\,\mathrm{d}s=\lim_{\lambda\to 0}\sum_{i=1}^{n}f(\varphi(\tau_i),\psi(\tau_i))\sqrt{\varphi'^2(\tau_i)+\psi'^2(\tau_i)}\,\Delta t_i.$$

由定积分的定义可知，上式右端和的极限，就是函数

$$f(\varphi(t),\psi(t))\sqrt{\varphi'^2(t)+\psi'^2(t)}$$

在区间 $[\alpha,\beta]$ 上的定积分，即

$$\int_L f(x,y)\,\mathrm{d}s=\int_\alpha^\beta f(\varphi(t),\psi(t))\sqrt{\varphi'^2(t)+\psi'^2(t)}\,\mathrm{d}t. \tag{2}$$

定理告诉我们，曲线积分可化为定积分来进行计算，由(2)式可知，计算曲线积分时，只要将被积函数中的变量 x 和 y，用坐标的参数式代入，同时将 $\mathrm{d}s$ 化为弧长微分的参数形式，并且积分限对应于端点的参数值.这里应该注意，定积分的下限 α 必须小于上限 β.因为从(1)式可以知道，由于小弧段的长度 Δs_i 总是正的，从而 $\Delta t_i>0$，所以定积分的下限 α 必须小于上限 β.

如果曲线 L 由方程 $y=y(x)\ (a\leqslant x\leqslant b)$ 给出，且 $y(x)\in C^1([a,b])$，这时曲线 L 的方程看作是以 x 为参数的参数方程

$$\begin{cases}x=x,\\ y=y(x)\end{cases}\quad(a\leqslant x\leqslant b),$$

由公式(2)得

$$\int_L f(x,y)\,\mathrm{d}s=\int_a^b f(x,y(x))\sqrt{1+y'^2(x)}\,\mathrm{d}x.$$

类似地，如果曲线 L 由方程 $x=x(y)\ (c\leqslant y\leqslant d)$ 给出，且 $x(y)\in C^1([c,d])$，则有

$$\int_L f(x,y)\,\mathrm{d}s=\int_c^d f(x(y),y)\sqrt{1+x'^2(y)}\,\mathrm{d}y.$$

如果曲线 L 由方程 $r=r(\theta)\ (\alpha\leqslant\theta\leqslant\beta)$ 给出，且 $r(\theta)\in C^1[(\alpha,\beta)]$，则有

$$\int_L f(x,y)\,\mathrm{d}s=\int_\alpha^\beta f(r(\theta)\cos\theta,r(\theta)\sin\theta)\sqrt{r^2(\theta)+r'^2(\theta)}\,\mathrm{d}\theta.$$

公式(2)可推广到由参数方程

$$x=\varphi(t),\quad y=\psi(t),\quad z=\omega(t)\quad(\alpha\leqslant t\leqslant\beta)$$

给出的空间曲线弧 Γ 的情形，其中 $\varphi(t),\psi(t),\omega(t)\in C^1([\alpha,\beta])$，则有

$$\int_\Gamma f(x,y,z)\,\mathrm{d}s=\int_\alpha^\beta f(\varphi(t),\psi(t),\omega(t))\sqrt{\varphi'^2(t)+\psi'^2(t)+\omega'^2(t)}\,\mathrm{d}t.$$

例 1　计算 $\int_L x\mathrm{d}s$，其中（如图 4-35）

（1）L 为 $y=x^2$ 上从点 $O(0,0)$ 到点 $B(1,1)$ 的一段弧.

（2）L 是点 $O(0,0)$，$A(1,0)$，$B(1,1)$ 组成的折线 OAB.

解　（1）由题意，$\mathrm{d}s=\sqrt{1+y'^2}\,\mathrm{d}x=\sqrt{1+4x^2}\,\mathrm{d}x$，故

$$\int_L x\mathrm{d}s=\int_0^1 x\sqrt{1+4x^2}\,\mathrm{d}x=\frac{1}{12}(5\sqrt{5}-1).$$

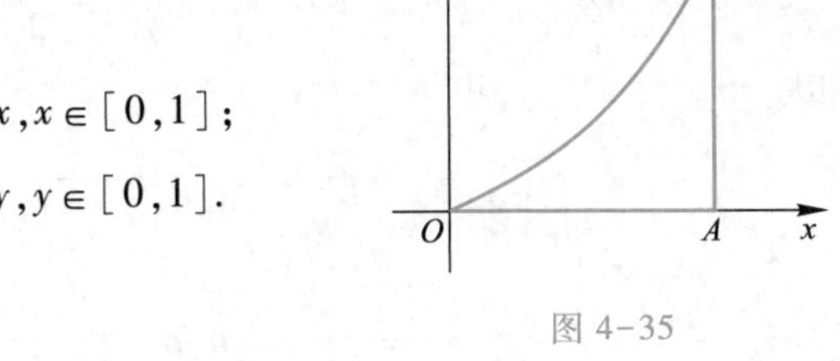

图 4-35

（2）由题意，有 $L=OA+AB$，

在 OA 上，$y\equiv 0$，$\mathrm{d}s=\sqrt{1+y'^2}\,\mathrm{d}x=\mathrm{d}x$，$x\in[0,1]$；

在 AB 上，$x\equiv 1$，$\mathrm{d}s=\sqrt{1+x'^2}\,\mathrm{d}y=\mathrm{d}y$，$y\in[0,1]$.

于是

$$\begin{aligned}\int_L x\mathrm{d}s&=\int_{OA} x\mathrm{d}s+\int_{AB} x\mathrm{d}s\\&=\int_0^1 x\mathrm{d}x+\int_0^1 \mathrm{d}y=\frac{3}{2}.\end{aligned}$$

例 2　计算曲线积分 $\int_L y^2\mathrm{d}s$，其中 L 为摆线 $x=a(t-\sin t)$，$y=a(1-\cos t)$ 的第一拱（$a>0$，$0\leqslant t\leqslant 2\pi$）.

解　因为

$$\begin{aligned}\mathrm{d}s&=\sqrt{x'^2(t)+y'^2(t)}\,\mathrm{d}t=\sqrt{a^2(1-\cos t)^2+a^2\sin^2 t}\,\mathrm{d}t\\&=2a\sin\frac{t}{2}\mathrm{d}t\quad(0\leqslant t\leqslant 2\pi),\end{aligned}$$

所以

$$\begin{aligned}\int_L y^2\mathrm{d}s&=2a^3\int_0^{2\pi}(1-\cos t)^2\sin\frac{t}{2}\mathrm{d}t\\&=8a^3\int_0^{2\pi}\sin^5\frac{t}{2}\mathrm{d}t=16a^3\int_0^{2\pi}\sin^5\frac{t}{2}\mathrm{d}\left(\frac{t}{2}\right)\\&=16a^3\int_0^{2\pi}\left(1-\cos^2\frac{t}{2}\right)^2\sin\frac{t}{2}\mathrm{d}\left(\frac{t}{2}\right)\\&=-16a^3\int_0^{2\pi}\left(1-\cos^2\frac{t}{2}\right)^2\mathrm{d}\left(\cos\frac{t}{2}\right)=\frac{256}{15}a^3.\end{aligned}$$

例 3　求 $\int_L |y|\mathrm{d}s$，其中 L 为右半单位圆（如图4-36）.

解法 1　曲线 L 的方程为 $x^2+y^2=1$，$x\geqslant 0$.

由隐函数求导法则，得到

$$y'=-\frac{x}{y},$$

$$\mathrm{d}s=\sqrt{1+y'^2}\,\mathrm{d}x=\sqrt{1+\left(-\frac{x}{y}\right)^2}\,\mathrm{d}x=\frac{1}{|y|}\mathrm{d}x,$$

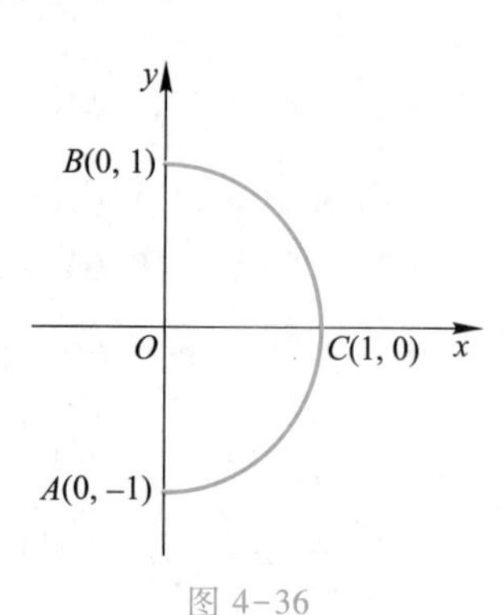

图 4-36

又曲线 $L=\widehat{AC}+\widehat{CB}$，弧长的增加方向与自变量 x 的增加方向一致，故

$$\int_L |y|\,\mathrm{d}s=\int_{\widehat{AC}}|y|\,\mathrm{d}s+\int_{\widehat{CB}}|y|\,\mathrm{d}s$$

$$=\int_0^1|y|\frac{1}{|y|}\mathrm{d}x+\int_0^1|y|\frac{1}{|y|}\mathrm{d}x=2.$$

解法 2　曲线 L 的极坐标方程为 $r=1\left(-\dfrac{\pi}{2}\leqslant\theta\leqslant\dfrac{\pi}{2}\right)$，所以

$$\int_L|y|\,\mathrm{d}s=\int_{-\frac{\pi}{2}}^{\frac{\pi}{2}}|\sin\theta|\sqrt{r^2+(r')^2}\,\mathrm{d}\theta=\int_{-\frac{\pi}{2}}^{\frac{\pi}{2}}|\sin\theta|\,\mathrm{d}\theta$$

$$=2\int_0^{\frac{\pi}{2}}\sin\theta\,\mathrm{d}\theta=2.$$

例 4　计算曲线积分 $\int_\Gamma(x^2+y^2+z^2)\,\mathrm{d}s$，其中 Γ 为螺旋线 $x=a\cos t, y=a\sin t, z=bt$ 上相应于 t 从 0 到 2π 的一段弧.

解　因为 $x'(t)=-a\sin t, y'(t)=a\cos t, z'(t)=b$，所以

$$\mathrm{d}s=\sqrt{x'^2(t)+y'^2(t)+z'^2(t)}\,\mathrm{d}t=\sqrt{a^2+b^2}\,\mathrm{d}t,$$

从而

$$\int_\Gamma(x^2+y^2+z^2)\,\mathrm{d}s=\int_0^{2\pi}[(a\cos t)^2+(a\sin t)^2+(bt)^2]\sqrt{a^2+b^2}\,\mathrm{d}t$$

$$=\int_0^{2\pi}(a^2+b^2t^2)\sqrt{a^2+b^2}\,\mathrm{d}t$$

$$=\frac{2\pi}{3}(3a^2+4\pi^2b^2)\sqrt{a^2+b^2}.$$

例 5　求 $\oint_\Gamma x^2\,\mathrm{d}s$，其中 Γ 为球面 $x^2+y^2+z^2=a^2$ 与平面 $x+y+z=0$ 的交线.

解　该交线是平面 $x+y+z=0$ 上圆心位于坐标原点，半径为 a 的圆. 利用对称性，有

$$\oint_\Gamma x^2\,\mathrm{d}s=\oint_\Gamma y^2\,\mathrm{d}s=\oint_\Gamma z^2\,\mathrm{d}s,$$

典型例题
对弧长的曲线积分的计算

于是

$$\oint_\Gamma x^2\,\mathrm{d}s=\frac{1}{3}\oint_\Gamma(x^2+y^2+z^2)\,\mathrm{d}s=\frac{1}{3}\oint_\Gamma a^2\,\mathrm{d}s$$

$$=\frac{1}{3}a^2\oint_\Gamma\mathrm{d}s=\frac{1}{3}a^2\cdot 2\pi a=\frac{2}{3}\pi a^3.$$

例 6　求圆柱面 $x^2+y^2=ax\,(a>0)$ 含在球面 $x^2+y^2+z^2=a^2$ 内部的那部分面积.

解　由对称性（如图 4-37），所求面积 $S=4S_1$. 设 $L: y=\sqrt{ax-x^2}, 0\leqslant x\leqslant a$，则

$$y'=\frac{a-2x}{2\sqrt{ax-x^2}},\quad \sqrt{1+y'^2}=\frac{a}{2\sqrt{ax-x^2}},$$

因此

$$S=4S_1=4\int_L\sqrt{a^2-x^2-y^2}\,\mathrm{d}s=2\int_0^a\sqrt{a^2-x^2-ax+x^2}\frac{a}{\sqrt{ax-x^2}}\mathrm{d}x$$

$$=2a\sqrt{a}\int_0^a\frac{1}{\sqrt{x}}\mathrm{d}x=2a\sqrt{a}\cdot 2\sqrt{a}=4a^2.$$

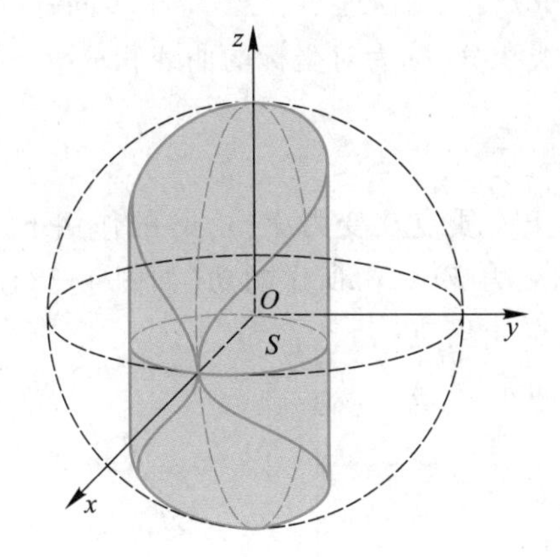

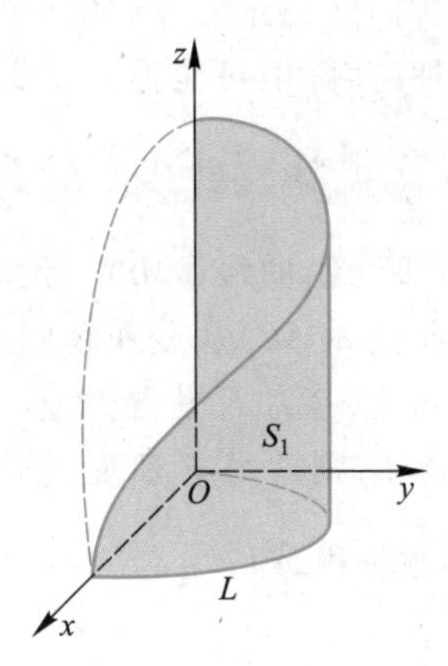

图 4-37

习题 4-4

1. 计算下列曲线积分：

(1) $\oint_L\sqrt{x^2+y^2}\,\mathrm{d}s$，其中 L 为圆周 $x^2+y^2=-2y$；

(2) $\int_L(x+y)\,\mathrm{d}s$，其中 L 是连接点 $(1,0)$ 和点 $(0,1)$ 的直线段；

(3) $\oint_L(x^2+y^2)\,\mathrm{d}s$，其中 L 为圆周 $x=a\cos t, y=a\sin t, 0\leqslant t\leqslant 2\pi$；

(4) $\int_L xy\,\mathrm{d}s$，其中 L 是抛物线 $y^2=2x$ 上从原点到点 $(2,2)$ 的那一段弧；

(5) $\int_L\sqrt{y}\,\mathrm{d}s$，其中 L 是摆线 $x=a(t-\sin t), y=a(1-\cos t)$ 的第一拱，即对应于 $0\leqslant t\leqslant 2\pi$ 的那一段弧.

2. 计算下列曲线积分：

(1) $\int_\Gamma\frac{\mathrm{d}s}{x^2+y^2+z^2}$，其中 Γ 为曲线 $x=\mathrm{e}^t\cos t, y=\mathrm{e}^t\sin t, z=\mathrm{e}^t$ 上相应于 t 从 0 到 2 的一段弧；

(2) $\int_\Gamma x^2yz\,\mathrm{d}s$，其中 Γ 为折线 $ABCD$：$A(0,0,0)$，$B(0,0,2)$，$C(1,0,2)$，$D(1,3,2)$.

第五节　对坐标的曲线积分

前面我们已经介绍了对弧长的曲线积分，但在物理学、力学等很多问题中还常常用到另一种（实际上可能更为重要的）曲线积分，称为对坐标的曲线积分.

一、对坐标的曲线积分的导出背景

引例（变力沿曲线做功）　设 xOy 面上一质点在变力 $\boldsymbol{F}(x,y)$ 的作用下，沿平面上光滑的曲线 $L(AB)$ 从点 A 移到点 B，求变力 $\boldsymbol{F}(x,y)$ 所做的功（如图 4-38）.

我们知道，若力 F 是常力，且质点从点 A 沿直线移动到点 B，则常力 $\boldsymbol{F}$ 所做的功 W 为向量 $\boldsymbol{F}$ 与向量 $\overrightarrow{AB}$ 的数量积，即

$$W=\boldsymbol{F}\cdot\overrightarrow{AB}.$$

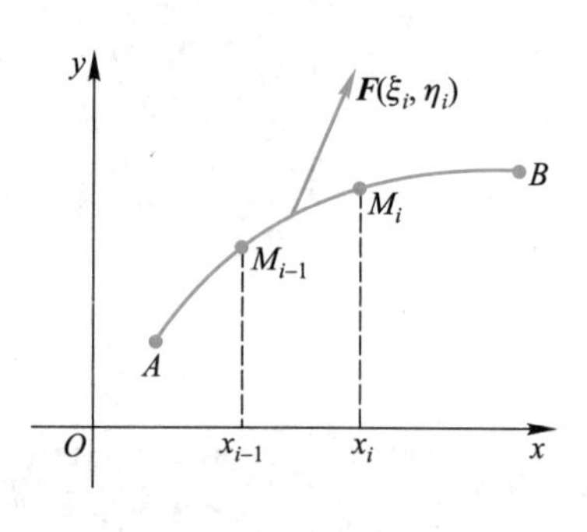

图 4-38

现在 $\boldsymbol{F}(x,y)$ 是一个随质点 (x,y) 的位置不同而改变其大小和方向的变力，且质点是沿着曲线 L 移动，故功 W 不能直接按这一公式来计算. 与前面引进各种积分概念时的情形类似，我们将借助极限来解决这一问题.

设力 $\boldsymbol{F}(x,y)$ 在 x 轴和 y 轴上的投影分别为 $P(x,y)$ 和 $Q(x,y)$，即

$$\boldsymbol{F}(x,y)=P(x,y)\boldsymbol{i}+Q(x,y)\boldsymbol{j},$$

其中 $P(x,y)\boldsymbol{i}$ 和 $Q(x,y)\boldsymbol{j}$ 分别为力 $\boldsymbol{F}(x,y)$ 沿 x 轴和 y 轴方向的分力. 通常设函数 $P(x,y)$，$Q(x,y)$ 在曲线 L 上连续.

首先，依次用曲线 $L(AB)$ 上的点 $A=M_0(x_0,y_0)$，$M_1(x_1,y_1)$，$M_2(x_2,y_2)$，$\cdots$，$M_{n-1}(x_{n-1},y_{n-1})$，$B=M_n(x_n,y_n)$ 将其分成 n 个首尾相接的小弧段 $\Delta l_i=\widehat{M_{i-1}M_i}$ $(i=1,2,\cdots,n)$，同时 Δl_i 也表示其弧长. 以 ΔW_i 表示质点沿小弧段从点 M_{i-1} 移动到点 M_i 时力 $\boldsymbol{F}(x,y)$ 所做的功，则所求的功为

$$W=\sum_{i=1}^{n}\Delta W_i.$$

其次，由于 Δl_i 光滑且很短，故可用连接 M_{i-1} 和 M_i 的有向线段

$$\overrightarrow{M_{i-1}M_i}=(\Delta x_i)\boldsymbol{i}+(\Delta y_i)\boldsymbol{j}$$

近似代替，其中 $\Delta x_i=x_i-x_{i-1}$，$\Delta y_i=y_i-y_{i-1}$. 又因为 $P(x,y)$，$Q(x,y)$ 在曲线 L 上连续，所以可用 Δl_i 上任意一点 (ξ_i,η_i) 处的力

$$\boldsymbol{F}(\xi_i,\eta_i)=P(\xi_i,\eta_i)\boldsymbol{i}+Q(\xi_i,\eta_i)\boldsymbol{j}$$

来近似代替这小弧段上各点处的力. 这样，变力 $\boldsymbol{F}(x,y)$ 沿小弧段将质点从 M_{i-1} 移到 M_i 所做的功 ΔW_i 就近似等于常力 $\boldsymbol{F}(\xi_i,\eta_i)$ 沿有向直线段 $\overrightarrow{M_{i-1}M_i}$ 所做的功，即

$$\begin{aligned}\Delta W_i &\approx \boldsymbol{F}(\xi_i,\eta_i)\cdot\overrightarrow{M_{i-1}M_i}\\&=P(\xi_i,\eta_i)\Delta x_i+Q(\xi_i,\eta_i)\Delta y_i,\end{aligned}$$

从而

$$W=\sum_{i=1}^{n}\Delta W_i\approx\sum_{i=1}^{n}\left[P(\xi_i,\eta_i)\Delta x_i+Q(\xi_i,\eta_i)\Delta y_i\right].$$

最后,记 $\lambda=\max\limits_{1\leqslant i\leqslant n}\{\Delta l_i\}$,取上述和式当 $\lambda\to 0$ 时的极限.若该极限存在,且与对曲线 L 的分法及点(ξ_i,η_i)的选取方式无关,则称此极限值为变力 $\boldsymbol{F}(x,y)$ 沿曲线 L 所做的功,即

$$\begin{aligned}W&=\lim_{\lambda\to 0}\sum_{i=1}^{n}\left[P(\xi_i,\eta_i)\Delta x_i+Q(\xi_i,\eta_i)\Delta y_i\right]\\&=\lim_{\lambda\to 0}\sum_{i=1}^{n}P(\xi_i,\eta_i)\Delta x_i+\lim_{\lambda\to 0}\sum_{i=1}^{n}Q(\xi_i,\eta_i)\Delta y_i.\end{aligned}$$

于是,求变力沿曲线做功的问题归结为求两个同类型的和式极限

$$\lim_{\lambda\to 0}\sum_{i=1}^{n}P(\xi_i,\eta_i)\Delta x_i,\quad \lim_{\lambda\to 0}\sum_{i=1}^{n}Q(\xi_i,\eta_i)\Delta y_i.$$

二、对坐标的曲线积分的概念与性质

1. 对坐标的曲线积分的概念

定义　设函数 $P(x,y)$ 在 xOy 面上的一条光滑(或分段光滑)曲线 $L(AB)$ 上有定义且有界.用分点 $M_i(x_i,y_i)$ $(i=0,1,2,\cdots,n)$ 将曲线 L 从起点 A 到终点 B 分成 n 个有向小弧段 $\Delta l_i=\widehat{M_{i-1}M_i}$,同时也用 Δl_i 表示相应的小弧段的长度. $\forall(\xi_i,\eta_i)\in\Delta l_i$,作和式 $\sum\limits_{i=1}^{n}P(\xi_i,\eta_i)\Delta x_i(\Delta x_i=x_i-x_{i-1})$.记 $\lambda=\max\limits_{1\leqslant i\leqslant n}\{\Delta l_i\}$,若极限

$$\lim_{\lambda\to 0}\sum_{i=1}^{n}P(\xi_i,\eta_i)\Delta x_i=I$$

存在,且与对曲线 L 的分法及点(ξ_i,η_i)的选取方式无关,则称此极限值为函数 $P(x,y)$ 按从 A 到 B 的方向沿曲线 L 对坐标 x 的曲线积分.记作 $\int_L P(x,y)\mathrm{d}x$,即

$$\int_L P(x,y)\mathrm{d}x=\lim_{\lambda\to 0}\sum_{i=1}^{n}P(\xi_i,\eta_i)\Delta x_i.$$

其中 $P(x,y)$ 称为被积函数,L 称为积分路径.对坐标的曲线积分也称为第二型曲线积分.

类似地,设函数 $Q(x,y)$ 在 xOy 面上的一条光滑(或分段光滑)曲线 $L(AB)$ 上有定义且有界.若对于 L 的任意分法和点(ξ_i,η_i)的任意取法,极限 $\lim\limits_{\lambda\to 0}\sum\limits_{i=1}^{n}Q(\xi_i,\eta_i)\Delta y_i$ 都存在且唯一,则称此极限值为函数 $Q(x,y)$ 按从 A 到 B 的方向沿曲线 L 对坐标 y 的曲线积分,记作 $\int_L Q(x,y)\mathrm{d}y$,即

$$\int_L Q(x,y)\mathrm{d}y=\lim_{\lambda\to 0}\sum_{i=1}^{n}Q(\xi_i,\eta_i)\Delta y_i.$$

如果函数 $P(x,y)$ 和 $Q(x,y)$ 在 xOy 面上的光滑(或分段光滑)曲线 $L(AB)$ 上有定义且有界.积分 $\int_L P(x,y)\mathrm{d}x$ 和 $\int_L Q(x,y)\mathrm{d}y$ 均存在,则称它们的和式为(一般形式的)曲线积分,记为

$$\int_L P(x,y)\mathrm{d}x+Q(x,y)\mathrm{d}y=\int_L P(x,y)\mathrm{d}x+\int_L Q(x,y)\mathrm{d}y.$$

如果 L 为一光滑(或分段光滑)的封闭曲线,则沿 L 对坐标的曲线积分分别记为 $\oint_L P(x,y)\mathrm{d}x$, $\oint_L Q(x,y)\mathrm{d}y$ 以及 $\oint_L P(x,y)\mathrm{d}x+Q(x,y)\mathrm{d}y$.

若记 $\mathrm{d}\boldsymbol{s}=(\mathrm{d}x,\mathrm{d}y)$,则引例中的功可表示为

$$W=\int_L P(x,y)\mathrm{d}x+Q(x,y)\mathrm{d}y=\int_L \boldsymbol{F}(x,y)\cdot\mathrm{d}\boldsymbol{s}.$$

2. 对坐标的曲线积分的基本性质

首先,我们指出:若 L 是光滑(或分段光滑)曲线,$f(x,y)$ 在 L 上连续,则 $\int_L f(x,y)\mathrm{d}x$ 和 $\int_L f(x,y)\mathrm{d}y$ 均存在.

性质 1 的证明

性质 1 以 L^+ 表示曲线 L 从点 A 到点 B 的方向,L^- 表示曲线 L 从点 B 到点 A 的方向.若函数 $P(x,y)$ 和 $Q(x,y)$ 在曲线 L 上对坐标的曲线积分存在,则有

$$\int_{L^+} P(x,y)\mathrm{d}x+Q(x,y)\mathrm{d}y=-\int_{L^-} P(x,y)\mathrm{d}x+Q(x,y)\mathrm{d}y.$$

该性质说明函数沿曲线 L 从点 A 到点 B 的第二型曲线积分与沿曲线 L 从点 B 到点 A 的第二型曲线积分的绝对值相等,符号相反.这是第二型曲线积分的一个很重要的性质,也是它区别于第一型(对弧长的)曲线积分的一个特征.

这一性质与变力做功的情形是完全一致的,即若从 A 到 B 沿曲线 L 所做功为 W,则沿相同路径 L 从 B 到 A 所做功为 $-W$,这正是我们在物理学中熟知的结论.

为简便起见,假设以下所涉及的函数的曲线积分均存在.

性质 2 若 $\alpha,\beta\in\mathbf{R}$,则

$$\int_L[\alpha f(x,y)+\beta g(x,y)]\mathrm{d}x=\alpha\int_L f(x,y)\mathrm{d}x+\beta\int_L g(x,y)\mathrm{d}x.$$

对坐标 y 的曲线积分有类似的性质,即

$$\int_L[\alpha f(x,y)+\beta g(x,y)]\mathrm{d}y=\alpha\int_L f(x,y)\mathrm{d}y+\beta\int_L g(x,y)\mathrm{d}y.$$

运用对坐标的曲线积分的定义以及函数的极限运算性质即可证明该性质.

性质 3 设 $L=L(AB)$ 是由两条光滑(或分段光滑)曲线 $L_1=L(AC)$ 和 $L_2=L(CB)$ 构成的曲线:$L(AB)=L(AC)+L(CB)$,则 $f(x,y)$ 从点 A 到点 B 沿曲线 L 对坐标 x 的曲线积分

$$\begin{aligned}\int_{L(AB)} f(x,y)\mathrm{d}x&=\int_{L(AC)} f(x,y)\mathrm{d}x+\int_{L(CB)} f(x,y)\mathrm{d}x\\&=\left[\int_{L(AC)}+\int_{L(CB)}\right]f(x,y)\mathrm{d}x.\end{aligned}$$

对坐标 y 的曲线积分也有类似的性质,即

$$\int_{L(AB)} f(x,y)\,\mathrm{d}y = \int_{L(AC)} f(x,y)\,\mathrm{d}y + \int_{L(CB)} f(x,y)\,\mathrm{d}y$$
$$= \left[\int_{L(AC)} + \int_{L(CB)}\right] f(x,y)\,\mathrm{d}y.$$

由对坐标的曲线积分的定义,运用函数的极限运算性质即可证明该性质.

类似地可定义三元函数 $P=P(x,y,z)$, $Q=Q(x,y,z)$, $R=R(x,y,z)$ 沿空间 $\mathbf{R}^3$ 中光滑(或分段光滑)曲线 Γ 对坐标的(第二型)曲线积分:设函数 $P(x,y,z)$ 在 $\mathbf{R}^3$ 中的一条光滑(或分段光滑)曲线 $\Gamma(AB)$ 上有定义且有界.用分点 $M_i(x_i,y_i,z_i)$ $(i=0,1,2,\cdots,n)$ 将曲线 Γ 从起点 A 到终点 B 分成 n 个有向小弧段 $\Delta l_i=\widehat{M_{i-1}M_i}$,同时也用 Δl_i 表示相应小弧段的长度. $\forall(\xi_i,\eta_i,\zeta_i)\in\Delta l_i$,作和式 $\sum\limits_{i=1}^{n} P(\xi_i,\eta_i,\zeta_i)\Delta x_i$ $(\Delta x_i=x_i-x_{i-1})$.记 $\lambda=\max\limits_{1\leqslant i\leqslant n}\{\Delta l_i\}$,若极限 $\lim\limits_{\lambda\to 0}\sum\limits_{i=1}^{n} P(\xi_i,\eta_i,\zeta_i)\Delta x_i$ 存在,且与对曲线 Γ 的分法及点 (ξ_i,η_i,ζ_i) 的选取方式无关,则称此极限值为函数 $P(x,y,z)$ 按从 A 到 B 的方向沿曲线 Γ 对坐标 x 的曲线积分,记为

$$\int_{\Gamma} P(x,y,z)\,\mathrm{d}x = \lim_{\lambda\to 0}\sum_{i=1}^{n} P(\xi_i,\eta_i,\zeta_i)\Delta x_i.$$

类似地,有

$$\int_{\Gamma} Q(x,y,z)\,\mathrm{d}y = \lim_{\lambda\to 0}\sum_{i=1}^{n} Q(\xi_i,\eta_i,\zeta_i)\Delta y_i,$$
$$\int_{\Gamma} R(x,y,z)\,\mathrm{d}z = \lim_{\lambda\to 0}\sum_{i=1}^{n} R(\xi_i,\eta_i,\zeta_i)\Delta z_i,$$

以及

$$\int_{\Gamma} P(x,y,z)\,\mathrm{d}x+Q(x,y,z)\,\mathrm{d}y+R(x,y,z)\,\mathrm{d}z$$
$$=\int_{\Gamma} P(x,y,z)\,\mathrm{d}x+\int_{\Gamma} Q(x,y,z)\,\mathrm{d}y+\int_{\Gamma} R(x,y,z)\,\mathrm{d}z.$$

这些积分也具有与性质 1~性质 3 类似的性质.

三、对坐标的曲线积分的计算

1. 参数方程形式下的计算

设光滑(或分段光滑)曲线 $L(AB)$ 的参数方程为

$$\begin{cases} x=\varphi(t), \\ y=\psi(t), \end{cases} \quad t\in I,$$

其中 $\varphi(t),\psi(t)\in C^1(I)$, $\varphi'^2(t)+\psi'^2(t)\neq 0$; I 是一个以 α 和 β 为端点的闭区间.当参数 t 从 α 单调地变到 β 时,曲线上的点相应地从起点 A 变到终点 B.

设函数 $P(x,y),Q(x,y)\in C(L(AB))$,则 $\int_{L(AB)} P(x,y)\,\mathrm{d}x$ 和 $\int_{L(AB)} Q(x,y)\,\mathrm{d}y$ 均存在.由于 $P(x,y)$, $Q(x,y)$ 是定义在曲线 $L(AB)$ 上的函数,而曲线上点 $M(x,y)$ 的坐标 x,y 必满足曲线方程,因此,函数 $P(x,y)$, $Q(x,y)$ 实际上是参数 t 的复合函数,即

$$P(x,y)=P(\varphi(t),\psi(t)), \quad Q(x,y)=Q(\varphi(t),\psi(t)),$$

同时,还有

$$dx=\varphi'(t)dt,\quad dy=\psi'(t)dt,$$

于是,当积分路径 $L(AB)$ 为参数方程形式时,曲线积分可化为对参数 t 的定积分来计算,即

$$\int_{L(AB)}P(x,y)dx=\int_\alpha^\beta P(\varphi(t),\psi(t))\varphi'(t)dt,$$

$$\int_{L(AB)}Q(x,y)dy=\int_\alpha^\beta Q(\varphi(t),\psi(t))\psi'(t)dt,$$

以及

$$\int_{L(AB)}P(x,y)dx+Q(x,y)dy$$

$$=\int_\alpha^\beta[P(\varphi(t),\psi(t))\varphi'(t)+Q(\varphi(t),\psi(t))\psi'(t)]dt.$$

一般地,在以上的计算公式中,定积分的下限 α 对应于曲线 $L(AB)$ 的起点 A,上限 β 对应于曲线 $L(AB)$ 的终点 B,α 不一定小于 β.

例 1　计算曲线积分 $\int_L x dy-y dx$,其中 L 是以原点为圆心,以 $a>0$ 为半径的上半圆周,起点为 $A(a,0)$,终点为 $B(-a,0)$(如图 4-39).

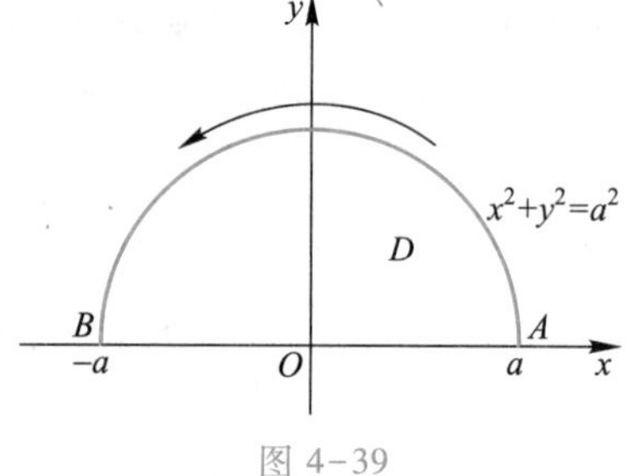

图 4-39

解　由题意,圆周的参数方程为 $x=a\cos t$,$y=a\sin t$,$0\leqslant t\leqslant\pi$,起点 $A(a,0)$ 与 $t=0$ 对应;终点 $B(-a,0)$ 与 $t=\pi$ 对应,故

$$\int_L x dy-y dx=\int_0^\pi[a\cos t\cdot a\cos t-a\sin t\cdot(-a\sin t)]dt$$

$$=\int_0^\pi a^2 dt=\pi a^2.$$

2. 直角坐标方程形式下的计算

设光滑(或分段光滑)曲线 $L(AB)$ 的方程为 $y=y(x)$,$x\in I$,I 是一个以 a 和 b 为端点的闭区间.当 x 从 a 单调地变到 b 时,曲线上的点相应地从起点 A 变到终点 B.显然,曲线 $L(AB)$ 的方程可看作是以 x 为参数的参数方程,即

$$\begin{cases}x=x,\\ y=y(x),\end{cases}\quad x\in I.$$

若函数 $P(x,y),Q(x,y)\in C(L(AB))$,则当 $y(x)\in C^1(I)$ 时,曲线积分 $\int_{L(AB)}P(x,y)dx$ 与 $\int_{L(AB)}Q(x,y)dy$ 存在,且有

$$\int_{L(AB)}P(x,y)dx=\int_a^b P(x,y(x))dx,$$

$$\int_{L(AB)}Q(x,y)dy=\int_a^b Q(x,y(x))y'(x)dx,$$

以及

$$\int_{L(AB)} P(x,y)\,\mathrm{d}x+Q(x,y)\,\mathrm{d}y=\int_a^b [P(x,y(x))+Q(x,y(x))y'(x)]\,\mathrm{d}x.$$

当曲线 $L(AB)$ 的方程为 $x=x(y)$ 时，也有类似的公式，即

$$\int_{L(AB)} P(x,y)\,\mathrm{d}x=\int_c^d P(x(y),y)x'(y)\,\mathrm{d}y,$$

$$\int_{L(AB)} Q(x,y)\,\mathrm{d}y=\int_c^d Q(x(y),y)\,\mathrm{d}y,$$

以及

$$\int_{L(AB)} P(x,y)\,\mathrm{d}x+Q(x,y)\,\mathrm{d}y=\int_c^d [P(x(y),y)x'(y)+Q(x(y),y)]\,\mathrm{d}y,$$

其中 $y=c$ 对应于曲线的起点，$y=d$ 对应于曲线的终点.

上面的结论均可推广到空间 $\mathbf{R}^3$ 中的第二型曲线积分中去.例如，设光滑(或分段光滑)曲线 $\Gamma(AB)$ 的参数方程为

$$\begin{cases}x=\varphi(t),\\ y=\psi(t), \quad t\in I,\\ z=\omega(t),\end{cases}$$

其中 $\varphi(t),\psi(t),\omega(t)\in C^1(I)$，$\varphi'^2(t)+\psi'^2(t)+\omega'^2(t)\neq 0$；$I$ 是一个以 α 和 β 为端点的闭区间.当参数 t 从 α 单调地变到 β 时，曲线上的点相应地从起点 A 变到终点 B.函数 $P(x,y,z),Q(x,y,z),R(x,y,z)\in C(\Gamma)$，则有

$$\int_{\Gamma(AB)} P(x,y,z)\,\mathrm{d}x=\int_\alpha^\beta P(\varphi(t),\psi(t),\omega(t))\varphi'(t)\,\mathrm{d}t,$$

$$\int_{\Gamma(AB)} Q(x,y,z)\,\mathrm{d}y=\int_\alpha^\beta Q(\varphi(t),\psi(t),\omega(t))\psi'(t)\,\mathrm{d}t,$$

$$\int_{\Gamma(AB)} R(x,y,z)\,\mathrm{d}z=\int_\alpha^\beta R(\varphi(t),\psi(t),\omega(t))\omega'(t)\,\mathrm{d}t,$$

以及

$$\begin{aligned}&\int_{\Gamma(AB)} P(x,y,z)\,\mathrm{d}x+Q(x,y,z)\,\mathrm{d}y+R(x,y,z)\,\mathrm{d}z\\ =&\int_\alpha^\beta [P(\varphi(t),\psi(t),\omega(t))\varphi'(t)+Q(\varphi(t),\psi(t),\omega(t))\psi'(t)+\\ &R(\varphi(t),\psi(t),\omega(t))\omega'(t)]\,\mathrm{d}t.\end{aligned}$$

例 2 计算 $\int_L xy\,\mathrm{d}x+y\,\mathrm{d}y$，其中积分路径 L 分别为(如图 4-40)

(1) 沿 y 轴从点 $(0,0)$ 开始到点 $(1,0)$ 的前一段即到点 $(0,1)$，再沿圆周 $x^2+y^2=1$ 到点 $(1,0)$.

(2) 沿 x 轴从 $(0,0)$ 到 $(1,0)$.

解 (1) 记 L_1 为沿 y 轴从 $(0,0)$ 到 $(0,1)$ 的直线段，L_2 为沿圆周从 $(0,1)$ 到 $(1,0)$ 的曲线段，则 $L=L_1+L_2$，于是

$$\int_L xy\,\mathrm{d}x+y\,\mathrm{d}y=\int_{L_1} xy\,\mathrm{d}x+y\,\mathrm{d}y+\int_{L_2} xy\,\mathrm{d}x+y\,\mathrm{d}y.$$

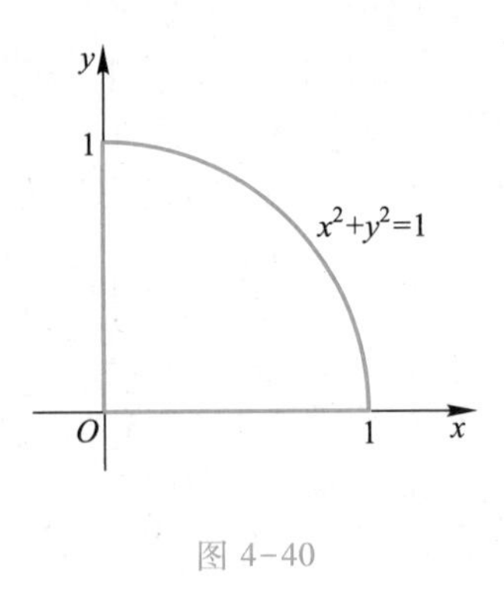

图 4-40

由于 $L_1: x=0, 0\leqslant y\leqslant 1$，有 $\mathrm{d}x=0$，故

$$\int_{L_1} xy\mathrm{d}x+y\mathrm{d}y=\int_0^1 y\mathrm{d}y=\frac{1}{2}.$$

由于 L_2 的参数方程为 $x=\cos\theta, y=\sin\theta, 0\leqslant\theta\leqslant\frac{\pi}{2}$，故

$$\begin{aligned}\int_{L_2} xy\mathrm{d}x+y\mathrm{d}y&=\int_{\frac{\pi}{2}}^{0}[\cos\theta\sin\theta(-\sin\theta)+\sin\theta\cos\theta]\mathrm{d}\theta\\&=\int_0^{\frac{\pi}{2}}(\sin^2\theta-\sin\theta)\mathrm{d}(\sin\theta)=-\frac{1}{6},\end{aligned}$$

从而

$$\int_L xy\mathrm{d}x+y\mathrm{d}y=\int_{L_1} xy\mathrm{d}x+y\mathrm{d}y+\int_{L_2} xy\mathrm{d}x+y\mathrm{d}y=\frac{1}{2}-\frac{1}{6}=\frac{1}{3}.$$

（2）由于 $L: y=0, 0\leqslant x\leqslant 1$，有 $\mathrm{d}y=0$，故

$$\int_L xy\mathrm{d}x+y\mathrm{d}y=0+0=0.$$

本例说明尽管(1)和(2)中两条曲线的起点、终点都相同，但沿不同路径积分得到不同的结果.就是说，对坐标的曲线积分除与曲线 L 的起点、终点有关外，一般还与积分路径有关.

例 3　计算 $\int_L xy^2\mathrm{d}x+x^2y\mathrm{d}y$，其中 L 分别为(如图 4-41)

（1）$y=x^{\alpha}, \alpha>0$ 上从点 $O(0,0)$ 到点 $B(1,1)$ 的一段曲线.

（2）沿 x 轴从点 $O(0,0)$ 到点 $A(1,0)$，再沿直线 $x=1$ 到点 $B(1,1)$ 的折线段.

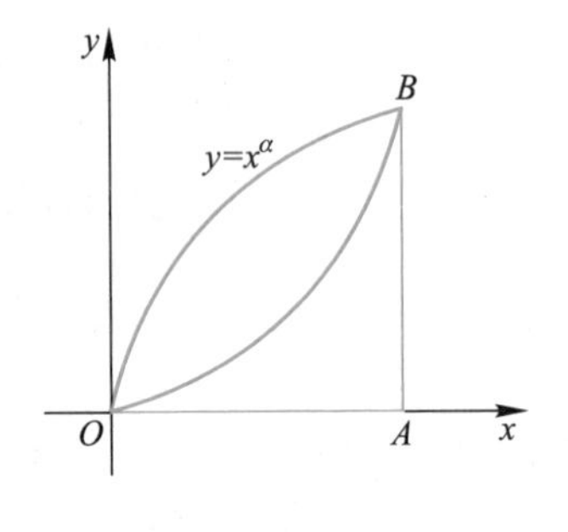

图 4-41

解　（1）由于曲线 L 的方程为

$$y=x^{\alpha},\quad 0\leqslant x\leqslant 1, \alpha>0,$$

故

$$\begin{aligned}\int_L xy^2\mathrm{d}x+x^2y\mathrm{d}y&=\int_0^1(x^{2\alpha+1}+\alpha x^{2\alpha+1})\mathrm{d}x\\&=(\alpha+1)\int_0^1 x^{2\alpha+1}\mathrm{d}x=\frac{1}{2}.\end{aligned}$$

（2）由于对直线段 $OA: y=0, 0\leqslant x\leqslant 1$，有 $\mathrm{d}y=0$，故

$$\int_{OA} xy^2\mathrm{d}x+x^2y\mathrm{d}y=\int_0^1 0\mathrm{d}x+0=0.$$

又由于对直线段 $AB: x=1, 0\leqslant y\leqslant 1$，有 $\mathrm{d}x=0$，故

$$\int_{AB} xy^2\mathrm{d}x+x^2y\mathrm{d}y=\int_{AB} x^2y\mathrm{d}y=\int_0^1 y\mathrm{d}y=\frac{1}{2}.$$

从而

$$\int_L xy^2\mathrm{d}x+x^2y\mathrm{d}y=\int_{OA} xy^2\mathrm{d}x+x^2y\mathrm{d}y+\int_{AB} xy^2\mathrm{d}x+x^2y\mathrm{d}y=\frac{1}{2}.$$

从例 3 中的(1)可以看出,积分结果与参数 α 无关,即与曲线 $y=x^{\alpha}$ 的形状无关.例 3 的(1),(2)说明,对某些曲线积分而言,虽然是沿不同路径的积分,但这些曲线积分的值相等.

例 4 计算$\int_{\Gamma} x^3z\mathrm{d}x-3x^2yz^2\mathrm{d}y+f(x,y,z)\mathrm{d}z$,其中 $f(x,y,z)\in C(\Gamma)$,Γ 为从点 $A(3,2,2)$ 到点 $B(0,0,2)$ 的直线段 AB.

解 Γ 的方程为

$$\frac{x}{3}=\frac{y}{2}=\frac{z-2}{0},$$

其参数方程为

$$x=3t,\quad y=2t,\quad z=2,$$

起点 A 对应于 $t=1$,终点 B 对应于 $t=0$,且

$$\mathrm{d}x=3\mathrm{d}t,\quad \mathrm{d}y=2\mathrm{d}t,\quad \mathrm{d}z=0\mathrm{d}t=0,$$

所以

$$\begin{aligned}&\int_{\Gamma} x^3z\mathrm{d}x-3x^2yz^2\mathrm{d}y+f(x,y,z)\mathrm{d}z\\&=\int_1^0[(3t)^3\cdot 2\cdot 3-3\cdot(3t)^2\cdot(2t)\cdot 2^2\cdot 2]\mathrm{d}t\\&=270\int_0^1 t^3\mathrm{d}t=\frac{135}{2}.\end{aligned}$$

由引例容易推广得到,力 $\boldsymbol{F}(x,y,z)=(P(x,y,z),Q(x,y,z),R(x,y,z))$ 沿空间曲线 $\Gamma(AB)$ 所做功为

$$\begin{aligned}W&=\int_{\Gamma(AB)}\boldsymbol{F}(x,y,z)\cdot\mathrm{d}\boldsymbol{s}\\&=\int_{\Gamma(AB)}P(x,y,z)\mathrm{d}x+Q(x,y,z)\mathrm{d}y+R(x,y,z)\mathrm{d}z,\end{aligned}$$

其中$\mathrm{d}\boldsymbol{s}=(\mathrm{d}x,\mathrm{d}y,\mathrm{d}z)$.

例 5 证明重力做功只与物体下落的垂直距离有关,而与下落的路线无关.

证 设质量为 m 的物体沿空间光滑曲线从点 $A(x_0,y_0,z_0)$ 滑落到点 $B(x_1,y_1,z_1)$(阻力忽略不计).易见,重力 $\boldsymbol{F}(x,y,z)=(0,0,-mg)$.由上述公式,重力所做的功为

$$\begin{aligned}W&=\int_{\Gamma(AB)}F(x,y,z)\cdot\mathrm{d}\boldsymbol{s}=\int_{\Gamma(AB)}(-mg)\mathrm{d}z\\&=-mg\int_{z_0}^{z_1}\mathrm{d}z=-mg(z_1-z_0).\end{aligned}$$

该结果显示积分值只与起点 A 和终点 B 的位置有关,而与曲线 $\Gamma(AB)$ 的形状无关,即重力 $\boldsymbol{F}(x,y,z)$ 所做的功只与物体下落的垂直距离有关,而与下落的路线无关.

四、两类曲线积分之间的联系

设 $L(AB)$ 为 xOy 面上以 A 为起点,B 为终点的光滑(或分段光滑)曲线,其全长为 l.在曲线 $L(AB)$ 上任取一点 $M(x,y)$,以弧 AM 的弧长 s 作为参数,可将曲线 $L(AB)$ 表示为参数方程形式

$$x=x(s),y=y(s),\quad 0\leqslant s\leqslant l,$$

其中 $x(s),y(s)\in C^1([0,l])$.

取参数 s 从 0 单调增加到 l 的方向为曲线的正向,且曲线上每一点处的切向量的指向与曲线正向一致,记

$$\alpha=\alpha(x,y),\quad \beta=\beta(x,y)$$

为 $L(AB)$ 上点 (x,y) 处切向量与 x 轴、y 轴正向的夹角(如图 4-42).由多元函数微分学的应用可知,切向量可取为 $\pm(x'(s),y'(s))$.为使切向量的指向与 s 增加的方向一致,切向量应取为 $(x'(s),y'(s))$.由于 $\mathrm{d}s^2=\mathrm{d}x^2+\mathrm{d}y^2$(如图 4-43),故

$$x'(s)=\frac{\mathrm{d}x}{\mathrm{d}s}=\cos\alpha,$$

$$y'(s)=\frac{\mathrm{d}y}{\mathrm{d}s}=\cos\beta.$$

即有

$$\mathrm{d}x=x'(s)\mathrm{d}s=\cos\alpha\mathrm{d}s,$$
$$\mathrm{d}y=y'(s)\mathrm{d}s=\cos\beta\mathrm{d}s.$$

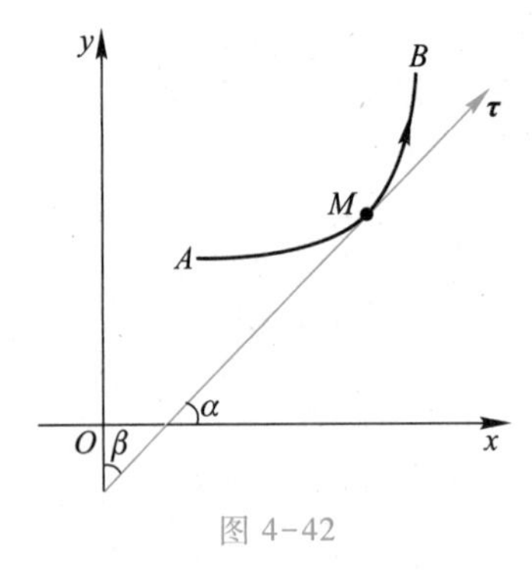

图 4-42

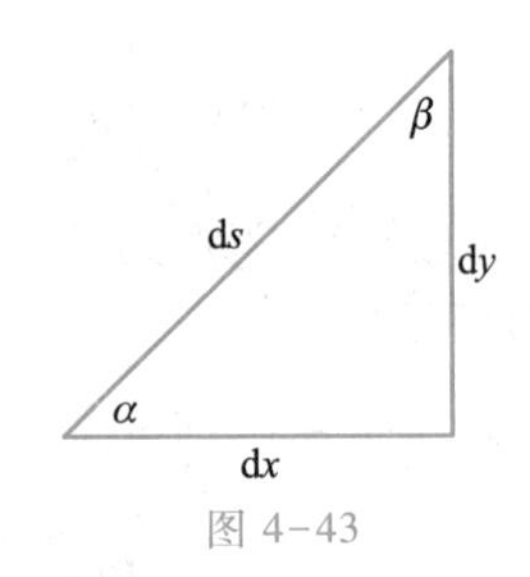

图 4-43

于是,当 $P(x,y),Q(x,y)\in C(L(AB))$ 时,对坐标的曲线积分

$$\int_{L(AB)}P(x,y)\mathrm{d}x=\int_0^l P(x(s),y(s))\cos\alpha\mathrm{d}s,$$

$$\int_{L(AB)}Q(x,y)\mathrm{d}y=\int_0^l Q(x(s),y(s))\cos\beta\mathrm{d}s.$$

另一方面,由对弧长的曲线积分计算公式,可得

$$\int_{L(AB)}P(x,y)\cos\alpha\mathrm{d}s=\int_0^l P(x(s),y(s))\cos\alpha\mathrm{d}s,$$

$$\int_{L(AB)}Q(x,y)\cos\beta\mathrm{d}s=\int_0^l Q(x(s),y(s))\cos\beta\mathrm{d}s.$$

典型例题 对坐标的曲线积分的计算

综上所述,得

$$\int_{L(AB)}P(x,y)\mathrm{d}x+Q(x,y)\mathrm{d}y=\int_{L(AB)}[P(x,y)\cos\alpha+Q(x,y)\cos\beta]\mathrm{d}s.$$

该式展示了平面曲线上两类曲线积分的联系.

类似地,若 Γ 为空间 $\mathbf{R}^3$ 中的光滑(和分段光滑)曲线,则在空间 $\mathbf{R}^3$ 中曲线 Γ 上两类曲线积分的联系为

$$\int_{\Gamma} P(x,y,z)\mathrm{d}x+Q(x,y,z)\mathrm{d}y+R(x,y,z)\mathrm{d}z$$
$$=\int_{\Gamma}[P(x,y,z)\cos\alpha+Q(x,y,z)\cos\beta+R(x,y,z)\cos\gamma]\mathrm{d}s,$$

其中 $\cos\alpha,\cos\beta,\cos\gamma$ 为曲线 Γ 上点 $M(x,y,z)$ 处切向量 $\boldsymbol{\tau}$ 的方向余弦，切向量 $\boldsymbol{\tau}$ 的指向与曲线的正向一致.

习题 4-5

1. 计算下列曲线积分：

(1) $\int_L y\mathrm{d}x+x\mathrm{d}y$，其中 L 为圆周 $x=r\cos t,y=r\sin t$ 上由 $t_1=0$ 到 $t_2=\dfrac{\pi}{2}$ 的一段弧；

(2) $\int_L (x^2-y^2)\mathrm{d}x$，其中 L 为抛物线 $y=x^2$ 上由点 $(0,0)$ 到点 $(2,4)$ 的一段弧；

(3) $\oint_L xy^2\mathrm{d}x+x^2y\mathrm{d}y$，其中 L 为圆周 $(x-1)^2+y^2=1$，取逆时针方向；

(4) $\int_L 4xy^2\mathrm{d}x-3x^4\mathrm{d}y$，其中 L 为 $y=\dfrac{1}{2}x^2$ 上由点 $(2,2)$ 到点 $(-2,2)$ 的一段弧；

(5) $\int_L (2a-y)\mathrm{d}x+x\mathrm{d}y$，其中 L 为摆线 $x=a(t-\sin t),y=a(1-\cos t)$ 的第一拱 $(0\leqslant t\leqslant 2\pi)$；

(6) $\int_{\Gamma} x\mathrm{d}x+y\mathrm{d}y+(x+y-1)\mathrm{d}z$，其中 Γ 是从点 $(1,1,1)$ 到点 $(2,3,4)$ 的一段直线；

(7) $\int_{\Gamma}(y-z)\mathrm{d}x+(z-x)\mathrm{d}y+(x-y)\mathrm{d}z$，其中 Γ 为 $x=a\cos t,y=a\sin t,z=bt(0\leqslant t\leqslant 2\pi)$；

(8) $\int_L y^2\mathrm{d}x+x^2\mathrm{d}y$，其中 L 为椭圆 $\dfrac{x^2}{a^2}+\dfrac{y^2}{b^2}=1$ 自左至右的上半部分；

(9) $\oint_L \dfrac{\mathrm{d}x+\mathrm{d}y}{|x|+|y|}$，其中 L 为以点 $(1,0),(0,1),(-1,0),(0,-1)$ 为顶点的正方形闭路，取逆时针方向.

2. 把对坐标的曲线积分 $\int_L P\mathrm{d}x+Q\mathrm{d}y$ 化为对弧长的曲线积分，其中 L 为

(1) 沿直线从点 $(0,0)$ 到点 $(1,1)$；

(2) 沿抛物线 $y=x^2$ 从点 $(0,0)$ 到点 $(1,1)$；

(3) 沿上半圆周 $x^2+y^2=2x$ 从点 $(0,0)$ 到点 $(1,1)$.

3. 设 xOy 面上有一弹性力，力的方向朝着坐标原点，力的大小与质点到坐标原点的距离成正比，设质点依逆时针方向描绘出椭圆 $\dfrac{x^2}{a^2}+\dfrac{y^2}{b^2}=1$ 在第一象限的部分，求弹性力所做的功.

第六节　格 林 公 式

在一元函数积分学中，牛顿-莱布尼茨公式建立了一元函数的定积分与不定积分之间的联系，从而得到了计算定积分的简便方法.我们将牛顿-莱布尼茨公式进行推广，可以得到在理论上和应用上都非常重要的格林(Green)公式.

格林简介

一、格林公式

格林公式建立了沿平面上封闭曲线的积分与在该封闭曲线所围区域上的二重积分的联系.

如果平面区域 D 内任一闭曲线所围部分都属于 D，则称 D 为单连通域，否则，称之为复连通域.例如，$\{(x,y)\mid x^2+y^2<1\}$，$\{(x,y)\mid y>0\}$ 都是单连通域，$\{(x,y)\mid 0<x^2+y^2<1\}$，$\{(x,y)\mid 1<x^2+y^2<4\}$ 是复连通域.直观地看，单连通域就是在其内不含有“孔”“洞”“缝”(不属于区域的点)的区域，而复连通域则是在其内含有“孔”“洞”“缝”的区域.

因为对坐标的曲线积分与所沿曲线的方向有关，所以当沿闭曲线计算对坐标的曲线积分时，必须事先规定平面上闭曲线的方向.通常规定(左手规则)：当一人按某方向沿闭曲线 L 行走时，L 所围区域 D 总位于此人左边，则该方向称为曲线 L 的正向，反之称为负向(如图 4-44).

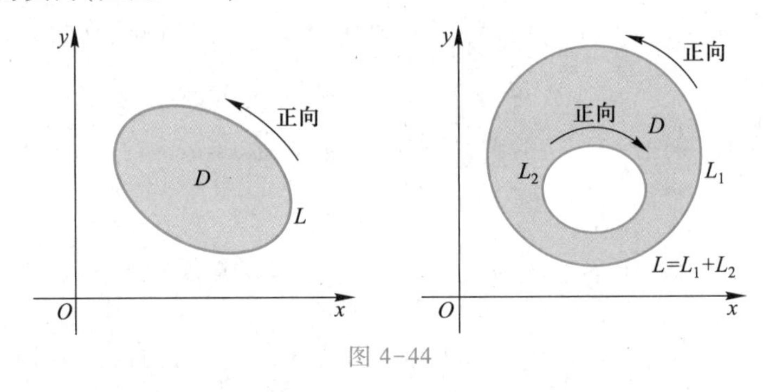

图 4-44

定理 1(格林公式)　设有界闭区域 D 由光滑(或分段光滑)的曲线 L 围成，$P(x,y)$，$Q(x,y)\in C^1(D)$，则

$$\oint_L P(x,y)\,\mathrm{d}x+Q(x,y)\,\mathrm{d}y=\iint_D\left(\frac{\partial Q}{\partial x}-\frac{\partial P}{\partial y}\right)\mathrm{d}x\mathrm{d}y,$$

其中曲线积分沿 L 的正向.

证　(1) 设 D 为单连通域.

先假设 D 既是 x-型区域又是 y-型区域(如图 4-45)，即 D 既可表示成

$$D=\{(x,y)\mid \varphi_1(x)\leqslant y\leqslant\varphi_2(x),a\leqslant x\leqslant b\},$$

又可表示成

$$D=\{(x,y)\mid \psi_1(y)\leqslant x\leqslant\psi_2(y),c\leqslant y\leqslant d\}.$$

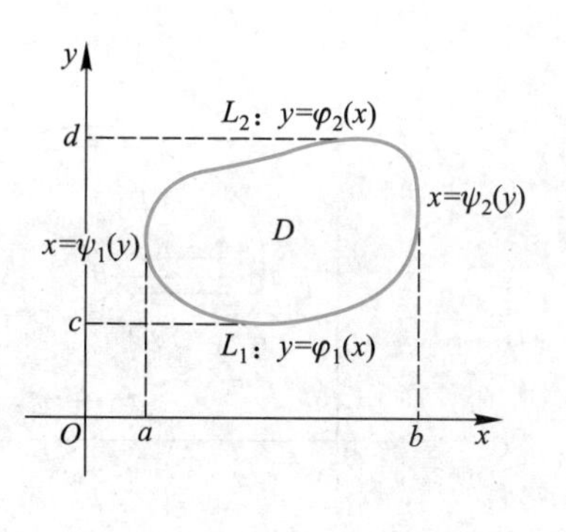

图 4-45

因 $P(x,y),Q(x,y)\in C^1(D)$,由二重积分计算方法,有

$$\iint_D \frac{\partial P}{\partial y}\mathrm{d}x\mathrm{d}y=\int_a^b \mathrm{d}x\int_{\varphi_1(x)}^{\varphi_2(x)}\frac{\partial P(x,y)}{\partial y}\mathrm{d}y$$

$$=\int_a^b [P(x,\varphi_2(x))-P(x,\varphi_1(x))]\mathrm{d}x,$$

由对坐标的曲线积分的性质及计算方法,有

$$\oint_L P(x,y)\mathrm{d}x=\int_{L_1}P(x,y)\mathrm{d}x+\int_{L_2}P(x,y)\mathrm{d}x$$

$$=\int_a^b P(x,\varphi_1(x))\mathrm{d}x+\int_b^a P(x,\varphi_2(x))\mathrm{d}x$$

$$=-\int_a^b [P(x,\varphi_2(x))-P(x,\varphi_1(x))]\mathrm{d}x,$$

故

$$\oint_L P(x,y)\mathrm{d}x=-\iint_D \frac{\partial P}{\partial y}\mathrm{d}x\mathrm{d}y.$$

由于 D 又可表示成 $D=\{(x,y)\mid \psi_1(y)\leqslant x\leqslant \psi_2(y),c\leqslant y\leqslant d\}$,故类似可得

$$\oint_L Q(x,y)\mathrm{d}x=\iint_D \frac{\partial Q}{\partial x}\mathrm{d}x\mathrm{d}y.$$

从而

$$\oint_L P(x,y)\mathrm{d}x+Q(x,y)\mathrm{d}y=\iint_D\left(\frac{\partial Q}{\partial x}-\frac{\partial P}{\partial y}\right)\mathrm{d}x\mathrm{d}y.$$

若 D 不满足上述条件,则可用辅助曲线把 D 分成有限个既是 x-型区域又是 y-型区域的小区域.例如,用一条辅助线就将图 4-46 所示的有界闭区域 D 分成为 2 个既是 x-型区域又是 y-型区域的有界闭区域 D_1 和 D_2:

$$D=D_1+D_2.$$

D_1 的边界曲线为 L_1+BA,D_2 的边界曲线为 L_2+AB,从而

$$\iint_D\left(\frac{\partial Q}{\partial x}-\frac{\partial P}{\partial y}\right)\mathrm{d}x\mathrm{d}y=\iint_{D_1}\left(\frac{\partial Q}{\partial x}-\frac{\partial P}{\partial y}\right)\mathrm{d}x\mathrm{d}y+\iint_{D_2}\left(\frac{\partial Q}{\partial x}-\frac{\partial P}{\partial y}\right)\mathrm{d}x\mathrm{d}y$$

$$=\left(\int_{L_1}P\mathrm{d}x+Q\mathrm{d}y+\int_{BA}P\mathrm{d}x+Q\mathrm{d}y\right)+\left(\int_{L_2}P\mathrm{d}x+Q\mathrm{d}y+\int_{AB}P\mathrm{d}x+Q\mathrm{d}y\right)$$

$$=\int_{L_1}P\mathrm{d}x+Q\mathrm{d}y+\int_{L_2}P\mathrm{d}x+Q\mathrm{d}y$$

$$=\oint_L P\mathrm{d}x+Q\mathrm{d}y.$$

综上所述,我们证明了有界闭区域 D 为单连通域时,格林公式成立,即

$$\oint_L P(x,y)\mathrm{d}x+Q(x,y)\mathrm{d}y=\iint_D\left(\frac{\partial Q}{\partial x}-\frac{\partial P}{\partial y}\right)\mathrm{d}x\mathrm{d}y.$$

(2) 设 D 为复连通域(如图 4-47).

不妨设 D 的边界曲线为 $L=L_1+L_2$.作辅助线 AB 将 D 剖开,则由

$$L_1+BA+L_2+AB$$

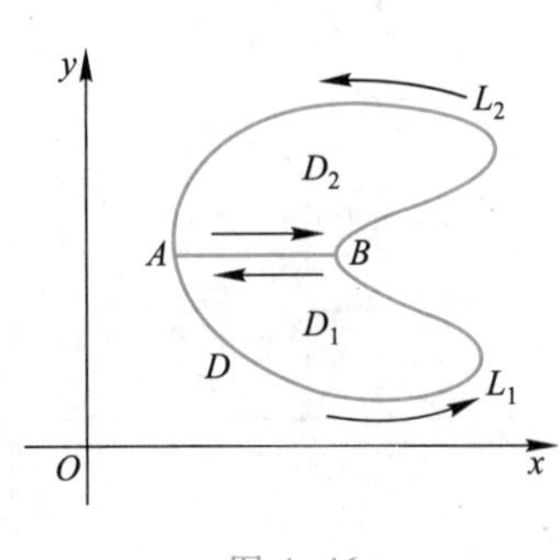

图 4-46

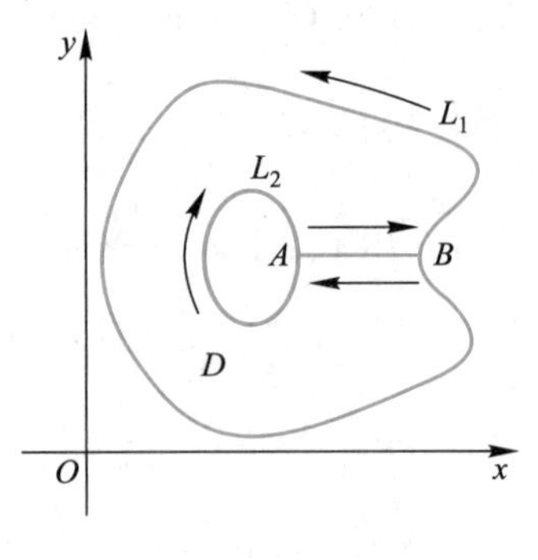

图 4-47

围成的有界闭区域是单连通域，于是

$$\iint_D\left(\frac{\partial Q}{\partial x}-\frac{\partial P}{\partial y}\right)\mathrm{d}x\mathrm{d}y=\oint_{L_1+BA+L_2+AB}P\mathrm{d}x+Q\mathrm{d}y=\int_{L_1}P\mathrm{d}x+Q\mathrm{d}y+\int_{L_2}P\mathrm{d}x+Q\mathrm{d}y$$

$$=\oint_L P\mathrm{d}x+Q\mathrm{d}y.$$

综合(1)和(2)，便完成了定理 1 的证明.

例 1　设 $L:x^2+y^2=a^2$，取逆时针方向，计算 $\oint_L x^2y\mathrm{d}x-xy^2\mathrm{d}y$.

解　由于 $P(x,y)=x^2y,Q(x,y)=-xy^2$，故

$$\frac{\partial P}{\partial y}=x^2,\quad \frac{\partial Q}{\partial x}=-y^2.$$

记 $D=\{(x,y)\mid x^2+y^2\leqslant a^2\}$，则由格林公式有

$$\oint_L x^2y\mathrm{d}x-xy^2\mathrm{d}y=\iint_D\left(\frac{\partial Q}{\partial x}-\frac{\partial P}{\partial y}\right)\mathrm{d}x\mathrm{d}y=-\iint_D(x^2+y^2)\mathrm{d}x\mathrm{d}y$$

$$=-\int_0^{2\pi}\mathrm{d}\theta\int_0^a r^3\mathrm{d}r=-\frac{1}{2}a^4\pi.$$

例 2　计算 $\oint_L y\sin x\mathrm{d}x-\cos x\mathrm{d}y$，其中积分是沿 xOy 面上任意一条光滑(或分段光滑)的封闭曲线 L 的正向.

解　由于 $P(x,y)=y\sin x,Q(x,y)=-\cos x$，则

$$\frac{\partial P}{\partial y}=\sin x,\quad \frac{\partial Q}{\partial x}=\sin x,$$

记 L 所围成的区域为 D，从而由格林公式有

$$\oint_L y\sin x\mathrm{d}x-\cos x\mathrm{d}y=\iint_D 0\mathrm{d}x\mathrm{d}y=0.$$

例 3　计算 $\int_L y\sin xy\mathrm{d}x+(x\sin xy+2x)\mathrm{d}y$，其中 L 为 $x^2+y^2=2x$ 上从 $O(0,0)$ 到 $A(2,0)$ 的上半圆周(如图 4-48).

解　这不是在封闭曲线上的曲线积分，不能直接用格林公式来求解，若按上一节的计算公式将曲线积分化为定积分计算，被积函数较复杂，应另想办法.

作辅助直线 AO，记由封闭曲线 $L+AO$ 围成的区域为 D.易见，$P(x,y)=y\sin xy$，$Q(x,y)=x\sin xy+2x\in C^1(D)$.注意到格林公式中曲线积分是沿曲线正向取的，则

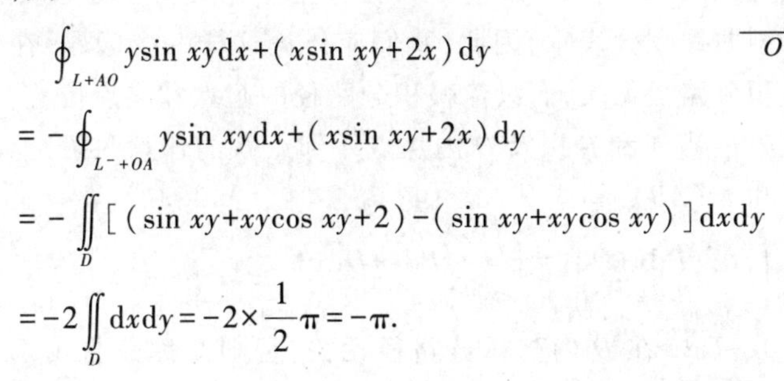

图 4-48

$$\begin{aligned}&\oint_{L+AO} y\sin xy\mathrm{d}x+(x\sin xy+2x)\mathrm{d}y\\=&-\oint_{L^-+OA} y\sin xy\mathrm{d}x+(x\sin xy+2x)\mathrm{d}y\\=&-\iint_D[(\sin xy+xy\cos xy+2)-(\sin xy+xy\cos xy)]\mathrm{d}x\mathrm{d}y\\=&-2\iint_D\mathrm{d}x\mathrm{d}y=-2\times\frac{1}{2}\pi=-\pi.\end{aligned}$$

另一方面，$AO:y=0,0\leqslant x\leqslant 2$，故

$$\int_{AO} y\sin xy\mathrm{d}x+(x\sin xy+2x)\mathrm{d}y=0.$$

所以

$$\begin{aligned}&\int_L y\sin xy\mathrm{d}x+(x\sin xy+2x)\mathrm{d}y\\=&\int_{L+AO} y\sin xy\mathrm{d}x+(x\sin xy+2x)\mathrm{d}y-\int_{AO} y\sin xy\mathrm{d}x+(x\sin xy+2x)\mathrm{d}y\\=&-\pi-0=-\pi.\end{aligned}$$

由本例可看出，作辅助曲线 L^*（本例中 $L^*=AO$），使得 $L+L^*$ 封闭，进而用格林公式解决问题是一简便有效的方法.不过，选择 L^* 时应保证（1）$\int_{L^*}P\mathrm{d}x+Q\mathrm{d}y$ 好积，（2）$P,Q\in C^1(D)$.若在 L^* 上或 D 内的某些点处，P,Q 的偏导数不连续，则应另外选作辅助曲线.

在格林公式中，若取 $P(x,y)=-y$，$Q(x,y)=x$，则

$$\oint_L(-y)\mathrm{d}x+x\mathrm{d}y=\iint_D 2\mathrm{d}x\mathrm{d}y=2|D|,$$

即

$$|D|=\frac{1}{2}\oint_L(-y)\mathrm{d}x+x\mathrm{d}y=\frac{1}{2}\oint_L x\mathrm{d}y-y\mathrm{d}x.$$

其中 $|D|$ 为封闭曲线 L 所围成的平面区域 D 的面积.利用这个结果可用曲线积分来计算平面图形的面积.

例 4　求椭圆 $x=a\cos\theta,y=b\sin\theta(0\leqslant\theta\leqslant 2\pi)$ 的面积 A.

解

$$\begin{aligned}A&=\frac{1}{2}\oint_L(-y)\mathrm{d}x+x\mathrm{d}y\\&=\frac{1}{2}\int_0^{2\pi}[-b\sin\theta(-a\sin\theta)+a\cos\theta\cdot b\cos\theta]\mathrm{d}\theta\\&=\frac{ab}{2}\int_0^{2\pi}\mathrm{d}\theta=\pi ab.\end{aligned}$$

典型例题
格林公式的应用

二、平面上曲线积分与路径无关的条件

在力学中，我们知道质点在保守力场中移动时，场力所做的功与质点所走的路径无关，而只与质点运动的起点和终点有关（如重力做功与路径无关），由于质点运动时场力所做的功可用第二型曲线积分表示，因此，我们应讨论这样一个问题：在什么条件下第二型曲线积分与积分路径无关，而只依赖积分路径的起点和终点位置？

如果对于区域 D 内任意两点 A 和 B 以及 D 内从点 A 到点 B 的任意两条光滑（或分段光滑）的曲线 $L_1(AB)$ 和 $L_2(AB)$，等式

$$\int_{L_1(AB)} P\mathrm{d}x+Q\mathrm{d}y=\int_{L_2(AB)} P\mathrm{d}x+Q\mathrm{d}y$$

恒成立，则称曲线积分 $\int_L P\mathrm{d}x+Q\mathrm{d}y$ 在 D 内与积分路径无关，否则便称该曲线积分与积分路径有关.

定理 2　设 $D\subset\mathbf{R}^2$ 为单连通开区域，若函数 $P=P(x,y),Q=Q(x,y)\in C^1(D)$，则下列 4 个命题等价：

(1) $\int_L P\mathrm{d}x+Q\mathrm{d}y$ 在 D 内与积分路径无关.

(2) 对 D 内任意一条光滑（或分段光滑）的闭曲线 L，有

$$\oint_L P\mathrm{d}x+Q\mathrm{d}y=0.$$

(3) 存在可微函数 $u=u(x,y)$，使得

$$\mathrm{d}u=P(x,y)\mathrm{d}x+Q(x,y)\mathrm{d}y,\quad \forall\ (x,y)\in D.$$

(4) $\dfrac{\partial Q}{\partial x}=\dfrac{\partial P}{\partial y}$ 在 D 内处处成立.

证　只需证(2)⇒(1)⇒(3)⇒(4)⇒(2)即可.

(2)⇒(1)：设命题(2)成立.对 D 内任何两点 A 和 B 以及任意两条连接 A,B 的光滑（或分段光滑）的曲线 $L_1(AB)$ 和 $L_2(AB)$（如图 4-49），记 $L_2^-(BA)$ 表示与 $L_2(AB)$ 反方向的曲线，则 $L_1(AB)$ 与 $L_2^-(BA)$ 构成 D 内一条闭曲线，且有

$$\oint_{L_1(AB)+L_2^-(BA)} P\mathrm{d}x+Q\mathrm{d}y=0,$$

即

$$\int_{L_1(AB)} P\mathrm{d}x+Q\mathrm{d}y-\int_{L_2(AB)} P\mathrm{d}x+Q\mathrm{d}y=0,$$

故

$$\int_{L_1(AB)} P\mathrm{d}x+Q\mathrm{d}y=\int_{L_2(AB)} P\mathrm{d}x+Q\mathrm{d}y,$$

所以，此时曲线积分 $\int_L P\mathrm{d}x+Q\mathrm{d}y$ 在 D 内与积分路径无关.

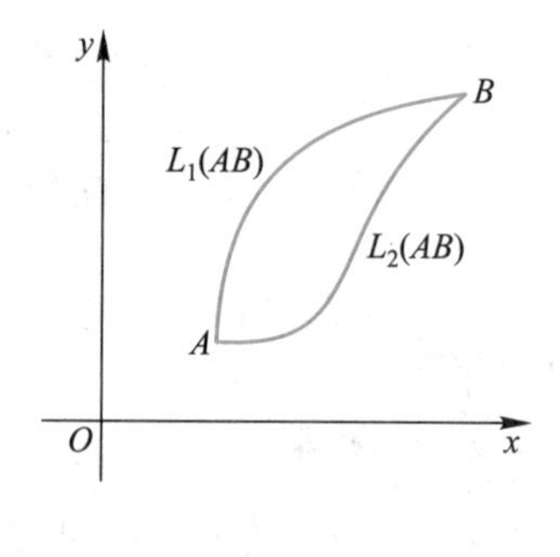

图 4-49

(1)⇒(3)：设(1)成立，$\forall A(x_0,y_0)\in D$，则在 D 内沿着以点 $A(x_0,y_0)$ 为起点，点 $B(x,y)$ 为终点的曲线积分 $\int_{L(AB)} P\mathrm{d}x+Q\mathrm{d}y$ 与积分路径无关，只与终点 $B(x,y)$ 的位置

有关,换言之,此时积分$\int_{L(AB)} P\mathrm{d}x+Q\mathrm{d}y$是终点$B(x,y)$的函数,将其记为

$$u(x,y)=\int_{L(AB)} P\mathrm{d}x+Q\mathrm{d}y=\int_{(x_0,y_0)}^{(x,y)} P\mathrm{d}x+Q\mathrm{d}y.$$

欲证$\mathrm{d}u(x,y)=P(x,y)\mathrm{d}x+Q(x,y)\mathrm{d}y$,只需证$\frac{\partial u}{\partial x}=P(x,y)$,$\frac{\partial u}{\partial y}=Q(x,y)$即可.

因为D为单连通开区域,所以$\forall B(x,y)\in D$,当$|\Delta x|$充分小时,有$B_1(x+\Delta x,y)\in D$,且连接点$B(x,y)$和点$B_1(x+\Delta x,y)$的平行于x轴的直线段$\overline{BB_1}$全部位于D内(如图4-50),且此时$\int_{BB_1} Q(x,y)\mathrm{d}y=0$.

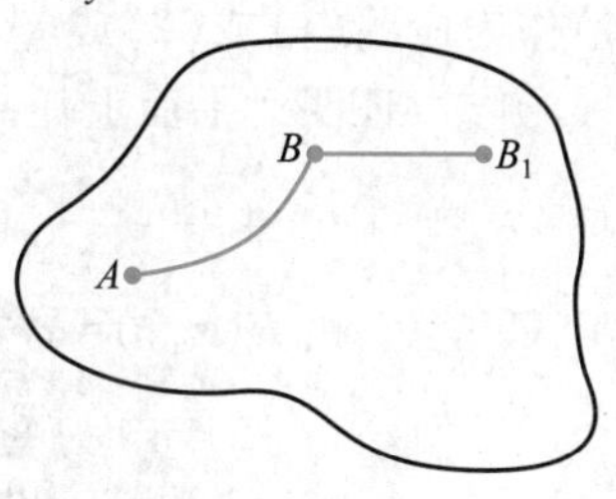

图 4-50

由于在D内积分与积分路径无关,故可取$\overline{BB_1}$作为积分路径,由$P(x,y)$的连续性及积分中值定理,得

$$\begin{aligned}u(x+\Delta x,y)-u(x,y)&=\int_{L(AB_1)} P\mathrm{d}x+Q\mathrm{d}y-\int_{L(AB)} P\mathrm{d}x+Q\mathrm{d}y\\&=\int_{(x_0,y_0)}^{(x+\Delta x,y)} P\mathrm{d}x+Q\mathrm{d}y-\int_{(x_0,y_0)}^{(x,y)} P\mathrm{d}x+Q\mathrm{d}y\\&=\int_{(x,y)}^{(x+\Delta x,y)} P\mathrm{d}x+Q\mathrm{d}y\\&=\int_{(x,y)}^{(x+\Delta x,y)} P\mathrm{d}x=\int_{x}^{x+\Delta x} P(x,y)\mathrm{d}x\\&=P(\xi,y)\Delta x\quad(\xi\text{ 位于 }x\text{ 与 }x+\Delta x\text{ 之间}).\end{aligned}$$

从而

$$\frac{\partial u}{\partial x}=\lim_{\Delta x\to 0}\frac{u(x+\Delta x,y)-u(x,y)}{\Delta x}=\lim_{\Delta x\to 0}P(\xi,y)=P(x,y).$$

同理可得$\frac{\partial u}{\partial y}=Q(x,y)$,$\forall (x,y)\in D$.

由于$P(x,y),Q(x,y)\in C^1(D)$,故函数$u(x,y)$在D内处处可微,且

$$\mathrm{d}u=P\mathrm{d}x+Q\mathrm{d}y.$$

(3)⇒(4):设(3)成立,即在D内存在可微函数$u(x,y)$,使得

$$\mathrm{d}u(x,y)=P(x,y)\mathrm{d}x+Q(x,y)\mathrm{d}y,\quad\forall (x,y)\in D.$$

从而

$$\frac{\partial u(x,y)}{\partial x}=P(x,y),\quad\frac{\partial u(x,y)}{\partial y}=Q(x,y).$$

因为$P(x,y),Q(x,y)\in C^1(D)$,故$\frac{\partial P(x,y)}{\partial y}$,$\frac{\partial Q(x,y)}{\partial x}$均在$D$内连续,即$u(x,y)$在$D$内有二阶连续混合偏导数,故$\forall (x,y)\in D$,

$$\frac{\partial P}{\partial y}=\frac{\partial^2 u}{\partial x\partial y}=\frac{\partial^2 u}{\partial y\partial x}=\frac{\partial Q}{\partial x}.$$

(4)⇒(2):设(4)成立,即在D内恒有$\frac{\partial P}{\partial y}=\frac{\partial Q}{\partial x}$.对$D$内任意一条光滑(或分段光

滑的)闭曲线 L,由格林公式,有

$$\oint_L P\mathrm{d}x+Q\mathrm{d}y=\iint_{D^*}\left(\frac{\partial Q}{\partial x}-\frac{\partial P}{\partial y}\right)\mathrm{d}x\mathrm{d}y=0,$$

其中 D^* 为曲线 L 所围成的平面区域.

这样我们就证明了定理 2.在定理 2 中,由于命题(4)较易验证,因此,常将命题(4)作为命题(1)或(2)或(3)的判别条件.

例 5 证明对平面上任一光滑或逐段光滑的闭曲线 L,有

$$\oint_L xy^2\mathrm{d}x+x^2y\mathrm{d}y=0.$$

证法 1 由 $P(x,y)=xy^2,Q(x,y)=x^2y$,有

$$\frac{\partial P}{\partial y}=2xy=\frac{\partial Q}{\partial x},\quad \forall(x,y)\in\mathbf{R}^2.$$

由定理 2 知

$$\oint_L xy^2\mathrm{d}x+x^2y\mathrm{d}y=0.$$

证法 2 只需证明 $xy^2\mathrm{d}x+x^2y\mathrm{d}y$ 是某个二元函数 $u(x,y)$ 的全微分即可.由于

$$\begin{aligned}xy^2\mathrm{d}x+x^2y\mathrm{d}y&=\frac{1}{2}y^2\mathrm{d}(x^2)+\frac{1}{2}x^2\mathrm{d}(y^2)\\&=\frac{1}{2}\mathrm{d}(x^2y^2)=\mathrm{d}\left(\frac{1}{2}x^2y^2\right),\end{aligned}$$

故取 $u(x,y)=\frac{1}{2}x^2y^2$,有

$$\mathrm{d}u=xy^2\mathrm{d}x+x^2y\mathrm{d}y,\quad \forall(x,y)\in\mathbf{R}^2,$$

由定理 2 知

$$\oint_L xy^2\mathrm{d}x+x^2y\mathrm{d}y=0.$$

例 6 计算$\int_L(\mathrm{e}^x\sin y-my)\mathrm{d}x+(\mathrm{e}^x\cos y-mx)\mathrm{d}y$,其中 L 为由点 $A(\pi,0)$ 沿曲线 $y=\sin x$ 到点 $O(0,0)$ 的一段曲线(如图 4-51),m 为实数.

解 由 $P(x,y)=\mathrm{e}^x\sin y-my,Q(x,y)=\mathrm{e}^x\cos y-mx$,得

$$\frac{\partial P}{\partial y}=\mathrm{e}^x\cos y-m=\frac{\partial Q}{\partial x},$$

故该积分在 $\mathbf{R}^2$ 上与积分路径无关,为简便计,取 x 轴上直线段 AO 作为积分路径.由于$AO:y=0,0\leqslant x\leqslant\pi$,从而 $\mathrm{d}y=0$,故

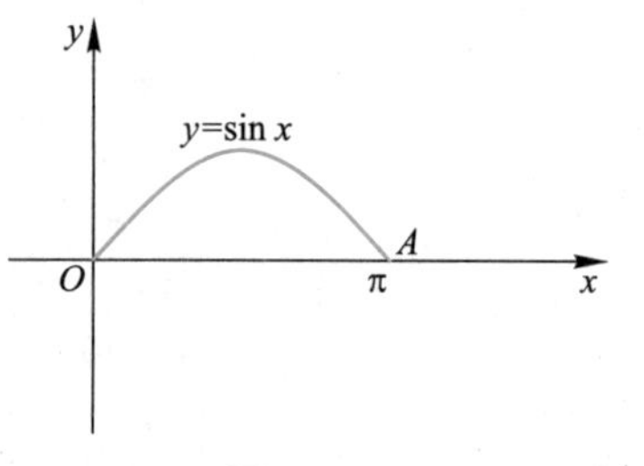

图 4-51

$$\begin{aligned}&\int_L(\mathrm{e}^x\sin y-my)\mathrm{d}x+(\mathrm{e}^x\cos y-mx)\mathrm{d}y\\=&\int_{AO}(\mathrm{e}^x\sin y-my)\mathrm{d}x+(\mathrm{e}^x\cos y-mx)\mathrm{d}y\\=&\int_{AO}(\mathrm{e}^x\sin y-my)\mathrm{d}x=0.\end{aligned}$$

例 7　计算$\oint_L \frac{x\mathrm{d}y-y\mathrm{d}x}{x^2+y^2}$,其中 L 为一条光滑(或分段光滑)的不经过坐标原点的简单封闭曲线(即除首尾相接外,自身不相交的曲线),积分沿 L 的正向.

解　由于 $P(x,y)=\frac{-y}{x^2+y^2}$, $Q(x,y)=\frac{x}{x^2+y^2}$,故当 $x^2+y^2\neq 0$ 时,有

$$\frac{\partial P}{\partial y}=\frac{y^2-x^2}{(x^2+y^2)^2}=\frac{\partial Q}{\partial x},$$

记 L 所围成的闭区域为 D.

(1) 若 L 不包含原点 $O(0,0)$,则可作不包含原点在内的封闭曲线 L_1, L_1 围成单连通开区域 D_1,且 $L\subset D_1$, $D\subset D_1$(如图 4-52).易见,函数 $P(x,y), Q(x,y)\in C^1(D_1)$,且在 D_1 上,有

$$\frac{\partial P}{\partial y}=\frac{\partial Q}{\partial x},\quad \forall (x,y)\in D_1.$$

由定理 2 知

$$\oint_L \frac{x\mathrm{d}y-y\mathrm{d}x}{x^2+y^2}=0.$$

(2) 若 L 包含原点在内,即 $O(0,0)\in D$.因为函数 $P(x,y)$, $Q(x,y)$ 及其偏导数在点 $O(0,0)$ 处不连续,所以,不能在 D 上直接使用格林公式及定理 2.尽管 $P(x,y)$, $Q(x,y)\in C^1(D\setminus\{O\})$,且在 $D\setminus\{O\}$ 上$\frac{\partial P}{\partial y}=\frac{\partial Q}{\partial x}$,但 $D\setminus\{O\}$ 不是有界闭区域,也不是单连通的开区域,不满足格林公式和定理 2 的条件,故也不能在 $D\setminus\{O\}$ 上使用格林公式和定理 2.为此,我们作如下处理,取 $r>0$ 充分小,使圆周 $L_1: x^2+y^2=r^2$ 落在 D 内(如图 4-53).由格林公式有

$$\oint_{L+L_1^-} P\mathrm{d}x+Q\mathrm{d}y=\iint_{D_1}\left(\frac{\partial Q}{\partial x}-\frac{\partial P}{\partial y}\right)\mathrm{d}x\mathrm{d}y=0,$$

其中 $D_1=D\setminus B_0$ 是复连通闭区域; $B_0=\{(x,y)\mid x^2+y^2<r^2\}$;左端的曲线积分沿 D_1 边界的正向(左手规则).从而

$$\oint_L \frac{x\mathrm{d}y-y\mathrm{d}x}{x^2+y^2}=-\oint_{L_1^-} \frac{x\mathrm{d}y-y\mathrm{d}x}{x^2+y^2}=\oint_{L_1} \frac{x\mathrm{d}y-y\mathrm{d}x}{x^2+y^2}.$$

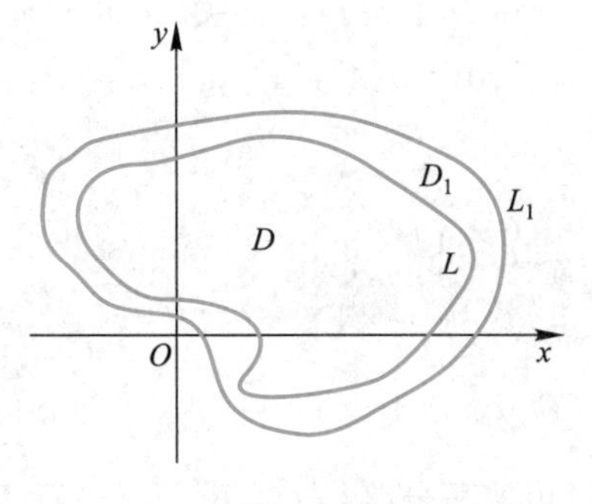

图 4-52

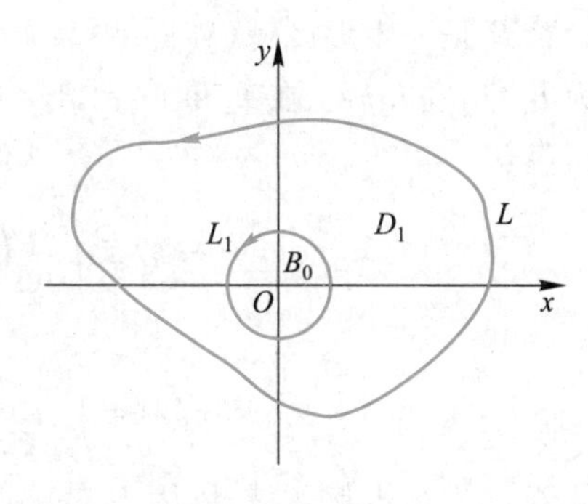

图 4-53

由于圆周 L_1 的参数方程为 $x=r\cos\theta, y=r\sin\theta$，当积分沿 L_1 的逆时针方向时，起点对应参数值 $\theta=0$，终点对应参数值 $\theta=2\pi$，故

$$\oint_L \frac{x\mathrm{d}y-y\mathrm{d}x}{x^2+y^2}=\oint_{L_1}\frac{x\mathrm{d}y-y\mathrm{d}x}{x^2+y^2}=\int_0^{2\pi}\frac{r^2\cos^2\theta+r^2\sin^2\theta}{r^2}\mathrm{d}\theta=2\pi.$$

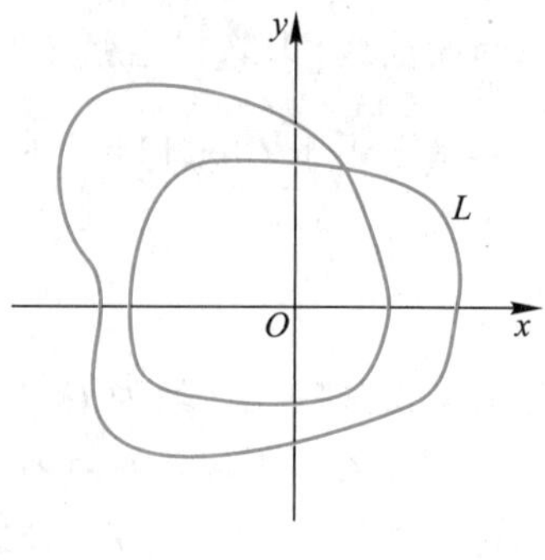

图 4-54

典型例题 曲线积分与路径无关

在例 7 的(2)中，函数 $P(x,y)$，$Q(x,y)$ 及其偏导数的连续性在原点 $O(0,0)$ 处被破坏，这样的点也称为函数的“奇点”. 另外，由于 L 是简单封闭曲线，因此，L 只能绕奇点 $O(0,0)$ 一圈. 若 L 不是简单封闭曲线，则曲线 L 可沿逆时针方向绕奇点 $O(0,0)$ 两圈，或 3 圈，或 4 圈……积分的结果又如何(如图 4-54)？读者不难自行求出这些结果.

三、原函数与全微分方程

由定理 2，若 D 为单连通开区域，$P(x,y), Q(x,y)\in C^1(D)$，且在 D 内有

$$\frac{\partial P(x,y)}{\partial y}=\frac{\partial Q(x,y)}{\partial x},$$

则存在可微函数

$$u(x,y)=\int_{L(AB)}P\mathrm{d}x+Q\mathrm{d}y=\int_{(x_0,y_0)}^{(x,y)}P\mathrm{d}x+Q\mathrm{d}y$$

使得

$$\mathrm{d}u(x,y)=P(x,y)\mathrm{d}x+Q(x,y)\mathrm{d}y,$$

其中点 $A(x_0,y_0)$，$B(x,y)\in D$. 此时，称 $u(x,y)$ 为 $P(x,y)\mathrm{d}x+Q(x,y)\mathrm{d}y$ 在区域 D 上的一个原函数. 在定理 2 的条件下，可以利用原函数来计算曲线积分，即

$$\begin{aligned}\int_{L(AB)}P\mathrm{d}x+Q\mathrm{d}y&=u(x,y)-u(x_0,y_0)\\&=u(B)-u(A)=u(x,y)\Big|_A^B.\end{aligned}$$

那么，如何在定理 2 的条件下，求出 $P(x,y)\mathrm{d}x+Q(x,y)\mathrm{d}y$ 在区域 D 上的一个原函数 $u(x,y)$ 呢？

若 D 是一矩形区域(如图 4-55). 由于曲线积分在 D 上与路径无关，可取积分路径为 L_1+L_2 或 L_3+L_4. 在 L_1 和 L_4 上，$\mathrm{d}y=0$；在 L_2 和 L_3 上，$\mathrm{d}x=0$；$A=(x_0,y_0)$，$B=(x,y)$，从而得到

$$u(x,y)=\int_{x_0}^{x}P(x,y_0)\mathrm{d}x+\int_{y_0}^{y}Q(x,y)\mathrm{d}y \tag{1}$$

或

$$u(x,y)=\int_{x_0}^{x}P(x,y)\mathrm{d}x+\int_{y_0}^{y}Q(x_0,y)\mathrm{d}y. \tag{2}$$

若 D 不是矩形区域，则因 D 是单连通开区域，可取积分路径 L 为由若干平行于 x 轴和 y 轴的直线段所构成的折线路径，如图 4-56 所示：$L=L_1+L_2+L_3+L_4$，从而

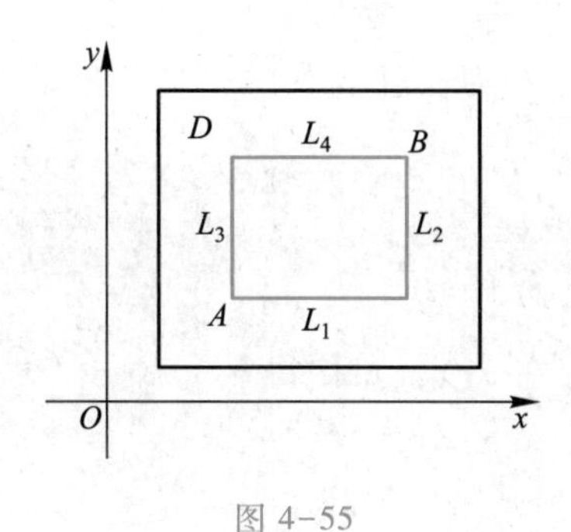

图 4-55

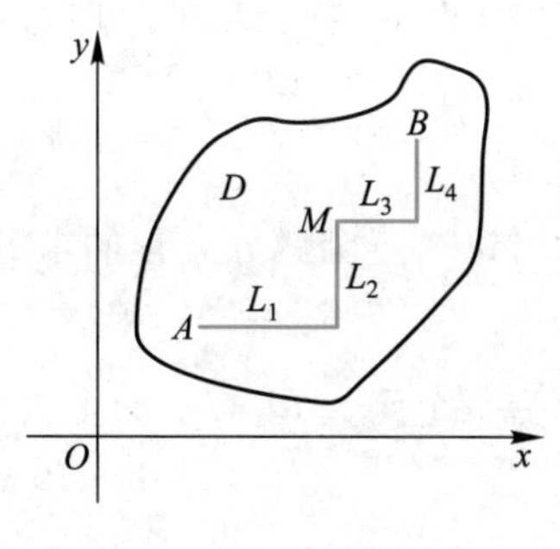

图 4-56

$$u(x,y)=\int_{L_1+L_2+L_3+L_4}P\mathrm{d}x+Q\mathrm{d}y=\int_{L_1+L_3}P\mathrm{d}x+\int_{L_2+L_4}Q\mathrm{d}y$$
$$=\int_{x_0}^{x_1}P(x,y_0)\mathrm{d}x+\int_{x_1}^{x}P(x,y_1)\mathrm{d}x+\int_{y_0}^{y_1}Q(x_1,y)\mathrm{d}y+\int_{y_1}^{y}Q(x,y)\mathrm{d}y,$$

其中 $A=(x_0,y_0)$，$M=(x_1,y_1)$，$B=(x,y)$. 注意到上式中第一和第三两个积分均为常数，可将它们之和记作 C，从而

$$u(x,y)=\int_{x_1}^{x}P(x,y_1)\mathrm{d}x+\int_{y_1}^{y}Q(x,y)\mathrm{d}y+C. \tag{3}$$

比较(1)式和(3)式可以看出，为了简化求 $u(x,y)$ 的过程，应适当选择积分路径的起点 $A(x_0,y_0)$，以使 $A(x_0,y_0)$ 与 D 中任一点 $B(x,y)$ 所构成的折线路径较简单，以便运用公式(1)或(2)进行计算.

例 8　求 $u(x,y)$，使得当 $y\neq x^2$ 时，有 $\mathrm{d}u=-\dfrac{2x}{y-x^2}\mathrm{d}x+\dfrac{1}{y-x^2}\mathrm{d}y$.

解　令 $P(x,y)=-\dfrac{2x}{y-x^2}$，$Q(x,y)=\dfrac{1}{y-x^2}$.

当 $y\neq x^2$ 时，有

$$\frac{\partial P}{\partial y}=\frac{2x}{(y-x^2)^2}=\frac{\partial Q}{\partial x},$$

故存在 $u(x,y)$，使

$$\mathrm{d}u=-\frac{2x}{y-x^2}\mathrm{d}x+\frac{1}{y-x^2}\mathrm{d}y.$$

(1) 当 $y>x^2$ 时(如图 4-57)，取 $(x_0,y_0)=(0,1)$，由公式(2)得

$$u(x,y)=\int_0^x P(x,y)\mathrm{d}x+\int_1^y Q(0,y)\mathrm{d}y$$
$$=\int_0^x\frac{-2x}{y-x^2}\mathrm{d}x+\int_1^y\frac{1}{y}\mathrm{d}y=\ln|y-x^2|.$$

(2) 当 $y<x^2$ 时，取 $(x_0,y_0)=(0,-1)$，由公式(1)得

$$u(x,y)=\int_0^x\frac{-2x}{-1-x^2}\mathrm{d}x+\int_{-1}^{y}\frac{1}{y-x^2}\mathrm{d}y$$
$$=\ln(1+x^2)+\ln|y-x^2|-\ln(1+x^2)=\ln|y-x^2|.$$

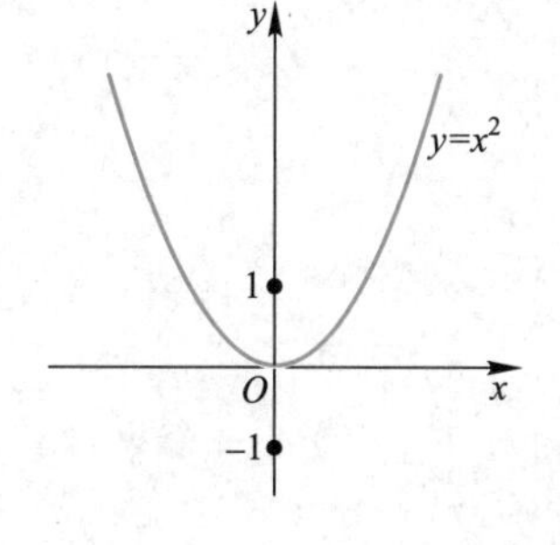

图 4-57

综合(1)和(2)知,当 $y\neq x^2$ 时,$u(x,y)=\ln|y-x^2|$,易见

$$u(x,y)=\ln|y-x^2|+C\quad(C\text{ 为任意常数})$$

均为所求.

下面讨论一阶全微分方程的求解问题.若方程

$$P(x,y)\mathrm{d}x+Q(x,y)\mathrm{d}y=0$$

的左端恰为某个函数 $u(x,y)$ 的全微分,即若存在 $u(x,y)$,使得

$$\mathrm{d}u=P(x,y)\mathrm{d}x+Q(x,y)\mathrm{d}y,$$

则称该方程为全微分方程.此时有

$$\mathrm{d}u(x,y)=0.$$

于是 $u(x,y)=C$(C 为任意常数)为方程的通解.就是说,求解全微分方程归结为求 $u(x,y)$,使得 $\mathrm{d}u=P\mathrm{d}x+Q\mathrm{d}y$,从而,我们可以利用上边介绍的方法来求解.

例 9 求解方程 $(2xy-y^2-1)\mathrm{d}x+(x^2-2xy+1)\mathrm{d}y=0$.

解法 1 令 $P(x,y)=2xy-y^2-1$,$Q(x,y)=x^2-2xy+1$,则

$$\frac{\partial P}{\partial y}=2x-2y=\frac{\partial Q}{\partial x}.$$

可知该方程为全微分方程,取 $(x_0,y_0)=(0,0)$,得

$$u(x,y)=\int_0^x P(x,0)\mathrm{d}x+\int_0^y Q(x,y)\mathrm{d}y=\int_0^x(-1)\mathrm{d}x+\int_0^y(x^2-2xy+1)\mathrm{d}y$$
$$=-x+x^2y-xy^2+y,$$

故方程的通解为

$$-x+x^2y-xy^2+y=C.$$

解法 2 用凑微分的办法求解.

原方程可化为

$$(2xy\mathrm{d}x+x^2\mathrm{d}y)-(y^2\mathrm{d}x+2xy\mathrm{d}y)-\mathrm{d}x+\mathrm{d}y=0,$$

即

$$\mathrm{d}(x^2y)-\mathrm{d}(xy^2)-\mathrm{d}x+\mathrm{d}y=\mathrm{d}(x^2y-xy^2-x+y)=0,$$

从而方程的通解为

$$x^2y-xy^2-x+y=C.$$

解法 3 由 $\dfrac{\partial P}{\partial y}=2x-2y=\dfrac{\partial Q}{\partial x}$ 知此方程为全微分方程,故存在 u,使得 $\mathrm{d}u=P\mathrm{d}x+Q\mathrm{d}y$.因此

$$\frac{\partial u}{\partial x}=P(x,y)=2xy-y^2-1,$$

故

$$u=\int(2xy-y^2-1)\mathrm{d}x=x^2y-xy^2-x+\varphi(y),$$

其中 $\varphi(y)$ 是一个只含有自变量 y 和常数的待定函数,且有

$$\frac{\partial u}{\partial y}=Q(x,y)=x^2-2xy+1,$$

以及

$$\frac{\partial u}{\partial y}=x^2-2xy+\varphi'(y).$$

故

$$x^2-2xy+1=x^2-2xy+\varphi'(y),$$

从而 $\varphi'(y)=1,\varphi(y)=y+C_1,u=x^2y-xy^2-x+y+C_1$,其中 C_1 为任意常数.故方程的通解为

$$u=C_2 \quad 或 \quad x^2y-xy^2-x+y=C,$$

其中 $C=C_2-C_1$.

习题 4-6

1. 直接计算 $\oint_L (x^2-xy^3)\,\mathrm{d}x+(y^2-2xy)\,\mathrm{d}y$,其中 L 是顶点为 $(0,0),(2,0),(2,2)$ 和 $(0,2)$ 的正方形区域的正向边界,再用格林公式计算并进行比较.

2. 利用格林公式计算下列曲线积分:

(1) $\oint_L (2x-y+4)\,\mathrm{d}x+(5y+3x-6)\,\mathrm{d}y$,其中 L 是顶点为 $O(0,0),A(3,0),B(3,2)$ 的正向三角形边界;

(2) $\oint_L (x^2y\cos x+2xy\sin x-y^2\mathrm{e}^x)\,\mathrm{d}x+(x^2\sin x-2y\mathrm{e}^x)\,\mathrm{d}y$,其中 L 为正向星形线 $x^{\frac{2}{3}}+y^{\frac{2}{3}}=a^{\frac{2}{3}}(a>0)$;

(3) $\oint_L (2xy^3-y^2\cos x)\,\mathrm{d}x+(1-2y\sin x+3x^2y^2)\,\mathrm{d}y$,其中 L 为抛物线 $2x=\pi y^2$ 上从点 $(0,0)$ 到点 $(\pi,\sqrt{2})$ 的一段.

3. 计算下列积分:

(1) $\int_{(1,0)}^{(3,4)} (16xy^2-y^3)\,\mathrm{d}x+(16x^2y-3xy^2)\,\mathrm{d}y$;

(2) $\int_{(1,1)}^{(2,3)} (x+y)\,\mathrm{d}x+(x-y)\,\mathrm{d}y$;

(3) $\int_L (x^4+4xy^3)\,\mathrm{d}x+(6x^2y^2-5y^4)\,\mathrm{d}y$,其中 L 为 $\frac{x^2}{a^2}+\frac{y^2}{b^2}=1$ 上点 $A(a,0)$ 到点 $(0,b)$ 的一段.

4. 计算下列曲线所围平面图形的面积:

(1) 椭圆 $9x^2+16y^2=144$;

(2) 星形线 $x=a\cos^3 t,y=a\sin^3 t(0\leqslant t\leqslant 2\pi)$.

5. 计算 $\oint_L \frac{x\,\mathrm{d}x+y\,\mathrm{d}y}{\ln(1+x^2+y^2)}$,其中 L 为 xOy 面上任一条不经过原点的光滑的简单闭曲线,取逆时针方向.

6. 验证下列 $P\,\mathrm{d}x+Q\,\mathrm{d}y$ 在平面区域上是某函数 $u(x,y)$ 的全微分,并求出 $u(x,y)$:

(1) $x\mathrm{d}y+y\mathrm{d}x$；　(2) $(x^2+y^2)(x\mathrm{d}x+y\mathrm{d}y)$；　(3) $\dfrac{x\mathrm{d}x+y\mathrm{d}y}{\sqrt[3]{(x^2+y^2)^2}}$.

7. 求解下列微分方程：

(1) $(5x^4+3xy^2-y^3)\mathrm{d}x+(3x^2y-3xy^2+y^2)\mathrm{d}y=0$；

(2) $\mathrm{e}^y\mathrm{d}x+(x\mathrm{e}^y-2y)\mathrm{d}y=0$；　(3) $(x\cos y+\cos x)y'-y\sin x+\sin y=0$；

(4) $(x^2+y^2)y'+2x(y+2x)=0$；(5) $(x+y)(\mathrm{d}x-\mathrm{d}y)=\mathrm{d}x+\mathrm{d}y$；

(6) $(x-y^2)\mathrm{d}x+2xy\mathrm{d}y=0$；　(7) $(1+xy)y\mathrm{d}x+(1-xy)x\mathrm{d}y=0$.

8. 证明在右半平面 $x>0$ 内，力 $\boldsymbol{F}=\left(-\dfrac{k}{r^3}x,-\dfrac{k}{r^3}y\right)$ 移动质点所做的功与路径无关，其中 $r=\sqrt{x^2+y^2}$，$k>0$ 为常数.

9. 比较本节中例 6 与例 3，并计算积分

$$\int_L(\mathrm{e}^x\sin y-my)\mathrm{d}x+(\mathrm{e}^x\cos y-nx)\mathrm{d}y,$$

其中 L 与例 6 中相同；m 和 n 为不相等的实数.

第七节　对面积的曲面积分

一、对面积的曲面积分的概念与性质

1. 曲面形构件的质量

工程中一些薄壳结构属于曲面形构件，它们的质量问题可归结为相应的曲面质量问题.

一般地，设空间曲面 $\Sigma: F(x,y,z)=0$，若 $F(x,y,z)\in C^1$，则称 Σ 为光滑曲面.若将 Σ 分成若干片，使得每一片均为光滑曲面，则称 Σ 是分片光滑曲面.

设 Σ 为空间 $\mathbf{R}^3$ 中的光滑曲面，其上非均匀地分布着质量，面密度为 $\mu=\mu(x,y,z)$.求曲面 Σ 的质量 m.

将 Σ 任意分割成 n 个小曲面块 $\Sigma_i(i=1,2,\cdots,n)$，每小块的面积记为 ΔS_i.在 Σ_i 上任取一点 (ξ_i,ζ_i,η_i)，以点 (ξ_i,ζ_i,η_i) 的密度来代替 Σ_i 上各点的密度，则小曲面块 Σ_i 的质量 $m_i\approx\mu(\xi_i,\zeta_i,\eta_i)\Delta S_i$，于是曲面 Σ 的质量

$$m=\sum_{i=1}^{n}m_i\approx\sum_{i=1}^{n}\mu(\xi_i,\zeta_i,\eta_i)\Delta S_i.$$

设 λ 为 n 个小曲面块的直径中最大者，当 $\lambda\to0$ 时，整个曲面 Σ 的质量

$$m=\lim_{\lambda\to0}\sum_{i=1}^{n}\mu(\xi_i,\zeta_i,\eta_i)\Delta S_i.$$

抛开上述问题的物理意义，就得到对面积的曲面积分的概念.

2. 对面积的曲面积分的概念与性质

定义　设 Σ 为空间 $\mathbf{R}^3$ 中的光滑曲面,函数 $f(x,y,z)$ 在 Σ 上有定义且有界.将曲面 Σ 任意分割成 n 个小曲面块 $\Sigma_i(i=1,2,\cdots,n)$,每小块的面积记为 ΔS_i, $\forall(\xi_i,\zeta_i,\eta_i)\in\Sigma_i$,作和式 $\sum\limits_{i=1}^{n}f(\xi_i,\zeta_i,\eta_i)\Delta S_i$,如果当各小块曲面的直径的最大值 $\lambda\to0$ 时,此和式的极限存在,且极限值与对曲面的分割方法及点 (ξ_i,ζ_i,η_i) 的选取无关,则称此极限值为函数 $f(x,y,z)$ 在曲面 Σ 上对面积的曲面积分,也称为第一型曲面积分,记作 $\iint\limits_{\Sigma}f(x,y,z)\mathrm{d}S$,即

$$\iint\limits_{\Sigma}f(x,y,z)\mathrm{d}S=\lim_{\lambda\to0}\sum_{i=1}^{n}f(\xi_i,\zeta_i,\eta_i)\Delta S_i,$$

其中 $f(x,y,z)$ 称为被积函数,Σ 称为积分曲面,$\mathrm{d}S$ 称为曲面的面积微元.

由定义可以看出,$\iint\limits_{\Sigma}\mathrm{d}S=|\Sigma|$(表示 Σ 的面积).

如果 Σ 为一封闭曲面,则对面积的曲面积分记为 $\oiint\limits_{\Sigma}f(x,y,z)\mathrm{d}S$.

由定义可知对面积的曲面积分与曲面的方向无关,这是因为小曲面块面积 ΔS_i 总是取正数.

可以证明:当函数 $f(x,y,z)$ 在曲面 Σ 上连续,或除有限条逐段光滑的曲线外在 Σ 上连续且有界,则 $f(x,y,z)$ 在 Σ 上对面积的曲面积分存在.

根据对面积的曲面积分的定义,面密度为连续函数 $\mu(x,y,z)$ 的光滑曲面 Σ 的质量 m,可表示为 $\mu(x,y,z)$ 在 Σ 上对面积的曲面积分,即

$$m=\iint\limits_{\Sigma}\mu(x,y,z)\mathrm{d}S.$$

由对面积的曲面积分的定义可知,它具有类似于三重积分的性质(包括对称性质),这里不再赘述.

二、对面积的曲面积分的计算

1. 直角坐标方程形式下的计算

设曲面 Σ 由方程 $z=z(x,y)$ 给出,Σ 在 xOy 面上的投影区域为 D_{xy},且 $z(x,y)\in C^1(D_{xy})$.

在 D_{xy} 上任取一直径很小的区域 $\mathrm{d}\sigma$,其面积仍记为 $\mathrm{d}\sigma$,以 $\mathrm{d}\sigma$ 的边界为准线,母线平行于 z 轴的柱面截曲面 Σ 得到一小块曲面 ΔS(其面积仍记为 ΔS).在 $\mathrm{d}\sigma$ 上任取一点 $M'(x,y)$,对应于曲面 Σ 上一点 $M(x,y,z(x,y))$,过点 M 作曲面 Σ 的切平面,它也被柱面截下一小块记作 $\mathrm{d}S$(其面积仍记为 $\mathrm{d}S$),则有 $\Delta S\approx\mathrm{d}S$(如图 4-58).

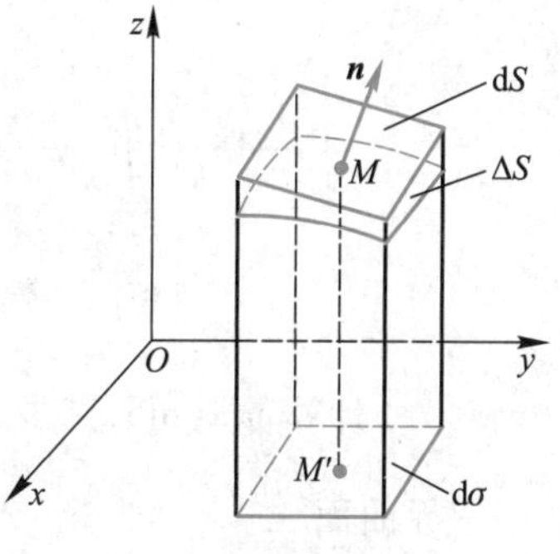

图 4-58

设点 M 处曲面 Σ 上的法线(方向朝上)与 z 轴正

向的夹角为 γ，则

$$dS=\frac{d\sigma}{\cos\gamma}.$$

由于曲面 Σ 的法向量为

$$\boldsymbol{n}=\left(-\frac{\partial z}{\partial x},-\frac{\partial z}{\partial y},1\right),$$

故

$$\cos\gamma=\frac{1}{\sqrt{1+z_x'^2+z_y'^2}}.$$

从而曲面 Σ 的面积微元为

$$dS=\sqrt{1+z_x'^2+z_y'^2}\,d\sigma,$$

于是，根据第一型曲面积分和二重积分的定义，有

$$\iint_\Sigma f(x,y,z)\,dS=\iint_{D_{xy}} f(x,y,z(x,y))\sqrt{1+z_x'^2+z_y'^2}\,dxdy. \tag{1}$$

公式(1)就是将对面积的曲面积分转化为相应的二重积分的计算公式.

类似地，当曲面 Σ 的方程为 $x=x(y,z)$ 和 $y=y(x,z)$ 时，有计算公式

$$\iint_\Sigma f(x,y,z)\,dS=\iint_{D_{yz}} f(x(y,z),y,z)\sqrt{1+x_y'^2+x_z'^2}\,dydz,$$

$$\iint_\Sigma f(x,y,z)\,dS=\iint_{D_{xz}} f(x,y(x,z),z)\sqrt{1+y_x'^2+y_z'^2}\,dxdz,$$

其中 D_{yz} 和 D_{xz} 分别是曲面 Σ 在 yOz 面和 zOx 面上的投影.

例 1　计算曲面积分 $\iint_\Sigma \frac{1}{z}dS$，其中 Σ 是球面 $x^2+y^2+z^2=a^2$ 位于平面 $z=h(0<h\leqslant a)$ 上方的部分.

解　如图 4-59 所示，曲面 Σ 的方程为

$$z=\sqrt{a^2-x^2-y^2}\quad((x,y)\in D_{xy}),$$

其中曲面 Σ 在 xOy 面上的投影为

$$D_{xy}=\{(x,y)\mid x^2+y^2\leqslant a^2-h^2\}.$$

又

$$dS=\sqrt{1+z_x'^2+z_y'^2}\,dxdy=\frac{a}{\sqrt{a^2-x^2-y^2}}dxdy,$$

故

$$\iint_\Sigma \frac{1}{z}dS=\iint_{D_{xy}}\frac{a}{a^2-x^2-y^2}dxdy$$

$$=a\int_0^{2\pi}d\theta\int_0^{\sqrt{a^2-h^2}}\frac{r}{a^2-r^2}dr=2\pi a\ln\frac{a}{h}.$$

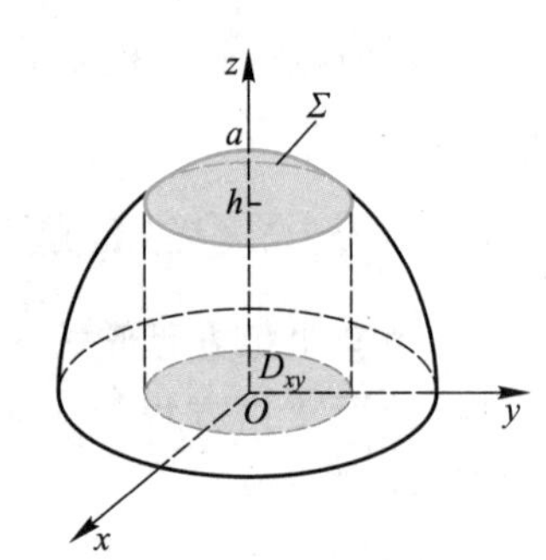

图 4-59

例 2　计算 $\oiint_\Sigma xyz\,dS$，其中 Σ 是由平面 $x+y+z=1$ 与三个坐标面所围成的四面体的整个边界曲面.

解　如图 4-60 所示，记 $\Sigma=\Sigma_1+\Sigma_2+\Sigma_3+\Sigma_4$，则

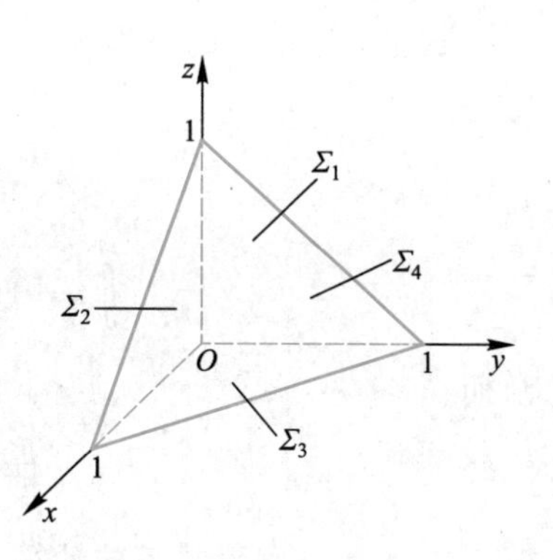

图 4-60

$$\oiint_{\Sigma} xyz\mathrm{d}S=\iint_{\Sigma_1} xyz\mathrm{d}S+\iint_{\Sigma_2} xyz\mathrm{d}S+\iint_{\Sigma_3} xyz\mathrm{d}S+\iint_{\Sigma_4} xyz\mathrm{d}S.$$

由于在 $\Sigma_1,\Sigma_2,\Sigma_3$ 上，$f(x,y,z)=xyz$ 均为零，故有

$$\iint_{\Sigma_1} xyz\mathrm{d}S=\iint_{\Sigma_2} xyz\mathrm{d}S=\iint_{\Sigma_3} xyz\mathrm{d}S=0.$$

在 Σ_4 上，$z=1-x-y$，Σ_4 在 xOy 面上的投影区域为

$$D_{xy}=\{(x,y)\mid x+y\leqslant 1,x\geqslant 0,y\geqslant 0\}.$$

又

$$\frac{\partial z}{\partial x}=-1,\quad \frac{\partial z}{\partial y}=-1,$$

从而

$$\iint_{\Sigma_4} xyz\mathrm{d}S=\sqrt{3}\iint_{D_{xy}} xy(1-x-y)\,\mathrm{d}x\mathrm{d}y=\sqrt{3}\int_0^1\mathrm{d}x\int_0^{1-x} xy(1-x-y)\,\mathrm{d}y=\frac{\sqrt{3}}{120},$$

故

$$\oiint_{\Sigma} xyz\mathrm{d}S=\frac{\sqrt{3}}{120}.$$

例 3　计算曲面积分 $\oiint_{\Sigma}(x^2+y^2)\,\mathrm{d}S$，其中 Σ 是由锥面 $z=\sqrt{x^2+y^2}$ 及平面 $z=1$ 所围成的区域的整个边界曲面（如图 4-61）.

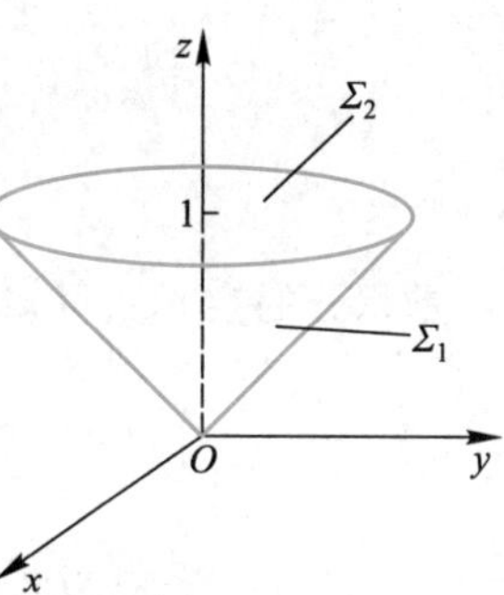

图 4-61

解　记 $\Sigma_1: z=\sqrt{x^2+y^2},0\leqslant z\leqslant 1;\Sigma_2: x^2+y^2\leqslant 1,z=1$，则 $\Sigma=\Sigma_1+\Sigma_2$. 于是

$$\oiint_{\Sigma}(x^2+y^2)\,\mathrm{d}S=\iint_{\Sigma_1}(x^2+y^2)\,\mathrm{d}S+\iint_{\Sigma_2}(x^2+y^2)\,\mathrm{d}S.$$

Σ_1 在 xOy 面上的投影区域为

$$D_{xy}=\{(x,y)\mid x^2+y^2\leqslant 1\}.$$

又

$$\frac{\partial z}{\partial x}=\frac{x}{\sqrt{x^2+y^2}},\quad \frac{\partial z}{\partial y}=\frac{y}{\sqrt{x^2+y^2}},$$

于是

$$\iint_{\Sigma_1}(x^2+y^2)\,\mathrm{d}S=\iint_{D_{xy}}(x^2+y^2)\sqrt{1+\left(\frac{\partial z}{\partial x}\right)^2+\left(\frac{\partial z}{\partial y}\right)^2}\,\mathrm{d}x\mathrm{d}y=\sqrt{2}\iint_{D_{xy}}(x^2+y^2)\,\mathrm{d}x\mathrm{d}y=\sqrt{2}\int_0^{2\pi}\mathrm{d}\theta\int_0^1 r^3\mathrm{d}r=\frac{\sqrt{2}}{2}\pi.$$

Σ_2在 xOy 面上的投影区域为 $D=\{(x,y)\mid x^2+y^2\leqslant 1\}$,又

$$\frac{\partial z}{\partial x}=0,\quad \frac{\partial z}{\partial y}=0,\quad \mathrm{d}S=\mathrm{d}x\mathrm{d}y,$$

故

$$\iint_{\Sigma_2}(x^2+y^2)\,\mathrm{d}S=\iint_{D}(x^2+y^2)\,\mathrm{d}x\mathrm{d}y=\frac{\pi}{2}.$$

从而

$$\oiint_{\Sigma}(x^2+y^2)\,\mathrm{d}S=\frac{\pi}{2}(\sqrt{2}+1).$$

***2. 参数方程形式下的计算**

设曲面 Σ 的参数方程为

$$x=x(u,v),y=y(u,v),z=z(u,v),\quad (u,v)\in D_{uv},$$

其中 $x(u,v),y(u,v),z(u,v)\in C^1(D_{uv})$,$D_{uv}$为 uOv 面上的有界闭区域.记

$$E=\frac{\partial(x,y)}{\partial(u,v)},\quad F=\frac{\partial(x,z)}{\partial(u,v)},\quad G=\frac{\partial(y,z)}{\partial(u,v)},$$

当 $E=\dfrac{\partial(x,y)}{\partial(u,v)}\neq 0$ 时,变换 $T:\begin{cases}x=x(u,v),\\ y=y(u,v)\end{cases}$将 uOv 面上的有界闭区域 D_{uv}一一对应地变成了 xOy 面上相应的有界闭区域 D_{xy}.此时,曲面 Σ 的方程可表示为 $z=z(x,y)$,$(x,y)\in D_{xy}$,且 $z(x,y)\in C^1(D_{xy})$.

若$f(x,y,z)\in C(\Sigma)$,则由

$$\frac{\partial z}{\partial u}=\frac{\partial z}{\partial x}\frac{\partial x}{\partial u}+\frac{\partial z}{\partial y}\frac{\partial y}{\partial u},\quad \frac{\partial z}{\partial v}=\frac{\partial z}{\partial x}\frac{\partial x}{\partial v}+\frac{\partial z}{\partial y}\frac{\partial y}{\partial v},$$

以及$\dfrac{\partial(x,y)}{\partial(u,v)}\neq 0$,可得到

$$\frac{\partial z}{\partial x}=\frac{\dfrac{\partial(z,y)}{\partial(u,v)}}{\dfrac{\partial(x,y)}{\partial(u,v)}},\quad \frac{\partial z}{\partial y}=\frac{\dfrac{\partial(x,z)}{\partial(u,v)}}{\dfrac{\partial(x,y)}{\partial(u,v)}}.$$

由二重积分的换元法可知

$$\mathrm{d}x\mathrm{d}y=\left|\frac{\partial(x,y)}{\partial(u,v)}\right|\mathrm{d}u\mathrm{d}v,$$

又

$$\begin{aligned}\mathrm{d}S&=\sqrt{1+z_x'^2+z_y'^2}\,\mathrm{d}x\mathrm{d}y\\&=\sqrt{\left[\frac{\partial(x,y)}{\partial(u,v)}\right]^2+\left[\frac{\partial(x,z)}{\partial(u,v)}\right]^2+\left[\frac{\partial(y,z)}{\partial(u,v)}\right]^2}\left|\frac{\partial(x,y)}{\partial(u,v)}\right|^{-1}\mathrm{d}x\mathrm{d}y\\&=\sqrt{E^2+F^2+G^2}\,\mathrm{d}u\mathrm{d}v,\end{aligned}$$

则有

$$\iint_{\Sigma}f(x,y,z)\,\mathrm{d}S=\iint_{D_{uv}}f(x(u,v),y(u,v),z(u,v))\sqrt{E^2+F^2+G^2}\,\mathrm{d}u\mathrm{d}v.$$

同理,当 $F=\dfrac{\partial(x,z)}{\partial(u,v)}\neq 0$ 或 $G=\dfrac{\partial(y,z)}{\partial(u,v)}\neq 0$ 时,同样可得到

$$\iint_{\Sigma} f(x,y,z)\,\mathrm{d}S=\iint_{D_{uv}} f(x(u,v),y(u,v),z(u,v))\sqrt{E^2+F^2+G^2}\,\mathrm{d}u\mathrm{d}v.$$

就是说，设曲面 Σ 的参数方程为

$$x=x(u,v),y=y(u,v),z=z(u,v),\quad (u,v)\in D_{uv},$$

其中 $x(u,v),y(u,v),z(u,v)\in C^1(D_{uv})$，$D_{uv}$ 为 uOv 面上的有界闭区域．若雅可比行列式 $E=\dfrac{\partial(x,y)}{\partial(u,v)},F=\dfrac{\partial(x,z)}{\partial(u,v)},G=\dfrac{\partial(y,z)}{\partial(u,v)}$ 不全为零，$f(x,y,z)\in C(\Sigma)$，则

$$\iint_{\Sigma} f(x,y,z)\,\mathrm{d}S=\iint_{D_{uv}} f(x(u,v),y(u,v),z(u,v))\sqrt{E^2+F^2+G^2}\,\mathrm{d}u\mathrm{d}v.$$

例 4　计算 $I=\iint_{\Sigma}\sqrt{\dfrac{x^2}{a^4}+\dfrac{y^2}{b^4}+\dfrac{z^2}{c^4}}\,\mathrm{d}S$，其中积分曲面 Σ 是椭球面 $x=a\sin\varphi\cos\theta,y=b\sin\varphi\sin\theta,z=c\cos\varphi(0\leqslant\varphi\leqslant\pi,0\leqslant\theta\leqslant2\pi)$．

解　计算雅可比行列式：

$$E=\frac{\partial(x,y)}{\partial(\varphi,\theta)}=\begin{vmatrix} a\cos\varphi\cos\theta & -a\sin\varphi\sin\theta \\ b\cos\varphi\sin\theta & b\sin\varphi\cos\theta \end{vmatrix}=ab\sin\varphi\cos\varphi,$$

$$F=\frac{\partial(x,z)}{\partial(\varphi,\theta)}=\begin{vmatrix} a\cos\varphi\cos\theta & -a\sin\varphi\sin\theta \\ -c\sin\varphi & 0 \end{vmatrix}=-ac\sin^2\varphi\sin\theta,$$

$$G=\frac{\partial(y,z)}{\partial(\varphi,\theta)}=\begin{vmatrix} b\cos\varphi\sin\theta & b\sin\varphi\cos\theta \\ -c\sin\varphi & 0 \end{vmatrix}=bc\sin^2\varphi\cos\theta.$$

由积分区域及被积函数的对称性，只需计算第Ⅰ卦限部分，即

$$\Sigma_1: x=a\sin\varphi\cos\theta,y=b\sin\varphi\sin\theta,z=c\cos\varphi\quad\left(0\leqslant\varphi\leqslant\frac{\pi}{2},0\leqslant\theta\leqslant\frac{\pi}{2}\right),$$

从而

$$\begin{aligned} I&=8\iint_{\Sigma_1}\sqrt{\frac{x^2}{a^4}+\frac{y^2}{b^4}+\frac{z^2}{c^4}}\,\mathrm{d}S=8\iint_{\Sigma_1}\left(\frac{\sin^2\varphi\cos^2\theta}{a^2}+\frac{\sin^2\varphi\sin^2\theta}{b^2}+\frac{\cos^2\varphi}{c^2}\right)abc\sin\varphi\,\mathrm{d}\theta\mathrm{d}\varphi \\ &=8abc\int_0^{\frac{\pi}{2}}\mathrm{d}\theta\int_0^{\frac{\pi}{2}}\left(\frac{\sin^2\varphi\cos^2\theta}{a^2}+\frac{\sin^2\varphi\sin^2\theta}{b^2}+\frac{\cos^2\varphi}{c^2}\right)\sin\varphi\,\mathrm{d}\varphi \\ &=\frac{4}{3}abc\pi\left(\frac{1}{a^2}+\frac{1}{b^2}+\frac{1}{c^2}\right). \end{aligned}$$

例 5　求 $\iint_{\Sigma}\dfrac{\mathrm{d}S}{x^2+y^2+z^2}$，其中积分曲面 Σ 是介于平面 $z=0$ 及 $z=h$ 之间的圆柱面 $x^2+y^2=a^2(a>0)$．

解　积分曲面 Σ 的参数方程为

$$x=a\cos\theta,y=a\sin\theta,z=z\quad(0\leqslant\theta\leqslant2\pi,0\leqslant z\leqslant h).$$

由于

$$E=\frac{\partial(x,y)}{\partial(\theta,z)}=\begin{vmatrix} -a\sin\theta & 0 \\ a\cos\theta & 0 \end{vmatrix}=0,$$

$$F=\frac{\partial(x,z)}{\partial(\theta,z)}=\begin{vmatrix} -a\sin\theta & 0 \\ 0 & 1 \end{vmatrix}=-a\sin\theta,$$

典型例题 对面积的曲面积分的计算

$$G=\frac{\partial(y,z)}{\partial(\theta,z)}=\begin{vmatrix}a\cos\theta & 0\\ 0 & 1\end{vmatrix}=a\cos\theta,$$

并且积分曲面 Σ 与 $D_{\theta z}=\{(\theta,z)\mid 0\leqslant\theta\leqslant 2\pi,0\leqslant z\leqslant h\}$ 对应，故

$$\iint_{\Sigma}\frac{\mathrm{d}S}{x^2+y^2+z^2}=\iint_{D_{\theta z}}\frac{1}{(a\cos\theta)^2+(a\sin\theta)^2+z^2}\sqrt{E^2+F^2+G^2}\,\mathrm{d}\theta\mathrm{d}z$$

$$=\iint_{D_{\theta z}}\frac{a\mathrm{d}\theta\mathrm{d}z}{a^2+z^2}=\int_0^{2\pi}\mathrm{d}\theta\int_0^h\frac{a\mathrm{d}z}{a^2+z^2}=2\pi\arctan\frac{h}{a}.$$

习题 4-7

1. 计算曲面积分 $\iint_{\Sigma}f(x,y,z)\mathrm{d}S$，其中 Σ 是抛物面 $z=2-(x^2+y^2)$ 在 xOy 面上方的部分，$f(x,y,z)$ 分别如下：

(1) $f(x,y,z)\equiv 1$； (2) $f(x,y,z)=x^2+y^2$； (3) $f(x,y,z)=3z$.

2. 计算下列曲面积分：

(1) $\oint\!\!\!\!\oint_{\Sigma}y^2\mathrm{d}S$，其中 Σ 为四面体 $x+y+z\leqslant 1,x\geqslant 0,y\geqslant 0,z\geqslant 0$ 的整个表面；

(2) $\iint_{\Sigma}(xy+yz+xz)\mathrm{d}S$，其中 Σ 为圆锥面 $z=\sqrt{x^2+y^2}$ 被曲面 $x^2+y^2=2ax$ 所割下的部分；

(3) $\iint_{\Sigma}|xyz|\mathrm{d}S$，其中 Σ 是 $z=x^2+y^2$ 被平面 $z=1$ 所割下的有限部分.

第八节 对坐标的曲面积分

一、双侧曲面及其投影

1. 曲面的侧

在日常生活中，我们常见的曲面总是双侧的，不同侧面在性质和加工要求上往往不同.比如一片皮革制品（一侧要求光滑漂亮，而另一侧则可粗糙一些），一块衣服面料，一颗足球，居室中的台灯罩，等等.但曲面也并不都是双侧的，所谓默比乌斯（Möbius）带就是一个典型的单侧曲面（如图 4-62）的例子.这种实际需要反映到数学上来，就要求我们对曲面的侧有所确定和区分.

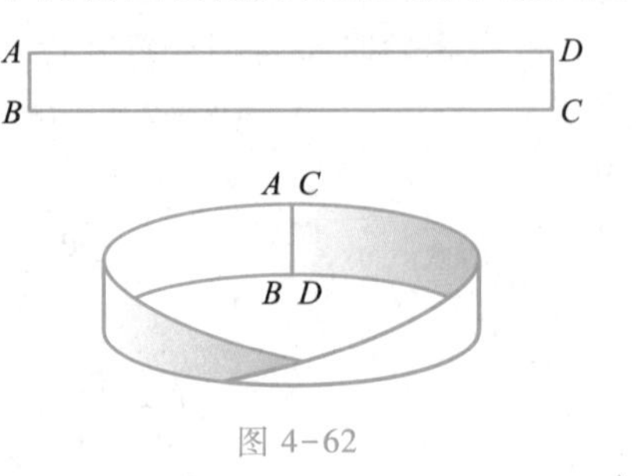

图 4-62

设 Σ 是一光滑曲面，在 Σ 上任取一点 M_0，选定过点 M_0 的法线的一个方向向量，即法向量 $\boldsymbol{n}$. 当动点 M 从 M_0 出发，沿任何一条完全落在 Σ 上且不越过 Σ 的边界的连续闭曲线 Γ 运动再回到 M_0 时，随 M 一起连续移动的法向量 $\boldsymbol{n}$ 的方向与出发时的方向相同，则称 Σ 为双侧曲面. 否则，称 Σ 为单侧曲面.

我们只讨论双侧曲面. 通常借助曲面上法向量 $\boldsymbol{n}$ 的指向来确定曲面的侧：

若在空间 $\mathbf{R}^3$ 中的曲面 Σ 上取定了一个法向量 $\boldsymbol{n}$，它与 z 轴正向夹角 γ 为锐角，则 $\boldsymbol{n}$ 所指方向的一侧称为曲面 Σ 的上侧，另一侧称为曲面 Σ 的下侧.

若法向量 $\boldsymbol{n}$ 与 x 轴正向夹角 α 为锐角，则 $\boldsymbol{n}$ 所指方向的一侧称为曲面 Σ 的前侧，另一侧称为曲面的后侧.

若法向量 $\boldsymbol{n}$ 与 y 轴正向夹角 β 为锐角，则 $\boldsymbol{n}$ 所指方向的一侧称为曲面 Σ 的右侧，另一侧称为曲面的左侧.

对闭曲面 Σ，法向量 $\boldsymbol{n}$ 所指方向朝向 Σ 所围区域外的一侧称为曲面的外侧，另一侧称为曲面的内侧（法向量 $\boldsymbol{n}$ 所指方向朝向 Σ 所围区域内）.

2. 有向曲面在坐标面上的投影

一般说来，只要在双侧曲面上选定了某一点处的法向量的指向，则曲面上全部点的法向量的指向也随之而定，从而也就选定了曲面的侧. 这种取定了法向量 $\boldsymbol{n}$，亦即指定了侧的曲面称为有向曲面.

设 Σ 为有向曲面，在 Σ 上任取小片有向曲面 ΔS（其面积仍记为 ΔS），它在 xOy 面上投影区域的面积记为 $(\Delta\sigma)_{xy}$，并假定在 ΔS 上各点处方向余弦 $\cos\gamma$ 不变号（即或者考虑曲面的上侧，或者考虑曲面的下侧），则规定 ΔS 在 xOy 面上的投影 $(\Delta S)_{xy}$ 为

$$(\Delta S)_{xy}=\begin{cases}(\Delta\sigma)_{xy}, & \cos\gamma>0,\\ -(\Delta\sigma)_{xy}, & \cos\gamma<0,\\ 0, & \cos\gamma=0.\end{cases}\tag{1}$$

换句话说，小块有向曲面 ΔS 在 xOy 面上的投影 $(\Delta S)_{xy}$ 是一个带符号的数值，其绝对值等于 ΔS 在 xOy 面上投影区域的面积，即 $|(\Delta S)_{xy}|=(\Delta\sigma)_{xy}$. 当小块有向曲面 ΔS 取上侧时，其投影 $(\Delta S)_{xy}$ 取正值；当小块有向曲面 ΔS 取下侧时，其投影 $(\Delta S)_{xy}$ 取负值；而当小块有向曲面 ΔS 上的切平面平行于 z 轴时，投影区域面积 $(\Delta\sigma)_{xy}=0$，从而 $(\Delta S)_{xy}=0$（例如，圆柱面 $x^2+y^2=1$ 在 xOy 面上的投影）.

类似地，可定义 ΔS 在 yOz 面与 zOx 面上的投影 $(\Delta S)_{yz}$ 及 $(\Delta S)_{zx}$. 比如，$|(\Delta S)_{yz}|$ 等于 ΔS 在 yOz 面上投影区域的面积，当考虑 ΔS 取前侧时，$(\Delta S)_{yz}$ 取正号，当考虑 ΔS 取后侧时，$(\Delta S)_{yz}$ 取负号.

此外，由本章第七节知，当 ΔS 为平面片时，有

$$\begin{aligned}(\Delta S)_{yz}&=\Delta S\cos\alpha,\\ (\Delta S)_{zx}&=\Delta S\cos\beta,\\ (\Delta S)_{xy}&=\Delta S\cos\gamma,\end{aligned}\tag{2}$$

其中 $\boldsymbol{n}=(\cos\alpha,\cos\beta,\cos\gamma)$ 为 ΔS 上的单位法向量，方向与 ΔS 的侧的规定一致. 一般地，当 ΔS 不是平面片且很小时，(2) 式的三个等式应改为近似等式.

二、对坐标的曲面积分的概念与性质

1. 流体流向曲面一侧的流量

引例　设一稳定流动(即流速与时间 t 无关)的不可压缩(假设其密度为 1)的流体的速度为

$$\begin{aligned}\boldsymbol{v}(x,y,z)&=P(x,y,z)\boldsymbol{i}+Q(x,y,z)\boldsymbol{j}+R(x,y,z)\boldsymbol{k}\\&=(P(x,y,z),Q(x,y,z),R(x,y,z)),\end{aligned}$$

Σ 是一片光滑的有向曲面,函数 $P(x,y,z),Q(x,y,z),R(x,y,z)\in C(\Sigma)$,求在单位时间内流向 Σ 指定一侧的流量 Φ.

解　先看看特殊情形,以寻找解决方法.设有向曲面 Σ 是平面上面积为 A 的一闭区域,且流体在这闭区域上各点处的流速相同,都为常向量 $\boldsymbol{v}$,$\boldsymbol{n}^{\circ}$ 为该平面的单位法向量,指向题中规定的一侧.易知,在单位时间内通过这一闭区域的流体组成一个底面积为 A,斜高为 $\|\boldsymbol{v}\|$ 的斜柱体(如图 4-63).因此,通过 Σ 的流量 Φ 等于该斜柱体的体积,即

$$\Phi=A\|\boldsymbol{v}\|\cos\theta=(\boldsymbol{v}\cdot\boldsymbol{n}^{\circ})A,$$

其中 $\theta=\langle\boldsymbol{n}^{\circ},\boldsymbol{v}\rangle$ 为 $\boldsymbol{n}^{\circ}$ 与 $\boldsymbol{v}$ 的夹角.

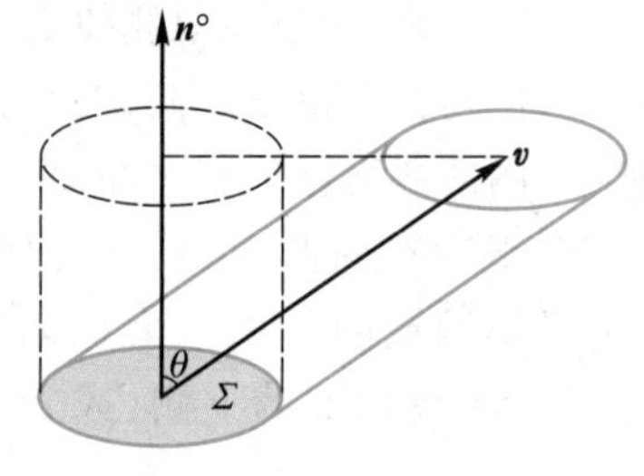

图 4-63

当 $0\leqslant\theta\leqslant\dfrac{\pi}{2}$ 时,$\Phi>0$,表示流体通过 Σ 流向 $\boldsymbol{n}^{\circ}$ 指向的一侧,其流量为 $A\,\boldsymbol{v}\cdot\boldsymbol{n}^{\circ}$;当 $\theta=\dfrac{\pi}{2}$ 时,$\Phi=0$,表示流过 Σ 的流量为 0;当 $\dfrac{\pi}{2}<\theta<\pi$ 时,$\Phi<0$,表示流体通过 Σ 流向与 $\boldsymbol{n}^{\circ}$ 指向相反的一侧,即 $-\boldsymbol{n}^{\circ}$ 所指的一侧.

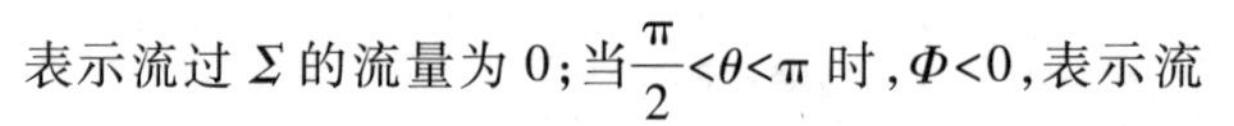

若有向曲面 Σ 不是平面闭区域而是曲面,且 $\boldsymbol{v}=\boldsymbol{v}(x,y,z)$ 不是常向量而是点 $(x,y,z)\in\Sigma$ 的函数,此时不能直接用上述公式计算 Φ.我们采用常用的分割—近似—求和—取极限的方法来解决这一问题.

将有向曲面 Σ 任意分成 n 个小块有向曲面 Σ_i,其面积记作 $\Delta S_i(i=1,2,\cdots,n)$.由于诸 Σ_i 很小,可近似看作平面片,函数 $P(x,y,z),Q(x,y,z),R(x,y,z)\in C(\Sigma)$,故可在 Σ_i 上按上述公式计算单位时间内通过 Σ_i 的流量的近似值.$\forall(\xi_i,\eta_i,\zeta_i)\in\Sigma_i$,该点处流体的速度为 $\boldsymbol{v}(\xi_i,\eta_i,\zeta_i)$,曲面 Σ 在该点处的单位法向量为 $\boldsymbol{n}^{\circ}=\boldsymbol{n}^{\circ}(\xi_i,\eta_i,\zeta_i)$(指向题中所规定的一侧),则

$$\begin{aligned}\Delta\Phi_i&\approx(\boldsymbol{v}(\xi_i,\eta_i,\zeta_i)\cdot\boldsymbol{n}^{\circ}(\xi_i,\eta_i,\zeta_i))\Delta S_i\\&=[P(\xi_i,\eta_i,\zeta_i)\cos\alpha_i+Q(\xi_i,\eta_i,\zeta_i)\cos\beta_i+R(\xi_i,\eta_i,\zeta_i)\cos\gamma_i]\Delta S_i\\&=P(\xi_i,\eta_i,\zeta_i)\cos\alpha_i\Delta S_i+Q(\xi_i,\eta_i,\zeta_i)\cos\beta_i\Delta S_i+R(\xi_i,\eta_i,\zeta_i)\cos\gamma_i\Delta S_i,\end{aligned}$$

其中 $\cos\alpha_i,\cos\beta_i,\cos\gamma_i$ 是 $\boldsymbol{n}^{\circ}(\xi_i,\eta_i,\zeta_i)$ 的方向余弦;$\cos\alpha_i\Delta S_i,\cos\beta_i\Delta S_i,\cos\gamma_i\Delta S_i$ 分别为小块有向曲面 Σ_i 在 yOz 面,zOx 面和 xOy 面上的投影的近似值,故

$$\Delta\Phi_i\approx P(\xi_i,\eta_i,\zeta_i)(\Delta S_i)_{yz}+Q(\xi_i,\eta_i,\zeta_i)(\Delta S_i)_{zx}+R(\xi_i,\eta_i,\zeta_i)(\Delta S_i)_{xy}.$$

因此,通过曲面 Σ 流向指定侧流量的近似值为

$$\Phi \approx \sum_{i=1}^{n}\left[P(\xi_i,\eta_i,\zeta_i)(\Delta S_i)_{yz}+Q(\xi_i,\eta_i,\zeta_i)(\Delta S_i)_{zx}+R(\xi_i,\eta_i,\zeta_i)(\Delta S_i)_{xy}\right].$$

令 $\lambda=\max\limits_{1\leqslant i\leqslant n}\{\Sigma_i$ 的直径$\}$，则通过曲面 Σ 流向指定侧的流量为

$$\Phi=\lim_{\lambda\to 0}\sum_{i=1}^{n}\left[P(\xi_i,\eta_i,\zeta_i)(\Delta S_i)_{yz}+Q(\xi_i,\eta_i,\zeta_i)(\Delta S_i)_{zx}+R(\xi_i,\eta_i,\zeta_i)(\Delta S_i)_{xy}\right].$$

2. 对坐标的曲面积分的概念与性质

定义　设 Σ 为 $\mathbf{R}^3$ 中的光滑（或分片光滑）的有向曲面，函数 $R=R(x,y,z)$ 在 Σ 上有定义且有界.将有向曲面 Σ 任意分成 n 个小块有向曲面 Σ_i，其面积记作 $\Delta S_i(i=1,2,\cdots,n)$，$\Sigma_i$ 在 xOy 面上的投影为 $(\Delta S_i)_{xy}$，$\forall(\xi_i,\eta_i,\zeta_i)\in\Sigma_i$，记 $\lambda=\max\limits_{1\leqslant i\leqslant n}\{\Sigma_i$ 的直径$\}$，若当 $\lambda\to 0$ 时，和式 $\sum\limits_{i=1}^{n}R(\xi_i,\eta_i,\zeta_i)(\Delta S_i)_{xy}$ 的极限存在，且与对 Σ 的分割方法及点 $(\xi_i,\eta_i,\zeta_i)\in\Sigma_i$ 的选取方式无关，则称此极限值为函数 $R(x,y,z)$ 在有向曲面 Σ 上对坐标 x,y 的曲面积分，记为 $\iint\limits_{\Sigma}R(x,y,z)\mathrm{d}x\mathrm{d}y$，即

$$\iint_{\Sigma}R(x,y,z)\mathrm{d}x\mathrm{d}y=\lim_{\lambda\to 0}\sum_{i=1}^{n}R(\xi_i,\eta_i,\zeta_i)(\Delta S_i)_{xy},$$

其中 $R(x,y,z)$ 称为被积函数，Σ 称为积分曲面.

类似地，可定义函数 $P=P(x,y,z)$ 在 Σ 上对坐标 y,z 的曲面积分：

$$\iint_{\Sigma}P(x,y,z)\mathrm{d}y\mathrm{d}z=\lim_{\lambda\to 0}\sum_{i=1}^{n}P(\xi_i,\eta_i,\zeta_i)(\Delta S_i)_{yz},$$

以及函数 $Q=Q(x,y,z)$ 在 Σ 上对坐标 z,x 的曲面积分：

$$\iint_{\Sigma}Q(x,y,z)\mathrm{d}z\mathrm{d}x=\lim_{\lambda\to 0}\sum_{i=1}^{n}Q(\xi_i,\eta_i,\zeta_i)(\Delta S_i)_{zx}.$$

若 Σ 为封闭曲面，则上述对坐标的曲面积分可相应记为

$$\oiint_{\Sigma}R(x,y,z)\mathrm{d}x\mathrm{d}y,\ \oiint_{\Sigma}P(x,y,z)\mathrm{d}y\mathrm{d}z,\ \oiint_{\Sigma}Q(x,y,z)\mathrm{d}z\mathrm{d}x.$$

对坐标的曲面积分也称为第二型曲面积分.当 Σ 为光滑（或分片光滑）的有向曲面，且函数 $P(x,y,z),Q(x,y,z),R(x,y,z)\in C(\Sigma)$ 时，上述的第二型曲面积分存在.通常将上述三个积分合并起来表示为

$$\oiint_{\Sigma}P\mathrm{d}y\mathrm{d}z+\oiint_{\Sigma}Q\mathrm{d}z\mathrm{d}x+\oiint_{\Sigma}R\mathrm{d}x\mathrm{d}y=\oiint_{\Sigma}P\mathrm{d}y\mathrm{d}z+Q\mathrm{d}z\mathrm{d}x+R\mathrm{d}x\mathrm{d}y.$$

若记 $\mathrm{d}\boldsymbol{S}=(\mathrm{d}y\mathrm{d}z,\mathrm{d}z\mathrm{d}x,\mathrm{d}x\mathrm{d}y)$，则引例中的流量可表示为

$$\Phi=\iint_{\Sigma}P\mathrm{d}y\mathrm{d}z+Q\mathrm{d}z\mathrm{d}x+R\mathrm{d}x\mathrm{d}y=\iint_{\Sigma}\boldsymbol{v}(x,y,z)\cdot\mathrm{d}\boldsymbol{S}$$

假设以下所涉及的积分都存在，则对坐标的曲面积分有如下一些简单性质.

性质 1

$$\begin{aligned}&\iint_{\Sigma}[k_1R_1(x,y,z)+k_2R_2(x,y,z)]\mathrm{d}x\mathrm{d}y\\&=k_1\iint_{\Sigma}R_1(x,y,z)\mathrm{d}x\mathrm{d}y+k_2\iint_{\Sigma}R_2(x,y,z)\mathrm{d}x\mathrm{d}y,\end{aligned}$$

其中 k_1,k_2 为常数.对坐标 y,z 和对 x,z 的曲面积分也有类似的性质.

性质 2 若对 Σ 可分成除边界外无其他公共点的两个部分 Σ_1 和 Σ_2，则

$$\begin{aligned}&\iint\limits_{\Sigma} P\mathrm{d}y\mathrm{d}z+Q\mathrm{d}z\mathrm{d}x+R\mathrm{d}x\mathrm{d}y\\&=\iint\limits_{\Sigma_1} P\mathrm{d}y\mathrm{d}z+Q\mathrm{d}z\mathrm{d}x+R\mathrm{d}x\mathrm{d}y+\iint\limits_{\Sigma_2} P\mathrm{d}y\mathrm{d}z+Q\mathrm{d}z\mathrm{d}x+R\mathrm{d}x\mathrm{d}y.\end{aligned}$$

性质 3 若用 Σ^-（或 $-\Sigma$）表示与 Σ 取相反侧的有向曲面，则

$$\iint\limits_{-\Sigma} P\mathrm{d}y\mathrm{d}z=-\iint\limits_{\Sigma} P\mathrm{d}y\mathrm{d}z;\quad \iint\limits_{-\Sigma} Q\mathrm{d}z\mathrm{d}x=-\iint\limits_{\Sigma} Q\mathrm{d}z\mathrm{d}x;\quad \iint\limits_{-\Sigma} R\mathrm{d}x\mathrm{d}y=-\iint\limits_{\Sigma} R\mathrm{d}x\mathrm{d}y.$$

因为在对坐标的曲面积分定义中涉及有向曲面的投影 $(\Delta S_i)_{yz}$，$(\Delta S_i)_{zx}$ 和 $(\Delta S_i)_{xy}$，而按（1）式，取相反两侧的有向曲面 ΔS_i 在同一坐标面上的投影其绝对值相等，符号相反，从而有性质 3.这说明在考虑对坐标的曲面积分时，我们必须注意积分曲面所取的侧.

三、对坐标的曲面积分的计算

设光滑（或分片光滑）的有向曲面 Σ 的方程为 $z=z(x,y)$，Σ 在 xOy 面上的投影区域为 D_{xy}，函数 $R=R(x,y,z)\in C(\Sigma)$.

由对坐标的曲面积分定义知

$$\iint\limits_{\Sigma} R(x,y,z)\mathrm{d}x\mathrm{d}y=\lim_{\lambda\to 0}\sum_{i=1}^{n} R(\xi_i,\eta_i,\zeta_i)(\Delta S_i)_{xy}.$$

当积分沿 Σ 的上侧 $\Sigma_{上}$ 时，由（1）式，有

$$(\Delta S_i)_{xy}=(\Delta\sigma_i)_{xy},$$

且有

$$\zeta_i=z(\xi_i,\eta_i).$$

由二重积分定义，有

$$\begin{aligned}\iint\limits_{\Sigma_{上}} R(x,y,z)\mathrm{d}x\mathrm{d}y&=\lim_{\lambda\to 0}\sum_{i=1}^{n} R(\xi_i,\eta_i,\zeta_i)(\Delta S_i)_{xy}\\&=\lim_{\lambda\to 0}\sum_{i=1}^{n} R(\xi_i,\eta_i,z(\xi_i,\eta_i))(\Delta\sigma_i)_{xy}\\&=\iint\limits_{D_{xy}} R(x,y,z(x,y))\mathrm{d}x\mathrm{d}y,\end{aligned}$$

即

$$\iint\limits_{\Sigma_{上}} R(x,y,z)\mathrm{d}x\mathrm{d}y=\iint\limits_{D_{xy}} R(x,y,z(x,y))\mathrm{d}x\mathrm{d}y. \tag{3}$$

当积分沿 Σ 的下侧 $\Sigma_{下}$ 时，由性质 3（或由（1）式，此时 $(\Delta S_i)_{xy}=-(\Delta\sigma_i)_{xy}$），有

$$\begin{aligned}\iint\limits_{\Sigma_{下}} R(x,y,z)\mathrm{d}x\mathrm{d}y&=-\iint\limits_{\Sigma_{上}} R(x,y,z)\mathrm{d}x\mathrm{d}y\\&=-\iint\limits_{D_{xy}} R(x,y,z(x,y))\mathrm{d}x\mathrm{d}y.\end{aligned} \tag{4}$$

类似地，设光滑（或分片光滑）的有向曲面 Σ 的方程为 $x=x(y,z)$，Σ 在 yOz 面上

的投影区域为 D_{yz}，函数 $P=P(x,y,z)\in C(\Sigma)$，则

$$\iint_{\Sigma_{前}} P(x,y,z)\,\mathrm{d}y\mathrm{d}z=\iint_{D_{yz}} P(x(y,z),y,z)\,\mathrm{d}y\mathrm{d}z, \tag{5}$$

$$\iint_{\Sigma_{后}} P(x,y,z)\,\mathrm{d}y\mathrm{d}z=-\iint_{D_{yz}} P(x(y,z),y,z)\,\mathrm{d}y\mathrm{d}z, \tag{6}$$

其中两个曲面积分分别取 Σ 的前侧 $\Sigma_{前}$ 和后侧 $\Sigma_{后}$.

设光滑(或分片光滑)的有向曲面 Σ 的方程为 $y=y(z,x)$，Σ 在 zOx 面上的投影区域为 D_{zx}，函数 $Q=Q(x,y,z)\in C(\Sigma)$，则

$$\iint_{\Sigma_{右}} Q(x,y,z)\,\mathrm{d}z\mathrm{d}x=\iint_{D_{zx}} Q(x,y(z,x),z)\,\mathrm{d}z\mathrm{d}x, \tag{7}$$

$$\iint_{\Sigma_{左}} Q(x,y,z)\,\mathrm{d}z\mathrm{d}x=-\iint_{D_{zx}} Q(x,y(z,x),z)\,\mathrm{d}z\mathrm{d}x, \tag{8}$$

其中两个曲面积分分别取 Σ 的右侧 $\Sigma_{右}$ 和左侧 $\Sigma_{左}$.

例 1　计算曲面积分

$$\oint\!\!\!\oint_{\Sigma} [x+f(y,z)]\,\mathrm{d}y\mathrm{d}z+[y+g(z,x)]\,\mathrm{d}z\mathrm{d}x+[z+h(x,y)]\,\mathrm{d}x\mathrm{d}y,$$

其中 $f(y,z),g(z,x),h(x,y)\in C(\Sigma)$，$\Sigma$ 是由平面 $z=\pm\dfrac{a}{2},y=\pm\dfrac{a}{2},x=\pm\dfrac{a}{2}(a>0)$ 所围成的立方体表面的外侧.

解　以 Σ_1,Σ_2 分别表示 $z=\dfrac{a}{2}$ 和 $z=-\dfrac{a}{2}\left(|x|\leqslant\dfrac{a}{2},|y|\leqslant\dfrac{a}{2}\right)$ 的上侧和下侧；以 Σ_3,Σ_4 分别表示 $x=\dfrac{a}{2}$ 和 $x=-\dfrac{a}{2}\left(|y|\leqslant\dfrac{a}{2},|z|\leqslant\dfrac{a}{2}\right)$ 的前侧和后侧；以 Σ_5,Σ_6 分别表示 $y=\dfrac{a}{2}$ 和 $y=-\dfrac{a}{2}\left(|x|\leqslant\dfrac{a}{2},|z|\leqslant\dfrac{a}{2}\right)$ 的右侧和左侧，则有

$$\oint\!\!\!\oint_{\Sigma} [z+h(x,y)]\,\mathrm{d}x\mathrm{d}y=\sum_{i=1}^{6}\iint_{\Sigma_i}[z+h(x,y)]\,\mathrm{d}x\mathrm{d}y.$$

由于 $\Sigma_3,\Sigma_4,\Sigma_5,\Sigma_6$ 在 xOy 面上投影的面积为零，因此在它们上面对坐标 x,y 的曲面积分值为零，从而

$$\begin{aligned}\oint\!\!\!\oint_{\Sigma} [z+h(x,y)]\,\mathrm{d}x\mathrm{d}y &= \iint_{\Sigma_1+\Sigma_2} [z+h(x,y)]\,\mathrm{d}x\mathrm{d}y\\ &=\iint_{\Sigma_1+\Sigma_2} z\,\mathrm{d}x\mathrm{d}y+\iint_{\Sigma_1+\Sigma_2} h(x,y)\,\mathrm{d}x\mathrm{d}y.\end{aligned}$$

因为 Σ_1,Σ_2 分别表示 $z=\dfrac{a}{2}$ 的上侧和 $z=-\dfrac{a}{2}$ 的下侧$\left(|x|\leqslant\dfrac{a}{2},|y|\leqslant\dfrac{a}{2}\right)$，且在 xOy 面上的投影区域重合，均为 $D_{xy}=\left\{(x,y)\,\middle|\,|x|\leqslant\dfrac{a}{2},|y|\leqslant\dfrac{a}{2}\right\}$，又被积函数 $h(x,y)$ 与 z 无关，故由(3)、(4)式知 $\displaystyle\iint_{\Sigma_1+\Sigma_2} h(x,y)\,\mathrm{d}x\mathrm{d}y=0$. 因此

$$\oiint_{\Sigma}[z+h(x,y)]\mathrm{d}x\mathrm{d}y=\iint_{\Sigma_1+\Sigma_2}z\mathrm{d}x\mathrm{d}y=\iint_{D_{xy}}\frac{a}{2}\mathrm{d}x\mathrm{d}y-\iint_{D_{xy}}\left(-\frac{a}{2}\right)\mathrm{d}x\mathrm{d}y=a^3.$$

类似可得

$$\oiint_{\Sigma}[x+f(y,z)]\mathrm{d}y\mathrm{d}z=a^3,$$

$$\oiint_{\Sigma}[y+g(z,x)]\mathrm{d}z\mathrm{d}x=a^3.$$

故

$$\oiint_{\Sigma}[x+f(y,z)]\mathrm{d}y\mathrm{d}z+[y+g(z,x)]\mathrm{d}z\mathrm{d}x+[z+h(x,y)]\mathrm{d}x\mathrm{d}y=3a^3.$$

由例 1 可知，若被积函数连续，积分沿光滑（或分片光滑）的封闭曲面 Σ 的外侧（或内侧），则

$$\oiint_{\Sigma}f(y,z)\mathrm{d}y\mathrm{d}z=\oiint_{\Sigma}g(z,x)\mathrm{d}z\mathrm{d}x=\oiint_{\Sigma}h(x,y)\mathrm{d}x\mathrm{d}y=0.$$

例 2　计算曲面积分 $\iint_{\Sigma}xyz\mathrm{d}x\mathrm{d}y$，其中 Σ 为

（1）球面 $x^2+y^2+z^2=1$ 外侧 $z\geqslant0$ 的部分.

（2）球面 $x^2+y^2+z^2=1$ 外侧 $x\geqslant0,y\geqslant0$ 的部分.

解　（1）Σ 在 xOy 面上的投影区域为

$$D_{xy}=\{(x,y)\mid x^2+y^2\leqslant1\},$$

它关于 y 轴对称，而被积函数 $f(x,y)=xy\sqrt{1-x^2-y^2}$ 是关于变量 x 的奇函数，即 $f(-x,y)=-f(x,y)$，故

$$\iint_{\Sigma}xyz\mathrm{d}x\mathrm{d}y=\iint_{D_{xy}}xy\sqrt{1-x^2-y^2}\,\mathrm{d}x\mathrm{d}y=0.$$

（2）记 $\Sigma_1: z_1=\sqrt{1-x^2-y^2}$（上侧），$\Sigma_2: z_2=-\sqrt{1-x^2-y^2}$（下侧），其中 $x\geqslant0,y\geqslant0$，则 $\Sigma=\Sigma_1+\Sigma_2$，Σ_1 和 Σ_2 在 xOy 面上的投影区域均为

$$D_{xy}=\{(x,y)\mid x^2+y^2\leqslant1,x\geqslant0,y\geqslant0\}.$$

则有

$$\begin{aligned}\iint_{\Sigma}xyz\mathrm{d}x\mathrm{d}y&=\iint_{\Sigma_1}xyz\mathrm{d}x\mathrm{d}y+\iint_{\Sigma_2}xyz\mathrm{d}x\mathrm{d}y\\&=\iint_{D_{xy}}xy\sqrt{1-x^2-y^2}\,\mathrm{d}x\mathrm{d}y-\iint_{D_{xy}}xy(-\sqrt{1-x^2-y^2})\,\mathrm{d}x\mathrm{d}y\\&=2\iint_{D_{xy}}xy\sqrt{1-x^2-y^2}\,\mathrm{d}x\mathrm{d}y\\&=2\int_0^{\frac{\pi}{2}}\mathrm{d}\theta\int_0^1 r\cos\theta\cdot r\sin\theta\sqrt{1-r^2}\cdot r\mathrm{d}r=\frac{2}{15}.\end{aligned}$$

例 3　计算 $\iint_{\Sigma}\frac{x}{2-(y+z)}\mathrm{d}y\mathrm{d}z$，其中 Σ 是平面 $\Pi:(x-2)+y+z=0$ 被球面 $(x-2)^2+y^2+z^2=1$ 所割部分的后侧（如图 4-64）.

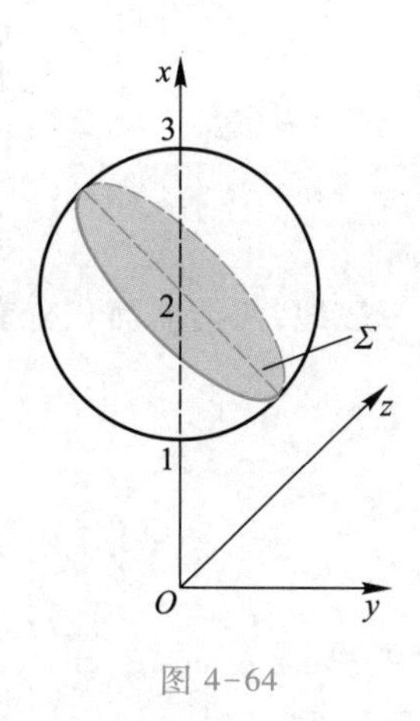

图 4-64

解　由平面方程中解出

$$x=2-(y+z),$$

记 D_{yz} 为 Σ 在 yOz 面上的投影区域,则有

$$\iint\limits_{\Sigma}\frac{x}{2-(y+z)}\mathrm{d}y\mathrm{d}z=-\iint\limits_{D_{yz}}\mathrm{d}y\mathrm{d}z=-|D_{yz}|.$$

由于 Σ 的面积 $|\Sigma|=\pi$,取 $\cos\alpha=\dfrac{1}{\sqrt{1+x_y'^2+x_z'^2}}=\dfrac{1}{\sqrt{3}}$,则

$$|D_{yz}|=|\Sigma|\cos\alpha=\pi\cdot\frac{1}{\sqrt{3}},$$

其中 α 为 Σ 上的法向量与 x 轴正向间的夹角.故

$$\iint\limits_{\Sigma}\frac{x}{2-(y+z)}\mathrm{d}y\mathrm{d}z=-\frac{\sqrt{3}}{3}\pi.$$

四、两类曲面积分之间的联系

设 Σ 是光滑(或分片光滑)的有向曲面,函数 $P(x,y,z),Q(x,y,z),R(x,y,z)\in C(\Sigma)$.若 Σ 的方程为 $z=z(x,y)$,积分沿 Σ 的上侧,则有

$$\iint\limits_{\Sigma}R(x,y,z)\mathrm{d}x\mathrm{d}y=\iint\limits_{D_{xy}}R(x,y,z(x,y))\mathrm{d}x\mathrm{d}y.$$

由于 Σ 取上侧,故 Σ 上法向量 $\boldsymbol{n}$ 的方向余弦为

$$\cos\alpha=\frac{-z_x'}{\sqrt{1+z_x'^2+z_y'^2}},\quad \cos\beta=\frac{-z_y'}{\sqrt{1+z_x'^2+z_y'^2}},\quad \cos\gamma=\frac{1}{\sqrt{1+z_x'^2+z_y'^2}}.\tag{9}$$

由对面积的曲面积分计算公式,有

$$\begin{aligned}\iint\limits_{\Sigma}R(x,y,z)\cos\gamma\mathrm{d}S&=\iint\limits_{D_{xy}}R(x,y,z(x,y))\mathrm{d}x\mathrm{d}y\\&=\iint\limits_{\Sigma}R(x,y,z)\mathrm{d}x\mathrm{d}y.\end{aligned}$$

若 Σ 取下侧,此时 $\cos\gamma=\dfrac{-1}{\sqrt{1+z_x'^2+z_y'^2}}$,且

$$\begin{aligned}\iint\limits_{\Sigma}R(x,y,z)\cos\gamma\mathrm{d}S&=-\iint\limits_{D_{xy}}R(x,y,z(x,y))\mathrm{d}x\mathrm{d}y\\&=\iint\limits_{\Sigma}R(x,y,z)\mathrm{d}x\mathrm{d}y.\end{aligned}$$

因此,总有

$$\iint\limits_{\Sigma}R(x,y,z)\mathrm{d}x\mathrm{d}y=\iint\limits_{\Sigma}R(x,y,z)\cos\gamma\mathrm{d}S.$$

类似地,有

$$\iint_{\Sigma} P(x,y,z)\,\mathrm{d}y\mathrm{d}z=\iint_{\Sigma} P(x,y,z)\cos\alpha\mathrm{d}S,$$

$$\iint_{\Sigma} Q(x,y,z)\,\mathrm{d}z\mathrm{d}x=\iint_{\Sigma} Q(x,y,z)\cos\beta\mathrm{d}S.$$

一般地,两类曲面积分有下列关系:

$$\iint_{\Sigma} P(x,y,z)\,\mathrm{d}y\mathrm{d}z+Q(x,y,z)\,\mathrm{d}z\mathrm{d}x+R(x,y,z)\,\mathrm{d}x\mathrm{d}y$$

$$=\iint_{\Sigma}[P(x,y,z)\cos\alpha+Q(x,y,z)\cos\beta+R(x,y,z)\cos\gamma]\,\mathrm{d}S.$$

其中 $\cos\alpha,\cos\beta,\cos\gamma$ 为 Σ 上点 (x,y,z) 处的法向量 $\boldsymbol{n}$ 的方向余弦,$\boldsymbol{n}$ 的方向与 Σ 的侧一致.

例 4　计算曲面积分 $I=\oiint_{\Sigma}\frac{2\mathrm{d}y\mathrm{d}z}{x\cos^2x}+\frac{\mathrm{d}z\mathrm{d}x}{\cos^2y}-\frac{\mathrm{d}x\mathrm{d}y}{z\cos^2z}$,其中 Σ 为球面 $x^2+y^2+z^2=1$ 外侧.

解　因为 Σ 的单位法向量为 $\boldsymbol{n}=(x,y,z)$,所以由两类曲面积分的关系得

$$I=\oiint_{\Sigma}\left(\frac{2}{x\cos^2x}\cdot x+\frac{1}{\cos^2y}\cdot y-\frac{1}{z\cos^2z}\cdot z\right)\mathrm{d}S$$

$$=\oiint_{\Sigma}\left(\frac{2}{\cos^2x}+\frac{y}{\cos^2y}-\frac{1}{\cos^2z}\right)\mathrm{d}S,$$

由对称性知

$$\oiint_{\Sigma}\frac{1}{\cos^2x}\mathrm{d}S=\oiint_{\Sigma}\frac{1}{\cos^2z}\mathrm{d}S,\quad \oiint_{\Sigma}\frac{y}{\cos^2y}\mathrm{d}S=0,$$

从而

$$I=\oiint_{\Sigma}\frac{1}{\cos^2z}\mathrm{d}S=2\iint_{x^2+y^2\leqslant 1}\frac{1}{\cos^2\sqrt{1-x^2-y^2}}\cdot\frac{1}{\sqrt{1-x^2-y^2}}\mathrm{d}x\mathrm{d}y$$

$$=2\int_0^{2\pi}\mathrm{d}\theta\int_0^1\frac{1}{\cos^2\sqrt{1-r^2}}\cdot\frac{r\mathrm{d}r}{\sqrt{1-r^2}}$$

$$\xlongequal{t=\sqrt{1-r^2}}4\pi\int_0^1\frac{1}{\cos^2t}\mathrm{d}t=4\pi\tan 1.$$

一般情形下,计算一个完整的对坐标的曲面积分需向三个坐标面投影,化作三个坐标面上的积分来计算,计算量较大.若曲面 Σ 由方程 $z=z(x,y)$ 给出,则由 $\mathrm{d}x\mathrm{d}y=\cos\gamma\mathrm{d}S,\mathrm{d}z\mathrm{d}x=\cos\beta\mathrm{d}S,\mathrm{d}y\mathrm{d}z=\cos\alpha\mathrm{d}S$,得

$$\mathrm{d}S=\frac{\mathrm{d}y\mathrm{d}z}{\cos\alpha}=\frac{\mathrm{d}z\mathrm{d}x}{\cos\beta}=\frac{\mathrm{d}x\mathrm{d}y}{\cos\gamma},$$

从而,由(9)式可得

$$\mathrm{d}y\mathrm{d}z=\frac{\cos\alpha}{\cos\gamma}\mathrm{d}x\mathrm{d}y=-z_x'\mathrm{d}x\mathrm{d}y,\quad \mathrm{d}z\mathrm{d}x=\frac{\cos\beta}{\cos\gamma}\mathrm{d}x\mathrm{d}y=-z_y'\mathrm{d}x\mathrm{d}y.\tag{10}$$

于是

$$\iint_{\Sigma} P\mathrm{d}y\mathrm{d}z+Q\mathrm{d}z\mathrm{d}x+R\mathrm{d}x\mathrm{d}y=\iint_{\Sigma}(-z_x'P-z_y'Q+R)\,\mathrm{d}x\mathrm{d}y,$$

这样三个坐标面上的积分就转化为一个坐标面上的积分来计算.

同样,若曲面 Σ 由方程 $x=x(y,z)$ 或 $y=y(z,x)$ 给出,可得到类似的公式.

例 5　计算曲面积分 $I=\iint_{\Sigma}(z^2+x)\,\mathrm{d}y\mathrm{d}z-z\mathrm{d}x\mathrm{d}y$,其中 Σ 是旋转抛物面 $z=\dfrac{x^2+y^2}{2}$ 介于平面 $z=0$ 及 $z=2$ 之间的部分的下侧.

典型例题
对坐标的曲面积分的计算

解　Σ 在 xOy 面的投影区域为 $D_{xy}=\{(x,y)\mid x^2+y^2\leqslant 4\}$,因为它关于 y 轴对称,又 Σ 取下侧,且 $z_x'=x,z_y'=y$,所以

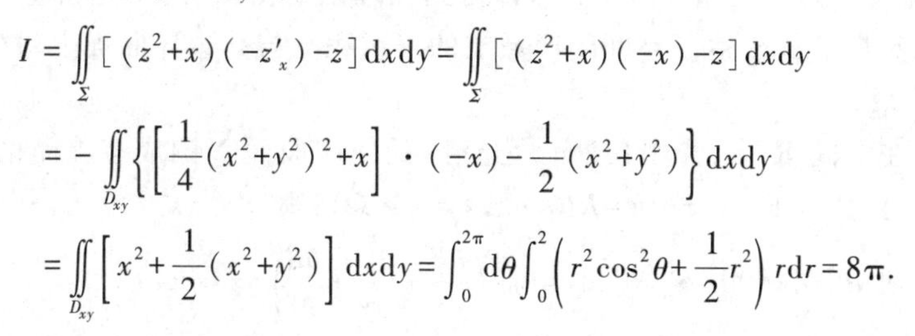

$$\begin{aligned}I&=\iint_{\Sigma}[(z^2+x)(-z_x')-z]\,\mathrm{d}x\mathrm{d}y=\iint_{\Sigma}[(z^2+x)(-x)-z]\,\mathrm{d}x\mathrm{d}y\\&=-\iint_{D_{xy}}\left\{\left[\frac{1}{4}(x^2+y^2)^2+x\right]\cdot(-x)-\frac{1}{2}(x^2+y^2)\right\}\mathrm{d}x\mathrm{d}y\\&=\iint_{D_{xy}}\left[x^2+\frac{1}{2}(x^2+y^2)\right]\mathrm{d}x\mathrm{d}y=\int_0^{2\pi}\mathrm{d}\theta\int_0^2\left(r^2\cos^2\theta+\frac{1}{2}r^2\right)r\mathrm{d}r=8\pi.\end{aligned}$$

习题 4-8

1. 计算下列曲面积分:

(1) $\iint_{\Sigma} x^2y^2z\mathrm{d}x\mathrm{d}y$,其中 Σ 为上半球面 $x^2+y^2+z^2=a^2$ 的外侧;

(2) $\iint_{\Sigma}\dfrac{\mathrm{e}^{\sqrt{x^2+y^2}}}{\sqrt{x^2+y^2}}\mathrm{d}x\mathrm{d}y$,其中 Σ 为锥面 $z=\sqrt{x^2+y^2}$ 被平面 $z=1$ 和 $z=2$ 所截部分的下侧;

(3) $\iint_{\Sigma}(y-x^2+z^2)\,\mathrm{d}y\mathrm{d}z+(x+y^2-z^2)\,\mathrm{d}z\mathrm{d}x+(3x^2-y^2+z)\,\mathrm{d}x\mathrm{d}y$,其中 Σ 为旋转抛物面 $z=x^2+y^2$ 上 $0\leqslant z\leqslant 1$ 的部分,取下侧;

(4) $\oiint_{\Sigma} x\mathrm{d}y\mathrm{d}z+y\mathrm{d}z\mathrm{d}x+z\mathrm{d}x\mathrm{d}y$,其中 Σ 为介于 $z=0$ 和 $z=3$ 之间的圆柱体 $x^2+y^2\leqslant 9$ 的整个表面,取外侧;

(5) $\oiint_{\Sigma}(y-z)\,\mathrm{d}y\mathrm{d}z+(z-x)\,\mathrm{d}z\mathrm{d}x+(x-y)\,\mathrm{d}x\mathrm{d}y$,其中 Σ 为曲面 $z=\sqrt{x^2+y^2}$ 及平面 $z=h(h>0)$ 所围空间区域的整个边界曲面,取外侧.

2. 将 $\iint_{\Sigma} xy\mathrm{d}y\mathrm{d}z+yz\mathrm{d}z\mathrm{d}x+xz\mathrm{d}x\mathrm{d}y$ 化为对面积的曲面积分,并由此计算其积分值,其中 Σ 为平面 $x+y+z=1$ 被三个坐标面截出的位于第 Ⅰ 卦限中的部分,取上侧.

3. 求曲面积分 $I=\iint_{\Sigma} 2x^3\mathrm{d}y\mathrm{d}z+2y^3\mathrm{d}z\mathrm{d}x+3(z^2-1)\,\mathrm{d}x\mathrm{d}y$,其中 Σ 是曲面 $z=1-x^2-y^2(z\geqslant 0)$ 的上侧.

第九节　高斯公式与斯托克斯公式

一、高斯公式

高斯简介

格林公式表达了平面闭区域 D 上的二重积分与沿其边界对坐标的曲线积分之间的关系,将格林公式进一步推广,我们可以得到在理论上和实用上都非常重要的高斯(Gauss)公式.高斯公式表达了空间闭区域上的三重积分与其边界曲面上对坐标的曲面积分间的关系.

定理 1　设在空间 $\mathbf{R}^3$ 中,光滑(或分片光滑)的封闭曲面 Σ 围成有界闭区域 Ω,函数 $P=P(x,y,z),Q=Q(x,y,z),R=R(x,y,z)\in C^1(\Omega)$,则

$$\oiint_{\Sigma} P\mathrm{d}y\mathrm{d}z+Q\mathrm{d}z\mathrm{d}x+R\mathrm{d}x\mathrm{d}y=\iiint_{\Omega}\left(\frac{\partial P}{\partial x}+\frac{\partial Q}{\partial y}+\frac{\partial R}{\partial z}\right)\mathrm{d}x\mathrm{d}y\mathrm{d}z, \tag{1}$$

其中曲面积分沿 Σ 的外侧.

该公式称为高斯公式.

证　先设平行于坐标轴的直线与 Ω 的边界曲面 Σ 的交点不超过两个,且

$$\Sigma=\Sigma_1+\Sigma_2+\Sigma_3,$$

其中

$$\Sigma_1: z=z_1(x,y)\quad(\text{下侧}),$$

$$\Sigma_2: z=z_2(x,y)\quad(\text{上侧}),$$

Σ_3:母线平行于 z 轴的柱面,它在 xOy 面上的投影面积为零(如图 4-65).

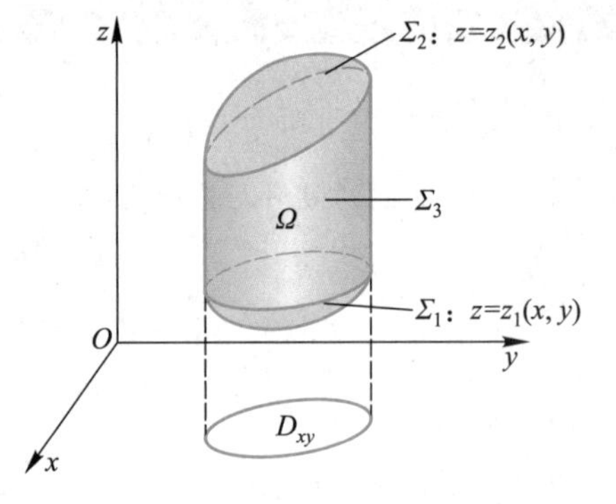

图 4-65

于是

$$\begin{aligned}\oiint_{\Sigma} R\mathrm{d}x\mathrm{d}y &= \sum_{i=1}^{3}\iint_{\Sigma_i} R\mathrm{d}x\mathrm{d}y=\iint_{\Sigma_1} R\mathrm{d}x\mathrm{d}y+\iint_{\Sigma_2} R\mathrm{d}x\mathrm{d}y\\ &=\iint_{D_{xy}}\left[R(x,y,z_2(x,y))-R(x,y,z_1(x,y))\right]\mathrm{d}x\mathrm{d}y\\ &=\iint_{D_{xy}}\mathrm{d}x\mathrm{d}y\int_{z_1(x,y)}^{z_2(x,y)}\frac{\partial R(x,y,z)}{\partial z}\mathrm{d}z=\iiint_{\Omega}\frac{\partial R(x,y,z)}{\partial z}\mathrm{d}x\mathrm{d}y\mathrm{d}z.\end{aligned}$$

类似可证

$$\oiint_{\Sigma} P\mathrm{d}y\mathrm{d}z=\iiint_{\Omega}\frac{\partial P}{\partial x}\mathrm{d}x\mathrm{d}y\mathrm{d}z,$$

$$\oiint_{\Sigma} Q\mathrm{d}z\mathrm{d}x=\iiint_{\Omega}\frac{\partial Q}{\partial y}\mathrm{d}x\mathrm{d}y\mathrm{d}z.$$

综上所述,即得

$$\oiint_{\Sigma} P\mathrm{d}y\mathrm{d}z+Q\mathrm{d}z\mathrm{d}x+R\mathrm{d}x\mathrm{d}y=\iiint_{\Omega}\left(\frac{\partial P}{\partial x}+\frac{\partial Q}{\partial y}+\frac{\partial R}{\partial z}\right)\mathrm{d}x\mathrm{d}y\mathrm{d}z.$$

设平行于坐标轴的直线与 Ω 的边界曲面 Σ 的交点多于 2 个，则可引进辅助曲面将 Ω 分成几个除边界外无其他公共部分的区域 Ω_i，使得平行于坐标轴的直线与 Ω_i 的边界曲面不超过 2 个交点. 在诸 Ω_i 中使用公式(1)，并相加，注意到沿辅助曲面相反两侧的两个对坐标的曲面积分绝对值相等，而符号相反，相加时正好抵消，故公式(1)此时仍然成立. 也就是说，在光滑(或分片光滑)的封闭曲面 Σ 所围成的有界闭区域 Ω 上，高斯公式成立.

例 1　利用高斯公式计算曲面积分

$$\oiint_{\Sigma} xy^2\mathrm{d}y\mathrm{d}z+\sin(xz)\mathrm{d}z\mathrm{d}x+zx^2\mathrm{d}x\mathrm{d}y,$$

其中 Σ 为空间 $\mathbf{R}^3$ 中圆柱面 $x^2+y^2=1$ 及平面上 $z=0, z=3$ 所围成的闭区域 Ω 的整个边界曲面的外侧(如图 4-66).

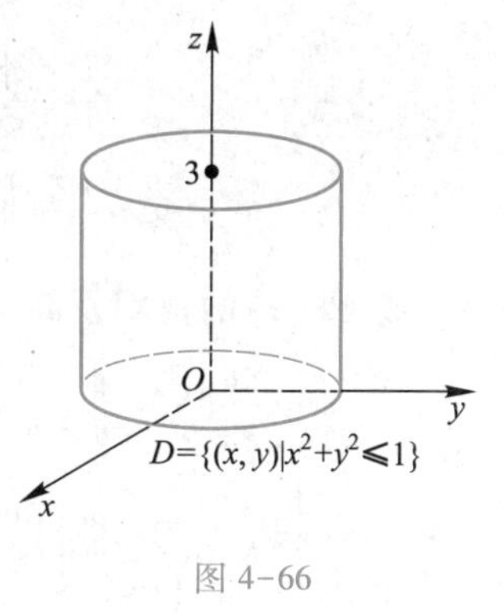

图 4-66

解　令 $P(x,y,z)=xy^2$, $Q(x,y,z)=\sin(xz)$, $R(x,y,z)=zx^2$，由高斯公式并利用柱面坐标，得

$$\begin{aligned}&\oiint_{\Sigma} xy^2\mathrm{d}y\mathrm{d}z+\sin(xz)\mathrm{d}z\mathrm{d}x+zx^2\mathrm{d}x\mathrm{d}y\\&=\iiint_{\Omega}(y^2+0+x^2)\mathrm{d}x\mathrm{d}y\mathrm{d}z\\&=\int_0^{2\pi}\mathrm{d}\theta\int_0^1 r^2\cdot r\mathrm{d}r\int_0^3\mathrm{d}z=\frac{3}{2}\pi.\end{aligned}$$

例 2　计算曲面积分 $\iint_{\Sigma}(x\cos\alpha+z\cos\gamma)\mathrm{d}S$，其中 Σ 为曲面 $z=\sqrt{a^2-x^2-y^2}$ 的上侧，$\cos\alpha, \cos\gamma$ 是 Σ 上点 (x,y,z) 处法向量的方向余弦.

解　由两类曲面积分的关系，有

$$\iint_{\Sigma}(x\cos\alpha+z\cos\gamma)\mathrm{d}S=\iint_{\Sigma}x\mathrm{d}y\mathrm{d}z+z\mathrm{d}x\mathrm{d}y.$$

由于 Σ 不是封闭曲面，不能直接用高斯公式，故作一曲面 $\Sigma_1: z=0$，则由 Σ 和 Σ_1 构成一封闭曲面 $\Sigma+\Sigma_1$. 当 Σ 取上侧、Σ_1 取下侧时，$\Sigma+\Sigma_1$ 取外侧，从而

$$\begin{aligned}\oiint_{\Sigma+\Sigma_1}(x\cos\alpha+z\cos\gamma)\mathrm{d}S&=\oiint_{\Sigma+\Sigma_1}x\mathrm{d}y\mathrm{d}z+z\mathrm{d}x\mathrm{d}y\\&=\iiint_{\Omega}2\mathrm{d}x\mathrm{d}y\mathrm{d}z=\frac{4}{3}\pi a^3,\end{aligned}$$

其中 Ω 为由 Σ, Σ_1 所围成的闭区域. 于是

$$\begin{aligned}\iint_{\Sigma}(x\cos\alpha+z\cos\gamma)\mathrm{d}S&=\frac{4}{3}\pi a^3-\iint_{\Sigma_1}(x\cos\alpha+z\cos\gamma)\mathrm{d}S\\&=\frac{4}{3}\pi a^3-\iint_{\Sigma_1}x\mathrm{d}y\mathrm{d}z+z\mathrm{d}x\mathrm{d}y=\frac{4}{3}\pi a^3.\end{aligned}$$

例 3　设封闭曲面 Σ(取外侧)所围成的空间闭区域为 Ω，函数 $u(x,y,z)\in C^2(\Omega)$，记 $\Delta u=\frac{\partial^2 u}{\partial x^2}+\frac{\partial^2 u}{\partial y^2}+\frac{\partial^2 u}{\partial z^2}$，证明：

(1) $\iiint\limits_{\Omega}\Delta u\mathrm{d}x\mathrm{d}y\mathrm{d}z=\oiint\limits_{\Sigma}\frac{\partial u}{\partial n}\mathrm{d}S.$

(2) $\oiint\limits_{\Sigma}u\frac{\partial u}{\partial n}\mathrm{d}S=\iiint\limits_{\Omega}\left[\left(\frac{\partial u}{\partial x}\right)^2+\left(\frac{\partial u}{\partial y}\right)^2+\left(\frac{\partial u}{\partial z}\right)^2\right]\mathrm{d}x\mathrm{d}y\mathrm{d}z+\iiint\limits_{\Omega}u\Delta u\mathrm{d}x\mathrm{d}y\mathrm{d}z.$

其中$\frac{\partial u}{\partial n}$为沿 Σ 外法线方向的方向导数.

证　(1) 由两类曲面积分的关系、高斯公式及方向导数的计算公式,有

$$\begin{aligned}\oiint\limits_{\Sigma}\frac{\partial u}{\partial n}\mathrm{d}S&=\oiint\limits_{\Sigma}\left(\frac{\partial u}{\partial x}\cos\alpha+\frac{\partial u}{\partial y}\cos\beta+\frac{\partial u}{\partial z}\cos\gamma\right)\mathrm{d}S\\&=\oiint\limits_{\Sigma}\frac{\partial u}{\partial x}\mathrm{d}y\mathrm{d}z+\frac{\partial u}{\partial y}\mathrm{d}z\mathrm{d}x+\frac{\partial u}{\partial z}\mathrm{d}x\mathrm{d}y\\&=\iiint\limits_{\Omega}\left(\frac{\partial^2 u}{\partial x^2}+\frac{\partial^2 u}{\partial y^2}+\frac{\partial^2 u}{\partial z^2}\right)\mathrm{d}x\mathrm{d}y\mathrm{d}z=\iiint\limits_{\Omega}\Delta u\mathrm{d}x\mathrm{d}y\mathrm{d}z.\end{aligned}$$

(2) 由(1)的证明及高斯公式,有

$$\begin{aligned}\oiint\limits_{\Sigma}u\frac{\partial u}{\partial n}\mathrm{d}S&=\oiint\limits_{\Sigma}u\frac{\partial u}{\partial x}\mathrm{d}y\mathrm{d}z+u\frac{\partial u}{\partial y}\mathrm{d}z\mathrm{d}x+u\frac{\partial u}{\partial z}\mathrm{d}x\mathrm{d}y\\&=\iiint\limits_{\Omega}\left[\left(\frac{\partial u}{\partial x}\right)^2+u\frac{\partial^2 u}{\partial x^2}+\left(\frac{\partial u}{\partial y}\right)^2+u\frac{\partial^2 u}{\partial y^2}+\left(\frac{\partial u}{\partial z}\right)^2+u\frac{\partial^2 u}{\partial z^2}\right]\mathrm{d}x\mathrm{d}y\mathrm{d}z\\&=\iiint\limits_{\Omega}\left[\left(\frac{\partial u}{\partial x}\right)^2+\left(\frac{\partial u}{\partial y}\right)^2+\left(\frac{\partial u}{\partial z}\right)^2\right]\mathrm{d}x\mathrm{d}y\mathrm{d}z+\iiint\limits_{\Omega}u\Delta u\mathrm{d}x\mathrm{d}y\mathrm{d}z.\end{aligned}$$

二、通量与散度

令 $\boldsymbol{F}(x,y,z)=(P(x,y,z),Q(x,y,z),R(x,y,z))$;$\mathrm{d}\boldsymbol{S}=\boldsymbol{n}^\circ\mathrm{d}S$,其中 $\mathrm{d}S$ 为曲面 Σ 的面积微元,$\boldsymbol{n}^\circ=(\cos\alpha,\cos\beta,\cos\gamma)$为曲面 Σ 上的单位法向量,则可将对坐标的曲面积分表示为

$$\iint\limits_{\Sigma}P\mathrm{d}y\mathrm{d}z+Q\mathrm{d}z\mathrm{d}x+R\mathrm{d}x\mathrm{d}y=\iint\limits_{\Sigma}\boldsymbol{F}(x,y,z)\cdot\mathrm{d}\boldsymbol{S},$$

此式称为对坐标的曲面积分的场形式.

定义 1　设 $\boldsymbol{F}(x,y,z)=(P(x,y,z),Q(x,y,z),R(x,y,z))$是 $\mathbf{R}^3$ 或 $\Omega\subset\mathbf{R}^3$ 上的向量场,Σ 为该场中的光滑的有向曲面(即规定了连续转动的单位法向量 $\boldsymbol{n}^\circ$),则曲面积分

$$\Phi=\iint\limits_{\Sigma}\boldsymbol{F}\cdot\mathrm{d}\boldsymbol{S}=\iint\limits_{\Sigma}\boldsymbol{F}\cdot\boldsymbol{n}^\circ\mathrm{d}S$$

称为 $\boldsymbol{F}(x,y,z)$穿过曲面 Σ 正侧(即沿 $\boldsymbol{n}^\circ$所指方向)的通量.

本章第八节中的引例所讨论的不可压缩流体在单位时间内以速度 $\boldsymbol{v}$ 穿过曲面 Σ 的流量,即为流速场$\boldsymbol{v}$ 中穿过曲面 Σ 的通量 $\iint\limits_{\Sigma}\boldsymbol{v}\cdot\mathrm{d}\boldsymbol{S}$.

若曲面 Σ 为一光滑的封闭曲面,则 $\Phi=\oiint\limits_{\Sigma}\boldsymbol{F}\cdot\mathrm{d}\boldsymbol{S}$ 表示从内向外穿过曲面 Σ 的正通量与从外向内穿过曲面 Σ 的负通量的代数和.当 $\Phi>0$ 时,表示流出 Σ 的比流入 Σ

的多，此时在 Σ 内部必有产生流体的源泉（其中也有可能有吸收或排泄流体的漏洞存在），称之为正源；当 $\Phi<0$ 时，表示流入 Σ 的比流出 Σ 的多，此时在 Σ 内部必有吸收或排泄流体的漏洞存在（其中也有可能有产生流体的源泉），称之为负源；当 $\Phi=0$ 时，不能确定 Σ 内有源或无源，因为这时在 Σ 内可能既有正源，又有负源存在，处于一种动态平衡状态.

当通量 $\Phi\neq 0$ 时，我们只知在封闭曲面 Σ 内有源，但不能确定是正源还是负源，或者两者都有，也不能判断源在 Σ 内的分布情况以及源的强弱程度等. 为此，我们在 Σ 所围成的区域内任取一封闭曲面 S，S 所围成的区域记为 V. 于是，

$$\frac{1}{|V|}\iint_S \boldsymbol{F}\cdot \mathrm{d}\boldsymbol{S}$$

就是 V 内每单位体积的通量（平均通量），称之为向量场 $\boldsymbol{F}(x,y,z)$ 在 V 内的平均散度. 当封闭曲面 S 缩成为一点 $M_0(x_0,y_0,z_0)$ 时，该平均散度的极限值，即

$$\lim_{S\to M_0}\frac{1}{|V|}\iint_S \boldsymbol{F}\cdot \mathrm{d}\boldsymbol{S}$$

的正、负或零可以表示向量场 $\boldsymbol{F}(x,y,z)$ 在点 M_0 处有正源、负源或无源，且由高斯公式和积分中值定理可知

$$\lim_{S\to M_0}\frac{1}{|V|}\iint_S \boldsymbol{F}\cdot \mathrm{d}\boldsymbol{S}=\left[\frac{\partial P(x,y,z)}{\partial x}+\frac{\partial Q(x,y,z)}{\partial y}+\frac{\partial R(x,y,z)}{\partial z}\right]\Bigg|_{M_0}.$$

定义 2　设 $\boldsymbol{F}(x,y,z)=(P(x,y,z),Q(x,y,z),R(x,y,z))$ 为 $\Omega\subset \mathbf{R}^3$ 中的向量场，其中 $P(x,y,z),Q(x,y,z),R(x,y,z)\in C^1(\Omega)$，则称

$$\frac{\partial P(x_0,y_0,z_0)}{\partial x}+\frac{\partial Q(x_0,y_0,z_0)}{\partial y}+\frac{\partial R(x_0,y_0,z_0)}{\partial z}$$

为该向量场在点 $M_0(x_0,y_0,z_0)\in\Omega$ 处的散度，记为 $\operatorname{div}\boldsymbol{F}(x,y,z)\Big|_{M_0}$.

显然，向量场 $\boldsymbol{F}(x,y,z)$ 的散度是一个数量. $\operatorname{div}\boldsymbol{F}>0$ 表示向量场 $\boldsymbol{F}$ 在点 M 处有正源；$\operatorname{div}\boldsymbol{F}<0$ 表示向量场 $\boldsymbol{F}$ 在点 M 处有负源；$\operatorname{div}\boldsymbol{F}=0$ 表示向量场 $\boldsymbol{F}$ 在点 M 处无源. $\operatorname{div}\boldsymbol{F}$ 值的大小也表示了向量场 $\boldsymbol{F}$ 在点 M 处源的强弱程度.

由定义 1 和定义 2，$\boldsymbol{F}(x,y,z)$ 穿过曲面 Σ 正侧的通量可表示为

$$\oiint_\Sigma \boldsymbol{F}\cdot \mathrm{d}\boldsymbol{S}=\iiint_\Omega \operatorname{div}\boldsymbol{F}\mathrm{d}v.$$

该公式称为高斯公式的场形式.

如果 $\boldsymbol{F}(x,y,z)$ 是区域 Ω 内的向量场，且在 Ω 内处处有 $\operatorname{div}\boldsymbol{F}=0$，则称该向量场为无源场. 由高斯公式可知，通过无源场内任何一个封闭曲面 Σ 的通量 $\oiint_\Sigma \boldsymbol{F}\cdot \mathrm{d}\boldsymbol{S}=0$. 此外，若在向量场 $\boldsymbol{F}(x,y,z)$ 内某些点或某几个小区域上有 $\operatorname{div}\boldsymbol{F}\neq 0$，而在其他地方均有 $\operatorname{div}\boldsymbol{F}=0$，则在区域 Ω 内通过任何一个包含这些点或小区域的封闭曲面 Σ 的通量相等，即 $\oiint_\Sigma \boldsymbol{F}\cdot \mathrm{d}\boldsymbol{S}=C$（$C$ 为常数）.

一般说来，可按曲面积分计算方法计算通量，而向量场的散度的计算就是一般的多元函数的偏导数运算. 例如，散度运算满足下列规律：

（1）$\operatorname{div}(\lambda\boldsymbol{F}+\mu\boldsymbol{G})=\lambda\operatorname{div}\boldsymbol{F}+\mu\operatorname{div}\boldsymbol{G}$.

（2）$\operatorname{div}(u\boldsymbol{F})=u\operatorname{div}\boldsymbol{F}+\boldsymbol{F}\cdot\mathbf{grad}\,u$.

（3）$\operatorname{div}(\mathbf{grad}\,u)=\dfrac{\partial^2 u}{\partial x^2}+\dfrac{\partial^2 u}{\partial y^2}+\dfrac{\partial^2 u}{\partial z^2}\quad(u(x,y,z)\in C^1(\Omega))$.

其中 $\boldsymbol{F},\boldsymbol{G}$ 为 Ω 上的向量场，$u=u(x,y,z)$ 为一数量函数，λ 和 μ 为任意常数.

例 4　设 $\boldsymbol{F}=x\boldsymbol{i}+y\boldsymbol{j}+z\boldsymbol{k}$，求 $\boldsymbol{F}$ 通过区域 $\Omega:0\leqslant x\leqslant 1,0\leqslant y\leqslant 1,0\leqslant z\leqslant 1$ 的边界曲面流向外侧的通量.

典型例题　高斯公式的应用

解　设 Σ 为区域 Ω 的边界曲面，则所求通量为

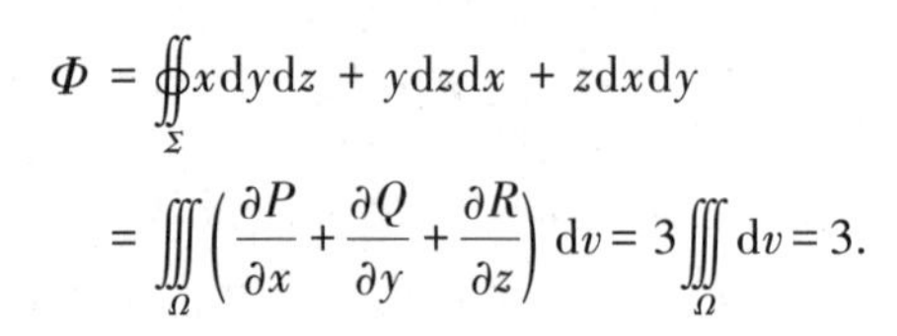

$$\Phi=\oint\!\!\!\!\oint_{\Sigma} x\mathrm{d}y\mathrm{d}z+y\mathrm{d}z\mathrm{d}x+z\mathrm{d}x\mathrm{d}y=\iiint_{\Omega}\left(\frac{\partial P}{\partial x}+\frac{\partial Q}{\partial y}+\frac{\partial R}{\partial z}\right)\mathrm{d}v=3\iiint_{\Omega}\mathrm{d}v=3.$$

三、斯托克斯公式

斯托克斯（Stokes）公式也是格林公式的推广，它建立了对坐标的曲面积分与沿曲面的边界曲线对坐标的曲线积分间的联系.

斯托克斯简介

我们借助曲面的侧来规定空间闭曲线的正向：设 Σ 是空间 $\mathbf{R}^3$ 中的有向曲面，其边界曲线 Γ 为光滑（或分段光滑）的闭曲线，当右手大拇指所指方向与 Σ 上法向量 $\boldsymbol{n}$ 指向相同时，右手其余四指弯曲时的绕行方向称为闭曲线 Γ 的正向（如图 4-67）. 通常将这个确定空间闭曲线 Γ 正向的方法称为右手法则.

定理 2　设空间 $\mathbf{R}^3$ 中光滑（或分片光滑）的有向曲面 Σ 的边界曲线 Γ 是光滑（或分段光滑）的闭曲线，函数 $P=P(x,y,z),Q=Q(x,y,z),R=R(x,y,z)$ 在 Σ 及 Γ 上具有连续的一阶偏导数，则

$$\oint_{\Gamma}P\mathrm{d}x+Q\mathrm{d}y+R\mathrm{d}z=\iint_{\Sigma}\left(\frac{\partial R}{\partial y}-\frac{\partial Q}{\partial z}\right)\mathrm{d}y\mathrm{d}z+\left(\frac{\partial P}{\partial z}-\frac{\partial R}{\partial x}\right)\mathrm{d}z\mathrm{d}x+\left(\frac{\partial Q}{\partial x}-\frac{\partial P}{\partial y}\right)\mathrm{d}x\mathrm{d}y,\tag{2}$$

其中曲线积分中 Γ 的方向与曲面积分中 Σ 的侧符合右手法则.

公式(2)称为斯托克斯公式.

证　不妨先考虑曲面 $\Sigma:z=z(x,y)$ 取上侧的情形.

设 Σ 的边界曲线为 Γ，其正向由右手法则确定. Σ 在 xOy 面上的投影区域为 D_{xy}，Γ 在 xOy 面上的投影为有向曲线 L. Γ 上的起点和终点为 M，它在 xOy 面上的投影为 M'，M' 为 L 上的起点和终点（如图 4-68）.

设 L 的参数方程为

$$L:\begin{cases}x=\varphi(t),\\ y=\psi(t),\end{cases}$$

起点和终点分别对应 $t=\alpha$ 和 $t=\beta$，从而 Γ 的参数方程为

$$\Gamma:\begin{cases}x=\varphi(t),\\ y=\psi(t),\\ z=z(\varphi(t),\psi(t)),\end{cases}$$

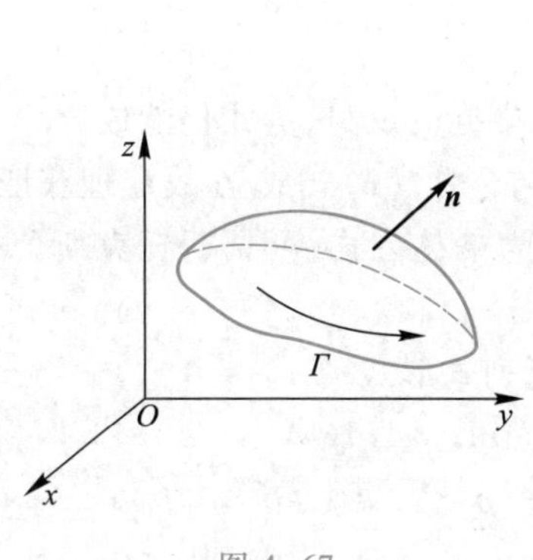

图 4-67

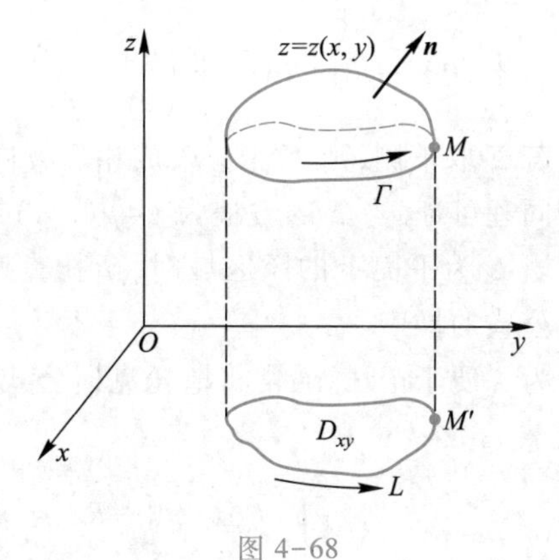

图 4-68

起点和终点对应 $t=\alpha$ 和 $t=\beta$,且有

$$\oint_\Gamma P(x,y,z)\,\mathrm{d}x=\int_\alpha^\beta P(\varphi(t),\psi(t),z(\varphi(t),\psi(t)))\varphi'(t)\,\mathrm{d}t$$
$$=\oint_L P(x,y,z(x,y))\,\mathrm{d}x.$$

同理

$$\oint_\Gamma Q(x,y,z)\,\mathrm{d}y=\oint_L Q(x,y,z(x,y))\,\mathrm{d}y.$$

且有

$$\oint_\Gamma R(x,y,z)\,\mathrm{d}z$$
$$=\int_\alpha^\beta R(\varphi(t),\psi(t),z(\varphi(t),\psi(t)))[z_x'\cdot\varphi'(t)+z_y'\cdot\psi'(t)]\,\mathrm{d}t$$
$$=\oint_L R(x,y,z(x,y))z_x'(x,y)\,\mathrm{d}x+\oint_L R(x,y,z(x,y))z_y'(x,y)\,\mathrm{d}y.$$

从而,由格林公式,有

$$\oint_\Gamma P(x,y,z)\,\mathrm{d}x+Q(x,y,z)\,\mathrm{d}y+R(x,y,z)\,\mathrm{d}z$$
$$=\oint_L P(x,y,z(x,y))\,\mathrm{d}x+Q(x,y,z(x,y))\,\mathrm{d}y+$$
$$R(x,y,z(x,y))(z_x'\mathrm{d}x+z_y'\mathrm{d}y)$$
$$=\oint_L [P(x,y,z(x,y))+R(x,y,z(x,y))z_x']\,\mathrm{d}x+$$
$$[Q(x,y,z(x,y))+R(x,y,z(x,y))z_y']\,\mathrm{d}y$$
$$=\iint_{D_{xy}}\left\{\frac{\partial}{\partial x}[Q(x,y,z(x,y))+R(x,y,z(x,y))z_y']-\right.$$
$$\left.\frac{\partial}{\partial y}[P(x,y,z(x,y))+R(x,y,z(x,y))z_x']\right\}\mathrm{d}x\mathrm{d}y$$
$$=\iint_{D_{xy}}\left[\left(\frac{\partial R}{\partial y}-\frac{\partial Q}{\partial z}\right)(-z_x')+\left(\frac{\partial P}{\partial z}-\frac{\partial R}{\partial x}\right)(-z_y')+\left(\frac{\partial Q}{\partial x}-\frac{\partial P}{\partial y}\right)\right]\mathrm{d}x\mathrm{d}y.$$

从而,由第八节的(10)式可得

$$\oint_{\Gamma} P\mathrm{d}x+Q\mathrm{d}y+R\mathrm{d}z=\iint_{\Sigma}\left(\frac{\partial R}{\partial y}-\frac{\partial Q}{\partial z}\right)\mathrm{d}y\mathrm{d}z+\left(\frac{\partial P}{\partial z}-\frac{\partial R}{\partial x}\right)\mathrm{d}z\mathrm{d}x+\left(\frac{\partial Q}{\partial x}-\frac{\partial P}{\partial y}\right)\mathrm{d}x\mathrm{d}y.$$

若 Σ 取下侧，则 Γ 相应改成相反方向，上式两端同时反号，等式仍然成立.

同理可证：当 Σ 的方程为 $y=g(z,x)$ 或 $x=\varphi(y,z)$ 时，(2)式成立.故定理获证.

当 Σ 为平面上的闭区域时，斯托克斯公式成为格林公式，可见斯托克斯公式是格林公式的推广.

为了便于记忆，通常将斯托克斯公式表示为行列式形式

$$\oint_{\Gamma} P\mathrm{d}x+Q\mathrm{d}y+R\mathrm{d}z=\iint_{\Sigma}\begin{vmatrix}\mathrm{d}y\mathrm{d}z & \mathrm{d}z\mathrm{d}x & \mathrm{d}x\mathrm{d}y\\ \dfrac{\partial}{\partial x} & \dfrac{\partial}{\partial y} & \dfrac{\partial}{\partial z}\\ P & Q & R\end{vmatrix},$$

其中算子 $\frac{\partial}{\partial x},\frac{\partial}{\partial y},\frac{\partial}{\partial z}$ 为偏微分算子，它们与函数的"积"应理解为求函数相应的偏导数 $\left(\text{例如}，\frac{\partial}{\partial y}\text{与 }R\text{ 的"积"为}\frac{\partial R}{\partial y}\right)$.在实际计算时，行列式应按第一行展开.

推论 1　利用两类曲面积分的关系，斯托克斯公式可表示为

$$\oint_{\Gamma} P\mathrm{d}x+Q\mathrm{d}y+R\mathrm{d}z=\iint_{\Sigma}\begin{vmatrix}\cos\alpha & \cos\beta & \cos\gamma\\ \dfrac{\partial}{\partial x} & \dfrac{\partial}{\partial y} & \dfrac{\partial}{\partial z}\\ P & Q & R\end{vmatrix}\mathrm{d}S.$$

例 5　计算曲线积分 $I=\oint_{\Gamma} z\mathrm{d}x+x\mathrm{d}y+y\mathrm{d}z$，其中 Γ 为平面 $x+y+z=1$ 被三个坐标面所截得的三角形的整个边界曲线，其正向与三角形的上侧符合右手法则(如图 4-69).

解　由斯托克斯公式有

$$I=\iint_{\Sigma}\mathrm{d}y\mathrm{d}z+\mathrm{d}z\mathrm{d}x+\mathrm{d}x\mathrm{d}y=3\iint_{D_{xy}}\mathrm{d}x\mathrm{d}y=\frac{3}{2}.$$

例 6　计算曲线积分 $I=\oint_{\Gamma} y\mathrm{d}x+z\mathrm{d}y+x\mathrm{d}z$，其中 Γ 为球面 $x^2+y^2+z^2=a^2$ 与平面 $x+z=a$ 的交线，且从 x 轴正向看去取逆时针方向(如图 4-70).

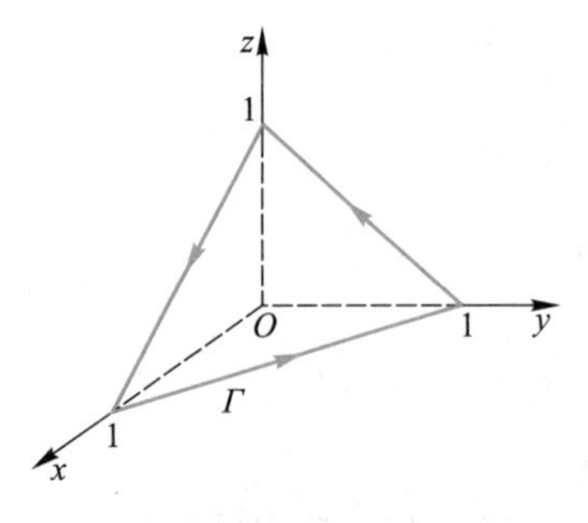

图 4-69

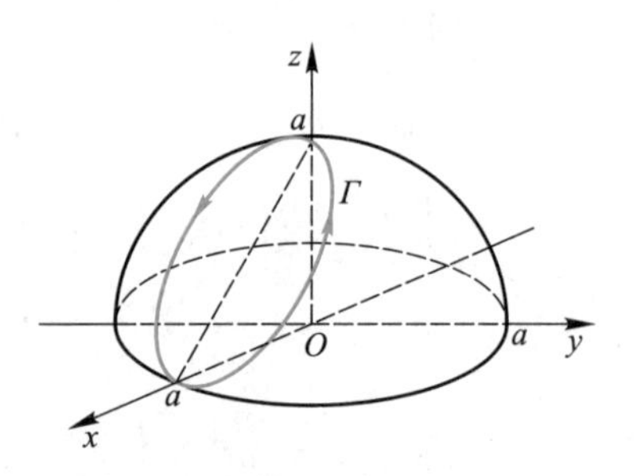

图 4-70

解　记平面 $x+z=a$ 上由曲线 Γ 所围部分的上侧为 Σ，则 Σ 上的单位法向量 $\boldsymbol{n}=\left(\frac{1}{\sqrt{2}},0,\frac{1}{\sqrt{2}}\right)$，即 $\cos\alpha=\cos\gamma=\frac{1}{\sqrt{2}}$，$\cos\beta=0$. Σ 在 xOy 面上的投影区域为 $D_{xy}=\left\{(x,y)\left|\left(x-\frac{a}{2}\right)^2+\frac{y^2}{2}\leqslant\frac{a^2}{4}\right.\right\}$. 由斯托克斯公式，有

典型例题
斯托克斯公式的应用

$$
\begin{aligned}
I&=\iint_{\Sigma}\begin{vmatrix}\mathrm{d}y\mathrm{d}z & \mathrm{d}z\mathrm{d}x & \mathrm{d}x\mathrm{d}y\\ \frac{\partial}{\partial x} & \frac{\partial}{\partial y} & \frac{\partial}{\partial z}\\ y & z & x\end{vmatrix}\\
&=-\iint_{\Sigma}\mathrm{d}y\mathrm{d}z+\mathrm{d}z\mathrm{d}x+\mathrm{d}x\mathrm{d}y=-\iint_{\Sigma}(\cos\alpha+\cos\beta+\cos\gamma)\mathrm{d}S\\
&=-\iint_{\Sigma}\sqrt{2}\,\mathrm{d}S=-\iint_{D_{xy}}\sqrt{2}\cdot\sqrt{2}\,\mathrm{d}x\mathrm{d}y=-2\,|D_{xy}|=-\frac{\sqrt{2}}{2}\pi a^2,
\end{aligned}
$$

其中椭圆 D_{xy} 的面积为 $|D_{xy}|=\pi\cdot\frac{a}{2}\cdot\frac{a}{\sqrt{2}}=\frac{\pi a^2}{2\sqrt{2}}$.

一般地，若空间区域 Ω 内任一闭曲面所围的内部仍然含于 Ω，则称 Ω 为空间单连通区域，否则称为空间复连通区域.

推论 2　设 Ω 为空间 $\mathbf{R}^3$ 中一单连通有界区域，边界曲面光滑（或分片光滑），函数 $P=P(x,y,z)$，$Q=Q(x,y,z)$，$R=R(x,y,z)\in C^1(\Omega)$，则下列 4 个命题等价：

（1）对 Ω 内任一光滑（或分段光滑）的闭曲线 Γ，有 $\oint_{\Gamma}P\mathrm{d}x+Q\mathrm{d}y+R\mathrm{d}z=0$.

（2）$\int_{\Gamma}P\mathrm{d}x+Q\mathrm{d}y+R\mathrm{d}z$ 在 Ω 内与积分路径无关.

（3）存在可微函数 $u=u(x,y,z)$，使得

$$\mathrm{d}u=P\mathrm{d}x+Q\mathrm{d}y+R\mathrm{d}z,\quad\forall(x,y,z)\in\Omega.$$

（4）在 Ω 内处处成立

$$\frac{\partial R}{\partial y}=\frac{\partial Q}{\partial z},\quad\frac{\partial P}{\partial z}=\frac{\partial R}{\partial x},\quad\frac{\partial Q}{\partial x}=\frac{\partial P}{\partial y}.$$

读者可依照本章第六节定理 2 的证明方法进行证明.

推论 2 中的条件可以减弱为：Ω 为空间 $\mathbf{R}^3$ 中的“曲面单连通”有界区域，即不管 Γ 是 Ω 内什么样的光滑简单闭曲线，总可以张出一片以 Γ 为边缘且全部包含在 Ω 内的曲面. 例如，由两个同心球面所围成的区域是一个 $\mathbf{R}^3$ 中的“曲面单连通”有界区域，而 $\mathbf{R}^3$ 中的环面体则不是“曲面单连通”的.

例 7　计算曲线积分 $\int_{\Gamma}(x^2-2yz)\mathrm{d}x+(y^2-2xz)\mathrm{d}y+(z^2-2xy)\mathrm{d}z$，其中 Γ 为从点 $O(0,0,0)$ 到点 $A(1,1,1)$ 的任意一条光滑曲线.

解　由于

$$
\begin{aligned}
&(x^2-2yz)\mathrm{d}x+(y^2-2xz)\mathrm{d}y+(z^2-2xy)\mathrm{d}z\\
&=(x^2\mathrm{d}x+y^2\mathrm{d}y+z^2\mathrm{d}z)-2(yz\mathrm{d}x+xz\mathrm{d}y+xy\mathrm{d}z)\\
&=\frac{1}{3}\mathrm{d}(x^3+y^3+z^3)-2\mathrm{d}(xyz)=\mathrm{d}\left(\frac{x^3+y^3+z^3}{3}-2xyz\right),
\end{aligned}
$$

故积分与积分路径无关,从而

$$\int_{\Gamma}(x^2-2yz)\,\mathrm{d}x+(y^2-2xz)\,\mathrm{d}y+(z^2-2xy)\,\mathrm{d}z$$

$$=\left(\frac{x^3+y^3+z^3}{3}-2xyz\right)\Bigg|_{(0,0,0)}^{(1,1,1)}=-1.$$

四、环流量与旋度

定义 3　设 $\boldsymbol{F}(x,y,z)=(P(x,y,z),Q(x,y,z),R(x,y,z))$ 是 $\mathbf{R}^3$ 或 $\Omega\subset\mathbf{R}^3$ 上的向量场,Γ 为该场中一条光滑的有向闭曲线,则曲线积分

$$\oint_{\Gamma}\boldsymbol{F}\cdot\mathrm{d}\boldsymbol{s}=\oint_{\Gamma}P(x,y,z)\,\mathrm{d}x+Q(x,y,z)\,\mathrm{d}y+R(x,y,z)\,\mathrm{d}z$$

称为向量场 $\boldsymbol{F}(x,y,z)$ 沿有向曲线 Γ 的环流量,其中 $\mathrm{d}\boldsymbol{s}=\mathrm{d}x\boldsymbol{i}+\mathrm{d}y\boldsymbol{j}+\mathrm{d}z\boldsymbol{k}$.

例如,在力场 $\boldsymbol{F}$ 中,环流量 $\oint_{\Gamma}\boldsymbol{F}\cdot\mathrm{d}\boldsymbol{s}$ 就是力沿闭曲线 Γ 正向所做的功.

在向量场 $\boldsymbol{F}(x,y,z)$ 中任取一点 $M(x,y,z)$,过点 M 作一小曲面 Σ_1,它在点 M 处的法向量为 $\boldsymbol{n}$.Σ_1 的边界曲线为 Γ_1,且 Γ_1 的正向与 Σ_1 的侧($\boldsymbol{n}$ 所指方向)符合右手法则.当曲面 Σ_1 缩成一点 M 时,下面的极限值称为向量场 $\boldsymbol{F}(x,y,z)$ 在点 $M(x,y,z)$ 处沿方向 $\boldsymbol{n}$ 的环流量面密度(即环流量对面积的变化率),记为 $\mu_n(M)$:

$$\mu_n(M)=\lim_{\Sigma_1\to M}\frac{1}{|\Sigma_1|}\oint_{\Gamma_1}\boldsymbol{F}\cdot\mathrm{d}\boldsymbol{s}.$$

由斯托克斯公式及两类曲面积分间的关系,运用积分中值定理得

$$\mu_n(M)=\lim_{\Sigma_1\to M}\frac{1}{|\Sigma_1|}\iint_{\Sigma_1}\left(\frac{\partial R}{\partial y}-\frac{\partial Q}{\partial z}\right)\mathrm{d}y\mathrm{d}z+\left(\frac{\partial P}{\partial z}-\frac{\partial R}{\partial x}\right)\mathrm{d}z\mathrm{d}x+\left(\frac{\partial Q}{\partial x}-\frac{\partial P}{\partial y}\right)\mathrm{d}x\mathrm{d}y$$

$$=\lim_{\Sigma_1\to M}\frac{1}{|\Sigma_1|}\iint_{\Sigma_1}\left[\left(\frac{\partial R}{\partial y}-\frac{\partial Q}{\partial z}\right)\cos(\boldsymbol{n},x)+\right.$$

$$\left.\left(\frac{\partial P}{\partial z}-\frac{\partial R}{\partial x}\right)\cos(\boldsymbol{n},y)+\left(\frac{\partial Q}{\partial x}-\frac{\partial P}{\partial y}\right)\cos(\boldsymbol{n},z)\right]\mathrm{d}S$$

$$=\left(\frac{\partial R}{\partial y}-\frac{\partial Q}{\partial z}\right)\cos\alpha+\left(\frac{\partial P}{\partial z}-\frac{\partial R}{\partial x}\right)\cos\beta+\left(\frac{\partial Q}{\partial x}-\frac{\partial P}{\partial y}\right)\cos\gamma,$$

其中 $\cos\alpha,\cos\beta,\cos\gamma$ 为 Σ_1 在点 M 处的法向量 $\boldsymbol{n}$ 的方向余弦.

从上面我们知道,环流量面密度是一个和方向有关的概念.

定义 4　若在向量场 $\boldsymbol{F}(x,y,z)$ 中的一点 $M(x,y,z)$ 处存在这样的一个向量 $\boldsymbol{A}$,使得向量场 $\boldsymbol{F}(x,y,z)$ 在点 M 处沿其方向的环流量面密度最大,且这个最大的数值恰好为 $\|\boldsymbol{A}\|$,则称向量 $\boldsymbol{A}$ 为向量场 $\boldsymbol{F}(x,y,z)$ 在点 M 处的旋度,记作 $\mathbf{rot}\,\boldsymbol{F}$.

与斯托克斯公式一样,我们用行列式来表示向量场的旋度:

设 $\boldsymbol{F}(x,y,z)=(P(x,y,z),Q(x,y,z),R(x,y,z))$ 是 $\mathbf{R}^3$ 或 $\Omega\subset\mathbf{R}^3$ 上的向量场,其中函数 $P(x,y,z),Q(x,y,z),R(x,y,z)\in C^1$,则

$$\mathbf{rot}\,\boldsymbol{F}=\begin{vmatrix}\boldsymbol{i}&\boldsymbol{j}&\boldsymbol{k}\\\dfrac{\partial}{\partial x}&\dfrac{\partial}{\partial y}&\dfrac{\partial}{\partial z}\\P&Q&R\end{vmatrix}.$$

由旋度 $\mathbf{rot}\,\boldsymbol{F}$ 的表达式,便得出

$$\mu_n(M)=\mathbf{rot}\,\boldsymbol{F}(M)\cdot\boldsymbol{n}^{\circ}=\|\mathbf{rot}\,\boldsymbol{F}(M)\|\cos\langle\mathbf{rot}\,\boldsymbol{F}(M),\boldsymbol{n}^{\circ}\rangle,$$

其中 $\boldsymbol{n}^{\circ}=(\cos\alpha,\cos\beta,\cos\gamma)$,$\cos\alpha,\cos\beta,\cos\gamma$ 为点 M 处的法向量 $\boldsymbol{n}$ 的方向余弦,即旋度在任一方向上的投影等于该方向上的环流量面密度.

此外,我们可将斯托克斯公式写成场形式,即

$$\oint_{\Gamma}\boldsymbol{F}\cdot\mathrm{d}\boldsymbol{s}=\iint_{\Sigma}\mathbf{rot}\,\boldsymbol{F}\cdot\mathrm{d}\boldsymbol{S}.$$

向量场的旋度满足下列运算规律:设 $\boldsymbol{F},\boldsymbol{G}$ 为 $\Omega\subset\mathbf{R}^3$ 上的向量场,k_1,k_2 为常数,$u(x,y,z)$ 为数量函数,则

(1) $\mathbf{rot}(k_1\boldsymbol{F}+k_2\boldsymbol{G})=k_1\mathbf{rot}\,\boldsymbol{F}+k_2\mathbf{rot}\,\boldsymbol{G}$.

(2) $\mathbf{rot}(u\boldsymbol{F})=u\mathbf{rot}\,\boldsymbol{F}+\mathbf{grad}\,u\times\boldsymbol{F}$.

(3) $\mathrm{div}(\boldsymbol{F}\times\boldsymbol{G})=\boldsymbol{G}\cdot\mathbf{rot}\,\boldsymbol{F}-\boldsymbol{F}\cdot\mathbf{rot}\,\boldsymbol{G}$.

(4) $\mathrm{div}(\mathbf{rot}\,\boldsymbol{F})=0$.

(5) $\mathbf{rot}(\mathbf{grad}\,u)=\mathbf{0}$.

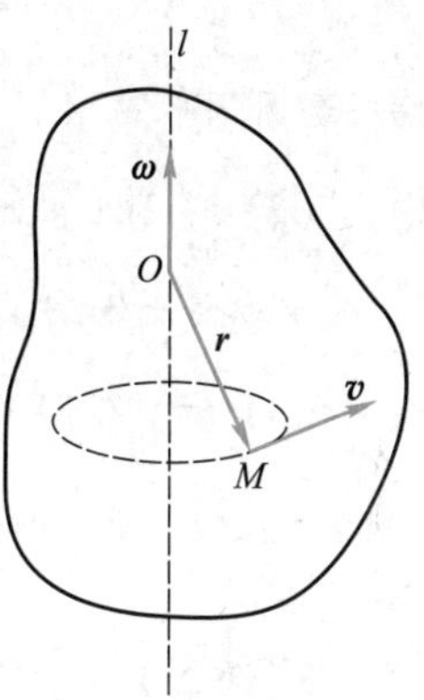

图 4-71

例 8 设一物体绕过原点 O 的轴 l 转动,其角速度为 $\boldsymbol{\omega}=(\omega_x,\omega_y,\omega_z)$,于是物体中各点处都产生一线速度 $\boldsymbol{v}$,求 $\mathbf{rot}\,\boldsymbol{v}$(如图 4-71).

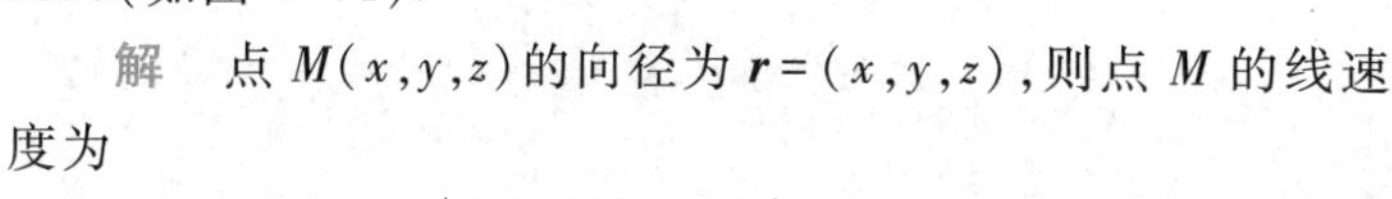

解 点 $M(x,y,z)$ 的向径为 $\boldsymbol{r}=(x,y,z)$,则点 M 的线速度为

$$\boldsymbol{v}=\boldsymbol{\omega}\times\boldsymbol{r}=\begin{vmatrix}\boldsymbol{i}&\boldsymbol{j}&\boldsymbol{k}\\\omega_x&\omega_y&\omega_z\\x&y&z\end{vmatrix}=(\omega_yz-\omega_zy)\boldsymbol{i}+(\omega_zx-\omega_xz)\boldsymbol{j}+(\omega_xy-\omega_yx)\boldsymbol{k},$$

从而有

$$\mathbf{rot}\,\boldsymbol{v}=\begin{vmatrix}\boldsymbol{i}&\boldsymbol{j}&\boldsymbol{k}\\\dfrac{\partial}{\partial x}&\dfrac{\partial}{\partial y}&\dfrac{\partial}{\partial z}\\\omega_yz-\omega_zy&\omega_zx-\omega_xz&\omega_xy-\omega_yx\end{vmatrix}=2\boldsymbol{\omega}.$$

例 8 的结果说明,物体旋转时,线速度的旋度除去一个常数因子外,与物体的角速度相同,这就是旋度名称的来由.

习题 4-9

1. 计算下列曲面积分:

(1) $\oiint\limits_{\Sigma}x\mathrm{d}y\mathrm{d}z+y\mathrm{d}z\mathrm{d}x+z\mathrm{d}x\mathrm{d}y$,其中 Σ 为平面 $x=0,y=0,z=0$ 和 $x+y+z=1$ 所围成的四面体表面取外侧;

(2) $\oiint\limits_{\Sigma}xz^2\mathrm{d}y\mathrm{d}z+(x^2y-z)\mathrm{d}z\mathrm{d}x+(2xy+y^2z)\mathrm{d}x\mathrm{d}y$,其中 Σ 为上半球体 $0\leqslant z\leqslant\sqrt{a^2-x^2-y^2}$ 表面外侧;

(3) $\oiint_{\Sigma}(y-z)x\mathrm{d}y\mathrm{d}z+(x-y)\mathrm{d}x\mathrm{d}y$，其中 Σ 为圆柱面 $x^2+y^2=1$ 与平面 $z=0,z=3$ 所围成的立体表面取外侧；

(4) $\oiint_{\Sigma}xy^2\mathrm{d}y\mathrm{d}z$，其中 Σ 为曲面 $z=\sqrt{x^2+y^2}$ 及平面 $z=h(h>0)$ 所围成的空间区域的整个边界曲面取外侧.

2. 计算下列积分：

(1) $\oint_{\Gamma}y\mathrm{d}x+z\mathrm{d}y+x\mathrm{d}z$，其中 Γ 为圆周：$x^2+y^2+z^2=a^2,x+y+z=0$，从 x 轴正向看去，这圆周取逆时针方向；

(2) $\oint_{\Gamma}2y\mathrm{d}x+3x\mathrm{d}y-z^2\mathrm{d}z$，其中 Γ 为圆周：$x^2+y^2+z^2=9,z=0$，从 z 轴正向看去，这圆周取逆时针方向；

(3) $I=\iint_{\Sigma}2(1-x^2)\mathrm{d}y\mathrm{d}z+8xy\mathrm{d}z\mathrm{d}x-4xz\mathrm{d}x\mathrm{d}y$，其中 Σ 是由 xOy 面上的曲线 $x=\mathrm{e}^y(1\leqslant x\leqslant \mathrm{e}^a,a>0)$ 绕 x 轴旋转而成的旋转曲面，其法向量与 x 轴正向间的夹角为钝角.

3. 设 Σ 为曲面 $x^2+y^2=z(0\leqslant z\leqslant h)$，求流速场 $\boldsymbol{v}=(0,0,x+y+z)$ 在单位时间内向下侧穿过 Σ 的流量 Q.

4. 求下列向量场 $\boldsymbol{F}$ 由内向外穿过闭曲面 Σ 的通量 Φ：

(1) $\boldsymbol{F}=(yz,xz,xy)$，其中 Σ 为圆柱体 $x^2+y^2\leqslant a^2(0\leqslant z\leqslant h)$ 的全表面；

(2) $\boldsymbol{F}=(x-y+z,y-z+x,z-x+y)$，其中 Σ 为椭球面 $\dfrac{x^2}{a^2}+\dfrac{y^2}{b^2}+\dfrac{z^2}{c^2}=1$.

5. 求下列向量场 $\boldsymbol{F}$ 的散度：

(1) $\boldsymbol{F}=(\mathrm{e}^{xy},\cos xy,\cos xz^2)$；　　(2) $\boldsymbol{F}=(y^2,xy,xz)$.

6. 求向量场 $\boldsymbol{F}=(-y,x,C)$（C 为常数）沿下列曲线的环流量：

(1) $x^2+y^2=a^2,z=0$；　　(2) $(x-2)^2+y^2=a^2,z=0$.

7. 求下列向量场 $\boldsymbol{F}$ 的旋度：

(1) $\boldsymbol{F}=(2z-3y,3x-z,y-2x)$；　　(2) $\boldsymbol{F}=(z+\sin y,-z+x\cos y,0)$.

8. 证明 $\mathbf{rot}[f(\|\boldsymbol{r}\|)\boldsymbol{r}]=\mathbf{0}$，其中 $\boldsymbol{r}=x\boldsymbol{i}+y\boldsymbol{j}+z\boldsymbol{k}$.

9. 设 $\boldsymbol{r}=x\boldsymbol{i}+y\boldsymbol{j}+z\boldsymbol{k}$，求满足 $\operatorname{div}[f(\|\boldsymbol{r}\|)\boldsymbol{r}]=0$ 的 $f(\|\boldsymbol{r}\|)$.

综合题四

1. 判断题（正确的结论打“√”，并给出简单证明；错误的结论打“×”，并举出反例）.

(1) 若函数 $f(x,y)$ 在有界区域 D 内只有一个不连续点，则 $f(x,y)\in R(D)$.

(2) 设函数 $f(x,y)\in C(D)$, $f(x,y)\geqslant 0$ 但不恒为零,则 $\iint\limits_D f(x,y)\mathrm{d}\sigma>0$.

(3) 若 $|f(x,y,z)|\in R(\Omega)$,则 $f(x,y,z)\in R(\Omega)$.

(4) 设函数 $P(x,y),Q(x,y)\in C^1(\mathbf{R}^2)$,且 $\dfrac{\partial Q}{\partial x}\neq\dfrac{\partial P}{\partial y}$, L 为任意光滑简单正向闭曲线,则必有 $\oint_L P(x,y)\mathrm{d}x+Q(x,y)\mathrm{d}y\neq 0$.

(5) 设函数 $P(x,y,z),Q(x,y,z),R(x,y,z)\in C^1(\Omega)$,且 $\dfrac{\partial P}{\partial x}+\dfrac{\partial Q}{\partial y}+\dfrac{\partial R}{\partial z}=0$, $(x,y,z)\in\Omega$,若 Σ 为 Ω 中任意光滑简单闭曲面的外侧,则必有 $\oiint\limits_{\Sigma}P\mathrm{d}y\mathrm{d}z+Q\mathrm{d}z\mathrm{d}x+R\mathrm{d}x\mathrm{d}y=0$.

(6) $\mathbf{rot}(\boldsymbol{A}+\boldsymbol{B})=\mathbf{rot}\,\boldsymbol{A}+\mathbf{rot}\,\boldsymbol{B}$.

2. 填空题.

(1) 设 D 是以 $(0,0),(0,1),(1,0)$ 为顶点的三角形区域,则由二重积分的几何意义知 $\iint\limits_D(1-x-y)\mathrm{d}\sigma=$ ________.

(2) 设 $f(x)$ 是 $[-1,1]$ 上连续的偶函数,且 $f(x)\geqslant 1$, Ω 是球体 $x^2+y^2+z^2\leqslant 1$,则当 $\iiint\limits_{\Omega}f(x)\mathrm{d}v=\int_0^1 g(x)\mathrm{d}x$ 时, $g(x)=$ ________.

(3) 设 L 为椭圆 $\dfrac{x^2}{4}+\dfrac{y^2}{3}=1$,其周长记为 a,则 $\oint_L(2xy+3x^2+4y^2)\mathrm{d}s=$ ________.

(4) 若 $\mathrm{d}u=\left(\cos y+y\cos\dfrac{x}{2}\right)\mathrm{d}x+\left(2\sin\dfrac{x}{2}-x\sin y\right)\mathrm{d}y$,且 $u(\pi,\pi)=0$,则 $u(x,y)=$ ________.

(5) 设 $\boldsymbol{v}=(xz,x^2y,y^2z)$,曲面 Σ 为 $z=x^2+y^2$, $x^2+y^2=a^2(0<a\leqslant 4)$ 和坐标面 $x=0,y=0,z=0$ 在第 Ⅰ 卦限所围成的曲面外侧,使 $\boldsymbol{v}$ 由内向外穿过 Σ 的流量为 8π,则 $a=$ ________.

(6) 向量场 $\boldsymbol{F}(x,y,z)=(-y,x,c)$ (c 为常数)沿圆周 $x^2+y^2=1,z=0$ 的环流量为 ________.

3. 选择题.

(1) 设 $I_1=\iint\limits_D\cos\sqrt{x^2+y^2}\,\mathrm{d}\sigma$, $I_2=\iint\limits_D\cos(x^2+y^2)\mathrm{d}\sigma$, $I_3=\iint\limits_D\cos(x^2+y^2)^2\mathrm{d}\sigma$,其中 $D=\{(x,y)\mid x^2+y^2\leqslant 1\}$,则(　　).

(A) $I_3>I_2>I_1$　　(B) $I_1>I_2>I_3$

(C) $I_2>I_1>I_3$　　(D) $I_3>I_1>I_2$

(2) 设有空间闭区域 $\Omega_1=\{(x,y,z)\mid x^2+y^2+z^2\leqslant R^2,x\geqslant 0,y\geqslant 0,z\geqslant 0\}$, $\Omega_2=\{(x,y,z)\mid x^2+y^2+z^2\leqslant R^2,z\geqslant 0\}$,则有(　　).

(A) $\iiint\limits_{\Omega_2}x\mathrm{d}v=4\iiint\limits_{\Omega_1}x\mathrm{d}v$　　(B) $\iiint\limits_{\Omega_2}y\mathrm{d}v=4\iiint\limits_{\Omega_1}y\mathrm{d}v$

(C) $\iiint\limits_{\Omega_2} z\mathrm{d}v = 4\iiint\limits_{\Omega_1} z\mathrm{d}v$ (D) $\iiint\limits_{\Omega_2} xyz\mathrm{d}v = 4\iiint\limits_{\Omega_1} xyz\mathrm{d}v$

(3) 设曲线 L 是区域 D 上的正向边界,则 D 的面积为(　　).

(A) $\dfrac{1}{2}\oint_L x\mathrm{d}y-y\mathrm{d}x$ (B) $\oint_L x\mathrm{d}y+y\mathrm{d}x$

(C) $\oint_L x\mathrm{d}y-y\mathrm{d}x$ (D) $\dfrac{1}{2}\oint_L x\mathrm{d}y+y\mathrm{d}x$

(4) 设 Σ 为 $z=0, x^2+y^2\leqslant R^2$,取上侧,则 $\iint\limits_{\Sigma}(x^2+y^2)\mathrm{d}x\mathrm{d}y=$(　　).

(A) $\iint\limits_{x^2+y^2\leqslant R^2} R^2\mathrm{d}\sigma = \pi R^4$ (B) $-\iint\limits_{x^2+y^2\leqslant R^2} R^2\mathrm{d}\sigma = -\pi R^4$

(C) $\int_0^{2\pi}\mathrm{d}\theta\int_0^R r^3\mathrm{d}r = \dfrac{\pi R^4}{2}$ (D) 0

(5) 设 $\Sigma: x^2+y^2+z^2=R^2$, Σ^+ 为其外侧,则 $\oiint\limits_{\Sigma} x^2\mathrm{d}S=$(　　).

(A) $\oiint\limits_{\Sigma^+} x\mathrm{d}y\mathrm{d}z$ (B) $\oiint\limits_{\Sigma^+} Rx\mathrm{d}y\mathrm{d}z$

(C) $\oiint\limits_{\Sigma^+} Rx\mathrm{d}z\mathrm{d}x$ (D) $\oiint\limits_{\Sigma^+} x\mathrm{d}z\mathrm{d}x$

(6) 设向量场 $\boldsymbol{A}(x,y,z)=P(x,y,z)\boldsymbol{i}+Q(x,y,z)\boldsymbol{j}+R(x,y,z)\boldsymbol{k}$,其中 $P(x,y,z)$, $Q(x,y,z)$, $R(x,y,z)$ 具有二阶连续偏导数,则下列表达式中无意义的是(　　).

(A) $\mathbf{grad}(\mathbf{rot}\,\boldsymbol{A})$ (B) $\mathbf{grad}[\mathrm{div}(\mathbf{rot}\,\boldsymbol{A})]$

(C) $\mathbf{rot}(\mathbf{grad}\,Q+\mathbf{rot}\,\boldsymbol{A})$ (D) $\mathrm{div}[\mathbf{rot}(\mathbf{grad}\,R)]$

4. 计算下列二次积分:

(1) $I_1=\iint\limits_D \min\{x,y\}\mathrm{d}\sigma$,其中 $D=\{(x,y)\mid 0\leqslant x\leqslant 3, 0\leqslant y\leqslant 1\}$.

(2) $I_2=\iint\limits_D(\sqrt{x^2+y^2}+y)\mathrm{d}\sigma$,其中 D 是由圆 $x^2+y^2=4$ 和 $(x+1)^2+y^2=1$ 所围成的平面区域.

(3) $I_3=\iint\limits_D(x+y)\mathrm{d}\sigma$,其中 $D=\{(x,y)\mid x^2+y^2\leqslant x+y\}$.

5. 用交换积分次序法计算:

(1) $\int_0^1 \mathrm{e}^{-y^2}\mathrm{d}y\int_{\sqrt{2-y^2}}^{\sqrt{8-y^2}}\mathrm{e}^{-x^2}\mathrm{d}x+\int_1^2\mathrm{e}^{-y^2}\mathrm{d}y\int_y^{\sqrt{8-y^2}}\mathrm{e}^{-x^2}\mathrm{d}x$.

(2) $\lim\limits_{x\to 0}\dfrac{\int_0^{\frac{x}{2}}\mathrm{d}t\int_t^{\frac{x}{2}}\mathrm{e}^{-(t-u)^2}\mathrm{d}u}{1-\mathrm{e}^{-\frac{x^2}{4}}}$.

6. 设函数 $f(x)$ 在 $[0,1]$ 上连续,利用二次积分证明:$\left[\int_0^1\mathrm{e}^{f(x)}\mathrm{d}x\right]\left[\int_0^1\mathrm{e}^{-f(x)}\mathrm{d}x\right]\geqslant 1$.

7. 设 Ω 是由锥面 $z^2=3(x^2+y^2)$ 和球面 $x^2+y^2+z^2\leqslant 16$ 所围成的位于锥面内部的那

一部分区域，将三重积分 $\iiint\limits_{\Omega} f(x,y,z)\,\mathrm{d}v$ 分别化为在直角坐标系下、柱面坐标系下和球面坐标系下的三次积分.

8. 选择适当的坐标系计算下列三重积分：

(1) $I_1=\iiint\limits_{\Omega}\dfrac{\mathrm{d}v}{(1+x+y+z)^3}$，其中 Ω 是由平面 $x+y+1=0$，$x=0$，$y=0$ 及 $z=0$ 围成的.

(2) $I_2=\iiint\limits_{\Omega} z^2\,\mathrm{d}v$，其中 Ω 是两个球体 $x^2+y^2+z^2\leqslant R^2$ 和 $x^2+y^2+z^2\leqslant 2Rz(R>0)$ 的公共部分.

(3) $I_3=\iiint\limits_{\Omega}|xyz|\,\mathrm{d}v$，其中 Ω 为 $\left\{(x,y,z)\,\middle|\,\dfrac{x^2}{a^2}+\dfrac{y^2}{b^2}+\dfrac{z^2}{c^2}\leqslant 1\right\}$.

9. 通过交换积分次序法证明：$\int_0^1\mathrm{d}x\int_0^x\mathrm{d}y\int_0^y f(z)\,\mathrm{d}z=\dfrac{1}{2}\int_0^1(1-z)^2 f(z)\,\mathrm{d}z$.

10. 计算下列对弧长的曲线积分：

(1) $I_1=\int_L \mathrm{e}^{\sqrt{x^2+y^2}}\,\mathrm{d}s$，其中 L 是由圆周 $x^2+y^2=a^2(a>0)$，直线 $y=x$ 及 x 轴在第一象限中所围成的区域的边界.

(2) $I_2=\oint_L\left(x^{\frac{4}{3}}+y^{\frac{4}{3}}\right)\mathrm{d}s$，其中 L 是星形线 $x^{\frac{2}{3}}+y^{\frac{2}{3}}=a^{\frac{2}{3}}(a>0)$.

(3) $I_3=\oint_\Gamma(xy+yz+zx)\,\mathrm{d}s$，其中 Γ 为球面 $x^2+y^2+z^2=a^2$ 与平面 $x+y+z=0$ 的交线.

11. 计算下列对坐标的曲线积分：

(1) $I_1=\oint_L\dfrac{\mathrm{d}x+\mathrm{d}y}{|x|+|y|}$，其中 L 是以 $A(1,0)$，$B(0,1)$，$C(-1,0)$，$D(0,-1)$ 为顶点的正方形的边界，并取逆时针方向.

(2) $I_2=\int_L[y^2+\sin^2(x+y)]\,\mathrm{d}x-[x^2+\cos^2(x+y)]\,\mathrm{d}y$，其中 L 是从 $A(1,0)$ 沿着 $x^2+y^2=1$ 到 $B(0,1)$ 的第一象限中的圆弧.

(3) $I_3=\oint_\Gamma y\,\mathrm{d}x+z\,\mathrm{d}y+x\,\mathrm{d}z$，其中 Γ 为 $\begin{cases}x^2+y^2+z^2=2az,\\ x+z=a,\end{cases}$ 从 z 轴正向看 Γ 取逆时针方向.

12. 计算下列曲面积分：

(1) $I_1=\iint\limits_{\Sigma}\dfrac{\mathrm{d}S}{\sqrt{x^2+y^2+z^2}}$，其中 Σ 是圆柱面 $x^2+y^2=R^2$ 介于 $0\leqslant z\leqslant H$ 之间的部分.

(2) $I_2=\iint\limits_{\Sigma}(y^2-z)\,\mathrm{d}y\mathrm{d}z+(z^2-x)\,\mathrm{d}z\mathrm{d}x+(x^2-y)\,\mathrm{d}x\mathrm{d}y$，其中 Σ 为锥面 $z=\sqrt{x^2+y^2}\ (0\leqslant z\leqslant h)$ 的外侧.

(3) $I_3=\iint\limits_{\Sigma} xyz\,\mathrm{d}x\mathrm{d}y$，其中 Σ 为球面 $x^2+y^2+z^2=1(x\geqslant 0,y\geqslant 0)$ 的外侧.

13. 解答下列积分间的转化问题：

(1) 对坐标的曲线积分 $\int_\Gamma P\,\mathrm{d}x+Q\,\mathrm{d}y+R\,\mathrm{d}z$ 化为对弧长的曲线积分，其中 Γ 为 $x=t$，

$y=t^2,z=t^3$ 上相应于 t 从 0 变到 1 的曲线弧.

(2) 对坐标的曲面积分 $\iint\limits_{\Sigma} P\mathrm{d}y\mathrm{d}z+Q\mathrm{d}z\mathrm{d}x+R\mathrm{d}x\mathrm{d}y$ 化为对面积的曲面积分，其中 Σ 为抛物面 $z=8-(x^2+y^2)$ 在 xOy 面上方部分的上侧.

14. 计算 $I=\int_L(\mathrm{e}^y+x)\mathrm{d}x+(x\mathrm{e}^y-2y)\mathrm{d}y$，其中 L 是过 $(0,0),(0,1),(1,2)$ 点的圆弧.

15. 设曲线积分 $\int_L xy^2\mathrm{d}x+y\varphi(x)\mathrm{d}y$ 与路径无关，其中 $\varphi(x)$ 具有连续的导数，$\varphi(0)=0$，计算 $\int_{(0,0)}^{(1,1)}xy^2\mathrm{d}x+y\varphi(x)\mathrm{d}y$ 的值.

16. 解答下列功的问题：

(1) 质点 P 沿着以 AB 为直径的半圆周，从点 $A(1,2)$ 运动到点 $B(3,4)$ 的过程中受变力 $\boldsymbol{F}$ 作用. $\boldsymbol{F}$ 的大小等于点 P 与原点 O 之间的距离，其方向垂直于线段 OP 且与 y 轴正向的夹角小于 $\dfrac{\pi}{2}$. 求变力 $\boldsymbol{F}$ 对质点 P 所做的功.

(2) 求力 $\boldsymbol{F}=y\boldsymbol{i}+z\boldsymbol{j}+x\boldsymbol{k}$ 沿有向闭曲线 Γ 所做的功，其中 Γ 为平面 $x+y+z=1$ 被三个坐标面所截成的三角形的整个边界，从 z 轴正向看去沿顺时针方向.

17. 设 Σ 为上半椭球面 $\dfrac{x^2}{2}+\dfrac{y^2}{2}+z^2=1(z\geqslant 0)$，点 $P(x,y,z)\in\Sigma$，Π 为 Σ 在点 P 处的切平面，$d(x,y,z)$ 为原点 $O(0,0,0)$ 到平面 Π 的距离，Σ^+ 为 Σ 取上侧，求

(1) $I_1=\iint\limits_{\Sigma}\dfrac{z}{d(x,y,z)}\mathrm{d}S$.

(2) $I_2=\iint\limits_{\Sigma^+}\dfrac{z}{d^2(x,y,z)}(\mathrm{d}y\mathrm{d}z+\mathrm{d}z\mathrm{d}x+\mathrm{d}x\mathrm{d}y)$.

18. 设空间流速场在点 $M(x,y,z)$ 处的速度为 $\boldsymbol{v}=xz^2\boldsymbol{i}+yx^2\boldsymbol{j}+zy^2\boldsymbol{k}$，试求流体流过曲面 $\Sigma: x^2+y^2+z^2=2z$ 外侧的流量和曲线 $\Gamma: x^2+y^2+z^2=2z, z=1$ 的环流量（从 z 轴正向看 Γ 取逆时针方向）.

19. 证明下列结论：

(1) 设 $P(x,y),Q(x,y)$ 是光滑弧段 $\overset{\frown}{AB}$ 上的连续函数，l 为 $\overset{\frown}{AB}$ 的长度，$M=\max\limits_{(x,y)\in\overset{\frown}{AB}}\{\sqrt{P^2+Q^2}\}$，则有估值公式 $\left|\int_{\overset{\frown}{AB}}P\mathrm{d}x+Q\mathrm{d}y\right|\leqslant lM$.

(2) 设 Σ 为光滑简单闭曲面，$\boldsymbol{n}$ 为其外法线向量，$\boldsymbol{l}$ 为任意非零向量，则必有

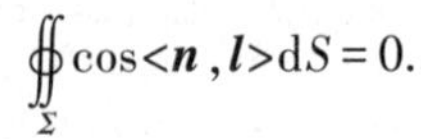

$$\oiint\limits_{\Sigma}\cos\langle\boldsymbol{n},\boldsymbol{l}\rangle\mathrm{d}S=0.$$

综合题四
答案与提示

20. 设 $u(x,y),v(x,y)$ 在闭区域 D 上具有二阶连续偏导数，分段光滑的曲线 L 为 D 的正向边界曲线. 试证：

(1) $\iint\limits_{D} v\Delta u\mathrm{d}x\mathrm{d}y=-\iint\limits_{D}(\mathbf{grad}\ u\cdot\mathbf{grad}\ v)\mathrm{d}x\mathrm{d}y+\oint_{L}v\frac{\partial u}{\partial l}\mathrm{d}s.$

(2) $\iint\limits_{D}(u\Delta v-v\Delta u)\mathrm{d}x\mathrm{d}y=\oint_{L}\left(u\frac{\partial v}{\partial l}-v\frac{\partial u}{\partial l}\right)\mathrm{d}s,$

其中$\frac{\partial u}{\partial l},\frac{\partial v}{\partial l}$分别是$u,v$沿$L$的外法线向量的方向导数,符号$\Delta=\frac{\partial^2}{\partial x^2}+\frac{\partial^2}{\partial y^2}$称为二维拉普拉斯(Laplace)算子.

第五章

多元函数积分学的应用

各种积分之间的关系

迄今为止,我们先后学习了多元函数的各种积分.如果按积分区域来分类,可以分为无向区域上的积分,如二重积分、三重积分、对弧长的曲线积分、对面积的曲面积分等,由于这一类积分涉及的被积函数均为数量值函数,因此无向区域上的积分也称为数量值函数积分.另外一类是在有向区域上的积分,如对坐标的曲线积分,对坐标的曲面积分,它们涉及的被积函数均为向量值函数,因此,也称为向量值函数积分.在学习过程中,我们也注意到各种数量值函数积分在概念和性质的表述上相对类似,那么是否可以从这些积分概念中抽象出一种统一的积分概念,使得上述各类积分都是它的一种特殊情形呢?这个问题的答案是肯定的.为此,我们将引入黎曼(Riemann)积分及微元法,并运用它们讨论多元数量值函数积分在几何中和物理中的应用.

黎曼简介

第一节　建立积分数学模型的微元法

所谓可度量的几何形体 Ω 是指几何空间中可求长度的有限曲线弧段、可求面积的有界曲面以及可求体积的有界空间闭区域这样三种几何形体.

定义　设 Ω 为空间 $\mathbf{R}^n(n\leqslant 3)$ 中的可度量的几何形体,函数 $u=f(P)\ (P\in\Omega)$ 为 Ω 上的有界函数.将 Ω 任意分割成 n 个可度量的小几何形体 $\Omega_1,\Omega_2,\cdots,\Omega_n$, 并用 $\Delta\Omega_i$ 表示第 i 个小几何形体的度量. $\forall P_i\in\Omega_i$,作和式 $\sum\limits_{i=1}^{n}f(P_i)\Delta\Omega_i$, 记 $\lambda=\max\limits_{1\leqslant i\leqslant n}\{\Delta\Omega_i$ 的直径$\}$.如果极限

$$\lim_{\lambda\to 0}\sum_{i=1}^{n}f(P_i)\Delta\Omega_i$$

存在,且极限值与对 Ω 的分割方法及点 $P_i\in\Omega_i$ 的选取方式无关,则称函数 $f(P)$ 在 Ω 上可积,记为 $f(P)\in R(\Omega)$,并称此极限值为函数 $f(P)$ 在 Ω 上的黎曼积分,记为 $\int_{\Omega}f(P)\,\mathrm{d}\Omega$, 即

$$\int_{\Omega} f(P)\,\mathrm{d}\Omega = \lim_{\lambda \to 0} \sum_{i=1}^{n} f(P_i)\,\Delta\Omega_i,$$

其中 Ω 称为积分区域,$f(P)$ 称为被积函数,$f(P)\,\mathrm{d}\Omega$ 称为被积表达式,$\mathrm{d}\Omega$ 称为 Ω 的度量微元.

黎曼积分具有如下物理意义:设一物体具有几何形体 Ω,其密度为 $\mu=f(P)\,(P\in\Omega)$,则该物体的质量为

$$m = \int_{\Omega} f(P)\,\mathrm{d}\Omega \quad (f(P) \geqslant 0),$$

黎曼积分的性质

特别地,当 $f(P)\equiv 1$ 时,有

$$\int_{\Omega} \mathrm{d}\Omega = \lim_{\lambda \to 0} \sum_{i=1}^{n} \Delta\Omega_i = |\Omega| \quad (\Omega \text{ 的度量}).$$

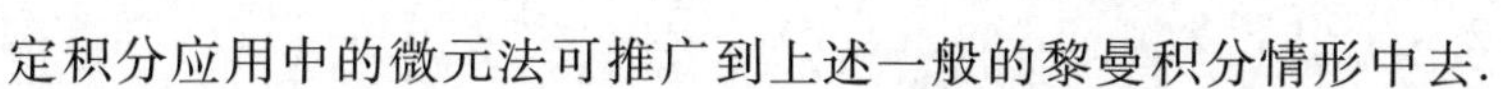

定积分应用中的微元法可推广到上述一般的黎曼积分情形中去.

假设所求量 Q 对定义区域 Ω 具有可加性,任取 Ω 的一个子区域 $\mathrm{d}\Omega$,求出相应于这个子区域微元上部分量 ΔQ 的近似值,即求出所求量 Q 的微元

$$\mathrm{d}Q=f(P)\,\mathrm{d}\Omega,$$

则所求量 Q 的精确值为

$$Q = \int_{\Omega} f(P)\,\mathrm{d}\Omega.$$

下面我们将运用黎曼积分及其微元法讨论多元函数积分学在几何中和物理中的应用.

第二节　多元函数积分学在几何中的应用

设 Ω 为空间 $\mathbf{R}^n\,(n\leqslant 3)$ 中可度量的几何形体,则 Ω 的度量为

$$|\Omega| = \int_{\Omega} \mathrm{d}\Omega.$$

当 Ω 为平面区域 D、$\mathbf{R}^3$ 中的立体 Ω、平面曲线 L、空间曲线 Γ 及曲面 Σ 时,相应的度量计算公式分别表示如下:

平面区域 D 的面积:$|D| = \iint\limits_{D} \mathrm{d}\sigma$;

立体 Ω 的体积:$|\Omega| = \iiint\limits_{\Omega} \mathrm{d}v$;

平面曲线 L 的弧长:$|L| = \int_{L} \mathrm{d}s$;

空间曲线 Γ 的弧长:$|\Gamma| = \int_{\Gamma} \mathrm{d}s$;

曲面 Σ 的面积:$|\Sigma| = \iint\limits_{\Sigma} \mathrm{d}S$.

利用上述公式我们可以求出一些几何形体的度量,例如平面图形的面积、立体的体积、曲线的弧长和曲面的面积等.

例 1　求由 $x=2+\sqrt{y-1}$, $y=2x$ 及 $y=8-2x$ 所围成的平面图形的面积.

解　由 $x=2+\sqrt{y-1}$,可知 $x\geqslant 2$,故所求面积为图 5-1的阴影部分 D.分别联立方程组

$$\begin{cases} y=2x, \\ y=8-2x, \end{cases}$$

$$\begin{cases} y=8-2x, \\ x=2+\sqrt{y-1}, \end{cases}$$

$$\begin{cases} y=2x, \\ x=2+\sqrt{y-1}, \end{cases}$$

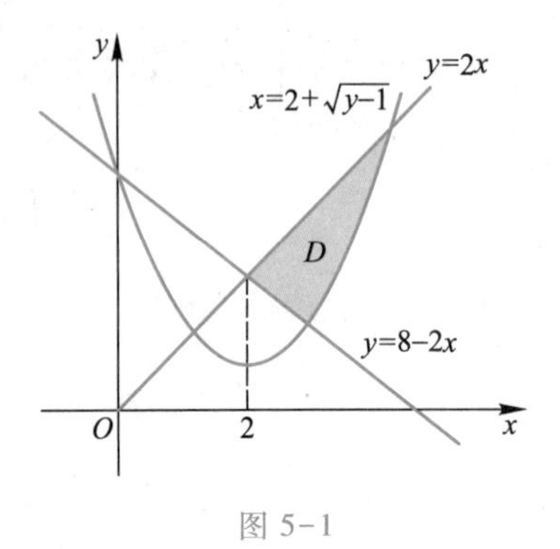

图 5-1

得交点为(2,4),(3,2),(5,10).记

$$D_1=\{(x,y)\mid 2\leqslant x\leqslant 3, 8-2x\leqslant y\leqslant 2x\},$$

$$D_2=\{(x,y)\mid 3\leqslant x\leqslant 5, (x-2)^2+1\leqslant y\leqslant 2x\},$$

则 $D=D_1+D_2$,故所求面积为

$$S=\iint_D \mathrm{d}x\mathrm{d}y=\iint_{D_1}\mathrm{d}x\mathrm{d}y+\iint_{D_2}\mathrm{d}x\mathrm{d}y$$

$$=\int_2^3\mathrm{d}x\int_{8-2x}^{2x}\mathrm{d}y+\int_3^5\mathrm{d}x\int_{(x-2)^2+1}^{2x}\mathrm{d}y=\frac{22}{3}.$$

例 2　求由抛物线 $x^2=py$, $x^2=qy$ 和双曲线 $xy=a$, $xy=b$ 所围成的平面图形的面积($0<p<q$, $0<a<b$).

解　本题所给出的平面图形是由两条同类型的抛物线和两条同类型的双曲线(相交)而围成,故可作变量代换

$$u=\frac{x^2}{y},\quad v=xy.$$

此时,雅可比行列式为

$$\frac{\partial(x,y)}{\partial(u,v)}=\left[\frac{\partial(u,v)}{\partial(x,y)}\right]^{-1}=\left(\begin{vmatrix}\dfrac{2x}{y} & -\dfrac{x^2}{y^2}\\ y & x\end{vmatrix}\right)^{-1}=\frac{y}{3x^2}=\frac{1}{3u},$$

积分区域变成一个矩形区域,即

$$D_{uv}=\{(u,v)\mid p\leqslant u\leqslant q, a\leqslant v\leqslant b\}.$$

于是,所求的平面图形的面积为

$$S=\iint_D\mathrm{d}x\mathrm{d}y=\iint_{D_{uv}}\frac{1}{3u}\mathrm{d}u\mathrm{d}v=\frac{1}{3}\int_a^b\mathrm{d}v\int_p^q\frac{1}{u}\mathrm{d}u=\frac{b-a}{3}\ln\frac{q}{p}.$$

例 3　求位于圆 $r=a$ 以外及圆 $r=2a\cos\theta$ 以内的平面部分的面积.

解　解联立方程组

$$\begin{cases} r=a, \\ r=2a\cos\theta, \end{cases}$$

得两圆的交点为

$$M\left(a,\frac{\pi}{3}\right),\quad N\left(a,-\frac{\pi}{3}\right).$$

设所考虑的平面部分为 D(如图 5-2),则

$$D=\left\{(r,\theta)\ \middle|\ -\frac{\pi}{3}\leqslant\theta\leqslant\frac{\pi}{3},a\leqslant r\leqslant 2a\cos\theta\right\},$$

故所求面积为

$$\begin{aligned} S &= \iint_D \mathrm{d}\sigma = \iint_D r\mathrm{d}r\mathrm{d}\theta = \int_{-\frac{\pi}{3}}^{\frac{\pi}{3}}\mathrm{d}\theta\int_a^{2a\cos\theta} r\mathrm{d}r \\ &= \frac{a^2}{2}\int_{-\frac{\pi}{3}}^{\frac{\pi}{3}}(2\cos 2\theta+1)\mathrm{d}\theta = a^2\left(\frac{\sqrt{3}}{2}+\frac{\pi}{3}\right). \end{aligned}$$

例 4　求由旋转抛物面 $x^2+z^2=y(x\geqslant 0)$,抛物柱面 $x=\frac{1}{2}\sqrt{y}$ 及平面 $y=1$ 所围成的立体体积.

解　所求体积部分位于第 I 和第 V 卦限中,且立体关于 xOy 面对称.记第 I 卦限中的部分为 Ω(如图 5-3),则

$$\Omega=\left\{(x,y,z)\ \middle|\ 0\leqslant y\leqslant 1,\frac{1}{2}\sqrt{y}\leqslant x\leqslant\sqrt{y},0\leqslant z\leqslant\sqrt{y-x^2}\right\},$$

于是,所求体积为

$$\begin{aligned} V &= 2\iiint_\Omega \mathrm{d}x\mathrm{d}y\mathrm{d}z = 2\int_0^1\mathrm{d}y\int_{\frac{1}{2}\sqrt{y}}^{\sqrt{y}}\mathrm{d}x\int_0^{\sqrt{y-x^2}}\mathrm{d}z \\ &= 2\int_0^1\mathrm{d}y\int_{\frac{1}{2}\sqrt{y}}^{\sqrt{y}}\sqrt{y-x^2}\,\mathrm{d}x = \int_0^1\left(\frac{\pi}{3}-\frac{\sqrt{3}}{4}\right)y\mathrm{d}y = \frac{1}{2}\left(\frac{\pi}{3}-\frac{\sqrt{3}}{4}\right). \end{aligned}$$

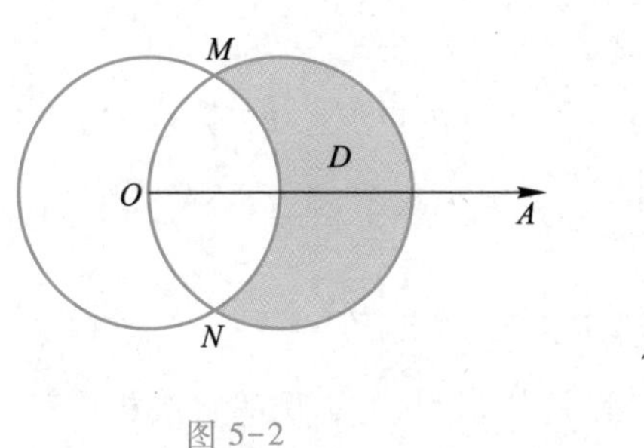

图 5-2

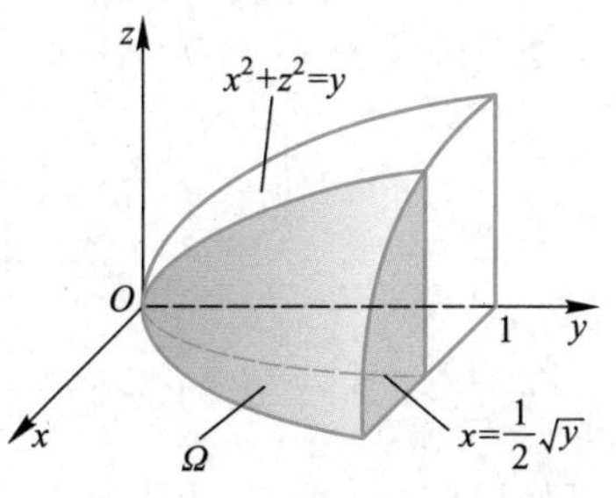

图 5-3

例 5　求由上半球面 $x^2+y^2+z^2=4(z\geqslant 0)$ 和抛物面 $x^2+y^2=3z$ 所围立体 Ω 的体积.

解　运用柱面坐标变换 $x=r\cos\theta, y=r\sin\theta, z=z$,则上半球面方程可表示为 $z=\sqrt{4-r^2}$,抛物面方程可表示为 $z=\frac{1}{3}r^2$.它们的交线是

$$\begin{cases} z=1, \\ r=\sqrt{3}, \end{cases}$$

因此,在柱面坐标系下,有

$$\Omega=\left\{(r,\theta,z)\ \middle|\ 0\leqslant\theta\leqslant 2\pi, 0\leqslant r\leqslant\sqrt{3}, \frac{1}{3}r^2\leqslant z\leqslant\sqrt{4-r^2}\right\},$$

所以,Ω 的体积为

$$V=\iiint\limits_{\Omega}\mathrm{d}v=\int_0^{2\pi}\mathrm{d}\theta\int_0^{\sqrt{3}}r\mathrm{d}r\int_{\frac{1}{3}r^2}^{\sqrt{4-r^2}}\mathrm{d}z=\frac{19}{6}\pi.$$

例 6　求由球面 $x^2+y^2+z^2=2az(a>0)$ 和锥面(以 z 轴为轴,顶角是 2α)所围区域 Ω 的体积.

解　利用球面坐标变换 $x=r\sin\varphi\cos\theta, y=r\sin\varphi\sin\theta, z=r\cos\varphi$,则所给曲面方程可分别表示为

$$r=2a\cos\varphi \text{ 和 } \varphi=\alpha.$$

于是,所求立体体积为

$$\begin{aligned} V&=\iiint\limits_{\Omega}\mathrm{d}v=\int_0^{2\pi}\mathrm{d}\theta\int_0^{\alpha}\sin\varphi\mathrm{d}\varphi\int_0^{2a\cos\varphi}r^2\mathrm{d}r \\ &=\frac{16}{3}\pi a^3\int_0^{\alpha}\cos^3\varphi\sin\varphi\mathrm{d}\varphi=\frac{4}{3}\pi a^3(1-\cos^4\alpha). \end{aligned}$$

要计算某空间区域的体积,也可按二重积分来计算,如下例:

例 7　计算由旋转抛物面 $z=x^2+y^2$ 和平面 $z=a^2$ 所围成的空间区域 Ω 的体积.

解　题中的旋转体体积 V 可视为两个曲顶柱体体积之差:$V=V_1-V_2$,其中 V_1 为以 $D=\{(x,y)\mid x^2+y^2\leqslant a^2\}$ 为底,平面 $z=a^2$ 为顶的圆柱体体积;V_2 为以 D 为底,曲面 $z=x^2+y^2$ 为顶的曲顶柱体的体积.由二重积分计算公式可知

$$V_1=\iint\limits_{D}a^2\mathrm{d}\sigma=\int_0^{2\pi}\mathrm{d}\theta\int_0^{a}a^2r\mathrm{d}r=\pi a^4,$$

$$V_2=\iint\limits_{D}(x^2+y^2)\mathrm{d}x\mathrm{d}y=\int_0^{2\pi}\mathrm{d}\theta\int_0^{a}r^3\mathrm{d}r=\frac{1}{2}\pi a^4,$$

所以

$$V=V_1-V_2=\pi a^4-\frac{1}{2}\pi a^4=\frac{1}{2}\pi a^4.$$

读者不妨用三重积分来计算例 7 中 Ω 的体积,并与本例的解法相比较.

例 8　求空间曲线 $\Gamma: x=3t, y=3t^2, z=2t^3$ 从点 $(0,0,0)$ 到点 $(3,3,2)$ 的一段弧长.

解　由于点(0,0,0)对应于 $t=0$;点(3,3,2)对应于 $t=1$,且

$$\sqrt{[x'(t)]^2+[y'(t)]^2+[z'(t)]^2}=3(2t^2+1),$$

故所求弧长为

$$s=\int_\Gamma \mathrm{d}s=\int_0^1 3(2t^2+1)\,\mathrm{d}t=5.$$

例 9　求半径为 a 的球面的面积.

解　由对称性,只需计算上半球面 $\Sigma: z=\sqrt{a^2-x^2-y^2}$ 的面积.它在 xOy 面上的投影区域为

$$D=\{(x,y)\mid x^2+y^2\leqslant a^2\},$$

且

$$\frac{\partial z}{\partial x}=-\frac{x}{\sqrt{a^2-x^2-y^2}},\quad \frac{\partial z}{\partial y}=-\frac{y}{\sqrt{a^2-x^2-y^2}}.$$

则所求球面面积为

$$\begin{aligned}S&=2\iint_\Sigma \mathrm{d}S=2\iint_D\sqrt{1+z_x'^2+z_y'^2}\,\mathrm{d}x\mathrm{d}y=2\iint_D\frac{a}{\sqrt{a^2-x^2-y^2}}\mathrm{d}x\mathrm{d}y\\&=2a\int_0^{2\pi}\mathrm{d}\theta\int_0^a\frac{r}{\sqrt{a^2-r^2}}\mathrm{d}r=4\pi a^2.\end{aligned}$$

例 10　求曲线 $z=\varphi(x)\,(0<a\leqslant x\leqslant b)$ 绕 z 轴旋转一周所生成的旋转曲面 Σ 的面积,其中函数 $\varphi(x)\in C^1([a,b])$.

解　旋转曲面 Σ 的方程为

$$z=\varphi\left(\sqrt{x^2+y^2}\right),\quad (x,y)\in D,$$

其中 $D=\{(x,y)\mid a^2\leqslant x^2+y^2\leqslant b^2\}$ 为 Σ 在 xOy 面上的投影区域.又

$$\frac{\partial z}{\partial x}=\varphi'\left(\sqrt{x^2+y^2}\right)\frac{x}{\sqrt{x^2+y^2}},$$

$$\frac{\partial z}{\partial y}=\varphi'\left(\sqrt{x^2+y^2}\right)\frac{y}{\sqrt{x^2+y^2}},$$

典型例题
多元函数积分学的几何应用

故旋转曲面 Σ 的面积为

$$S=\iint_\Sigma \mathrm{d}S=\iint_D\sqrt{1+\varphi'^2\left(\sqrt{x^2+y^2}\right)}\,\mathrm{d}x\mathrm{d}y.$$

运用极坐标系计算,则旋转曲面 Σ 的面积为

$$S=\iint_{D^*}\sqrt{1+\varphi'^2(r)}\,r\mathrm{d}r\mathrm{d}\theta=\int_0^{2\pi}\mathrm{d}\theta\int_a^b\sqrt{1+\varphi'^2(r)}\,r\mathrm{d}r.$$

平面曲线绕坐标轴旋转生成的旋转曲面面积计算的其他情况,可仿此推出.

习题 5-2

1. 求由曲线 $y^2=2px+p^2, y^2=-2qx+q^2(0<p<q)$ 所围成的平面区域的面积.

2. 求由曲线 $\sqrt{\dfrac{x}{a}}+\sqrt{\dfrac{y}{b}}=1, \sqrt{\dfrac{x}{a}}+\sqrt{\dfrac{y}{b}}=2$ 与直线 $bx-ay=0, 4bx-ay=0$ 所围成的平面区域的面积.

3. 求由平面 $y=0, y=kx(k>0), z=0$ 以及球心在原点,半径为 R 的上半球面所围成的在第Ⅰ卦限内立体的体积.

4. 求以 xOy 面上的圆周 $x^2+y^2=ax$ 围成的区域为底,以曲面 $z=x^2+y^2$ 为顶的曲顶柱体的体积.

5. 求由曲面 $(x^2+y^2+z^2)^2=a^3z(a>0)$ 所围成的立体体积.

6. 求由曲面 $z=6-x^2-y^2$ 及 $z=\sqrt{x^2+y^2}$ 所围立体的体积.

7. 分别运用三重积分、二重积分和定积分计算两个圆柱面 $x^2+y^2=a^2$ 与 $x^2+z^2=a^2$ 相交部分的体积.

8. 求曲面 $\left(\dfrac{x^2}{a^2}+\dfrac{y^2}{b^2}+\dfrac{z^2}{c^2}\right)^2=ax(a,b,c>0)$ 所围区域的体积.(提示:可作广义球面坐标变换:$x=ar\sin\varphi\cos\theta, y=br\sin\varphi\sin\theta, z=cr\cos\varphi$.)

9. 求曲线 $\Gamma: x=\mathrm{e}^t\cos t, y=\mathrm{e}^t\sin t, z=\mathrm{e}^t$ 上相应于 t 从 0 变到 2 的一段弧长.

10. 求平面 $\dfrac{x}{a}+\dfrac{y}{b}+\dfrac{z}{c}=1$ 被三个坐标面所割部分的面积.

11. 求锥面 $z=\sqrt{x^2+y^2}$ 被柱面 $z^2=2x$ 所割下部分的曲面面积.

12. 求椭圆柱面 $\dfrac{x^2}{5}+\dfrac{y^2}{9}=1$ 位于 xOy 面上方和平面 $z=y$ 下方那部分的侧面积.

第三节 多元函数积分学在物理中的应用

本节我们主要介绍如何利用多元函数积分学的知识计算一些物理量,例如质量、质心、转动惯量及引力等.

一、物体的质量

设空间 $\mathbf{R}^n(n\leqslant 3)$ 中,几何形体 Ω 分布有密度为 $\mu(P)$ 的质量,则由黎曼积分的物理意义知,几何形体 Ω 的质量为

$$m=\int_{\Omega}\mu(P)\,\mathrm{d}\Omega.$$

当Ω为平面区域D、$\mathbf{R}^3$中的立体Ω、平面曲线L、空间曲线Γ及曲面Σ时，相应的质量计算公式分别表示如下：

$$m=\iint_{D}\mu(x,y)\,\mathrm{d}x\mathrm{d}y;$$

$$m=\iiint_{\Omega}\mu(x,y,z)\,\mathrm{d}x\mathrm{d}y\mathrm{d}z;$$

$$m=\int_{L}\mu(x,y)\,\mathrm{d}s;$$

$$m=\int_{\Gamma}\mu(x,y,z)\,\mathrm{d}s;$$

$$m=\iint_{\Sigma}\mu(x,y,z)\,\mathrm{d}S.$$

例 1　求球Ω:$x^2+y^2+z^2\leqslant 2az$的质量，其体密度为

$$\mu(x,y,z)=\frac{k}{\sqrt{x^2+y^2+z^2}}\quad(k>0\text{ 为常数}).$$

解　球Ω的质量为

$$m=\iiint_{\Omega}\mu(x,y,z)\,\mathrm{d}x\mathrm{d}y\mathrm{d}z=\iiint_{\Omega}\frac{k}{\sqrt{x^2+y^2+z^2}}\mathrm{d}x\mathrm{d}y\mathrm{d}z.$$

运用球面坐标系，积分区域Ω变为

$$\Omega^*=\left\{(r,\varphi,\theta)\,\middle|\,0\leqslant\theta\leqslant 2\pi,0\leqslant\varphi\leqslant\frac{\pi}{2},0\leqslant r\leqslant 2a\cos\varphi\right\},$$

故

$$\begin{aligned}m&=k\int_0^{2\pi}\mathrm{d}\theta\int_0^{\frac{\pi}{2}}\mathrm{d}\varphi\int_0^{2a\cos\varphi}r\sin\varphi\,\mathrm{d}r\\&=4k\pi a^2\int_0^{\frac{\pi}{2}}\cos^2\varphi\sin\varphi\,\mathrm{d}\varphi=\frac{4}{3}k\pi a^2.\end{aligned}$$

例 2　有一根半圆形的钢筋：$x=a\cos t,y=a\sin t(0\leqslant t\leqslant\pi)$，其上每一点处的密度等于该点的纵坐标值的一半，求此钢筋的质量.

解　由于

$$\mathrm{d}s=\sqrt{[(a\cos t)']^2+[(a\sin t)']^2}\,\mathrm{d}t=a\mathrm{d}t,$$

故所求质量为

$$\begin{aligned}m&=\int_L\mu(x,y)\,\mathrm{d}s=\int_L\frac{y}{2}\mathrm{d}s\\&=\frac{a^2}{2}\int_0^{\pi}\sin t\,\mathrm{d}t=\frac{a^2}{2}(-\cos t)\Big|_0^{\pi}=a^2.\end{aligned}$$

例 3　曲面 Σ 是半球面 $z=\sqrt{a^2-x^2-y^2}$ 位于圆锥面 $z=\sqrt{x^2+y^2}$ 内的部分，其上按面密度 $\mu(x,y,z)=z^3$ 非均匀地分布着质量，求该曲面的质量.

解　由题意，有

$$\mu(x,y,z)=z^3=(a^2-x^2-y^2)^{\frac{3}{2}},$$

$$\mathrm{d}S=\frac{a}{\sqrt{a^2-x^2-y^2}}\mathrm{d}x\mathrm{d}y.$$

半球面与圆锥面的交线为

$$\begin{cases}z=\sqrt{a^2-x^2-y^2},\\ z=\sqrt{x^2+y^2},\end{cases}$$

消去 z，得到 Σ 在 xOy 面上的投影区域

$$D=\left\{(x,y)\ \middle|\ x^2+y^2\leqslant\frac{a^2}{2}\right\}.$$

从而，所求质量为

$$m=\iint\limits_{\Sigma}\mu(x,y,z)\mathrm{d}S=\iint\limits_{D}(a^2-x^2-y^2)^{\frac{3}{2}}\frac{a}{\sqrt{a^2-x^2-y^2}}\mathrm{d}x\mathrm{d}y$$

$$=a\iint\limits_{D}(a^2-x^2-y^2)\mathrm{d}x\mathrm{d}y=a\int_0^{2\pi}\mathrm{d}\theta\int_0^{\frac{a}{\sqrt{2}}}(a^2-r^2)r\mathrm{d}r=\frac{3}{8}\pi a^5.$$

例 4　设球面 $x^2+y^2+z^2=1$ 上非均匀地分布着面密度为 $\mu(x,y,z)=x^2+z^2$ 的质量，求球面上以点 $A(1,0,0)$，$B(0,1,0)$，$C\left(\frac{1}{\sqrt{2}},0,\frac{1}{\sqrt{2}}\right)$ 为顶点的球面三角形的质量，其中 $\overset{\frown}{AB}$，$\overset{\frown}{BC}$，$\overset{\frown}{CA}$ 均为球面的大圆上的弧段.

解　由球面方程及图 5-4 可知，

$$y=\sqrt{1-x^2-z^2},$$

$$\mathrm{d}S=\sqrt{1+y_x'^2+y_z'^2}\,\mathrm{d}z\mathrm{d}x=\frac{\mathrm{d}z\mathrm{d}x}{\sqrt{1-x^2-z^2}},$$

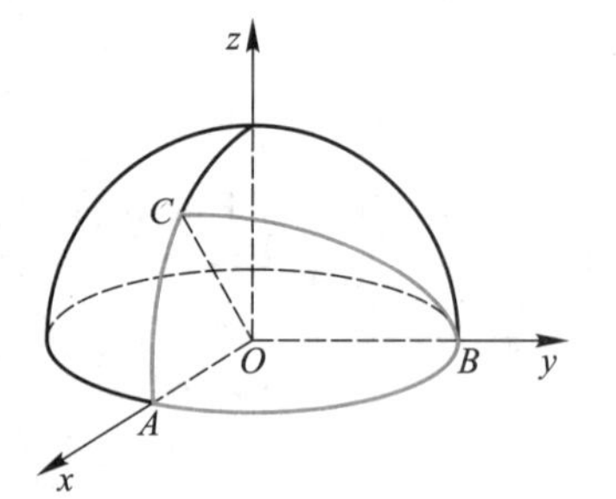

图 5-4

记 Σ 为球面三角形 ABC，其在 zOx 面上的投影为扇形 OAC，在极坐标系下该扇形区域表示为

$$D=\left\{(r,\theta)\ \middle|\ 0\leqslant\theta\leqslant\frac{\pi}{4},0\leqslant r\leqslant1\right\}.$$

故所求球面三角形的质量为

$$m=\iint_{\Sigma}\mu(x,y,z)\,\mathrm{d}S=\iint_{D}\frac{x^{2}+z^{2}}{\sqrt{1-x^{2}-z^{2}}}\mathrm{d}z\mathrm{d}x$$

$$=\int_{0}^{\frac{\pi}{4}}\mathrm{d}\theta\int_{0}^{1}\frac{r^{2}}{\sqrt{1-r^{2}}}r\mathrm{d}r=\frac{\pi}{4}\int_{0}^{1}\frac{r^{3}\mathrm{d}r}{\sqrt{1-r^{2}}}$$

$$=\frac{\pi}{4}\int_{0}^{1}(1-u^{2})\,\mathrm{d}u=\frac{\pi}{6}\quad(u=\sqrt{1-r^{2}}).$$

二、质心和形心

设质量为 m 的质点到一已知直线(平面)的垂直距离为 d,则称乘积 md 为质点对已知直线(平面)的静力矩.

设 $\mathbf{R}^2$ 中 n 个质量依次为 m_i 的质点 $P_i(x_i,y_i)(i=1,2,\cdots,n)$ 构成一平面质点系 A,它们对 x 轴、y 轴的静力矩之和

$$M_x=\sum_{i=1}^{n}m_iy_i,\quad M_y=\sum_{i=1}^{n}m_ix_i$$

分别称为该质点系对 x 轴、y 轴的静力矩.

若视质点系 A 的质量 $m=\sum\limits_{i=1}^{n}m_i$ 集中于这样一点 $(\overline{x},\overline{y})$,使位于该点处质量为 m 的质点 $\overline{P}(\overline{x},\overline{y})$ 对 x 轴的静力矩 $M_x=m\overline{y}$ 和对 y 轴的静力矩 $M_y=m\overline{x}$ 恰好等于质点系 A 对相同坐标轴的静力矩,则称点 $(\overline{x},\overline{y})$ 为质点系 A 的质心,且

$$\overline{x}=\frac{M_y}{m}=\frac{\sum\limits_{i=1}^{n}m_ix_i}{\sum\limits_{i=1}^{n}m_i},\quad \overline{y}=\frac{M_x}{m}=\frac{\sum\limits_{i=1}^{n}m_iy_i}{\sum\limits_{i=1}^{n}m_i}.$$

将平面质点系的静力矩和质心的概念推广到空间 $\mathbf{R}^3$ 中,可得到下列空间 $\mathbf{R}^3$ 中质点系的静力矩和质心的坐标计算公式:

$$\overline{x}=\frac{M_{yz}}{m}=\frac{\sum\limits_{i=1}^{n}m_ix_i}{\sum\limits_{i=1}^{n}m_i},\quad \overline{y}=\frac{M_{zx}}{m}=\frac{\sum\limits_{i=1}^{n}m_iy_i}{\sum\limits_{i=1}^{n}m_i},\quad \overline{z}=\frac{M_{xy}}{m}=\frac{\sum\limits_{i=1}^{n}m_iz_i}{\sum\limits_{i=1}^{n}m_i},$$

其中 M_{yz},M_{zx},M_{xy} 分别为空间质点系对 yOz 面,zOx 面和 xOy 面的静力矩.

设几何形体 Ω 上的质量密度为 $\mu=\mu(P)$,且 $\mu(P)\in C(\Omega)$.在 Ω 上任取一小的几何形体 $\mathrm{d}\Omega$($\mathrm{d}\Omega$ 同时也表示它的度量值).$\forall P\in\mathrm{d}\Omega$,则 $\mathrm{d}\Omega$ 的质量近似为 $\mathrm{d}m=\mu(P)\mathrm{d}\Omega$,将这部分质量近似看作集中在点 P 处,设它到已知直线 L(或平面 Π)的垂直距离为 $d=d(P)$,则 $\mathrm{d}\Omega$ 对直线 L(或平面 Π)的静力矩近似为

$$\mathrm{d}M_L=d(P)\mathrm{d}m=d(P)\mu(P)\mathrm{d}\Omega\quad(\text{或 }\mathrm{d}M_{\Pi}=d(P)\mathrm{d}m=d(P)\mu(P)\mathrm{d}\Omega).$$

这就是几何形体 Ω 对已知直线 L(或平面 Π)的静力矩的微元.由微元法,Ω 对已知直线 L(或平面 Π)的静力矩为

$$M_L=\int_{\Omega} d(P)\mu(P)\,\mathrm{d}\Omega \quad (\text{或 } M_{\Pi}=\int_{\Omega} d(P)\mu(P)\,\mathrm{d}\Omega),$$

其中的积分随几何形体 Ω 的形状不同可以为重积分、第一型曲线积分和第一型曲面积分等.

若视 Ω 的质量集中于这样一点 $\overline{P}$,该点对各坐标轴(坐标面)的静力矩等于几何形体 Ω 对相同坐标轴(坐标面)的静力矩,则称点 $\overline{P}$ 为几何形体 Ω 的质心.特别地,质量均匀分布的几何形体 Ω 的质心称为 Ω 的形心.

例 5　写出下列各几何形体的质心计算公式:

(1) xOy 面上的薄片 D,面密度为 $\mu=\mu(x,y)$.

(2) 空间 $Oxyz$ 中的立体 Ω,体密度为 $\mu=\mu(x,y,z)$.

(3) xOy 面上的曲线 L,线密度为 $\mu=\mu(x,y)$.

(4) 空间 $Oxyz$ 中的曲线 Γ,线密度为 $\mu=\mu(x,y,z)$.

(5) 空间 $Oxyz$ 中的曲面 Σ,面密度为 $\mu=\mu(x,y,z)$.

其中 $\mu=\mu(x,y)$ 和 $\mu=\mu(x,y,z)$ 均为连续函数.

解　由质心的定义及质量计算公式,得

(1) 在 xOy 面上,面密度为 $\mu(x,y)$ 的薄片 D 的质心 $(\overline{x},\overline{y})$ 的坐标计算公式为

$$\overline{x}=\frac{M_y}{m}=\frac{1}{m}\iint_D x\mu(x,y)\,\mathrm{d}x\mathrm{d}y,$$

$$\overline{y}=\frac{M_x}{m}=\frac{1}{m}\iint_D y\mu(x,y)\,\mathrm{d}x\mathrm{d}y,$$

式中 $m=\iint_D \mu(x,y)\,\mathrm{d}x\mathrm{d}y$;$M_x$ 和 M_y 分别是 D 关于 x 轴和 y 轴的静力矩.

(2) 以 M_{yz},M_{zx},M_{xy} 分别表示 Ω 对 yOz 面,zOx 面和 xOy 面的静力矩,则空间 $Oxyz$ 中,体密度为 $\mu=\mu(x,y,z)$ 的立体 Ω 的质心 $(\overline{x},\overline{y},\overline{z})$ 的坐标计算公式为

$$\overline{x}=\frac{M_{yz}}{m}=\frac{1}{m}\iiint_{\Omega} x\mu(x,y,z)\,\mathrm{d}x\mathrm{d}y\mathrm{d}z,$$

$$\overline{y}=\frac{M_{zx}}{m}=\frac{1}{m}\iiint_{\Omega} y\mu(x,y,z)\,\mathrm{d}x\mathrm{d}y\mathrm{d}z,$$

$$\overline{z}=\frac{M_{xy}}{m}=\frac{1}{m}\iiint_{\Omega} z\mu(x,y,z)\,\mathrm{d}x\mathrm{d}y\mathrm{d}z,$$

式中 $m=\iiint_{\Omega} \mu(x,y,z)\,\mathrm{d}x\mathrm{d}y\mathrm{d}z$.

(3) 以 M_x 和 M_y 分别表示 L 对 x 轴和 y 轴的静力矩,则线密度为 $\mu=\mu(x,y)$ 的平面曲线的质心 $(\overline{x},\overline{y})$ 的坐标计算公式为

$$\overline{x}=\frac{M_y}{m}=\frac{1}{m}\int_L x\mu(x,y)\,\mathrm{d}s,$$

$$\bar{y}=\frac{M_x}{m}=\frac{1}{m}\int_L y\mu(x,y)\,\mathrm{d}s,$$

式中 $m=\int_L \mu(x,y)\,\mathrm{d}s$.

(4) 以 M_{yz},M_{zx},M_{xy}分别表示 Γ 对 yOz 面,zOx 面和 xOy 面的静力矩,则线密度为$\mu(x,y,z)$的曲线 Γ 的质心$(\bar{x},\bar{y},\bar{z})$的坐标计算公式为

$$\bar{x}=\frac{M_{yz}}{m}=\frac{1}{m}\int_\Gamma x\mu(x,y,z)\,\mathrm{d}s,$$

$$\bar{y}=\frac{M_{zx}}{m}=\frac{1}{m}\int_\Gamma y\mu(x,y,z)\,\mathrm{d}s,$$

$$\bar{z}=\frac{M_{xy}}{m}=\frac{1}{m}\int_\Gamma z\mu(x,y,z)\,\mathrm{d}s,$$

其中 $m=\int_\Gamma \mu(x,y,z)\,\mathrm{d}s$.

(5) 以 M_{yz},M_{zx},M_{xy}分别表示曲面 Σ 对 yOz 面,zOx 面和 xOy 面的静力矩,则面密度为$\mu(x,y,z)$的曲面 Σ 的质心$(\bar{x},\bar{y},\bar{z})$的坐标计算公式为

$$\bar{x}=\frac{M_{yz}}{m}=\frac{1}{m}\iint_\Sigma x\mu(x,y,z)\,\mathrm{d}S,$$

$$\bar{y}=\frac{M_{zx}}{m}=\frac{1}{m}\iint_\Sigma y\mu(x,y,z)\,\mathrm{d}S,$$

$$\bar{z}=\frac{M_{xy}}{m}=\frac{1}{m}\iint_\Sigma z\mu(x,y,z)\,\mathrm{d}S,$$

其中 $m=\iint_\Sigma \mu(x,y,z)\,\mathrm{d}S$.

例 6　求 xOy 面上位于圆 $x^2+y^2=2y$ 与 $x^2+y^2=4y$ 间的匀质薄片的形心.

解　记匀质薄片为 D(如图 5-5),设其面密度为 μ,由于 D 关于 y 轴对称,故 D 的形心必位于 y 轴上,从而 $\bar{x}=0$.

由例 5 可知

$$\bar{y}=\frac{M_x}{m}=\frac{\iint_D y\mu\,\mathrm{d}x\mathrm{d}y}{\iint_D \mu\,\mathrm{d}x\mathrm{d}y}=\frac{\iint_D y\,\mathrm{d}x\mathrm{d}y}{\iint_D \mathrm{d}x\mathrm{d}y}$$

$$=\frac{\int_0^\pi \mathrm{d}\theta\int_{2\sin\theta}^{4\sin\theta} r\sin\theta\cdot r\,\mathrm{d}r}{\int_0^\pi \mathrm{d}\theta\int_{2\sin\theta}^{4\sin\theta} r\,\mathrm{d}r}=\frac{7}{3},$$

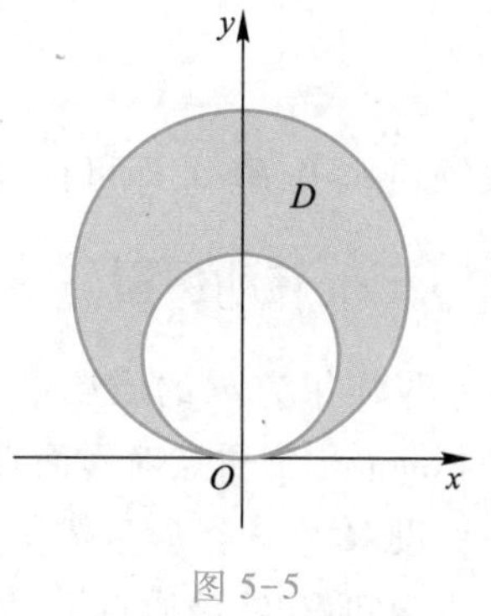

图 5-5

从而,所求形心为$\left(0,\frac{7}{3}\right)$.

例 7 设球 $x^2+y^2+z^2\leqslant 2az$ 的体密度为 $\mu(x,y,z)=\frac{k}{\sqrt{x^2+y^2+z^2}}$ ($k>0$ 为常数),求该球的质心.

解 设该球的质心坐标为$(\overline{x},\overline{y},\overline{z})$,则由球的体密度 $\mu(x,y,z)$ 的表示式及球的对称性可知该球的质心必位于 z 轴上,所以 $\overline{x}=0,\overline{y}=0$,而

$$\overline{z}=\frac{1}{m}\iiint\limits_{\Omega}\frac{kz\mathrm{d}x\mathrm{d}y\mathrm{d}z}{\sqrt{x^2+y^2+z^2}}=\frac{1}{m}\cdot\frac{16}{15}\pi ka^3,$$

故由例 1 得 $\overline{z}=\frac{4}{5}a$.从而,该球的质心为$\left(0,0,\frac{4}{5}a\right)$.

例 8 在底圆半径为 R,高为 H 的圆柱体上拼接一个同半径的半球体,设得到的立体质量是均匀分布的,欲使拼接后的整个立体 Ω 的形心位于球心处,求 R 与 H 的关系.

解 由于立体 Ω 质量是均匀分布的,故在形心计算时不妨设 $\mu\equiv 1$.

以球心为坐标原点建立坐标系,则圆柱体的方程为 $x^2+y^2\leqslant R^2$,半球体方程为 $0\leqslant z\leqslant\sqrt{R^2-x^2-y^2}$.因为立体 Ω 关于 z 轴对称,所以形心必在 z 轴上,故

$$\overline{x}=\overline{y}=0.$$

由题意,形心位于球心处,故应有

$$\overline{z}=\frac{M_{xy}}{m}=\frac{\iiint\limits_{\Omega}z\mathrm{d}x\mathrm{d}y\mathrm{d}z}{\iiint\limits_{\Omega}\mathrm{d}x\mathrm{d}y\mathrm{d}z}=0,$$

即

$$\iiint\limits_{\Omega}z\mathrm{d}x\mathrm{d}y\mathrm{d}z=0,$$

而

$$\begin{aligned}\iiint\limits_{\Omega}z\mathrm{d}x\mathrm{d}y\mathrm{d}z&=\int_0^{2\pi}\mathrm{d}\theta\int_0^R r\mathrm{d}r\int_{-H}^0 z\mathrm{d}z+\int_0^{2\pi}\mathrm{d}\theta\int_0^{\frac{\pi}{2}}\mathrm{d}\varphi\int_0^R r^3\cos\varphi\sin\varphi\mathrm{d}r\\&=-\frac{\pi R^2H^2}{2}+\frac{\pi R^4}{4},\end{aligned}$$

注意到 $R>0,H>0$,即可得 $R=\sqrt{2}H$ 时,立体 Ω 的形心位于球心处.

三、转动惯量

设质量为 m 的质点到一已知平面直线 L、空间直线 Γ 或点 Q 的垂直距离为 d,则乘积 md^2 称为质点对平面直线 L、空间直线 Γ 或点 Q 的转动惯量,记为 I_L,I_Γ 或 I_Q.

设 $\mathbf{R}^2$ 中 n 个质量依次为 m_i 的质点 $P_i(x_i,y_i)(i=1,2,\cdots,n)$ 构成一平面质点系.由力学知识知,该质点系对 x 轴、对 y 轴和对坐标原点的转动惯量依次为

$$I_x=\sum_{i=1}^{n}y_i^2m_i,\quad I_y=\sum_{i=1}^{n}x_i^2m_i,\quad I_O=\sum_{i=1}^{n}(x_i^2+y_i^2)m_i.$$

设 xOy 面上有一非匀质几何形体 Ω,其密度为 $\mu(x,y)\in C(\Omega)$.应用微元法,在 Ω 上任取小的几何形体 $\mathrm{d}\Omega$,其度量也记为 $\mathrm{d}\Omega$. $\forall P(x,y)\in\mathrm{d}\Omega$,则小几何形体的质量近似为 $\mathrm{d}m=\mu(P)\mathrm{d}\Omega=\mu(x,y)\mathrm{d}\Omega$,将这部分质量近似看作集中在点 $P(x,y)$ 处,便可得非匀质几何形体对 x 轴、对 y 轴和对坐标原点的转动惯量微元为

$$\mathrm{d}I_x=y^2\mathrm{d}m=y^2\mu(P)\mathrm{d}\Omega=y^2\mu(x,y)\mathrm{d}\Omega,$$

$$\mathrm{d}I_y=x^2\mathrm{d}m=x^2\mu(P)\mathrm{d}\Omega=x^2\mu(x,y)\mathrm{d}\Omega,$$

$$\mathrm{d}I_O=(x^2+y^2)\mathrm{d}m=(x^2+y^2)\mu(P)\mathrm{d}\Omega=(x^2+y^2)\mu(x,y)\mathrm{d}\Omega.$$

从而,非匀质几何形体 Ω 对 x 轴、对 y 轴和对坐标原点的转动惯量为

$$I_x=\int_\Omega y^2\mu(P)\mathrm{d}\Omega=\int_\Omega y^2\mu(x,y)\mathrm{d}\Omega,$$

$$I_y=\int_\Omega x^2\mu(P)\mathrm{d}\Omega=\int_\Omega x^2\mu(x,y)\mathrm{d}\Omega,$$

$$I_O=\int_\Omega(x^2+y^2)\mu(P)\mathrm{d}\Omega=\int_\Omega(x^2+y^2)\mu(x,y)\mathrm{d}\Omega,$$

其中的积分随几何形体 Ω 的形状不同可以为二重积分及第一型平面曲线积分等.

平面质点系的转动惯量的概念可以推广到空间 $\mathbf{R}^3$ 中去.

设 $\mathbf{R}^3$ 中 n 个质量依次为 m_i 的质点 $P_i(x_i,y_i,z_i)(i=1,2,\cdots,n)$ 构成一空间质点系,则该质点系对 x 轴、对 y 轴和对 z 轴的转动惯量依次为

$$I_x=\sum_{i=1}^{n}(y_i^2+z_i^2)m_i,\quad I_y=\sum_{i=1}^{n}(x_i^2+z_i^2)m_i,\quad I_z=\sum_{i=1}^{n}(x_i^2+y_i^2)m_i,$$

该质点系对坐标原点的转动惯量为

$$I_O=\sum_{i=1}^{n}(x_i^2+y_i^2+z_i^2)m_i.$$

设空间 $\mathbf{R}^3$ 中的一几何形体 Ω 上的质量密度为 $\mu=\mu(P)$,且 $\mu(P)\in C(\Omega)$,则几何形体 Ω 对 x 轴、对 y 轴和对 z 轴的转动惯量微元为

$$\mathrm{d}I_x=(y^2+z^2)\mathrm{d}m=(y^2+z^2)\mu(P)\mathrm{d}\Omega,$$

$$\mathrm{d}I_y=(x^2+z^2)\mathrm{d}m=(x^2+z^2)\mu(P)\mathrm{d}\Omega,$$

$$\mathrm{d}I_z=(x^2+y^2)\mathrm{d}m=(x^2+y^2)\mu(P)\mathrm{d}\Omega,$$

对坐标原点的转动惯量微元为

$$\mathrm{d}I_O=(x^2+y^2+z^2)\mathrm{d}m=(x^2+y^2+z^2)\mu(P)\mathrm{d}\Omega.$$

从而,几何形体 Ω 对 x 轴、对 y 轴和对 z 轴的转动惯量为

$$I_x=\int_\Omega(y^2+z^2)\mu(x,y,z)\mathrm{d}\Omega,$$

$$I_y=\int_\Omega(x^2+z^2)\mu(x,y,z)\mathrm{d}\Omega,$$

$$I_z=\int_{\Omega}(x^2+y^2)\mu(x,y,z)\,\mathrm{d}\Omega,$$

对坐标原点的转动惯量为

$$I_O=\int_{\Omega}(x^2+y^2+z^2)\mu(x,y,z)\,\mathrm{d}\Omega,$$

其中的积分随几何形体 Ω 的形状不同可以为三重积分、第一型空间曲线积分和第一型曲面积分等.

例 9　求半径为 a 的质量均匀分布的半圆薄片(面密度为常数 μ)对其直径边的转动惯量.

解　建立坐标系如图 5-6 所示,则薄片所占区域 D 可表示为

$$D=\{(x,y)\mid x^2+y^2\leqslant a^2,y\geqslant 0\}.$$

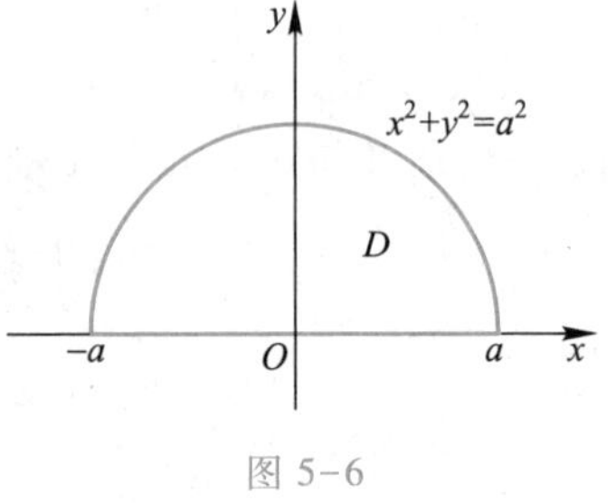

图 5-6

对直径边的转动惯量即对 x 轴的转动惯量为

$$I_x=\iint_D y^2\mu\,\mathrm{d}x\mathrm{d}y=\mu\int_0^{\pi}\sin^2\theta\,\mathrm{d}\theta\int_0^a r^3\mathrm{d}r$$

$$=\frac{\mu}{4}a^4\cdot\frac{\pi}{2}=\frac{1}{4}ma^2.\qquad\left(m=\frac{1}{2}\mu\pi a^2\text{ 为半圆薄片 }D\text{ 的质量.}\right)$$

例 10　求密度为1 的均匀球体 $\Omega:x^2+y^2+z^2\leqslant 1$ 对坐标轴的转动惯量.

解　由转动惯量的计算公式得

$$I_x=\iiint_{\Omega}(y^2+z^2)\,\mathrm{d}x\mathrm{d}y\mathrm{d}z,$$

$$I_y=\iiint_{\Omega}(z^2+x^2)\,\mathrm{d}x\mathrm{d}y\mathrm{d}z,$$

$$I_z=\iiint_{\Omega}(x^2+y^2)\,\mathrm{d}x\mathrm{d}y\mathrm{d}z,$$

由对称性知 $I_x=I_y=I_z=I$,于是

$$3I=2\iiint_{\Omega}(x^2+y^2+z^2)\,\mathrm{d}x\mathrm{d}y\mathrm{d}z$$

运用球面坐标,得

$$I=\frac{2}{3}\iiint_{\Omega}r^2\cdot r^2\sin\varphi\,\mathrm{d}r\mathrm{d}\varphi\mathrm{d}\theta$$

$$=\frac{2}{3}\int_0^{2\pi}\mathrm{d}\theta\int_0^{\pi}\sin\varphi\,\mathrm{d}\varphi\int_0^1 r^4\mathrm{d}r=\frac{8}{15}\pi.$$

例 11　设螺旋形弹簧所对应的方程为 $x=a\cos t,y=a\sin t,z=bt(0\leqslant t\leqslant 2\pi)$,其线密度为 $\mu(x,y,z)=x^2+y^2+z^2$.求该螺旋形弹簧的质心及其对于 z 轴的转动惯量.

解　因为

$$m=\int_{\Gamma}\mu(x,y,z)\,\mathrm{d}s=\int_{\Gamma}(x^2+y^2+z^2)\,\mathrm{d}s$$

$$= \int_0^{2\pi} (x^2+y^2+z^2)\sqrt{x'^2(t)+y'^2(t)+z'^2(t)}\,\mathrm{d}t$$

$$= \int_0^{2\pi} (a^2+b^2t^2)\sqrt{a^2+b^2}\,\mathrm{d}t = \frac{2}{3}\pi\sqrt{a^2+b^2}(3a^2+4\pi^2b^2),$$

$$M_{yz} = \int_\Gamma x\mu(x,y,z)\,\mathrm{d}s = \int_0^{2\pi} x(x^2+y^2+z^2)\sqrt{x'^2(t)+y'^2(t)+z'^2(t)}\,\mathrm{d}t$$

$$= \int_0^{2\pi} a\cos t(a^2+b^2t^2)\sqrt{a^2+b^2}\,\mathrm{d}t$$

$$= ab^2\sqrt{a^2+b^2}\left(t^2\sin t\Big|_0^{2\pi} - \int_0^{2\pi} 2t\sin t\mathrm{d}t\right)$$

$$= 2ab^2\sqrt{a^2+b^2}\left(t\cos t\Big|_0^{2\pi} - \int_0^{2\pi} \cos t\mathrm{d}t\right)$$

$$= 4\pi ab^2\sqrt{a^2+b^2},$$

$$M_{zx} = \int_\Gamma y\mu(x,y,z)\,\mathrm{d}s = \int_0^{2\pi} y(x^2+y^2+z^2)\sqrt{x'^2(t)+y'^2(t)+z'^2(t)}\,\mathrm{d}t$$

$$= \int_0^{2\pi} a\sin t(a^2+b^2t^2)\sqrt{a^2+b^2}\,\mathrm{d}t$$

$$= ab^2\sqrt{a^2+b^2}\left(-t^2\cos t\Big|_0^{2\pi} + \int_0^{2\pi} 2t\cos t\mathrm{d}t\right)$$

$$= -4\pi^2ab^2\sqrt{a^2+b^2} + 2ab^2\sqrt{a^2+b^2}\left(t\sin t\Big|_0^{2\pi} - \int_0^{2\pi} \sin t\mathrm{d}t\right)$$

$$= -4\pi^2ab^2\sqrt{a^2+b^2},$$

$$M_{xy} = \int_\Gamma z\mu(x,y,z)\,\mathrm{d}s = \int_0^{2\pi} z(x^2+y^2+z^2)\sqrt{x'^2(t)+y'^2(t)+z'^2(t)}\,\mathrm{d}t$$

$$= \int_0^{2\pi} bt(a^2+b^2t^2)\sqrt{a^2+b^2}\,\mathrm{d}t$$

$$= 2\pi^2b\sqrt{a^2+b^2}(a^2+2\pi^2b^2),$$

所以该螺旋形弹簧质心的坐标为

$$\bar{x} = \frac{M_{yz}}{m} = \frac{6ab^2}{3a^2+4\pi^2b^2},$$

$$\bar{y} = \frac{M_{zx}}{m} = -\frac{6\pi ab^2}{3a^2+4\pi^2b^2},$$

$$\bar{z} = \frac{M_{xy}}{m} = \frac{3\pi b(a^2+2\pi^2b^2)}{3a^2+4\pi^2b^2},$$

该螺旋形弹簧对 z 轴的转动惯量为

$$I_z = \int_\Gamma (x^2+y^2)\mu(x,y,z)\,\mathrm{d}s$$

$$= \int_0^{2\pi} (x^2+y^2)(x^2+y^2+z^2)\sqrt{x'^2(t)+y'^2(t)+z'^2(t)}\,\mathrm{d}t$$

$$= \int_0^{2\pi} a^2(a^2+b^2t^2)\sqrt{a^2+b^2}\,\mathrm{d}t$$

$$= \frac{2\pi}{3}a^2\sqrt{a^2+b^2}(3a^2+4b^2\pi^2).$$

四、引力

下面讨论质量密度为 μ 的几何形体 Ω 对平面和空间中质量为 m 的质点的引力.

1. $\mathbf{R}^2$ 中几何形体的引力

设有一平面几何形体 Ω，占有 xOy 面上的区域 Ω，其面密度为 $\mu(x,y)\in C(\Omega)$，现要计算该几何形体对位于 z 轴上点 $M_0(0,0,a)(a>0)$ 处质量为 m 的质点的引力(如图 5-7).

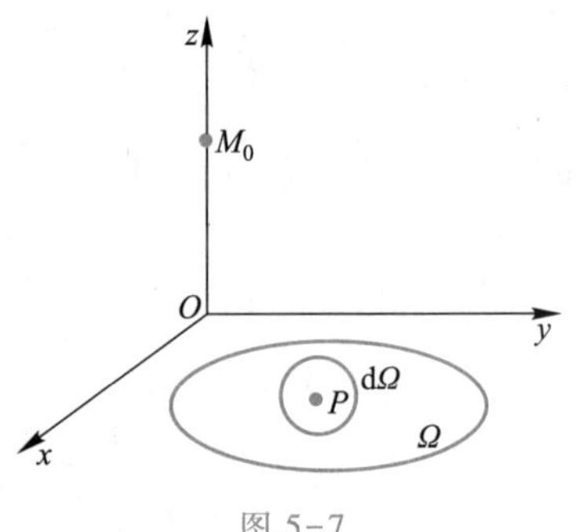

图 5-7

在 Ω 中任取一小的几何形体 $\mathrm{d}\Omega$，其度量也记为 $\mathrm{d}\Omega$，$\forall P(x,y)\in \mathrm{d}\Omega$，几何形体中相应于 $\mathrm{d}\Omega$ 部分的质量近似等于

$$\mu(x,y)\,\mathrm{d}\Omega,$$

且可将其看成集中于点 $P(x,y)$ 处. 于是按两点的引力公式可得到 $\mathrm{d}\Omega$ 对点 M_0 的引力大小为

$$\mathrm{d}F = G\frac{m\cdot\mu(x,y)}{r^2}\mathrm{d}\Omega,$$

其中 $r=\sqrt{x^2+y^2+a^2}$，G 为引力常量.

引力微元 $\mathrm{d}\boldsymbol{F}$ 的方向与向量 $\boldsymbol{l}=(x,y,-a)$ 的方向一致. 向量 $\boldsymbol{l}$ 的三个方向余弦是

$$\cos\alpha=\frac{x}{r},\quad \cos\beta=\frac{y}{r},\quad \cos\gamma=-\frac{a}{r},$$

所以引力微元 $\mathrm{d}\boldsymbol{F}$ 在三个坐标轴上的投影(引力微元)分别为

$$\mathrm{d}F_x = G\frac{xm\mu(x,y)}{r^3}\mathrm{d}\Omega,$$

$$\mathrm{d}F_y = G\frac{ym\mu(x,y)}{r^3}\mathrm{d}\Omega,$$

$$\mathrm{d}F_z = -G\frac{am\mu(x,y)}{r^3}\mathrm{d}\Omega.$$

以这些微元为被积表达式，在 Ω 上积分，便得所求引力在三个坐标轴上分力的大小，即

$$F_x = Gm\int_\Omega \frac{\mu(x,y)x}{(x^2+y^2+a^2)^{3/2}}\mathrm{d}\Omega,$$

$$F_y = Gm\int_{\Omega}\frac{\mu(x,y)y}{(x^2+y^2+a^2)^{3/2}}\mathrm{d}\Omega,$$

$$F_z = -Gm\int_{\Omega}\frac{\mu(x,y)a}{(x^2+y^2+a^2)^{3/2}}\mathrm{d}\Omega,$$

其中的积分随几何形体 Ω 的形状不同可以为二重积分及第一型平面曲线积分等.从而,所求引力为 $\boldsymbol{F}=(F_x,F_y,F_z)$.

例 12　求 xOy 面上半径为 2 的匀质圆薄片 $x^2+y^2\leqslant 4$ 对位于 z 轴上的点 $M(0,0,1)$ 处质量为 5 单位的质点的引力.

解　由于薄片是匀质的,故不妨设 $\mu(x,y)\equiv\mu$.由题意,$m=5$,$a=1$,且由积分区域的对称性易知

$$F_x=0,\quad F_y=0.$$

而

$$\begin{aligned}F_z &= -Gm\iint_D\frac{a\mu(x,y)\mathrm{d}\sigma}{(x^2+y^2+a^2)^{3/2}}\\&=-5G\iint_D\frac{\mu}{(x^2+y^2+1)^{3/2}}\mathrm{d}x\mathrm{d}y\\&=-5G\int_0^{2\pi}\mathrm{d}\theta\int_0^2\frac{\mu r\mathrm{d}r}{(1+r^2)^{3/2}}=10G\pi\mu\left(\frac{1}{\sqrt{5}}-1\right),\end{aligned}$$

故所求引力为 $\boldsymbol{F}=\left(0,0,10G\pi\mu\left(\frac{1}{\sqrt{5}}-1\right)\right)$.

2. $\mathbf{R}^3$ 中几何形体的引力

设几何形体 $\Omega\subset\mathbf{R}^3$ 的质量密度为 $\mu(x,y,z)$,且 $\mu(x,y,z)\in C(\Omega)$,现要计算该几何形体 Ω 对位于空间中点 $M_0(x_0,y_0,z_0)$ 处质量为 m 的质点的引力.

在 Ω 中任取一小的几何形体 $\mathrm{d}\Omega$,其体积仍表示为 $\mathrm{d}\Omega$.$\forall P(x,y,z)\in\mathrm{d}\Omega$,则 $\mathrm{d}\Omega$ 的质量可近似表示为 $\mu(x,y,z)\mathrm{d}\Omega$,且可将它看成集中在点 P 处.于是按两点的引力公式可得到 $\mathrm{d}\Omega$ 部分对点 $M_0(x_0,y_0,z_0)$ 的引力大小为

$$\mathrm{d}F=G\frac{m\cdot\mu(x,y,z)}{r^2}\mathrm{d}\Omega,$$

其中 $r=\sqrt{(x-x_0)^2+(y-y_0)^2+(z-z_0)^2}$,$G$ 为引力常量.引力微元 $\mathrm{d}\boldsymbol{F}$ 的方向与向量 $\boldsymbol{l}=(x-x_0,y-y_0,z-z_0)$ 的方向一致,向量 $\boldsymbol{l}$ 的三个方向余弦分别是

$$\cos\alpha=\frac{x-x_0}{r},\quad\cos\beta=\frac{y-y_0}{r},\quad\cos\gamma=\frac{z-z_0}{r},$$

所以,引力微元 $\mathrm{d}\boldsymbol{F}$ 在三个坐标轴上的投影分别为

$$\mathrm{d}F_x=G\frac{(x-x_0)m\mu(x,y,z)}{r^3}\mathrm{d}\Omega,$$

$$\mathrm{d}F_y=G\frac{(y-y_0)m\mu(x,y,z)}{r^3}\mathrm{d}\Omega,$$

$$\mathrm{d}F_z=G\frac{(z-z_0)m\mu(x,y,z)}{r^3}\mathrm{d}\Omega,$$

由微元法，便得所求引力在三个坐标轴上的分力大小，即

$$F_x=Gm\int_\Omega\frac{(x-x_0)\mu(x,y,z)}{[(x-x_0)^2+(y-y_0)^2+(z-z_0)^2]^{3/2}}\mathrm{d}\Omega,$$

$$F_y=Gm\int_\Omega\frac{(y-y_0)\mu(x,y,z)}{[(x-x_0)^2+(y-y_0)^2+(z-z_0)^2]^{3/2}}\mathrm{d}\Omega,$$

$$F_z=Gm\int_\Omega\frac{(z-z_0)\mu(x,y,z)}{[(x-x_0)^2+(y-y_0)^2+(z-z_0)^2]^{3/2}}\mathrm{d}\Omega,$$

其中的积分随几何形体 Ω 的形状不同可以为三重积分、第一型空间曲线积分和第一型曲面积分等.从而，所求引力为 $\boldsymbol{F}=(F_x,F_y,F_z)$.

例 13　求一匀质圆柱体(如图 5-8)对位于底面中心处质量为 m 的质点的引力.

解　由题意，可令密度 $\mu=1$，如图 5-8，圆柱底面可表示为

$$D=\{(x,y)\mid x^2+y^2\leqslant a^2\},$$

底面中心为坐标原点(0,0,0).由引力计算公式有

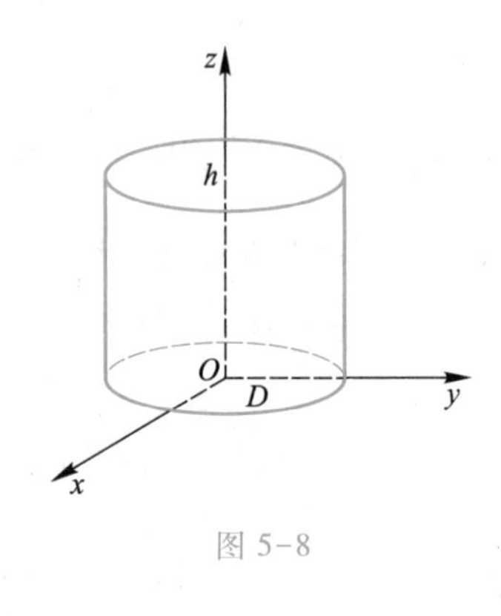

图 5-8

$$\begin{aligned}F_z&=G\iiint_\Omega\frac{mz}{r^3}\mathrm{d}x\mathrm{d}y\mathrm{d}z\\&=Gm\iint_D\mathrm{d}x\mathrm{d}y\int_0^h\frac{z}{(x^2+y^2+z^2)^{3/2}}\mathrm{d}z\\&=Gm\int_0^{2\pi}\mathrm{d}\theta\int_0^a\mathrm{d}r\int_0^h\frac{zr}{(r^2+z^2)^{3/2}}\mathrm{d}z\\&=2\pi Gm(a+h-\sqrt{a^2+h^2}).\end{aligned}$$

典型例题
多元函数积分学的物理应用

另外，由于匀质圆柱体对称于 z 轴，故它对于底圆中心的引力在 x 轴与 y 轴方向的分力都应等于 0，亦即 $F_x=F_y=0$.从而，所求引力为

$$\boldsymbol{F}=(0,0,2\pi Gm(a+h-\sqrt{a^2+h^2})).$$

关于向量值函数积分在物理上的应用，即利用对坐标的曲线积分计算变力沿曲线做功和利用对坐标的曲面积分计算流体流向曲面一侧的流量，在概念引入时已进行了叙述，在此不再赘述.

习题 5-3

1. 设一金属曲线构件的方程为 $xy=1(a\leqslant x\leqslant b)$，其上每点的线密度正比于该点横坐标的 5 次方，求该金属构件的质量.

2. 设由球面 $x^2+y^2+z^2=2$ 及锥面 $z=\sqrt{x^2+y^2}$ 所围成的立体 Ω 中分布有质量，其密度与立体中的点到球心的距离的平方成正比，且在球面上等于 1，试求该立体的质量.

3. 设有一等腰三角形薄片，其上任一点处的密度与这点到底的距离成正比，求薄片的质心.

4. 设球 $x^2+y^2+z^2\leqslant 2az$ 中各点的密度与点到原点的距离成反比，求该球的质心.

5. 求由抛物线 $y=x^2$ 及直线 $y=1$ 所围成的匀质薄片（面密度为常数 μ）对于直线 $y=-1$ 的转动惯量.

6. 设非匀质正圆锥体上各点处的密度与该点到对称轴的距离成正比，求该正圆锥体对于对称轴的转动惯量.

7. 设有一高为 h，斜高为 l 的正圆锥体，质量均匀分布，求该锥体对锥顶处的单位质量的质点的引力.

综 合 题 五

1. 填空题.

（1）曲面 $z=\sqrt{x^2+y^2}$ 夹在圆柱面 $x^2+y^2=y$，$x^2+y^2=2y$ 之间部分的面积为__________.

（2）立体 $\sqrt{x^2+y^2}\leqslant z\leqslant 6-\dfrac{1}{8}(x^2+y^2)$ 的体积为__________.

（3）设曲线 $L:\begin{cases}x=\mathrm{e}^t\cos t,\\ y=\mathrm{e}^t\sin t\end{cases}(0\leqslant t\leqslant \pi)$ 上任一点 (x,y) 处的线密度为 $\mu=\dfrac{x+y}{x^2+y^2}$，则其质量为__________.

（4）棱长分别为 $a,b,c(0\leqslant a\leqslant b\leqslant c)$，质量为 M 的均匀长方体关于最长棱的转动惯量为__________.

（5）设曲线 L 的方程为 $x^2+y^2=2R(x+y)(R>0)$，则 $\oint_L(x+y)\mathrm{d}s=$ __________.

2. 选择题.

（1）两圆 $r=2\sin\theta$ 及 $r=4\sin\theta$ 所围成的均匀薄片质心为 $(\bar{x},\bar{y})$，已知 $\bar{x}=0$，则 $\bar{y}=$（　　）.

(A) $\int_0^{\pi} d\theta \int_{2\sin\theta}^{4\sin\theta} r^2 \sin\theta dr$　　(B) $\int_0^{2\pi} d\theta \int_{2\sin\theta}^{4\sin\theta} r^2 \sin\theta dr$

(C) $\frac{1}{3\pi}\int_0^{\pi} d\theta \int_{2\sin\theta}^{4\sin\theta} r^2 \sin\theta dr$　　(D) $\frac{1}{3\pi}\int_0^{2\pi} d\theta \int_{2\sin\theta}^{4\sin\theta} r^2 \sin\theta dr$

(2) 物体关于 x 轴, y 轴, z 轴和坐标原点 O 的转动惯量分别为 I_x, I_y, I_z 和 I_O, 则(　　).

(A) $I_O = I_x + I_y + I_z$　　(B) $I_O = 2(I_x + I_y + I_z)$

(C) $2I_O = I_x + I_y + I_z$　　(D) $I_O = \frac{1}{3}(I_x + I_y + I_z)$

(3) 设 Σ 为光滑简单闭曲面, 所围立体为 Ω, $\boldsymbol{n} = (\cos\alpha, \cos\beta, \cos\gamma)$ 为 Σ 的外法线向量, 则 Ω 的体积为(　　).

(A) $\oiint_{\Sigma} x dydz + ydzdx + zdxdy$

(B) $\frac{1}{3}\oiint_{\Sigma}(x\cos\alpha + y\cos\beta + z\cos\gamma) dS$

(C) $\frac{1}{3}\oiint_{\Sigma}(\cos\alpha + \cos\beta + \cos\gamma) dS$

(D) $\oiint_{\Sigma} x dxdy$

(4) 设 Σ 为光滑简单闭曲面, 所围立体 Ω 的体积为 V, $\boldsymbol{n} = (\cos\alpha, \cos\beta, \cos\gamma)$ 为 Σ 的外法线向量, Ω 的质心为 $(\bar{x}, \bar{y}, \bar{z})$, 则 $\oiint_{\Sigma}(xz\cos\alpha + 2yz\cos\beta + 3z^2\cos\gamma) dS =$ (　　).

(A) $9\bar{z}V$　　(B) $9\bar{z}$　　(C) $9V$　　(D) $6\bar{z}V$

3. 求由下列曲线所围成图形的面积:

(1) $y = x + \frac{1}{x}$, $x = 2$ 及 $y = 2$.

(2) 星形线 $x = a\cos^3 t$, $y = a\sin^3 t$.

(3) 双纽线 $(x^2 + y^2)^2 = a^2(x^2 - y^2)$.

4. 设 D 是由曲线 $y = x^3$, $y = 4x^3$, $x = 4y^3$ 所围成的部分在第一象限的闭区域, 求 D 的面积.

5. 计算下列由指定曲面所围成的立体的体积:

(1) $x^2 + y^2 + z^2 \leqslant 1$ 及 $0 \leqslant y \leqslant ax (a > 0)$.

(2) $z = \frac{1}{2}$, $x^2 + y^2 = 2z$ 及 $z = 4 - \sqrt{x^2 + y^2}$.

(3) $(x^2 + y^2 + z^2)^2 \leqslant x^2 + y^2$.

6. 求曲线 $\begin{cases} x^2 + y^2 = z, \\ y = x\tan z \end{cases}$ 从 $(0,0,0)$ 到第一象限中的点 (a, b, c) 的弧长.

7. 计算下列曲面的面积.

(1) 设曲面 Σ_1 是球面 $x^2 + y^2 + z^2 = 4a^2$ 被圆柱面 $x^2 + y^2 = 2ax$ 截下的部分, 求其

面积.

（2）设曲面 Σ_2 是圆柱面 $x^2+y^2=2ax$ 被球面 $x^2+y^2+z^2=4a^2$ 截下的部分,求其面积.

8. 设半径为 R 的球面 Σ 的球心在定球面 $x^2+y^2+z^2=a^2(a>0)$ 上,问当 R 为何值时,球面 Σ 在定球面内部的那部分的面积最大?

9. 设有一高度为 $h(t)$（t 为时间）的雪堆在融化过程中,其侧面满足方程 $z=h(t)-\dfrac{2(x^2+y^2)}{h(t)}$（设高度单位为 cm,时间单位为 h）.已知体积减小的速率与侧面积成正比（比例系数为 0.9）,问高度为 130 cm 的雪堆全部融化需多少时间?

10. 求边长为 a 的正方形平面薄板的质量.已知薄板上任一点处的面密度与该点到正方形两条对角线交点的距离平方成正比,且在正方形任一顶点处的密度等于 1.

11. 设曲线 L 的方程为 $y=\dfrac{1}{4}x^2-\dfrac{1}{2}\ln x(1\leqslant x\leqslant \mathrm{e})$.

（1）求 L 的弧长.

（2）设 D 是由曲线 L,直线 $x=1$,$x=\mathrm{e}$ 及 x 轴所围平面图形,求 D 的形心的横坐标.

12. 求密度为 1 的圆柱体 $x^2+y^2\leqslant a^2$, $|z|\leqslant h$ 对直线 $x=y=z$ 的转动惯量.

综合题五
答案与提示

13. 求密度为常数 μ_0 的均匀球壳 $z=\sqrt{a^2-x^2-y^2}$ 的质心及对 z 轴的转动惯量.

14. 证明:由 $x=a$,$x=b$,$y=f(x)$ 及 x 轴所围平面图形绕 x 轴旋转一周所成的旋转体对 x 轴的转动惯量为 $I_x=\dfrac{\pi}{2}\int_a^b[f(x)]^4\mathrm{d}x$,其中 $f(x)$ 是连续的正值函数,假设旋转体的密度为 1.

15. 求半径为 R,中心角为 $\dfrac{2\pi}{3}$ 的均匀物质圆弧对位于圆心处的单位质点的引力.

* 第六章

含参变量的积分

在前面几章我们已经学习过定积分、重积分和线面积分，积分的结果是数.本章将介绍含参变量的积分，这种积分的被积函数除了依赖于积分变量以外，还依赖于其他在积分过程中保持不变的变量，通常称这些变量为参变量，称这种积分为含参变量的积分.显然，积分的结果将与参变量有关.

本章主要研究由含参变量积分所确定的函数的分析性质，并利用这些性质计算一些重要积分.

第一节　含参变量的定积分

当把变量 t 看成常数，按定积分计算下面两个积分时，所得结果都是与变量 t 有关的函数：

$$\varphi(t)=\int_0^{\pi}\cos(tx)\,\mathrm{d}x=\frac{1}{t}\sin(t\pi),\quad t\in[1,3];$$

$$\varphi(t)=\int_0^{1}\mathrm{e}^{tx}\,\mathrm{d}x=\frac{1}{t}(\mathrm{e}^{t}-1),\quad t\in[1,+\infty).$$

我们称 $\varphi(t)$ 是一个由含参变量 t 的积分所确定的函数，这种形式的函数在理论研究和实际应用中都有重要作用.例如，密度为 $\mu(x,y,z,t)$ 的非稳定流在时刻 t 通过闭曲面 $\boldsymbol{\Sigma}$ 流出的流量

$$\oiint_{\Sigma}\mu(x,y,z,t)\boldsymbol{v}(x,y,z,t)\cdot\mathrm{d}\boldsymbol{S}$$

就是一个含参变量的面积分.

因为不论哪一种类型的积分最终都要归结为定积分的计算，积分的重数不会给我们带来原则性的麻烦，所以，我们在这里只讨论下列形式的含参变量定积分：

$$\varphi(t)=\int_a^b f(x,t)\,\mathrm{d}x.$$

定义　设二元函数 $f(x,t)$ 在矩形区域 $D=\{(x,t)\mid a\leqslant x\leqslant b,\alpha\leqslant t\leqslant\beta\}$ 上连

续,则 $\forall t \in [\alpha,\beta]$,函数$f(x,t)$关于$x$在$[a,b]$上(黎曼)可积$\left(\text{即}\int_a^b f(x,t)\mathrm{d}x\text{存在}\right.$

$\left.\text{且是}t\text{的函数}\right)$,记为

$$\varphi(t)=\int_a^b f(x,t)\mathrm{d}x,\quad t\in[\alpha,\beta],$$

称此积分为函数$f(x,t)$在闭区间$[a,b]$上关于参变量$t\in[\alpha,\beta]$的定积分,简称为函数$f(x,t)$关于参变量t的积分.

下面讨论这种含参变量积分所确定函数的连续性、可微性与可积性.

定理 1 设$f(x,t)$在矩形区域$D=\{(x,t)\mid a\leqslant x\leqslant b,\alpha\leqslant t\leqslant\beta\}$上连续,则函数$\varphi(t)=\int_a^b f(x,t)\mathrm{d}x$在$[\alpha,\beta]$上连续.

由定积分的定义和函数的连续性定义可知,定理 1 实际上是一个交换极限和积分的次序的问题.定理 1 即指

$$\lim_{t\to t_0}\int_a^b f(x,t)\mathrm{d}t=\int_a^b \lim_{t\to t_0}f(x,t)\mathrm{d}x,\quad t_0\in[\alpha,\beta].$$

习惯上将上式称为积分号下求极限运算.它表明当被积函数连续时,积分运算符号与极限运算符号可交换次序.

例 1 求$\lim\limits_{t\to 0}\int_{-1}^1\sqrt{x^2+t^2}\mathrm{d}x$.

解 由于$f(x,t)=\sqrt{x^2+t^2}$在$D=\{(x,t)\mid -\infty<x,t<+\infty\}$上连续,故

$$\lim_{t\to 0}\int_{-1}^1\sqrt{x^2+t^2}\mathrm{d}x=\int_{-1}^1\lim_{t\to 0}\sqrt{x^2+t^2}\mathrm{d}x=\int_{-1}^1\sqrt{x^2}\mathrm{d}x$$
$$=\int_{-1}^1|x|\mathrm{d}x=2\int_0^1 x\mathrm{d}x=1.$$

例 2 求$\lim\limits_{a\to 0}\int_0^2 x^2\cos ax\mathrm{d}x$.

解 由于$f(x,a)=x^2\cos ax$在$D=\{(x,a)\mid -\infty<x,a<+\infty\}$上连续,故

$$\lim_{a\to 0}\int_0^2 x^2\cos ax\mathrm{d}x=\int_0^2\lim_{a\to 0}(x^2\cos ax)\mathrm{d}x$$
$$=\int_0^2 x^2\mathrm{d}x=\frac{1}{3}x^3\Big|_0^2=\frac{8}{3}.$$

例 3 在$\lim\limits_{y\to 0}\int_0^1\frac{x}{y^2}\mathrm{e}^{-\frac{x^2}{y^2}}\mathrm{d}x$中,极限运算与积分运算能否交换次序?

解 由于

$$\lim_{y\to 0}\int_0^1\frac{x}{y^2}\mathrm{e}^{-\frac{x^2}{y^2}}\mathrm{d}x=\lim_{y\to 0}\left(-\frac{1}{2}\mathrm{e}^{-\frac{x^2}{y^2}}\right)\Big|_0^1=-\frac{1}{2}\lim_{y\to 0}(\mathrm{e}^{-\frac{1}{y^2}}-1)=\frac{1}{2},$$

而

$$\int_0^1\lim_{y\to 0}\frac{x}{y^2}\mathrm{e}^{-\frac{x^2}{y^2}}\mathrm{d}x=\int_0^1 0\mathrm{d}x=0,$$

故此题中极限运算与积分运算不能交换次序.实际上,这是由于函数 $\frac{x}{y^2}e^{-\frac{x^2}{y^2}}$ 在点 $(0,0)$ 处不连续导致的.

定理 2　若函数 $f(x,t)$ 及其偏导数 $\frac{\partial f(x,t)}{\partial t}$ 在矩形区域 $D=\{(x,t)\mid a\leqslant x\leqslant b,\alpha\leqslant t\leqslant\beta\}$ 上连续,则 $\varphi(t)=\int_a^b f(x,t)\,\mathrm{d}x$ 在 $[\alpha,\beta]$ 上可微,且

$$\varphi'(t)=\int_a^b\frac{\partial f(x,t)}{\partial t}\mathrm{d}x.$$

证　$\forall t\in[\alpha,\beta]$,设 $t+\Delta t\in[\alpha,\beta]$,则

$$\frac{\Delta\varphi(t)}{\Delta t}=\frac{\varphi(t+\Delta t)-\varphi(t)}{\Delta t}=\int_a^b\frac{f(x,t+\Delta t)-f(x,t)}{\Delta t}\mathrm{d}x,$$

由拉格朗日中值定理,得

$$\frac{\Delta\varphi(t)}{\Delta t}=\int_a^b\frac{\partial f(x,t+\theta\Delta t)}{\partial t}\mathrm{d}x\quad(0<\theta<1),$$

令 $\Delta t\to0$,由定理 1 及 $\frac{\partial f(x,t)}{\partial t}$ 的连续性,得

$$\varphi'(t)=\int_a^b\frac{\partial f(x,t)}{\partial t}\mathrm{d}x.$$

例 4　求 $\frac{\mathrm{d}}{\mathrm{d}t}\int_0^1\arctan\frac{x}{t}\mathrm{d}x\ (t>0)$.

解
$$\frac{\mathrm{d}}{\mathrm{d}t}\int_0^1\arctan\frac{x}{t}\mathrm{d}x=\int_0^1\frac{\partial}{\partial t}\left(\arctan\frac{x}{t}\right)\mathrm{d}x=\int_0^1\frac{-x}{x^2+t^2}\mathrm{d}x$$
$$=-\frac{1}{2}\ln(x^2+t^2)\Big|_0^1=\frac{1}{2}\ln\frac{t^2}{1+t^2}.$$

例 5　当 $|a|<1$ 时,计算 $\int_0^{\frac{\pi}{2}}\ln\frac{1+a\cos x}{1-a\cos x}\cdot\frac{\mathrm{d}x}{\cos x}$.

解　令 $\varphi(a)=\int_0^{\frac{\pi}{2}}\ln\frac{1+a\cos x}{1-a\cos x}\cdot\frac{\mathrm{d}x}{\cos x}$,则

$$\varphi'(a)=\int_0^{\frac{\pi}{2}}\left(\frac{1}{1+a\cos x}+\frac{1}{1-a\cos x}\right)\mathrm{d}x$$
$$=2\int_0^{\frac{\pi}{2}}\frac{1}{1-a^2\cos^2x}\mathrm{d}x=2\int_0^{\frac{\pi}{2}}\frac{\sec^2x}{\sec^2x-a^2}\mathrm{d}x=2\int_0^{+\infty}\frac{\mathrm{d}u}{(1-a^2)+u^2}$$
$$=\frac{2}{\sqrt{1-a^2}}\arctan\frac{u}{\sqrt{1-a^2}}\Big|_0^{+\infty}=\frac{\pi}{\sqrt{1-a^2}},$$

其中 $u=\tan x$,于是

$$\varphi(a)=\int\varphi'(a)\,\mathrm{d}a=\pi\arcsin a+C,$$

又 $\varphi(0)=0$,故

$$\int_0^{\frac{\pi}{2}}\ln\frac{1+a\cos x}{1-a\cos x}\cdot\frac{\mathrm{d}x}{\cos x}=\varphi(a)=\pi\arcsin a.$$

上述各例中,积分的上、下限均为常数,但实际应用中还会遇到积分限也含有参变量 t 的情况,即 $F(t)=\int_{a(t)}^{b(t)}f(x,t)\,\mathrm{d}x$ 的情形.我们来考虑这种函数 $F(t)$ 的性质.

定理 3　若 $f(x,t)$ 在矩形区域 $D=\{(x,t)\mid a\leqslant x\leqslant b,\alpha\leqslant t\leqslant\beta\}$ 上连续,函数 $a(t)$ 及 $b(t)$ 都在 $[\alpha,\beta]$ 上连续,并且

$$a\leqslant a(t)\leqslant b,\ a\leqslant b(t)\leqslant b\qquad(\alpha\leqslant t\leqslant\beta),$$

则 $F(t)=\int_{a(t)}^{b(t)}f(x,t)\,\mathrm{d}x$ 在 $[\alpha,\beta]$ 上连续.

证　考虑

$$\begin{aligned}F(t+\Delta t)-F(t)&=\int_{a(t+\Delta t)}^{b(t+\Delta t)}f(x,t+\Delta t)\,\mathrm{d}x-\int_{a(t)}^{b(t)}f(x,t)\,\mathrm{d}x\\&=\int_{a(t+\Delta t)}^{a(t)}f(x,t+\Delta t)\,\mathrm{d}x+\int_{a(t)}^{b(t)}[f(x,t+\Delta t)-f(x,t)]\,\mathrm{d}x+\\&\quad\int_{b(t)}^{b(t+\Delta t)}f(x,t+\Delta t)\,\mathrm{d}x.\end{aligned}$$

当 $\Delta t\to0$ 时,由 $a(t),b(t)$ 的连续性,右端第一个和第三个积分趋于零,而第二个积分也趋于零.于是定理得证.

定理 4　若函数 $f(x,t)$ 及其偏导数 $\dfrac{\partial f(x,t)}{\partial t}$ 在矩形区域 $D=\{(x,t)\mid a\leqslant x\leqslant b,\alpha\leqslant t\leqslant\beta\}$ 上连续,函数 $a(t),b(t)\in C^1([\alpha,\beta])$,且当 $\alpha\leqslant t\leqslant\beta$ 时,$a\leqslant a(t)\leqslant b$,$a\leqslant b(t)\leqslant b$,则函数 $F(t)=\int_{a(t)}^{b(t)}f(x,t)\,\mathrm{d}x$ 在 $[\alpha,\beta]$ 上可微,且

$$F'(t)=\int_{a(t)}^{b(t)}\frac{\partial f(x,t)}{\partial t}\mathrm{d}x+f(b(t),t)b'(t)-f(a(t),t)a'(t).$$

该公式又称为莱布尼茨公式.

证　令 $u=a(t),v=b(t)$,并记

$$F(t)=G(t,u,v)=\int_u^v f(x,t)\,\mathrm{d}x,$$

则由定理中的条件及多元函数的复合函数链导法立即可得

$$\begin{aligned}\frac{\mathrm{d}F(t)}{\mathrm{d}t}&=\frac{\partial G}{\partial t}+\frac{\partial G}{\partial u}\cdot\frac{\mathrm{d}u}{\mathrm{d}t}+\frac{\partial G}{\partial v}\cdot\frac{\mathrm{d}v}{\mathrm{d}t}\\&=\frac{\partial G}{\partial t}+\frac{\partial G}{\partial u}\cdot a'(t)+\frac{\partial G}{\partial v}\cdot b'(t)\\&=\int_{a(t)}^{b(t)}\frac{\partial f(x,t)}{\partial t}\mathrm{d}x+\left[\frac{\partial}{\partial u}\int_u^v f(x,t)\,\mathrm{d}x\right]\cdot a'(t)+\left[\frac{\partial}{\partial v}\int_u^v f(x,t)\,\mathrm{d}x\right]\cdot b'(t)\end{aligned}$$

$$=\int_{a(t)}^{b(t)}\frac{\partial f(x,t)}{\partial t}\mathrm{d}x+f(b(t),t)b'(t)-f(a(t),t)a'(t).$$

以上所讨论的是被积函数只含有一个参变量的情形,对于含多个参变量的积分也有类似于上述的结论,有兴趣的读者可以自行推广.

例 6　已知 $F(y)=\int_{y}^{y^2}\frac{\cos yx}{x}\mathrm{d}x\ (y>0)$,求 $F'(y)$.

解　由定理 4,有

$$\begin{aligned}F'(y)&=\int_{y}^{y^2}(-\sin yx)\mathrm{d}x+\frac{\cos(y\cdot y^2)}{y^2}\cdot 2y-\frac{\cos(y\cdot y)}{y}\cdot 1\\&=\frac{\cos yx}{y}\bigg|_{x=y}^{x=y^2}+\frac{2\cos y^3}{y}-\frac{\cos y^2}{y}\\&=\frac{\cos y^3-\cos y^2}{y}+\frac{2\cos y^3}{y}-\frac{\cos y^2}{y}=\frac{3\cos y^3-2\cos y^2}{y}.\end{aligned}$$

例 7　设 $F(x,y)=\int_{\frac{x}{y}}^{xy}(x-yz)f(z)\mathrm{d}z$,其中 $f(z)$ 是可微函数,求 $\frac{\partial^2 F(x,y)}{\partial x\partial y}$.

解　这是含两个参变量 x 和 y 的积分,由定理 4,有

$$\begin{aligned}\frac{\partial F}{\partial x}&=\int_{\frac{x}{y}}^{xy}f(z)\mathrm{d}z+(x-y\cdot xy)f(xy)\cdot y-\left(x-y\cdot\frac{x}{y}\right)f\left(\frac{x}{y}\right)\cdot\frac{1}{y}\\&=\int_{\frac{x}{y}}^{xy}f(z)\mathrm{d}z+(xy-xy^3)f(xy),\end{aligned}$$

$$\begin{aligned}\frac{\partial^2 F}{\partial x\partial y}&=f(xy)\cdot x-f\left(\frac{x}{y}\right)\cdot\left(-\frac{x}{y^2}\right)+(x-3xy^2)f(xy)+(xy-xy^3)f'(xy)\cdot x\\&=(2x-3xy^2)f(xy)+\frac{x}{y^2}f\left(\frac{x}{y}\right)+(x^2y-x^2y^3)f'(xy).\end{aligned}$$

定理 5　设 $f(x,t)$ 在矩形区域 $D=\{(x,t)\mid a\leqslant x\leqslant b,\alpha\leqslant t\leqslant\beta\}$ 上连续,则函数 $\varphi(t)=\int_a^b f(x,t)\mathrm{d}x$ 在 $[\alpha,\beta]$ 上可积,且

$$\int_\alpha^\beta\varphi(t)\mathrm{d}t=\int_\alpha^\beta\left[\int_a^b f(x,t)\mathrm{d}x\right]\mathrm{d}t=\int_a^b\left[\int_\alpha^\beta f(x,t)\mathrm{d}t\right]\mathrm{d}x.$$

该定理描述了含参变量积分的积分运算,在定理 5 的条件下,这类积分的积分次序可交换.读者不难看出它实质上是二重积分中交换积分次序的运算.

证　由于 $\varphi(t)\in C([\alpha,\beta])$,故 $\varphi(t)$ 在 $[\alpha,\beta]$ 上可积.记

$$\varphi_1(u)=\int_\alpha^u\left[\int_a^b f(x,t)\mathrm{d}x\right]\mathrm{d}t=\int_\alpha^u\varphi(t)\mathrm{d}t,$$

$$\varphi_2(u)=\int_a^b\left[\int_\alpha^u f(x,t)\mathrm{d}t\right]\mathrm{d}x=\int_a^b F(x,u)\mathrm{d}x,$$

其中 $F(x,u)=\int_\alpha^u f(x,t)\mathrm{d}t$.由定理 2,有

$$\varphi_1'(u)=\varphi(u)=\int_a^b f(x,u)\,\mathrm{d}x,$$

$$\varphi_2'(u)=\int_a^b F_u'(x,u)\,\mathrm{d}x=\int_a^b f(x,u)\,\mathrm{d}x,$$

故

$$\varphi_1'(u)=\varphi_2'(u),$$

从而

$$\varphi_1(u)=\varphi_2(u)+C\quad(C\text{ 为某常数}).$$

令 $u=\alpha$,则由 $\varphi_1(\alpha)=\varphi_2(\alpha)=0$ 知 $C=0$,故当 $u\in[\alpha,\beta]$ 时,$\varphi_1(u)=\varphi_2(u)$.

再令 $u=\beta$,则 $\varphi_1(\beta)=\varphi_2(\beta)$,即

$$\int_\alpha^\beta\left[\int_a^b f(x,t)\,\mathrm{d}x\right]\mathrm{d}t=\int_a^b\left[\int_\alpha^\beta f(x,t)\,\mathrm{d}t\right]\mathrm{d}x.$$

例 8　设 $\varphi(t)=\int_0^1\frac{t}{(1+x^2+t^2)^2}\mathrm{d}x$,求 $\int_0^1\varphi(t)\,\mathrm{d}t$.

解　$$\int_0^1\varphi(t)\,\mathrm{d}t=\int_0^1\left[\int_0^1\frac{t}{(1+x^2+t^2)^2}\mathrm{d}x\right]\mathrm{d}t=\int_0^1\left[\int_0^1\frac{t}{(1+x^2+t^2)^2}\mathrm{d}t\right]\mathrm{d}x$$

$$=\int_0^1\left(-\frac{1}{2}\cdot\frac{1}{1+x^2+t^2}\right)\Bigg|_{t=0}^{t=1}\mathrm{d}x=\frac{1}{2}\int_0^1\left(\frac{1}{1+x^2}-\frac{1}{2+x^2}\right)\mathrm{d}x$$

$$=\frac{1}{2}\left(\arctan x-\frac{1}{\sqrt{2}}\arctan\frac{x}{\sqrt{2}}\right)\Bigg|_0^1=\frac{\pi}{8}-\frac{\sqrt{2}}{4}\arctan\frac{\sqrt{2}}{2}.$$

例 9　求 $I=\int_0^1\frac{x^b-x^a}{\ln x}\mathrm{d}x\ (a>0,b>0)$.

解　由于 $\frac{x^b-x^a}{\ln x}=\int_a^b x^y\,\mathrm{d}y$,故由定理 5,有

$$I=\int_0^1\left(\int_a^b x^y\,\mathrm{d}y\right)\mathrm{d}x=\int_a^b\left(\int_0^1 x^y\,\mathrm{d}x\right)\mathrm{d}y=\int_a^b\frac{1}{y+1}x^{y+1}\Bigg|_{x=0}^{x=1}\mathrm{d}y$$

$$=\int_a^b\frac{1}{1+y}\mathrm{d}y=\ln(1+y)\Bigg|_a^b=\ln\frac{1+b}{1+a}.$$

习题 6-1

1. 求下列极限:

(1) $\lim\limits_{t\to1}\int_0^1\frac{1}{1+t^2+x^2}\mathrm{d}x$;　　(2) $\lim\limits_{t\to0}\int_0^1\cos tx^2\,\mathrm{d}x$.

2. 求下列函数的导数:

(1) $F(t)=\int_t^{2t}\frac{\sin tx}{x}\mathrm{d}x$;　　(2) $F(t)=\int_t^{t^2}\frac{\mathrm{e}^{-tx^2}}{x}\mathrm{d}x$.

3. 设 $F(y)=\int_a^b f(x)\,|y-x|\,\mathrm{d}x$,其中 $a<b$, $f(x)$ 为可微函数,求 $F''(y)$.

4. 利用积分号下微分法求下列积分:

(1) $I(t)=\int_0^1 \frac{x^t-1}{\ln x}\mathrm{d}x \quad (t\geqslant 0)$; (2) $I(u)=\int_0^{\frac{\pi}{2}} \frac{\arctan(u\tan x)}{\tan x}\mathrm{d}x \quad (u\geqslant 0)$.

5. 利用积分号下积分法求积分 $\int_0^1 \frac{\arctan x}{x\sqrt{1-x^2}}\mathrm{d}x$ $\left(提示:\frac{\arctan x}{x}=\int_0^1 \frac{\mathrm{d}y}{1+x^2y^2}\right)$.

第二节 含参变量的无穷积分

一、含参变量的无穷积分的敛散性

上一节我们讨论的是含参变量的有限区间上的积分,在工程实际中,常常还会遇到含参变量的无穷区间上的积分.在此我们只讨论积分区间为$[a,+\infty)$的情形,类似地可以将所有讨论的内容搬到积分下限为无穷,即积分区间为$(-\infty,b]$的情形,并可进一步搬到无穷积分上、下限均为无穷,即积分区间为$(-\infty,+\infty)$的情形.

定义 1 设函数$f(x,t)$在区域$D=\{(x,t)\mid a\leqslant x<+\infty,\alpha\leqslant t\leqslant\beta\}$上有定义,$\forall A>a$,积分$\int_a^A f(x,t)\mathrm{d}x$存在,记

$$\int_a^{+\infty} f(x,t)\mathrm{d}x=\lim_{A\to+\infty}\int_a^A f(x,t)\mathrm{d}x,$$

称其为区间$[a,+\infty)$上含参变量的无穷积分.

如果$t_0\in[\alpha,\beta]$时,极限$\lim\limits_{A\to+\infty}\int_a^A f(x,t_0)\mathrm{d}x$存在,则称该无穷积分当$t=t_0$时收敛,极限值称为$t=t_0$时的无穷积分值:$\int_a^{+\infty} f(x,t_0)\mathrm{d}x=\lim\limits_{A\to+\infty}\int_a^A f(x,t_0)\mathrm{d}x$.此时也称函数$f(x,t)$在$D$中关于$x$可积.

如果$t_0\in[\alpha,\beta]$时,极限$\lim\limits_{A\to+\infty}\int_a^A f(x,t_0)\mathrm{d}x$不存在,则称该无穷积分当$t=t_0$时发散.此时也称函数$f(x,t)$在$D$中关于$x$不可积.

定义 2 设函数$f(x,t)$在区域$D=\{(x,t)\mid a\leqslant x<+\infty,\alpha\leqslant t\leqslant\beta\}$上有定义,如果$\forall t\in[\alpha,\beta]$,极限$\lim\limits_{A\to+\infty}\int_a^A f(x,t)\mathrm{d}x$均存在,则称无穷积分$\int_a^{+\infty} f(x,t)\mathrm{d}x$当$t\in[\alpha,\beta]$时收敛;如果$\forall t\in[\alpha,\beta]$,极限$\lim\limits_{A\to+\infty}\int_a^A f(x,t)\mathrm{d}x$均不存在,则称无穷积分$\int_a^{+\infty} f(x,t)\mathrm{d}x$当$t\in[\alpha,\beta]$时发散.

显然,当t固定时,含参变量的无穷积分$\int_a^{+\infty} f(x,t)\mathrm{d}x$就是通常的无穷积分.如果对于$t\in[\alpha,\beta]$上的一切值,含参变量的无穷积分都收敛,那么,它实际上确定了

$[\alpha,\beta]$上的一个函数$\varphi(t)=\int_a^{+\infty}f(x,t)\,\mathrm{d}x$.与以前一样,设数列$\{A_n\}_{n=0}^{\infty}$满足:$A_0=a$,$\{A_n\}$单调递增,且$A_n\to+\infty\ (n\to\infty)$,则上述积分可表示为

$$\varphi(t)=\int_a^{+\infty}f(x,t)\,\mathrm{d}x=\sum_{n=0}^{\infty}\int_{A_n}^{A_{n+1}}f(x,t)\,\mathrm{d}x=\sum_{n=0}^{\infty}u_n(t),$$

其中$u_n(t)=\int_{A_n}^{A_{n+1}}f(x,t)\,\mathrm{d}x$.因此,这种含参变量的无穷积分的解析性质与函数项级数的性质类似.在处理方法上,也要用到一致收敛的概念.

定义 3　设函数$f(x,t)$在区域$D=\{(x,t)\mid a\leqslant x<+\infty,\alpha\leqslant t\leqslant\beta\}$上有定义.若$\forall\varepsilon>0$,存在与$t$无关的常数$A_0>a$,当$A>A_0$时,对于所有的$t\in[\alpha,\beta]$均有

$$\left|\int_A^{+\infty}f(x,t)\,\mathrm{d}x\right|<\varepsilon$$

成立,则称无穷积分$\int_a^{+\infty}f(x,t)\,\mathrm{d}x$在$t\in[\alpha,\beta]$上一致收敛.

由函数项级数收敛的柯西准则,可以得到含参变量无穷积分一致收敛的柯西准则.

定理 1　无穷积分$\int_a^{+\infty}f(x,t)\,\mathrm{d}x$在$t\in[\alpha,\beta]$上一致收敛的充要条件是:$\forall\varepsilon>0$,存在与$t$无关的常数$A_0>a$,当$A',A''>A_0$时,对所有的$t\in[\alpha,\beta]$均有

$$\left|\int_{A'}^{A''}f(x,t)\,\mathrm{d}x\right|<\varepsilon$$

成立.

类似于函数项级数收敛的比较判别法,我们有下面的关于含参变量的无穷积分一致收敛性判别法.

定理 2(魏尔斯特拉斯(Weierstrass)判别法)　设在区域$D=\{(x,t)\mid a\leqslant x<+\infty,\alpha\leqslant t\leqslant\beta\}$上存在非负函数$F(x)$,使得

$$|f(x,t)|\leqslant F(x),$$

且无穷积分$\int_a^{+\infty}F(x)\,\mathrm{d}x$收敛,则$\int_a^{+\infty}f(x,t)\,\mathrm{d}x$在$t\in[\alpha,\beta]$上一致收敛.

证　由于无穷积分$\int_a^{+\infty}F(x)\,\mathrm{d}x$收敛,则$\forall\varepsilon>0$,$\exists A>\max\{0,a\}$,使得

$$\int_A^{+\infty}F(x)\,\mathrm{d}x<\varepsilon,$$

又

$$|f(x,t)|\leqslant F(x)\quad(a\leqslant x<+\infty,\alpha\leqslant t\leqslant\beta),$$

所以

$$\left|\int_A^{+\infty}f(x,t)\,\mathrm{d}x\right|\leqslant\int_A^{+\infty}|f(x,t)|\,\mathrm{d}x\leqslant\int_A^{+\infty}F(x)\,\mathrm{d}x<\varepsilon.$$

由于A是与t无关的常数,故由定义 3 可知无穷积分$\int_a^{+\infty}f(x,t)\,\mathrm{d}x$在$t\in[\alpha,\beta]$上一

致收敛.

例 1　判别积分 $\varphi(t)=\int_0^{+\infty}e^{-tx}x\sin x\mathrm{d}x(1\leqslant t\leqslant 4)$ 是否一致收敛.

解　当 $x\geqslant 0,1\leqslant t\leqslant 4$ 时

$$|e^{-tx}x\sin x|\leqslant xe^{-x},$$

而

$$\int_0^{+\infty}xe^{-x}\mathrm{d}x=-(x+1)e^{-x}\Big|_0^{+\infty}=1,$$

即 $\int_0^{+\infty}xe^{-x}\mathrm{d}x$ 收敛,从而由魏尔斯特拉斯判别法知,原积分 $\varphi(t)=\int_0^{+\infty}e^{-tx}x\sin x\mathrm{d}x$ 一致收敛.

定理 3(阿贝尔(Abel)判别法)　设

(1) 无穷积分 $\int_a^{+\infty}g(x)\mathrm{d}x$ 收敛.

(2) $f(x,t)$ 在 $D=\{(x,t)\mid a\leqslant x<+\infty,\alpha\leqslant t\leqslant\beta\}$ 上有定义,且关于 x 单调.

(3) $f(x,t)$ 在 D 上一致有界:即存在与 x 和 t 无关的常数 $M>0$,使得对一切 $(x,t)\in D$,有 $|f(x,t)|\leqslant M$.

则含参变量的无穷积分

$$\varphi(t)=\int_a^{+\infty}f(x,t)g(x)\mathrm{d}x$$

在 $t\in[\alpha,\beta]$ 上一致收敛.

证　读者不难仿照定理 2 的证明方式进行证明.

例 2　证明 $\int_1^{+\infty}\frac{1}{x^2}e^{-tx}\mathrm{d}x$ 在 $t\in[0,+\infty)$ 上一致收敛.

证　记 $f(x,t)=e^{-tx},g(x)=\frac{1}{x^2}$,则

$$\int_1^{+\infty}g(x)\mathrm{d}x=\int_1^{+\infty}\frac{1}{x^2}\mathrm{d}x=-\frac{1}{x}\Big|_1^{+\infty}=1,$$

即 $\int_1^{+\infty}g(x)\mathrm{d}x$ 收敛.

显然,当 $t\in[0,+\infty)$ 时,$f(x,t)=e^{-tx}$ 关于 x 单调递减.

又当 $1\leqslant x<+\infty,0\leqslant t<+\infty$ 时,$f(x,t)$ 一致有界:

$$|f(x,t)|=|e^{-tx}|\leqslant 1,$$

故由阿贝尔判别法知 $\int_1^{+\infty}\frac{1}{x^2}e^{-tx}\mathrm{d}x$ 在 $t\in[0,+\infty)$ 上一致收敛.

推论 1　若无穷积分 $\int_a^{+\infty}g(x)\mathrm{d}x(a\geqslant 0)$ 收敛,则无穷积分 $\int_a^{+\infty}e^{-tx}g(x)\mathrm{d}x$ 与 $\int_a^{+\infty}e^{-tx^2}g(x)\mathrm{d}x$ 在 $t\in[0,+\infty)$ 上一致收敛.

推论 2　设

(1) 无穷积分 $\int_a^{+\infty} g(x,t)\mathrm{d}x$ 在 $t\in[\alpha,\beta]$ 上一致收敛.

(2) $f(x,t)$ 在 $D=\{(x,t)\mid a\leqslant x<+\infty,\alpha\leqslant t\leqslant\beta\}$ 上有定义，且关于 x 单调.

(3) $f(x,t)$ 在 D 上一致有界：即存在与 x 和 t 无关的常数 $M>0$，使得对一切 $(x,t)\in D$，有 $|f(x,t)|\leqslant M$.

则含参变量的积分

$$\varphi(t)=\int_a^{+\infty} f(x,t)g(x,t)\mathrm{d}x$$

在 $t\in[\alpha,\beta]$ 上一致收敛.

二、含参变量的无穷积分的性质

定理 4(连续性定理)　设 $f(x,t)$ 在区域 $D=\{(x,t)\mid a\leqslant x<+\infty,\alpha\leqslant t\leqslant\beta\}$ 上连续，且 $\int_a^{+\infty} f(x,t)\mathrm{d}x$ 在 $t\in[\alpha,\beta]$ 上一致收敛，则 $\varphi(t)=\int_a^{+\infty} f(x,t)\mathrm{d}x$ 在 $[\alpha,\beta]$ 上连续，即

$$\lim_{t\to t_0}\int_a^{+\infty} f(x,t)\mathrm{d}x=\int_a^{+\infty}\lim_{t\to t_0}f(x,t)\mathrm{d}x,\quad t_0\in[\alpha,\beta].$$

证　由于 $\int_a^{+\infty} f(x,t)\mathrm{d}x$ 在 $[\alpha,\beta]$ 上一致收敛，故 $\forall\varepsilon>0$，$\exists A_0>a$，使得

$$\left|\int_{A_0}^{+\infty} f(x,t)\mathrm{d}x\right|<\varepsilon,\quad t\in[\alpha,\beta],$$

根据第一节的定理 1，有 $\varphi(t)=\int_a^{A_0} f(x,t)\mathrm{d}x$ 在 $[\alpha,\beta]$ 上连续，所以，$\exists\delta>0$，当 $|\Delta t|<\delta$ 时，有

$$\left|\int_a^{A_0} f(x,t+\Delta t)\mathrm{d}x-\int_a^{A_0} f(x,t)\mathrm{d}x\right|<\varepsilon,$$

从而

$$\begin{aligned}|\varphi(t+\Delta t)-\varphi(t)|&=\left|\int_a^{+\infty} f(x,t+\Delta t)\mathrm{d}x-\int_a^{+\infty} f(x,t)\mathrm{d}x\right|\\&=\left|\int_a^{A_0} f(x,t+\Delta t)\mathrm{d}x+\int_{A_0}^{+\infty} f(x,t+\Delta t)\mathrm{d}x-\right.\\&\quad\left.\int_a^{A_0} f(x,t)\mathrm{d}x-\int_{A_0}^{+\infty} f(x,t)\mathrm{d}x\right|\\&\leqslant\left|\int_a^{A_0} f(x,t+\Delta t)\mathrm{d}x-\int_a^{A_0} f(x,t)\mathrm{d}x\right|+\\&\quad\left|\int_{A_0}^{+\infty} f(x,t+\Delta t)\mathrm{d}x\right|+\left|\int_{A_0}^{+\infty} f(x,t)\mathrm{d}x\right|\\&\leqslant\varepsilon+\varepsilon+\varepsilon=3\varepsilon,\end{aligned}$$

即有

$$\lim_{\Delta t\to 0}|\varphi(t+\Delta t)-\varphi(t)|=0,$$

故 $\varphi(t)=\int_a^{+\infty}f(x,t)\,\mathrm{d}x$ 在 $[\alpha,\beta]$ 上连续.

值得指出的是:定理 4 只是一个由含参变量的无穷积分 $\int_a^{+\infty}f(x,t)\,\mathrm{d}x$ 的一致收敛性导出函数 $\varphi(t)=\int_a^{+\infty}f(x,t)\,\mathrm{d}x$ 的连续性的充分条件,而不是必要条件.下面的迪尼定理告诉我们,在一定的条件下它将成为必要条件:

设函数 $f(x,t)$ 在区域 $D=\{(x,t)\mid a\leqslant x<+\infty,\alpha\leqslant t\leqslant\beta\}$ 上连续且保持符号不变.若函数 $\varphi(t)=\int_a^{+\infty}f(x,t)\,\mathrm{d}x$ 在 $[\alpha,\beta]$ 上连续,则 $\int_a^{+\infty}f(x,t)\,\mathrm{d}x$ 在 $[\alpha,\beta]$ 上一致收敛.

定理 5（积分号下求导定理）　设 $f(x,t)$ 和 $f_t'(x,t)$ 在区域 $D=\{(x,t)\mid a\leqslant x<+\infty,\alpha\leqslant t\leqslant\beta\}$ 上连续,且积分 $\int_a^{+\infty}f(x,t)\,\mathrm{d}x$ 与 $\int_a^{+\infty}f_t'(x,t)\,\mathrm{d}x$ 在 $t\in[\alpha,\beta]$ 上一致收敛,则 $\varphi(t)=\int_a^{+\infty}f(x,t)\,\mathrm{d}x$ 在 $t\in[\alpha,\beta]$ 上可微,且

$$\frac{\mathrm{d}}{\mathrm{d}t}\int_a^{+\infty}f(x,t)\,\mathrm{d}x=\int_a^{+\infty}\frac{\partial}{\partial t}f(x,t)\,\mathrm{d}x=\int_a^{+\infty}f_t'(x,t)\,\mathrm{d}x.$$

例 3　求 $I(t)=\int_0^{+\infty}\mathrm{e}^{-x^2}\cos(2xt)\,\mathrm{d}x\ (-\infty<t<+\infty)$.

解　令 $f(x,t)=\mathrm{e}^{-x^2}\cos(2xt)$,显然 $f(x,t)$ 及 $f_t'(x,t)=-2x\mathrm{e}^{-x^2}\sin(2xt)$ 在 $D=\{(x,t)\mid 0\leqslant x<+\infty,-\infty<t<+\infty\}$ 上连续,且

$$|f_t'(x,t)|=|-2x\mathrm{e}^{-x^2}\sin(2xt)|\leqslant 2x\mathrm{e}^{-x^2},$$

$$\int_0^{+\infty}2x\mathrm{e}^{-x^2}\,\mathrm{d}x=-\mathrm{e}^{-x^2}\Big|_0^{+\infty}=1,$$

故积分 $\int_0^{+\infty}f_t'(x,t)\,\mathrm{d}x$ 在 $t\in(-\infty,+\infty)$ 内一致收敛,从而由积分号下求导定理及分部积分法,有

$$\begin{aligned}I'(t)&=\frac{\mathrm{d}}{\mathrm{d}t}\int_0^{+\infty}f(x,t)\,\mathrm{d}x=\int_0^{+\infty}f_t'(x,t)\,\mathrm{d}x\\&=\int_0^{+\infty}[-2x\mathrm{e}^{-x^2}\sin(2xt)]\,\mathrm{d}x\\&=\mathrm{e}^{-x^2}\sin(2xt)\Big|_0^{+\infty}-\int_0^{+\infty}\mathrm{e}^{-x^2}\mathrm{d}[\sin(2xt)]\\&=-2t\int_0^{+\infty}\mathrm{e}^{-x^2}\cos(2xt)\,\mathrm{d}x=-2tI(t),\end{aligned}$$

于是

$$\frac{I'(t)}{I(t)}=-2t,$$

两边积分得

$$\ln I(t)=-t^2+C,$$

即

$$I(t)=C_1\mathrm{e}^{-t^2}\quad (C_1=\mathrm{e}^C).$$

又

$$I(0)=\int_0^{+\infty}\mathrm{e}^{-x^2}\mathrm{d}x=\frac{\sqrt{\pi}}{2},$$

故 $C_1=\frac{\sqrt{\pi}}{2}$，即有

$$I(t)=\frac{\sqrt{\pi}}{2}\mathrm{e}^{-t^2}.$$

上述定理5对于含多个参变量的无穷积分也有类似的结论，具体见下面例子.

例4　利用积分号下求导法求积分 $\int_0^{+\infty}\frac{\mathrm{e}^{-\alpha x^2}-\mathrm{e}^{-\beta x^2}}{x}\mathrm{d}x\ (\alpha>0,\beta>0)$.

解　令 $I(\alpha,\beta)=\int_0^{+\infty}\frac{\mathrm{e}^{-\alpha x^2}-\mathrm{e}^{-\beta x^2}}{x}\mathrm{d}x$，则

$$\frac{\partial I(\alpha,\beta)}{\partial\alpha}=\int_0^{+\infty}\frac{\partial}{\partial\alpha}\left(\frac{\mathrm{e}^{-\alpha x^2}-\mathrm{e}^{-\beta x^2}}{x}\right)\mathrm{d}x=-\int_0^{+\infty}x\mathrm{e}^{-\alpha x^2}\mathrm{d}x=-\frac{1}{2\alpha},$$

两边对 α 积分，得

$$I(\alpha,\beta)=-\frac{1}{2}\ln\alpha+C.$$

由 $I(\beta,\beta)=0$，得 $C=\frac{1}{2}\ln\beta$，故

$$I(\alpha,\beta)=\int_0^{+\infty}\frac{\mathrm{e}^{-\alpha x^2}-\mathrm{e}^{-\beta x^2}}{x}\mathrm{d}x=\frac{1}{2}\ln\frac{\beta}{\alpha}.$$

定理6（积分次序交换定理）　设 $f(x,t)$ 在区域 $D=\{(x,t)\mid a\leqslant x<+\infty,\alpha\leqslant t\leqslant\beta\}$ 上连续，且 $\int_a^{+\infty}f(x,t)\mathrm{d}x$ 在 $[\alpha,\beta]$ 上一致收敛，则函数 $\varphi(t)=\int_a^{+\infty}f(x,t)\mathrm{d}x$ 在 $[\alpha,\beta]$ 上可积，且

$$\int_\alpha^\beta\varphi(t)\mathrm{d}t=\int_\alpha^\beta\left[\int_a^{+\infty}f(x,t)\mathrm{d}x\right]\mathrm{d}t=\int_a^{+\infty}\left[\int_\alpha^\beta f(x,t)\mathrm{d}t\right]\mathrm{d}x.$$

如果 $t\in[\alpha,+\infty)$，则上述积分次序交换定理可改为如下形式.

推论　设 $f(x,t)$ 在 $\{(x,t)\mid a\leqslant x<+\infty,\alpha\leqslant t<+\infty\}$ 上连续，积分 $\int_a^{+\infty}f(x,t)\mathrm{d}x$ 在

$t\in[\alpha,+\infty)$内任何有限闭区间上一致收敛,积分$\int_{\alpha}^{+\infty}f(x,t)\mathrm{d}t$在$x\in[a,+\infty)$内任何有限闭区间上一致收敛,且积分$\int_{a}^{+\infty}\mathrm{d}x\int_{\alpha}^{+\infty}|f(x,t)|\mathrm{d}t$与积分$\int_{\alpha}^{+\infty}\mathrm{d}t\int_{a}^{+\infty}|f(x,t)|\mathrm{d}x$至少有一个收敛,则有

$$\int_{a}^{+\infty}\mathrm{d}x\int_{\alpha}^{+\infty}f(x,t)\mathrm{d}t=\int_{\alpha}^{+\infty}\mathrm{d}t\int_{a}^{+\infty}f(x,t)\mathrm{d}x.$$

例 5　由$\int_{a}^{b}\mathrm{e}^{-xt}\mathrm{d}t=\frac{\mathrm{e}^{-ax}-\mathrm{e}^{-bx}}{x}$计算积分$\int_{0}^{+\infty}\frac{\mathrm{e}^{-ax}-\mathrm{e}^{-bx}}{x}\mathrm{d}x\quad(b>a>0)$.

解　令$f(x,t)=\mathrm{e}^{-xt}$,则$f(x,t)$在$D=\{(x,t)\mid 0\leqslant x<+\infty,a\leqslant t\leqslant b\}$上连续,且

$$|\mathrm{e}^{-xt}|\leqslant\mathrm{e}^{-ax}\quad(0\leqslant x<+\infty,a\leqslant t\leqslant b),$$

而

$$\int_{0}^{+\infty}\mathrm{e}^{-ax}\mathrm{d}x=-\frac{\mathrm{e}^{-ax}}{a}\bigg|_{0}^{+\infty}=\frac{1}{a},$$

故$\int_{0}^{+\infty}\mathrm{e}^{-ax}\mathrm{d}x$收敛,从而$\int_{0}^{+\infty}\mathrm{e}^{-xt}\mathrm{d}x$在$t\in[a,b]$上一致收敛.由积分次序交换定理,得

$$\int_{0}^{+\infty}\frac{\mathrm{e}^{-ax}-\mathrm{e}^{-bx}}{x}\mathrm{d}x=\int_{0}^{+\infty}\left(\int_{a}^{b}\mathrm{e}^{-xt}\mathrm{d}t\right)\mathrm{d}x=\int_{a}^{b}\left(\int_{0}^{+\infty}\mathrm{e}^{-xt}\mathrm{d}x\right)\mathrm{d}t$$
$$=\int_{a}^{b}\frac{1}{t}\mathrm{d}t=\ln\frac{b}{a}.$$

在例 3 中用到了泊松(Poisson)积分$\int_{0}^{+\infty}\mathrm{e}^{-x^2}\mathrm{d}x=\frac{\sqrt{\pi}}{2}$的结果,这一结果在《大学数学 1》的第六章第五节和本书的第四章第三节分别用Γ函数的性质和反常二重积分的定义得到.本节最后利用含参变量的无穷积分的性质重新给出这一结果.

例 6　计算泊松积分$I=\int_{0}^{+\infty}\mathrm{e}^{-x^2}\mathrm{d}x$.

解　令$x=ut$,其中$t\geqslant 0$,u为任意正数,则有

$$I=\int_{0}^{+\infty}\mathrm{e}^{-x^2}\mathrm{d}x=\int_{0}^{+\infty}\mathrm{e}^{-(ut)^2}\mathrm{d}(ut)=u\int_{0}^{+\infty}\mathrm{e}^{-(ut)^2}\mathrm{d}t.$$

上式两边同乘e^{-u^2}后,再对u从 0 到$+\infty$作积分:

$$I\cdot\int_{0}^{+\infty}\mathrm{e}^{-u^2}\mathrm{d}u=I^2=\int_{0}^{+\infty}u\mathrm{e}^{-u^2}\mathrm{d}u\int_{0}^{+\infty}\mathrm{e}^{-u^2t^2}\mathrm{d}t$$
$$=\int_{0}^{+\infty}\left[\int_{0}^{+\infty}u\mathrm{e}^{-(1+t^2)u^2}\mathrm{d}t\right]\mathrm{d}u,$$

由于

$$u\mathrm{e}^{-(1+t^2)u^2}\leqslant u\mathrm{e}^{-t^2u^2}\quad(0\leqslant t<+\infty,0\leqslant u<+\infty),$$

而$\int_{0}^{+\infty}u\mathrm{e}^{-t^2u^2}\mathrm{d}t=I$存在,则$\int_{0}^{+\infty}u\mathrm{e}^{-(1+t^2)u^2}\mathrm{d}t$在$u\in[0,+\infty)$上一致收敛.由积分次序

交换定理有

$$I^2=\int_0^{+\infty}\mathrm{d}u\int_0^{+\infty}u\mathrm{e}^{-(1+t^2)u^2}\mathrm{d}t=\int_0^{+\infty}\mathrm{d}t\int_0^{+\infty}u\mathrm{e}^{-(1+t^2)u^2}\mathrm{d}u$$

$$=\int_0^{+\infty}\frac{1}{2(1+t^2)}\mathrm{d}t=\frac{1}{2}\arctan t\Big|_0^{+\infty}=\frac{\pi}{4}.$$

又显然 $I>0$,故

$$I=\int_0^{+\infty}\mathrm{e}^{-x^2}\mathrm{d}x=\frac{\sqrt{\pi}}{2}.$$

习题 6-2

1. 证明下列积分在给定区间上一致收敛:

(1) $\int_0^{+\infty}\mathrm{e}^{-x}x^2\cos yx\mathrm{d}x\ (-\infty<y<+\infty)$; (2) $\int_0^{+\infty}\frac{\sin yx}{x^2+y^2}\mathrm{d}x\ (a\leqslant y<+\infty)$.

2. 利用积分号下求导法求下列积分:

(1) $I(a)=\int_0^{+\infty}\frac{1-\cos ax}{x}\mathrm{e}^{-x}\mathrm{d}x\ (a>0)$;

(2) $I(a,b)=\int_0^{+\infty}\frac{\mathrm{e}^{-ax}-\mathrm{e}^{-bx}}{x}\sin x\mathrm{d}x\ (a>0,b>0)$.

3. 已知 $\int_0^{+\infty}\frac{\sin xy}{x}\mathrm{d}x=\frac{\pi}{2}\ (y>0)$,利用积分次序交换定理求积分

$$\int_0^{+\infty}\frac{\cos\alpha x-\cos\beta x}{x^2}\mathrm{d}x\quad(\alpha>0,\beta>0).$$

4. 已知 $\frac{2}{\sqrt{\pi}}\int_0^{+\infty}\mathrm{e}^{-xy^2}\mathrm{d}y=\frac{1}{\sqrt{x}}\ (x>0)$,求积分 $F=\int_0^{+\infty}\frac{\sin x}{\sqrt{x}}\mathrm{d}x$ 和 $F_1=\int_0^{+\infty}\frac{\cos x}{\sqrt{x}}\mathrm{d}x$.

第三节 Γ 函数与 B 函数

本节介绍由含参变量的反常积分确定的两个重要的函数,它们都不是初等函数,但在数学、物理学、工程技术等领域有着广泛的应用.

一、Γ 函数

在《大学数学 1》中,已对 Γ 函数作了简单的介绍,这里,我们从含参变量的积分的角度,对 Γ 函数作进一步讨论.

1. Γ 函数的定义

定义 1　由含参变量的反常积分所确定的函数

$$\Gamma(s)=\int_0^{+\infty} x^{s-1}\mathrm{e}^{-x}\mathrm{d}x \quad (s>0) \tag{1}$$

称为 Γ(伽马)函数.

(1) 式中的含参变量的反常积分也称为第二型欧拉(Euler)积分.

在《大学数学 1》中,已经证明 $\Gamma(s)$ 在 $s>0$ 时是收敛的.

对 Γ 函数的性质和应用的研究,实际上给出了前面所讲的含参变量积分理论的最好的应用实例.

2. Γ 函数的简单性质

下面给出 Γ 函数的一些简单性质. 对在《大学数学 1》中已经介绍的一些性质仅列出,不再证明或举例说明.

(1) 当 $s>0$ 时,$\Gamma(s)$ 连续,且具有各阶连续偏导数.

由函数 $f(x,s)=x^{s-1}\mathrm{e}^{-x}$ 的连续性及含参变量积分的有关定理,立即可以得到 $\Gamma(s)$ 的连续性以及

$$\Gamma'(s)=\int_0^{+\infty}\frac{\partial}{\partial s}(x^{s-1}\mathrm{e}^{-x})\,\mathrm{d}x=\int_0^{+\infty}x^{s-1}\mathrm{e}^{-x}\ln x\mathrm{d}x;$$

$$\Gamma''(s)=\int_0^{+\infty}\frac{\partial}{\partial s}(x^{s-1}\mathrm{e}^{-x}\ln x)\mathrm{d}x=\int_0^{+\infty}x^{s-1}\mathrm{e}^{-x}\ln^2 x\mathrm{d}x;$$

$$\cdots$$

$$\Gamma^{(k)}(s)=\int_0^{+\infty}\frac{\partial}{\partial s}(x^{s-1}\mathrm{e}^{-x}\ln^{k-1}x)\mathrm{d}x=\int_0^{+\infty}x^{s-1}\mathrm{e}^{-x}\ln^k x\mathrm{d}x.$$

例 1　求 $\int_0^{+\infty}x^p\mathrm{e}^{-ax}\ln x\mathrm{d}x$,其中 $a>0,p>-1$.

解　令 $t=ax$,则

$$\Gamma(p+1)=\int_0^{+\infty}t^{(p+1)-1}\mathrm{e}^{-t}\mathrm{d}t=\int_0^{+\infty}t^p\mathrm{e}^{-t}\mathrm{d}t=a^{p+1}\int_0^{+\infty}x^p\mathrm{e}^{-ax}\mathrm{d}x,$$

即

$$\int_0^{+\infty}x^p\mathrm{e}^{-ax}\mathrm{d}x=\frac{\Gamma(p+1)}{a^{p+1}},$$

从而

$$\int_0^{+\infty}x^p\mathrm{e}^{-ax}\ln x\mathrm{d}x=\frac{\mathrm{d}}{\mathrm{d}p}\frac{\Gamma(p+1)}{a^{p+1}}.$$

(2) 递推公式:$\Gamma(s+1)=s\,\Gamma(s)$.

$s=n$ 时,有 $\Gamma(n+1)=n!$ (n 为正整数).

(3) 余元公式:$\Gamma(s)\Gamma(1-s)=\dfrac{\pi}{\sin s\pi} \quad (0<s<1)$.

$s=\frac{1}{2}$时，有 $\Gamma\left(\frac{1}{2}\right)=\sqrt{\pi}$.

(4) 勒让德(Legendre)公式：$\Gamma(s)\Gamma\left(s+\frac{1}{2}\right)=\frac{\sqrt{\pi}}{2^{2s-1}}\Gamma(2s)$.

例 2 证明：$\Gamma\left(n+\frac{1}{2}\right)=\frac{(2n-1)!!}{2^n}\sqrt{\pi}$ （n 为自然数）.

证 由勒让德公式有

$$\Gamma(n)\Gamma\left(n+\frac{1}{2}\right)=\frac{\sqrt{\pi}}{2^{2n-1}}\Gamma(2n).$$

又 $\Gamma(n)=(n-1)!$，故

$$\begin{aligned}\Gamma\left(n+\frac{1}{2}\right)&=\frac{\sqrt{\pi}}{2^{2n-1}}\cdot\frac{\Gamma(2n)}{\Gamma(n)}=\frac{\sqrt{\pi}}{2^{2n-1}}\cdot\frac{(2n-1)!}{(n-1)!}\\&=\frac{\sqrt{\pi}}{2^{2n-1}}\cdot\frac{(2n-1)(2n-2)\cdots2\cdot1}{(n-1)(n-2)\cdots1}\\&=\frac{\sqrt{\pi}}{2^{2n-1}}\cdot\frac{(2n-1)(2n-3)\cdots3\cdot1\cdot2^{n-1}\cdot(n-1)(n-2)\cdots1}{(n-1)(n-2)\cdots1}\\&=\frac{(2n-1)!!}{2^n}\sqrt{\pi}.\end{aligned}$$

例 3 求 $\int_0^{+\infty}x^{2n}e^{-x^2}dx$.

解 令 $x^2=u$，则 $dx=\frac{1}{2\sqrt{u}}du$，从而

$$\begin{aligned}\int_0^{+\infty}x^{2n}e^{-x^2}dx&=\int_0^{+\infty}u^ne^{-u}\frac{1}{2\sqrt{u}}du=\frac{1}{2}\int_0^{+\infty}u^{\left(n+\frac{1}{2}\right)-1}e^{-u}du\\&=\frac{1}{2}\Gamma\left(n+\frac{1}{2}\right)=\frac{(2n-1)!!}{2^{n+1}}\sqrt{\pi}.\end{aligned}$$

二、B 函数

1. B 函数的定义

首先研究含参变量积分 $\int_0^1x^{a-1}(1-x)^{b-1}dx$ 的敛散性.该积分是有两个瑕点$x=0$及 $x=1$ 的含参变量的瑕积分.为此，将积分分成两部分：

$$\begin{aligned}B(a,b)&=\int_0^1x^{a-1}(1-x)^{b-1}dx\\&=\int_0^{\frac{1}{2}}x^{a-1}(1-x)^{b-1}dx+\int_{\frac{1}{2}}^1x^{a-1}(1-x)^{b-1}dx.\end{aligned}$$

当 $x\to0$ 时，$x^{a-1}(1-x)^{b-1}\sim x^{a-1}$，且当 $a>0$ 时，积分 $\int_0^{\frac{1}{2}}x^{a-1}\mathrm{d}x$ 收敛，所以，当 $a>0$ 时，$\int_0^{\frac{1}{2}}x^{a-1}(1-x)^{b-1}\mathrm{d}x$ 收敛.

当 $x\to1$ 时，$x^{a-1}(1-x)^{b-1}\sim(1-x)^{b-1}$. 而当 $b>0$ 时，积分 $\int_{\frac{1}{2}}^1(1-x)^{b-1}\mathrm{d}x$ 收敛，所以，当 $b>0$ 时，$\int_{\frac{1}{2}}^1 x^{a-1}(1-x)^{b-1}\mathrm{d}x$ 收敛.

综上所述，当 $a>0,b>0$ 时，含参变量积分 $\int_0^1 x^{a-1}(1-x)^{b-1}\mathrm{d}x$ 收敛，并可确定一个函数. 此外，只要 $a\leqslant0$ 或 $b\leqslant0$ 有一个发生，积分 $\int_0^1 x^{a-1}(1-x)^{b-1}\mathrm{d}x$ 就发散.

定义 2　由含参变量积分所确定的函数

$$\mathrm{B}(a,b)=\int_0^1 x^{a-1}(1-x)^{b-1}\mathrm{d}x\quad(a>0,b>0)\tag{2}$$

称为 B(贝塔)函数.

(2)式中的含参变量的积分也称为第一型欧拉积分.

2. B 函数的简单性质

B 函数具有以下简单性质：

(1) $\mathrm{B}(a,b)$ 当 $a>0,b>0$ 时连续.

(2) 对称性：$\mathrm{B}(a,b)=\mathrm{B}(b,a)$.

(3) 递推公式：

$$\mathrm{B}(a,b)=\frac{b-1}{a+b-1}\mathrm{B}(a,b-1),$$

$$\mathrm{B}(a,b)=\frac{a-1}{a+b-1}\mathrm{B}(a-1,b).$$

(4) B 函数与 Γ 函数的关系：

$$\mathrm{B}(a,b)=\frac{\Gamma(a)\Gamma(b)}{\Gamma(a+b)}\qquad(a>0,b>0).$$

特别地，当 m,n 为正整数时，

$$\mathrm{B}(m+1,n+1)=\frac{m!\ n!}{(m+n+1)!}.$$

(5) 等价表达式：

$$\mathrm{B}(a,b)=\int_0^{+\infty}\frac{x^{a-1}}{(1+x)^{a+b}}\mathrm{d}x,$$

$$\mathrm{B}(a,b)=\int_0^1\frac{x^{a-1}+x^{b-1}}{(1+x)^{a+b}}\mathrm{d}x.$$

B 函数的这几个性质的证明都不难，例如，只需利用分部积分法，借助恒等式 $x^a=x^{a-1}-x^{a-1}(1-x)$ 即可证明递推公式(3)；利用换元法即可证明(5)，如令 $x=\dfrac{y}{1+y}$，

则可得 $B(a,b)=\int_0^1 x^{a-1}(1-x)^{b-1}dx=\int_0^{+\infty}\frac{y^{a-1}}{(1+y)^{a+b}}dy$ 等.

例 4　计算下列积分：

(1) $\int_0^1\sqrt{x-x^2}\,dx$；　　(2) $\int_0^a x^2\sqrt{a^2-x^2}\,dx\quad(a>0)$.

解　(1) $\int_0^1\sqrt{x-x^2}\,dx=\int_0^1 x^{\frac{1}{2}}(1-x)^{\frac{1}{2}}dx$

$$=\int_0^1 x^{\frac{3}{2}-1}(1-x)^{\frac{3}{2}-1}dx=B\left(\frac{3}{2},\frac{3}{2}\right)$$

$$=\frac{\Gamma\left(\frac{3}{2}\right)\Gamma\left(\frac{3}{2}\right)}{\Gamma(3)}=\frac{\left[\Gamma\left(1+\frac{1}{2}\right)\right]^2}{\Gamma(3)}$$

$$=\frac{\left[\frac{1}{2}\Gamma\left(\frac{1}{2}\right)\right]^2}{2!}=\frac{\left(\frac{\sqrt{\pi}}{2}\right)^2}{2!}=\frac{\pi}{8}.$$

(2) 令 $x^2=a^2t(x>0)$，则 $x=a\sqrt{t}$，$dx=\frac{a}{2\sqrt{t}}dt$，从而

$$\int_0^a x^2\sqrt{a^2-x^2}\,dx=\int_0^1 a^2t\cdot\sqrt{a^2-a^2t}\cdot\frac{a}{2\sqrt{t}}dt$$

$$=\frac{a^4}{2}\int_0^1 t^{\frac{1}{2}}(1-t)^{\frac{1}{2}}dt=\frac{a^4}{2}B\left(\frac{3}{2},\frac{3}{2}\right)=\frac{a^4}{2}\cdot\frac{\pi}{8}=\frac{\pi}{16}a^4.$$

例 5　求 $\int_0^{\frac{\pi}{2}}\sin^6x\cos^4x\,dx$.

解　令 $x=\sin^2t$，则

$$B(a,b)=\int_0^1 x^{a-1}(1-x)^{b-1}dx$$

$$=\int_0^{\frac{\pi}{2}}(\sin t)^{2(a-1)}\cdot(\cos t)^{2(b-1)}\cdot 2\sin t\cos t\,dt$$

$$=2\int_0^{\frac{\pi}{2}}(\sin t)^{2a-1}(\cos t)^{2b-1}dt,$$

从而

$$\int_0^{\frac{\pi}{2}}\sin^6x\cos^4x\,dx=\frac{1}{2}B\left(\frac{7}{2},\frac{5}{2}\right)=\frac{1}{2}\cdot\frac{\frac{7}{2}-1}{\frac{7}{2}+\frac{5}{2}-1}B\left(\frac{7}{2}-1,\frac{5}{2}\right)$$

$$=\frac{1}{4}\cdot\frac{\left[\Gamma\left(\frac{5}{2}\right)\right]^2}{\Gamma\left(\frac{5}{2}+\frac{5}{2}\right)}=\frac{1}{4}\cdot\frac{\left(\frac{3}{2}\cdot\frac{1}{2}\cdot\sqrt{\pi}\right)^2}{4!}=\frac{3\pi}{512}.$$

例 6 求 $\int_0^{+\infty}\frac{\sqrt{x}}{(1+x)^2}\mathrm{d}x$.

解 令 $x=\frac{t}{1+t}$,则

$$\mathrm{B}(a,b)=\int_0^1 x^{a-1}(1-x)^{b-1}\mathrm{d}x$$

$$=\int_0^{+\infty}\left(\frac{t}{1+t}\right)^{a-1}\left(\frac{1}{1+t}\right)^{b-1}\frac{\mathrm{d}t}{(1+t)^2}=\int_0^{+\infty}\frac{t^{a-1}}{(1+t)^{a+b}}\mathrm{d}t,$$

于是

$$\int_0^{+\infty}\frac{\sqrt{x}}{(1+x)^2}\mathrm{d}x=\int_0^{+\infty}\frac{x^{\frac{3}{2}-1}}{(1+x)^{\frac{3}{2}+\frac{1}{2}}}\mathrm{d}x=\mathrm{B}\left(\frac{3}{2},\frac{1}{2}\right)$$

$$=\frac{\Gamma\left(\frac{3}{2}\right)\Gamma\left(\frac{1}{2}\right)}{\Gamma(2)}=\frac{\frac{1}{2}\Gamma\left(\frac{1}{2}\right)\cdot\Gamma\left(\frac{1}{2}\right)}{1!}=\frac{1}{2}\cdot(\sqrt{\pi})^2=\frac{\pi}{2}.$$

例 4~例 6 的积分均可用定积分或反常积分的计算方法进行计算,读者不妨试一试.

习题 6-3

1. 利用 Γ 函数和 B 函数求下列积分:

(1) $\int_0^{+\infty}x^5\mathrm{e}^{-x^2}\mathrm{d}x$;　　(2) $\int_0^1\ln^6\frac{1}{x}\mathrm{d}x$;

(3) $\int_0^1\frac{1}{\sqrt{1-\sqrt[4]{x}}}\mathrm{d}x$;　　(4) $\int_0^1\sqrt{x^3(1-\sqrt{x})}\,\mathrm{d}x$;

(5) $\int_0^{+\infty}\frac{1}{1+x^3}\mathrm{d}x$;　　(6) $\int_0^{\frac{\pi}{2}}\sqrt{\tan x}\,\mathrm{d}x$.

2. 证明 $\int_0^{+\infty}\mathrm{e}^{-x^k}\mathrm{d}x=\Gamma\left(\frac{1}{k}+1\right)\quad(k>0)$.

3. 证明 $\mathrm{B}(a,b)\mathrm{B}(a+b,c)=\mathrm{B}(b,c)\mathrm{B}(b+c,a)$.

4. 证明 $\int_0^{+\infty}\frac{x^{m-1}}{(1+x)^n}\mathrm{d}x=\mathrm{B}(m,n-m)\quad(n>m>0)$.

第四节　含参变量积分应用举例

在一元微积分中我们知道,对于一个给定的连续函数 $f(x)$,它的原函数一定是存在的,但其原函数(不定积分)却不一定能用初等函数表示出来,通常称为"积不出".如 $\int e^{-x^2}dx$, $\int \sin x^2 dx$, $\int \frac{\sin x}{x}dx$ 等均是积不出的.因此,求这种函数在某区间上的定积分 $\int_a^b f(x)dx$ 或反常积分 $\int_a^{+\infty} f(x)dx$, $\int_{-\infty}^b f(x)dx$, $\int_{-\infty}^{+\infty} f(x)dx$ 等时,就不能直接用牛顿-莱布尼茨公式.但有些积分可以在适当地引入参变量后,运用含参变量积分的运算性质计算出来.在这一节中,我们通过举例来说明含参变量积分理论的这类重要应用.

例 1　求狄利克雷积分 $I=\int_0^{+\infty}\frac{\sin x}{x}dx$.

解　引入"收敛因子" e^{-tx},考虑积分

$$I(t)=\int_0^{+\infty} e^{-tx}\frac{\sin x}{x}dx \qquad (t\geqslant 0).$$

这是一个含参变量 t 的积分,因子 e^{-tx} 能保证积分具有一致收敛性,且 $I(0)=I$.

记 $f(x,t)=\begin{cases}1, & x=0,\\ e^{-tx}\frac{\sin x}{x}, & x\neq 0,\end{cases}$ 则

$$\frac{\partial f(x,t)}{\partial t}=-e^{-tx}\sin x.$$

显然,$f(x,t)$, $\frac{\partial f(x,t)}{\partial t}\in C(D)$,其中 $D=\{(x,t)\mid 0\leqslant x<+\infty, 0\leqslant t<+\infty\}$,且由

$$\left|e^{-tx}\frac{\sin x}{x}\right|\leqslant e^{-tx}$$

及积分 $\int_0^{+\infty} e^{-tx}dx$ 的收敛性可知 $\int_0^{+\infty} e^{-tx}\frac{\sin x}{x}dx$ 是一致收敛的,所以 $I(t)\in C([0,+\infty))$,从而

$$I=I(0)=\lim_{t\to 0}I(t).$$

由于

$$I'(t)=\int_0^{+\infty}\frac{\partial f(x,t)}{\partial t}dx=-\int_0^{+\infty} e^{-tx}\sin x dx$$

$$=\frac{e^{-tx}(t\sin x+\cos x)}{1+t^2}\Bigg|_0^{+\infty}=-\frac{1}{1+t^2},$$

所以当 $t>0$ 时

$$I(t)=-\arctan t+C.$$

又由于

$$|I(t)|=\left|\int_0^{+\infty}\mathrm{e}^{-tx}\frac{\sin x}{x}\mathrm{d}x\right|\leqslant\int_0^{+\infty}\mathrm{e}^{-tx}\mathrm{d}x=\frac{1}{t},$$

故当 $t\to+\infty$ 时,$I(t)\to 0$.于是由

$$\lim_{t\to+\infty}I(t)=\lim_{t\to+\infty}(-\arctan t+C)=-\frac{\pi}{2}+C=0,$$

得 $C=\dfrac{\pi}{2}$,所以 $I(t)=-\arctan t+\dfrac{\pi}{2}$,从而

$$I=I(0)=\lim_{t\to 0}I(t)=\lim_{t\to 0}\left(\arctan t+\frac{\pi}{2}\right)=\frac{\pi}{2}.$$

即

$$I=\int_0^{+\infty}\frac{\sin x}{x}\mathrm{d}x=\frac{\pi}{2}.$$

此外,作变换 $\beta x=t$,可以得到

$$\int_0^{+\infty}\frac{\sin\beta x}{x}\mathrm{d}x=\begin{cases}\dfrac{\pi}{2}, & \beta>0,\\ 0, & \beta=0,\\ -\dfrac{\pi}{2}, & \beta<0\end{cases}\quad 即\int_0^{+\infty}\frac{\sin\beta x}{x}\mathrm{d}x=\frac{\pi}{2}\operatorname{sgn}\beta,$$

或者说,符号函数 $\operatorname{sgn}\beta$ 可以表示为

$$\operatorname{sgn}\beta=\frac{2}{\pi}\int_0^{+\infty}\frac{\sin\beta x}{x}\mathrm{d}x.$$

例 2 求 $\displaystyle\int_0^{+\infty}\sin x^2\mathrm{d}x$.

解 令 $x^2=t$,得

$$\int_0^{+\infty}\sin x^2\mathrm{d}x=\frac{1}{2}\int_0^{+\infty}\frac{\sin t}{\sqrt{t}}\mathrm{d}t.$$

在泊松积分

$$\int_0^{+\infty}\mathrm{e}^{-x^2}\mathrm{d}x=\frac{\sqrt{\pi}}{2}$$

中,令 $x=\sqrt{t}\,u$,可得

$$\frac{1}{\sqrt{t}}=\frac{2}{\sqrt{\pi}}\int_0^{+\infty}\mathrm{e}^{-tu^2}\mathrm{d}u.$$

于是,有

$$\int_0^{+\infty}\frac{\sin t}{\sqrt{t}}\mathrm{d}t=\frac{2}{\sqrt{\pi}}\int_0^{+\infty}\sin t\mathrm{d}t\int_0^{+\infty}\mathrm{e}^{-tu^2}\mathrm{d}u.$$

引入收敛因子 e^{-kt},交换上述积分的积分次序,得

$$\begin{aligned}\int_0^{+\infty}\frac{\sin t}{\sqrt{t}}\mathrm{e}^{-kt}\mathrm{d}t&=\frac{2}{\sqrt{\pi}}\int_0^{+\infty}\mathrm{e}^{-kt}\sin t\mathrm{d}t\int_0^{+\infty}\mathrm{e}^{-tu^2}\mathrm{d}u\\&=\frac{2}{\sqrt{\pi}}\int_0^{+\infty}\mathrm{d}u\int_0^{+\infty}\mathrm{e}^{-(k+u^2)t}\sin t\mathrm{d}t\\&=\frac{2}{\sqrt{\pi}}\int_0^{+\infty}\frac{\mathrm{d}u}{1+(k+u^2)^2}.\end{aligned}$$

当 $k\to0$ 时,上式两边在积分号下取极限得

$$\begin{aligned}\int_0^{+\infty}\frac{\sin t}{\sqrt{t}}\mathrm{d}t&=\frac{2}{\sqrt{\pi}}\int_0^{+\infty}\frac{\mathrm{d}u}{1+u^4}\mathrm{d}u\\&=\frac{2}{\sqrt{\pi}}\left(\frac{1}{4\sqrt{2}}\ln\frac{u^2+\sqrt{2}u+1}{u^2-\sqrt{2}u+1}+\frac{1}{2\sqrt{2}}\arctan\frac{u^2-1}{\sqrt{2}u}\right)\Bigg|_0^{+\infty}\\&=\frac{2}{\sqrt{\pi}}\cdot\frac{1}{2\sqrt{2}}\left(\frac{\pi}{2}+\frac{\pi}{2}\right)=\sqrt{\frac{\pi}{2}},\end{aligned}$$

故

$$\int_0^{+\infty}\sin x^2\mathrm{d}x=\frac{1}{2}\int_0^{+\infty}\frac{\sin t}{\sqrt{t}}\mathrm{d}t=\frac{\sqrt{2\pi}}{4}.$$

此外,类似于此例的做法,可得

$$\int_0^{+\infty}\cos x^2\mathrm{d}x=\frac{\sqrt{2\pi}}{4}.$$

积分 $\int_0^{+\infty}\sin x^2\mathrm{d}x$ 与 $\int_0^{+\infty}\cos x^2\mathrm{d}x$ 称为菲涅耳(Fresnel)积分.

例 3 求 $I=\int_0^1\frac{\ln(1+x)}{1+x^2}\mathrm{d}x$.

解 记 $D=\{(x,t)\mid 0\leqslant x\leqslant1,0\leqslant t\leqslant1\}$,考虑含参变量 t 的积分

$$I(t)=\int_0^1\frac{\ln(1+tx)}{1+x^2}\mathrm{d}x.$$

因为 $f(x,t)=\frac{\ln(1+tx)}{1+x^2}$, $f'_t(x,t)=\frac{x}{(1+x^2)(1+tx)}\in C(D)$,由含参变量积分的性质,有

$$I'(t)=\int_0^1\frac{x}{(1+x^2)(1+tx)}\mathrm{d}x$$

$$=\frac{1}{1+t^2}\int_0^1\left(\frac{x}{1+x^2}+\frac{t}{1+x^2}-\frac{t}{1+tx}\right)\mathrm{d}x$$

$$=\frac{1}{1+t^2}\left[\frac{1}{2}\ln(1+x^2)+t\arctan x-\ln(1+tx)\right]\Bigg|_{x=0}^{x=1}$$

$$=\frac{1}{1+t^2}\left[\frac{1}{2}\ln 2+\frac{\pi}{4}t-\ln(1+t)\right].$$

上式两边对 t 从 0 到 1 积分,得

$$I(1)-I(0)=\int_0^1\frac{1}{1+t^2}\left[\frac{1}{2}\ln 2+\frac{\pi}{4}t-\ln(1+t)\right]\mathrm{d}t$$

$$=\frac{1}{2}\ln 2\cdot\arctan t\Big|_0^1+\frac{\pi}{8}\ln(1+t^2)\Big|_0^1-\int_0^1\frac{\ln(1+t)}{1+t^2}\mathrm{d}t$$

$$=\frac{\pi}{4}\ln 2-I(1).$$

由于 $I(1)=I,I(0)=0$,故

$$I=\int_0^1\frac{\ln(1+x)}{1+x^2}\mathrm{d}x=\frac{1}{2}\cdot\frac{\pi}{4}\ln 2=\frac{\pi}{8}\ln 2.$$

例 4　利用泊松积分 $\int_0^{+\infty}\mathrm{e}^{-y^2}\mathrm{d}y=\frac{\sqrt{\pi}}{2}$,证明 $\int_0^{+\infty}\mathrm{e}^{-y^2-y^{-2}}\mathrm{d}y=\frac{\sqrt{\pi}}{2}\mathrm{e}^{-2}$.

证　记 $D=\{(y,t)\mid 0<y<+\infty,0\leqslant t<+\infty\}$,当 $0\leqslant t<+\infty$ 时,令 $I(t)=\int_0^{+\infty}\mathrm{e}^{-y^2-t^2y^{-2}}\mathrm{d}y$,由于 $f(y,t)=\mathrm{e}^{-y^2-t^2y^{-2}}$,$f_t'(y,t)=\mathrm{e}^{-y^2-t^2y^{-2}}(-2ty^{-2})\in C(D)$,故

$$I'(t)=\int_0^{+\infty}\mathrm{e}^{-y^2-t^2y^{-2}}(-2ty^{-2})\mathrm{d}y$$

$$=-2\int_0^{+\infty}\mathrm{e}^{-\left(y-\frac{t}{y}\right)^2-2t}\left(1+\frac{t}{y^2}-1\right)\mathrm{d}y$$

$$=-2\int_0^{+\infty}\mathrm{e}^{-\left(y-\frac{t}{y}\right)^2}\mathrm{e}^{-2t}\left(1+\frac{t}{y^2}\right)\mathrm{d}y+2\int_0^{+\infty}\mathrm{e}^{-\left(y-\frac{t}{y}\right)^2-2t}\mathrm{d}y$$

$$=-2\mathrm{e}^{-2t}\int_0^{+\infty}\mathrm{e}^{-\left(y-\frac{t}{y}\right)^2}\left(y-\frac{t}{y}\right)'\mathrm{d}y+2\int_0^{+\infty}\mathrm{e}^{-y^2-\frac{t^2}{y^2}}\mathrm{d}y$$

$$=-2\mathrm{e}^{-2t}\int_{-\infty}^{+\infty}\mathrm{e}^{-u^2}\mathrm{d}u+2I(t)=-4\mathrm{e}^{-2t}\int_0^{+\infty}\mathrm{e}^{-u^2}\mathrm{d}u+2I(t)$$

$$=-4\mathrm{e}^{-2t}\frac{\sqrt{\pi}}{2}+2I(t),$$

即

$$I'(t)-2I(t)=-2\sqrt{\pi}\,\mathrm{e}^{-2t},$$

其中 $u=y-\frac{t}{y}$.解此一阶常系数非齐次线性微分方程,得

$$I(t)=e^{\int 2dt}\left[\int(-2\sqrt{\pi}e^{-2t})e^{\int(-2)dt}dt+C\right]$$

$$=-e^{2t}\left[\int 2\sqrt{\pi}e^{-4t}dt-C\right]=\frac{\sqrt{\pi}}{2}e^{-2t}+Ce^{2t}.$$

又 $I(0)=\int_0^{+\infty}e^{-y^2}dy=\frac{\sqrt{\pi}}{2}$,故 $C=0$,即有

$$I(t)=\frac{\sqrt{\pi}}{2}e^{-2t}.$$

因此

$$I(1)=\int_0^{+\infty}e^{-y^2-y^{-2}}dy=\frac{\sqrt{\pi}}{2}e^{-2}.$$

习题 6-4

1. 计算下列积分:

(1) $\int_0^{+\infty}e^{-kx}\frac{\sin 2x}{x}dx$ ($k>0$ 为常数) $\left(提示:考虑\int_0^{+\infty}e^{-kx}\frac{\sin tx}{x}dx\right)$;

(2) $\int_0^{+\infty}\frac{\sin x^2}{x}dx$ $\left(提示:考虑\int_0^{+\infty}e^{-tx^2}\frac{\sin x^2}{x}dx\right)$.

2. 利用关系式 $\int_0^{+\infty}e^{-tx^2}dx=\frac{\sqrt{\pi}}{2\sqrt{t}}$ ($t>0$)及含参变量积分的性质证明:

$$\int_0^{+\infty}e^{-x^2}x^{2n}dx=\frac{(2n)!}{2^{2n+1}n!}\sqrt{\pi}\quad(n 为正整数).$$

综 合 题 六

1. 求下列极限:

(1) $\lim\limits_{a\to 0}\int_a^{1+a}\frac{dx}{1+a^2+x^2}$.

(2) $\lim\limits_{y\to 0^+}\int_0^1\frac{dx}{1+(1+xy)^{\frac{1}{y}}}$.

2. 解答下列问题:

(1) 设 $\varphi(x)=\int_{\sin x}^{\cos x}(y^2\sin x-y^3)dy$,求 $\varphi'(x)$.

(2) 设 $f\in C(\mathbf{R}^2)$，$F(x)=\int_0^x\left[\int_{t^2}^{x^2}f(t,s)\,\mathrm{d}s\right]\mathrm{d}t$，求 $F'(x)$.

(3) 试求 a,b 之值，使积分 $\int_1^3(a+bx-x^2)^2\mathrm{d}x$ 取最小值.

3. 解答下列问题：

(1) 设 $f\in C(\mathbf{R})$，$F(x)=\dfrac{1}{h^2}\int_0^h\left[\int_0^h f(x+s+t)\,\mathrm{d}t\right]\mathrm{d}s\,(h>0)$，求 $F''(x)$.

(2) 设 $f\in C(\mathbf{R})$，$F(x)=\int_0^x f(x)(x-t)^{n-1}\mathrm{d}t$，求 $F^{(n)}(x)$.

4. 利用积分号下微分法或积分法求下列积分：

(1) $\int_0^{\frac{\pi}{2}}\ln(\cos^2x+a^2\sin^2x)\,\mathrm{d}x\ (a>0)$.

(2) $\int_0^1\sin\left(\ln\dfrac{1}{x}\right)\dfrac{x^b-x^a}{\ln x}\mathrm{d}x\ (b>a>0)$.

(3) $\int_0^x y^n(x-y)^m\mathrm{d}y\ (n,m\in\mathbf{N})$.

5. 证明下列积分在给定区间上一致收敛：

(1) $\int_1^{+\infty}\dfrac{y^2-x^2}{(x^2+y^2)^2}\mathrm{d}x\ (-\infty<y<+\infty)$.

(2) $\int_0^1\ln(xy)\,\mathrm{d}y\ \left(\dfrac{1}{b}\leqslant x\leqslant b,b>1\right)$.

(3) $\int_0^{+\infty}\dfrac{\sin x}{x(1+\alpha x^2)}\mathrm{d}x\ (0\leqslant\alpha<+\infty)$.

6. 利用积分号下求导法或积分次序交换定理求下列积分：

(1) $\int_0^{+\infty}\dfrac{\mathrm{e}^{-ax^2}-\mathrm{e}^{-bx^2}}{x}\mathrm{d}x\ (a>0,b>0)$.

(2) $\int_0^{+\infty}\mathrm{e}^{-ax^2}\cos bx\,\mathrm{d}x\ (a>0)$.

(3) 由 $\dfrac{1}{1+x^2}=\int_0^{+\infty}\mathrm{e}^{-y(1+x^2)}\mathrm{d}y$ 计算 $\int_0^{+\infty}\dfrac{\cos ax}{1+x^2}\mathrm{d}x$.

7. 利用 Γ 函数和 B 函数求下列积分：

(1) $\int_0^{\frac{\pi}{2}}\sin^{2n}x\,\mathrm{d}x$.

(2) $\int_0^{\frac{\pi}{2}}\sin^{2n+1}x\,\mathrm{d}x$.

(3) $\int_0^{+\infty}\dfrac{x^2}{1+x^4}\mathrm{d}x$.

(4) $\int_0^{+\infty}\dfrac{1}{1+x^4}\mathrm{d}x$.

（5）$\int_0^1 \frac{1}{\sqrt{1-x^4}}\mathrm{d}x$.　　　　（6）$\int_0^{+\infty} \frac{x^{p-1}\ln x}{1+x}\mathrm{d}x\ (0<p<1)$.

8. 证明下列结论：

（1）$\lim\limits_{n\to+\infty}\int_0^{+\infty} \mathrm{e}^{-x^n}\mathrm{d}x = 1$.

综合题六
答案与提示

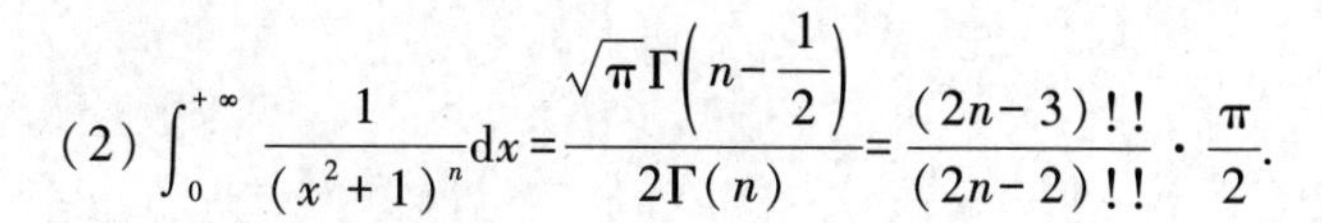

（2）$\int_0^{+\infty} \frac{1}{(x^2+1)^n}\mathrm{d}x = \frac{\sqrt{\pi}\,\Gamma\left(n-\frac{1}{2}\right)}{2\Gamma(n)} = \frac{(2n-3)!!}{(2n-2)!!}\cdot\frac{\pi}{2}$.

9. 解答下列问题：

（1）求曲线 $r^4=\sin^3\theta\cos\theta$ 所围区域的面积 S.

（2）求曲线 $r^m=a^m\cos m\theta$ 的一段弧长 s.

第七章

无穷级数

无穷级数概念的起源是很早的，我国魏晋时期的刘徽就已经利用级数的概念进行面积的计算.无穷级数是数与函数的一种重要表达形式，也是微积分理论研究与实际应用中极其有力的工具，它在表示函数、研究函数性质、计算函数值以及求解微分方程等方面都有重要应用，对微积分的进一步发展起着非常重要的作用.

第一节　常数项级数的概念和性质

一、无穷级数的概念

设$\{u_n\}$为数列或函数列，则称表达式

$$\sum_{n=1}^{\infty} u_n = u_1+u_2+\cdots+u_n+\cdots$$

为一个无穷级数，或简称为级数，其中 u_n 称为该级数的一般项或通项. 如果级数 $\sum\limits_{n=1}^{\infty} u_n$ 的每一项 u_n 都为常数，则称该级数为常数项级数；如果级数 $\sum\limits_{n=1}^{\infty} u_n$ 的每一项 u_n 均为同一变量 x 的函数，即 $u_n=u_n(x)$，则称该级数 $\sum\limits_{n=1}^{\infty} u_n(x)$ 是函数项级数.例如，

$$\sum_{n=1}^{\infty} \frac{1}{2^n} = \frac{1}{2}+\frac{1}{4}+\cdots+\frac{1}{2^n}+\cdots,$$

$$\sum_{n=1}^{\infty} \frac{1}{n} = 1+\frac{1}{2}+\cdots+\frac{1}{n}+\cdots,$$

$$\sum_{n=1}^{\infty} \cos n = \cos 1+\cos 2+\cdots+\cos n+\cdots$$

均为常数项级数；

$$\sum_{n=1}^{\infty} (-1)^{n-1}x^{n-1} = 1-x+x^2-\cdots+(-1)^{n-1}x^{n-1}+\cdots,$$

$$\sum_{n=0}^{\infty} a_nx^n = a_0+a_1x+a_2x^2+\cdots+a_nx^n+\cdots,\quad a_n \text{ 为常数；}$$

$$\sum_{n=1}^{\infty}\sin nx=\sin x+\sin 2x+\cdots+\sin nx+\cdots$$

均为函数项级数.

无穷级数实质上是一个无穷求和的问题.在代数学中,有限多项相加总是有“和”的,但无穷多项相加的“和”是什么呢?很自然地我们会想到先求出有限多项的和,然后取极限来求得无穷多项的“和”.然而极限有是否存在的问题,因此,无穷多项相加的“和”也有是否存在的问题.这就是级数的收敛与发散的问题.

定义 1　一个无穷级数 $\sum\limits_{k=1}^{\infty}u_k$ 的前 n 项的和

$$S_n=\sum_{k=1}^{n}u_k=u_1+u_2+\cdots+u_n$$

称为该级数的部分和;而数列 $\{S_n\}$ 称为该级数的部分和数列.

显然,给出了一个级数的部分和数列 $\{S_n\}$,则该级数的一般项 $u_n=S_n-S_{n-1}$.

定义 2　如果级数 $\sum\limits_{k=1}^{\infty}u_k$ 的部分和数列 $\{S_n\}$ 收敛,即 $\lim\limits_{n\to\infty}S_n=S$ 存在,则称级数 $\sum\limits_{k=1}^{\infty}u_k$ 收敛,其极限值 S 称为级数的和,记为 $\sum\limits_{k=1}^{\infty}u_k=S$. 若部分和数列 $\{S_n\}$ 发散,则称级数 $\sum\limits_{k=1}^{\infty}u_k$ 发散.

我们常将判定一个级数是收敛还是发散的问题,称为级数的敛散性问题.

例 1　判定级数 $\sum\limits_{n=1}^{\infty}\dfrac{1}{n(n+1)}=\dfrac{1}{1\cdot 2}+\dfrac{1}{2\cdot 3}+\cdots+\dfrac{1}{n(n+1)}+\cdots$ 的敛散性.

解　由于

$$u_n=\frac{1}{n(n+1)}=\frac{1}{n}-\frac{1}{n+1},$$

因此该级数的部分和

$$\begin{aligned}S_n&=\frac{1}{1\cdot 2}+\frac{1}{2\cdot 3}+\cdots+\frac{1}{n(n+1)}\\&=\left(1-\frac{1}{2}\right)+\left(\frac{1}{2}-\frac{1}{3}\right)+\cdots+\left(\frac{1}{n}-\frac{1}{n+1}\right)=1-\frac{1}{n+1}.\end{aligned}$$

从而

$$\lim_{n\to\infty}S_n=\lim_{n\to\infty}\left(1-\frac{1}{n+1}\right)=1,$$

所以级数 $\sum\limits_{n=1}^{\infty}\dfrac{1}{n(n+1)}$ 收敛,且和为 1.

例 2　研究等比级数(也称几何级数) $\sum\limits_{n=1}^{\infty}ar^{n-1}$ 的敛散性,其中 $a\neq 0$ 为常数.

解　当 $r\neq 1$ 时,部分和

$$S_n=\sum_{k=1}^{n} ar^{k-1}=\frac{a(1-r^n)}{1-r}.$$

由

$$\lim_{n\to\infty} r^n=\begin{cases}0, & |r|<1,\\ \infty, & |r|>1,\end{cases}$$

知

$$\lim_{n\to\infty} S_n=\begin{cases}\dfrac{a}{1-r}, & |r|<1,\\ \infty, & |r|>1.\end{cases}$$

当 $r=1$ 时，$\lim\limits_{n\to\infty} S_n=\lim\limits_{n\to\infty} na=\infty$.

当 $r=-1$ 时，$S_n=\begin{cases}a, & n \text{ 为奇数},\\ 0, & n \text{ 为偶数},\end{cases}$ $\lim\limits_{n\to\infty} S_n$ 不存在.

综上所述，我们得到等比级数 $\sum\limits_{n=1}^{\infty} ar^{n-1}$ 当 $|r|<1$ 时收敛，其和为 $\dfrac{a}{1-r}$；当 $|r|\geqslant 1$ 时级数发散.

根据例 2，循环小数可以表示成两个整数之比，例如循环小数

$$\begin{aligned}5.212\ 121\cdots &=5+\frac{21}{100}+\frac{21}{100^2}+\frac{21}{100^3}+\cdots=5+\frac{21}{100}\left(1+\frac{1}{100}+\frac{1}{100^2}+\cdots\right)\\ &=5+\frac{21}{100}\times\frac{1}{0.99}=\frac{516}{99}=\frac{172}{33}.\end{aligned}$$

例 3 已知收敛级数 $\sum\limits_{n=1}^{\infty} u_n$ 的部分和 $S_n=\dfrac{1}{2}\left(1-\dfrac{1}{2n+1}\right)$，写出该级数，并求和.

解 由于 $u_1=S_1=\dfrac{1}{3}$，且

$$\begin{aligned}u_n &=S_n-S_{n-1}=\frac{1}{2}\left(1-\frac{1}{2n+1}\right)-\frac{1}{2}\left(1-\frac{1}{2n-1}\right)\\ &=\frac{1}{2}\left(\frac{1}{2n-1}-\frac{1}{2n+1}\right)=\frac{1}{(2n-1)(2n+1)},\quad n\geqslant 2.\end{aligned}$$

故所求级数为

$$\sum_{n=1}^{\infty} u_n=\sum_{n=1}^{\infty}\frac{1}{(2n-1)(2n+1)},$$

所求级数的和为

$$S=\lim_{n\to\infty} S_n=\lim_{n\to\infty}\frac{1}{2}\left(1-\frac{1}{2n+1}\right)=\frac{1}{2},$$

即

$$\sum_{n=1}^{\infty}\frac{1}{(2n-1)(2n+1)}=\frac{1}{2}.$$

二、级数收敛的必要条件

定理　若级数 $\sum_{n=1}^{\infty} u_n$ 收敛,则 $\lim_{n\to\infty} u_n = 0$.

证　设 $\sum_{n=1}^{\infty} u_n$ 的部分和数列为 $\{S_n\}$,且 $\lim_{n\to\infty} S_n = S$.由于 $u_n = S_n - S_{n-1}$,故

$$\lim_{n\to\infty} u_n = \lim_{n\to\infty}(S_n - S_{n-1}) = S - S = 0.$$

这一性质告诉我们,当我们考察一个级数 $\sum_{n=1}^{\infty} u_n$ 是否收敛时,我们首先应考察 $\lim_{n\to\infty} u_n$ 是否为零.如果 $\lim_{n\to\infty} u_n \neq 0$,则可立即断言这个级数是发散的.

例 4　判别级数 $\sum_{n=1}^{\infty} (-1)^{n-1}\frac{n}{n+1}$ 的敛散性.

解　由于

$$\lim_{n\to\infty} |u_n| = \lim_{n\to\infty}\left|\frac{(-1)^{n-1}n}{n+1}\right| = 1,$$

故 $\lim_{n\to\infty} u_n \neq 0$,从而级数 $\sum_{n=1}^{\infty} (-1)^{n-1}\frac{n}{n+1}$ 发散.

但要注意的是,$\lim_{n\to\infty} u_n = 0$ 只是级数 $\sum_{n=1}^{\infty} u_n$ 收敛的必要条件,但不是充分条件.

例 5　证明调和级数 $\sum_{n=1}^{\infty} \frac{1}{n}$ 是发散的.

证　用反证法.假设 $\sum_{n=1}^{\infty} \frac{1}{n}$ 收敛,设它的部分和为 S_n,并设 $\lim_{n\to\infty} S_n = S$,则有 $\lim_{n\to\infty} S_{2n} = S$,于是

$$\lim_{n\to\infty}(S_{2n} - S_n) = S - S = 0.$$

但另一方面,

$$S_{2n} - S_n = \frac{1}{n+1} + \frac{1}{n+2} + \cdots + \frac{1}{2n} > \frac{1}{2n} + \frac{1}{2n} + \cdots + \frac{1}{2n} = \frac{n}{n+n} = \frac{1}{2},$$

由极限的保号性知 $\lim_{n\to\infty}(S_{2n} - S_n) \geqslant \frac{1}{2}$,从而矛盾,故级数 $\sum_{n=1}^{\infty} \frac{1}{n}$ 发散.

例 6　设级数 $\sum_{n=1}^{\infty} u_n (u_n > 0)$ 的部分和为 S_n,$v_n = \frac{1}{S_n} (n = 1, 2, \cdots)$,且级数 $\sum_{n=1}^{\infty} v_n$ 收敛,讨论级数 $\sum_{n=1}^{\infty} u_n$ 的敛散性.

解　由级数 $\sum_{n=1}^{\infty} v_n$ 收敛知 $\lim_{n\to\infty} v_n = 0$,从而 $\lim_{n\to\infty} S_n = \lim_{n\to\infty}\frac{1}{v_n} = +\infty$,即 $\sum_{n=1}^{\infty} u_n$ 的部分和数列 $\{S_n\}$ 发散,故级数 $\sum_{n=1}^{\infty} u_n$ 发散.

三、级数的基本性质

性质 1 若级数 $\sum_{n=1}^{\infty} u_n$ 收敛，C 是任一常数，则级数 $\sum_{n=1}^{\infty} Cu_n$ 也收敛，且

$$\sum_{n=1}^{\infty} Cu_n = C\sum_{n=1}^{\infty} u_n.$$

证 设 $\sum_{n=1}^{\infty} u_n$ 的部分和为 S_n，且 $\lim_{n\to\infty} S_n = S$. 又设级数 $\sum_{n=1}^{\infty} Cu_n$ 的部分和为 S'_n，显然有 $S'_n = CS_n$，于是

$$\lim_{n\to\infty} S'_n = \lim_{n\to\infty} CS_n = C\lim_{n\to\infty} S_n = CS,$$

即

$$\sum_{n=1}^{\infty} Cu_n = CS = C\sum_{n=1}^{\infty} u_n.$$

性质 2 若级数 $\sum_{n=1}^{\infty} u_n$ 与 $\sum_{n=1}^{\infty} v_n$ 都收敛，则 $\sum_{n=1}^{\infty}(u_n \pm v_n)$ 也收敛，且

$$\sum_{n=1}^{\infty}(u_n \pm v_n) = \sum_{n=1}^{\infty} u_n \pm \sum_{n=1}^{\infty} v_n.$$

证 设 $\sum_{n=1}^{\infty} u_n$ 与 $\sum_{n=1}^{\infty} v_n$ 的部分和分别为 A_n 和 B_n，且设 $\lim_{n\to\infty} A_n = A$, $\lim_{n\to\infty} B_n = B$，则 $\sum_{n=1}^{\infty}(u_n \pm v_n)$ 的部分和为

$$C_n = \sum_{k=1}^{n}(u_k \pm v_k) = A_n \pm B_n.$$

于是

$$\lim_{n\to\infty} C_n = \lim_{n\to\infty}(A_n \pm B_n) = A \pm B,$$

即

$$\sum_{n=1}^{\infty}(u_n \pm v_n) = \sum_{n=1}^{\infty} u_n \pm \sum_{n=1}^{\infty} v_n.$$

性质 2 的结论可推广到有限个收敛级数的情形.

性质 3 在一个级数中增加或删去有限个项不改变级数的敛散性（但对收敛级数来说，其和可能会改变）.

证 我们不妨只考虑在级数中删去一项的情形.

设在 $\sum_{n=1}^{\infty} u_n$ 中删去第 k 项 u_k，得到新级数

$$u_1 + u_2 + \cdots + u_{k-1} + u_{k+1} + \cdots + u_n + \cdots,$$

则新级数的部分和 S'_n 与原级数的部分和 S_n 之间有如下关系式：

$$S'_n = \begin{cases} S_n, & n \leqslant k-1, \\ S_{n+1} - u_k, & n \geqslant k. \end{cases}$$

从而数列 $\{S'_n\}$ 与 $\{S_n\}$ 具有相同的敛散性.

性质 4　收敛级数加括号后所成的级数仍收敛，且其和不变.

证　设级数 $\sum\limits_{n=1}^{\infty} u_n$ 的部分和数列为 $\{S_n\}$，将加括号后的级数的部分和数列设为 $\{A_n\}$，则

$$A_1=u_1+u_2+\cdots+u_{i_1}=S_{i_1},$$

$$A_2=(u_1+u_2+\cdots+u_{i_1})+(u_{i_1+1}+u_{i_1+2}+\cdots+u_{i_2})=S_{i_2},\cdots,$$

$$A_n=(u_1+u_2+\cdots+u_{i_1})+(u_{i_1+1}+u_{i_1+2}+\cdots+u_{i_2})+\cdots+(u_{i_{n-1}+1}+u_{i_{n-1}+2}+\cdots+u_{i_n})=S_{i_n},\cdots.$$

可见，$\{A_n\}$ 是 $\{S_n\}$ 的一个子列.故由数列 $\{S_n\}$ 收敛可推得 $\{A_n\}$ 收敛，且 $\lim\limits_{n\to\infty}A_n=\lim\limits_{n\to\infty}S_n$.

要注意的是：加括号后的级数收敛时，不能断言原来未加括号的级数也收敛.例如级数 $(1-1)+(1-1)+\cdots+(1-1)+\cdots$ 收敛于零，但级数 $\sum\limits_{n=1}^{\infty}(-1)^{n-1}=1-1+1-1+\cdots$ 是发散的.

典型例题
常数项级数的基本性质

由性质 4 可得到下面的结论：

推论　如果加括号后的级数发散，则原级数一定发散.

例 7　判别级数 $\sum\limits_{n=1}^{\infty}\left[\dfrac{1}{2^{n-1}}+\dfrac{1}{(2n-1)(2n+1)}\right]$ 的敛散性，若收敛求其和.

解　根据等比级数的结论知

$$\sum_{n=1}^{\infty}\frac{1}{2^{n-1}}=\frac{1}{1-\dfrac{1}{2}}=2,$$

由例 3 知 $\sum\limits_{n=1}^{\infty}\dfrac{1}{(2n-1)(2n+1)}=\dfrac{1}{2}$，所以所给级数收敛，且

$$\sum_{n=1}^{\infty}\left[\frac{1}{2^{n-1}}+\frac{1}{(2n-1)(2n+1)}\right]=\sum_{n=1}^{\infty}\frac{1}{2^{n-1}}+\sum_{n=1}^{\infty}\frac{1}{(2n-1)(2+1)}=\frac{5}{2}.$$

例 8　判别级数 $\dfrac{1}{2}+\dfrac{1}{10}+\dfrac{1}{2^2}+\dfrac{1}{2\times10}+\cdots+\dfrac{1}{2^n}+\dfrac{1}{10n}+\cdots$ 的敛散性.

解　将级数每相邻两项加括号得到新级数 $\sum\limits_{n=1}^{\infty}\left(\dfrac{1}{2^n}+\dfrac{1}{10n}\right)$.因为 $\sum\limits_{n=1}^{\infty}\dfrac{1}{2^n}$ 收敛，而 $\sum\limits_{n=1}^{\infty}\dfrac{1}{10n}=\dfrac{1}{10}\sum\limits_{n=1}^{\infty}\dfrac{1}{n}$ 发散，所以级数 $\sum\limits_{n=1}^{\infty}\left(\dfrac{1}{2^n}+\dfrac{1}{10n}\right)$ 发散.根据性质 4 的推论知所给级数也发散.

习题 7-1

1. 若级数 $\sum_{n=1}^{\infty} u_n$ 收敛，则下列级数是否收敛？

(1) $\sum_{n=1}^{\infty} |u_n|$；　　(2) $100+\sum_{n=1}^{\infty} u_n$；

(3) $\sum_{n=1}^{\infty} 10u_n$；　　(4) $\sum_{n=1}^{\infty} (u_n+10)$.

2. 利用级数的性质及敛散性的定义，判别下列级数的敛散性.

(1) $\sum_{n=1}^{\infty} \left(1+\frac{1}{n}\right)^n$；　　(2) $\sum_{n=1}^{\infty} (\sqrt{n+1}-\sqrt{n})$；

(3) $\sum_{n=1}^{\infty} \frac{1}{n(n+1)}$；　　(4) $\sum_{n=1}^{\infty} \left(-\frac{8}{9}\right)^n$；

(5) $\sum_{n=1}^{\infty} \frac{1}{\sqrt[n]{3}}$；　　(6) $\sum_{n=1}^{\infty} (\ln 2)^n$.

3. 判别下列级数的敛散性，若收敛则求其和.

(1) $\sum_{n=1}^{\infty} \left(\frac{1}{2^n}+\frac{1}{3^n}\right)$；　　(2) $\sum_{n=1}^{\infty} \sin\frac{n\pi}{2}$；

(3) $\sum_{n=1}^{\infty} \frac{1}{n(n+1)(n+2)}$；　　(4) $\sum_{n=1}^{\infty} n\sin\frac{\pi}{2n}$.

4. 设 $\sum_{n=1}^{\infty} u_n (u_n>0)$ 加括号后所成的级数收敛，证明 $\sum_{n=1}^{\infty} u_n$ 亦收敛.

第二节　常数项级数敛散性判别法

一般地，利用定义和性质来判别级数的敛散性是比较困难的，我们需要寻找更简单有效的判别方法.为此，我们先研究最简单的一类级数——正项级数，然后再研究一般的常数项级数.

一、正项级数敛散性判别法

若级数 $\sum_{n=1}^{\infty} u_n$ 的一般项满足 $u_n \geqslant 0 (n=1,2,\cdots)$，则称该级数为正项级数.

设正项级数 $\sum_{n=1}^{\infty} u_n$ 的部分和为 S_n，显然数列 $\{S_n\}$ 是单调增加的，即 $S_1 \leqslant S_2 \leqslant \cdots \leqslant S_n \leqslant \cdots$.由数列的收敛准则及级数收敛的定义，我们可得下面的判定定理：

定理 1　正项级数 $\sum_{n=1}^{\infty} u_n$ 收敛的充要条件是它的部分和数列 $\{S_n\}$ 有上界.

例 1　判别级数 $\sum\limits_{n=1}^{\infty}\dfrac{1}{2^n+1}$的敛散性.

解　由

$$\frac{1}{2^n+1}<\frac{1}{2^n}\quad(n=1,2,\cdots),$$

有

$$S_n=\sum_{k=1}^{n}\frac{1}{2^k+1}<\sum_{k=1}^{n}\frac{1}{2^k}=\frac{\frac{1}{2}\left[1-\left(\frac{1}{2}\right)^n\right]}{1-\frac{1}{2}}=1-\frac{1}{2^n}<1,$$

定理 1 的应用　正项级数积分判别法

即部分和数列$\{S_n\}$有上界,从而正项级数 $\sum\limits_{n=1}^{\infty}\dfrac{1}{2^n+1}$收敛.

定理 2(比较判别法)　设 $\sum\limits_{n=1}^{\infty}u_n$ 与 $\sum\limits_{n=1}^{\infty}v_n$ 均为正项级数,若存在常数 $c>0$ 及正整数 $N>0$,当 $n>N$ 时,有 $u_n\leqslant cv_n$,则

(1) 当 $\sum\limits_{n=1}^{\infty}v_n$ 收敛时, $\sum\limits_{n=1}^{\infty}u_n$ 亦收敛.

(2) 当 $\sum\limits_{n=1}^{\infty}u_n$ 发散时, $\sum\limits_{n=1}^{\infty}v_n$ 亦发散.

证　设 $\sum\limits_{n=1}^{\infty}u_n$ 与 $\sum\limits_{n=1}^{\infty}v_n$ 的部分和分别为 U_n 与 V_n,则有 $U_n\leqslant cV_n$.当 $\sum\limits_{n=1}^{\infty}v_n$ 收敛时,V_n 有上界,从而 U_n 亦有上界,由定理 1 知 $\sum\limits_{n=1}^{\infty}u_n$ 收敛.当 $\sum\limits_{n=1}^{\infty}u_n$ 发散时,U_n 无界,从而 V_n 亦无界,故 $\sum\limits_{n=1}^{\infty}v_n$ 发散.

推论(比较判别法的极限形式)　若正项级数 $\sum\limits_{n=1}^{\infty}u_n$ 与 $\sum\limits_{n=1}^{\infty}v_n$ 满足$\lim\limits_{n\to\infty}\dfrac{u_n}{v_n}=l$,则

(1) 当 $0<l<+\infty$ 时, $\sum\limits_{n=1}^{\infty}u_n$ 与 $\sum\limits_{n=1}^{\infty}v_n$ 具有相同的敛散性.

(2) 当 $l=0$ 时,若 $\sum\limits_{n=1}^{\infty}v_n$ 收敛,则 $\sum\limits_{n=1}^{\infty}u_n$ 亦收敛.

(3) 当 $l=+\infty$ 时,若 $\sum\limits_{n=1}^{\infty}v_n$ 发散,则 $\sum\limits_{n=1}^{\infty}u_n$ 亦发散.

证　(1) 由于$\lim\limits_{n\to\infty}\dfrac{u_n}{v_n}=l>0$,取 $\varepsilon=\dfrac{l}{2}>0$,则$\exists N>0$,当 $n>N$ 时,有

$$\left|\frac{u_n}{v_n}-l\right|<\frac{l}{2}\Leftrightarrow\left(l-\frac{l}{2}\right)v_n<u_n<\left(l+\frac{l}{2}\right)v_n.$$

由比较判别法便证明了结论.

(2) 由于$\lim\limits_{n\to\infty}\dfrac{u_n}{v_n}=0$,取 $\varepsilon=1$,则$\exists N>0$,当 $n>N$ 时,有

$$\left|\frac{u_n}{v_n}\right|<1\Rightarrow 0<u_n<v_n.$$

由比较判别法知 $\sum_{n=1}^{\infty}v_n$ 收敛时，$\sum_{n=1}^{\infty}u_n$ 亦收敛.

（3）由于 $\lim_{n\to\infty}\frac{u_n}{v_n}=+\infty$，取 $G>1$，则 $\exists N>0$，当 $n>N$ 时，有

$$\frac{u_n}{v_n}>G\Rightarrow u_n>Gv_n>v_n.$$

从而当 $\sum_{n=1}^{\infty}v_n$ 发散时，$\sum_{n=1}^{\infty}u_n$ 亦发散.

例 2　判别级数 $\sum_{n=1}^{\infty}2^n\sin\frac{1}{3^n}$ 的敛散性.

解　由于 $0\leqslant 2^n\sin\frac{1}{3^n}<2^n\cdot\frac{1}{3^n}=\left(\frac{2}{3}\right)^n$，而级数 $\sum_{n=1}^{\infty}\left(\frac{2}{3}\right)^n$ 收敛，由比较判别法知 $\sum_{n=1}^{\infty}2^n\sin\frac{1}{3^n}$ 收敛.

例 3　讨论 p 级数 $\sum_{n=1}^{\infty}\frac{1}{n^p}$ 的敛散性.

解　当 $p=1$ 时，p 级数即为调和级数 $\sum_{n=1}^{\infty}\frac{1}{n}$，它是发散的.

当 $p<1$ 时，$\frac{1}{n^p}\geqslant\frac{1}{n}>0$，由 $\sum_{n=1}^{\infty}\frac{1}{n}$ 发散及比较判别法知 $\sum_{n=1}^{\infty}\frac{1}{n^p}$ 发散.

当 $p>1$ 时，如图 7-1 所示，曲边梯形的面积大于矩形的面积，从而

$$\frac{1}{n^p}<\int_{n-1}^{n}\frac{\mathrm{d}x}{x^p},$$

于是

$$\begin{aligned}S_n&=1+\frac{1}{2^p}+\frac{1}{3^p}+\cdots+\frac{1}{n^p}\\&<1+\int_1^2\frac{\mathrm{d}x}{x^p}+\int_2^3\frac{\mathrm{d}x}{x^p}+\cdots+\int_{n-1}^{n}\frac{\mathrm{d}x}{x^p}\\&=1+\int_1^n\frac{\mathrm{d}x}{x^p}=1+\frac{1}{p-1}\left(1-\frac{1}{n^{p-1}}\right)<1+\frac{1}{p-1},\end{aligned}$$

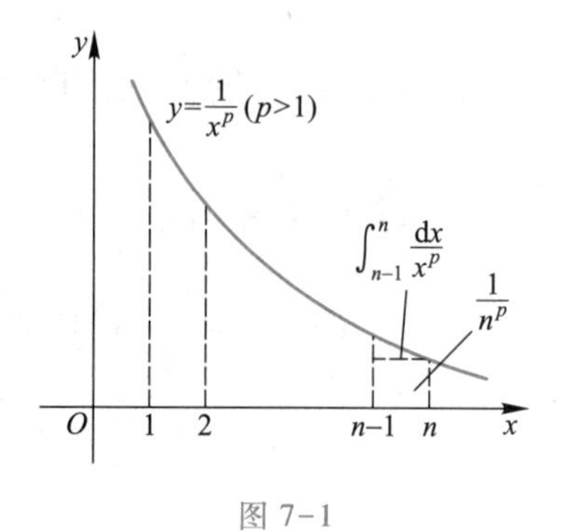

图 7-1

即 S_n 有界，因此，级数 $\sum_{n=1}^{\infty}\frac{1}{n^p}$ 收敛.

综上所述，当 $p>1$ 时，$\sum_{n=1}^{\infty}\frac{1}{n^p}$ 收敛；当 $p\leqslant 1$ 时，$\sum_{n=1}^{\infty}\frac{1}{n^p}$ 发散.

例 4　判别级数 $\sum_{n=1}^{\infty}\frac{1}{\sqrt{n(n^2+1)}}$ 的敛散性.

解　由于

$$\lim_{n\to\infty}\frac{\frac{1}{\sqrt{n(n^2+1)}}}{\frac{1}{n^{\frac{3}{2}}}}=\lim_{n\to\infty}\frac{n^{\frac{3}{2}}}{\sqrt{n^3+n}}=\lim_{n\to\infty}\frac{1}{\sqrt{1+\frac{1}{n^2}}}=1,$$

而 p 级数 $\sum_{n=1}^{\infty}\frac{1}{n^{\frac{3}{2}}}$ 收敛$\left(p=\frac{3}{2}>1\right)$,故由定理 2 的推论知 $\sum_{n=1}^{\infty}\frac{1}{\sqrt{n(n^2+1)}}$收敛.

利用比较判别法,把要判定的级数与等比级数比较,就可建立两个很有用的判别法.

定理 3(达朗贝尔(d'Alembert)比值判别法) 设级数 $\sum_{n=1}^{\infty}u_n$ 为正项级数,若 $\exists N>0$,当 $n>N$ 时,有$\frac{u_{n+1}}{u_n}\leqslant q<1$($q$ 为某个确定的常数),则 $\sum_{n=1}^{\infty}u_n$ 收敛;若当 $n>N$ 时,$\frac{u_{n+1}}{u_n}\geqslant 1$,则 $\sum_{n=1}^{\infty}u_n$ 发散.

证 若当 $n>N$ 时,有$\frac{u_{n+1}}{u_n}\leqslant q<1$,则 $u_n\leqslant q^n u_1$,而当 $q<1$ 时,$\sum_{n=1}^{\infty}q^n$ 收敛,由比较判别法知 $\sum_{n=1}^{\infty}u_n$ 收敛.

若当 $n>N$ 时,有$\frac{u_{n+1}}{u_n}\geqslant 1$,则 $u_{n+1}\geqslant u_n$,因此级数的一般项 u_n 当 $n\to\infty$ 时不趋于零,故 $\sum_{n=1}^{\infty}u_n$ 发散.

推论(达朗贝尔比值判别法的极限形式) 若对正项级数 $\sum_{n=1}^{\infty}u_n$ 有$\lim_{n\to\infty}\frac{u_{n+1}}{u_n}=r$,则

(1) 当 $r<1$ 时,$\sum_{n=1}^{\infty}u_n$ 收敛.

(2) 当 $r>1$ 时(包括 $r=+\infty$),$\sum_{n=1}^{\infty}u_n$ 发散.

证 (1) 由 $r<1$,可取 $\varepsilon_0>0$,使 $r+\varepsilon_0<1$.由$\lim_{n\to\infty}\frac{u_{n+1}}{u_n}=r$,对上述的 $\varepsilon_0>0$,$\exists N>0$,当 $n>N$ 时,有

$$\left|\frac{u_{n+1}}{u_n}-r\right|<\varepsilon_0\Rightarrow r-\varepsilon_0<\frac{u_{n+1}}{u_n}<r+\varepsilon_0<1.$$

由定理 3 知 $\sum_{n=1}^{\infty}u_n$ 收敛.

(2) 当$\lim_{n\to\infty}\frac{u_{n+1}}{u_n}=r>1$ 时,由极限的保序性,$\exists N>0$,当 $n>N$ 时,有$\frac{u_{n+1}}{u_n}>1$,故由定理 3 知 $\sum_{n=1}^{\infty}u_n$ 发散.

注意,若在此推论中 $r=1$,则级数 $\sum_{n=1}^{\infty} u_n$ 的敛散性需进一步判定.例如,对级数 $\sum_{n=1}^{\infty} \frac{1}{n}$ 和 $\sum_{n=1}^{\infty} \frac{1}{n^2}$,我们都有 $r=1$,但前者发散,后者收敛.

例 5 判别级数 $\sum_{n=1}^{\infty} \frac{n!}{n^n}$ 的敛散性.

解 由于

$$\lim_{n\to\infty}\frac{(n+1)!}{(n+1)^{n+1}}\Big/\frac{n!}{n^n}=\lim_{n\to\infty}\left(\frac{n}{n+1}\right)^n=\lim_{n\to\infty}\frac{1}{\left(1+\frac{1}{n}\right)^n}=\frac{1}{\mathrm{e}}<1.$$

故由定理 3 的推论知级数 $\sum_{n=1}^{\infty} \frac{n!}{n^n}$ 收敛.

例 6 判别级数 $\sum_{n=1}^{\infty} \frac{x^{2n}}{n^2}$ 的敛散性,其中 $x\neq 0$ 是常数.

解 由于

$$\lim_{n\to\infty}\frac{x^{2(n+1)}}{(n+1)^2}\Big/\frac{x^{2n}}{n^2}=\lim_{n\to\infty}\frac{n^2x^2}{(n+1)^2}=x^2,$$

故由定理 3 的推论知:当 $0<|x|<1$ 时,$x^2<1$,级数收敛;当 $|x|>1$ 时,$x^2>1$,级数发散;但当 $|x|=1$ 时,不能由达朗贝尔比值判别法判别,此时原级数为 $\sum_{n=1}^{\infty} \frac{1}{n^2}$,这是一个 $p=2$ 的 p 级数,故是收敛的.

综上所述,当 $0<|x|\leqslant 1$ 时,原级数收敛;当 $|x|>1$ 时,原级数发散.

定理 4(柯西根值判别法) 设 $\sum_{n=1}^{\infty} u_n$ 为正项级数,若 $\exists N>0$,当 $n>N$ 时,有 $\sqrt[n]{u_n}\leqslant q<1$($q$ 为某个确定的常数),则 $\sum_{n=1}^{\infty} u_n$ 收敛;若当 $n>N$ 时,有 $\sqrt[n]{u_n}\geqslant 1$,则级数 $\sum_{n=1}^{\infty} u_n$ 发散.

我们把该定理的证明留给读者.

推论(柯西根值判别法的极限形式) 若正项级数 $\sum_{n=1}^{\infty} u_n$ 满足 $\lim_{n\to\infty}\sqrt[n]{u_n}=r$,则

(1) 当 $r<1$ 时,$\sum_{n=1}^{\infty} u_n$ 收敛.

(2) 当 $r>1$(包括 $r=+\infty$)时,$\sum_{n=1}^{\infty} u_n$ 发散.

此推论的证明与定理 2 的推论的证明完全相仿,这里不重复了.要注意的是:在此推论中,若 $r=1$,则对 $\sum_{n=1}^{\infty} u_n$ 的敛散性仍需另找其他方法判定.

例 7 判别级数 $\sum_{n=1}^{\infty} \frac{1}{3^n}[\sqrt{2}+(-1)^n]^n$ 的敛散性.

解 由于

$$\sqrt[n]{\frac{1}{3^n}[\sqrt{2}+(-1)^n]^n}=\frac{1}{3}[\sqrt{2}+(-1)^n]\leqslant\frac{1}{3}(\sqrt{2}+1)<1,$$

故所给级数是收敛的.

例 8　判别级数 $\sum\limits_{n=1}^{\infty}\left(\frac{n}{2n+1}\right)^n$ 的敛散性.

解　由于

$$\lim_{n\to\infty}\sqrt[n]{\left(\frac{n}{2n+1}\right)^n}=\lim_{n\to\infty}\frac{n}{2n+1}=\frac{1}{2}<1,$$

故级数 $\sum\limits_{n=1}^{\infty}\left(\frac{n}{2n+1}\right)^n$ 收敛.

例 9　判别级数 $\sum\limits_{n=1}^{\infty}\left(\frac{x}{\alpha}\right)^n$ 的敛散性,其中 x,α 为大于零的常数.

解　由于

$$\lim_{n\to\infty}\sqrt[n]{\left(\frac{x}{\alpha}\right)^n}=\lim_{n\to\infty}\frac{x}{\alpha}=\frac{x}{\alpha},$$

故当 $x>\alpha$ 时,$\frac{x}{\alpha}>1$,级数发散;当 $0<x<\alpha$ 时,有 $\frac{x}{\alpha}<1$,级数收敛;当 $x=\alpha$ 时,原级数的一般项 $u_n=1$ 不趋于零,级数发散.

综上所述,当 $0<x<\alpha$ 时,级数收敛;当 $x\geqslant\alpha$ 时,级数发散.

二、交错级数及其敛散性判别法

凡正、负项相间的级数,也就是形如 $\sum\limits_{n=1}^{\infty}(-1)^{n+1}u_n$ 或 $\sum\limits_{n=1}^{\infty}(-1)^n u_n(u_n\geqslant 0)$ 的级数称为交错级数.

对于交错级数,有下面的定理.

定理 5(莱布尼茨(Leibniz)判别法)　若交错级数 $\sum\limits_{n=1}^{\infty}(-1)^{n+1}u_n(u_n\geqslant 0)$ 的项满足:

(1) $u_{n+1}\leqslant u_n(n=1,2,\cdots)$.

(2) $\lim\limits_{n\to\infty}u_n=0$,

则 $\sum\limits_{n=1}^{\infty}(-1)^{n+1}u_n$ 收敛,且其和 $S\leqslant u_1$.

证　设 $\sum\limits_{n=1}^{\infty}(-1)^{n+1}u_n$ 的部分和为 S_n.对于前 $2m$ 项的部分和数列 $\{S_{2m}\}$,有

$$S_{2m}=(u_1-u_2)+(u_3-u_4)+\cdots+(u_{2m-1}-u_{2m}),$$

$$S_{2m+2}=S_{2m}+(u_{2m+1}-u_{2m+2}).$$

由定理的条件(1),对一切的 n 有 $u_{n-1}-u_n\geqslant 0$,所以数列 $\{S_{2m}\}$ 单调增加,且

$$S_{2m}=u_1-(u_2-u_3)-\cdots-(u_{2m-2}-u_{2m-1})-u_{2m}\leqslant u_1.$$

由单调有界数列收敛准则知 $\lim\limits_{m\to\infty}S_{2m}=S$ 存在,且 $S\leqslant u_1$.

对于前 $2m+1$ 项的部分和数列 $\{S_{2m+1}\}$,有

$$S_{2m+1}=S_{2m}+u_{2m+1}.$$

由定理的条件(2)知

$$\lim_{m\to\infty}S_{2m+1}=\lim_{m\to\infty}S_{2m}+\lim_{m\to\infty}u_{2m+1}=S.$$

利用《大学数学1》习题2-1第6题的结论便有 $\lim\limits_{n\to\infty}S_n=S$，即 $\sum\limits_{n=1}^{\infty}(-1)^{n+1}u_n$ 收敛，且其和 $S\leqslant u_1$.

我们把满足定理5的条件(1)和(2)的交错级数称为莱布尼茨型级数.

例10　讨论级数 $\sum\limits_{n=1}^{\infty}(-1)^n\dfrac{1}{n}$ 的敛散性.

解　这是一个交错级数，$u_n=\dfrac{1}{n}$，并且

$$u_n=\frac{1}{n}>u_{n+1}=\frac{1}{n+1},\quad \lim_{n\to\infty}u_n=\lim_{n\to\infty}\frac{1}{n}=0.$$

由莱布尼茨判别法知 $\sum\limits_{n=1}^{\infty}(-1)^{n+1}\dfrac{1}{n}$ 收敛，从而 $\sum\limits_{n=1}^{\infty}(-1)^n\dfrac{1}{n}$ 也收敛.

例11　判别级数 $\sum\limits_{n=1}^{\infty}(-1)^{n+1}\dfrac{(n+1)^n}{2n^{n+1}}$ 的敛散性.

解　这是一个交错级数，$u_n=\dfrac{(n+1)^n}{2n^{n+1}}$，并且

$$\frac{u_n}{u_{n+1}}=\frac{(n+1)^n}{2n^{n+1}}\Big/\frac{(n+2)^{n+1}}{2(n+1)^{n+2}}=\frac{(n+1)^{2(n+1)}}{(n^2+2n)^{n+1}}=\left(\frac{n^2+2n+1}{n^2+2n}\right)^{n+1}>1,$$

即 $u_n>u_{n+1}$. 又

$$\lim_{n\to\infty}u_n=\lim_{n\to\infty}\frac{1}{2}\cdot\frac{1}{n}\cdot\left(1+\frac{1}{n}\right)^n=0,$$

由莱布尼茨判别法知 $\sum\limits_{n=1}^{\infty}(-1)^{n+1}\dfrac{(n+1)^n}{2n^{n+1}}$ 收敛.

三、任意项级数及其敛散性判别法

现在我们讨论正、负项可以任意出现的级数的收敛问题. 首先我们引入绝对收敛与条件收敛的概念.

定义　对于级数 $\sum\limits_{n=1}^{\infty}u_n$，若 $\sum\limits_{n=1}^{\infty}|u_n|$ 收敛，则称级数 $\sum\limits_{n=1}^{\infty}u_n$ 绝对收敛，如果 $\sum\limits_{n=1}^{\infty}|u_n|$ 发散但 $\sum\limits_{n=1}^{\infty}u_n$ 本身收敛，则称级数 $\sum\limits_{n=1}^{\infty}u_n$ 条件收敛.

条件收敛的级数是存在的. 例如，级数 $\sum\limits_{n=1}^{\infty}(-1)^n\dfrac{1}{n}$ 就是条件收敛的.

绝对收敛与收敛之间有着下面的重要关系：

定理6　若 $\sum\limits_{n=1}^{\infty}|u_n|$ 收敛，则 $\sum\limits_{n=1}^{\infty}u_n$ 收敛.

证　因为 $u_n\leqslant|u_n|$，所以

$$0 \leqslant |u_n| + u_n \leqslant 2|u_n|.$$

若 $\sum\limits_{n=1}^{\infty}|u_n|$ 收敛,则由正项级数的比较判别法知 $\sum\limits_{n=1}^{\infty}(|u_n|+u_n)$ 收敛,从而 $\sum\limits_{n=1}^{\infty}u_n = \sum\limits_{n=1}^{\infty}[(|u_n|+u_n)-|u_n|]$ 收敛.

由定义可见,判别一个级数 $\sum\limits_{n=1}^{\infty}u_n$ 是否绝对收敛,实际上就是判别一个正项级数 $\sum\limits_{n=1}^{\infty}|u_n|$ 的收敛性.但要注意,当 $\sum\limits_{n=1}^{\infty}|u_n|$ 发散时,我们只能断定 $\sum\limits_{n=1}^{\infty}u_n$ 非绝对收敛,而不能断定 $\sum\limits_{n=1}^{\infty}u_n$ 本身也是发散的.例如 $\sum\limits_{n=1}^{\infty}\left|(-1)^n\dfrac{1}{n}\right| = \sum\limits_{n=1}^{\infty}\dfrac{1}{n}$ 虽然发散,但 $\sum\limits_{n=1}^{\infty}(-1)^n\dfrac{1}{n}$ 却是收敛的.不过,当我们运用达朗贝尔比值判别法或柯西根值判别法来判别正项级数 $\sum\limits_{n=1}^{\infty}|u_n|$ 是发散的时,可以断言 $\sum\limits_{n=1}^{\infty}u_n$ 也一定发散.这是因为此时有 $\lim\limits_{n\to\infty}|u_n|\neq 0$,从而有 $\lim\limits_{n\to\infty}u_n\neq 0$.

例 12　判别级数 $\sum\limits_{n=1}^{\infty}(-1)^n\dfrac{x^n}{n}(x>0)$ 的敛散性.

解　记 $u_n=(-1)^n\dfrac{x^n}{n}$,则

$$\lim_{n\to\infty}\frac{|u_{n+1}|}{|u_n|}=\lim_{n\to\infty}x\cdot\frac{n}{n+1}=x.$$

由达朗贝尔比值判别法知:当 $0<x<1$ 时 $\sum\limits_{n=1}^{\infty}(-1)^n\dfrac{x^n}{n}$ 绝对收敛;当 $x>1$ 时,$\sum\limits_{n=1}^{\infty}(-1)^n\dfrac{x^n}{n}$ 发散.而当 $x=1$ 时,级数 $\sum\limits_{n=1}^{\infty}\left|\dfrac{(-1)^n}{n}\right|$ 发散,$\sum\limits_{n=1}^{\infty}(-1)^n\dfrac{1}{n}$ 收敛,故原级数条件收敛.

例 13　判别级数 $\sum\limits_{n=1}^{\infty}\dfrac{(-\alpha)^n}{n^s}(s>0,\alpha>0)$ 的敛散性.

解　应用达朗贝尔比值判别法可知:当 $\alpha<1$ 时级数绝对收敛;当 $\alpha>1$ 时级数发散.而当 $\alpha=1$ 时,级数 $\sum\limits_{n=1}^{\infty}(-1)^n\dfrac{1}{n^s}$ 是一个莱布尼茨型级数,由 p 级数的收敛性知,此时当 $s>1$ 时级数绝对收敛,当 $s\leqslant 1$ 时级数条件收敛.

下面,我们不加证明地给出判别任意项级数收敛的一个有效的判别法:

***定理 7**(狄利克雷(Dirichlet)判别法)　设级数 $\sum\limits_{n=1}^{\infty}u_nv_n$ 满足下列条件:

(1) $\{u_n\}$ 单调减少且 $\lim\limits_{n\to\infty}u_n=0$.

(2) $\left|\sum\limits_{k=1}^{n}v_k\right|\leqslant M(n=1,2,\cdots)$,其中 $M>0$ 为与 n 无关的常数,则级数 $\sum\limits_{n=1}^{\infty}u_nv_n$ 收敛.

典型例题
任意项级数
的敛散性

例 14 判别级数 $\sum_{n=1}^{\infty}\frac{\cos nx}{n}$ 的敛散性,其中 $x\neq 2k\pi, k\in\mathbf{Z}$.

解 记 $u_n=\frac{1}{n}, v_n=\cos nx$,则

$$u_n>u_{n+1},\text{即}\{u_n\}\text{单调减少},\lim_{n\to\infty}u_n=\lim_{n\to\infty}\frac{1}{n}=0.$$

又

$$\sin\left(k+\frac{1}{2}\right)x-\sin\left(k-\frac{1}{2}\right)x=2\sin\frac{x}{2}\cos kx.$$

当 $x\neq 2k\pi(k\in\mathbf{Z})$ 时,$\sin\frac{x}{2}\neq 0$,于是

$$\sum_{k=1}^{n}\cos kx=\frac{\sin\left(n+\frac{1}{2}\right)x-\sin\frac{1}{2}x}{2\sin\frac{x}{2}}.$$

故

$$\left|\sum_{k=1}^{n}v_k\right|=\left|\sum_{k=1}^{n}\cos kx\right|<\frac{1}{\left|\sin\frac{x}{2}\right|}=M.$$

由狄利克雷判别法知,级数 $\sum_{n=1}^{\infty}\frac{\cos nx}{n}(x\neq 2k\pi, k\in\mathbf{Z})$ 收敛.

习题 7-2

1. 运用比较判别法判别下列级数的敛散性:

(1) $\sum_{n=1}^{\infty}\frac{1}{2n-1}$;　　(2) $\sum_{n=1}^{\infty}\frac{\sin\frac{1}{n}}{n^2+1}$;

(3) $\sum_{n=1}^{\infty}\frac{1+n}{1+n^2}$;　　(4) $\sum_{n=1}^{\infty}\frac{1}{n^2-3n+3}$.

2. 运用达朗贝尔比值判别法判别下列级数的敛散性:

(1) $\sum_{n=1}^{\infty}\frac{n^2}{3^n}$;　　(2) $\sum_{n=1}^{\infty}\frac{2^n n!}{n^n}$;

(3) $\sum_{n=1}^{\infty}n\tan\frac{\pi}{2^{n-1}}$;　　(4) $\sum_{n=1}^{\infty}\frac{3^n}{n\cdot 2^n}$.

3. 运用柯西根值判别法判别下列级数的敛散性:

(1) $\sum_{n=1}^{\infty}\left(\frac{n}{2n+3}\right)^n$;　　(2) $\sum_{n=1}^{\infty}\frac{2^n}{n^2}$;

(3) $\sum_{n=1}^{\infty}\frac{1}{[\ln(n+1)]^n}$.

4. 判别下列级数的敛散性：

(1) $\sum\limits_{n=1}^{\infty}\dfrac{1}{1+\alpha^{n}}(\alpha>0)$；　　(2) $\sum\limits_{n=1}^{\infty}2^{n}\sin\dfrac{\pi}{3^{n}}$；

(3) $\sum\limits_{n=1}^{\infty}\dfrac{n\cos^{2}\dfrac{2n\pi}{3}}{2^{n}}$；　　(4) $\sum\limits_{n=1}^{\infty}\dfrac{1}{n^{2}\sin^{2}\dfrac{2}{n}}$.

5. 若正项级数 $\sum\limits_{n=1}^{\infty}u_{n}$ 收敛，证明 $\sum\limits_{n=1}^{\infty}u_{n}^{2}$ 也收敛.其逆如何？

6. 设级数 $\sum\limits_{n=1}^{\infty}a_{n}^{2}$ 及 $\sum\limits_{n=1}^{\infty}b_{n}^{2}$ 都收敛，证明级数 $\sum\limits_{n=1}^{\infty}|a_{n}b_{n}|$ 及 $\sum\limits_{n=1}^{\infty}(a_{n}+b_{n})^{2}$ 也都收敛.

7. 判别下列级数的敛散性，并指明是绝对收敛还是条件收敛.

(1) $\sum\limits_{n=1}^{\infty}(-1)^{n}\dfrac{1}{2n-1}$；　　(2) $\sum\limits_{n=1}^{\infty}\dfrac{(-1)^{n}+2}{(-1)^{n-1}\cdot 2^{n}}$；

(3) $\sum\limits_{n=1}^{\infty}\dfrac{\sin nx}{n^{2}}$；　　(4) $\sum\limits_{n=1}^{\infty}(-1)^{n+1}\dfrac{1}{\pi^{n}}\sin\dfrac{\pi}{n}$；

(5) $\sum\limits_{n=1}^{\infty}\left(\dfrac{1}{2^{n}}-\dfrac{1}{10^{2n-1}}\right)$；　　(6) $\sum\limits_{n=1}^{\infty}\dfrac{(-1)^{n}}{n+x}$；

(7) $\sum\limits_{n=1}^{\infty}\dfrac{\sin(2^{n}\cdot x)}{n!}$；　　*(8) $\sum\limits_{n=1}^{\infty}\dfrac{\sin nx}{n}(0<x<\pi)$.

第三节　函数项级数

一、一般函数项级数

对于定义在区间 I 上的函数项级数

$$\sum_{n=1}^{\infty}u_{n}(x)=u_{1}(x)+u_{2}(x)+\cdots+u_{n}(x)+\cdots, \tag{1}$$

若以一个确定值 $x=x_{0}\in I$ 代入(1)式中，则得到一个相应的常数项级数 $\sum\limits_{n=1}^{\infty}u_{n}(x_{0})$. 如果级数 $\sum\limits_{n=1}^{\infty}u_{n}(x_{0})$ 收敛，则称点 x_{0} 为函数项级数(1)的收敛点(或称函数项级数(1)在点 x_{0} 处收敛)，否则称 x_{0} 为(1)式的发散点(或称函数项级数(1)在点 x_{0} 处发散).函数项级数(1)的所有收敛点的集合称为它的收敛域.

显然，对于收敛域 D 上的每一点 x，函数项级数(1)的部分和数列 $\{S_{n}(x)\}$ 当 $n\to\infty$ 时均有极限，记此极限为 $S(x)$，即

$$\lim_{n\to\infty}S_n(x)=\lim_{n\to\infty}\sum_{k=1}^{n}u_k(x)=S(x),$$

$S(x)$是收敛域 D 上的函数,称为函数项级数(1)的和函数,此时也称函数项级数 $\sum\limits_{n=1}^{\infty}u_n(x)$(在收敛域 D 上)收敛于 $S(x)$.

由于函数项级数的敛散性是对点而言的,故可借用常数项级数敛散性的判别法来判别函数项级数的敛散性.今后,我们称级数在一个区间 I 上收敛(或发散),是指该级数在区间 I 上的每一点均收敛(或发散).

例 1 考虑下列几何级数

$$\sum_{n=1}^{\infty}x^{n-1}=1+x+x^2+\cdots+x^n+\cdots,$$

由前面的知识可知,当 $|x|<1$ 时,该级数收敛;当 $|x|\geqslant 1$ 时,该级数发散,故该几何级数的收敛域为 $(-1,1)$,且和函数

$$S(x)=\sum_{n=1}^{\infty}x^{n-1}=\frac{1}{1-x},\quad x\in(-1,1).$$

设 D 为函数项级数(1)的收敛域,$S(x)$为其和函数,则 $\forall x_0\in D$,有

$$\lim_{n\to\infty}S_n(x_0)=\sum_{n=1}^{\infty}u_n(x_0)=S(x_0).$$

由极限的定义可知,$\forall\varepsilon>0,\exists N>0$,当 $n>N$ 时,有 $|S_n(x_0)-S(x_0)|<\varepsilon$ 成立.这里的正整数 N 一般不仅与 ε 有关,而且还与 x_0 有关,即 $N=N(x_0,\varepsilon)$.下面,我们给出函数项级数一致收敛的定义.

***定义 1** 设 D 为函数项级数 $\sum\limits_{n=1}^{\infty}u_n(x)$ 的收敛域,$\{S_n(x)\}$为其部分和数列,$S(x)$为其和函数.若 $\forall\varepsilon>0$,存在与 x 无关的正整数 $N=N(\varepsilon)$,使当 $n>N$ 时,对所有的 $x\in D$,有 $|S_n(x)-S(x)|<\varepsilon$ 成立,则称函数项级数 $\sum\limits_{n=1}^{\infty}u_n(x)$ 在 D 上一致收敛于$S(x)$.

利用极限存在的柯西收敛准则,我们可以写出函数项级数一致收敛的充要条件.

***定理 1**(柯西原理) $\sum\limits_{n=1}^{\infty}u_n(x)$ 在 D 上一致收敛的充要条件是:$\forall\varepsilon>0$,存在与 x 无关的正整数 $N=N(\varepsilon)$,当 $n,m>N$ 时,有

$$|S_m(x)-S_n(x)|<\varepsilon,\quad \forall x\in D$$

成立.

不妨设 $m>n$,则 $m>n>N$ 时,上式为

$$|S_m(x)-S_n(x)|=|u_{n+1}(x)+u_{n+2}(x)+\cdots+u_m(x)|<\varepsilon.$$

由一致收敛的定义判定函数项级数的一致收敛性比较麻烦,下面我们介绍一个一致收敛性的判别法.

***定理 2**(魏尔斯特拉斯判别法) 对于函数项级数 $\sum\limits_{n=1}^{\infty}u_n(x)$,若在区间 D 上满足:

(1) $\exists N>0$,使 $n>N$ 时,$|u_n(x)|\leqslant a_n,x\in D$.

（2）正项级数 $\sum_{n=1}^{\infty} a_n$ 收敛，

则 $\sum_{n=1}^{\infty} u_n(x)$ 在 D 上一致收敛.

例 2　证明级数 $\sum_{n=1}^{\infty} \frac{\sin nx}{n^2+x^2}$ 在$(-\infty,+\infty)$上一致收敛.

证　由于

$$\left|\frac{\sin nx}{n^2+x^2}\right| \leqslant \frac{1}{n^2+x^2} \leqslant \frac{1}{n^2},\quad x\in(-\infty,+\infty), n\geqslant 1,$$

而级数 $\sum_{n=1}^{\infty} \frac{1}{n^2}$ 是 $p=2$ 的 p 级数，它是收敛的，故由魏尔斯特拉斯判别法可知，原级数在$(-\infty,+\infty)$上一致收敛.

二、幂级数

1. 幂级数的概念

定义 2　具有下列形式的函数项级数

$$\sum_{n=0}^{\infty} a_n(x-x_0)^n = a_0+a_1(x-x_0)+\cdots+a_n(x-x_0)^n+\cdots$$

称为在 $x=x_0$ 处的幂级数或$(x-x_0)$的幂级数，其中 $a_0,a_1,\cdots,a_n,\cdots$ 称为幂级数的系数.

特别地，若 $x_0=0$，则称

$$\sum_{n=0}^{\infty} a_n x^n = a_0+a_1x+\cdots+a_nx^n+\cdots$$

为 $x=0$ 处的幂级数或 x 的幂级数.我们主要讨论这种形式的幂级数.因为，若令 $t=x-x_0$，则 $\sum_{n=0}^{\infty} a_n(x-x_0)^n = \sum_{n=0}^{\infty} a_n t^n$.

显然，幂级数是一种特殊的函数项级数，且 $x=0$ 时，级数 $\sum_{n=0}^{\infty} a_n x^n$ 收敛.为了讨论幂级数的收敛域，我们给出如下定理：

定理 3（阿贝尔定理）

（1）若幂级数 $\sum_{n=0}^{\infty} a_n x^n$ 在点 $x=x_0(x_0\neq 0)$处收敛，则对于满足 $|x|<|x_0|$ 的一切 x，$\sum_{n=0}^{\infty} a_n x^n$ 均绝对收敛.

（2）若幂级数 $\sum_{n=0}^{\infty} a_n x^n$ 在点 $x=x_0$ 处发散，则对于满足 $|x|>|x_0|$ 的一切 x，$\sum_{n=0}^{\infty} a_n x^n$ 均发散.

证　（1）若 $\sum_{n=0}^{\infty} a_n x_0^n$ 收敛，由级数收敛的必要条件知，$\lim_{n\to\infty} a_n x_0^n=0$，故存在常数 $M>0$，

使得$|a_nx_0^n|\leqslant M(n=0,1,2,\cdots)$，于是

$$|a_nx^n|=\left|a_nx_0^n\cdot\frac{x^n}{x_0^n}\right|=|a_nx_0^n|\cdot\left|\frac{x}{x_0}\right|^n\leqslant M\left|\frac{x}{x_0}\right|^n.$$

当$|x|<|x_0|$时，$\left|\frac{x}{x_0}\right|<1$，故级数$\sum\limits_{n=0}^{\infty}M\left|\frac{x}{x_0}\right|^n$收敛.由正项级数的比较判别法知，幂级数$\sum\limits_{n=0}^{\infty}a_nx^n$绝对收敛.

（2）若$\sum\limits_{n=0}^{\infty}a_nx_0^n$发散，运用反证法可以证明：对所有满足$|x|>|x_0|$的$x$，$\sum\limits_{n=0}^{\infty}a_nx^n$均发散.事实上，若存在$x'$，满足$|x'|>|x_0|$，但$\sum\limits_{n=0}^{\infty}a_nx'^n$收敛，则由（1）的证明可知$\sum\limits_{n=0}^{\infty}a_nx_0^n$绝对收敛，这与已知矛盾.于是定理得证.

阿贝尔定理告诉我们：若x_0是$\sum\limits_{n=0}^{\infty}a_nx^n$的收敛点，则该幂级数在区间$(-|x_0|,|x_0|)$内收敛；若$x_0$是$\sum\limits_{n=0}^{\infty}a_nx^n$的发散点，则该幂级数在$(-\infty,-|x_0|)\cup(|x_0|,+\infty)$内的所有点处均发散.由此可知，对幂级数$\sum\limits_{n=0}^{\infty}a_nx^n$而言，存在关于原点对称的两个点$x=\pm r,r>0$，它们将幂级数的收敛点与发散点分隔开来，在$(-r,r)$内的点都是收敛点，而在$[-r,r]$以外的点均为发散点，在分界点$x=\pm r$处，幂级数可能收敛，也可能发散.我们称具有这种性质的正数r为幂级数$\sum\limits_{n=0}^{\infty}a_nx^n$的收敛半径，称开区间$(-r,r)$为幂级数$\sum\limits_{n=0}^{\infty}a_nx^n$的收敛区间.由幂级数在$x=\pm r$处的敛散性就可以决定它的收敛域是$(-r,r)$，$[-r,r)$，$(-r,r]$，$[-r,r]$这四个区间之一.

特别地，当幂级数$\sum\limits_{n=0}^{\infty}a_nx^n$仅在$x=0$处收敛时，规定其收敛半径为$r=0$；当幂级数$\sum\limits_{n=0}^{\infty}a_nx^n$在整个数轴上都收敛时，规定其收敛半径为$r=+\infty$，此时的收敛域为$(-\infty,+\infty)$.

2. 幂级数收敛半径的求法

定理 4　设r是幂级数$\sum\limits_{n=0}^{\infty}a_nx^n$的收敛半径，而$\sum\limits_{n=0}^{\infty}a_nx^n$的系数满足

$$\lim_{n\to\infty}\left|\frac{a_{n+1}}{a_n}\right|=\lambda,$$

则

（1）当$0<\lambda<+\infty$时，$r=\frac{1}{\lambda}$.

（2）当$\lambda=0$时，$r=+\infty$.

(3) 当 $\lambda=+\infty$ 时，$r=0$.

证　对于正项级数

$$\sum_{n=0}^{\infty}|a_nx^n|=|a_0|+|a_1x|+|a_2x^2|+\cdots+|a_nx^n|+\cdots,$$

有

$$\lim_{n\to\infty}\left|\frac{a_{n+1}x^{n+1}}{a_nx^n}\right|=\lim_{n\to\infty}\left|\frac{a_{n+1}}{a_n}\right||x|=\lambda|x|.$$

(1) 若 $0<\lambda<+\infty$ 时，则由达朗贝尔比值判别法知：当 $\lambda|x|<1$，即 $|x|<\frac{1}{\lambda}$ 时，级数 $\sum\limits_{n=0}^{\infty}|a_nx^n|$ 收敛，即 $\sum\limits_{n=0}^{\infty}a_nx^n$ 绝对收敛；当 $|x|>\frac{1}{\lambda}$ 时，$\sum\limits_{n=0}^{\infty}a_nx^n$ 发散，故幂级数 $\sum\limits_{n=0}^{\infty}a_nx^n$ 的收敛半径为 $r=\frac{1}{\lambda}$.

(2) 若 $\lambda=0$，则 $\lambda|x|=0<1$，则 $\forall x\in(-\infty,+\infty)$，级数 $\sum\limits_{n=0}^{\infty}|a_nx^n|$ 收敛，从而 $\sum\limits_{n=0}^{\infty}a_nx^n$ 绝对收敛，即幂级数 $\sum\limits_{n=0}^{\infty}a_nx^n$ 的收敛半径为 $r=+\infty$.

(3) 若 $\lambda=+\infty$，则 $\forall x\neq 0$，当 n 充分大时，必有 $\left|\frac{a_{n+1}x^{n+1}}{a_nx^n}\right|>1$，从而由达朗贝尔比值判别法知 $\sum\limits_{n=0}^{\infty}a_nx^n$ 发散，故幂级数仅在 $x=0$ 处收敛，其收敛半径为 $r=0$.

例 3　求 $\sum\limits_{n=1}^{\infty}\frac{(-x)^n}{3^{n-1}\sqrt{n}}$ 的收敛半径和收敛域.

解　由于

$$\lambda=\lim_{n\to\infty}\left|\frac{a_{n+1}}{a_n}\right|=\lim_{n\to\infty}\frac{3^{n-1}\sqrt{n}}{3^n\sqrt{n+1}}=\frac{1}{3},$$

故收敛半径 $r=\frac{1}{\lambda}=3$.

当 $x=-3$ 时，原级数为 $\sum\limits_{n=1}^{\infty}\frac{3}{\sqrt{n}}$，由 p 级数的敛散性知，此时原级数发散.

当 $x=3$ 时，原级数为 $\sum\limits_{n=1}^{\infty}\frac{(-1)^n\cdot 3}{\sqrt{n}}$，这是一个收敛的交错级数，故此时原级数收敛.

综上所述，$\sum\limits_{n=1}^{\infty}\frac{(-x)^n}{3^{n-1}\sqrt{n}}$ 的收敛半径为 $r=3$，收敛域为 $(-3,3]$.

例 4　求幂级数 $\sum\limits_{n=0}^{\infty}\frac{1}{4^n}(x-1)^{2n}$ 的收敛半径及收敛域.

解　此级数为 $(x-1)$ 的幂级数，且缺少 $(x-1)$ 的奇数次幂的项，不能直接运用定理 4 来求它的收敛半径，但可以运用达朗贝尔比值判别法来求它的收敛半径.

令 $u_n=\frac{1}{4^n}(x-1)^{2n}$,则

$$\lim_{n\to\infty}\left|\frac{u_{n+1}}{u_n}\right|=\lim_{n\to\infty}\left|\frac{\frac{1}{4^{n+1}}(x-1)^{2(n+1)}}{\frac{1}{4^n}(x-1)^{2n}}\right|=\frac{1}{4}(x-1)^2.$$

当$\frac{1}{4}(x-1)^2<1$,即$|x-1|<2$时,原级数绝对收敛;当$\frac{1}{4}(x-1)^2>1$,即$|x-1|>2$时,原级数发散,故原级数的收敛半径为$r=2$.

又当$|x-1|=2$,即$x=-1$或$x=3$时,级数$\sum_{n=0}^{\infty}\frac{1}{4^n}(x-1)^{2n}=\sum_{n=0}^{\infty}1$,它是发散的.

综上所述,原级数的收敛半径为$r=2$,收敛域为$(-1,3)$.

定理 5 设r是幂级数$\sum_{n=0}^{\infty}a_nx^n$的收敛半径,若$\sum_{n=0}^{\infty}a_nx^n$的系数满足

$$\lim_{n\to\infty}\sqrt[n]{|a_n|}=\lambda,$$

则

(1) 当$0<\lambda<+\infty$时,$r=\frac{1}{\lambda}$.

(2) 当$\lambda=0$时,$r=+\infty$.

(3) 当$\lambda=+\infty$时,$r=0$.

利用正项级数的柯西根值判别法,可以仿照定理4的证明过程来证明定理5,具体的证明过程请读者自己完成.

例 5 求幂级数$\sum_{n=1}^{\infty}\frac{x^n}{a^n+b^n}(a>b>0)$的收敛半径和收敛域.

解 由于

$$\lim_{n\to\infty}\sqrt[n]{|a_n|}=\lim_{n\to\infty}\sqrt[n]{\frac{1}{a^n+b^n}}=\lim_{n\to\infty}\sqrt[n]{\frac{1}{a^n\left(1+\frac{b^n}{a^n}\right)}}=\frac{1}{a},$$

故原级数的收敛半径为$r=a$.

当$x=a$时,$\lim_{n\to\infty}\frac{a^n}{a^n+b^n}\neq 0$,故由级数收敛的必要条件知原级数此时发散.

当$x=-a$时,$\lim_{n\to\infty}\frac{(-a)^n}{a^n+b^n}$不存在,此时原级数也发散.

综上所述,原级数的收敛半径为$r=a$,收敛域为$(-a,a)$.

3. 幂级数的运算

设幂级数$\sum_{n=0}^{\infty}a_nx^n$和$\sum_{n=0}^{\infty}b_nx^n$的收敛半径分别为$r_1$和$r_2$,则在两个幂级数收敛的公共区间内可进行如下运算:

(1) 加法运算

$$\sum_{n=0}^{\infty} a_n x^n \pm \sum_{n=0}^{\infty} b_n x^n = \sum_{n=0}^{\infty} (a_n \pm b_n) x^n, \quad x \in (-r, r),$$

其中 $r = \min\{r_1, r_2\}$.

（2）乘法运算

$$\left(\sum_{n=0}^{\infty} a_n x^n\right) \cdot \left(\sum_{n=0}^{\infty} b_n x^n\right) = \sum_{n=0}^{\infty} c_n x^n, \quad x \in (-r, r),$$

其中 $c_n = \sum\limits_{k=0}^{n} a_k b_{n-k} = a_0 b_n + a_1 b_{n-1} + \cdots + a_k b_{n-k} + \cdots + a_n b_0, r = \min\{r_1, r_2\}$.

（3）除法运算

令

$$\frac{\sum\limits_{n=0}^{\infty} a_n x^n}{\sum\limits_{n=0}^{\infty} b_n x^n} = \sum_{n=0}^{\infty} c_n x^n, \quad (\text{其中 } b_0 \neq 0),$$

则 $\sum\limits_{n=0}^{\infty} a_n x^n = \left(\sum\limits_{n=0}^{\infty} b_n x^n\right) \cdot \left(\sum\limits_{n=0}^{\infty} c_n x^n\right)$，运用乘法运算公式及比较系数法可得到下面的关系式：

$$\begin{aligned}
&a_0 = b_0 c_0, \\
&a_1 = b_1 c_0 + b_0 c_1, \\
&a_2 = b_2 c_0 + b_1 c_1 + b_0 c_2, \cdots, \\
&a_n = b_n c_0 + b_{n-1} c_1 + \cdots + b_{n-k} c_k + \cdots + b_0 c_n, \cdots.
\end{aligned}$$

由这些关系式依次可求出 $c_0, c_1, \cdots, c_n, \cdots$.不过要注意 $\sum\limits_{n=0}^{\infty} c_n x^n$ 的收敛区间内不能包含使分母 $\sum\limits_{n=0}^{\infty} b_n x^n$ 为零的点，而且 $\sum\limits_{n=0}^{\infty} c_n x^n$ 的收敛区间可能比原来两级数的收敛区间要小得多.

例如，幂级数 $\sum\limits_{n=0}^{\infty} a_n x^n = x$ 和 $\sum\limits_{n=0}^{\infty} b_n x^n = 1-x$ 都在 $(-\infty, +\infty)$ 上收敛，而它们相除后，$\dfrac{x}{1-x} = \sum\limits_{n=0}^{\infty} x^{n+1}$ 仅在 $(-1, 1)$ 内收敛.

例 6　已知 $\sum\limits_{n=0}^{\infty} \dfrac{x^n}{n!} = \mathrm{e}^x$，求 $\sum\limits_{n=0}^{\infty} \dfrac{(n+1)^2}{n!} x^n$ 的和函数.

解　令 $u_n(x) = \dfrac{(n+1)^2}{n!} x^n$，则 $n \geqslant 2$ 时有

$$\begin{aligned}
u_n(x) &= \frac{(n+1)^2}{n!} x^n = \frac{n^2+2n+1}{n!} x^n \\
&= \frac{n+2}{(n-1)!} x^n + \frac{1}{n!} x^n = \frac{(n-1)+3}{(n-1)!} x^n + \frac{1}{n!} x^n \\
&= \frac{1}{(n-2)!} x^n + \frac{3}{(n-1)!} x^n + \frac{1}{n!} x^n.
\end{aligned}$$

所以

$$\begin{aligned}\sum_{n=0}^{\infty}\frac{(n+1)^2}{n!}x^n &= 1+4x+\sum_{n=2}^{\infty}u_n(x)\\ &=1+4x+\sum_{n=2}^{\infty}\left[\frac{1}{(n-2)!}+\frac{3}{(n-1)!}+\frac{1}{n!}\right]x^n\\ &=1+4x+\sum_{n=0}^{\infty}\frac{x^{n+2}}{n!}+\sum_{n=1}^{\infty}\frac{3x^{n+1}}{n!}+\sum_{n=2}^{\infty}\frac{x^n}{n!}\\ &=1+4x+x^2\sum_{n=0}^{\infty}\frac{x^n}{n!}+3x\sum_{n=1}^{\infty}\frac{x^n}{n!}+\sum_{n=2}^{\infty}\frac{x^n}{n!}\\ &=1+4x+x^2\mathrm{e}^x+3x(\mathrm{e}^x-1)+\mathrm{e}^x-1-x\\ &=(x^2+3x+1)\mathrm{e}^x.\end{aligned}$$

4. 幂级数的解析性质

在这里,我们将不加证明地给出幂级数的如下解析性质.

定理 6 设幂级数 $\sum_{n=0}^{\infty}a_nx^n$ 的收敛半径为 r,则其和函数 $S(x)$ 在收敛区间 $(-r,r)$ 内是连续的.又若幂级数在 $x=r$(或 $x=-r$)也连续,则 $S(x)$ 在 $(-r,r]$(或 $[-r,r)$)内连续.

定理 7 设幂级数 $\sum_{n=0}^{\infty}a_nx^n$ 的收敛半径为 r,则其和函数 $S(x)$ 在收敛区间 $(-r,r)$ 内是可导的、可积的,且有如下逐项求导和逐项积分公式:

$$S'(x)=\sum_{n=0}^{\infty}(a_nx^n)'=\sum_{n=1}^{\infty}na_nx^{n-1},\quad \forall x\in(-r,r),$$

$$\int_0^x S(x)\,\mathrm{d}x=\sum_{n=0}^{\infty}\int_0^x a_nt^n\,\mathrm{d}t=\sum_{n=0}^{\infty}\frac{a_n}{n+1}x^{n+1},\quad \forall x\in(-r,r),$$

并且逐项求导和逐项积分后得到的幂级数的收敛半径仍为 r.

利用定理 7 可以求一些幂级数的和函数.

例 7 求幂级数 $\sum_{n=1}^{\infty}\frac{1}{n}x^n$ 在收敛区间 $(-1,1)$ 内的和函数.

解 设 $S(x)=\sum_{n=1}^{\infty}\frac{1}{n}x^n$,在 $(-1,1)$ 内逐项求导,得

$$S'(x)=\sum_{n=1}^{\infty}\left(\frac{1}{n}x^n\right)'=\sum_{n=1}^{\infty}x^{n-1}=\frac{1}{1-x}.$$

上式两端在 $(0,x)$ 上积分可得

$$S(x)-S(0)=\int_0^x\frac{\mathrm{d}x}{1-x}=-\ln(1-x).$$

又由于 $S(0)=0$,故 $S(x)=-\ln(1-x)$,即

$$\sum_{n=1}^{\infty}\frac{1}{n}x^n=\ln\frac{1}{1-x},\quad x\in(-1,1).$$

例 8 求幂级数 $\sum_{n=1}^{\infty}nx^n$ 在收敛区间 $(-1,1)$ 内的和函数.

解　设 $\sum_{n=1}^{\infty} nx^n = x\sum_{n=1}^{\infty} nx^{n-1} = xS(x)$，由于

$$\int_0^x S(t)\,dt = \sum_{n=1}^{\infty}\int_0^x nt^{n-1}\,dt = \sum_{n=1}^{\infty} x^n = \frac{x}{1-x},\quad x\in(-1,1),$$

因此有

$$S(x)=\left(\frac{x}{1-x}\right)' = \frac{1}{(1-x)^2}.$$

从而有

$$\sum_{n=1}^{\infty} nx^n = xS(x) = \frac{x}{(1-x)^2},\quad x\in(-1,1).$$

例 9　求幂级数 $\sum_{n=1}^{\infty} n(n+2)x^n$ 在收敛区间$(-1,1)$内的和函数.

解　
$$\begin{aligned}\sum_{n=1}^{\infty} n(n+2)x^n &= \sum_{n=1}^{\infty} n(n+1)x^n + \sum_{n=1}^{\infty} nx^n = x\sum_{n=1}^{\infty} n(n+1)x^{n-1} + x\sum_{n=1}^{\infty} nx^{n-1}\\ &= x\left(\sum_{n=1}^{\infty} x^{n+1}\right)'' + x\left(\sum_{n=1}^{\infty} x^n\right)' = x\left(\frac{x^2}{1-x}\right)'' + x\left(\frac{x}{1-x}\right)'\\ &= \frac{2x}{(1-x)^3} + \frac{x}{(1-x)^2} = \frac{x(3-x)}{(1-x)^3},\ -1<x<1.\end{aligned}$$

例 10　求常数项级数 $\sum_{n=1}^{\infty}\frac{2n-1}{2^n}$的和.

解法 1　构造幂级数 $S(x)=\sum_{n=1}^{\infty}\frac{2n-1}{2^n}x^{2n-2}, x\in(-\sqrt{2},\sqrt{2})$. 由于

$$\begin{aligned}S(x) &= \left(\sum_{n=1}^{\infty}\int_0^x \frac{2n-1}{2^n}x^{2n-2}\,dx\right)' = \left(\sum_{n=1}^{\infty}\frac{x^{2n-1}}{2^n}\right)'\\ &= \left[\frac{1}{x}\sum_{n=1}^{\infty}\left(\frac{x^2}{2}\right)^n\right]' = \left(\frac{1}{x}\cdot\frac{x^2}{2-x^2}\right)' = \left(\frac{x}{2-x^2}\right)'\\ &= \frac{x^2+2}{(2-x^2)^2},\ x\in(-\sqrt{2},\sqrt{2}),\end{aligned}$$

故有

$$\sum_{n=1}^{\infty}\frac{2n-1}{2^n} = S(1) = \frac{1^2+2}{(2-1^2)^2} = 3.$$

解法 2　$\sum_{n=1}^{\infty}\frac{2n-1}{2^n} = 2\sum_{n=1}^{\infty}(n+1)\left(\frac{1}{2}\right)^n - 3\sum_{n=1}^{\infty}\left(\frac{1}{2}\right)^n.$

考虑幂级数 $\sum_{n=0}^{\infty} x^n = \frac{1}{1-x}$，其收敛半径为 1.在收敛区间$(-1,1)$内逐项求导可得

$$\sum_{n=1}^{\infty} nx^{n-1} = \frac{1}{(1-x)^2},$$

即

$$1+\sum_{n=1}^{\infty}(n+1)x^n = \frac{1}{(1-x)^2},\quad -1<x<1.$$

因此有

典型例题 幂级数的收敛域与和函数

$$\sum_{n=1}^{\infty}(n+1)\left(\frac{1}{2}\right)^{n}=\left[\sum_{n=1}^{\infty}(n+1)x^{n}\right]\Big|_{x=\frac{1}{2}}=\left[\frac{1}{(1-x)^{2}}-1\right]\Big|_{x=\frac{1}{2}}=3.$$

而

$$\sum_{n=1}^{\infty}\left(\frac{1}{2}\right)^{n}=\frac{\frac{1}{2}}{1-\frac{1}{2}}=1,$$

故

$$\sum_{n=1}^{\infty}\frac{2n-1}{2^{n}}=2\times3-3\times1=3.$$

习题 7-3

1. 求下列级数的收敛域：

(1) $\sum\limits_{n=0}^{\infty}n!\,x^{n}$； (2) $\sum\limits_{n=1}^{\infty}\frac{x^{n}}{n^{n}}$；

(3) $\sum\limits_{n=1}^{\infty}\frac{2^{n}}{n^{2}+1}x^{n}$； (4) $\sum\limits_{n=1}^{\infty}\frac{(-1)^{n}}{n4^{n}}x^{2n-1}$；

(5) $\sum\limits_{n=1}^{\infty}\frac{(x^{2}-1)^{n}}{n(n+1)}$； (6) $\sum\limits_{n=1}^{\infty}\frac{(x-5)^{n}}{\sqrt{n}}$；

(7) $\sum\limits_{n=1}^{\infty}\frac{n^{2}}{x^{n}}$； (8) $\sum\limits_{n=1}^{\infty}\frac{(x-3)^{n}}{n-3^{n}}$.

2. 求下列幂级数的收敛半径与收敛域：

(1) $\sum\limits_{n=1}^{\infty}\frac{x^{n}}{n2^{n}}$； (2) $\sum\limits_{n=0}^{\infty}\frac{(2n)!}{(n!)^{2}}(x-1)^{2n}$；

(3) $\sum\limits_{n=1}^{\infty}\frac{(x+1)^{n}}{n^{2}}$.

3. 证明本节中的定理 5.

4. 求下列幂级数的和函数：

(1) $\sum\limits_{n=0}^{\infty}(n+1)(n+2)x^{n}$； (2) $\sum\limits_{n=1}^{\infty}\frac{1}{n(n+1)}x^{n}$；

(3) $\sum\limits_{n=0}^{\infty}(2n+1)x^{n}$； (4) $\sum\limits_{n=1}^{\infty}\frac{1}{n2^{n}}x^{n-1}$.

5. 求下列常数项级数的和：

(1) $\sum\limits_{n=1}^{\infty}\frac{n^{2}}{5^{n}}$； (2) $\sum\limits_{n=1}^{\infty}\frac{1}{(2n-1)2^{n}}$；

(3) $\sum\limits_{n=1}^{\infty}\frac{2n-1}{2^{2n-1}}$； (4) $\sum\limits_{n=1}^{\infty}\frac{n(n+1)}{2^{n}}$.

第四节　函数展开为幂级数

一、函数展开为幂级数

幂级数 $\sum_{n=1}^{\infty} a_n x^n$ 在其收敛域内一定存在和函数 $S(x)$.若能求出 $S(x)$,则级数问题可化为函数问题来处理.反过来,对于给定的函数 $f(x)$,在 $U(x_0)$ 内能否用幂级数来表示它呢？如果能的话,这个幂级数如何求得呢？下面的讨论将解决这两个问题.

1. 泰勒级数

对于函数 $f(x)$,若 $\exists\, U(x_0)$ 及幂级数 $\sum_{n=0}^{\infty} a_n(x-x_0)^n$ 使

$$f(x)=\sum_{n=0}^{\infty} a_n(x-x_0)^n,\ \forall x\in U(x_0),\tag{1}$$

则称 $f(x)$ 在点 x_0 处可展开成幂级数,而(1)式的右端称为 $f(x)$ 在点 x_0 的幂级数展开式.

现在假设 $f(x)$ 在点 x_0 处可展开成幂级数,即对 $\forall x\in U(x_0)$ 有

$$f(x)=\sum_{n=0}^{\infty} a_n(x-x_0)^n,$$

则 $f(x)$ 在 $U(x_0)$ 内必有任意阶的导数,且

$$f^{(n)}(x)=n!\,a_n+\frac{(n+1)!}{1!}a_{n+1}(x-x_0)+\frac{(n+2)!}{2!}a_{n+2}(x-x_0)^2+\cdots\quad(n=0,1,2,\cdots).$$

在上式中令 $x=x_0$ 即得

$$f(x_0)=a_0,\quad f'(x_0)=1!\,a_1,$$
$$f''(x_0)=2!\,a_2,\cdots,\quad f^{(n)}(x_0)=n!\,a_n,\cdots.$$

这说明了 $f(x)$ 在点 x_0 处幂级数展开式的系数为

$$a_0=f(x_0),a_1=\frac{f'(x_0)}{1!},a_2=\frac{f''(x_0)}{2!},\cdots,a_n=\frac{f^{(n)}(x_0)}{n!},\cdots.\tag{2}$$

此时有

$$f(x)=\sum_{n=0}^{\infty}\frac{f^{(n)}(x_0)}{n!}(x-x_0)^n.\tag{3}$$

我们称(3)式右端的幂级数为 $f(x)$ 在点 x_0 处的泰勒级数,而相应的系数(2)称为泰勒系数.

要注意的是,我们是在假定 $f(x)$ 能够在点 x_0 处展开成幂级数的前提下,才得到上述结果的.如果 $f(x)$ 在 $U(x_0)$ 内具有任意阶导数,是否(3)式必成立呢？回答是否定的.例如,对函数

$$f(x)=\begin{cases}e^{-\frac{1}{x^2}}, & x\neq 0,\\ 0, & x=0,\end{cases}$$

可以验证它在原点的任何一个邻域内有任意阶导数，并且对任何的正整数 n，有 $f^{(n)}(0)=0$. 此时 $f(x)$ 的泰勒级数的系数全为 0，但当 $x\neq 0$ 时，显然有 $f(x)\neq 0$. 因此，该函数在 $x=0$ 处的泰勒级数在 $x=0$ 的邻域内不能表示该函数.

下面的定理将给出一个任意阶可导函数可展开成幂级数的充要条件.

定理 1　若函数 $f(x)$ 在点 x_0 的某邻域 $U(x_0)$ 内具有任意阶导数，则 $f(x)$ 在 $U(x_0)$ 内能展开成泰勒级数的充要条件是 $f(x)$ 的泰勒公式中的余项 $R_n(x)$（有时简记为 R_n）满足 $\lim\limits_{n\to\infty}R_n(x)=0$.

证　先证必要性. 设 $f(x)$ 在 $U(x_0)$ 内能展成泰勒级数，即

$$f(x)=f(x_0)+f'(x_0)(x-x_0)+\frac{f''(x_0)}{2!}(x-x_0)^2+\cdots+\frac{f^{(n)}(x_0)}{n!}(x-x_0)^n+\cdots$$

对一切 $x\in U(x_0)$ 均成立. 记 $f(x)$ 的 n 阶泰勒公式为

$$f(x)=P_n(x)+R_n(x),$$

则由泰勒级数收敛，有

$$\lim_{n\to\infty}P_n(x)=f(x).$$

于是

$$\begin{aligned}\lim_{n\to\infty}R_n(x)&=\lim_{n\to\infty}[f(x)-P_n(x)]=\lim_{n\to\infty}f(x)-\lim_{n\to\infty}P_n(x)\\&=f(x)-f(x)=0.\end{aligned}$$

下证充分性. 由泰勒公式，我们有

$$f(x)=P_n(x)+R_n(x).$$

若 $\lim\limits_{n\to\infty}R_n(x)=0$, $\forall x\in U(x_0)$，则由

$$P_n(x)=f(x)-R_n(x)$$

有

$$\begin{aligned}\lim_{n\to\infty}P_n(x)&=\lim_{n\to\infty}[f(x)-R_n(x)]\\&=\lim_{n\to\infty}f(x)-\lim_{n\to\infty}R_n(x)=f(x),\end{aligned}$$

即 $f(x)$ 的泰勒级数在 $U(x_0)$ 内收敛，且收敛于 $f(x)$. 定理得证.

在(3)式中取 $x_0=0$，我们称 $f(x)$ 在 $x=0$ 的泰勒级数

$$f(0)+f'(0)x+\frac{f''(0)}{2!}x^2+\cdots+\frac{f^{(n)}(0)}{n!}x^n+\cdots$$

为 $f(x)$ 的麦克劳林级数.

2. 初等函数的幂级数展开式

由定理 1 知，函数 $f(x)$ 能否展开成 x 的幂级数取决于函数在 $x=0$ 处是否具有任意阶导数，且其余项 $R_n(x)$ 当 $n\to\infty$ 时是否趋于零，故将函数 $f(x)$ 展开成 x 的幂级数可按如下步骤进行：

(1) 求出 $f(x)$ 的各阶导数 $f'(x)$, $f''(x)$, $\cdots$, $f^{(n)}(x)$, $\cdots$，并求出 $f(0)$, $f'(0)$, $f''(0)$, $\cdots$, $f^{(n)}(0)$, $\cdots$. 若发现 $f(x)$ 的某阶导数在 $x=0$ 处不存在，则函数不能展开成

x 的幂级数.

(2) 写出幂级数

$$f(0)+f'(0)x+\frac{f''(0)}{2!}x^2+\cdots+\frac{f^{(n)}(0)}{n!}x^n+\cdots,$$

并求出收敛半径 r.

(3) 在$(-r,r)$内,考察余项 $R_n(x)$ 的极限

$$\lim_{n\to\infty}R_n(x)=\lim_{n\to\infty}\frac{f^{(n+1)}(\xi)}{(n+1)!}x^{n+1}\quad(\xi \text{ 在 } 0 \text{ 与 } x \text{ 之间}, x\in(-r,r))$$

是否为零;若为零,则步骤(2)中的幂级数就是 $f(x)$ 在点 $x=0$ 的幂级数展开式.

例 1　将 $f(x)=e^x$ 展开为 x 的幂级数.

解　由 $f(x)=e^x, f^{(n)}(x)=e^x(n=1,2,\cdots)$,得

$$f(0)=1, f'(0)=1, f''(0)=1,\cdots, f^{(n)}(0)=1\ (n=1,2,\cdots),$$

从而得幂级数

$$1+x+\frac{x^2}{2!}+\cdots+\frac{x^n}{n!}+\cdots,$$

其收敛半径 $r=+\infty$.

再考察余项 $R_n(x)$:

$$|R_n(x)|=\frac{e^{\xi}}{(n+1)!}|x|^{n+1}\quad(\xi \text{ 在 } 0 \text{ 与 } x \text{ 之间}).$$

因 $|\xi|<|x|$,故 $e^{|\xi|}<e^{|x|}$.于是,$\forall x\in(-\infty,+\infty)$有

$$0\leqslant\left|\frac{e^{\xi}}{(n+1)!}x^{n+1}\right|<e^{|x|}\frac{|x|^{n+1}}{(n+1)!}\to 0\quad(n\to\infty),$$

即 $\lim\limits_{n\to\infty}|R_n(x)|=0$.所以,$e^x$ 的幂级数展开式为

$$e^x=1+x+\frac{x^2}{2!}+\cdots+\frac{x^n}{n!}+\cdots,\quad x\in(-\infty,+\infty).$$

例 2　将函数 $f(x)=\sin x$ 展开成 x 的幂级数.

解　因为 $f^{(n)}(x)=\sin\left(x+n\cdot\frac{\pi}{2}\right)(n=1,2,\cdots)$,所以

$$f(0)=0, f'(0)=1, f''(0)=0, f'''(0)=-1, f^{(4)}(0)=0,\cdots,$$

即 $f^{(2n)}(0)=0, f^{(2n+1)}(0)=(-1)^n(n=1,2,\cdots)$.于是得幂级数

$$x-\frac{x^3}{3!}+\frac{x^5}{5!}-\cdots+(-1)^n\frac{x^{2n+1}}{(2n+1)!}+\cdots,$$

其收敛半径 $r=+\infty$.

再考察 $|R_n(x)|$, $\forall x\in(-\infty,+\infty)$.由于

$$|R_n(x)|=\left|\frac{\sin\left(\xi+\frac{n+1}{2}\pi\right)}{(n+1)!}x^{n+1}\right|\leqslant\frac{|x|^{n+1}}{(n+1)!}\to 0(n\to\infty),$$

故

$$\sin x=x-\frac{x^3}{3!}+\frac{x^5}{5!}-\cdots+(-1)^n\frac{x^{2n+1}}{(2n+1)!}+\cdots$$

$$=\sum_{n=0}^{\infty}(-1)^n\frac{x^{2n+1}}{(2n+1)!},\quad x\in(-\infty,+\infty).$$

上述按步骤(1)至(3)求函数幂级数的展开式的方法称为直接展开法.这种方法必须验证$\lim\limits_{n\to\infty}R_n(x)=0$是否成立,这项工作有时是比较困难的.而利用某些已知函数的展开式,通过变量代换、逐项求导、逐项积分等方法,有时也能很方便地将函数展开成幂级数,我们称这种方法为间接展开法.

例 3 将$f(x)=\cos x$展开为x的幂级数.

解 $\cos x=(\sin x)'$

$$=\left[x-\frac{x^3}{3!}+\frac{x^5}{5!}-\cdots+(-1)^n\frac{x^{2n+1}}{(2n+1)!}+\cdots\right]'$$

$$=1-\frac{x^2}{2!}+\frac{x^4}{4!}-\cdots+(-1)^n\frac{x^{2n}}{(2n)!}+\cdots$$

$$=\sum_{n=0}^{\infty}(-1)^n\frac{x^{2n}}{(2n)!},\quad x\in(-\infty,+\infty).$$

例 4 将$f(x)=\ln(1+x)$展开为x的幂级数.

解 因为$\frac{1}{1+x}=1-x+x^2-x^3+\cdots+(-1)^nx^n+\cdots,x\in(-1,1)$,所以,当$-1<x<1$时有

$$\ln(1+x)=\int_0^x\frac{1}{1+x}\mathrm{d}x=\int_0^x\left[\sum_{n=0}^{\infty}(-1)^nx^n\right]\mathrm{d}x$$

$$=\sum_{n=0}^{\infty}\int_0^x(-1)^nx^n\mathrm{d}x=\sum_{n=0}^{\infty}(-1)^n\frac{x^{n+1}}{n+1}$$

$$=\sum_{n=1}^{\infty}(-1)^{n-1}\frac{x^n}{n}.$$

又当$x=1$时,级数$\sum\limits_{n=1}^{\infty}(-1)^{n-1}\frac{1}{n}$是交错级数且收敛;而当$x=-1$时,级数$\sum\limits_{n=1}^{\infty}\frac{1}{n}$发散,故

$$\ln(1+x)=\sum_{n=1}^{\infty}(-1)^{n-1}\frac{x^n}{n},\quad x\in(-1,1].$$

例 5 将e^{-x^2}展开为x的幂级数.

解 因$\mathrm{e}^t=1+t+\frac{t^2}{2!}+\cdots+\frac{t^n}{n!}+\cdots,-\infty<t<+\infty$,令$t=-x^2$,得

$$\mathrm{e}^{-x^2}=1-x^2+\frac{x^4}{2!}-\frac{x^6}{3!}+\cdots+(-1)^n\frac{x^{2n}}{n!}+\cdots,\quad -\infty<x<+\infty.$$

例 6 利用$\frac{1}{1+x^2}$的幂级数展开式求$\arctan x$的幂级数展开式.

解 因为

$$\frac{1}{1+x}=1-x+x^2-x^3+\cdots,\quad -1<x<1,$$

所以

$$\frac{1}{1+x^2}=1-x^2+x^4-x^6+x^8-\cdots,\quad -1<x<1.$$

而

$$(\arctan x)'=\frac{1}{1+x^2}=1-x^2+x^4-x^6+x^8-\cdots,$$

故

$$\int_0^x(\arctan x)'\mathrm{d}x=x-\frac{x^3}{3}+\frac{x^5}{5}-\frac{x^7}{7}+\frac{x^9}{9}-\cdots,-1<x<1.$$

由于 $\arctan 0=0$，并注意到上式右端级数在 $x=-1$ 和 $x=1$ 时是交错级数，由莱布尼茨判别法可知它们是收敛的.于是

$$\arctan x=x-\frac{x^3}{3}+\frac{x^5}{5}-\frac{x^7}{7}+\cdots+(-1)^{n+1}\frac{x^{2n-1}}{2n-1}+\cdots,\quad -1\leqslant x\leqslant 1.$$

例 7　将 $f(x)=\sin\frac{x}{2}$ 在 $x_0=1$ 处展开为幂级数.

解　$f(x)=\sin\left[\frac{1}{2}(x-1)+\frac{1}{2}\right]=\sin\frac{x-1}{2}\cos\frac{1}{2}+\cos\frac{x-1}{2}\sin\frac{1}{2}.$

利用公式

$$\sin x=\sum_{n=0}^{\infty}(-1)^n\frac{x^{2n+1}}{(2n+1)!},\quad \cos x=\sum_{n=0}^{\infty}(-1)^n\frac{x^{2n}}{(2n)!},\quad x\in(-\infty,+\infty),$$

则有

$$f(x)=\sin\frac{x}{2}=\cos\frac{1}{2}\cdot\sum_{n=0}^{\infty}\frac{(-1)^n}{(2n+1)!}\left(\frac{x-1}{2}\right)^{2n+1}+$$

$$\sin\frac{1}{2}\cdot\sum_{n=0}^{\infty}\frac{(-1)^n}{(2n)!}\left(\frac{x-1}{2}\right)^{2n},\quad x\in(-\infty,+\infty).$$

例 8　将 $f(x)=(1+x)^{\alpha}(\alpha\in\mathbf{R})$ 展开成 x 的幂级数.

解　由

$$f^{(n)}(x)=\alpha(\alpha-1)\cdots(\alpha-n+1)(1+x)^{\alpha-n}\quad(n=1,2,\cdots),$$

有

$$f(0)=1,f'(0)=\alpha,\cdots,$$

$$f^{(n)}(0)=\alpha(\alpha-1)\cdots(\alpha-n+1),\cdots(n=1,2,\cdots).$$

故 $f(x)$ 的麦克劳林级数为

$$1+\alpha x+\frac{\alpha(\alpha-1)}{2!}x^2+\cdots+\frac{\alpha(\alpha-1)\cdots(\alpha-n+1)}{n!}x^n+\cdots.\tag{4}$$

容易求得其收敛半径为 $r=1$.

为了避免直接讨论余项，在 $(-1,1)$ 内设(4)式的和函数为 $\varphi(x)$，下面证明 $\varphi(x)=f(x)=(1+x)^{\alpha}$，证明过程如下：

$$\varphi'(x)=\alpha\left[1+(\alpha-1)x+\cdots+\frac{(\alpha-1)\cdots(\alpha-n+1)}{(n-1)!}x^{n-1}+\cdots\right].$$

上式两边同乘 $(1+x)$，将右边含 x^n 的项合并起来，根据恒等式

$$\frac{(\alpha-1)\cdots(\alpha-n+1)}{(n-1)!}+\frac{(\alpha-1)\cdots(\alpha-n)}{n!}=\frac{\alpha(\alpha-1)\cdots(\alpha-n+1)}{n!}\quad(n=1,2,\cdots),$$

有

$$(1+x)\varphi'(x)=\alpha\varphi(x),-1<x<1.$$

现在令 $F(x)=\dfrac{\varphi(x)}{(1+x)^{\alpha}}$,则 $F(0)=\varphi(0)=1$,且

$$F'(x)=\frac{(1+x)^{\alpha}\varphi'(x)-\alpha(1+x)^{\alpha-1}\varphi(x)}{(1+x)^{2\alpha}}$$

$$=\frac{(1+x)^{\alpha-1}[(1+x)\varphi'(x)-\alpha\varphi(x)]}{(1+x)^{2\alpha}}=0,\quad -1<x<1.$$

所以 $F(x)=C$(C 为常数).又因 $F(0)=\varphi(0)=1$,从而 $F(x)=1$,即

$$\varphi(x)=(1+x)^{\alpha}.$$

因此在$(-1,1)$内有展开式

$$(1+x)^{\alpha}=1+\alpha x+\frac{\alpha(\alpha-1)}{2!}x^2+\cdots+\frac{\alpha(\alpha-1)\cdots(\alpha-n+1)}{n!}x^n+\cdots,\ |x|<1.$$

上述展开式称为二项式展开式.当 α 为正整数时,右边关于 x 的 α 次多项式就是代数学中的二项式定理.对于上述展开式在端点 $x=\pm1$ 是否收敛,要视 α 的取值而定.当 $\alpha=\dfrac{1}{2}$时,有

$$\sqrt{1+x}=1+\frac{1}{2}x-\frac{1}{2\times4}x^2+\frac{1\times3}{2\times4\times6}x^3-\frac{1\times3\times5}{2\times4\times6\times8}x^4+\cdots,\quad -1\leqslant x\leqslant 1.$$

二、函数幂级数展开式的应用举例

幂级数展开式的应用很广泛,例如可利用它来对某些数值或定积分等进行近似计算.

例 9 利用 $\arctan x$ 的展开式估计 π 的值.

解 由于 $\arctan 1=\dfrac{\pi}{4}$,又由例 6 知

$$\arctan x=x-\frac{x^3}{3}+\frac{x^5}{5}-\frac{x^7}{7}+\cdots,-1\leqslant x\leqslant 1,$$

因此有

$$\pi=4\arctan 1=4\left(1-\frac{1}{3}+\frac{1}{5}-\frac{1}{7}+\cdots\right).$$

可用右端级数的前 n 项之和作为 π 的近似值.但由于此级数收敛的速度非常慢,要取足够多的项才能得到 π 的较精确的估计值.

例 10 计算 $\ln 2$ 的近似值,使误差不超过 10^{-4}.

解 由于函数 $\ln(1+x)$的幂级数展开式对 $x=1$ 也成立,故有

$$\ln 2=1-\frac{1}{2}+\frac{1}{3}-\frac{1}{4}+\cdots+(-1)^{n-1}\frac{1}{n}+\cdots.$$

根据交错级数理论，为使绝对误差不超过 10^{-4}，即

$$|R_n|<\frac{1}{n+1}<10^{-4},$$

要取级数的前 10 000 项进行计算，这样做计算量太大了.为了减少计算量，我们考虑利用 $\ln\frac{1+x}{1-x}$ 的展开式.由于

$$\begin{aligned}\ln\frac{1+x}{1-x}&=\ln(1+x)-\ln(1-x)\\&=\sum_{n=1}^{\infty}(-1)^{n-1}\frac{x^n}{n}-\sum_{n=1}^{\infty}(-1)^{n-1}\frac{(-x)^n}{n}\\&=\sum_{n=1}^{\infty}(-1)^{n-1}\frac{x^n}{n}+\sum_{n=1}^{\infty}\frac{x^n}{n}\\&=2\sum_{n=1}^{\infty}\frac{1}{2n-1}x^{2n-1},\quad -1<x<1.\end{aligned}$$

令 $\frac{1+x}{1-x}=2$，解得 $x=\frac{1}{3}\in(-1,1)$.以 $x=\frac{1}{3}$ 代入上面展开式得

$$\ln 2=2\left(\frac{1}{3}+\frac{1}{3}\cdot\frac{1}{3^3}+\frac{1}{5}\cdot\frac{1}{3^5}+\frac{1}{7}\cdot\frac{1}{3^7}+\cdots\right).$$

由于

$$|R_n|=\sum_{k=n+1}^{\infty}\frac{2}{2k-1}\left(\frac{1}{3}\right)^{2k-1}<\frac{1}{3n}\sum_{k=n+1}^{\infty}\left(\frac{1}{9}\right)^{k-1}<\frac{1}{n\cdot 9^n}.$$

只要取 $n=4$，就有 $|R_n|<10^{-4}$，从而

$$\ln 2\approx 2\left[\frac{1}{3}+\frac{1}{3}\left(\frac{1}{3}\right)^3+\frac{1}{5}\left(\frac{1}{3}\right)^5+\frac{1}{7}\left(\frac{1}{3}\right)^7\right]\approx 0.693\ 1.$$

例 11　计算定积分 $\int_0^1\frac{\sin x}{x}\mathrm{d}x$，要求误差不超过 10^{-4}.

解　由于 $\lim\limits_{x\to 0}\frac{\sin x}{x}=1$，因此所给积分不是反常积分.将被积函数展开成 x 的幂级数，有

$$\frac{\sin x}{x}=1-\frac{x^2}{3!}+\frac{x^4}{5!}-\frac{x^6}{7!}+\cdots,\quad -\infty<x<+\infty.$$

在区间[0,1]上逐项积分，得

$$\int_0^1\frac{\sin x}{x}\mathrm{d}x=1-\frac{1}{3\times 3!}+\frac{1}{5\times 5!}-\frac{1}{7\times 7!}+\cdots.$$

因为 $\frac{1}{7\times 7!}<\frac{1}{30\ 000}$，所以取前三项的和作为积分的近似值：

$$\int_0^1\frac{\sin x}{x}\mathrm{d}x\approx 1-\frac{1}{3\times 3!}+\frac{1}{5\times 5!}\approx 0.946\ 1.$$

例 12　计算 $I=\int_0^1 \mathrm{e}^{-x^2}\mathrm{d}x$，精确到 10^{-4}.

解　由例 5 有

$$e^{-x^2}=1-\frac{x^2}{1!}+\frac{x^4}{2!}-\frac{x^6}{3!}+\cdots,\quad -\infty<x<+\infty.$$

在区间[0,1]上逐项积分得

$$I=\int_0^1 e^{-x^2}dx=1-\frac{1}{3}+\frac{1}{10}-\frac{1}{42}+\frac{1}{216}-\frac{1}{1\ 320}+\frac{1}{9\ 360}-\frac{1}{75\ 600}+\cdots,$$

这是交错级数,它的余项的绝对值小于余项第一项的绝对值.现由于$\frac{1}{75\ 600}<1.5\times 10^{-5}$,故取前 7 项即可.经计算可得

$$I\approx 0.748\ 6.$$

例 13　利用 $\sin x^2$ 的幂级数展开式的前三项,计算由曲线 $y=\sin x^2$,直线$x=0$与$x=1$,及 x 轴所围成平面图形的面积,并估计误差.

解　因为 $\sin x=x-\frac{1}{3!}x^3+\frac{1}{5!}x^5-\frac{1}{7!}x^7+\cdots,-\infty<x<+\infty$,所以 $\sin x^2=x^2-\frac{1}{3!}x^6+\frac{1}{5!}x^{10}-\frac{1}{7!}x^{14}+\cdots,-\infty<x<+\infty$.于是有所围成平面图形的面积

$$S=\int_0^1\sin x^2dx\approx\int_0^1\left(x^2-\frac{1}{3!}x^6+\frac{1}{5!}x^{10}\right)dx$$

$$=\frac{1}{3}-\frac{1}{7}\times\frac{1}{3!}+\frac{1}{11}\times\frac{1}{5!}.$$

而其误差为

$$|R_3|\leqslant\int_0^1\frac{1}{7!}x^{14}dx=\frac{1}{15\times 7!}<\frac{1}{10\ 000}.$$

若取$\frac{1}{3}\approx 0.333\ 3,\frac{1}{7\times 3!}\approx 0.023\ 81,\frac{1}{11\times 5!}\approx 0.000\ 76$,则 $A\approx 0.310\ 3$.这时误差不超过 10^{-4}.

例 14　设$f(x)=\frac{1}{x^2+3x+2}$,求$f^{(n)}(-3)$.

解　$f(x)=\frac{1}{x^2+3x+2}=\frac{1}{(x+1)(x+2)}=\frac{1}{x+1}-\frac{1}{x+2}.$

我们可以直接求导数,并用数学归纳法求出$f^{(n)}(-3)$.在这里我们采用如下间接办法,即:求出$f(x)$在 $x_0=-3$ 处的幂级数展开式 $\sum_{n=0}^{\infty}a_n(x+3)^n$,再利用函数幂级数展开式的唯一性,可得 $a_n=\frac{1}{n!}f^{(n)}(-3)$,从而求出$f^{(n)}(-3)$.

典型例题
函数展开为
幂级数

注意到

$$\frac{1}{1-x}=1+x+x^2+\cdots+x^n+\cdots,\quad |x|<1,$$

则有

$$\frac{1}{x+1}=\frac{1}{(x+3)-2}=-\frac{1}{2}\frac{1}{1-\frac{x+3}{2}}=-\frac{1}{2}\sum_{n=0}^{\infty}\left(\frac{x+3}{2}\right)^n,\quad \left|\frac{x+3}{2}\right|<1;$$

$$\frac{1}{x+2}=\frac{1}{(x+3)-1}=\frac{-1}{1-(x+3)}=-\sum_{n=0}^{\infty}(x+3)^n,\quad |x+3|<1.$$

从而

$$f(x)=-\frac{1}{2}\sum_{n=0}^{\infty}\left(\frac{x+3}{2}\right)^n+\sum_{n=0}^{\infty}(x+3)^n=\sum_{n=0}^{\infty}\left(1-\frac{1}{2^{n+1}}\right)(x+3)^n,$$

取 $\left|\frac{x+3}{2}\right|<1$ 与 $|x+3|<1$ 的公共部分得 $|x+3|<1$，即 $x\in(-4,-2)$.因此，有

$$\frac{1}{n!}f^{(n)}(-3)=-1-\frac{1}{2^{n+1}},$$

即

$$f^{(n)}(-3)=-\left(1+\frac{1}{2^{n+1}}\right)n!.$$

*三、微分方程的幂级数解法

把微分方程的解用初等函数或它们的积分来表示的方法称为初等积分法，但能用初等积分法求解的微分方程为数不多.这除了求解过程中遇到的困难外，还由于一些重要的微分方程的精确解不是初等函数，但可以用幂级数(即泰勒级数或麦克劳林级数)来表示.还有一些方程的初等积分法求解过程较烦琐，但用幂级数解法可以比较方便地求出它的解.幂级数解法不仅在理论上是一种精确解法，而且也为求微分方程的近似解提供了一种有效方法.在实际应用中，幂级数形式的微分方程解当然只能取前若干项作为近似解.然而，幂级数解法得到的毕竟是解析解，这对分析微分方程表示的实际问题的规律是很有用的，而且根据泰勒公式的理论，其误差估计也是方便的，所以幂级数解法有其独特的优点.

当用幂级数方法求解n阶线性微分方程

$$y^{(n)}+p_1(x)y^{(n-1)}+\cdots+p_{n-1}(x)y'+p_n(x)y=f(x)\tag{5}$$

时，有下面的定理.

定理 2　如果方程(5)中的系数 $p_1(x),p_2(x),\cdots,p_{n-1}(x),p_n(x)$ 及自由项 $f(x)$ 都可展开为$(x-x_0)$的幂级数，且这些幂级数在区间(x_0-r,x_0+r)内收敛，则对任意给定的初值条件

$$y(x_0)=y_0,y'(x_0)=y'_0,\cdots,y^{(n-1)}(x_0)=y_0^{(n-1)},$$

方程(5)有唯一的解，且该解在区间(x_0-r,x_0+r)内也可展开为$(x-x_0)$的幂级数.

定理证明从略.

例 15　求解初值问题：

$$\begin{cases}\dfrac{dy}{dx}=y-x,\\ y\big|_{x=0}=0.\end{cases}$$

解　设

$$y=a_0+a_1x+\cdots+a_nx^n+\cdots \tag{6}$$

是方程的解，这里 $a_i(i=0,1,2,\cdots)$ 是待定常数，由此有

$$y'=a_1+2a_2x+\cdots+na_nx^{n-1}+\cdots,$$

将 y 及 y' 代入方程，并比较 x 的同次幂的系数，得

$$a_1=a_0,\quad 2a_2=a_1-1,\quad na_n=a_{n-1}(n\geqslant 3).$$

由初值条件 $y|_{x=0}=0$，得 $a_0=a_1=0$，$a_2=-\dfrac{1}{2}$，$a_3=-\dfrac{1}{3!}$，且利用数学归纳法可推得 $a_n=-\dfrac{1}{n!}(n>3)$. 代入(6)式得

$$\begin{aligned}y&=-\left(\frac{x^2}{2!}+\frac{x^3}{3!}+\cdots+\frac{x^n}{n!}+\cdots\right)\\&=-\left(1+x+\frac{x^2}{2!}+\cdots+\frac{x^n}{n!}+\cdots\right)+1+x=1+x-\mathrm{e}^x.\end{aligned}$$

例 16　用幂级数求微分方程

$$y''+y\sin x=\mathrm{e}^{x^2}$$

的通解.

解　先将系数和自由项展开为幂级数：

$$\sin x=x-\frac{x^3}{3!}+\frac{x^5}{5!}-\frac{x^7}{7!}+\cdots,$$

$$\mathrm{e}^{x^2}=1+x^2+\frac{x^4}{2!}+\frac{x^6}{3!}+\cdots.$$

设解具有形式

$$y=a_0+a_1x+a_2x^2+\cdots+a_nx^n+\cdots,$$

其中 $a_i(i=0,1,2,\cdots)$ 是待定常数，于是

$$y'=a_1+2a_2x+3a_3x^2+\cdots+na_nx^{n-1}+\cdots,$$

$$y''=2a_2+6a_3x+12a_4x^2+\cdots+(n-1)nx^{n-2}+\cdots.$$

把 y,y' 及 y'' 代入原方程，得

$$(2a_2+6a_3x+12a_4x^2+20a_5x^3+\cdots)+\left(x-\frac{x^3}{3!}+\frac{x^5}{5!}-\cdots\right)(a_0+a_1x+a_2x^2+\cdots)$$

$$=1+x^2+\frac{x^4}{2!}+\frac{x^6}{3!}+\cdots.$$

比较 x 的同次幂系数，得 $2a_2=1$，$6a_3+a_0=0$，$12a_4+a_1=1$，$20a_5+a_2-\dfrac{a_0}{3!}=0$，$\cdots$. 解得 $a_2=\dfrac{1}{2}$，$a_3=-\dfrac{a_0}{6}$，$a_4=\dfrac{1}{12}-\dfrac{a_1}{12}$，$a_5=\dfrac{a_0}{120}-\dfrac{1}{40}$，$\cdots$，取 a_0,a_1 为任意常数，则所给方程的通解为

$$y=a_0+a_1x+\frac{1}{2}x^2-\frac{a_0}{6}x^3+\left(\frac{1}{12}-\frac{a_1}{12}\right)x^4+\left(\frac{a_0}{120}-\frac{1}{40}\right)x^5+\cdots$$

$$=a_0\left(1-\frac{1}{6}x^3+\frac{1}{120}x^5+\cdots\right)+a_1\left(x-\frac{1}{12}x^4+\cdots\right)+\left(\frac{x^2}{2}+\frac{x^4}{12}-\frac{1}{40}x^5+\cdots\right).$$

例 17　求解勒让德方程

$$(1-x^2)y''-2xy'+p(p+1)y=0, \tag{7}$$

其中 p 为常数.

解　这里 $p_1(x)=-\dfrac{2x}{1-x^2}, p_2(x)=\dfrac{p(p+1)}{1-x^2}$都可在 $|x|<1$ 内展开成 x 的幂级数.由定理 2,方程(7)在 $x=0$ 的邻域$(-1,1)$内存在幂级数解 $y=\sum\limits_{n=0}^{\infty}a_nx^n$. 将 y 及 $y'=\sum\limits_{n=1}^{\infty}na_nx^{n-1}, y''=\sum\limits_{n=2}^{\infty}n(n-1)a_nx^{n-2}$代入方程(7)中,得

$$\sum_{n=2}^{\infty}n(n-1)a_nx^{n-2}-\sum_{n=2}^{\infty}n(n-1)a_nx^n-2\sum_{n=1}^{\infty}na_nx^n+p(p+1)\sum_{n=0}^{\infty}a_nx^n=0,$$

即

$$\sum_{n=0}^{\infty}[(n+2)(n+1)a_{n+2}-n(n-1)a_n-2na_n+p(p+1)a_n]x^n=0.$$

化简后,得

$$\sum_{n=0}^{\infty}[(n+2)(n+1)a_{n+2}+(p-n)(p+n+1)a_n]x^n=0.$$

于是有

$$a_{n+2}=-\frac{(p-n)(p+n+1)}{(n+1)(n+2)}a_n,\quad n=0,1,2,\cdots. \tag{8}$$

依次令 $n=0,1,2,\cdots$,得

$$a_2=-\frac{p(p+1)}{2!}a_0,$$

$$a_3=-\frac{(p-1)(p+2)}{3!}a_1,$$

$$a_4=-\frac{(p-2)(p+3)}{3\cdot 4}a_2=\frac{(p-2)p(p+1)(p+3)}{4!}a_0,$$

$$a_5=-\frac{(p-3)(p+4)}{4\cdot 5}a_3=\frac{(p-3)(p-1)(p+2)(p+4)}{5!}a_1,\cdots.$$

由此可见,$a_2,a_4,\cdots$都可用 a_0 表示;$a_3,a_5,\cdots$都可用 a_1 表示;而 a_0,a_1 可任意取值.于是勒让德方程的通解为

$$y=a_0\left[1-\frac{p(p+1)}{2!}x^2+\frac{(p-2)p(p+1)(p+3)}{4!}x^4-\cdots\right]+$$

$$a_1\left[x-\frac{(p-1)(p+2)}{3!}x^3+\frac{(p-3)(p-1)(p+2)(p+4)}{5!}x^5-\cdots\right].$$

由定理 2 可知,上式右端中的两个级数在 $|x|<1$ 内收敛.

有时候用上面的待定系数法求微分方程的幂级数解比较麻烦,我们可以通过对

所给方程本身求导，来确定展开式中每项的系数.另外，幂级数解法也可用于一般的非线性方程，下面仅举一例说明.

例 18 求微分方程

$$y'=x^2-y^2$$

满足 $y\big|_{x=1}=1$ 的解.

解 因为初值条件为 $x=1$ 时 $y=1$，所以将方程的解 $y(x)$ 在 $x=1$ 处展开成幂级数

$$y(x)=y(1)+y'(1)(x-1)+\frac{y''(1)}{2!}(x-1)^2+\frac{y'''(1)}{3!}(x-1)^3+\cdots.$$

由于 $y(1)=1$，由方程直接得

$$y'(1)=1-y^2(1)=0.$$

再对方程求各阶导数，然后代入初值条件，得

$$y''=2x-2yy',\quad y''(1)=2;$$

$$y'''=2-2y'^2-2yy'',\quad y'''(1)=-2;$$

$$y^{(4)}=-6y'y''-2yy''',\quad y^{(4)}(1)=4;$$

$$y^{(5)}=-6y''^2-8y'y'''-2yy^{(4)},\quad y^{(5)}(1)=-32;$$

$$y^{(6)}=-20y''y'''-10y'y^{(4)}-2yy^{(5)},\quad y^{(6)}(1)=144;\cdots.$$

故所求的解为

$$y(x)=1+\frac{2}{2!}(x-1)^2-\frac{2}{3!}(x-1)^3+\frac{4}{4!}(x-1)^4-\frac{32}{5!}(x-1)^5+\frac{144}{6!}(x-1)^6+\cdots.$$

习题 7-4

1. 将下列函数展开成 x 的幂级数：

(1) $\cos^2\dfrac{x}{2}$； (2) $\sin\dfrac{x}{2}$； (3) xe^{-x^2}；

(4) $\dfrac{1}{1-x^2}$； (5) $\dfrac{x}{1+x-2x^2}$； (6) $\cos\left(x-\dfrac{\pi}{4}\right)$.

2. 将下列函数在指定点处展开成幂级数，并求其收敛域.

(1) $\dfrac{1}{3-x}$，在 $x_0=1$； (2) $\cos x$，在 $x_0=\dfrac{\pi}{3}$；

(3) $\dfrac{1}{x^2+4x+3}$，在 $x_0=1$； (4) $\dfrac{1}{x^2}$，在 $x_0=3$.

3. 设 $f(x)=x^3\cdot e^{-x^2}$，求 $f^{(n)}(0)\ (n=2,3,\cdots)$.

4. 设 $f(x)=\begin{cases}\dfrac{1+x^2}{x}\arctan x, & x\neq 0,\\ 1, & x=0,\end{cases}$ 试将 $f(x)$ 展开成 x 的幂级数，并求级数

$\sum_{n=1}^{\infty} \frac{(-1)^n}{1-4n^2}$的和.

5. 求下列各数的近似值,精确到 10^{-4}.

(1) e;　　(2) $\int_0^{\frac{1}{4}} \sqrt{1+x^3}\,dx$.

6. 利用$\sqrt{1+x^2}$的幂级数展开式的前两项,计算介于直线 $y=0$ 和 $y=1$ 间的抛物线段 $y=\frac{x^2}{100}$的弧长,并估计误差.

7. 试用幂级数解法求下列微分方程的解:

(1) $y''-x^2y=0$;　　(2) $y''+xy'+y=0$;

(3) $y'-xy-x=1$;　　(4) $(1-x)y'=x^2-y$;

(5) $(x+1)y'=x^2-2x+y$.

8. 试用幂级数解法求下列方程满足所给定初值条件的解:

(1) $(x^2-2x)y''+2(1-x)y'+2y=0, y(0)=y(1)=1$;

(2) $\frac{dy}{dx}=x+y^2, y(0)=0$;

(3) $\frac{d^2x}{dt^2}+x\cos t=0, x(0)=a, x'(0)=0$.

第五节 函数展开为傅里叶级数

傅里叶简介

一、周期函数的傅里叶级数

由于任何一个周期为 $T=2l$ 的函数 $\varphi(t)$ 经过变换 $t=\frac{l}{\pi}x$ 可化为周期为 2π 的函数 $f(x)=\varphi\left(\frac{l}{\pi}x\right)$.因此,不失一般性,我们将主要考虑以 2π 为周期的函数.

1. 三角级数与傅里叶级数

由函数 $\sin nx$ 和 $\cos nx$ 构成的级数

$$\frac{1}{2}a_0+\sum_{n=1}^{\infty}(a_n\cos nx+b_n\sin nx) \tag{1}$$

称为三角级数,其中 $a_0, a_n, b_n(n=1,2,\cdots)$为常数,而称

$$\frac{1}{2}a_0+\sum_{k=1}^{n}(a_k\cos kx+b_k\sin kx)$$

为三角多项式.若级数(1)在一个长度为 2π 的闭区间(例如在$[-\pi,\pi]$)上收敛,则因 $\sin nx$ 和 $\cos nx$ 的周期性,它必定对于任意实数 $x\in\mathbf{R}$ 都收敛.于是其和函数 $f(x)$ 为定

义在实数域 **R** 上的周期为 2π 的函数.这时,我们也称周期函数 $f(x)$ 可以展开为三角级数(1).如同讨论幂级数时一样,这里也面临以下几个问题:三角级数(1)在什么条件下收敛?怎样的周期函数 $f(x)$ 可以展开为三角级数,即等式

$$f(x)=\frac{1}{2}a_0+\sum_{n=1}^{\infty}(a_n\cos nx+b_n\sin nx) \tag{2}$$

成立?若 $f(x)$ 可以展开为三角级数,则系数 $a_0,a_n,b_n(n=1,2,\cdots)$ 如何确定?为解决这些问题,我们首先研究三角函数序列

$$1,\cos x,\sin x,\cos 2x,\sin 2x,\cdots,\cos nx,\sin nx,\cdots$$

的一个重要性质.

定义 1 若区间 $[a,b]$ 上的函数序列 $\{\varphi_n(x)\}$ 满足

$$\int_a^b \varphi_n(x)\varphi_m(x)\,\mathrm{d}x=0,\quad m\neq n,$$

则称函数序列 $\{\varphi_n(x)\}$ 在 $[a,b]$ 上是正交的.若还有

$$\int_a^b \varphi_n^2(x)\,\mathrm{d}x=1,\quad n=1,2,\cdots,$$

则称函数序列 $\{\varphi_n(x)\}$ 在 $[a,b]$ 上是规范正交的.

容易证明三角函数序列

$$1,\cos x,\sin x,\cos 2x,\sin 2x,\cdots,\cos nx,\sin nx,\cdots$$

在 $[-\pi,\pi]$ 上是正交的,而三角函数序列

$$\frac{1}{\sqrt{2\pi}},\frac{1}{\sqrt{\pi}}\cos x,\frac{1}{\sqrt{\pi}}\sin x,\frac{1}{\sqrt{\pi}}\cos 2x,\frac{1}{\sqrt{\pi}}\sin 2x,\cdots,\frac{1}{\sqrt{\pi}}\cos nx,\frac{1}{\sqrt{\pi}}\sin nx,\cdots$$

在 $[-\pi,\pi]$ 上是规范正交的.事实上,经运算可得

$$\int_{-\pi}^{\pi}\mathrm{d}x=2\pi;$$

$$\int_{-\pi}^{\pi}\cos nx\,\mathrm{d}x=0;$$

$$\int_{-\pi}^{\pi}\sin nx\,\mathrm{d}x=0;$$

$$\int_{-\pi}^{\pi}\cos mx\cos nx\,\mathrm{d}x=\begin{cases}0, & m\neq n,\\ \pi, & m=n;\end{cases}$$

$$\int_{-\pi}^{\pi}\sin mx\sin nx\,\mathrm{d}x=\begin{cases}0, & m\neq n,\\ \pi, & m=n;\end{cases}$$

$$\int_{-\pi}^{\pi}\sin mx\cos nx\,\mathrm{d}x=0.$$

假设 $f(x)$ 可以展开为三角级数,即(2)式成立,且该级数一致收敛,那么,对(2)式两端在 $[-\pi,\pi]$ 上关于 x 积分,并利用三角函数序列的正交性,便有

$$\int_{-\pi}^{\pi}f(x)\,\mathrm{d}x=\pi a_0.$$

同理,在(2)式两边分别同乘 $\cos kx$ 和 $\sin kx$ 后,再在 $[-\pi,\pi]$ 上关于 x 积分,则依次有

$$\int_{-\pi}^{\pi} f(x)\cos kx\mathrm{d}x=\pi a_k,\quad k=1,2,\cdots,n,\cdots;$$

$$\int_{-\pi}^{\pi} f(x)\sin kx\mathrm{d}x=\pi b_k,\quad k=1,2,\cdots,n,\cdots.$$

定义 2　若周期为 2π 的函数 $f(x)$ 可积，则称

$$a_n=\frac{1}{\pi}\int_{-\pi}^{\pi} f(x)\cos nx\mathrm{d}x,\quad n=0,1,2,\cdots; \tag{3}$$

$$b_n=\frac{1}{\pi}\int_{-\pi}^{\pi} f(x)\sin nx\mathrm{d}x,\quad n=1,2,\cdots \tag{4}$$

为函数 $f(x)$ 的傅里叶(Fourier)系数，公式(3)，(4)称为欧拉-傅里叶公式.级数

$$\frac{1}{2}a_0+\sum_{n=1}^{\infty}(a_n\cos nx+b_n\sin nx)$$

称为函数 $f(x)$ 的傅里叶级数.

对任意一个以 2π 为周期的可积函数 $f(x)$，由定义 2 都可以构造出它的傅里叶级数，记为

$$f(x)\sim\frac{1}{2}a_0+\sum_{n=1}^{\infty}(a_n\cos nx+b_n\sin nx).$$

函数 $f(x)$ 的傅里叶级数不一定收敛，即使收敛也不一定收敛于 $f(x)$ 自身.

若 $f(x)=\frac{1}{2}a_0+\sum\limits_{n=1}^{\infty}(a_n\cos nx+b_n\sin nx)$ 成立，则其系数 a_0,a_n,b_n 必由欧拉-傅里叶公式(3)，(4)式唯一确定.此时称函数 $f(x)$ 可以展开为傅里叶级数.

傅里叶级数是由于研究周期现象的需要而产生的.它在物理学、力学、电工、信息科学及其他许多学科中都有重要的作用.

2. 傅里叶级数收敛的充分条件

由上面的讨论知道，一个以 2π 为周期的可积函数 $f(x)$ 的傅里叶级数一定存在.但我们关心的是以 2π 为周期的可积函数 $f(x)$ 的傅里叶级数在什么条件下收敛，且收敛于 $f(x)$.也就是在什么条件下，函数 $f(x)$ 可以展开为傅里叶级数呢？下面的定理回答了这个问题.

定理(狄利克雷定理)　设 $f(x)$ 是以 2π 为周期的函数.若 $f(x)$ 在一个周期内满足

(1) 连续或只有有限个第一类间断点.

(2) 至多有有限个极值点，

则 $\forall x\in(-\infty,+\infty)$，$f(x)$ 的傅里叶级数收敛于 $\frac{1}{2}[f(x+0)+f(x-0)]$.

此定理的条件称为狄利克雷条件，它只是傅里叶级数收敛的一个充分条件.定理表明：若以 2π 为周期的函数 $f(x)$ 在 $[-\pi,\pi)$ 上连续且只有有限个极值点，则 $f(x)$ 在其连续点处可以展开为傅里叶级数，即

$$f(x)=\frac{1}{2}a_0+\sum_{n=1}^{\infty}(a_n\cos nx+b_n\sin nx),$$

而在 $x=\pm\pi$ 处，$f(x)$ 的傅里叶级数收敛于 $\frac{1}{2}[f(-\pi+0)+f(\pi-0)]$.

可以看出狄利克雷条件比函数能展开为幂级数的条件要弱得多,工程技术中所遇到的函数大多数都能满足它.

例 1 设 $f(x)$ 是以 2π 为周期的函数,它在 $[-\pi,\pi)$ 上的表达式为

$$f(x)=\begin{cases}-1, & x\in[-\pi,0),\\ 1, & x\in[0,\pi),\end{cases}$$

将 $f(x)$ 展开为傅里叶级数.

解 $f(x)$ 的图形是振幅为 1 的矩形波(如图 7-2).所求傅里叶系数为

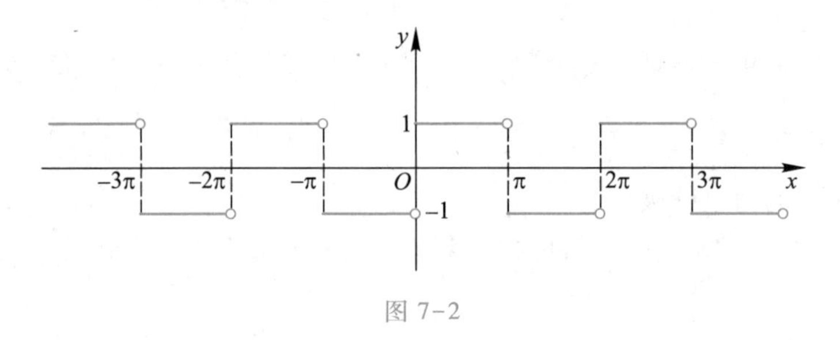

图 7-2

$$a_0=\frac{1}{\pi}\int_{-\pi}^{\pi}f(x)\,\mathrm{d}x=\frac{1}{\pi}\left[\int_{-\pi}^{0}(-1)\,\mathrm{d}x+\int_{0}^{\pi}\mathrm{d}x\right]=0;$$

$$a_n=\frac{1}{\pi}\int_{-\pi}^{\pi}f(x)\cos nx\,\mathrm{d}x=\frac{1}{\pi}\left[\int_{-\pi}^{0}(-1)\cos nx\,\mathrm{d}x+\int_{0}^{\pi}\cos nx\,\mathrm{d}x\right]=0;$$

$$b_n=\frac{1}{\pi}\int_{-\pi}^{\pi}f(x)\sin nx\,\mathrm{d}x=\frac{1}{\pi}\left[\int_{-\pi}^{0}(-1)\sin nx\,\mathrm{d}x+\int_{0}^{\pi}\sin nx\,\mathrm{d}x\right]$$

$$=\frac{2}{n\pi}(1-\cos n\pi)=\frac{2}{n\pi}[1-(-1)^n].$$

显然,$f(x)$ 在 $[-\pi,\pi)$ 上满足狄利克雷条件,且 $f(x)$ 仅在 $x=k\pi(k=0,\pm1,\pm2,\cdots)$ 处不连续,故当 $x\neq k\pi(k=0,\pm1,\pm2,\cdots)$ 时有

$$f(x)=\frac{4}{\pi}\left[\sin x+\frac{1}{3}\sin 3x+\cdots+\frac{1}{2k-1}\sin(2k-1)x+\cdots\right],$$

而在 $x=k\pi(k=0,\pm1,\pm2,\cdots)$ 处,$f(x)$ 的傅里叶级数收敛于 $\dfrac{1+(-1)}{2}=0$.

傅里叶级数的和函数的图形如图 7-3 所示.

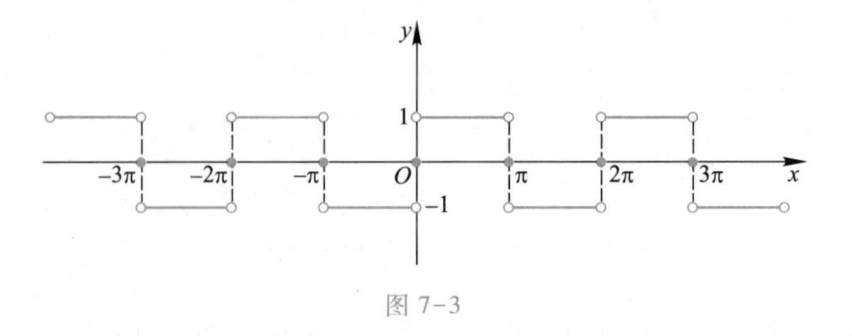

图 7-3

3. 正弦级数与余弦级数

由欧拉-傅里叶公式(3),(4)容易得到以 2π 为周期的奇函数和偶函数的傅里叶系数公式.

(1) 若周期为 2π 的函数 $f(x)$ 为奇函数,则

$$a_n=0,\qquad n=0,1,2,\cdots;$$

$$b_n=\frac{2}{\pi}\int_0^{\pi}f(x)\sin nx\mathrm{d}x,\quad n=1,2,\cdots.$$

于是,奇函数 $f(x)$ 的傅里叶级数只含正弦项,即

$$f(x)\sim\sum_{n=1}^{\infty}b_n\sin nx.\tag{5}$$

(2) 若周期为 2π 的函数 $f(x)$ 为偶函数,则

$$a_n=\frac{2}{\pi}\int_0^{\pi}f(x)\cos nx\mathrm{d}x,\quad n=0,1,2,\cdots;$$

$$b_n=0,\qquad n=1,2,\cdots.$$

于是,偶函数 $f(x)$ 的傅里叶级数只含常数项和余弦项,即

$$f(x)\sim\frac{a_0}{2}+\sum_{n=1}^{\infty}a_n\cos nx.\tag{6}$$

我们分别称(5)式和(6)式为函数 $f(x)$ 的正弦级数和余弦级数.

例 2　设 $f(x)$ 是周期为 2π 的函数,它在 $[-\pi,\pi)$ 上的表达式为 $f(x)=x$,将 $f(x)$ 展开为傅里叶级数.

解　由公式(3)和(4),有

$a_n=0,\quad n=0,1,2,\cdots;$

$b_n=\frac{2}{\pi}\int_0^{\pi}x\sin nx\mathrm{d}x=-\frac{2}{n}\cos n\pi=(-1)^{n+1}\frac{2}{n},\quad n=1,2,\cdots.$

易知 $f(x)$ 满足狄利克雷条件,它只在点 $x=(2k+1)\pi(k=0,\pm1,\pm2,\cdots)$ 处不连续,从而当 $x\neq(2k+1)\pi(k=0,\pm1,\pm2,\cdots)$ 时,有

$$f(x)=2\left[\sin x-\frac{1}{2}\sin 2x+\frac{1}{3}\sin 3x-\cdots+(-1)^{n+1}\frac{1}{n}\sin nx+\cdots\right].$$

在 $x=(2k+1)\pi$ 处,函数 $f(x)$ 的傅里叶级数收敛于

$$\frac{1}{2}[f(-\pi+0)+f(\pi-0)]=\frac{(-\pi)+\pi}{2}=0.$$

在上面的展开式中,令 $x=\frac{\pi}{2}$,得到

$$\frac{\pi}{4}=1-\frac{1}{3}+\frac{1}{5}-\frac{1}{7}+\cdots.$$

该式可以用来计算 π 的近似值.它也说明了利用函数的傅里叶展开式同样可以求一些常数项级数的和.

例 3　将图 7-4 所示的锯齿波所对应的函数展开为傅里叶级数.

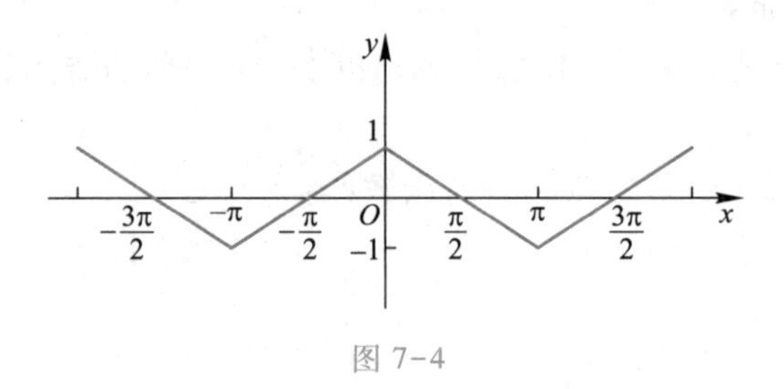

图 7-4

解　由图 7-4 看出,在一个周期内该函数的表达式为

$$f(t)=\begin{cases}1+\dfrac{2t}{\pi}, & t\in[-\pi,0),\\ 1-\dfrac{2t}{\pi}, & t\in[0,\pi].\end{cases}$$

它是偶函数,故

$$b_n=0,$$

$$a_0=\frac{2}{\pi}\int_0^{\pi}f(t)\,\mathrm{d}t=\frac{2}{\pi}\int_0^{\pi}\left(1-\frac{2t}{\pi}\right)\mathrm{d}t=0,$$

$$a_n=\frac{2}{\pi}\int_0^{\pi}f(t)\cos nt\mathrm{d}t=\frac{2}{\pi}\int_0^{\pi}\left(1-\frac{2t}{\pi}\right)\cos nt\mathrm{d}t=\frac{4}{n^2\pi^2}[1-(-1)^n].$$

显然,$f(t)$满足狄利克雷条件,且在$(-\infty,+\infty)$上连续,于是

$$f(t)=\frac{8}{\pi^2}\sum_{n=0}^{\infty}\frac{1}{(2n+1)^2}\cos(2n+1)t,\quad t\in(-\infty,+\infty).$$

例 4　设$f(x)$为$[-\pi,\pi]$上的偶函数,且$f\left(\frac{\pi}{2}+x\right)=-f\left(\frac{\pi}{2}-x\right)$,证明:$f(x)$的余弦级数中的系数 $a_{2n}=0$.

证　由余弦级数系数的计算公式,有

$$a_{2n}=\frac{2}{\pi}\int_0^{\pi}f(x)\cos 2nx\mathrm{d}x=\frac{2}{\pi}\int_0^{\frac{\pi}{2}}f(x)\cos 2nx\mathrm{d}x+\frac{2}{\pi}\int_{\frac{\pi}{2}}^{\pi}f(x)\cos 2nx\mathrm{d}x,$$

令 $t=\frac{\pi}{2}-x$,则

$$\int_0^{\frac{\pi}{2}}f(x)\cos 2nx\mathrm{d}x=\int_0^{\frac{\pi}{2}}f\left(\frac{\pi}{2}-t\right)\cos(n\pi-2nt)\,\mathrm{d}t.$$

令 $u=x-\frac{\pi}{2}$,则

$$\int_{\frac{\pi}{2}}^{\pi}f(x)\cos 2nx\mathrm{d}x=\int_0^{\frac{\pi}{2}}f\left(\frac{\pi}{2}+u\right)\cos(n\pi+2nu)\,\mathrm{d}u$$

$$=\int_0^{\frac{\pi}{2}}f\left(\frac{\pi}{2}+t\right)\cos(n\pi+2nt)\,\mathrm{d}t.$$

由于$f\left(\frac{\pi}{2}+x\right)=-f\left(\frac{\pi}{2}-x\right)$,$\cos(n\pi-2nt)=\cos(n\pi+2nt)$,故 $a_{2n}=0$.

4. 一般周期函数的傅里叶级数

对于一般周期函数,可运用变量代换将其转化为以 2π 为周期的函数,然后,利用以 2π 为周期的函数的傅里叶级数便可获得一般周期函数的傅里叶级数.

设 $f(x)$ 是周期为 $T=2l$ 的周期函数,且在 $[-l,l]$ 上可积.作变量代换 $t=\dfrac{\pi x}{l}$ $\left(\text{或 } x=\dfrac{lt}{\pi}\right)$ 可以得到以 2π 为周期的函数 $\varphi(t)=f\left(\dfrac{lt}{\pi}\right)$,于是对函数 $\varphi(t)$ 而言,有傅里叶级数

$$\varphi(t)\sim\frac{a_0}{2}+\sum_{n=1}^{\infty}(a_n\cos nt+b_n\sin nt), \tag{7}$$

其中,傅里叶系数为

$$a_n=\frac{1}{\pi}\int_{-\pi}^{\pi}\varphi(t)\cos nt\mathrm{d}t=\frac{1}{\pi}\int_{-\pi}^{\pi}f\left(\frac{lt}{\pi}\right)\cos nt\mathrm{d}t,\quad n=0,1,2,\cdots;$$

$$b_n=\frac{1}{\pi}\int_{-\pi}^{\pi}\varphi(t)\sin nt\mathrm{d}t=\frac{1}{\pi}\int_{-\pi}^{\pi}f\left(\frac{lt}{\pi}\right)\sin nt\mathrm{d}t,\quad n=1,2,\cdots.$$

利用变换 $x=\dfrac{lt}{\pi}$ 返回到原来的变量,得到 $f(x)$ 的傅里叶级数,即

$$f(x)\sim\frac{a_0}{2}+\sum_{n=1}^{\infty}\left(a_n\cos\frac{n\pi x}{l}+b_n\sin\frac{n\pi x}{l}\right), \tag{8}$$

其中,傅里叶系数为

$$a_n=\frac{1}{l}\int_{-l}^{l}f(x)\cos\frac{n\pi x}{l}\mathrm{d}x,\quad n=0,1,2,\cdots;$$

$$b_n=\frac{1}{l}\int_{-l}^{l}f(x)\sin\frac{n\pi x}{l}\mathrm{d}x,\quad n=1,2,\cdots.$$

(7)式与(8)式中的傅里叶系数相同,均为

$$a_n=\frac{1}{\pi}\int_{-\pi}^{\pi}\varphi(t)\cos nt\mathrm{d}t=\frac{1}{l}\int_{-l}^{l}f(x)\cos\frac{n\pi x}{l}\mathrm{d}x,\quad n=0,1,2,\cdots;$$

$$b_n=\frac{1}{\pi}\int_{-\pi}^{\pi}\varphi(t)\sin nt\mathrm{d}t=\frac{1}{l}\int_{-l}^{l}f(x)\sin\frac{n\pi x}{l}\mathrm{d}x,\quad n=1,2,\cdots.$$

如果 $f(x)$ 在 $[-l,l]$ 上满足狄利克雷条件,则其傅里叶级数(8)在 $f(x)$ 的连续点处收敛于 $f(x)$,即有

$$f(x)=\frac{a_0}{2}+\sum_{n=1}^{\infty}\left(a_n\cos\frac{n\pi x}{l}+b_n\sin\frac{n\pi x}{l}\right).$$

例 5　设周期为 4 的函数 $f(x)$ 在一个周期内的表达式为

$$f(x)=\begin{cases}0, & x\in[-2,0),\\ E\sin\dfrac{\pi x}{2}, & x\in[0,2),\end{cases}$$

其中 E 为常数,将 $f(x)$ 展开成傅里叶级数.

解　由 $2l=4$,得 $l=2$.于是 $f(x)$ 的傅里叶系数为

$$a_n=\frac{1}{2}\int_{-2}^{2}f(x)\cos\frac{n\pi x}{2}\mathrm{d}x=\frac{1}{2}\int_{0}^{2}E\sin\frac{\pi x}{2}\cos\frac{n\pi x}{2}\mathrm{d}x$$

$$=\frac{E}{\pi}\int_{0}^{\pi}\sin t\cos nt\mathrm{d}t=\begin{cases}\dfrac{2E}{(1-n^2)\pi}, & n\text{ 为偶数},\\ 0, & n\text{ 为奇数}(n\neq 1);\end{cases}$$

$$a_1=\frac{1}{2}\int_{-2}^{2}f(x)\cos\frac{\pi x}{2}\mathrm{d}x=\frac{1}{2}\int_{0}^{2}E\sin\frac{\pi x}{2}\cos\frac{\pi x}{2}\mathrm{d}x=0;$$

$$b_n=\frac{1}{2}\int_{-2}^{2}f(x)\sin\frac{n\pi x}{2}\mathrm{d}x=\frac{1}{2}\int_{0}^{2}E\sin\frac{\pi x}{2}\sin\frac{n\pi x}{2}\mathrm{d}x=0(n\neq 1);$$

$$b_1=\frac{1}{2}\int_{-2}^{2}f(x)\sin\frac{\pi x}{2}\mathrm{d}x=\frac{1}{2}\int_{0}^{2}E\sin\frac{\pi x}{2}\sin\frac{\pi x}{2}\mathrm{d}x=\frac{E}{2}.$$

由于 $f(x)$ 在 $[-2,2]$ 上满足狄利克雷条件,且在 $(-\infty,+\infty)$ 内连续(如图 7-5),故 $f(x)$ 的傅里叶级数展开式为

$$f(x)=\frac{E}{\pi}+\frac{E}{2}\sin\frac{\pi x}{2}-\frac{2E}{3\pi}\cos\frac{2\pi x}{2}-\frac{2E}{15\pi}\cos\frac{4\pi x}{2}-\cdots,\quad x\in(-\infty,+\infty).$$

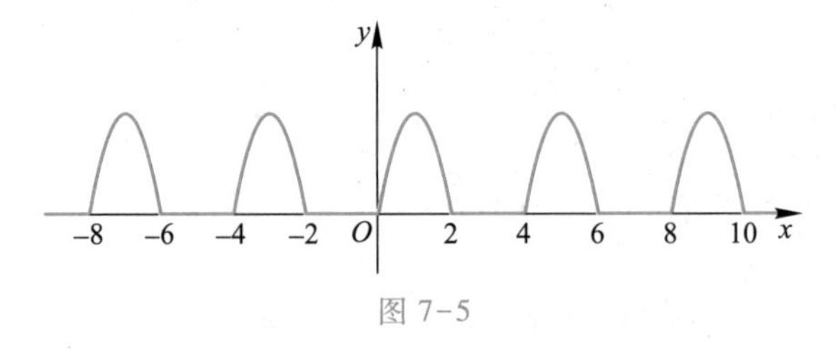

图 7-5

利用上面的变量代换 $t=\dfrac{\pi x}{l}\left(\text{或 } x=\dfrac{lt}{\pi}\right)$ 及以 2π 为周期的奇函数或偶函数的正弦级数或余弦级数系数的计算方法,容易得到周期为 $T=2l$ 的周期函数 $f(x)$ 的正弦级数和余弦级数.

如果 $f(x)$ 为奇函数,则其傅里叶级数为

$$f(x)\sim\sum_{n=1}^{\infty}b_n\sin\frac{n\pi x}{l},$$

其中

$$b_n=\frac{2}{l}\int_{0}^{l}f(x)\sin\frac{n\pi x}{l}\mathrm{d}x,\quad n=1,2,\cdots.$$

如果 $f(x)$ 为偶函数,则其傅里叶级数为

$$f(x)\sim\frac{a_0}{2}+\sum_{n=1}^{\infty}a_n\cos\frac{n\pi x}{l},$$

其中

$$a_n=\frac{2}{l}\int_{0}^{l}f(x)\cos\frac{n\pi x}{l}\mathrm{d}x,\quad n=0,1,2,\cdots.$$

二、非周期函数的傅里叶级数

1. 函数的周期性延拓

本节前面的讨论仅仅适用于定义在$(-\infty,+\infty)$上的周期函数.对于定义在$(-\infty,+\infty)$上的非周期函数来说,在其整个定义域内是不能展开为傅里叶级数的,但若我们把要求降低一些,只要求在函数定义域内的某一个有限区间内,例如在$[-\pi,\pi]$上将非周期函数展开为傅里叶级数,这是完全可以做得到的.

设非周期函数$f(x)$在$[-\pi,\pi]$上有定义,则下列函数

$$F(x)=f(x-2k\pi),x\in[(2k-1)\pi,(2k+1)\pi)$$
$$(\text{或 } x\in((2k-1)\pi,(2k+1)\pi]),k=0,\pm1,\pm2,\cdots$$

称为非周期函数$f(x)$的周期延拓,延拓后的函数$F(x)$在$(-\infty,+\infty)$上是周期为2π的周期函数,并且在$[-\pi,\pi)$(或$(-\pi,\pi]$)上有$F(x)=f(x)$.

如果非周期函数$f(x)$在$[-\pi,\pi]$上满足狄利克雷条件,则可获得进行周期延拓后所得函数$F(x)$的傅里叶级数.此时,将x限定在$(-\pi,\pi)$内便可得到$f(x)$在$(-\pi,\pi)$内的傅里叶级数.根据狄利克雷定理,该傅里叶级数在$f(x)$的连续点处收敛于函数自身,在区间端点$x=\pm\pi$处收敛于$\frac{1}{2}[f(-\pi+0)+f(\pi-0)]$.

例 6　将$f(x)=|x|,x\in[-\pi,\pi]$展开为傅里叶级数.

解　$f(x)$在$[-\pi,\pi]$上满足狄利克雷条件.周期延拓后的函数$F(x)$在区间端点$x=\pm\pi$处是连续的,且

$$F(x)=|x-2k\pi|,x\in[(2k-1)\pi,(2k+1)\pi],\quad k=0,\pm1,\pm2,\cdots,$$

故$F(x)$的傅里叶级数在$[-\pi,\pi]$上收敛于$f(x)$(如图 7-6).

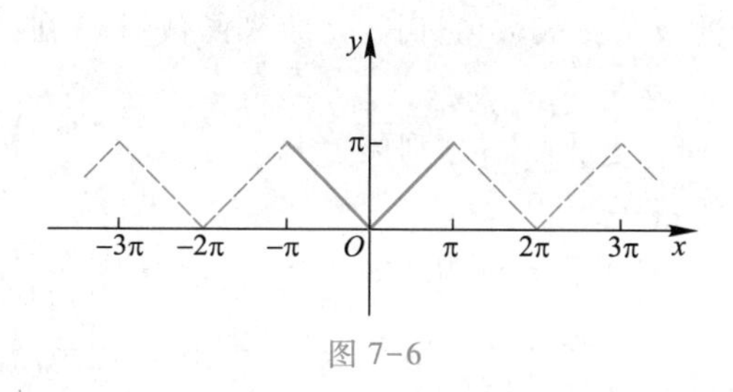

图 7-6

由于$f(x)$为偶函数,故有

$$a_0=\frac{2}{\pi}\int_0^{\pi}x\mathrm{d}x=\pi,$$

$$a_n=\frac{2}{\pi}\int_0^{\pi}x\cos nx\mathrm{d}x=\frac{2}{n^2\pi}[(-1)^n-1],$$

$$b_n=0.$$

于是

$$f(x)=\frac{\pi}{2}-\frac{4}{\pi}\left[\cos x+\frac{1}{3^2}\cos 3x+\frac{1}{5^2}\cos 5x+\cdots+\frac{1}{(2n-1)^2}\cos(2n-1)x+\cdots\right]$$

$$=\frac{\pi}{2}-\frac{4}{\pi}\sum_{n=1}^{\infty}\frac{1}{(2n-1)^2}\cos(2n-1)x,\quad x\in[-\pi,\pi].$$

此外,在上式中令 $x=0$,则有

$$\frac{\pi^2}{8}=1+\frac{1}{3^2}+\frac{1}{5^2}+\cdots+\frac{1}{(2n-1)^2}+\cdots.$$

2. 奇延拓与偶延拓

设 $f(x)$ 在 $[0,\pi]$ 上有定义且满足狄利克雷条件.我们可以在 $[-\pi,0)$ 上补充定义一个满足狄利克雷条件的函数,而得到一个在 $[-\pi,\pi]$ 上有定义且满足狄利克雷条件的函数 $f^*(x)$,然后将其作周期延拓后得到一个以 2π 为周期的周期函数 $F(x)$,并可得到相应的傅里叶级数.因为在 $[0,\pi]$ 上 $F(x)=f(x)$,所以,将 x 限定在 $[0,\pi]$ 上,该级数即为函数 $f(x)$ 在 $[0,\pi]$ 上的傅里叶级数.

在实际应用时,我们通常补充定义使 $f^*(x)$ 成为 $[-\pi,\pi]$ 上的奇函数或偶函数,这样的延拓称为将函数 $f(x)$ 在区间 $[-\pi,\pi]$ 上作奇延拓或偶延拓.

设 $f(x)$ 在 $[0,\pi]$ 上有定义,令

$$f^*(x)=\begin{cases}-f(-x), & x\in[-\pi,0),\\ 0, & x=0,\\ f(x), & x\in(0,\pi],\end{cases}$$

则 $f^*(x)$ 为 $[-\pi,\pi]$ 上的奇函数.这种延拓称为将函数 $f(x)$ 在区间 $[-\pi,\pi]$ 上作奇延拓.

设 $f(x)$ 在 $[0,\pi]$ 上有定义,令

$$f^*(x)=\begin{cases}f(-x), & x\in[-\pi,0),\\ f(x), & x\in[0,\pi],\end{cases}$$

则 $f^*(x)$ 为 $[-\pi,\pi]$ 上的偶函数.这种延拓称为将函数 $f(x)$ 在区间 $[-\pi,\pi]$ 上作偶延拓.

函数 $f(x)$ 在区间 $[-\pi,\pi]$ 上作奇延拓或偶延拓后所得到的函数 $f^*(x)$ 的傅里叶展开式分别为正弦级数或余弦级数,它们就是原来函数 $f(x)$ 在 $[0,\pi]$ 上的正弦级数或余弦级数.

例 7 将 $f(x)=x+1,x\in[0,\pi]$ 分别展开为正弦级数和余弦级数.

解 (1) 将 $f(x)=x+1$ 作奇延拓(如图 7-7),得

$$f^*(x)=\begin{cases}x-1, & -\pi\leqslant x<0,\\ 0, & x=0,\\ x+1, & 0<x\leqslant\pi,\end{cases}$$

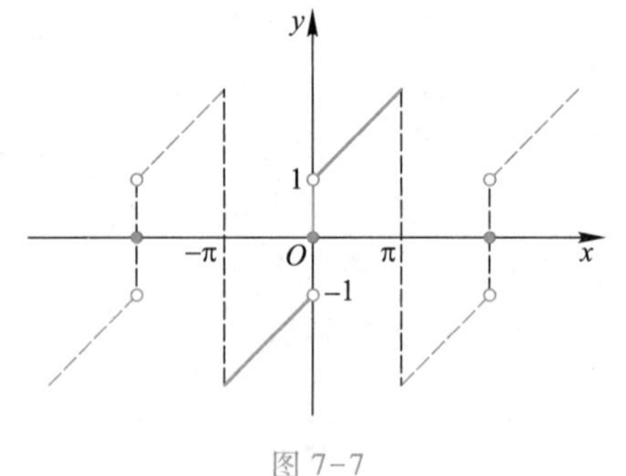

图 7-7

则有

$$a_n=0,\quad n=0,1,2,\cdots;$$

$$b_n=\frac{2}{\pi}\int_0^{\pi}(x+1)\sin nx\mathrm{d}x=\frac{2}{n\pi}[1-(\pi+1)(-1)^n].$$

于是

$$x+1=\frac{2}{\pi}\left[(\pi+2)\sin x-\frac{\pi}{2}\sin 2x+\frac{1}{3}(\pi+2)\sin 3x-\frac{\pi}{4}\sin 4x+\cdots\right],\quad x\in(0,\pi),$$

在区间端点 $x=0,\pi$ 处,级数显然收敛于 0,此时不能代表 $f(x)$.

(2) 将 $f(x)=x+1$ 作偶延拓(如图 7-8),得

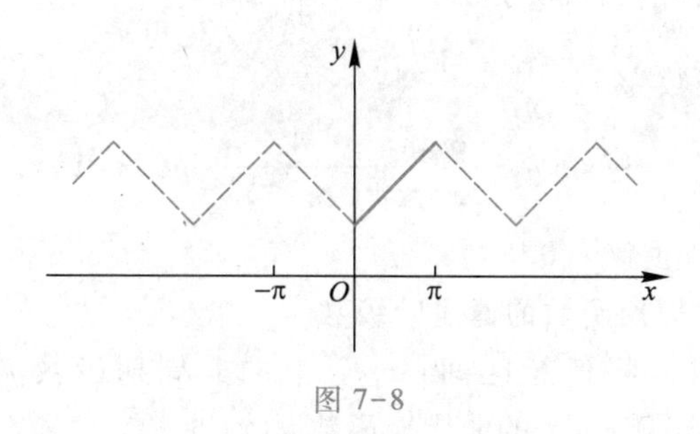

图 7-8

$$f^{*}(x)=\begin{cases}1-x, & -\pi\leqslant x<0,\\ x+1, & 0\leqslant x\leqslant\pi,\end{cases}$$

则有

$$b_n=0,\quad n=1,2,\cdots;$$

$$a_0=\frac{2}{\pi}\int_0^{\pi}(x+1)\,\mathrm{d}x=\pi+2,$$

$$a_n=\frac{2}{\pi}\int_0^{\pi}(x+1)\cos nx\,\mathrm{d}x=\frac{2}{n^2\pi}[(-1)^n-1].$$

于是

$$x+1=\frac{\pi}{2}+1-\frac{4}{\pi}\left(\cos x+\frac{1}{3^2}\cos 3x+\frac{1}{5^2}\cos 5x+\cdots\right),\quad x\in[0,\pi].$$

我们指出,尽管对定义在$[0,\pi]$上的同一个非周期函数$f(x)$采取了不同的(奇或偶)延拓,致使其傅里叶级数有不同的表现形式,但这些级数在$(0,\pi)$上函数的连续点处都收敛于$f(x)$.

此外,定义在$[-l,l]$或$[0,l]$上的非周期函数$f(x)$,经过适当的变量代换后可转化为相应的定义在$[-\pi,\pi]$或$[0,\pi]$上的非周期函数$\varphi(t)$.这种转化工作读者容易完成,我们在此不再赘述.

例 8　将函数$f(x)=x^2,x\in[0,\pi]$分别展开为正弦级数和余弦级数.

解　将函数进行偶延拓后,其傅里叶系数为

$$b_n=0,\quad n=1,2,\cdots;$$

$$a_0=\frac{2}{\pi}\int_0^{\pi}x^2\,\mathrm{d}x=\frac{2\pi^2}{3},$$

$$a_n=\frac{2}{\pi}\int_0^{\pi}x^2\cos nx\,\mathrm{d}x=(-1)^n\frac{4}{n^2},\quad n=1,2,\cdots.$$

故 $f(x)=x^2$ 的余弦级数为

$$x^2=\frac{\pi^2}{3}+4\sum_{n=1}^{\infty}\frac{(-1)^n}{n^2}\cos nx,\quad x\in[0,\pi].$$

将函数进行奇延拓后,其傅里叶系数为

$$a_n=0,\quad n=0,1,2,\cdots;$$

$$b_n=\frac{2}{\pi}\int_0^{\pi}x^2\sin nx\mathrm{d}x=(-1)^{n-1}\frac{2\pi}{n}+\frac{4}{n^3\pi}[(-1)^n-1].$$

故 $f(x)=x^2$ 的正弦级数为

$$x^2=2\pi\sum_{n=1}^{\infty}\frac{(-1)^{n-1}}{n}\sin nx-\frac{8}{\pi}\sum_{n=1}^{\infty}\frac{1}{(2n-1)^3}\sin(2n-1)x,\quad x\in[0,\pi).$$

在 $x=\pi$ 处其正弦级数收敛于 0.

3. 任意区间上非周期函数的傅里叶级数

利用变量代换可以将任意区间 $[a,b]$ 上的非周期函数 $f(x)$ 转化为定义在 $[-l,l]$，或 $[-\pi,\pi]$，或 $[0,\pi]$ 上的非周期函数 $\varphi(t)$.

设 $f(x)$ 为区间 $[a,b]$ 上的非周期函数.

典型例题
傅里叶级数

(1) 如果令 $x=t+\frac{b+a}{2}$，则有

$$g(t)=f\left(t+\frac{b+a}{2}\right),\quad t\in\left[-\frac{b-a}{2},\frac{b-a}{2}\right].$$

此函数就是定义在 $[-l,l]$ 上的非周期函数.这里 $l=\frac{b-a}{2}$.

若再令 $u=\frac{2\pi t}{b-a}$，则进一步有

$$\varphi(u)=g\left(\frac{(b-a)u}{2\pi}\right),\quad u\in[-\pi,\pi].$$

它是一个定义在 $[-\pi,\pi]$ 上的非周期函数.

(2) 如果令 $t=\frac{(x-a)\pi}{b-a}$，则有

$$\varphi(t)=f\left(a+\frac{(b-a)t}{\pi}\right),\quad t\in[0,\pi].$$

这就是一个定义在 $[0,\pi]$ 上的非周期函数.

也就是说，通过变量代换我们可将任意区间 $[a,b]$ 上的非周期函数 $f(x)$ 的傅里叶级数问题归结为前面所讨论过的相应类型问题来解决，并且利用奇延拓或偶延拓还可得到函数的正弦级数或余弦级数.

习题 7-5

1. 将下列周期函数展开为傅里叶级数，它们在一个周期内的表达式是：

(1) $f(x)=3x^2+1, x\in[-\pi,\pi]$；

(2) $f(x)=\begin{cases}-\dfrac{\pi}{2}, & -\pi<x<0,\\ 0, & x=0,\pm\pi,\\ \dfrac{\pi}{2}, & 0<x<\pi.\end{cases}$

2. 将以 2π 为周期的函数 $f(x)=x^2$ 在 $[-\pi,\pi)$ 上展开为傅里叶级数，并由此证明：

$$\sum_{n=1}^{\infty}\frac{(-1)^{n-1}}{n^2}=\frac{\pi^2}{12}\text{及}\sum_{n=1}^{\infty}\frac{1}{n^2}=\frac{\pi^2}{6}.$$

3. 已知周期为 2π 的函数 $f(x)$ 在 $[0,2\pi]$ 上的表达式，证明它的傅里叶系数为

$$a_n=\frac{1}{\pi}\int_0^{2\pi}f(x)\cos nx\mathrm{d}x,\quad n=0,1,2,\cdots,$$

$$b_n=\frac{1}{\pi}\int_0^{2\pi}f(x)\sin nx\mathrm{d}x,\quad n=1,2,\cdots.$$

若给出函数 $f(x)$ 在任意一个长度为 2π 的区间 $[a,a+2\pi]$ 上的表达式，其傅里叶系数又当如何？

4. 将函数 $f(x)=\dfrac{\pi-x}{2}$ 在 $(0,2\pi)$ 上展开为傅里叶级数.

5. 将函数 $f(x)=\dfrac{\pi-x}{2}(0\leqslant x\leqslant\pi)$ 展开为正弦级数.

6. 将函数 $f(x)=\begin{cases}x, & 0\leqslant x\leqslant\dfrac{a}{2},\\ a-x, & \dfrac{a}{2}<x\leqslant a\end{cases}$ 分别展开为正弦级数和余弦级数.

7. 将函数 $f(x)=\begin{cases}1, & 0<x<\dfrac{a}{2},\\ -1, & \dfrac{a}{2}<x<a\end{cases}$ 展开为余弦级数.

8. 将函数 $f(x)=\cos\dfrac{x}{2}$ 在 $(-\pi,\pi)$ 内展开为傅里叶级数.

9. 设 $f(x)$ 是周期为 2π 的周期函数，证明：

(1) 如果 $f(x-\pi)=-f(x)$，则 $f(x)$ 的傅里叶系数

$$a_0=0,\quad a_{2k}=b_{2k}=0\quad(k=1,2,\cdots);$$

(2) 如果 $f(x-\pi)=f(x)$，则 $f(x)$ 的傅里叶系数

$$a_{2k+1}=b_{2k+1}=0\quad(k=0,1,2,\cdots).$$

10. 已知 $x=\sum\limits_{n=1}^{\infty}b_n\sin\dfrac{n\pi x}{2},-2<x<2$，求 b_n.

综合题七

1. 判断题（正确的结论打“√”，并给出简单证明；错误的结论打“×”，并举出反例）.

(1) 若数列$\{u_n\}$满足$u_{n+1}=\cos u_n(n=1,2,\cdots)$,则级数$\sum\limits_{n=1}^{\infty}u_n$必发散.

(2) 若级数$\sum\limits_{n=1}^{\infty}u_n$收敛,$\{u_{n_k}\}$是$\{u_n\}$的子列,则级数$\sum\limits_{k=1}^{\infty}u_{n_k}$也收敛.

(3) 设$u_n>0,n=1,2,\cdots$,若$\dfrac{u_{n+1}}{u_n}<1$(或者$\sqrt{u_n}<1$)$(n=1,2,\cdots)$,则级数$\sum\limits_{n=1}^{\infty}u_n$收敛.

(4) 若正项级数$\sum\limits_{n=1}^{\infty}u_n$收敛,则级数$\sum\limits_{n=1}^{\infty}\sqrt{u_nu_{n+1}}$也收敛,但其逆不真.

(5) 设幂级数$\sum\limits_{n=0}^{\infty}a_nx^n$的收敛半径为$R\neq0$,则$\lim\limits_{n\to\infty}\left|\dfrac{a_{n+1}}{a_n}\right|=\dfrac{1}{R}$.

(6) 设$f(x)$与$g(x)$都是以2π为周期的函数,在一个周期内的定义是$f(x)=x^2$ $(-\pi\leqslant x\leqslant\pi)$,$g(x)=x^2(0\leqslant x\leqslant2\pi)$,则$f(x)$与$g(x)$的傅里叶级数必相同.

2. 填空题.

(1) 已知$\sum\limits_{n=1}^{\infty}\left(2+\dfrac{1}{u_n}\right)$收敛,则$\lim\limits_{n\to\infty}u_n=$________.

(2) 若正项级数$\sum\limits_{n=1}^{\infty}u_n$收敛,且$\lim\limits_{n\to\infty}\dfrac{u_{n+1}}{u_n}=r$,则$r$的取值范围是________.

(3) 设幂级数$\sum\limits_{n=1}^{\infty}a_nx^n$的收敛半径为3,则幂级数$\sum\limits_{n=1}^{\infty}na_n(x-1)^{n+1}$的收敛区间是________.

(4) 在$y=2^x$的麦克劳林展开式中x^n项的系数是________.

(5) 设$x^2=\sum\limits_{n=0}^{\infty}a_n\cos nx(-\pi\leqslant x\leqslant\pi)$,则$a_2=$________.

(6) 已知$\sum\limits_{n=1}^{\infty}\dfrac{\sin nx}{n}=\dfrac{\pi-x}{2}(0<x<2\pi)$,则$\sum\limits_{n=1}^{\infty}\dfrac{\cos nx}{n^2}=$________.

3. 选择题.

(1) 设$\sum\limits_{n=1}^{\infty}u_n$为正项级数,下列结论中正确的是( ).

(A) 若$\lim\limits_{n\to\infty}nu_n=0$,则级数$\sum\limits_{n=1}^{\infty}u_n$收敛

(B) 若级数$\sum\limits_{n=1}^{\infty}u_n$收敛,则$\lim\limits_{n\to\infty}n^2u_n=0$

(C) 若存在非零常数λ,使得$\lim\limits_{n\to\infty}nu_n=\lambda$,则级数$\sum\limits_{n=1}^{\infty}u_n$发散

(D) 若级数$\sum\limits_{n=1}^{\infty}u_n$发散,则存在非零常数$\lambda$,使得$\lim\limits_{n\to\infty}nu_n=\lambda$

(2) 若级数$\sum\limits_{n=1}^{\infty}u_n$收敛,则下列结论中正确的是( ).

(A) $\sum\limits_{n=1}^{\infty}|u_n|$收敛 (B) $\sum\limits_{n=1}^{\infty}(-1)^nu_n$收敛

(C) $\sum\limits_{n=1}^{\infty} u_n u_{n+1}$收敛　　(D) $\sum\limits_{n=1}^{\infty} \dfrac{u_n+u_{n+1}}{2}$收敛

(3) 设级数 $\sum\limits_{n=1}^{\infty}(-1)^n 2^n u_n$ 收敛,则级数 $\sum\limits_{n=1}^{\infty} u_n$ (　　).

(A) 条件收敛　　(B) 绝对收敛

(C) 发散　　(D) 敛散性不能确定

(4) 幂级数$\dfrac{1}{2}+\dfrac{1}{2}\sum\limits_{n=0}^{\infty}(-1)^n\dfrac{2^{2n}}{(2n)!}x^{2n}, x\in(-\infty,+\infty)$的和函数为(　　).

(A) $\sin x\cos x, |x|<+\infty$　　(B) $\sin 2x, |x|<+\infty$

(C) $\sin^2 x, |x|<+\infty$　　(D) $\cos^2 x, |x|<+\infty$

(5) 设$f(x)=\begin{cases} x, & 0\leqslant x\leqslant \dfrac{1}{2}, \\ 2-2x, & \dfrac{1}{2}<x<1, \end{cases}$ $S(x)=\dfrac{a_0}{2}+\sum\limits_{n=1}^{\infty} a_n\cos nx, -\infty<x<+\infty$,其中 $a_n=2\int_0^1 f(x)\cos n\pi x\mathrm{d}x\ (n=1,2,\cdots)$,则 $S\left(-\dfrac{5}{2}\right)=$(　　).

(A) $\dfrac{1}{2}$　　(B) $-\dfrac{1}{2}$

(C) $\dfrac{3}{4}$　　(D) $-\dfrac{3}{4}$

(6) 下列级数发散的是(　　).

(A) $\sum\limits_{n=1}^{\infty}\int_0^{\frac{1}{n}}\dfrac{\sqrt{x}}{1+x^2}\mathrm{d}x$　　(B) $\sum\limits_{n=1}^{\infty}\int_{n\pi}^{(n+1)\pi}\dfrac{\sin^2 x}{x}\mathrm{d}x$

(C) $\sum\limits_{n=1}^{\infty}\int_n^{n+1}\mathrm{e}^{-\sqrt{x}}\mathrm{d}x$　　(D) $\sum\limits_{n=1}^{\infty}\int_0^{\frac{\pi}{n}}\dfrac{\sin^3 x}{1+x}\mathrm{d}x$

4. 判别下列级数的敛散性.

(1) $\sum\limits_{n=1}^{\infty}\dfrac{n^{n+\frac{1}{n}}}{\left(n+\dfrac{1}{n}\right)^n}$.　　(2) $\sum\limits_{n=2}^{\infty}\dfrac{1}{\ln^{10} n}$.

(3) $\sum\limits_{n=1}^{\infty}\dfrac{1}{\sqrt{n}}\ln\left(\dfrac{n+1}{n}\right)$.　　(4) $\sum\limits_{n=1}^{\infty}\dfrac{a^n n!}{n^n}$($a>0$ 为常数).

(5) $\sum\limits_{n=1}^{\infty}\left(2n\sin\dfrac{1}{n}\right)^{\frac{n}{2}}$.　　(6) $\sum\limits_{n=1}^{\infty}\dfrac{1}{\int_0^n(1+x^4)^{\frac{1}{4}}\mathrm{d}x}$.

(7) $\sum\limits_{n=1}^{\infty}\dfrac{x^n}{(1+x_1)(1+x_2)\cdots(1+x_n)}$($x_i>0, i=1,2,\cdots,n$).

(8) $\sum\limits_{n=2}^{\infty}\dfrac{1}{n\ln^2 n}$.

5. 证明下列结论.

(1) 若正项级数 $\sum_{n=1}^{\infty} u_n$ 与 $\sum_{n=1}^{\infty} v_n$ 都收敛,则 $\sum_{n=1}^{\infty} \max\{u_n, v_n\}$ 与 $\sum_{n=1}^{\infty} \min\{u_n, v_n\}$ 都收敛.

(2) 若级数 $\sum_{n=1}^{\infty} u_n$ 与 $\sum_{n=1}^{\infty} v_n$ 都收敛,$u_n \leqslant w_n \leqslant v_n$,则 $\sum_{n=1}^{\infty} w_n$ 收敛.

6. 若级数 $\sum_{n=1}^{\infty} u_n$ 与 $\sum_{n=1}^{\infty} v_n$ 都是正项级数,$\frac{u_{n+1}}{u_n} \leqslant \frac{v_{n+1}}{v_n}(n=1,2,\cdots)$,试证:当 $\sum_{n=1}^{\infty} v_n$ 收敛时, $\sum_{n=1}^{\infty} u_n$ 也收敛;当 $\sum_{n=1}^{\infty} u_n$ 发散时, $\sum_{n=1}^{\infty} v_n$ 也发散.

7. 讨论下列级数是否收敛.如果收敛,是条件收敛还是绝对收敛?

(1) $\sum_{n=1}^{\infty} (-1)^{n-1}\frac{\cos n}{n^2}$.　　(2) $\sum_{n=1}^{\infty} (-1)^{n-1}\left(\frac{n}{n+1}\right)^n$.

(3) $\sum_{n=1}^{\infty} \frac{(-1)^n}{n-\ln n}$.　　(4) $\sum_{n=1}^{\infty} \frac{(-1)^n}{\sqrt{n}+(-1)^n}$.

8. 设数列$\{u_n\}$单调减小,$u_n>0$ 且级数 $\sum_{n=1}^{\infty} (-1)^n u_n$ 发散,试问级数 $\sum_{n=1}^{\infty} \left(\frac{1}{u_n+1}\right)^n$ 是否收敛? 并说明理由.

9. 设$f(x)$在 $x=0$ 的某邻域内具有二阶连续导数,且$\lim\limits_{x\to 0}\frac{f(x)}{x}=0$.试证明:级数 $\sum_{n=1}^{\infty} \sqrt{n} f\left(\frac{1}{n}\right)$ 绝对收敛.

10. 求下列极限.

(1) $\lim\limits_{n\to\infty}\frac{n^{\frac{n}{2}}}{n!}$.　　(2) $\lim\limits_{n\to\infty}\frac{1}{n}\sum_{k=1}^{n}\frac{1}{3^k}\left(1+\frac{1}{k}\right)^{k^2}$.

(3) $\lim\limits_{n\to\infty}\left[2^{\frac{1}{3}}4^{\frac{1}{9}}8^{\frac{1}{27}}\cdots(2^n)^{\frac{1}{3^n}}\right]$.

11. 求下列幂级数的收敛域及和函数.

(1) $\sum_{n=1}^{\infty} n(x-1)^n$.　　(2) $\sum_{n=1}^{\infty} \frac{n^2+1}{3^n n!}x^n$.

(3) $\sum_{n=1}^{\infty} (-1)^{n-1}\left[1+\frac{1}{n(2n-1)}\right]x^{2n}$.

12. 求下列常数项级数的和.

(1) $\sum_{n=1}^{\infty} \frac{n^2}{n!\ 2^n}$.　　(2) $\sum_{n=1}^{\infty} \frac{(-1)^n(n^2-n+1)}{2^n}$.

(3) $\sum_{n=1}^{\infty} \frac{(-1)^{n-1}}{n(2n-1)3^n}$.

13. 将下列函数展开成 x 的幂级数.

（1）$\dfrac{x}{2+x-x^2}$.　　　　　　　　（2）$\ln(1+x+x^2+x^3)$.

（3）$\arctan\dfrac{1+x}{1-x}$.

14. 将$\dfrac{\mathrm{d}}{\mathrm{d}x}\left(\dfrac{\mathrm{e}^x-1}{x}\right)$展开为 x 的幂级数，并证明 $\sum\limits_{n=1}^{\infty}\dfrac{n}{(n+1)!}=1$.

15. 证明：$\int_0^1\dfrac{\ln(1+x)}{x}\mathrm{d}x=\sum\limits_{n=1}^{\infty}(-1)^{n-1}\dfrac{1}{n^2}$.

16. 设有两条抛物线 $y=nx^2+\dfrac{1}{n}$和 $y=(n+1)x^2+\dfrac{1}{n+1}$，记它们交点的横坐标的绝对值为 a_n.

（1）求两条抛物线所围成的平面图形的面积 S_n.

（2）求级数 $\sum\limits_{n=1}^{\infty}\dfrac{S_n}{a_n}$ 的和.

17. 将定义在下列给定区间上的函数 $f(x)=x^2$ 展开成指定形式的傅里叶级数：

（1）区间$[0,2\pi]$，展开成周期为 2π 的傅里叶级数.

（2）区间$[0,\pi]$，分别展开成周期为 2π 的正弦级数和余弦级数.

（3）区间$\left[0,\dfrac{\pi}{2}\right]$，展开成周期为 π 的余弦级数.

18. 设 $f(x)\sim\dfrac{a^2}{2}+\sum\limits_{n=1}^{\infty}(a_n\cos nx+b_n\sin nx)$.

（1）若 $f(x)$ 的函数图形关于直线 $x=\dfrac{\pi}{2}$对称，则 $b_{2n}=0(n=1,2,\cdots)$.

（2）若 $f(x)$ 的函数图形关于点$\left(\dfrac{\pi}{2},0\right)$对称，则 $b_{2n-1}=0(n=1,2,\cdots)$.

综合题七
答案与提示

19. 设函数 $f(x)$ 在$[0,\pi]$上连续，求定义在$[0,\pi]$上的正弦多项式 $T_n(x)=\sum\limits_{k=1}^{n}b_k\sin kx$ 可使积分$\int_0^{\pi}[f(x)-T_n(x)]^2\mathrm{d}x$ 之值最小.

20. 将函数 $f(x)=2+|x|(-1\leqslant x\leqslant 1)$展开成以 2 为周期的傅里叶级数，并由此求级数 $\sum\limits_{n=1}^{\infty}\dfrac{1}{n^2}$ 的和.